高 等 学 校 教 材

无机材料物理性能

王秀峰　史永胜　宁青菊　谈国强　主编

化学工业出版社
·北 京·

图书在版编目（CIP）数据

无机材料物理性能/王秀峰，史永胜，宁青菊，谈国强主编. —北京：化学工业出版社，2007.11（2024.9重印）
ISBN 978-7-5025-7916-6

Ⅰ. 无… Ⅱ. ①王…②史…③宁…④谈 Ⅲ. 无机材料-物理性能 Ⅳ. TB321

中国版本图书馆 CIP 数据核字（2005）第 138855 号

责任编辑：杨 菁 陈 丽　　文字编辑：陈 雨
责任校对：郑 捷　　装帧设计：潘 峰

出版发行：化学工业出版社（北京市东城区青年湖南街 13 号 邮政编码 100011）
印 装：北京虎彩文化传播有限公司
787mm×1092mm 1/16 印张 19¾ 字数 511 千字 2024 年 9 月北京第 1 版第13次印刷

购书咨询：010-64518888　　售后服务：010-64518899
网 址：http://www.cip.com.cn
凡购买本书，如有缺损质量问题，本社销售中心负责调换。

定 价：49.00 元

前　言

《无机材料物理性能》系统地阐述了无机非金属材料的各种物理性能，包括无机材料的受力形变、脆性断裂与强度、热学、光学、电导、介电、压电和磁学等性能。这些性能基本上都是各个领域在研制和应用无机非金属材料中，对它们提出来的一系列技术要求，即所谓材料的本征参数。本书主要介绍上述各类本征参数的物理意义、单位以及这些参数在实际问题中所处的地位或应用；各种重要性能的原理及微观机制；这些性能参数的来源，即性能和材料的组成、结构和织构的关系；各性能之间的相互制约与变化规律。对这些性能参数有关规律的掌握，可以为判断材料优劣，正确选择和使用材料，改变材料性能，探索新材料、新性能、新工艺打下理论基础。

为了让没有学过《量子力学》和《固体物理》课程的读者能够容易理解材料物理性能的微观机制，本书在第1章以尽可能浅显的方式系统地介绍了晶体的结构、结合、晶格振动及电子在晶体中的状态及分布等内容。在解释各种性能原理和机制时，尽量避免复杂的数学推导，以尽可能简化的数学推导得出重要的关系式，并对其物理意义进行说明。对于重点、难点尽可能采用形象化的模型并提供一些必要的数据和实例给予说明。因此在内容上既突出了基础，又重视了应用。

无机材料类专业的学生必须在一定程度上掌握大量物理性质所涉及到的基础科学，包括脆性、韧性、电导性、半导性、介电性、磁性和压电性以及广泛的材料科学知识。本书将这些知识有条理地、系统地融入了各种材料性能的内容中，因此内容丰富，涵盖了广泛的知识点，并将它们有机地联系在一起。

本书共分为9章，陕西科技大学的许多同志都参与了本书的编写工作，其中，第7章、第8章由王秀峰编写；第1章及第6章由史永胜编写；第2章由宁青菊编写；第3章、第4章由谈国强编写；第7章由王秀峰编写；第5章由于成尤编写；第9章由高淑雅编写。全书由陕西科技大学苗鸿雁教授审阅，并提出了许多宝贵意见，作者在此深表感谢。

由于学识和经验所限，书中的疏漏与错误在所难免，敬请读者批评指正。

编者

2005年7月

目　　录

绪　论

随着科学技术的发展，对无机材料的性能提出了越来越高的要求，不仅在性能指标方面，而且在使用环境方面。因此只有创造出具有各种性能的新材料，才能使材料在现代工业和科学技术上获得广泛的应用。深入了解和研究材料的各项物理化学性质，已成为当代材料科学的主要研究内容，也是发展无机材料的主要途径。

无机材料物理性能的研究方法可以分成两种：一种是经验方法，在大量占有实验数据的基础上，经过对数据的分析处理，整理为经验方程，来表示它们的函数关系；另一种是从机理着手，即从反映本质的基本关系（如原子间的相互作用、点阵振动的波形方程等）出发，按照性能的有关规律，建立物理模型，用数学方法求解，得到有关理论方程式。通过以上两种方法的相互验证促进了材料科学的发展。

固体材料是由大量的粒子，如电子、原子或离子所组成的，这些粒子之间存在着很强的相互作用，是一个复杂的多元体系。在外界因素（作用物理量），如应力、温度、电场、磁场、光等的作用下，体系中的微观粒子的状态有可能会发生变化，在宏观上表现为感应物理量。感应物理量的性质及大小因材料的不同而不同，这主要取决于材料的本性。在外界因素微量的条件下，一般作用物理量与感应物理量具有线性的关系，比例系数为材料的本征参数，即这些参数通过作用物理量和感应物理量间的关系来体现。表 0-1 列举了材料的几种本征参数及其作用物理量和感应物理量。

表 0-1　材料的几种本征参数及其作用物理量和感应物理量

作用物理量	感应物理量	公式	材料内部的变化	材料本征参数
应力 σ	形变 ε	$\varepsilon=S\sigma$	原子或离子发生相对位移	柔性系数 S
	表面电荷密度 D	$D=d\sigma$	原子或离子发生相对位移，引起电偶极矩发生变化	压电常数 d
温差 Δt	形变 ε	$\varepsilon=\alpha\Delta t$	原子或离子的平衡位置发生相对位移	热膨胀系数 α
	热量 Q	$Q=c\Delta t$	原子或离子的振动振幅发生变化	热容 c
	温差电动势 ΔV	$\Delta V=\alpha\Delta t$	载流子的定向运动	温差电动势系数 α
	热流密度 q	$q=\lambda \mathrm{d}t/\mathrm{d}x$	格波间的相互作用	热导率 λ
电场 E	电流密度 J	$J=\sigma E$	荷电粒子长距离的移动	电导率 σ
	极化强度 P	$P=\chi\varepsilon_0 E$	荷电粒子短距离的移动	介质的电极化率 χ
	离子的电偶极矩 μ	$\mu=\alpha_e E_{loc}$	周围电子相对于原子核发生短距离的移动	离子的极化率 α_e
	材料的形变 ε	$\varepsilon=dE$	偶极矩发生变化，引起原子或离子的相对位移	压电常数 d

由于材料的化学组成及显微结构的不同，决定其有不同的特性，如高强度、高硬度、耐腐蚀、导电、绝缘、磁性、透光、半导体以及压电、铁电、光电、电光、声光、磁光等，因此无机材料的性能主要由两种结构因素所决定。首先，在材料内部的分子层次上，原子、离子间的相互作用和化学键合对材料性能产生决定性的作用，它们决定着材料的本征性能，比如材料是电导体、半导体、铁电体，还是绝缘体、磁性体等；其次，在多晶多相材料的微观层次上，结构设计不仅会导致新材料的发明，同时对现有材料的性能的提高和改善也十分重要，微观层次是指在显微镜下直至电子显微镜下观察到的结构，包括相分布、晶粒尺寸和形状、气孔大小和分布、杂质、缺陷和晶界等，它们影响着材料的大部分性能。同时显微结构的形成受制备过程中各种工艺因素的制约，因此同一组成的材料，采用不同的工艺制备条件，就会得到不同的显微结构，也就具有不同的性能。

无机材料可以较为简单地将其划分为结构材料和功能材料。从物理性能方面划分，具有机械功能、热功能等的材料列为结构材料，结构材料需要有良好的力学性能或热学性能；而将具有电、光、磁等特性，且具有相互转化功能的材料列为功能材料。功能材料涉及的范围很广，它可以作为将输入能量传递或转换成其他能量的功能元件。一般来说，材料的结构性以原子尺度内部不发生变化为特征，而材料的功能性通常为原子内部的电子以至原子核间的交互作用而表现出来的特性。例如：固体中原子的微小振动决定了材料的热学性能和弹性；电子的能带结构决定了材料的电导性差异，因而具有导体、半导体、电介质和超导体之分；材料的磁性决定于原子中次壳层电子是否被填满以及它们之间因“交换作用”产生不同原子取向的结果，因而有抗磁体、顺磁体和铁磁体之分。由于微观结构的差异，材料的铁磁性又可区分为永磁、软磁、矩磁和旋磁等。

机械强度是无机材料应用的前提条件，常常在此基础上提出其他各种特性的苛刻要求。脆性是无机材料的一个致命的弱点，由于其化学键及晶体结构不同于金属，因此大多数无机材料都不具有延性，也就是没有或只有很小的塑性形变。这是无机材料的力学本质，从根本上无法改变。但是从显微结构上看，脆性的根源在于微裂纹的存在，易于引起高度的应力集中，使材料在远低于理论应力的情况下发生断裂。因此可以通过一些措施来改善材料的脆性。如含 CeO_2 的四方 ZrO_2 多晶材料在应力超过一定值后，表现出很大的塑性形变，因为这种变形是由四方 ZrO_2 相变为单斜 ZrO_2 引起的，所以称为相变塑性。还可以通过其他的方法，如制备细晶、高致密、高纯度的材料等，都可以在一定程度上改善材料的脆性。

以晶格振动为理论基础，对材料的热学性能本质进行了研究。晶格振动的格波就是典型的集体激发的例子，其准粒子称为声子。由于晶体中原子之间的相互作用，原子偏离平衡位置的运动是相互关联的，因此在晶体中原子的振动是所有原子的一种集体运动，以格波的形式表现出来。每个格波的能量取值是量子化的 $E_i=\left(n_i+\frac{1}{2}\right)\hbar\omega_i$，$n_i$ 为整数，$\hbar\omega_i$ 为能量激发的单元。在简谐近似下，不同格波之间是相互独立的，把晶体原子的小振动系统看成声子气体。可以用声子的概念讨论与晶格振动有关的物理问题，如晶格比热、晶格热导等。这就为我们讨论问题提供了很大的方便。

单粒子的激发最典型的例子是材料中的电子。电子系统的激发态可以看成是电子、空穴准粒子的集合。

由于光包含了电场和磁场分量，它对材料的影响可以认为是电场或磁场对材料的影响。对于非磁性材料可以认为仅是电场作用于材料，因此各种光学性能可以借助于材料的介电性能来理解。具体表现在材料的折射率和介电常数等性能，有着非常重要的关系。同时由于微观粒子的波粒二象性，可以借助于光的透射性理解势阱中的电子或空穴的隧穿效应。

从宏观的角度看，不同类型的材料甚至同一种材料经过结构设计，综合发挥材料的诸多功能，完全有可能发掘出其他方面的功能特性，从而为现有的材料寻找到新的用途。从宏观层次上实现材料的结构-性能-应用一体化的结构设计，对于寻找新材料，提高和发挥现有材料性能有着十分重要的意义。例如，由结构和化学组成不同的两种成分的晶体混合所制成的多晶混合物材料或复合材料，愈来愈引起人们的兴趣。对于复杂的多相结构，可以采用“连通性”的概念，进行各种相的组合，已将这一方法应用于材料的弹性模量、热导率、电导率、介电常数等的分析与求解中。从而为制备高强度的材料、零膨胀系数的材料及温度补偿材料等提供了方法。

高新技术依赖于优良的新材料，具有实际应用意义的光、电、热、磁等重要材料大多是无机材料。对无机材料的物理内涵和应用目标的阐述，深入研究材料问题的实质，结合其共性探索其特性，尤其是特征参数与宏观性能、指定功能与微观结构、机理与微观过程的探讨，为结构材料和功能材料的设计、可能出现新特性的预测、制作、加工及应用提供理论依据。因此，无机材料物理性能在未来的材料研究与开发中必将发挥更大的作用。

第1章　无机材料物理基础

在外界因素，如力、电场、磁场、光等的作用下，无机材料中的原子、分子或离子及电子微观运动状态发生改变，其改变的能力用材料的性能来表征。如由于材料的电导性能不同，可分为导电体、半导体、绝缘体等；而从力学性能方面划分，有弹性材料、延性材料等。无机材料的性能主要由物质的结构和显微结构因素决定和影响。无机材料的本征性能主要由物质结构决定，即化学键的性质、电子结构和晶体的结构。不同的结构决定材料具有不同的特性。因此了解晶体结构、晶体中原子和电子的状态，有助于分析和研究材料性能参数的物理本质和物理现象，有助于通过理论与计算预报所设计材料的组分、结构与性能。本章就无机材料的弹性、热、电、磁、光等物理性能所涉及的基础问题做一系统的简明扼要的论述。

1.1　晶体结构

固体的结构分为晶体结构、非晶体结构、多晶体结构。晶体结构是原子规则排列的结果，主要体现为原子排列具有周期性，或者称长程有序。有此排列结构的材料为晶体。晶体中原子、分子规则排列的结果使晶体具有规则的几何外形，电子运动状态和原子运动状态等具有周期性重复特性。不具有长程有序的结构为非晶体结构。有此排列结构的材料为非晶体。固体的这些排列结构是我们研究固体材料宏观性质和各种微观过程的基础。

1.1.1　晶体的微观结构

晶体的微观结构包括两方面的内容：第一，晶体是由什么原子（离子或分子）组成的；第二，原子是以怎样的方式在空间排列的。为了描述晶体的微观结构的长程有序，引入空间点阵、基元及原胞等概念。

1.1.1.1　空间点阵

19世纪出现的布喇菲的空间点阵学说把晶体内部结构概括为是由一些相同点子在空间有规则作周期性的无限分布，这些点子的总体称为点阵。该学说正确地反映了晶体内部结构长程有序特征，后来被空间群理论充实发展为空间点阵学说，形成近代关于晶体几何结构的完备理论。我们可以从以下几方面理解这一理论。

（1）点子

空间点阵学说中所称的点子，代表着结构中相同的位置，也叫结点。当晶体是由完全相同的一种原子组成，结点可以是原子本身位置。当晶体中含有数种原子，这数种原子构成基本结构单元（称为基元），则结点可以代表基元重心，因为所有基元的重心都是结构中相同位置。一般而言，结点可以代表基元中任意点子，因为各个基元中相应的点子所代表的位置是相同的。

（2）点阵学说概括了晶体结构的周期性

晶体中所有的基元都是等同的。因此整个晶体结构可以看作是由基元沿空间三个不同方向，各按一定的距离周期性地平移而构成的，每一平移的距离称为周期（见图1-1中的a和b）。因此，在一定方向上有着一定周期，不同方向上周期一般不相同。基元平移结果使点阵中每个结点周围情况都一样。一般情况下，点子或格点是指原子或离子，而不是任意点子。

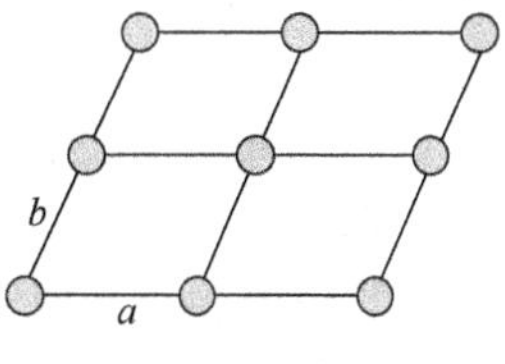

图1-1　二维点阵

(3) 晶格的形成

通过点阵中的结点，可以作许多平行的直线族和平行的晶面族，点阵成为一些网格，称为晶格，如图 1-2 所示。

由于晶格的周期性，可取一个以结点为顶点，边长等于该方向上的周期的平行六面体作为重复单元，来概括晶格的特征。这样的重复单元称为原胞。

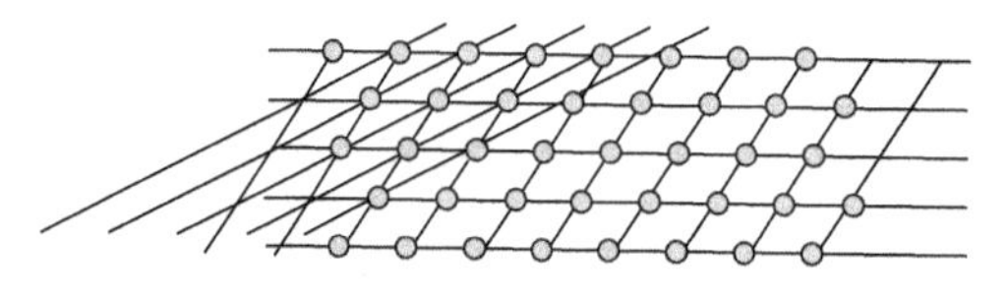

图 1-2　晶格的形成

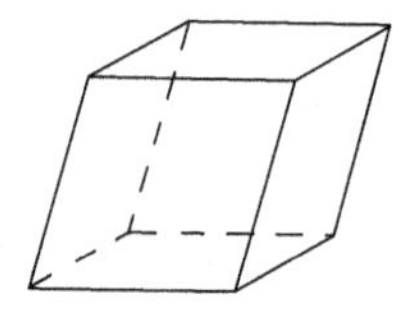

图 1-3　平行六面体

原胞的选取规则是只需概括空间三个方向上的周期大小。因此原胞可以取最小重复单元，结点只在顶角上，对于三维的情况，最小的重复单元是平行六面体。这一原胞称为物理学原胞，该原胞反映晶格的周期性，见图 1-3。由于晶体都具有自己特殊的对称性，结晶学上所取原胞体积不一定最小，常取最小重复单元的几倍作为原胞，因此结点不一定只在顶角上，可以在体心或面心上，但原胞边长总是一个周期，并各沿三个晶轴的方向。这一反映对称性特征的原胞为晶体学原胞。图 1-4 为二维点阵中反映晶格不同特性的原胞。晶体学原胞体积为物理学原胞体积的整数倍。

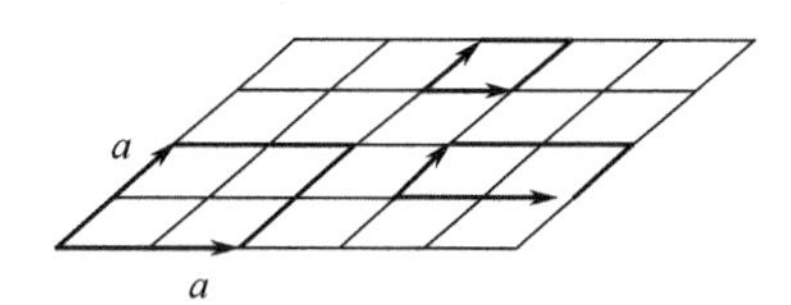

图 1-4　二维点阵中的原胞

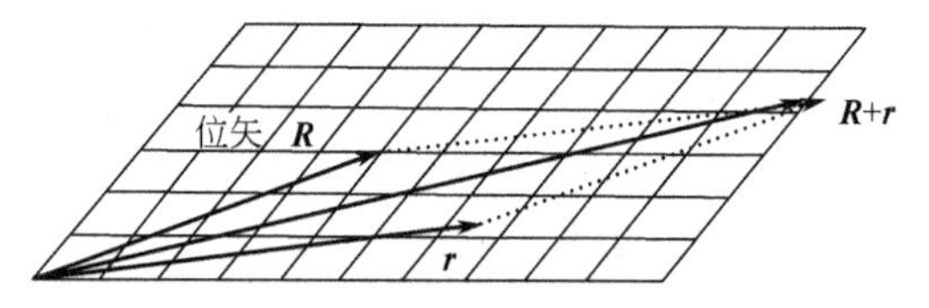

图 1-5　二维点阵的周期性平移图

引出原胞以后，三维格子的周期性可用数学的形式表示如下：

$$\Gamma(\boldsymbol{r})=\Gamma(\boldsymbol{r}+l_1\boldsymbol{a}_1+l_2\boldsymbol{a}_2+l_3\boldsymbol{a}_2) \tag{1-1}$$

式中，$\boldsymbol{r}$ 为重复单元中任意处的矢量；Γ 为晶格中任意物理量；l_1、l_2、l_3 是整数；$\boldsymbol{a}_1$、$\boldsymbol{a}_2$、$\boldsymbol{a}_3$ 是重复单元的边长矢量。如果选取的重复单元是所要求的原胞，则 $\boldsymbol{a}_1$、$\boldsymbol{a}_2$、$\boldsymbol{a}_3$ 分别是三个方向的基矢。通常用 $\boldsymbol{a}_1$、$\boldsymbol{a}_2$、$\boldsymbol{a}_3$ 表示固体物理学中原胞的基矢，用 $\boldsymbol{a}$、$\boldsymbol{b}$、$\boldsymbol{c}$ 表示结晶学中原胞的基矢。图 1-5 为二维点阵的周期性平移图。

(4) 布喇菲点阵或布喇菲格子

结点的总体称为布喇菲点阵或布喇菲格子。由于布喇菲格子是由一个结点沿三维空间周期性平移形成，因此它的特点是每点周围情况都一样。

1.1.1.2　晶格的实例

晶体中的原子规则排列是原子规则堆积的结果，晶体格子（简称晶格）是晶体中原子排列的具体形式。把晶格设想成为原子规则堆积，有助于理解晶格组成、晶体结构及与其有关性能等。

(1) 简单立方晶格

简单立方晶格见图 1-6，其特点是层内为正方排列，原子层叠起来，各层球完全对应，形成简单立方晶格，是原子球规则排列的最简单形式，这种晶格在实际晶体中不存在，但是一些更复杂的晶格可以在简单立方晶格基础上加以分析。简单立方晶格的原子球心形成一个三维立方格子结构，整个晶格可以看作是这样一个典型单元沿着三个方向重复排列构成的结果。

(2) 体心立方晶格

体心立方晶格的排列规则见图1-7，上面一层原子球心对准下面一层球隙，下层球心的排列位置用A标记，上面一层球心的排列位置用B标记，体心立方晶格中正方排列原子层之间的堆积方式可以表示为：AB AB AB AB。体心立方晶格的特点是为了保证同一层中原子球间的距离等于A-A层之间的距离，正方排列的原子球并不是紧密靠在一起，由几何关系证明，间隙 $r=0.31r_0$，r_0 为原子球的半径。具有体心立方晶格结构的金属有Li、Na、K、Rb、Cs、Fe等。

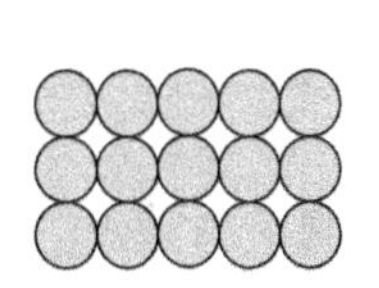
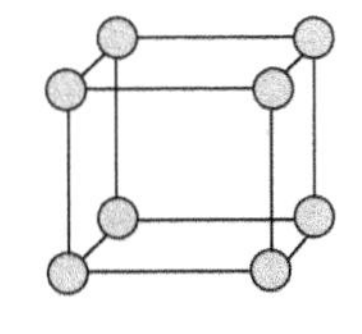

图1-6　简单立方晶格原子球的排列与晶格点阵单元

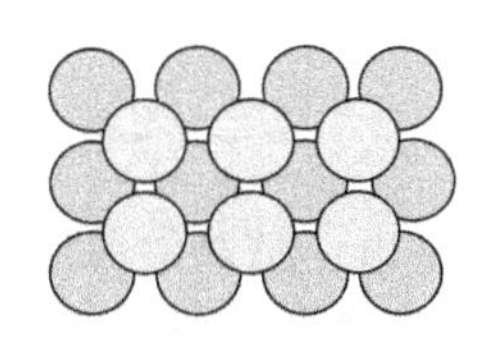
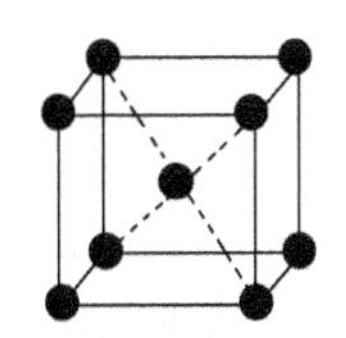

图1-7　体心立方晶格原子球的排列与晶格点阵单元

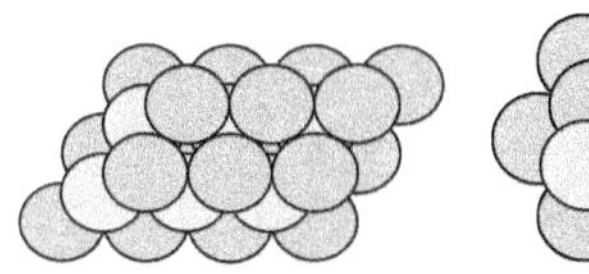
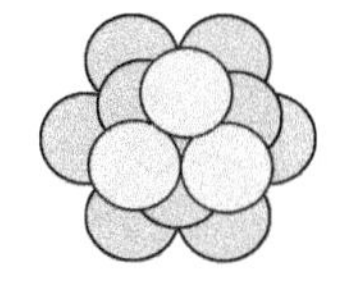

(a) ABC、ABC最密排列

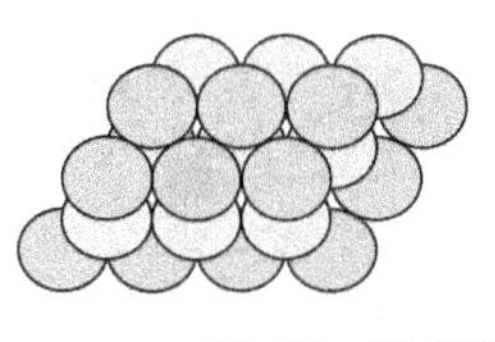
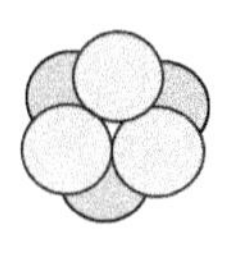

(b) AB、AB最密排列

图1-8　晶体的密堆积

（3）晶体的密堆积晶格

原子球在某一平面内以最紧密方式排列的面为密排面。其堆积方式是在堆积时把一层的球心对准另一层球隙，获得最紧密堆积，可以形成两种不同最紧密晶格排列，如图1-8（a）和（b）所示：AB AB AB排列和ABC ABC ABC排列。前一种为六方密排晶格［图1-9（a）］，如Be、Mg、Zn、Cd；后一种晶格为立方密排晶格，或面心立方晶格［图1-9（b）］，如Cu、Ag、Au、Al。

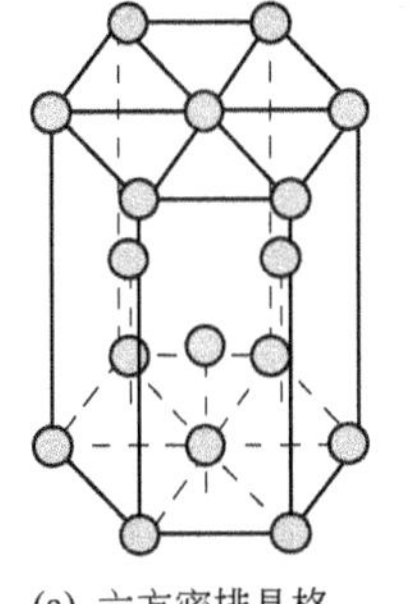

(a) 六方密排晶格

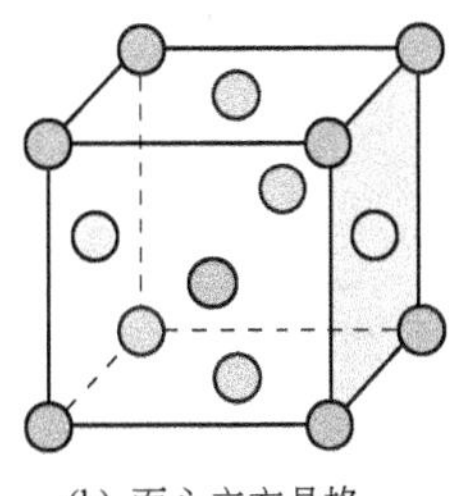

(b) 面心立方晶格

图1-9　晶体密排晶格

1.1.1.3　结晶学原胞与固体物理学原胞间的相互转化

以立方晶系为例说明结晶学原胞与固体物理学原胞间的相互转化。结晶学中，属于立方晶系的布喇菲原胞有简立方、体心立方和面心立方。这些布喇菲原胞的基矢在晶轴方向，其三个方向的周期都为 a，取晶轴作为坐标轴，而 $\boldsymbol{i}$、$\boldsymbol{j}$、$\boldsymbol{k}$ 表示坐标系单位矢量。

（1）简立方原胞

原子仅在立方体的顶点上，为最小的重复单元，原胞内含有一个原子，原胞的体积为一个原子所占有的体积。其结晶学原胞与固体物理学原胞相同。

物理学原胞的基矢为 $\boldsymbol{a}_1=\boldsymbol{i}a$，$\boldsymbol{a}_2=\boldsymbol{j}a$，$\boldsymbol{a}_3=\boldsymbol{k}a$。

（2）体心立方原胞

结晶学原胞是体心立方，固体物理学原胞是由式（1-2）表述的基矢 $\boldsymbol{a}_1$、$\boldsymbol{a}_2$、$\boldsymbol{a}_3$ 决定的平行六面体，见图1-10（a）。

$$\boldsymbol{a}_1=\frac{a}{2}(-\boldsymbol{i}+\boldsymbol{j}+\boldsymbol{k})$$

$$a_2=\frac{a}{2}(i-j+k) \tag{1-2}$$

$$a_3=\frac{a}{2}(i+j-k)$$

可以证明两种原胞的体积关系如下：

$$a_1 \cdot a_2 \times a_3=\frac{a}{2}(-i+j+k)\cdot\frac{a}{2}(i-j+k)\times\frac{a}{2}(i+j-k)$$

$$=\frac{a^3}{8}(-i+j+k)(0+2j+2k)=\frac{1}{2}a^3$$

从图 1-10（a）中也可看出，结晶学原胞中含有两个原子，而物理学原胞中含有一个原子，因此结晶学原胞的体积是物理学原胞的 2 倍。

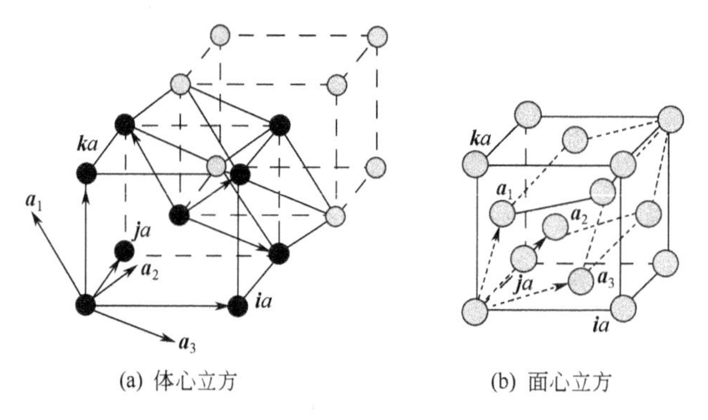

(a) 体心立方　　(b) 面心立方

图 1-10　固体物理学原胞选取的示例图

（3）面心立方原胞

结晶学原胞是面心立方，固体物理学原胞是由式（1-3）表述的基矢 a_1、a_2、a_3 决定的平行六面体，见图 1-10（b）。

$$a_1=\frac{a}{2}(j+k)$$

$$a_2=\frac{a}{2}(i+k) \tag{1-3}$$

$$a_3=\frac{a}{2}(i+j)$$

可以证明 $a_1 \cdot a_2 \times a_3=\frac{1}{4}a^3$，因此其固体物理学原胞体积为结晶学原胞体积的 1/4。也可从图 1-10（b）中看出，结晶学原胞中含有 4 个原子，而物理学原胞中含有一个原子，固体物理学原胞体积为结晶学原胞体积的 1/4。

1.1.1.4　布喇菲格子与复式格子

如果晶体是由完全相同的一种原子组成，则这种原子所组成的网格也就是布喇菲格子，和结点所组成的格子相同。如果晶体的基元中包含两种或两种以上原子，每个基元中，相应的同种原子各构成和结点相同网格，将此网格叫做子晶格（或亚晶格）。复式格子就是由这些相同结构子晶格相互位移套构而形成的。也就是说，复式格子是由若干相同的布喇菲格子套构而成。对于布喇菲格子，每一格点周围的情况都相同。对于复式格子，每个原胞的内部及其周围的情况都相同。下面以立方晶系中几种常见的结构为例进行说明。

（1）氯化钠结构

氯化钠是由钠离子和氯离子结合而成的，是一种典型的离子晶体，其结晶学原胞如图

1-11 所示。从中可以看出，钠离子与氯离子分别构成面心立方格子，且这两个子晶格完全相同，氯化钠结构就是由这两种格子相互平移一定距离套构而成。

（2）氯化铯结构

氯离子和铯离子分别构成简立方格子，氯化铯结构是由这两种格子相互沿对角线平移一半距离套构而成，如图 1-12 所示。

（3）闪锌矿结构

闪锌矿结构又称为硫化锌结构，它是由硫和锌的面心立方子晶格沿空间对角线 1/4 长度套构而成。许多重要的化合物半导体如砷化镓、磷化铟、锑化铟等都属于这种结构。

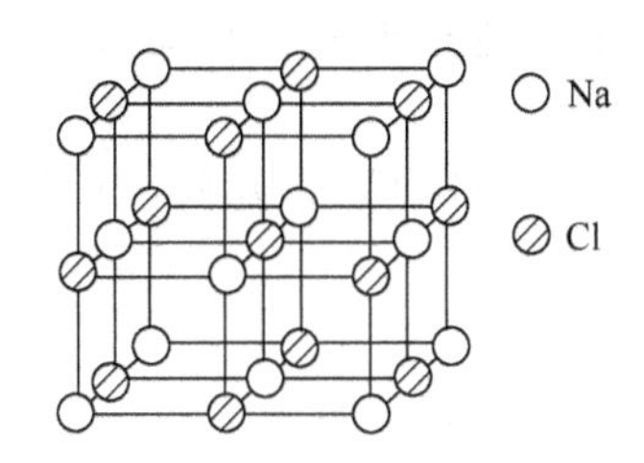

图 1-11　氯化钠晶格结构

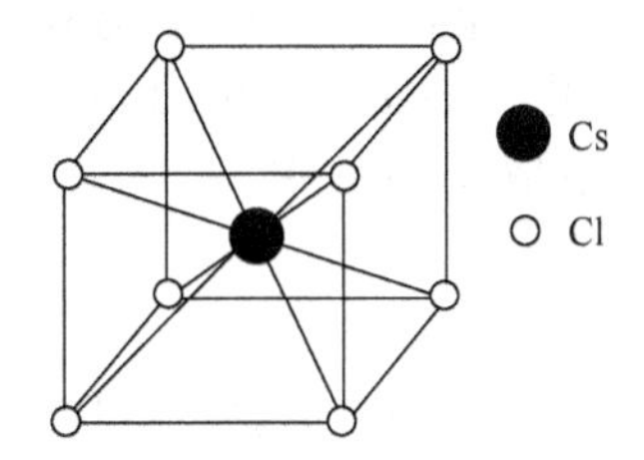

图 1-12　氯化铯晶格结构

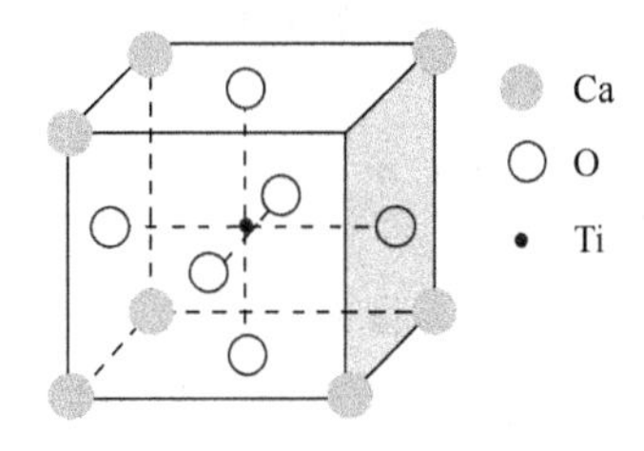

图 1-13　钛酸钙晶格结构

（4）钙钛矿型结构

钙离子和钛离子分别构成简立方格子，三组氧离子由于周围情况不完全相同，见图 1-13，因此分别构成一个简立方格子，整个晶格是由五个简立方结构子晶格套构而成，这就是钙钛矿型结构。许多重要的晶体，如 $CaTiO_3$、$BaTiO_3$、$PbTiO_3$、$PbZrO_3$、$SrZrO_3$、$SrTiO_3$、$LiNbO_3$、$LiLaO_3$ 等晶体的结构都属于钙钛矿结构类型。

钙钛矿结构一个非常重要的特点是：原胞容易变形。原来立方晶系如果沿 c 轴稍许伸长，就成了四方晶系；如再沿 a 或 b 轴稍许伸长，就成了正交晶系。如果沿立方原胞的体对角线方向收缩，就成了三方晶系。因此这种晶体属于几种晶系，这一现象是其他晶体中不常见的。

一般情况下，“分子”中的原子总数为子晶格的个数。如果晶体由一种原子构成，但在晶体中原子周围的情况并不相同，例如金刚石由于价键的取向不同，可使两个碳原子的周围情况不同，虽由一种原子组成，但不是布喇菲格子，而是复式格子，由两个相同的子晶格套构而成。

特别值得注意的是结点的概念以及结点所组成的布喇菲格子的概念，对于反映晶体中的周期性是很有用的。而基元中不同原子所构成的集体运动常可概括为复式格子中各个子晶格之间的相对运动。固体物理在讨论晶体内部粒子的集体运动时，对于基元中包含两个或两个以上原子的晶体，复式格子的概念显得更为重要。

1.1.2　晶面与晶向

从空间点阵学说中可知，格点的分布是由三维原胞在空间周期重复来实现的，格点的分布同样还可以用二维晶面或一维晶列在三维空间的平移来实现。另外，又由于晶体的各向异性特征，在研究晶体的物理特征时，通常必须标明是位于什么方位的面上或沿晶体的什么方向。为此引入晶面与晶列的概念，并建立一套晶面与晶向的标志方法。

1.1.2.1　晶向及其标志

通过任意两个格点连一直线，则这一直线包含无限个相同格点，这样的直线称为晶列，也是晶体外表上所见的晶棱。其上的格点分布具有一定的周期性，其周期等于任意两相邻格点的间距，见图 1-2。

晶列具有如下特点：一族平行晶列把所有点包括无遗；在一平面中，同族的相邻晶列之间的距离相等；通过一格点可以有无限多个晶列，其中每一晶列都有一族平行的晶列与之对应；有无限多族平行晶列。由于每一族晶列互相平行并完全等同，所以决定一族晶列的是晶

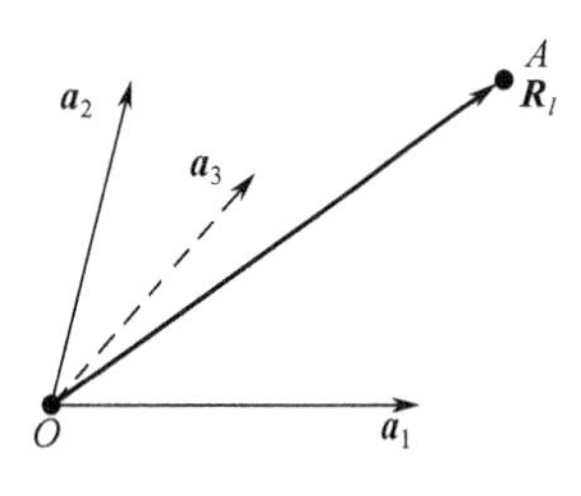

图 1-14　点阵中的位矢

列的取向，该取向为晶向。

晶列方向用晶列指数来表示。固体物理学原胞，格点只在原胞的顶点上，如图 1-14 所示，取某一格点 O 为原点，$\boldsymbol{a}_1$、$\boldsymbol{a}_2$、$\boldsymbol{a}_3$ 为原胞的基矢，由于格点的周期性，晶格中任一格点 A 的位矢 $\boldsymbol{R}_l$ 为

$$\boldsymbol{R}_l = l_1\boldsymbol{a}_1 + l_2\boldsymbol{a}_2 + l_3\boldsymbol{a}_3 \tag{1-4}$$

式中，l_1、l_2、l_3 是整数，若互质，直接用它们来表征晶列 OA 的方向，这三个互质整数为晶列的指数，记以 $[l_1, l_2, l_3]$。同样，在结晶学上，原胞不是最小的重复单元，而原胞的体积是最小重复单元的整数倍，以任一格点 O 为原点，$\boldsymbol{a}$、$\boldsymbol{b}$、$\boldsymbol{c}$ 为基矢，任何其他格点 A 的位矢为

$$\boldsymbol{R}_l = km\boldsymbol{a} + kn\boldsymbol{b} + kp\boldsymbol{c} \tag{1-5}$$

式中，m、n、p 为三个互质整数，于是用 m、n、p 来表示晶列 OA 的方向，记以 $[nmp]$。

1.1.2.2　晶面及其标志

通过任一格点，可以作全同的晶面与一晶面平行，构成一族平行晶面，如图 1-15 所示。一族平行晶面具有如下特点：所有的格点都在一族平行的晶面上而无遗漏；一族晶面平行且等距，各晶面上格点分布情况相同；晶格中有无限多族的平行晶面。同样一族晶面的特点也由取向决定，因此无论对于晶列或晶面，只需标志其取向。

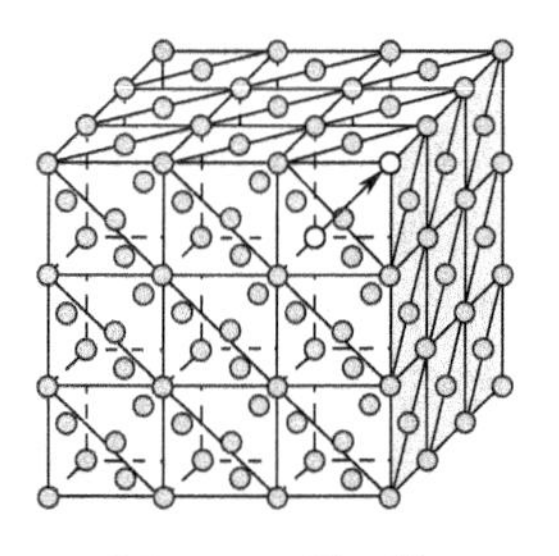
图 1-15　晶面族

注：为明确起见，下面只讨论物理学的布喇菲格子。

表示晶面的方法，也叫方位，可以用在一个坐标系中该平面的法线方向的余弦表示，或以平面在坐标轴上的截距表示。同样，取某一格点 O 为原点，原胞的三个基矢 $\boldsymbol{a}_1$、$\boldsymbol{a}_2$、$\boldsymbol{a}_3$ 为坐标轴的三个轴，这三个轴不一定相互正交，见图 1-16。设某一族晶面的面间距为 d，它的法线方向的单位矢量为 $\boldsymbol{n}$，则这族晶面中，离开原点的距离等于 μd 的晶面的方程式为：

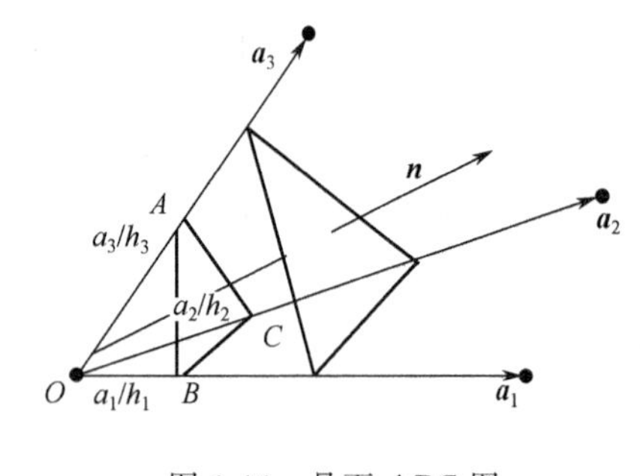

图 1-16　晶面 ABC 图

$$\boldsymbol{R} \cdot \boldsymbol{n} = \mu d \tag{1-6}$$

式中，μ 为整数；$\boldsymbol{R}$ 是晶面上的任意点的位矢。设此晶面与三个坐标轴的交点的位矢分别为 $r\boldsymbol{a}_1$、$s\boldsymbol{a}_2$、$t\boldsymbol{a}_3$，代入式 (1-6)，得

$$\begin{aligned} ra_1\cos(\boldsymbol{a}_1, \boldsymbol{n}) &= \mu d \\ sa_2\cos(\boldsymbol{a}_2, \boldsymbol{n}) &= \mu d \\ ta_3\cos(\boldsymbol{a}_3, \boldsymbol{n}) &= \mu d \end{aligned} \tag{1-7}$$

a_1、a_2、a_3 取单位长度，则得

$$\cos(\boldsymbol{a}_1, \boldsymbol{n}) : \cos(\boldsymbol{a}_2, \boldsymbol{n}) : \cos(\boldsymbol{a}_3, \boldsymbol{n}) = \frac{1}{r} : \frac{1}{s} : \frac{1}{t} \tag{1-8}$$

该式的物理意义是晶面的法线方向 $\boldsymbol{n}$ 与三个坐标轴（基矢）的夹角的余弦之比等于晶面在三个轴上的截距的倒数之比。

由于一族晶面必包含所有的格点而无遗漏，因此在三个基矢末端的格点必分别落在该族的不同的晶面上。设 $\boldsymbol{a}_1$、$\boldsymbol{a}_2$、$\boldsymbol{a}_3$ 末端上的格点分别在离原点的距离为 h_1d、h_2d、h_3d 的晶面上，其中 h_1、h_2、h_3 都是整数，三个晶面分别有

$$\boldsymbol{a}_1 \cdot \boldsymbol{n} = h_1 d, \qquad \boldsymbol{a}_2 \cdot \boldsymbol{n} = h_2 d, \qquad \boldsymbol{a}_3 \cdot \boldsymbol{n} = h_3 d \tag{1-9}$$

$\boldsymbol{n}$ 是这一族晶面公共法线的单位矢量，于是

$$a_1\cos(\boldsymbol{a}_1, \boldsymbol{n}) = h_1 d$$

$$a_2\cos(\boldsymbol{a}_2,\boldsymbol{n})=h_2 d$$
$$a_3\cos(\boldsymbol{a}_3,\boldsymbol{n})=h_3 d \tag{1-10}$$

a_1、a_2、a_3 用单位长度，有

$$\cos(\boldsymbol{a}_1,\boldsymbol{n}):\cos(\boldsymbol{a}_2,\boldsymbol{n}):\cos(\boldsymbol{a}_3,\boldsymbol{n})=h_1:h_2:h_3 \tag{1-11}$$

即晶面族的法线与三个基矢的夹角的余弦之比等于三个整数之比。

可以证明：h_1、h_2、h_3 三个数互质，称它们为该晶面族的面指数，记以 $(h_1h_2h_3)$。把晶面在坐标轴上的截距的倒数的比简约为互质的整数比，所得的互质整数就是面指数。

晶面指数的几何意义是在每一个基矢的两端各有一个晶面通过，且这两个晶面为同族晶面，在二者之间存在 h_n 个晶面，最靠近原点的晶面（$\mu=1$）在坐标轴上的截距分别为 a_1/h_1、a_2/h_2、a_3/h_3，同族的其他晶面的截距为这族最小截距的整数倍，即 h_1、h_2、h_3 的倒数是晶面族（$h_1h_2h_3$）中最靠近原点的晶面的截距（用单位长度表示）。

实际工作中，常以结晶学原胞的基矢 $\boldsymbol{a}$、$\boldsymbol{b}$、$\boldsymbol{c}$ 为坐标轴来表示面指数。在这样的坐标系中，表征晶面取向的互质整数称为晶面族的密勒指数，用（hkl）表示。

例如：有一 ABC 面，截距为 $4a$、b、c，截距的倒数为 1/4、1、1，它的密勒指数为(144)。另有一晶面，截距为 $2a$、$4b$、∞c，截距的倒数为 1/2、1/4、0，它的密勒指数为(210)。

以结晶学原胞的基矢为参考系，所得出的晶向指数和晶面指数有着重要的意义。如基矢是在晶轴上，晶轴本身的指数特别简单，分别为 [100]、[010]、[001]。由于晶面指数越简单的晶面，面间距 d 就越大，格点的面密度大，易于解理；格点的面密度大，表面能小，在晶体生长过程中易于显露在外表，对 X 射线的散射强，在 X 射线衍射中，往往为照片中的浓黑斑点所对应。因此晶面指数简单的晶面如（110）、(111）是重要的晶面。

1.1.3 倒格子

由于晶格的周期性，无数位向不同的晶面族从一个角度上体现了晶体结构。表征晶体中一族晶面特征必须有两个参量，一个是它的晶面法向，另一个是面间距。如果有一矢量，其方向为某一族晶面的法向，而矢量模值比例于这族晶面的面间距，那么这一矢量就可确定这族晶面。如果晶体中的所有晶面族都有这个一一对应的关系，那么在原点一定时，这些矢量会有什么特点呢？实际上，这样确定的矢量称为倒格矢，倒格矢的端点称为倒格点。由于晶体结构的周期性，由这些倒格点形成的空间点阵，即所谓的倒格子空间，也同晶格（正格子）一样具有周期性，具有周期性的重复。每个倒格点都表示了晶体中的一族晶面的特征，倒格点的位置矢量，即倒格矢体现了晶体的面间距和法向。

1.1.3.1 倒格子的概念

倒格子的数学定义：设一布喇菲格子的基矢为 $\boldsymbol{a}_1$、$\boldsymbol{a}_2$、$\boldsymbol{a}_3$，那么有如下关系

$$\boldsymbol{b}_1=\frac{2\pi(\boldsymbol{a}_2\times\boldsymbol{a}_3)}{\Omega}$$
$$\boldsymbol{b}_2=\frac{2\pi(\boldsymbol{a}_3\times\boldsymbol{a}_1)}{\Omega}$$
$$\boldsymbol{b}_3=\frac{2\pi(\boldsymbol{a}_1\times\boldsymbol{a}_2)}{\Omega} \tag{1-12}$$

式中，$\Omega=\boldsymbol{a}_1\cdot\boldsymbol{a}_2\times\boldsymbol{a}_3$ 为晶格原胞的体积。该式说明 $\boldsymbol{b}_1$ 垂直于 $\boldsymbol{a}_2$ 和 $\boldsymbol{a}_3$ 所确定的平面；$\boldsymbol{b}_2$ 垂直于 $\boldsymbol{a}_3$ 和 $\boldsymbol{a}_1$ 所确定的平面；$\boldsymbol{b}_3$ 垂直于 $\boldsymbol{a}_1$ 和 $\boldsymbol{a}_2$ 所确定的平面。因此如果以 $\boldsymbol{a}_1$、$\boldsymbol{a}_2$、$\boldsymbol{a}_3$ 为基矢形成的格子为正格子，则以 $\boldsymbol{b}_1$、$\boldsymbol{b}_2$、$\boldsymbol{b}_3$ 为基矢形成的格子为倒格子，倒格子中的格点称为倒格点，倒格点的位矢的单位为 m^{-1}。与正格子位矢（也叫正格矢）表示方法相同，倒格点的位矢即倒格矢也可表示为

$$\boldsymbol{K}_h = h_1 \boldsymbol{b}_1 + h_2 \boldsymbol{b}_2 + h_3 \boldsymbol{b}_3$$

倒格子概念的引出为许多问题的处理带来了方便。例如，晶体的X衍射照片上的斑点就与晶体中不同位向的晶面族相对应。倒格子把晶体的晶面族转化成了倒格点，因此这些倒格点与X射线斑点相联系，从而使晶体衍射分析简单而直观。

1.1.3.2　正格子与倒格子的几何关系

① 正格子基矢和倒格子基矢的关系如下：

$$\boldsymbol{a}_i \cdot \boldsymbol{b}_j = 2\pi\delta_{ij} \begin{matrix} =0 \ (i \neq j) \\ =2\pi \ (i=j) \end{matrix} \tag{1-13}$$

证明如下：$\boldsymbol{a}_1 \cdot \boldsymbol{b}_1 = \boldsymbol{a}_1 \cdot \dfrac{2\pi(\boldsymbol{a}_2 \times \boldsymbol{a}_3)}{\boldsymbol{a}_1(\boldsymbol{a}_2 \times \boldsymbol{a}_3)} = 2\pi$

因为倒格子基矢与不同下脚标的正格子基矢垂直，所以有 $\boldsymbol{a}_2 \cdot \boldsymbol{b}_1 = 0$，$\boldsymbol{a}_3 \cdot \boldsymbol{b}_1 = 0$。

② 除 $(2\pi)^3$ 因子外，正格子原胞体积 Ω 和倒格子原胞体积 Ω^* 互为倒数。

$$\Omega^* = \boldsymbol{b}_1 \cdot (\boldsymbol{b}_2 \times \boldsymbol{b}_3) = \frac{(2\pi)^3}{\Omega} \tag{1-14}$$

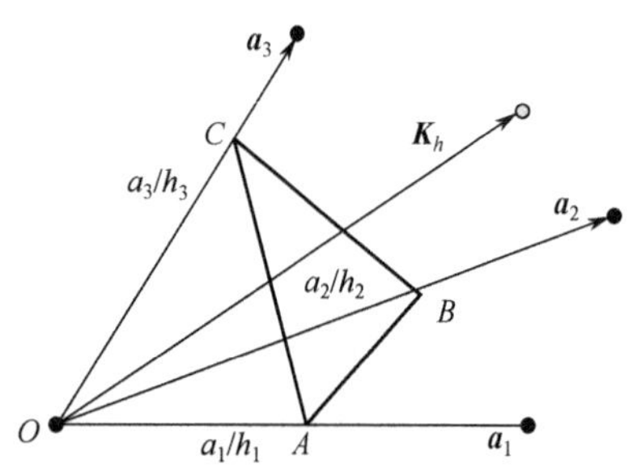

图 1-17　晶面族$(h_1h_2h_3)$与 $\boldsymbol{K}_h$ 正交

③ 正格子中的一族晶面$(h_1h_2h_3)$和倒格矢正交，即晶面指数是垂直于该晶面的最短倒格矢坐标。

$$\boldsymbol{K}_h = h_1 \boldsymbol{b}_1 + h_2 \boldsymbol{b}_2 + h_3 \boldsymbol{b}_3$$

如有一晶面族$(h_1h_2h_3)$中最靠近原点的晶面为ABC，它在基矢 $\boldsymbol{a}_1$、$\boldsymbol{a}_2$、$\boldsymbol{a}_3$ 上的截距分别为 a_1/h_1、a_2/h_2、a_3/h_3，见图 1-17。可以证明 $\boldsymbol{K}_h \cdot \overrightarrow{CA} = 0$ 和 $\boldsymbol{K}_h \cdot \overrightarrow{CB} = 0$。因此 $\boldsymbol{K}_h$ 必与晶面族$(h_1h_2h_3)$正交。

④ 倒格矢的长度正比于晶面族$(h_1h_2h_3)$的面间距的倒数，即

$$d_h = \frac{\boldsymbol{a}_1}{h_1} \cdot \frac{\boldsymbol{K}_h}{|\boldsymbol{K}_h|} = \frac{\boldsymbol{a}_1}{h_1} \cdot \frac{h_1 \boldsymbol{b}_1 + h_2 \boldsymbol{b}_2 + h_3 \boldsymbol{b}_3}{|\boldsymbol{K}_h|} = \frac{2\pi}{|\boldsymbol{K}_h|}$$

由③、④可知，一个倒格矢 $\boldsymbol{K}_h$ 代表正格子中的一族平行晶面$(h_1h_2h_3)$。该晶面族中离原点的距离为 μd_h 的晶面的方程式可写成

$$\boldsymbol{R}_l \cdot \frac{\boldsymbol{K}_h}{|\boldsymbol{K}_h|} = \mu d \ (\mu = 0, \pm 1, \pm 2, \cdots) \tag{1-15}$$

可得正格矢和倒格矢的关系为

$$\boldsymbol{R}_l \cdot \boldsymbol{K}_h = 2\pi\mu \tag{1-16}$$

因此，如果两矢量的关系满足式(1-16)，则其中一个为正格子，另一个必为倒格子。图 1-18 为正、倒格子间的转化，其中黑色的圆点为倒格子点阵。

利用倒格子（也叫倒易点阵）与正格子间的关系可以导出晶面间距和晶面夹角。①晶面间距公式 $d_h = 2\pi/|\boldsymbol{K}_h|$ 的两边开平方，将 $\boldsymbol{K}_h = h_1 \boldsymbol{b}_1 + h_2 \boldsymbol{b}_2 + h_3 \boldsymbol{b}_3$ 及正倒格子的基矢关系代入其中，经过数学运算，得到面间距公式。②利用公式 $\boldsymbol{K}_1 \cdot \boldsymbol{K}_2 = K_1 K_2 \cos\theta$，可求晶面夹角 θ。

1.1.3.3　倒格子原胞和布里渊区

由原点出发的诸倒格矢的垂直平分面，这些平面完全封闭的最小的多面体就是倒格子原胞。通常称这个最小体积为第一布里渊区。

现以二维倒格子进行说明。见图 1-19，构成二维倒格子第一布里渊区的垂直平分线的方程式如下

$$k_x = \pm \pi/a$$
$$k_y = \pm \pi/a \tag{1-17}$$

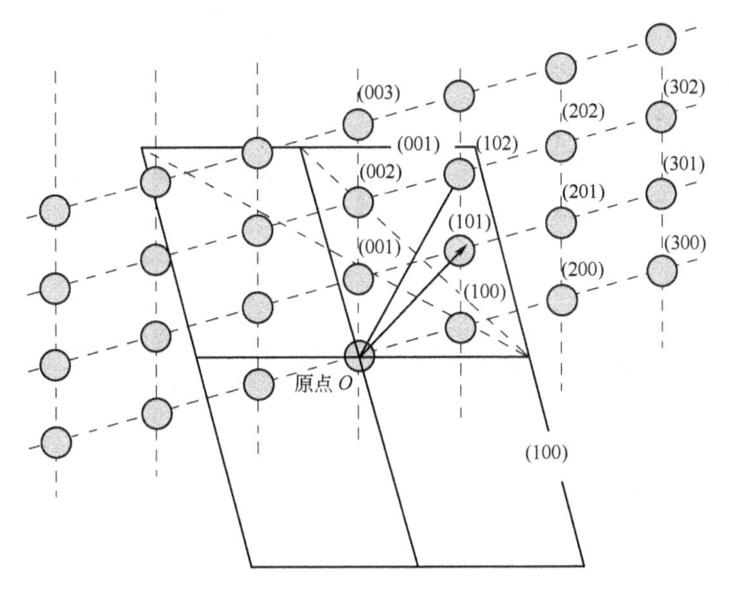

图 1-18　简单单斜点阵在（010）上的投影和一部分倒格子点阵

第二布里渊区的各个部分分别平移一个倒格矢，可以同第一区重合。第三布里渊区的各个部分分别平移适当的倒格矢也能同第一区重合。

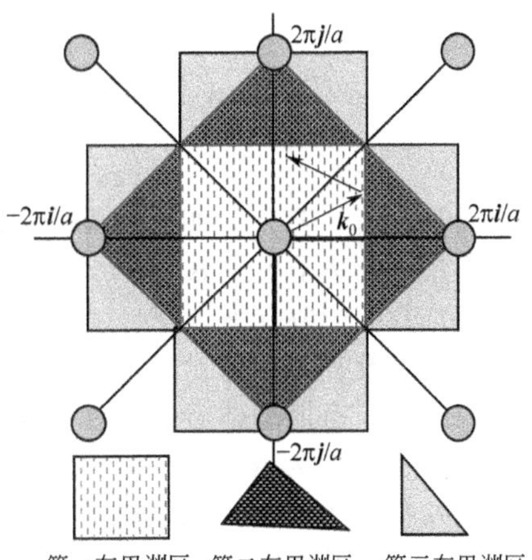

图 1-19　二维点阵布里渊区的构成

1.1.3.4　X 射线衍射

晶格的周期性决定了晶格可以作为波的光栅（大量等间距的原子平面与平面光栅上的狭缝相应），而特征的 X 射线波长正好相应于典型的固体原子间距量级。所以用 X 射线衍射来研究晶体的结构。以一个任意角入射在三维晶体上的单色 X 射线一般不会被反射，因此晶体要发生衍射，就得满足一定的条件（见图 1-20），这个条件由布拉格反射定律或劳厄衍射方程来描述。X 射线衍射的条件是 X 射线源、观测点与晶体的距离都比晶体的线度大得多，入射线和衍射线可看成平行光线，散射前后的波长不变，且为单色。

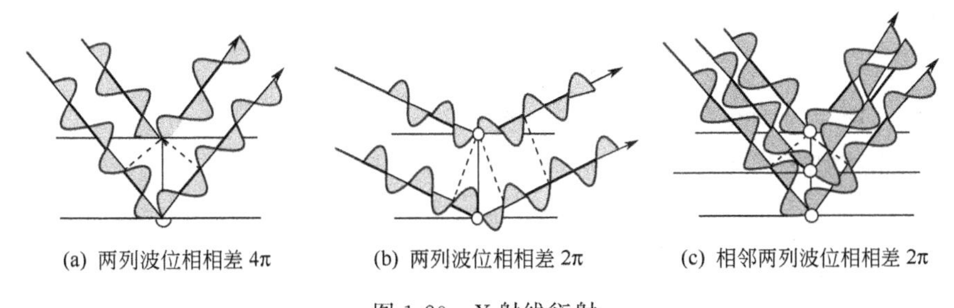

(a) 两列波位相相差 4π　　(b) 两列波位相相差 2π　　(c) 相邻两列波位相相差 2π

图 1-20　X 射线衍射

（1）布拉格反射定律

布拉格将晶体看作由一系列间距为 d 的原子平面所组成，当波长为 λ 的入射 X 射线通过晶体时，使晶体原子内的电子产生受迫振动而成为次波的振源，这些次波合成的结果，在某一方向产生最大的干涉强度。产生最大干涉强度的条件有二：一是在任一原子平面内 X

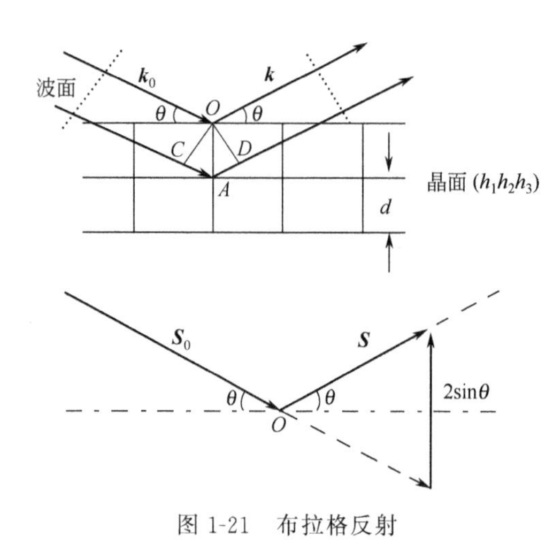

图 1-21　布拉格反射

射线应作晶面反射；二是从相邻平面上来的反射线应是加强的。见图 1-21，入射线与反射线之间的光程差为

$$\delta=AC+AD=2d_{h_1h_2h_3}\sin\theta \tag{1-18}$$

则此两列光产生最大干涉强度的条件是

$$2d_{h_1h_2h_3}\sin\theta=n\lambda \tag{1-19}$$

n 为反射级数，取整数。此式称为布拉格反射公式。当 $\lambda\leqslant 2d$ 时，才能发生布拉格反射，这就是不能用可见光研究晶体结构的原因。

设 $\boldsymbol{S}_0$、$\boldsymbol{S}$ 分别为入射线和反射线的单位基矢，$\boldsymbol{k}_0$ 和 $\boldsymbol{k}$ 分别为入射波矢和反射波矢，其中 $\boldsymbol{k}_0=\frac{2\pi}{\lambda}\boldsymbol{S}_0$、$\boldsymbol{k}=\frac{2\pi}{\lambda}\boldsymbol{S}$。由反射的几何关系得

$$|\boldsymbol{k}-\boldsymbol{k}_0|=\frac{2\pi}{\lambda}|\boldsymbol{S}-\boldsymbol{S}_0|=\frac{4\pi}{\lambda}\sin\theta \tag{1-20}$$

将式（1-19）代入式（1-20），则

$$|\boldsymbol{k}-\boldsymbol{k}_0|=\frac{2\pi n}{d_h} \tag{1-21}$$

由于 $|\boldsymbol{K}_h|=\frac{2\pi}{d_h}$，因此

$$\boldsymbol{k}-\boldsymbol{k}_0=n\boldsymbol{K}_h \tag{1-22}$$

上式说明：当一束 X 光照射在晶体中的某一晶面 $(h_1h_2h_3)$，如果入射波矢和反射波矢相差一个或几个倒格子矢量 $\boldsymbol{K}_h$ 时，满足加强条件。

（2）劳厄衍射方程

劳厄既没有将晶体设想成特殊晶面，也没有镜面反射的假设，而把晶体看作是由全同的离子或原子组成，它们的位矢为 $\boldsymbol{R}_l$，每一个都向各方向散射入射波。现以布喇菲格子为例来讨论，见图 1-22。格点 O 为原点，A 为晶格中任一格点。有

$$CO=-\boldsymbol{R}_l\cdot\boldsymbol{S}_0$$
$$OD=\boldsymbol{R}_l\cdot\boldsymbol{S}$$

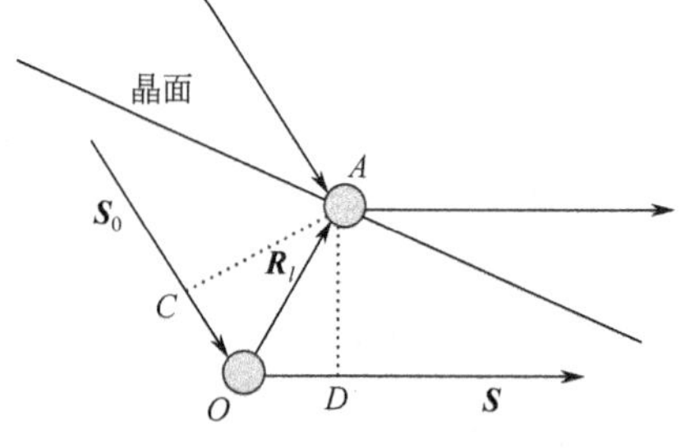

图 1-22　X 射线衍射（以布喇菲格子为例）

则衍射加强条件为

$$\boldsymbol{R}_l\cdot(\boldsymbol{S}-\boldsymbol{S}_0)=n\lambda \tag{1-23}$$

n 为衍射级数，称式（1-23）为劳厄衍射方程。
将入射波矢与散射波矢代入式（1-23），得

$$\boldsymbol{R}_l\ (\boldsymbol{k}-\boldsymbol{k}_0)\ =2\pi n \tag{1-24}$$

由于 $\boldsymbol{R}_l\boldsymbol{K}_h=2\pi\mu$，得

$$\boldsymbol{k}-\boldsymbol{k}_0=n\boldsymbol{K}_h$$

通过分析，由于布拉格反射公式和劳厄衍射方程都可得出 $\boldsymbol{k}-\boldsymbol{k}_0=n\boldsymbol{K}_h$，因此二者是等价的，这样反射条件就可以转化为衍射加强条件，衍射极大的方向恰是晶面族的布拉格反射方向。

以 $\boldsymbol{k}-\boldsymbol{k}_0$ 的交点 C（不一定为倒格点）为中心，$2\pi/\lambda$ 为半径的球面上的倒格点均满足 $\boldsymbol{k}-\boldsymbol{k}_0=n\boldsymbol{K}_h$ 的条件，见图 1-23。这些倒格点所对应的晶面族将产生反射，所以这样的球称为反射球或衍射球。

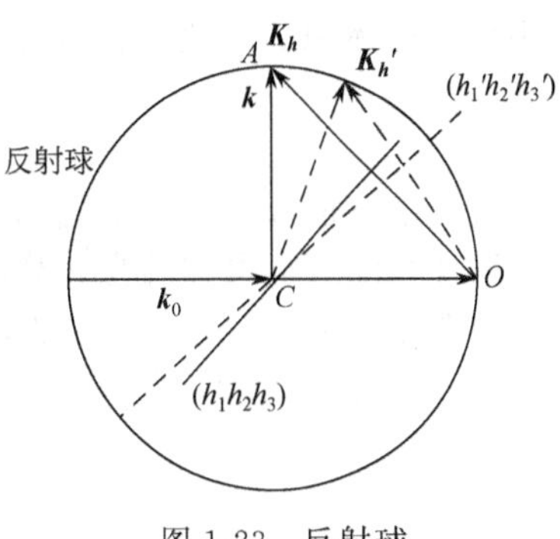

图 1-23　反射球

通过反射球，把晶格的衍射条件和衍射照片上的斑点直接联系起来。利用反射球求出某一晶面族发生衍射的方向，若反射球上的 A 点是一个倒格点，则 $\overrightarrow{CA}$ 就是以 $\overrightarrow{OA}$ 为倒格矢的一族晶面（$h_1h_2h_3$）的衍射方向 $\boldsymbol{S}$。

X 射线衍射与布里渊区的关系如图 1-19 所示，入射波矢从倒格子原点出发终止在布里渊区边界，对应的入射波矢和反射波矢满足衍射条件：$\boldsymbol{k}-\boldsymbol{k}_0=n\boldsymbol{K}_h$。

1.2　晶体的结合

晶体中的原子（或离子、分子）所以能结合成具有一定几何结构的稳定晶体，是由于原子间存在结合力。不同类型的原子由于电子分布的不同，具有不同性质的结合力，可概括为五种不同的基本形式。晶体结合的基本形式与晶体的几何结构、理化性质有着密切的联系。

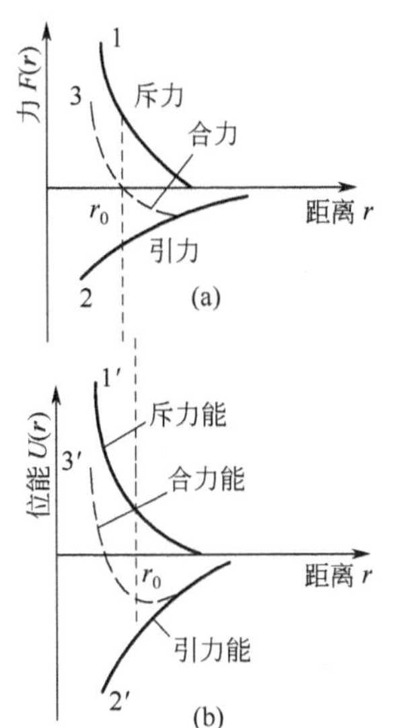

图 1-24　两原子间相互作用力与它们间距的关系

本节简要地介绍原子间依靠怎样的相互作用凝聚在一起形成晶体，以及这些相互作用所决定的各种结合力的来源、物理本质和晶体结合的基本形式。然后讨论各类晶体的基本结构和特征。

1.2.1　结合力的一般特点

晶体的结构是稳定的结构，例如锗晶体就比自由锗原子的集合稳定，这个事实表明晶体原子间存在吸引作用，晶体又是难以压缩的，这个事实表明晶体原子间还存在排斥作用。因此，晶体原子间的相互作用包含吸引和排斥两部分。固体原子间的相互作用随原子间距发生变化，图 1-24（a）为两个原子间相互作用力 $F(r)$ 与它们间距 r 的关系。在间距大时，吸引力起主要作用，在间距小时，排斥力起主要作用。当原子间距 $r\to\infty$ 时，互作用势能为零；$r=r_0$ 势能最低，此时吸引力和排斥力相抵消，晶体原子处在平衡位置；$r<r_0$ 时，排斥作用迅速增加到∞。这就是结合力的一般特点。原子间的相互作用实际上是短程作用，超过一定距离（10～15Å）时，互作用势能就变为零。

原子间存在相互作用导致原子形成固体，原子间的这种相互作用称为键。基本的键有五种类型：离子键、共价键、金属键、范氏键和氢键，前三种是强键，后两种是弱键。

1.2.2　结合能

原子能够结合成晶体的根本原因在于原子组成固体后整个系统具有更低的能量。因此，一块晶体处于稳定状态时，它的总能量（动能和势能）比组成这个晶体的 N 个原子在自由时的总能量低，两者差值被定义为晶体的结合能。换句话说，结合能 W 是把晶体分离为自由原子所需的能量，可表示为

$$W=E_N-E_0 \tag{1-25}$$

式中，E_N 是组成这个晶体的 N 个自由原子的总能量；E_0 是晶体的能量。

固体的内能就是固体的能量，它等于组成固体粒子的动能和势能的总和。在绝对零度以下，忽略其动能，则晶体能量 E_0 等于互作用势能 $U(r)$，也可用 $U(V)$ 表示势能，这里互

作用势能是体积的函数。若以原子自由状态时的能量作为计算内能的标准，即令 $E_N=0$，则有

$$W=-U(r) \tag{1-26}$$

上式表明结合能等于互作用能的相反数。$U(V)$ 随 V 的变化与 $U(r)$ 和 r 的变化相同。上式表明计算结合能可归结为计算晶体互作用能。晶体互作用能的计算步骤是：设 $U(r_{ij})$ 是晶体中两原子 i 和 j 的互作用能，两个原子间相互作用势能 $U(r)$ 与它们间距 r 的关系见图 1-24（b）。则第 i 个原子与其他所有原子的互作用能为

$$U_i=\sum_{j=1}^{N'}U(r_{ij}) \tag{1-27}$$

N'表示求和不包括 $i=j$ 一项。总的互作用能为

$$U=\frac{1}{2}\sum_{j=1}^{N}U_i \tag{1-28}$$

式（1-28）中的 1/2 是因为相互作用在一对原子间发生，而求和表现出两次之故。在忽略表面效应的条件下（因为表面原子数很少），每个原子与晶体中其他原子的相互作用是相同的，因而有

$$U=\frac{1}{2}NU_i \tag{1-29}$$

1.2.3 结合能函数与晶体的物理性能

若已知晶体结合能，则可计算材料的许多物理量。

（1）晶格常数的计算

原子处于平衡位置时，结合能最小，由 $\left.\frac{\partial U(V)}{\partial V}\right|_{V_0}=0$ 可求出晶体的平衡体积 V_0，然后根据晶体结构求出晶格常数 a。

（2）体积弹性模量的计算

对晶体施加一定的压力时，晶体的体积会发生变化，晶体的这种性质可以用体积弹性模量 K 来描述。其定义是：晶体所受压力的变化量 ΔP 与由此引起晶体体积的相对变化量 $-\Delta V/V$ 之比，用公式表示为

$$K=\frac{\Delta P}{-\frac{\Delta V}{V}}=-V\frac{\Delta P}{\Delta V}$$

即等于晶体压缩系数的倒数。用偏微分的形式表示，有

$$K=-V\frac{\partial P}{\partial V}$$

又因

$$P=-\frac{\partial U}{\partial V}$$

所以

$$K=V\frac{\partial^2 U}{\partial V^2}$$

若绝对零度时晶体的平衡体积为 V_0，则

$$K=V_0\left(\frac{\partial^2 U}{\partial V^2}\right)_{V_0}$$

（3）电负性

晶体结合的性质主要决定于原子束缚电子的能力，而原子束缚能力的强弱又起因于价电子屏蔽作用的强弱。在具有 Z 个价电子的原子中，一个价电子受到带正电的原子实的库仑吸引作用，其他（$Z-1$）个价电子对它的平均作用可看作是分布在原子实周围的负电子云

屏蔽原子实的作用；由于许多价电子属于同一壳层，它们的相互屏蔽只能是部分的，因而作用在一个价电子上的有效电荷在$+e$和$+Ze$之间，且随Z增大而加强，从而使原子束缚电子的能力随Z发生变化。

原子束缚电子能力的强弱通常是用原子电负性量度的，原子电负性定义为：

$$电负性=0.18(电离能+亲和能) \tag{1-30}$$

式中，电离能是原子失去一个电子所需的能量，亲和能是一个中性原子获得一个电子所放出的能量，系数0.18的选择是为了使Li的电负性为1。表1-1给出了原子电负性的变化规律与晶体结合性质的联系。

表1-1 原子电负性的变化规律与晶体结合性质

Ⅰ	Ⅱ	Ⅲ	Ⅳ	Ⅴ	Ⅵ	Ⅶ	0
Li	Be	B	C	N	O	F	Ne
1.0	1.5	2.0	2.5	3.0	3.5	4.0	
Na	Mg	Al	Si	P	S	Cl	Ar
0.9	1.2	1.5	1.8	2.1	2.5	3.0	
K	Ca	Ga	Ge	As	Se	Br	Kr
0.8	1.0	1.5	1.8	2.0	2.4	2.8	

←金属结合→←共价结合→分子结合

典型离子结合

原子电负性变化规律与元素周期表的联系表明，晶体采取何种结合方式与它的原子状态有关。

1.2.4 晶体结合的类型

1.2.4.1 离子键和离子晶体

典型的离子晶体是碱卤族元素的化合物，如氯化钠就是由Na^+和Cl^-结合成的离子晶体。离子晶体的结合力称为离子键，这种结合力主要是正、负离子间的静电作用。

离子性结合的特点是离子以离子结合而非原子为结合单元，氯化钠晶体就是以Na^+和Cl^-为单元结合的。正负离子依靠库仑吸引作用相互靠近，而电子云的重叠产生了泡利排斥又阻止离子无限的靠近，这种吸引和排斥达平衡时形成稳定的晶体。离子结合要求正负离子相间排列，以使整个晶体呈现电中性。

离子晶体的特点是配位数高。典型的离子晶体的结构有氯化钠型和氯化铯型，前者配位数是6，后者配位数是8。这是正负离子相间排列的结果。其性质是硬度大、熔点高。例如氯化钠的熔点是801℃，而钠晶体的熔点是97.8℃。这是库仑力相互作用强的结果。由于离子是满壳层结构，所以不存在自由电子，导电性弱。

离子晶体的很多性质与它的结合能密切相关。以NaCl离子晶体为例对结合能进行具体分析。由于Na^+和Cl^-是满壳层结构，具有球对称，所以在计算库仑作用时可看作是点电荷。若两离子间距为r，则库仑能为$\pm e^2/r$，正号表示相同离子作用，负号表示相异离子作用；除库仑作用外，还存在电子云显著重叠的排斥作用，这种排斥作用可用b/r^n唯象地描述，b和n是常数，由实验测定。由于两离子间的相互作用能为

$$u(r)=\pm\frac{e^2}{r}+\frac{b}{r^n} \tag{1-31}$$

将式(1-31)代入式(1-29)，得到晶体互作用能

$$U(r)=\frac{N}{2}\sum_j{}'\left\{\pm\frac{e^2}{r_{ij}}+\frac{b}{r_{ij}^n}\right\}=-\frac{N}{2}\sum_j{}'\left\{\mu\frac{e^2}{r_{ij}}-\frac{b}{r_{ij}^n}\right\} \tag{1-32}$$

设 R 为离子间最短距离，则有

$$R_{ij}=\alpha_j R \tag{1-33}$$

式中，α_j 是由晶体几何结构决定的表示第 i 个离子到第 j 个离子的距离为 R 的多少倍的数。将式（1-33）代入式（1-32），得到

$$U(R)=-\frac{N}{2}\left(\frac{\alpha e^2}{R}-\frac{B}{R_n}\right) \tag{1-34}$$

式中，$\alpha=\sum_{j\neq 1}^{N}\left(\mu\ \frac{1}{\alpha_j}\right)$；$B=\sum_{j\neq 1}^{N}\frac{b}{\alpha_j^n}$；$\alpha$ 称为马德隆常数；B 和 n 是由晶格决定的常数，而且 B 和 n 不是独立的，由 $\left.\frac{\partial U(R)}{\partial R}\right|_{R=R_0}=0$ 得到

$$B=\frac{\alpha e^2}{n}R_0^{n-1}$$

则平衡时的结合能为

$$U(R_0)=-\frac{N\alpha e^2}{2R_0}\left(1-\frac{1}{n}\right)$$

此式说明离子晶体的结合能主要是来自库仑能，排斥能只占库仑能的 $1/n$。表 1-2 给出了一些离子晶体的结合能的理论值和实验值，它们符合得很好。n 是通过体弹性模量 K 来测定的。n 和 K 有这样的关系

$$n=1+\frac{18\beta r_0^4}{\alpha e^2}K \tag{1-35}$$

式中，β 是与结构相关的常数。如 NaCl 的体积 $V=Nr_0^3$，而其他晶体，体积 $V=\beta N r_0^3$。

表 1-2　一些离子晶体结合能的理论值和实验值

晶　体	理论值(kcal/mol)	实验值(kcal/mol)	n	晶　体	理论值(kcal/mol)	实验值(kcal/mol)	n
NaCl	182	185	8	NaBr	172	176	8.3
KCl	165	168	9	KBr	159	161	4.3

注：1kcal=4.184kJ。

综上所述，把离子晶体看成由正负离子为单元主要靠它们间的库仑作用而结合的概念是切合实际的。离子晶体的结合能计算对于验证这一理论起了重要的作用。

1.2.4.2　共价键和共价晶体

典型的共价晶体是金刚石、锗、硅等，共价晶体的结合力称为共价键。共价键是由两个原子间一对自旋相反的共有电子形成的，共价键的本质是交换互作用。交换互作用是一种依赖于自旋的库仑能，量子力学告诉我们，两电子自旋取向不同，电荷分布就不同，自旋反平行的两核间电子密度较大，如图 1-25 所示，这种交叠电子通过静电库仑引力将两个离子实

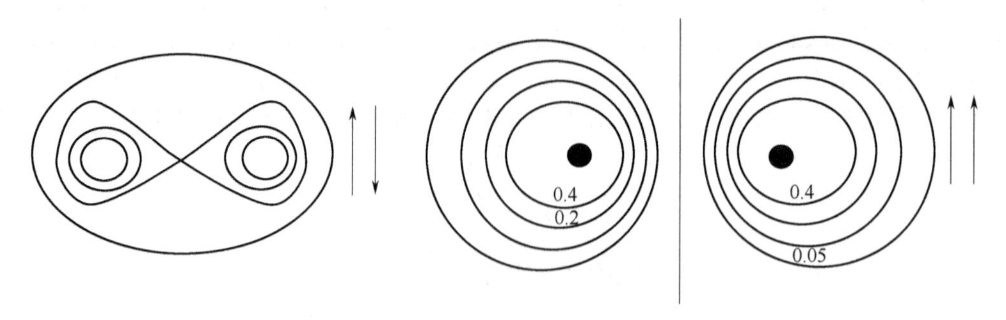

图 1-25　H_2 分子中电子云的等密度线图

结合起来，人们将这种依赖于自旋的库仑能称作交换互作用。由于壳层未填满，电子交叠无需伴随电子向更高能级激发，从而使较大的电子交叠成为可能，因此共价结合是以反平行电子的电荷交叠分布为特征的。

1.2.4.3 金属键和金属晶体

具有代表性的金属是锂、钠、钾、铜、银、金等，金属晶体的结合力称为金属键，金属结合主要靠负电子云与正离子实间的库仑相互作用，这是因为金属键的基本特点是电子共有化，即原来属于各原子的价电子不再束缚于各原子，而在整个晶体内运动，这些自由运动着的电子为所有离子实共有。形象地说，自由电子像黏合剂一样，将正离子胶合在一起。在金属中价电子所以采取共有化运动状态，是因为这种状态下价电子的能量比自由原子中价电子的能量有所降低；这可以从测不准关系来理解，共有化的电子在整个晶体中运动，其动能显然比自由电子中价电子的动能低，这就是金属键的本质。金属结合中的排斥作用来源有二：一是体积缩小时，共有化电子密度增加，动能增加，动能的增加则表现为斥力；二是离子实接近，它们的电子云显著重叠而产生排斥作用。正离子间的排斥作用基本上为自由电子所屏蔽，成为没有相互作用的离子。

上述模型对碱金属很合适，对过渡族金属还要考虑来自内电子壳层的附加结合能量，例如铁和镍中，3d 电子具有定域的性质，它们也能形成共价键，这个共价键要附加到价电子的键中。

金属晶体的特点是：①由于金属键对离子实的排列方式没有特殊要求，使得金属键没有方向性和饱和性，因而金属晶体一般要求紧密排列，具有高的配位数；②金属具有良好的导电性和导热性，这与共有化电子在整个晶体内自由运动相联系；③金属具有高的硬度和高的熔点，这是金属间结合力强的结果，但金属键和离子键、共价键相比还是弱的。

1.2.4.4 范德瓦尔斯键和分子晶体

典型的分子晶体是 CO_2、SO_2、HCl、H_2、Cl_2 以及惰性气体元素在低温下形成的晶体。分子晶体的结合力称范氏键。

范德瓦尔斯结合时基本上保持原来的电子结构，它往往产生于具有稳固的电子结构的原子和分子间（如惰性元素），或产生于价电子以用于形成共价键的饱和分子之间（如氢分子）。

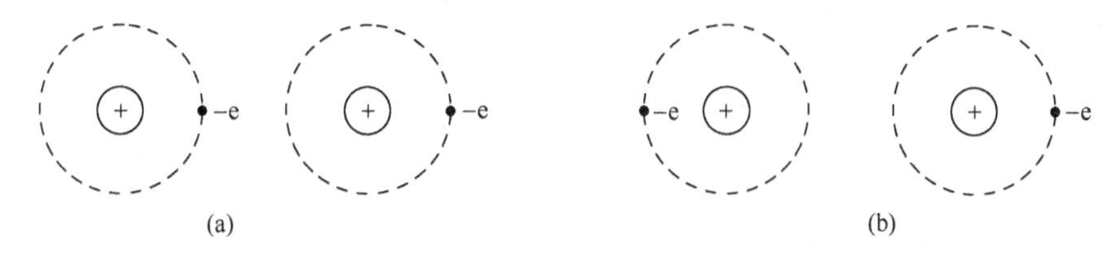

图 1-26　电子绕核运动的两个典型的瞬时情况

范德瓦尔斯结合的本质是瞬时偶极矩间的作用。在图 1-26 中（a）和（b）分别表示电子绕核运动的两个典型的瞬时状况，（a）的库仑能为负，（b）的库仑能为正，两种瞬时状态出现的概率不同，统计地讲，（a）情况出现的概率大于（b），因此吸引作用占优势，由于这个原因，尽管两个原子都是中性，但仍能产生一定的平均吸引作用。具体分析说明，范德瓦尔斯作用可归结为一个与距离的 6 次方成反比的势能

$$\text{范德瓦尔斯作用} = -\frac{C}{r^6} \tag{1-36}$$

根据对范氏键的本质的认识，这种结合力有三种：

① 静电力，这是极性分子的永久偶极矩间的静电作用，所谓极性分子是正负电荷中心不重合的分子；

② 诱导力，这是极性分子的永久偶极矩与其诱导产生的非极性分子的偶极矩间的静电作用，所谓非极性分子是正负电荷中心重合的分子；

③ 色散力，这是前面讨论过的非极性分子的瞬时偶极矩间的作用。

在不同分子中，三种力所占比例不同，其中色散力是主要的。

分子晶体的特点是熔点低、硬度小。这是由于范氏键很弱的结果。比如惰性元素 He、Ne、Ar 晶体的熔点只有−272.2℃、−248.7℃、−189.2℃。

晶体的结构按分子的几何因素排列，这是范氏键没有方向性和饱和性的结果。

1.2.4.5　氢键和氢键晶体

一个中性的氢原子通常只和一个另外的原子形成共价键；但由于氢的特殊性，它与负电性大的原子 X 结合后，还可以与第二个负电性大的原子 Y 结合，以 X—H⋯Y 表示，其中 X—H 基本上是共价键，H⋯Y 则是一种很强的偶极矩相互作用，称作氢键。

氢键的产生是由于氢有两个特殊性。

① 与同族相比，氢的第一电离能特别大，例如 Li 是 5.39eV，Na 是 5.14eV，K 是 4.34eV，Rb 是 4.18eV，Cs 是 3.89eV，而 H 是 13.59eV，由于这个特点，氢的行为不同于碱金属元素，难以形成离子键。

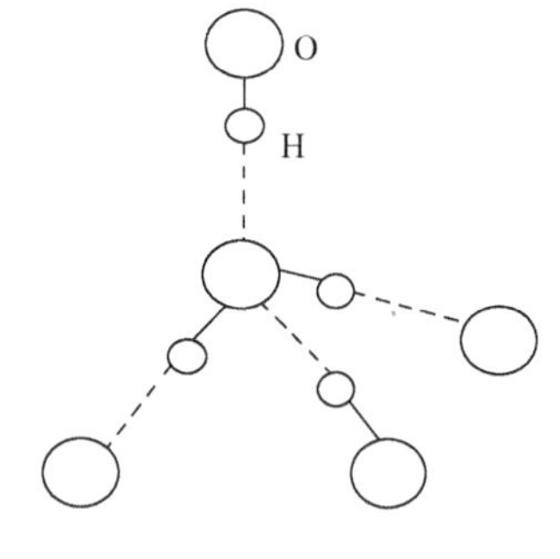

图 1-27　冰的四面体

② 氢的原子核体积小，其直径线度为 10^{-13}cm，比其他的原子核体积都小，这唯一的外层电子与其他原子形成共价键后，原子核暴露在外面，从而通过库仑力作用与负电性大的原子结合成氢键。

能够形成氢键的物质很多，在生物过程中具有生命意义的基本物质（蛋白质，脂肪，糖）都含有氢键，我们就以冰为例来说明氢键的形成：每个 H_2O 中 H—O 形成共价键，但由于氧的负电性强，配对的电子更多地趋向氧原子，结果使氧原子显负电性，氢原子显正电性，这样一来，一个分子中的氢和另一个分子中的氧通过静电作用结合起来，大量的 H_2O 以氢键联结成冰晶体。

氢键和范氏键不同，它虽是弱键，但比范氏键强，且具有方向性和饱和性。方向性表现在氢键能使分子按照某种特定方向联系起来，例如 H_2O 分子是按照四面体堆积结合成冰的；饱和性表现在氢键仅能连接两个原子，若有第三个负离子和氢的原子核结合，则因同时受到已结合的两个负离子的排斥作用而不能形成氢键。图 1-27 给出冰的四面体，每个氧原子按四面体与其他四个 O 原子相邻接，每两个 O 原子的连线上有一个 H 原子，H 靠近形成共价键的 O 原子。

五类晶体结合力的主要特点及特征性质列于表 1-3。

表 1-3　晶体的结合类型

结合类型	结合力的性质	结构单元	特征性质	举例
离子晶体	异类荷电离子间的库仑吸引	离子	高熔点，高升华热，硬而脆，密堆积，球对称电荷分布，可溶于极性溶剂中，电解导电	卤化物 NaCl LiF
共价晶体	交换力	原子	高硬度，高熔点，几乎不溶于所有溶剂，高折射率，强反射本领	金刚石 Si，Ge
金属晶体	金属离子湮没在自由电子气中	金属离子	密堆积，良导体，良导热，强反射本领，不透明，只溶于液体金属中，易于拉伸和延展	金属 Na，Fe
分子晶体	范德瓦尔斯互作用	分子，原子	低熔点，低沸点，易压缩，高热膨胀，低升华热，能溶于非极性有机溶剂中	惰性气体晶体 Ar，有机晶体 CH_4
氢键晶体	范德瓦尔斯互作用和交换力	含氢分子	低熔点，低沸点	冰晶体 H_2O H_2F，H_2N

实际晶体的结合以这五种基本结合为基础，可同时具有两种或两种以上的结合形式，因此实际晶体的结合比这五种典型情况复杂。

1.3 晶格振动

在讨论晶体结构时，把原子看成在格点上固定不动，这种静止晶格的观点不能解释像比热容、热膨胀等的平衡性质，也不能解释像电导、热导等的输运性质，更不能解释离子晶体中的红外吸收以及各种辐射与晶体相互作用的过程。因为实际上原子是在平衡位置附近作微振动的。

设在立方晶体的原胞中只含有一个原子，当波沿着［100］、［110］和［111］三个方向之一传播时，整个原子平面作同位相运动，其位移方向或是平行于波矢的方向，或是垂直于波矢的方向，现引用一单个坐标 x 来描述平面 n 离开它平衡位置的位移。这样问题就成为一维的了。对应每个波矢，存在三种振动波，一个纵向振动波，两个横向振动波，如图 1-28 所示。为了讨论方便，本节主要以一维原子链为例，采用牛顿力学，对运动方程、边界条件进行分析，引出格波、色散关系等重要概念。把一维结果推广到三维空间，得到晶格振动量子化的结论。

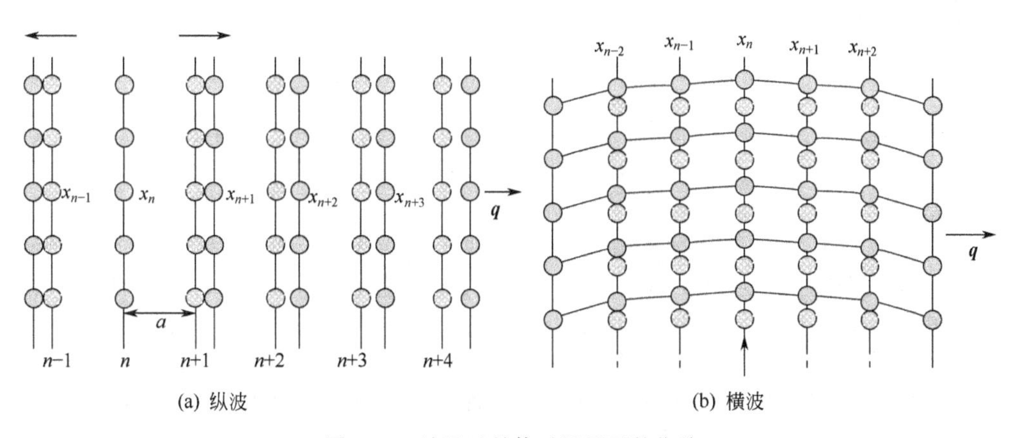

图 1-28 波通过晶体时原子面的位移

虚线表示原子的平衡位置，实线表示位移的原子，坐标 x 表示原子面的位移

1.3.1 一维原子链的振动

1.3.1.1 一维单原子晶格的线性振动

（1）振动以格波的形式传播

设每个原子都具有相同的质量 m，晶格常数（平衡时原子间距）为 a，见图 1-29，热运动使原子离开平衡位置 x。x_n 表示第 n 个原子离开平衡位置的位移，第 n 个原子相对第 $n+1$ 个原子间的位移为：

$$\delta = x_n - x_{n+1} \tag{1-37}$$

同理，第 n 个原子相对第 $n-1$ 个原子间的位移是：

$$\delta = x_n - x_{n-1} \tag{1-38}$$

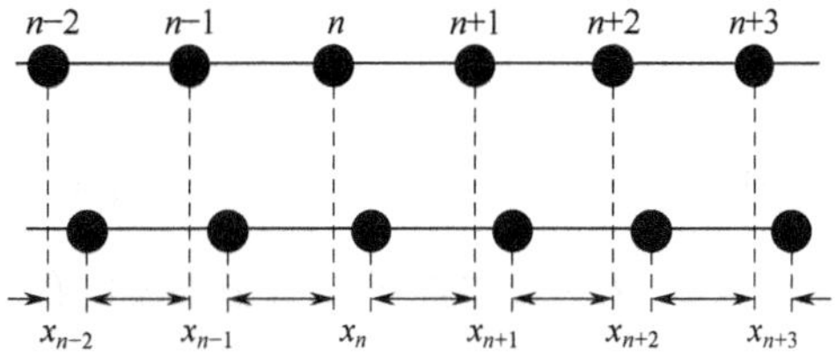

图 1-29 一维单原子链的振动

若两原子相对位移为 δ，则两原子间势能由 $U(a)$ 变为 $U(a+\delta)$，展为泰勒级数

$$U(a+\delta) = U(a)\left(\frac{\mathrm{d}U}{\mathrm{d}r}\right)_a \delta + \frac{1}{2}\left(\frac{\mathrm{d}^2U}{\mathrm{d}r^2}\right)_a \delta^2 + \cdots$$

如果 δ 很小，则高次项可忽略。

由于 $\left(\frac{\mathrm{d}U}{\mathrm{d}r}\right)_a = 0$，令 $\left(\frac{\mathrm{d}^2U}{\mathrm{d}r^2}\right)_a = k_s$，则 $U(a+\delta) = U(a) + \frac{1}{2}k_s\delta^2$。

所以
$$F=-\frac{dU}{dr}=-k_s\delta \tag{1-39}$$

图 1-30　原子间的振动模型

式（1-39）说明在原子相对位移很小时，原子间的作用力可以用弹性力描述，即原子间的作用力是和位移成正比但方向相反的弹性力，且两个最近邻原子间才有作用力，即原子间作用是短程弹性力，可用图 1-30 的模型表示原子间的作用。

第 n 个原子受第 $n+1$ 个原子的作用力为：

$$F_{n,n+1}=-k_s(x_n-x_{n+1}) \tag{1-40}$$

第 n 个原子受第 $n-1$ 个原子的作用力为：

$$F_{n,n-1}=-k_s(x_n-x_{n-1}) \tag{1-41}$$

则第 n 个原子所受原子的总力为

$$F=F_{n,n+1}+F_{n,n-1}$$

或
$$F=k_s(x_{n+1}+x_{n-1}-2x_n) \tag{1-42}$$

原子间的运动服从牛顿运动方程，则第 n 个原子运动方程为：

$$m\frac{d^2x_n}{dt^2}=k_s(x_{n+1}+x_{n-1}-2x_n) \tag{1-43}$$

对于无限晶格中所有原子都可列出相似的方程，它的解是一个简谐振动：

$$x_n=A\cos(\omega t-qna)\quad n\text{ 为 }1,2,3,4,\cdots,N \tag{1-44}$$

用复数表示：

$$x_n=A\exp i(\omega t-qna)\quad\text{或}\quad x_n=A\mathrm{e}^{i(\omega t-qna)}$$

式中，A 为振幅；ω 为角频率；qa 是相邻原子的位相差，$q=2\pi/\lambda$；qna 是第 n 个原子振动的位相差。式（1-44）说明所有原子以相同的频率 ω 和相同的振幅 A 振动。

如果第 n' 个和第 n 个原子的位相之差为 $(qn'a-qna)=2\pi s$（s 为整数），即 $qn'-qn=2\pi s/a$ 时，原子因振动而产生的位移相等，因此晶格中各个原子间的振动相互间存在着固定的位相关系。由此可知在晶格中存在着角频率为 ω 的平面波，称此波为格波，见图 1-31。格波是晶格中的所有原子以相同频率振动而形成的波，或某一个原子在平衡位置附近的振动以波的形式在晶体中传播形成的波。因此格波的特点是晶格中原子的振动，且相邻原子间存在固定的位相。

（2）色散关系

把频率和波矢的关系叫色散关系。色散关系形成晶格的振动谱。将式（1-44）的简谐振动方程的复数形式代入式（1-43），解得

$$\omega^2=\frac{2k_s}{m}[1-\cos(qa)]$$

或
$$\omega=2\left(\frac{k_s}{m}\right)^{\frac{1}{2}}\left|\sin\left(\frac{qa}{2}\right)\right| \tag{1-45}$$

式（1-45）为一维单原子晶格中格波的色散关系。

当 $q=0$ 时，$\omega=0$；当 $\sin\left(\frac{qa}{2}\right)=\pm1$ 时，ω 有最大值，且 $\omega_{\max}=2\left(\frac{k_s}{m}\right)^{\frac{1}{2}}$。色散关系如图 1-32 所示，此关系为一周期函数。根据周期函数的单值性及波的传播方向性，$|q|\leqslant\pi/a$，由于其周期为 $2\pi/a$，因此有

$$\omega(q)=\omega\left(q+\frac{2\pi}{a}\right) \tag{1-46}$$

式（1-46）说明波矢 q 空间具有平移对称性，平移的周期正好是该范围的长度，这一长度等于一维第一布里渊区的边长（$2\pi/a$）。

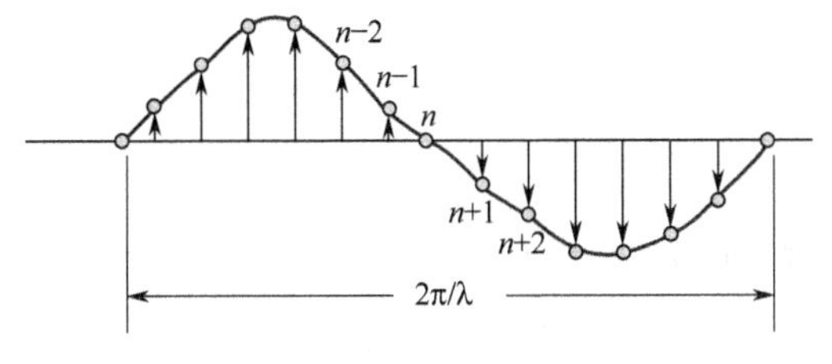

图 1-31　格波

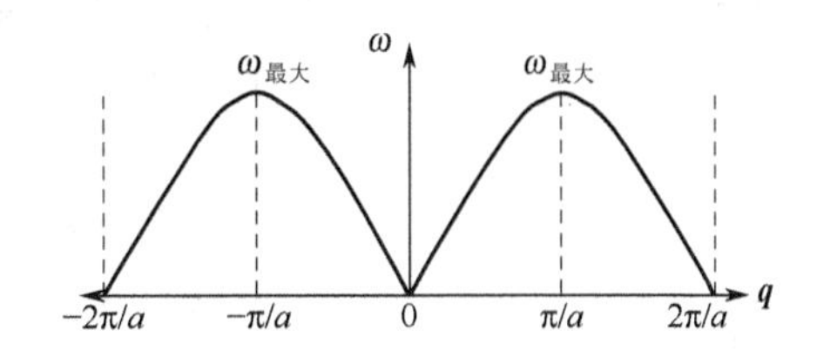

图 1-32　一维单原子链的振动频谱

现对 q 的正负号进行说明：正的 q 对应在某方向前进的波，负的 q 对应于相反方向进行的波。

上述对称性从物理学角度看，就是在范围 $[-\pi/a,\ \pi/a]$ 之外的任何 q 给不出新的振动方式，只是重复此范围的 q 值所对应的频率。

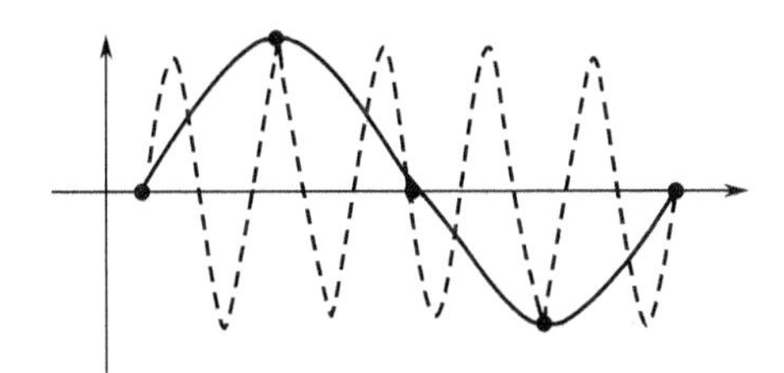

图 1-33　波长为 $4a$ 和 $4a/5$ 的格波

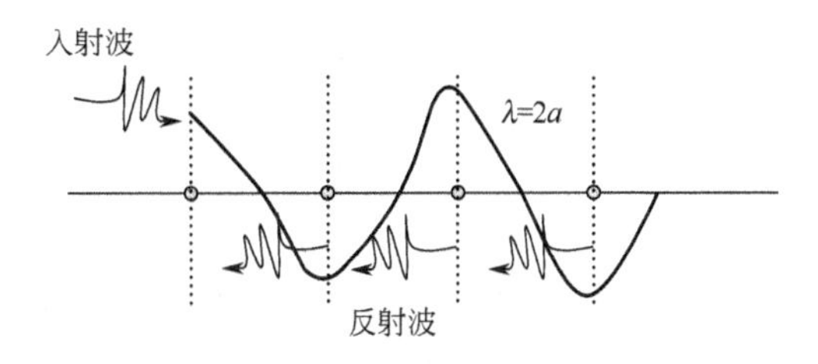

图 1-34　晶格中的布拉格反射

例如：波矢 $q'=\pi/2a$ 原子的振动同样可以当作波矢 $q=5\pi/2a$ 的原子的振动，其原因是 $q-q'=2\pi/a$。二者的振动波如图 1-33 所示。

通过上面分析可知，格波与连续介质波有相同点也有不同点。相同点是振动方程形式类似。区别点是连续介质波中 x 表示空间任意一点，而格波只取呈周期性排列的格点的位置；一个格波解表示所有原子同时作频率为 ω 的振动，不同原子间有位相差，相邻原子间位相差为 aq；二者的重要区别在于波矢的含义，原子以 q 与 $q+2\pi s/a$ 振动的状态一样，所以同一振动状态对应多个波矢，或多个波矢为同一振动状态。

由布里渊区边界 $q=\dfrac{\pi}{a}=\dfrac{2\pi}{\lambda}$，得 $a=\dfrac{\lambda}{2}$，满足形成驻波的条件，$q=\pm\pi/a$ 正好是布里渊区边界，满足布拉格反射条件，反射波与入射波叠加形成驻波，见图 1-34，由此再现了晶格色散关系的重要特点，即周期性。

1.3.1.2　一维双原子晶格的线性振动

在一维无限长直线链上周期性相间排列着两种原子，见图 1-35，M 原子位于…$2n-2$、$2n$、$2n+2$、…位置上，m 原子位于…$2n-1$、$2n+1$、$2n+3$、…位置上，$M>m$，每个原胞由两个原子 M、m 组成，原子间距为 $2a$，同一维单原子链类似，运动方程为：

$$m\frac{\mathrm{d}^2 x_{2n+1}}{\mathrm{d}t^2}=k_s(x_{2n+2}-2x_{2n+1}+x_{2n}) \quad (1\text{-}47)$$

$$M\frac{\mathrm{d}^2 x_{2n+2}}{\mathrm{d}t^2}=k_s(x_{2n+3}+x_{2n+1}-2x_{2n+2})$$

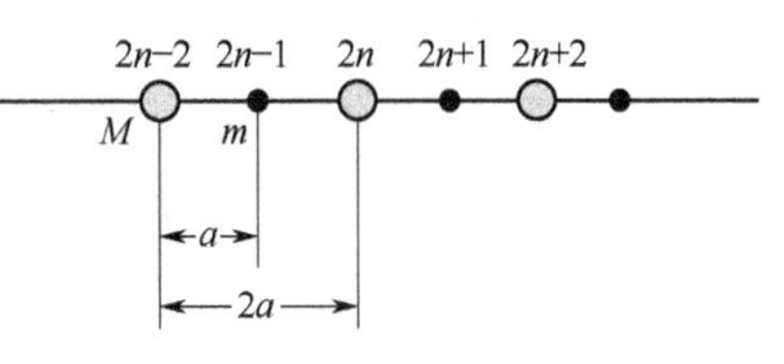

图 1-35　一维复式格子

方程的解是以角频率为 ω 的简谐振动

$$\begin{aligned} x_{2n} &= B\mathrm{e}^{i[\omega t-q(2n)a]} \\ x_{2n+1} &= A\mathrm{e}^{i[\omega t-q(2n+1)a]} \\ x_{2n+2} &= B\mathrm{e}^{i[\omega t-q(2n+2)a]} \\ x_{2n+3} &= A\mathrm{e}^{i[\omega t-q(2n+3)a]} \end{aligned} \quad (1\text{-}48)$$

因为两种原子的质量不同，则两种原子的振幅也不同。

由运动方程（1-47）与简谐振动方程（1-48）得

$$\begin{aligned} -m\omega^2 A &= k_s(\mathrm{e}^{iqa}+\mathrm{e}^{-iqa})B-2k_sA \\ -M\omega^2 B &= k_s(\mathrm{e}^{iqa}+\mathrm{e}^{-iqa})A-2k_sA \end{aligned} \tag{1-49}$$

式（1-49）可改写为

$$\begin{aligned} (2k_s-m\omega^2)A-(2k_s\cos qa)B &= 0 \\ -(2k_s\cos qa)A+(2k_s-M\omega^2)B &= 0 \end{aligned} \tag{1-50}$$

若 A、B 有异于零的解，则行列式（1-50）必须等于零，得

$$\omega^2=\frac{k_s}{mM}\{(m+M)\pm[m^2+M^2+2mM\cos(2qa)]^{\frac{1}{2}}\} \tag{1-51}$$

式（1-51）说明频率与波矢之间存在着两种不同的色散关系，即对一维复式格子，可以存在两种独立的格波，而对于一维简单晶格，只能存在一种格波。两种不同的格波各有自己的色散关系，即

$$\omega_1^2=\frac{k_s}{mM}\{(m+M)-[m^2+M^2+2mM\cos(2qa)]^{\frac{1}{2}}\} \tag{1-52}$$

$$\omega_2^2=\frac{k_s}{mM}\{(m+M)+[m^2+M^2+2mM\cos(2qa)]^{\frac{1}{2}}\} \tag{1-53}$$

基于和一维单原子链相似的考虑，q 值限制在一维复式格子的第一布里渊区，即

$$-\frac{\pi}{2a}\leqslant q\leqslant\frac{\pi}{2a}$$

但振动频谱与一维单原子链不同，一个 q 值对应两个频率 ω_1 和 ω_2。

当 $2qa=\pi$（或 $-\pi$）时，由式（1-52）得

$$(\omega_1)_{最大}=\left(\frac{2k_s}{M}\right)^{\frac{1}{2}} \tag{1-54}$$

由式（1-53）得

$$(\omega_2)_{最小}=\left(\frac{2k_s}{m}\right)^{\frac{1}{2}} \tag{1-55}$$

因为 $M>m$，所以 $(\omega_2)_{最小}>(\omega_1)_{最大}$。

当 $2qa=0$ 时，由式（1-52）得 $(\omega_1)_{最小}=0$

由式（1-53）得

$$(\omega_2)_{最大}=\left(\frac{2k_s}{\mu}\right)^{\frac{1}{2}} \tag{1-56}$$

式中，$\mu=\dfrac{mM}{m+M}$是两种原子的折合质量。

色散关系如图 1-36 所示。因此双原子复式格子的两种格波的振动频率，ω_1 支格波的频率总比 ω_2 支格波的低。ω_2 支格波可以用红外光来激发，所以也叫光学支格波（简称光学波）；ω_1 支格波可以用超声波来激发，也叫声频支格波（简称声学波）。

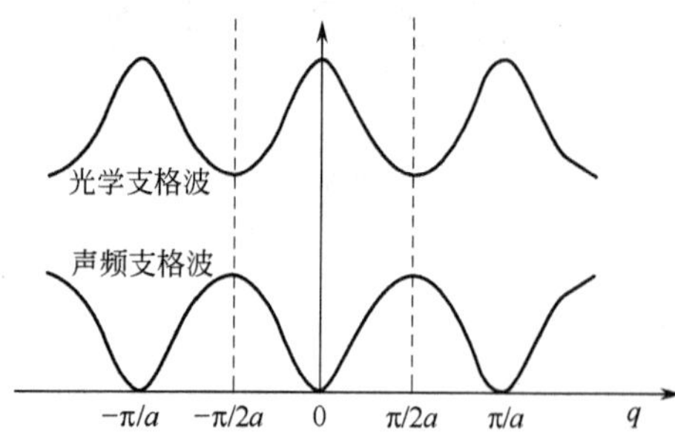

图 1-36　一维双原子链复式格子的振动频谱

1.3.1.3　声学波和光学波

(1) 声学波

由式（1-50）得

$$\left(\frac{A}{B}\right)_1=\frac{2k_s\cos(qa)}{2k_s-m\omega_1^2} \tag{1-57}$$

因为 $\omega_1^2 < \frac{2k_s}{M}$ 和 $\cos(qa) > 0$，得

$$\left(\frac{A}{B}\right)_1 > 0 \tag{1-58}$$

式（1-58）说明相邻两种不同原子的振幅都有相同的正号或负号，即对于声学波，相邻原子都是沿着同一方向振动，当波长很长时，即 $\omega_1 \to 0$。$\cos qa \to 1$ 有

$$\left(\frac{A}{B}\right)_1 = 1 \tag{1-59}$$

式（1-59）说明原胞内两种原子的运动完全一致，振幅和位相都没有差别，实际上长声学波代表原胞质心的振动。声学波的振动形式见图 1-37。

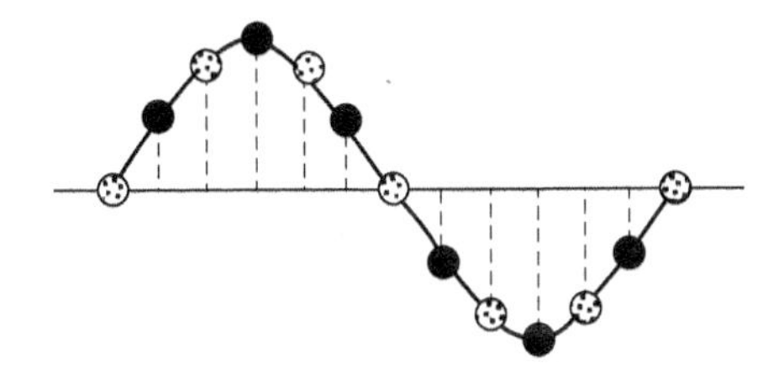

图 1-37　一维双原子链的声学波

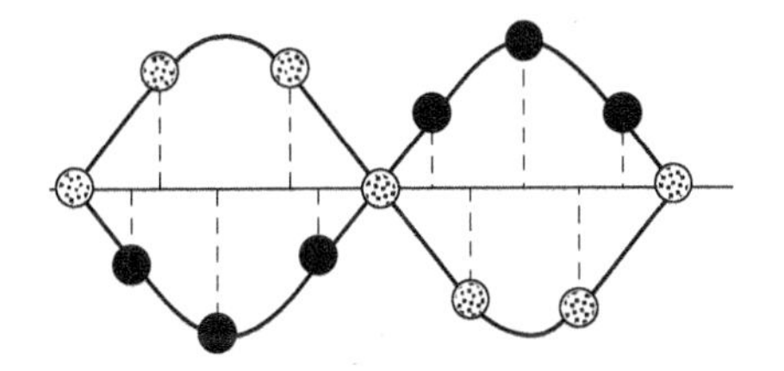

图 1-38　光学波

（2）光学波

由式（1-50）得

$$\left(\frac{A}{B}\right)_2 = \frac{2k_s - M\omega_2^2}{2k_s\cos(qa)} \tag{1-60}$$

因

$$\omega_2^2 > \frac{2k_s}{m} \text{和} \cos(qa) > 0$$

得

$$\left(\frac{A}{B}\right)_2 < 0 \tag{1-61}$$

式（1-61）说明对于光学波，同一晶胞内相邻两种不同原子的振动方向是相反的。当 q 很小时，即为波长很长的光学波（长光学波）时，$\cos(qa) \to 1$，又 $\omega_2^2 = \frac{2k_s}{m}$，由式（1-50）得

$$\left(\frac{A}{B}\right)_2 = -\frac{M}{m} \text{或} mA + MB = 0 \tag{1-62}$$

式（1-62）说明原胞的质心保持不动，由此也可以定性地看出，光学波代表原胞中两个原子的相对振动。光学波的振动形式见图 1-38。

如果带异性电荷的离子间发生相对振动，则会产生一定的电偶极矩，可以和电磁波相互作用。且只和波矢相同的格波相互作用，如果有与格波相同频率的电磁波作用，发生共振。共振点见图 1-39。

1.3.1.4　周期性边界条件

在前面推出的运动方程仅适用于无限长的链，实际上，晶格是有限的，若仍要利用上述运动方程，就需将有限晶格变成无限晶格，波恩和卡门把边界对内部原子的振动状态的影响考虑成如下面所述的周期性边界条件模型，见图 1-40。即包含 N 个原胞的环状链作为有限链的模型：包含有限数目的原子，保持所有原胞完全等价。如果原胞数 N 很大使环半径很大，沿环的运动仍可以看作是无限长链中原子的直线运动。和以前的区别仅是需考虑链的循环性。即原胞的标数增加 N，振动情况必须复原。即第 n 个原子的振动和第 $n+N$ 个原子的振动完全一样。即

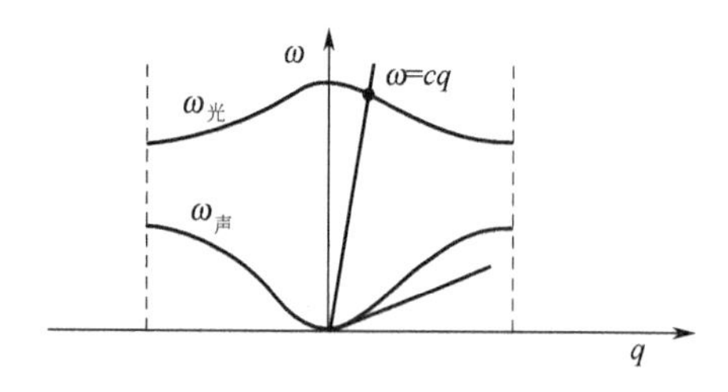

图 1-39 离子晶体中长光学波与光子的耦合

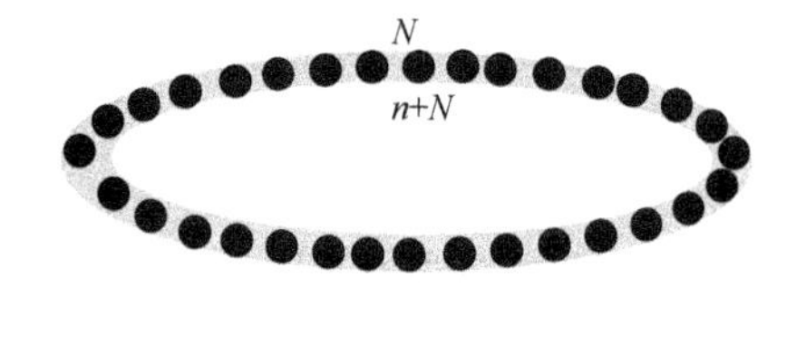

图 1-40 周期性边界条件模型

$$x_n = x_{n+N} \tag{1-63}$$

有

$$x_n = A\mathrm{e}^{i[\omega t - qna]}$$

$$x_{n+N} = A\mathrm{e}^{i[\omega t - q(n+N)a]} = A\mathrm{e}^{i[\omega t - qna]}\mathrm{e}^{i[-qNa]}$$

将其代入式（1-63），得

$$\mathrm{e}^{i[-qNa]} = 1 \tag{1-64}$$

有

$$Nqa = 2\pi s \text{ 或 } q = 2\pi s/Na \quad (s\text{ 为整数}) \tag{1-65}$$

由式（1-65）可知 q 是均匀取值的，且相邻间隔为

$$q_{s+1} - q_s = \frac{2\pi}{Na} \tag{1-66}$$

由于一维单原子链的 q 介于 $[-\pi/a, \pi/a]$ 之间，即 q 限制在长度为 $2\pi/a$ 的第一布里渊区内，则

$$s = \frac{2\pi}{a} \Big/ \frac{2\pi}{Na} = N \tag{1-67}$$

因此，由 N 个原胞组成的链，q 可以取 N 个不同的值，每个 q 对应着一个格波，共有 N 个不同的格波，N 是一维单原子链的自由度数，即得到链的全部振动状态数或振动模。

同理：可得两种复式格子的 q 取值个数也为晶格的原胞数 N。

将上述一维结果推广到三维，若晶体有 N 个原胞，每个原胞含有 n 个原子，则晶体的自由度数为 $3nN$。由于波矢数目等于原胞数目，格波数目等于晶体自由度数，所以三维晶体的格波波矢数目等于 N，振动状态数目等于 $3nN$，$3nN$ 个格波又可归结为 $3n$ 支格波，每支含 N 个具有相同的色谱关系的格波，$3n$ 支中 3 支是声学波，其余 $3(n-1)$ 支是光学波。上述结果总结列于表 1-4 中。

表 1-4 格波数与晶体的维数和晶胞内原子数的关系

类 别	原胞内含原子数	原胞数	自由度数	q 数	格 波 数	
					声学格波数	光学格波数
单原子链	1	N	N	N	N	
双原子链	2	N	$2N$	N	N	N
三维晶体	n	N	$3nN$	N	$3N$	$3(n-1)N$

1.3.2 晶格振动的量子化——声子

1.3.2.1 声子概念的由来

晶格振动是晶体中诸原子（离子）集体在作振动，其结果表现为晶格中的格波。一般而言，格波不一定是简谐波，但可以展成为简谐平面波的线性叠加。当振动微弱时，即相当于简谐近似的情况，格波为简谐波。此时，格波之间的相互作用可以忽略，可以认为它们的存在是相互独立振动的模式。每一独立模式对应一个振动态（q）。晶格的周期性给予格波以一定的边界条件，使得独立的模式即独立的振动态是分立的，即 q 均匀取值。因此可以用独立简谐振子的振动来表述格波的独立模式。声子就是晶格振动中的独立简谐振子的能量量子。这就是声子概念的由来。

1.3.2.2 格波能量量子化

(1) 三维晶格振动能量

若晶体中有 N 个原胞，每个原胞内含 1 个原子系统的三维晶格振动具有 $3N$ 个独立谐振子，由于晶体中的格波是所有原子都参与的振动，所以含 N 个原胞的晶体振动能量为 $3N$ 个格波能量之和；在简谐近似下，每个格波是一个简谐振动，晶体总振动能量等于 $3N$ 个简谐振子的能量之和。

(2) 格波能量量子化

简谐振子的能量用量子力学处理时，每一个简谐振子的能量 E_i 为

$$E_i=\left(n_i+\frac{1}{2}\right)\hbar\omega_i \quad (n_i=0,1,2,\cdots) \tag{1-68}$$

则晶格总能量 E 为

$$E=\sum_{i=1}^{3N}\left(n_i+\frac{1}{2}\right)\hbar\omega_i \tag{1-69}$$

式中，ω_i 是格波的角频率；$\frac{1}{2}\hbar\omega_i$ 代表零点能量。式 (1-69) 说明晶格振动的能量是量子化的，晶格振动的能量量子 $\hbar\omega_i$ 称为声子。

1.3.2.3 声子的性质

(1) 声子的粒子性

声子和光子相似，光子是电磁波的能量量子，电磁波可以认为是光子流，光子携带电磁波的能量和动量。同样弹性声波可以认为是声子流，声子携带声波的能量和动量。若格波频率为 ω，波矢为 q，则声子的能量为 $\hbar\omega$，动量为 $\hbar q$。由于声子的粒子性，声子和物质相互作用服从能量和动量守恒定律，如同具有能量 $\hbar\omega$ 和动量 $\hbar q$ 的粒子一样。

(2) 声子的准粒子性

准粒子性的具体表现：声子的动量不确定，波矢改变一个周期（倒格矢量）或倍数，代表同一振动状态，所以不是真正的动量。

准粒子性的另一表现是系统中声子的数目不守衡，一般用统计方法进行计算，用具有能量为 E_i 的状态出现的概率来表示。

(3) 声子概念的意义

可以将格波与物质的相互作用过程，理解为声子和物质（如，电子、光子、声子等）的碰撞过程，使问题大大简化，得出的结论也正确。

利用声子的性质可以确定晶格振动谱。最重要的实验方法是中子的非弹性散射，即利用中子的德布洛依波与格波的相互作用。其他实验方法有 X 射线衍射、光的散射等。现以中子的非弹性散射为例进行说明。

实验原理：中子与声子的相互作用过程中服从能量和动量守恒定律。设中子的质量为 M_{n}，入射中子束的动量 $p=\hbar k$，而散射后中子的动量为 $\boldsymbol{p}'=\hbar\boldsymbol{k}'$，则在散射过程中能量守恒方程式为

$$\frac{\hbar^2k^2}{2M_{\mathrm{n}}}=\frac{\hbar^2k'^2}{2M_{\mathrm{n}}}\pm\hbar\omega(q) \tag{1-70}$$

式中，正号表示在相互作用过程中，产生一个声子；负号表示在相互作用过程中，吸收一个声子。动量守恒方程式为

$$\hbar\boldsymbol{k}=\hbar\boldsymbol{k}'\pm\hbar\boldsymbol{q}$$

或
$$\boldsymbol{k}=\boldsymbol{k}'\pm\boldsymbol{q} \tag{1-71}$$

如果入射中子的能量很小，不足以激发声子，因此只能吸收声子，此时取负号，有

$$\frac{\hbar^2}{2M_{\mathrm{n}}}(k'^2-k^2)=-\hbar\omega(q) \tag{1-72}$$

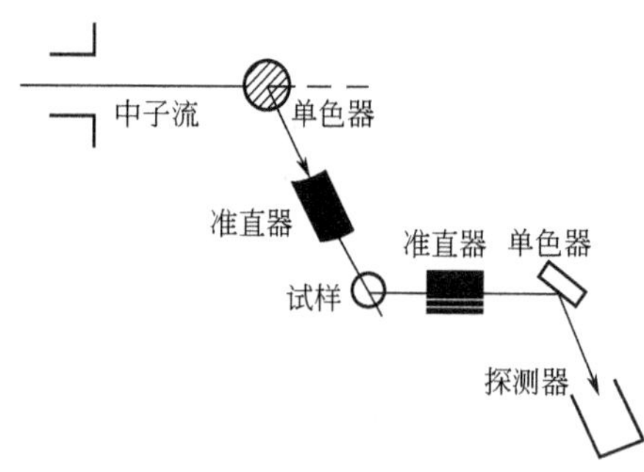

图 1-41　中子谱仪结构示意图

因此只要测出在各个方向上散射中子的能量与入射中子的能量之差，就可求出 $\omega(q)$，并根据散射中子束及入射中子束的几何关系求出 $\boldsymbol{k}'-\boldsymbol{k}$，确定 q 值。

实验过程：固定入射中子流的动量和能量，测量不同方向散射的中子流的动量和能量。实验过程见图 1-41。中子源是反应堆中产生出来的慢中子流。单色器是利用单晶的布拉格反射公式 $2d_{h_1h_2h_3}\sin\theta=n\lambda$ 产生单色的中子流。两个准直器分别用来选择入射和散射中子流的动量方向，分析器用来确定散射中子流的动量大小，原理与单色器的相同。

1.4　晶体中电子的状态和分布

晶体中电子的不同状态和分布可使晶体表现出不同的电导特性。为了研究这些特性的本质，必须了解晶体中电子所处的状态、运动规律及分布情况。

1.4.1　电子的共有化运动

单晶体是由靠得很紧密的原子周期性重复排列而成，相邻原子间距只有零点几纳米的数量级。因此，晶体中的电子状态肯定和原子中的不同，特别是外层电子会有显著的变化。但是，晶体是由分离的原子凝聚而成，两者的电子状态又必定存在着某种联系。下面以原子结合成晶体的过程定性地说明晶体中的电子状态。

原子中的电子在原子核的势场和其他电子的作用下，它们分别在不同的能级上，形成所谓电子壳层，不同支壳层的电子分别用 1s；2s，2p；3s，3p，3d；4s…等符号表示，每一支壳层对应于确定的能量。当原子相互接近形成晶体时，不同原子的内外各电子壳层就有了一定程度的交叠，相邻原子最外壳层交叠最多，内壳层交叠较少。原子组成晶体后，由于电子壳层的交叠，电子不再完全局限在某一个原子上，可以由一个原子转移到相邻的原子上去，因而，电子将可以在整个晶体中运动。这种运动称为电子的共有化运动。但需注意，因为各原子中相似壳层上的电子才有相同的能量，所以电子只能在相似壳层间转移。因此，共有化的运动产生是由于不同原子的相似壳层间的交叠，例如 2p 支壳层的交叠，3s 支壳层的交叠，见图 1-42。也可以说，结合成晶体后，每一个原子能引起“与之相应”的共有化运动，例如 3s 能级引起“3s”的共有化运动，2p 能级引起“2p”的共有化运动，等等。由于内外壳层交叠程度很不相同，所以，只有最外层电子的共有化运动才显著。

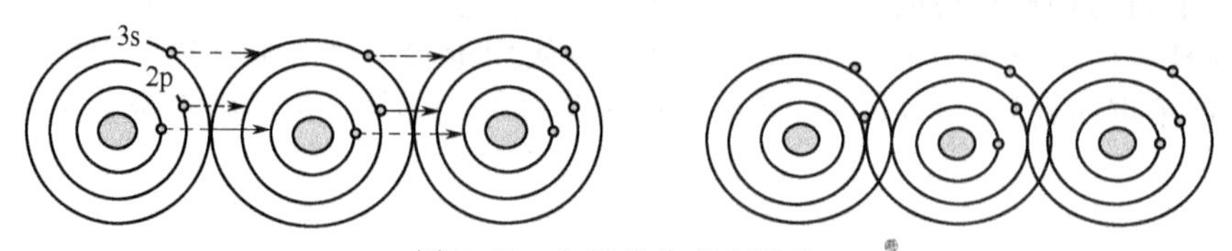

图 1-42　电子的共有化运动

晶体中电子作共有化运动时的能量是什么样的呢？先以两个原子为例来说明。当两个原子相距较远时，如同两个孤立的原子，原子的能级如图 1-43（a）所示，每个能级都有两个态与之相应，是二度简并的（暂不计原子本身的简并）。当两个原子相互靠近时，每个原子

中的电子除受到本身原子的势场作用外，还要受到另一个原子势场的作用，其结果是每一个二度简并的能级都分裂为两个彼此相距很近的能级，见图 1-43（b）；两个原子靠得越近，分裂得越厉害。图 1-43（c）示意地画出了八个原子相互靠近时能级分裂的情况。可以看到，每个能级都分裂为八个相距很近的能级。

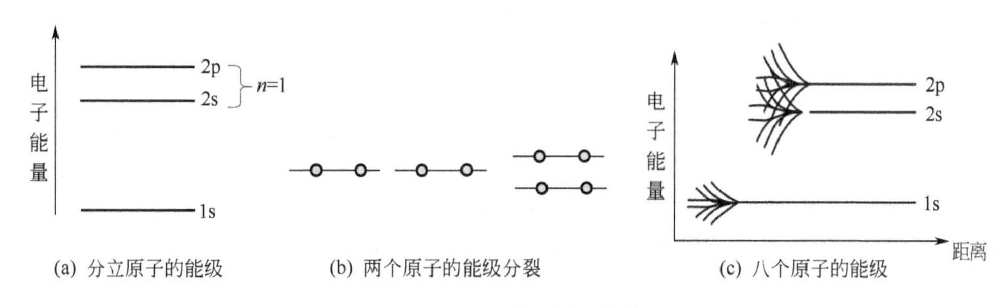

图 1-43　原子的能级分裂

两个原子相互靠近时，原来在某一能级上的电子就分别处在分裂的两个能级上，这时电子不再属于某一个原子，而为两个原子所共有。分裂的能级数需计入原子本身的简并度，例如 2s 能级分裂为两个能级；2p 能级本身是三度简并的，分裂为六个能级。

现在考虑由 N 个原子组成的晶体。晶体每立方厘米体积内约有 $10^{22}\sim10^{23}$ 个原子，所以 N 是个很大的数值。假设 N 个原子相距很远尚未结合成晶体时，则每个原子的能级都和孤立原子的一样，它们都是 N 度简并的（暂不计原子本身的简并）。当 N 个原子相互靠近结合成晶体后，每个电子都要受到周围原子势场的作用，其结果是每一个 N 度简并的能级都分裂成 N 个彼此相距很近的能级。分裂的每一个能带都称为允带，允带之间因没有能级称为禁带。图 1-44 示意地画出了原子能级分裂为能带的情况。

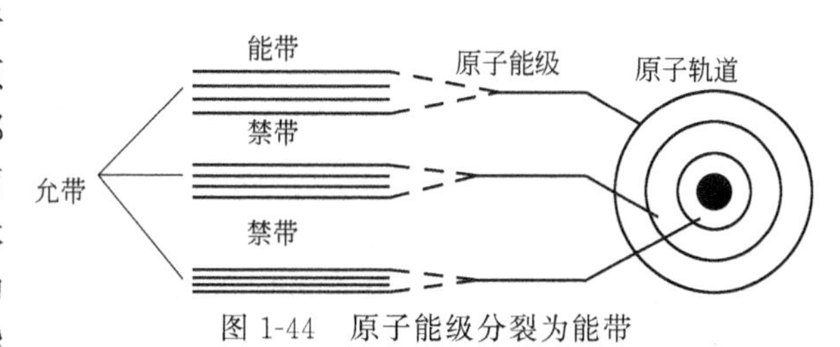

图 1-44　原子能级分裂为能带

内壳层的电子原来处于低能级，共有化运动很弱，其能级分裂得很小，能带很窄，外壳层电子原来处于高能级，特别是价电子，共有化运动很显著，如同自由运动的电子，常称为“准自由电子”，其能级分裂得很厉害，能带很宽。图 1-44 也示意地画出了内外层电子的这种差别。

每一个能带包含的能级数（或者说共有化状态数），与孤立原子能级的简并度有关。例如 s 能级没有简并（不计自旋），N 个原子结合成晶体后，s 能级便分裂为 N 个十分靠近的能级，形成一个能带，这个能带中共有 N 个共有化状态。p 能级是三度简并的，便分裂成 $3N$ 个十分靠近的能级，形成的能带中共有 $3N$ 个共有化状态。实际的晶体，由于 N 是一个十分大的数值，能级又靠得很近，所以每一个能带中的能级基本上可视为连续的，有时称为“准连续的”。

必须指出，许多实际晶体的能带与孤立原子能级间的对应关系，并不都像上述的那样简单，因为一个能带不一定同孤立原子的某个能级相当，即不一定能区分 s 能级和 p 能级所过渡的能带。例如，金刚石和半导体硅、锗，它们的原子都有四个价电子，两个 s 电子，两个 p 电子，组成晶体后，由于轨道杂化的结果，其价电子形成的能带如图 1-45 所示，上下有两个能带，中间隔以禁

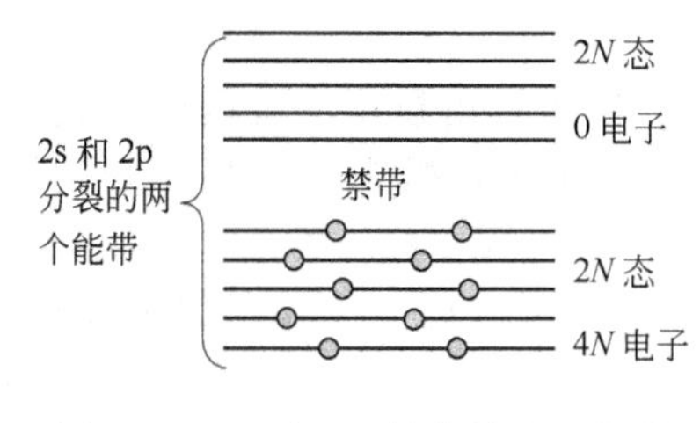

图 1-45　金刚石型结构价电子能带

带。两个能带并不分别与 s 能级分裂和 p 能级相对应，而是上下两个能带中都分别包含 $2N$ 个状态，根据泡利不相容原理，各可容纳 $4N$ 个电子。N 个原子结合成的晶体，共有 $4N$ 个电子，根据电子先填充低能这一原理，下面一个能带填满了电子，它们相应于共价键中的电子，这个带通常称为满带或价带；上面一个能带是空的，没有电子，通常称为导带；中间隔以禁带。

1.4.2 微观粒子的运动方程——薛定谔方程

1.4.2.1 波函数

（1）德布罗意假设

一切微观粒子都具有的根本属性就是波粒二象性，德布罗意运用这一观点将不受任何外场作用的微观粒子，即自由粒子的波长 λ、频率 ν、动量 $\boldsymbol{p}$ 和能量 E 联系在一起，提出了一个有深远意义的假设，具有确定动量和确定能量的自由粒子，相当于频率为 ν 和波长为 λ 的平面波，二者之间的关系如同光子与光波的关系一样，有

$$E=h\nu=\hbar\omega$$
$$p=\frac{h}{\lambda}n=\hbar k \tag{1-73}$$

式中，$\hbar=\dfrac{h}{2\pi}$，此式就是著名的德布罗意关系式。这种表示自由粒子的平面波称为德布罗意波。

（2）自由粒子的波函数

在经典力学中，频率为 ν、波长为 λ 沿 x 方向传播的平面波，可以表示为

$$\Psi_{\lambda}=a\cos\left[2\pi\left(\frac{x}{\lambda}-\nu t\right)-\delta\right] \tag{1-74}$$

式中，δ 是初相位；a 是振幅；Ψ_{λ} 是以波的方式传播着的扰动的大小。例如，在弹性波中，Ψ_{λ} 是表示质点离开平衡位置的距离；在光波中，Ψ_{λ} 表示电场或磁场的某一分量。

对于沿图 1-46 所示空间任意方向传播的平面波，可以通过引入方向和 ON 一致的单位矢量 $\boldsymbol{n}$ 来表达，则根据式（1-74）可写成

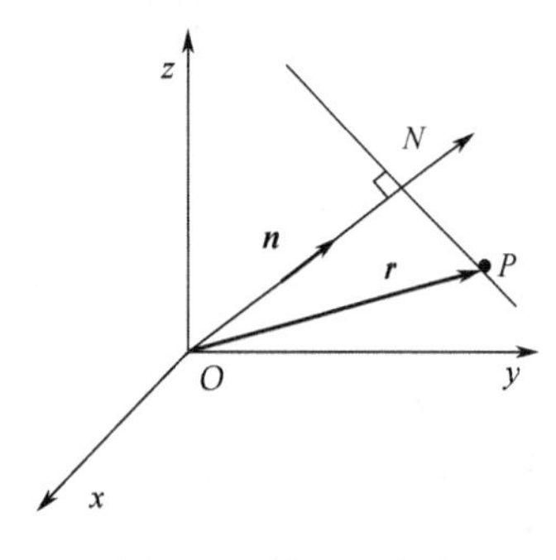

图 1-46 沿 ON 方向传播的平面波

$$\Psi_{\lambda}=a\cos\left[2\pi\left(\frac{\boldsymbol{r}\cdot\boldsymbol{n}}{\lambda}-\nu t\right)-\delta\right] \tag{1-75}$$

式中，$\boldsymbol{r}$ 是从原点指向波振面上任一点 $P(x,y,z,t)$ 的矢量。式（1-75）可写成如下的复数形式（只取实数部分）

$$\Psi_{\lambda}=A\mathrm{e}^{2\pi i\left(\frac{\boldsymbol{r}\cdot\boldsymbol{n}}{\lambda}-\nu t\right)} \tag{1-76}$$

式中，$A=a\mathrm{e}^{i\delta}$。

将德布罗意关系式（1-74）代入式（1-76），并把 Ψ_{λ} 改写成 Ψ_{p}，则

$$\Psi_{p}=A\mathrm{e}^{2\pi i\left(\boldsymbol{r}\cdot\boldsymbol{n}\frac{p}{h}-\frac{E}{h}t\right)} \tag{1-77}$$

由于 $\boldsymbol{n}$ 的方向与粒子速度或 $\boldsymbol{p}$ 的方向一致，式（1-77）可以写成

$$\Psi_{p}=A\mathrm{e}^{-\frac{i}{\eta}(Et-\boldsymbol{r}\cdot\boldsymbol{p})} \tag{1-78}$$

由式（1-78）可知，Ψ_{p} 是变量 x，y，z 和 t 的函数，把 Ψ_{p} 称为自由粒子的波函数，它描述的是动量为 $\boldsymbol{p}$，能量为 E 的自由粒子的运动状态。在一般情况下，微观粒子都要受到外界场的作用，不能用自由粒子的波函数来描写，但这样的粒子仍具有波粒二象性。因而，作为德布罗意假设的很自然的一个推广，这样的微观粒子运动状态可以用一个波函数来描写，这是量子力学的基本原理之一，自然，对于处在不同情况下的微观粒子，描写其运动状态的波函数的具体形式是不一样的。

(3) 波函数的统计解释

波函数的物理意义究竟是什么？我们可以通过电子干涉实验及粒子和波动的两个观点来说明。电子干涉实验如图 1-47 所示，电子束由电子枪的 S 点射出，在电子束的前方放一根极细的（半径约为 1μm）带正电的金属丝 F，它将轻微地吸引电子。因而从金属丝的左侧通过的那一部分电子被折向右方，而从金属丝的右侧通过的那一部分电子被折向左方。在前方的交叉区域内如 M 点，收集到的电子包含了这两部分，它们好像分别来自于虚电子源 S_1 和 S_2，在图中的轴上放置一块照相底版，可显示电子的干涉条纹，说明电子具有波动性。也可以把电子枪中射出的电子流强度减弱到几乎电子是一个一个的从金属丝旁通过。如果通过的电子数目比较少时，在接受电子的照相底版上似乎是一些无规则的点，但是如果经过足够长的时间，则会出现相同的干涉条纹。因此不能把波看成是由电子组成的，即使只有一个电子也具有波动性。

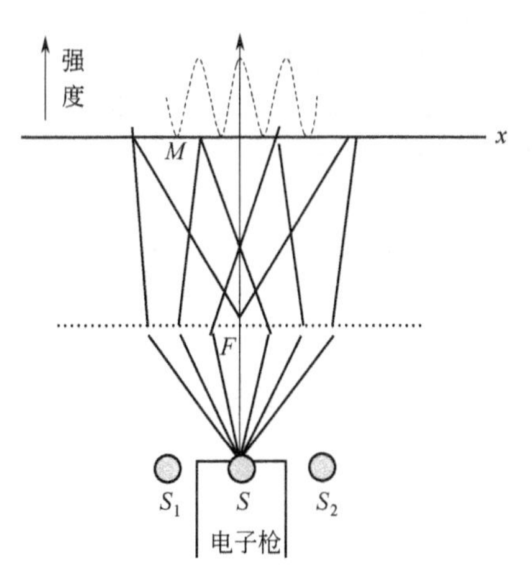

图 1-47　电子干涉实验

对上述实验结果进行如下说明，粒子的观点是干涉图样中极大值有较多的电子到达，而极小值很少或没有。波动的观点是干涉图样中，极大值处波的强度大，极小值处波的强度为极小或为零。

对比上述两种观点，可以这样使波和粒子的概念统一起来，如果用一个波函数 $\Phi(x,y,z,t)$ 描写干涉实验中电子的状态，则波函数模的平方 $|\Phi(x,y,z,t)|^2$ 与 t 时刻在空间某处 (x,y,z) 单位体积内找到粒子的数目成正比，也就是在波的强度为极大的地方找到粒子的数目为极大；在波的强度为零的地方，找到粒子的数目为零。

对于一个电子而言，尽管不能确定每一个电子一定到达照相底版的确切位置，但是它到达干涉图样极大值处的概率必定较大，而到达干涉图样极小值处的概率必定较小，甚至为零。所以对于一个粒子而言，描写其状态的波函数可以解释为：波函数模的平方 $|\Phi(x,y,z,t)|^2$ 与 t 时刻在空间某处单位体积内发现粒子的概率成正比。所以波函数又称为概率波。

波函数的上述解释首先是由波恩提出的，他成功地解释了电子的干涉实验，按照这样的解释，可以得出波函数是描写处于相同条件下一个粒子的多次重复行为或者大量粒子的一次行为的结论。

例如，对于动量和能量完全确定的自由粒子。其波函数模的平方为

$$|\Psi_p(x,y,z,t)|^2=\Psi_p\Psi_p{}^*=|A|^2 \tag{1-79}$$

$|A|^2$ 是一个与时间、坐标无关的常数。表示自由粒子在任何时刻，在空间任何一点附近单位体积内找到粒子的概率是相同的。由波函数的解释可以知道，只要给出波函数的具体形式，那么在任一时刻，粒子在空间各点的概率分布就完全确定下来，此时可以说粒子的状态完全确定，这就使得波函数具有一个独特的性质，即 Φ 与 $\Phi'=C\Phi$（C 为任意常数）描写的是同一状态。这是因为 $|\Phi'|^2=C^2|\Phi|^2$ 所给出的概率比 $|\Phi|^2$ 给出的概率大了 C^2 倍，但是粒子在空间各点的概率分布（相对比例）并没有变化。这一点与经典的波动不同，经典的波动如果增加了 C 倍，那么强度或能量就增加了 C^2 倍，这是完全不同的另一种波动状态。

一般规定表示某一时刻在整个空间找到粒子的总概率为 1，即

$$\int_{-\infty}^{\infty}\int_{-\infty}^{\infty}\int_{-\infty}^{\infty}|\Psi(x,y,z,t)|^2\mathrm{d}x\,\mathrm{d}y\,\mathrm{d}z=1 \tag{1-80}$$

式 (1-80) 称为归一化条件，由式 $C^2\int|\Phi|^2\mathrm{d}\tau=1$ 可确定常数 C。

1.4.2.2　薛定谔方程

波函数 $\Psi(r,t)$ 是描述处于相同条件下大量粒子的一次行为或一个粒子的多次行为。波函数为概率波，它描写微观粒子的一个运动状态。微观粒子的运动状态随时间改变的规律，即微观粒子的运动规律，应当是波函数对时间的一阶微分方程。描述微观粒子运动的方程就是薛定谔方程。

现对自由粒子的运动规律进行分析，然后推广到一般条件粒子的波函数。根据德布罗意假设，一个自由粒子的平面波为

$$\Psi_p(r,t)=A\mathrm{e}^{-\frac{i}{\hbar}(Et-\boldsymbol{r}\cdot\boldsymbol{p})} \tag{1-81}$$

将其两边对时间 t 求一次偏导，得

$$\frac{\partial\Psi_p}{\partial t}=-\frac{i}{\hbar}E\Psi_p \tag{1-82}$$

将式（1-81）的两边对 x 求二次偏导，得

$$\frac{\partial^2\Psi_p}{\partial x^2}=A\ \frac{\partial^2}{\partial x^2}\left[\mathrm{e}^{-\frac{i}{\hbar}(Et-p_xx-p_yy-p_zz)}\right]=-\frac{p_x^2}{\hbar^2}A\mathrm{e}^{-\frac{i}{\hbar}(Et-p_xx-p_yy-p_zz)} \tag{1-83}$$

有

$$\frac{\partial^2\Psi_p}{\partial x^2}=-\frac{p_x^2}{\hbar^2}\Psi_p$$

同理，将式（1-81）的两边分别对 y 和 z 求二次偏导，得

$$\frac{\partial^2\Psi_p}{\partial y^2}=-\frac{p_y^2}{\hbar^2}\Psi_p$$

$$\frac{\partial^2\Psi_p}{\partial z^2}=-\frac{p_z^2}{\hbar^2}\Psi_p$$

将上述三式相加，得

$$\left(\frac{\partial^2}{\partial x^2}+\frac{\partial^2}{\partial y^2}+\frac{\partial^2}{\partial z^2}\right)\Psi_p=-\frac{p^2}{\hbar^2}\Psi_p=\nabla^2\Psi_p \tag{1-84}$$

式中的$\nabla^2=\frac{\partial^2}{\partial x^2}+\frac{\partial^2}{\partial y^2}+\frac{\partial^2}{\partial z^2}$

对于自由粒子，其能量和动量满足关系式

$$E=E_k=\frac{p^2}{2\mu}$$

式（1-84）可以写成

$$-\frac{\hbar^2}{2\mu}\nabla^2\Psi_p=E\Psi_p \tag{1-85}$$

把式（1-82）与式（1-85）比较一下，得

$$i\hbar\ \frac{\partial\Psi_p}{\partial t}=-\frac{\hbar^2}{2\mu}\nabla^2\Psi_p \tag{1-86}$$

式（1-86）就是微观自由粒子波函数所满足的微分方程。

自由粒子仅是一种特殊情况，一般来说，微观粒子通常受到力场的作用，如果力场可以用势能 $U(r,\ t)$ 来表征，此时总能量为动能和势能之和，即

$$E=E_k+U(r,t)=\frac{p^2}{2\mu}+U(r,t) \tag{1-87}$$

将式（1-85）中的 E 用动能 E_k 代替，有

$$-\frac{\hbar^2}{2\mu}\nabla^2\Psi=[E-U(r,t)]\Psi \tag{1-88}$$

比较式（1-82）和式（1-88）得

$$i\hbar\ \frac{\partial\Psi}{\partial t}=-\frac{\hbar^2}{2\mu}\nabla^2\Psi+U(r,t)\Psi \tag{1-89}$$

式（1-89）就是处在以势能$U(r,t)$来表征的力场中的微观粒子所满足的微分方程。

实际上在很多问题中，作用在粒子上的力场$U(r)$不随时间改变，此时可以用分离变量法来求解其薛定谔方程式（1-89），会发现波函数有较简单的形式，令

$$\Psi(r,t)=\varphi(r)f(t)$$

代入薛定谔方程式（1-89），解得特解

$$\Psi(r,t)=\varphi(r)e^{-\frac{i}{\hbar}Et} \tag{1-90}$$

这说明波函数为一个空间坐标的函数$\varphi(r)$与一个时间函数的乘积，整个函数随时间的改变由$e^{-\frac{i}{\hbar}Et}$因子决定，由这种形式的波函数所描写的状态称为定态，此函数为定态波函数。波函数模的平方为

$$|\Psi(r,t)|^2=|\varphi(r)e^{-\frac{i}{\hbar}Et}|^2=|\varphi(r)|^2 \tag{1-91}$$

与时间无关，即粒子的概率分布不随时间而变化，这是定态的一个很重要的特点。如果求出函数$\varphi(r)$，则粒子处于定态，因此求出波函数的空间部分已完全够用，函数$\varphi(r)$称为振幅波函数，也可将其称为定态波函数。

在许多情况下，原子中的电子、原子核中的质子和中子等粒子的运动都有一个共同特点，即粒子的运动都被限制在一个很小的空间范围以内，或者说，粒子处于束缚状态，为了分析束缚状态的共同特点，提出了一个比较简单的理想化模型，即假设微观粒子被关在一个具有理想反射壁的方匣里，在匣内不受其他外力的作用，则粒子将不能穿过匣壁而只在匣内自由运动。为讨论方便，以在一维无限深势阱中运动的粒子为例，求解粒子的波函数并对结果进行分析。

（1）粒子的波函数

粒子受如图 1-48 所示的力场作用，粒子的总能量为

$$E=E_k+U(x) \tag{1-92}$$

式（1-92）中E_k为电子的动能，$U(x)$为力场的势能，其定态薛定谔方程为

$$-\frac{\hbar^2}{2\mu}\frac{d^2\varphi}{dx^2}+U(x)\varphi=E\varphi \tag{1-93}$$

一维无限深势阱的势能为

$$U(x)=\begin{matrix}\infty(x\leqslant 0,x\geqslant a)\\0(0<x<a)\end{matrix} \tag{1-94}$$

由于粒子被限制在匣内，有

$$\varphi(x)=0\quad(x\leqslant 0,x\geqslant a)$$

$$-\frac{\hbar^2}{2\mu}\frac{d^2\varphi}{dx^2}=E\varphi\text{ 或 }\frac{d^2\varphi}{dx^2}+b^2\varphi=0\quad(0<x<a) \tag{1-95}$$

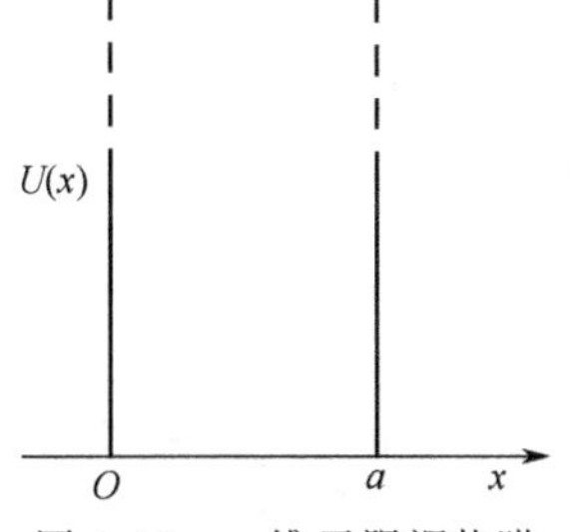

图 1-48 一维无限深势阱

式中，$b^2=\frac{2\mu E}{\hbar^2}$，方程的通解为$\varphi(x)=A\sin(bx+\delta)$（$A$、$\delta$为任意两个常数），波函数在势阱的边界上必须连续，即$\varphi(x)=0$和$\varphi(a)=0$，有$A\sin\delta=0$，得$\delta=0$，则波函数

$$\varphi(x)=A\sin bx\quad(0\leqslant x\leqslant a) \tag{1-96}$$

再用条件$\varphi(a)=0$得 $A\sin ba=0$

因此b必须满足 $b_n=\frac{n\pi}{a}\quad n=1,2,\cdots$ (1-97)

将$b^2=\frac{2\mu E}{\hbar^2}$代入式（1-97），得

$$E_n=\frac{n^2\pi^2\hbar^2}{2\mu a^2} \tag{1-98}$$

因此被束缚在势阱中的电子，其能量只能取一系列分立数值，即它的能量是量子化的。

能量为 E_n 的波函数为

$$\varphi_n(x)=0 \quad (x\leqslant 0,\ x\geqslant a)$$

$$\varphi_n(x)=A\sin\frac{n\pi}{a}x \quad (0<x<a) \tag{1-99}$$

根据归一化条件 $\int_{-\infty}^{\infty}|\varphi_n(x)|^2\mathrm{d}x=A^2\int_0^a\sin^2\frac{n\pi}{a}x\,\mathrm{d}x=1$，，有 $A=\sqrt{\frac{2}{a}}$，得归一化的波函数

$$\varphi_n(x)=0 \quad (x\leqslant 0,\ x\geqslant a)$$

$$\varphi_n(x)=\sqrt{\frac{2}{a}}\sin\frac{n\pi}{a}x \quad (0<x<a) \tag{1-100}$$

(2) 分析讨论

通过上述分析，势阱中的微观粒子的能量，不能任意取值，只能是一些分立的数值，即能量是量子化的，这是一切处于束缚态的微观粒子的共同特性。

① 能量量子化

能量量子化见图 1-49，相邻能级间的间隔为

$$\Delta E_n=E_{n+1}-E_n=\frac{\pi^2\hbar^2}{2\mu a^2}(2n+1)$$

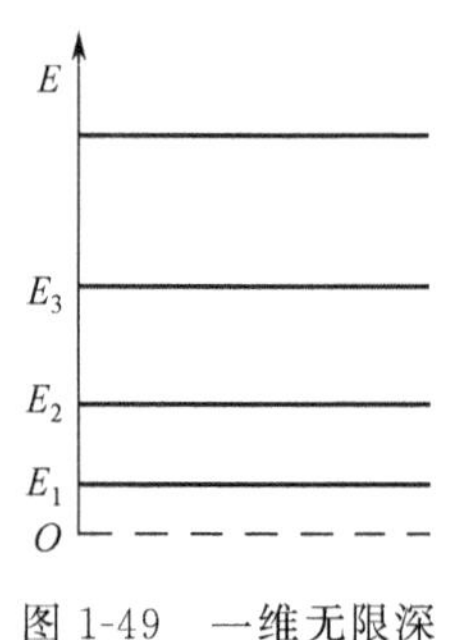

图 1-49　一维无限深势阱中粒子的能级

如果粒子为电子，则 $\mu=9.1\times10^{-31}$kg，设 $a=100$nm，则 $E_n=n^2\times0.38$eV，$\Delta E_n\approx n\times0.75$eV。设 $a=1$cm 则 $\Delta E_n=n\times0.75\times10^{-14}$eV。

因此如果电子在宏观尺度的势阱中运动，由于能量间距很小，几乎可以认为能量是连续的。但是对于微观尺度，则电子表现出量子化的特性。

② 概率分布

能量为 E_n 的粒子在 x 到 $x+\mathrm{d}x$ 内被发现的概率为

$$\mathrm{d}\omega=|\varphi_n(x)|^2\mathrm{d}x=\frac{2}{a}\sin^2\frac{n\pi}{a}x\,\mathrm{d}x \tag{1-101}$$

在图 1-50 和图 1-51 中画出了 $n=1,2,3,4$ 时的 $\varphi_n(x)$ 和 $|\varphi_n(x)|^2$ 的图形。当粒子处在基态时，在势阱中心附近发现粒子的概率最大，越接近于匣壁，概率越小，在两壁上概率为零。当粒子处于激发态（$n=1$）时，在势阱中找到粒子的概率分布有起伏，而且 n 越大，起伏的次数越多。而对于宏观粒子，它在势阱内各处被找到的概率是相同的，因此其概率分布

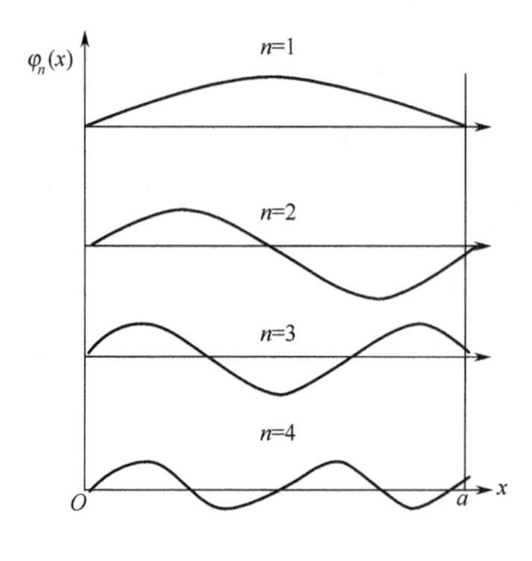

图 1-50　一维无限深势阱中粒子的定态波函数

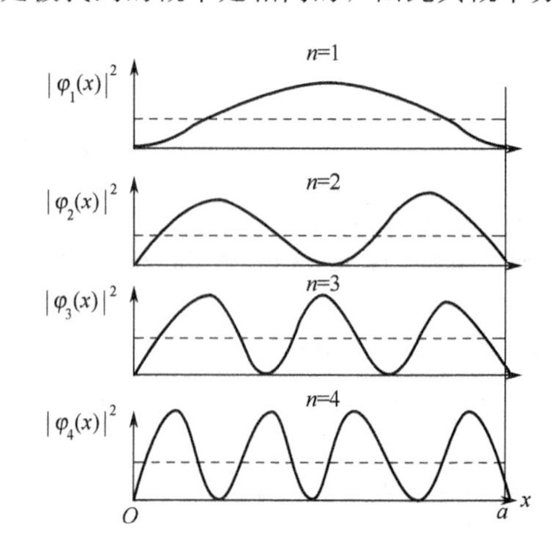

图 1-51　一维无限深势阱中粒子的概率分布

图形应当是平行于 x 轴的直线。如图 1-51 中的虚线。但如果微观粒子的能量很大，则概率分布也接近于一平行 x 的直线。因此二者的差别仅仅在粒子能量较小时才比较显著。

1.4.3 晶体中电子的状态和能带

1.4.3.1 晶体中薛定谔方程及其解的形式

由于晶体结构的周期性，晶体中的每个价电子都处在一个完全相同的严格周期性势场之中，电子势能函数的周期与所在晶体结构的周期相同，此时常可看作是各原子势场的叠加，原子所处势场为

$$U(\boldsymbol{r})=U(\boldsymbol{r}+\boldsymbol{R}_n) \tag{1-102}$$

式中，$\boldsymbol{R}_n=n_1\boldsymbol{a}_1+n_2\boldsymbol{a}_2+n_3\boldsymbol{a}_3$，有定态薛定谔方程

$$\nabla^2\varphi(r)+\frac{2\mu}{\hbar^2}[E-U(r)]\varphi(r)=0 \tag{1-103}$$

布洛赫在 1928 年证明了在周期性势场中，薛定谔方程的解具有如下形式：

$$\varphi_k(r)=u_k(r)\mathrm{e}^{i\boldsymbol{k}\cdot\boldsymbol{r}} \tag{1-104}$$

式中，$u_k(r)=u_k(r+R_n)$。

这一结论称为布洛赫定理，其物理意义是指数部分为平面波，描述了晶体电子的共有化运动，晶格周期函数描述了晶体中电子围绕原子核的运动。晶体中的电子就具有上述两种运动形式。下面对其进行进一步分析。

将自由电子的定态波函数 $\varphi_p=A\mathrm{e}^{i\boldsymbol{k}\cdot\boldsymbol{r}}$ 与式（1-104）比较可以看出，晶体中的电子在周期性势场中运动的波函数与自由电子的波函数形式相似，代表一个波长为 $2\pi/\lambda$ 而在 k 方向上传播的平面波，不过这个波的振幅随 $u_k(r)$ 作周期性变化，其变化周期同晶格周期相同，即晶体中的电子是以一个被调幅的平面波在晶体中传播。若令 $u_k(r)$ 为常数，则在周期性势场中运动的电子的波函数完全变成自由电子的波函数。其次根据波函数的意义，在空间某一点找到电子的概率与波函数在该点的强度成正比。对于自由电子，在空间各点波函数的强度相等，说明在空间各点找到电子的概率相等，这反映了电子在空间中的自由运动。而对于晶体中的电子，由于 $u_k(r)$ 与晶格同周期的函数，在晶体中波函数的强度也随晶格周期性变化，所以在晶体中各点找到该电子的概率也具有周期性变化性质。这反映了电子不再完全局限在某一原子上，而是可以从晶胞中某一点自由地运动到其他晶胞内的对应点，因而电子可以在整个晶体中运动，这种运动称为电子在晶体内的共有化运动。组成晶体的原子的外层电子共有化运动较强，其行为与自由电子相似，常称为准自由电子，而内层电子的共有化运动较弱，其行为与孤立原子中的电子相似。布洛赫波函数中的波矢 k 与自由电子波函数中的一样，它描述晶体中电子的共有化运动状态，不同的 k 标志着不同的共有化运动状态。

1.4.3.2 能带

晶体中的电子有两类：外层价电子和内层电子，对于外层价电子，它的能量高，相对于电子的能量，晶体势场较弱，电子的行为类似于自由电子，而把晶体势场对电子运动的影响看作微扰，这种从自由电子出发的近似处理，叫近自由电子近似。对于内层电子，电子能量低，相对于电子能量，晶体势场较强，因而电子基本围绕原子核运动，而把相邻原子看作微扰，这种从自由原子出发的近似处理，叫紧束缚近似。两种近似方法都得到晶体中的电子状态不再是分立的能级，而成为一系列能带。在此仅讨论近自由电子近似的结果。

晶体中的电子处在不同的 k 状态，具有的能量为 $E(k)$，求解一维原子链中电子的薛定谔方程可得出如图 1-52 所示的 $E(k)$ 和 k 的关系曲线。图中的虚线表示自由电子的 $E(k)$ 和 k 的抛物线关系，实线表示周期性势场中电子的 $E(k)$ 和 k 的关系曲线。可以看到以下几点。

① 周期性势场中的电子与自由电子的 $E(k)$ 和 k 的关系曲线相似，所不同的是前者出

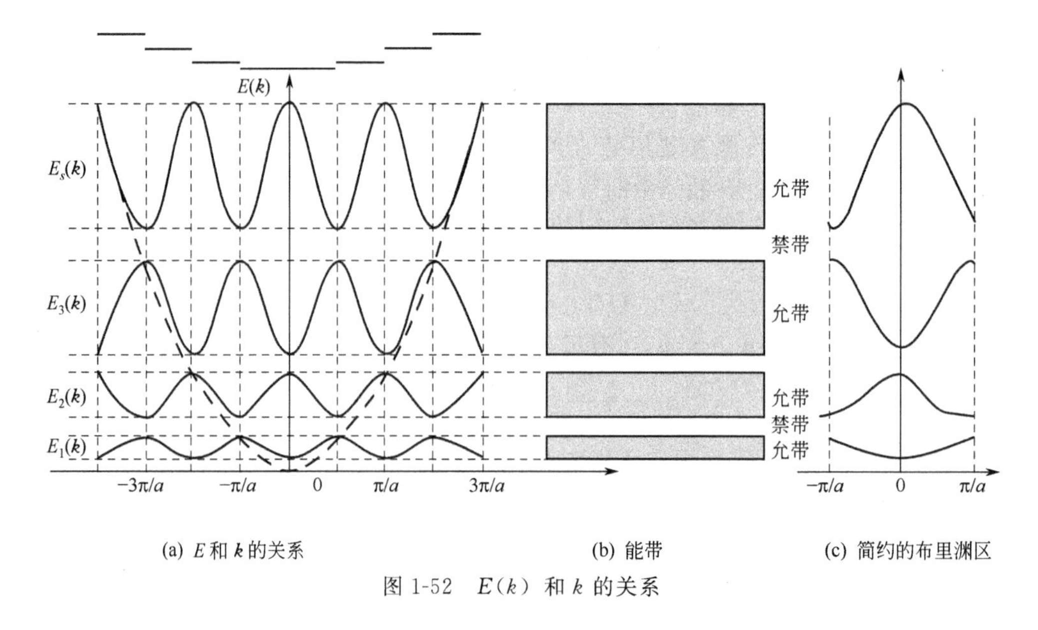

图 1-52　$E(k)$ 和 k 的关系

现了能量的不连续现象。当 $k=\frac{\pi n}{a}(=0,\pm 1,\pm 2)$ 时，即布里渊区边界，产生能隙，称为禁带。连续区域分别在第一布里渊区、第二布里渊区等称为能带。

② 在每个能带中，有

$$E_n(k)=E_n\left(k+n\frac{2\pi}{a}\right) \tag{1-105}$$

所以对于任何能带均可在第一布里渊区 $[-\pi/a,\pi/a]$ 的波矢范围内表述，这个区间称为简约布里渊区。在简约布里渊区内，$E(k)$ 和 k 的关系为多值函数，这一点与声子不同，对于不同的能带，尽管波矢相差 k_n，$E(k)$ 是不等于 $E(k+k_n)$ 的，而在声子问题中，第一布里渊区以外不存在任何新的振动方式。

③ 如同晶格振动，对于有边界的晶体，需考虑边界条件，根据周期性边界条件，波矢只能取分立的数值，在 k 空间的每个布里渊区的波矢数等于晶体的原胞数 N，因而简约布里渊区中含有 N 个简约波矢，每个能带有 N 个简约波矢标志的能态，计入自旋，每个能带可容纳 N 个电子。能量越高的能带，其能级间距越大。

由上看出，周期势场中运动的电子其能级分布的最重要特点是形成能带，而能隙的产生又是能级分裂成能带的原因。与晶格振动相似，在布里渊区边界满足布拉格反射条件。前进波与反射波发生干涉形成驻波，按照半波损失的有无，反射波与入射波的叠加有两种情况，在布里渊区边界形成两个能量不同的驻波态。如图 1-53 所示，波函数 Ψ_+^0 使电子聚集在正

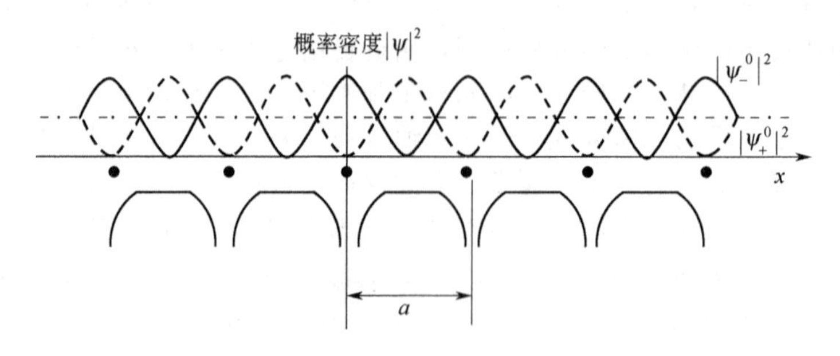

图 1-53　禁带两边外的状态的概率密度分布

离子实附近，波函数 Ψ^0_- 使电子聚集在正离子实之间的区域内，由于驻波的速度为零，动能为零，总能量等于势能，而离子实附近和离子实之间势能不同，因此两个驻波的能量不同，结果是同一个 k 值存在两种能量，从而产生了能隙。如果波矢远离布里渊区边界，则从各原子反射的子波之间没有固定的相位关系，不会形成反射波。对原来的入射波干扰不大。

1.4.4 晶体中电子的运动和有效质量

1.4.4.1 晶体中 $E(k)$ 与 k 的关系

如图 1-52 所示，只给出了 $E(k)$ 与 k 的定性关系，因为求 $E(k)$ 与 k 的关系十分困难，但对于讨论半导体来说，起作用的常常是近于能带底部或能带顶部的电子，因此，只要掌握其能带底部或顶部附近的 $E(k)$ 与 k 关系就可以了。

用泰勒级数展开可以近似求出极值附近的 $E(k)$ 与 k 的关系。以一维为例，将能带底部在 $k=0$ 附近按泰勒级数展开，得

$$E(k)=E(0)+\left(\frac{\mathrm{d}E}{\mathrm{d}k}\right)_{k=0}k+\frac{1}{2}\left(\frac{\mathrm{d}^2E}{\mathrm{d}k^2}\right)_{k=0}k^2+\cdots$$

取至平方项。因为，$k=0$ 时能量极小，所以有 $(\mathrm{d}E/\mathrm{d}k)_{k=0}=0$，得

$$E(k)-E(0)=\frac{1}{2}\left(\frac{\mathrm{d}^2E}{\mathrm{d}k^2}\right)_{k=0}k^2 \tag{1-106}$$

$E(k)$ 为导带底部能量。对给定的半导体，$(\mathrm{d}^2E/\mathrm{d}k^2)_{k=0}$ 是一个常数。

令 $\frac{1}{\hbar^2}\left(\frac{\mathrm{d}^2E}{\mathrm{d}k^2}\right)_{k=0}=\frac{1}{m_e^*}$，能带底部附近有

$$E(k)-E(0)=\frac{\hbar^2k^2}{2m_e^*} \tag{1-107}$$

由波粒二象性得自由电子的 $E(k)$ 与 k 的关系为 $E(k)=\frac{\hbar^2k^2}{2m_0}$，将其与式（1-107）比较，$m_0$ 为电子的惯性质量；m_e^* 为能带底部电子的有效质量，大于零。

同理也可得出能带顶部附近的 $E(k)$ 与 k 的关系，与能带底部形式相同，所不同的是电子的有效质量 m_n^* 小于零。引进有效质量后，能带极值附近 $E(k)$ 与 k 的关系便可确定。

1.4.4.2 电子的平均速度

根据量子力学概念，电子的运动可以看作波包的运动，波包的群速就是电子运动的平均速度。设波包由许多频率相差不多的波组成，则波包中心的运动速度（即群速）为

$$v=\frac{\mathrm{d}\omega}{\mathrm{d}k} \tag{1-108}$$

将粒子能量 $E=\hbar\omega$ 代入式（1-108），得

$$v=\frac{\mathrm{d}E}{\hbar\,\mathrm{d}k} \tag{1-109}$$

将自由电子的能量 $E=\frac{\hbar^2k^2}{2m_0}$ 代入式（1-109），得自由电子的速度

$$v=\frac{\mathrm{d}E}{\hbar\,\mathrm{d}k}=\frac{\hbar k}{m_0} \tag{1-110}$$

将式（1-107）代入式（1-109），得到能带极值附近电子的速度

$$v=\frac{\hbar k}{m_e^*} \tag{1-111}$$

将式（1-110）与式（1-111）相比，用电子的有效质量代替了电子的惯性质量。

1.4.4.3 电子的加速度

在外加电场 E 的作用下，外力 f 对电子做功，电子的能量变化为

$$\frac{\mathrm{d}E}{\mathrm{d}t}=fv=f\ \frac{\mathrm{d}E}{\hbar\,\mathrm{d}k} \tag{1-112}$$

由式（1-112）得

$$f=\frac{\hbar\,\mathrm{d}k}{\mathrm{d}t} \tag{1-113}$$

此式说明在外力作用下，电子的波矢不断改变，其变化率与外力成正比。

电子的加速度为

$$\frac{\mathrm{d}v}{\mathrm{d}t}=\frac{\mathrm{d}}{\mathrm{d}t}\left(\frac{\mathrm{d}E}{\hbar\,\mathrm{d}k}\right)=\frac{\mathrm{d}}{\hbar\,\mathrm{d}k}\left(\frac{\mathrm{d}E}{\mathrm{d}t}\right) \tag{1-114}$$

将式（1-113）代入式（1-114）得

$$\frac{\mathrm{d}v}{\mathrm{d}t}=f\,\frac{\mathrm{d}}{\mathrm{d}k}\left(\frac{\mathrm{d}E}{\hbar^2\,\mathrm{d}k}\right)=\frac{\mathrm{d}^2E}{\hbar^2\,\mathrm{d}k^2}f \tag{1-115}$$

同牛顿定律比较，确定电子的有效质量的倒数为

$$\frac{1}{m_\mathrm{e}^*}=\frac{\mathrm{d}^2E}{\hbar^2\,\mathrm{d}k^2} \tag{1-116}$$

1.4.4.4 电子有效质量的意义

半导体中的电子在外力作用下，描述电子运动规律的方程中出现的是有效质量，而不是电子的惯性质量，这是因为外力并不是电子受力的总和，晶体中的电子即使在没有外加电场作用时，它也要受到晶体内部原子及其他电子的势场作用，因此电子的加速度应是晶体中势场和外部场作用的综合效果。但要找到内部势场的具体形式并求得加速度有一定的困难，引进有效质量有以下作用：

① 引入有效质量可使问题简单化，直接把外力和加速度联系起来，而内部的势场作用由有效质量概括；

② 解决晶体中电子在外力作用下，不涉及内部势场的作用，使问题简化；

③ 有效质量可以直接测定。

图 1-54 分别示意地画出了能量、速度和有效质量随波矢的变化曲线，可以看到，在能带底部附近，电子的有效质量为正值，在能带顶部附近，电子的有效质量为负值。

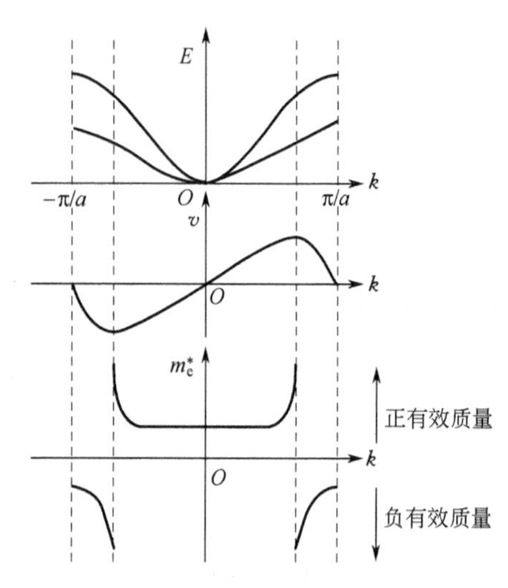

图 1-54 能量、速度和有效质量与波矢的关系

从式（1-116）还可以看出，有效质量与能量函数对于 k 的二次微商成反比，对宽窄不同的各个能带，$E(k)$ 随 k 的变化情况不同，能带越窄，二次微商越小，有效质量越大，内层电子的能带窄，有效质量大；外层电子的能带宽，有效质量小。因而，外层电子在外力作用下可以获得较大的加速度。

1.4.4.5 恒定电场作用下电子的运动

电子在恒定电场作用下，设电场力 $f=-qE$（E 为电场强度）沿轴的正方向，根据式（1-113），电子在 k 空间作匀速运动，但是作为准经典运动电子永远保持在同一个能带内。图 1-55 中画出了用延展型布里渊区表示的 $E(k)$ 函数，电子在 k 空间的匀速运动，意味着电子的本征能量沿 $E(k)$ 函数曲线周期性变化，若用简约布里渊区表示，当电子运动到布里渊区边界 $k=-\pi/a$，由于 $k=-\pi/a$ 与 $k=\pi/a$ 相差倒格矢 $2\pi/a$，实际代表同一状态，所以电子从 $k=\pi/a$

移动出去实际上同时从 $k=-\pi/a$ 移进来。电子在 k 空间作循环运动。

电子在 k 空间的循环运动，表现在电子速度上是 v 随时间作震荡的变化。假设 $t=0$ 时，电子处在带底 $k=0$，$m_e^*>0$，外力作用使电子加速，v 增大；当达到 $k=\pi/2a$ 时，$m_e^*\to\infty$，速度极大；k 超过 $k=\pi/2a$，$m_e^*<0$，开始减速，直至 $k=\pi/a$ 时速度为 0。这时电子处在带顶，$m_e^*<0$，外力作用使 $v<0$（即沿外力相反方向运动），当 k 在 $-\pi/a$ 至 $-\pi/2a$ 之间时，速度的绝对值不断增大，在 $k=-\pi/2a$ 达到速度的极小值。当 k 超过 $-\pi/2a$，$m_e^*>0$，加速运动，其效果是使速度的绝对值减小，直至 $k=0$，$v=0$。这就是在恒定外电场作用下速度的震荡。

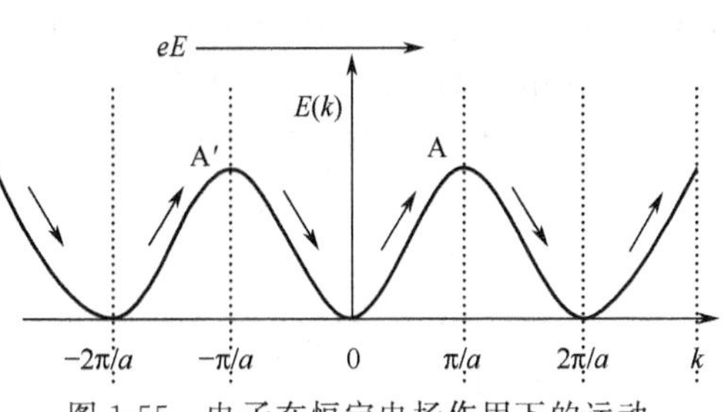

图 1-55　电子在恒定电场作用下的运动

电子速度的震荡，意味着电子在实空间（x 空间）的震荡，我们知道 $E(k)$ 表示的是电子在晶体周期场中的能量本征值，当有外电场时，附加有静电位能 $-qV$，在上面的例子中电场沿 $-x$ 方向，电位 V 随 x 增加，静电位能沿 x 轴下降。电子的总能量将随 x 变化，能带发生倾斜。图 1-56 中（a）表示未加电场的情况，（b）表示电子的静电位能，（c）表明能带的倾斜。

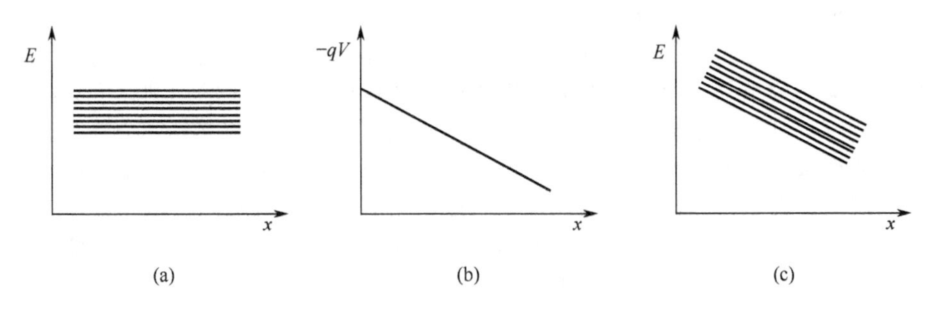

图 1-56　能带的倾斜

在图 1-57 中画出了包含有两个能带的情况。设 $t=0$ 时电子处在较低的能带底的 A 点，电子从 A 经过 B 到达 C，对应于电子从 $k=0$ 到 $k=\pi/a$ 的运动。在 C 点，电子遇到了带隙，相当于存在有一个位垒。在准经典运动近似中，电子局限在同一能带中运动，电子在遇到位垒以后将全部被反射回来，（对应于 k 空间由 $+\pi/a$ 到 $-\pi/a$）电子由 C 经过 B 返回 A，对应于电子从 $k=-\pi/a$ 到 $k=0$ 的运动，这就是电子在实空间的震荡。

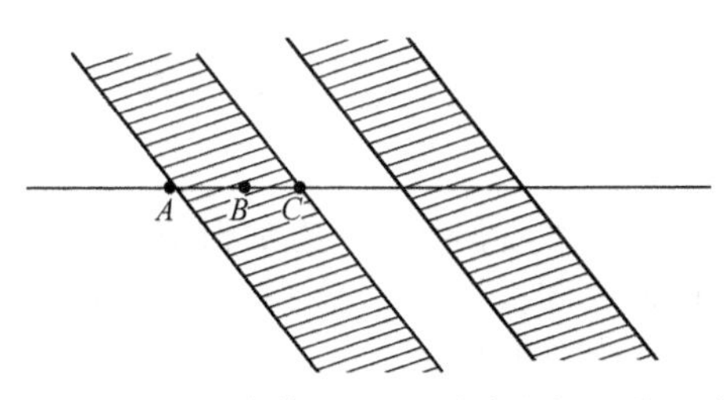

图 1-57　电场作用下电子在实空间 x 的运动

但是必须强调指出以下两点。

① 上述震荡现象实际上是很难观察到的，其原因是除非填满能带，电子在运动中将要不断受到声子、杂质和缺陷的散射（或称碰撞），相邻两次散射之间的平均时间间隔称为电子平均自由运动时间，用 τ 表示。如果 τ 很小，电子来不及完成震荡运动就被散射破坏掉了。τ 的典型值为 10^{-13}s，观察到上述震荡现象的条件为

$$\omega\tau\gg1$$

ω 为震荡圆频率，可以用

$$\omega=2\pi\left(\frac{\text{布里渊区宽度}}{\text{电子在 }k\text{ 空间运动速度}}\right)^{-1}=\frac{qEa}{\hbar}$$

来估算，如果取 $a\approx 3\text{Å}$ (0.3nm)，$\tau\approx 10^{-13}$s，满足 $\omega\tau\gg 1$ 条件，需要电场强度大于 $2\times 10^5\text{V}\cdot\text{cm}^{-1}$，这样高的场强在金属材料中是无法实现的，对绝缘材料中则早已被击穿了。所以一般在电场的作用下，电子在 k 空间只有一个小位移，而不能实现震荡。

② 在准经典运动的框架中，当电子运动遇到带隙时将被全部反射回来，而按照量子理论，电子遇到位垒时将有部分穿透位垒，部分被反射回来，穿透位垒概率取决于位垒的高度和长度。如图 1-58 所示，位垒高度为带隙宽 E_g，位垒长度由电场决定，因为能带倾斜的斜率为 qE，所以位垒长度为 $d=E_g/(qE)$。根据近似的分析，

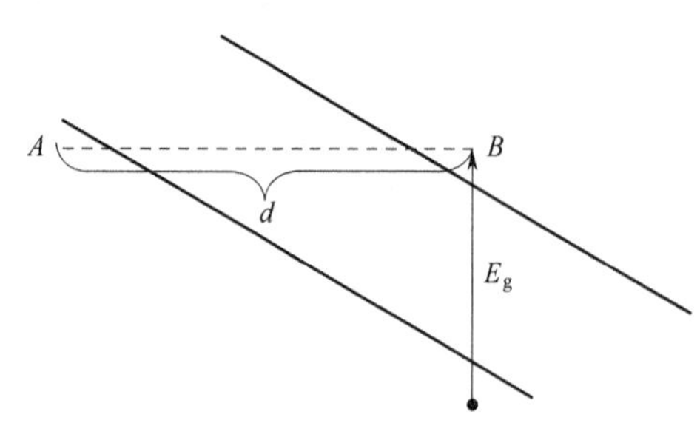

图 1-58 隧道穿透中的位垒长度

$$\text{穿透概率}\propto E\exp\left[-\frac{\pi^2}{\hbar}(2mE_g)^{1/2}\frac{E_g}{qE}\right]$$

可以看出随电场增强穿透概率急剧增加。如果下面能带是被电子填满的（或接近于填满），电子在电场作用下很容易达到带顶；如果上面能带中没有电子（或基本上是空），可以接纳电子，则当电场足够强时，下面能带中的电子有一定概率穿透带隙而达到导带，这种现象称为隧道效应。在上面的准经典运动分析中，略去了这种隧道效应。但隧道效应在很多半导体器件物理中有着重要的作用。

1.4.4.6 能带论对导电性解释

固体按其电导性分为导体、半导体、绝缘体。固体能够导电，是固体中的电子在外电场作用下作定向运动的结果。由于电场力对电子的加速作用，使电子的运动速度和能量都发生了变化。从能带论来看，电子的能量变化，是电子从一个能级跃迁到另一个能级上去。对于满带，其中的能级已为电子所占满，在外电场的作用下，满带中的电子并不形成电流，通常原子中的内层电子都是占据满带中的能级，内层电子对导电没有贡献。对于被电子部分占满的能带，在外电场作用下，电子可从外电场中吸收能量跃迁到未被电子占据的能级上，形成了电流，起导电作用，常称这种能带为导带。以下对满带、部分填充带的导电性进行分析。

能带中的所有电子贡献的电流密度由下式给出：

$$J=\frac{1}{V}(-e)\sum_k v(k)$$

V 是体积，求和是对能带中所有状态求和，而

$$v(-k)=\frac{1}{\hbar}\times\frac{\partial E(-k)}{\partial(-k)}=-\frac{1}{\hbar}\times\frac{\partial E(k)}{\partial k}=-v(k)$$

(1) 无外加电场

温度一定，电子从最低能级开始填充，并成对称分布，电子占据某个状态的概率只同该状态的能量有关，由于 $E(k)=E(-k)$，电子占据 k 态的概率同占据 $-k$ 态的概率一样，它们的速度方向相反、大小相等，二者的电流正好抵消，晶体中总电流为零。

(2) 有外加电场

满带与不满带对电流的贡献有很大差异，对于满带，k 在布里渊区均匀分布，所有的电子状态都按 $\frac{\mathrm{d}k}{\mathrm{d}t}=\frac{1}{\hbar}(-eE)$ 变化，k 轴上的各点均以相同的速度移动，没有改变均匀填充各态的情况，见图 1-59。也就是说，由于布里渊区边界 A 和 A' 实际代表同一状态，从 A 点出去的电子实际上同时从 A' 点移进来，仍保持均匀填充的情况。这样的结果在有电场存在时，仍然是 k 态和 $-k$ 态的电子流成对抵消，总电流为零。所以满带电子是不导电的。

相反，如果一个不满的带，由于电场的作用，电子分布将向一个方向移动，电子在布里渊区中的分布不再是对称的，见图 1-60，导致电子流部分抵消，未抵消的部分构成了晶体

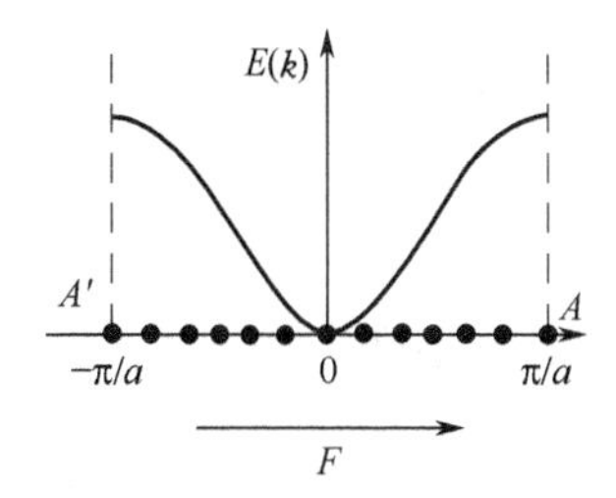

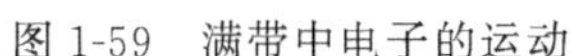

图 1-59　满带中电子的运动

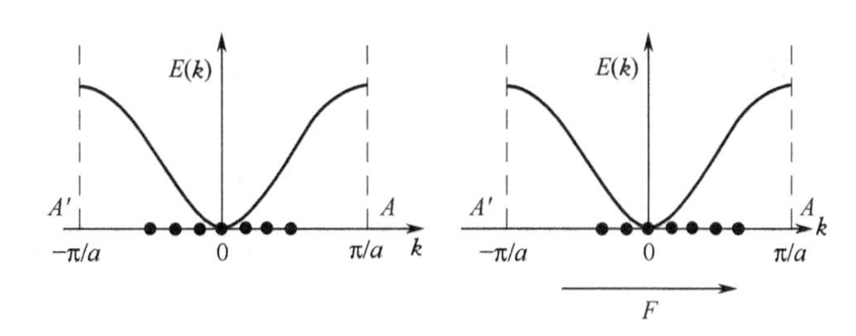

图 1-60　不满带中电子的运动

的电流。

对于半导体，由于外界因素（光、热等）的影响，处于价带上的电子激发到导带上，在价带上出现了空穴。对于价带上有一个空状态的半导体，由于电流为 J 等于价带电子总电流，设想有一个电子填充到空的 k 状态，见图 1-61，这个电子的电流等于电子的电荷乘以 k 状态的电子速度，即

$$k\text{ 状态的电子电流}=(-q)v(k) \tag{1-117}$$

填入电子后价带又被填满，总电流应为零，即

$$J+(-q)v(k)=0 \text{ 或 } J=(+q)v(k) \tag{1-118}$$

当状态 k 是空的时，能带中的电流就像是由一个正电荷 e 所产生，而其运动的速度等于处在 k 状态的电子运动的速度 $v(k)$，这种空的状态称为空穴。

一般价带中的空状态都出现在价带顶部附近，而价带顶部的电子的有效质量是负值，如果引进表示空穴的有效质量 m_n^*，令 $m_n^*=-m_e^*$，实际结果正是如此，所以空穴可以看成是一个具有正电荷和正有效质量的粒子。

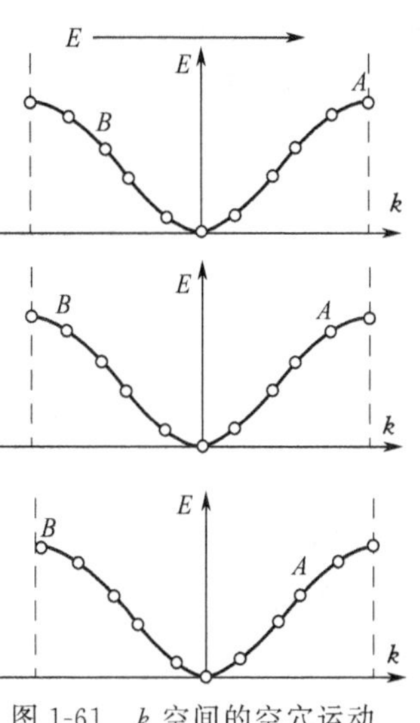

图 1-61　k 空间的空穴运动

1.4.5　费米能级与玻耳兹曼分布函数

1.4.5.1　费米分布函数

晶体中电子的数目是非常多的，例如硅晶体每立方厘米中约有 5×10^{22} 个硅原子，仅价电子数每立方厘米中就约有 $4\times5\times10^{22}$ 个。在一定温度下，晶体中的大量电子不停地作无规则热运动，电子可以从高能量的量子态跃迁到低能量的量子态，将多余的能量释放出来成为晶格热振动的能量。因此，从一个电子来看，它所具有的能量时大时小，经常变化。但是，从大量电子的整体来看，在热平衡状态下，电子按能量大小具有一定的统计分布规律性，即这时电子在不同能量的量子态上统计分布概率是一定的。根据量子统计理论，服从泡利不相容原理的电子遵循费米统计律。对于能量为 E 的一个量子态被一个电子占据的概率 $f(E,T)$ 为

$$f(E,T)=\frac{1}{1+\exp\left(\dfrac{E-E_F}{k_0T}\right)} \tag{1-119}$$

$f(E,T)$ 称为电子的费米分布函数，它是能量 E 和温度 T 的函数。它是描写热平衡状态下，电子在允许的量子态上如何分布的一个统计分布函数。式（1-119）中 k_0 是玻耳兹曼常数，T 是热力学温度，E_F 具有能量的量纲，称为费米能级或费米能量，这是一个很重要的物理参数，它和温度、材料的导电类型、杂质的含量以及能量零点的选取有关。只要知道了 E_F 的数值，在一定温度下，电子在各量子态上的统计分布就完全确定。E_F 可以由晶体中

能带内所有量子态中被电子占据的量子态数应等于电子总数 N 这一条件来决定。

假如在能量 $E \sim E+\Delta E$ 范围内的电子态数目为 ΔZ，则电子的态密度函数 $g(E)$ 定义为：

$$g(E)=\lim_{\Delta E\to 0}\frac{\Delta Z}{\Delta E}=\frac{dZ}{dE}$$

将 $f(E,T)$ 乘以能量为 E 的电子密度函数 $g(E)$，就得到电子密度分布函数

$$N(E,T)=f(E,T)g(E)$$

它表示在温度 T 时，分布在能量 E 附近单位能量间隔内的电子数目。显然在能量 $E \sim E+\Delta E$ 间的电子数为

$$dN=N(E,T)dE=f(E,T)g(E)dE$$

系统中的电子总数可表示为

$$N=\int_0^{\infty}N(E,T)dE=\int_0^{\infty}f(E,T)g(E)dE \tag{1-120}$$

由于式（1-120）中包含了费米能级 E_F，利用这一公式可以确定系统的 E_F。

如果将晶体中大量电子的集体看成一个热力学系统，由统计理论证明，费米能级 E_F 是系统的化学势，即

$$E_F=\mu=\left(\frac{\partial F}{\partial N}\right)_T \tag{1-121}$$

μ 代表系统的化学势，F 是系统的自由能。式（1-121）的意义是：当系统处于热平衡状态，也不对外界做功的情况下，系统中增加一个电子所引起系统自由能的变化，等于系统的化学势，也就是等于系统的费米能级。而处于热平衡状态的系统有统一的化学势，所有处于热平衡状态的电子系统都有统一的费米能级。

下面讨论费米分布函数 $f(E,T)$ 的一些特性。

当 $T=0K$ 时，由式（1-119）可知若 $E<E_F$，则 $f(E,0)=1$；若 $E>E_F$，则 $f(E,0)=0$。

图 1-62 中曲线 A 是 $T=0K$ 时 $f(E,T)$ 与 E 的关系曲线。可见在绝对零度时，能量比 E_F 小的量子态被电子占据的概率是百分之百，因而这些量子态上都是有电子的；而能量比 E_F 大的量子态，被电子占据的概率是零，因而这些量子态上都没有电子，是空的。故在绝对零度时，费米能级 E_F 可看成量子态是否被电子占据的一个界限，即为电子填充的最高能级。

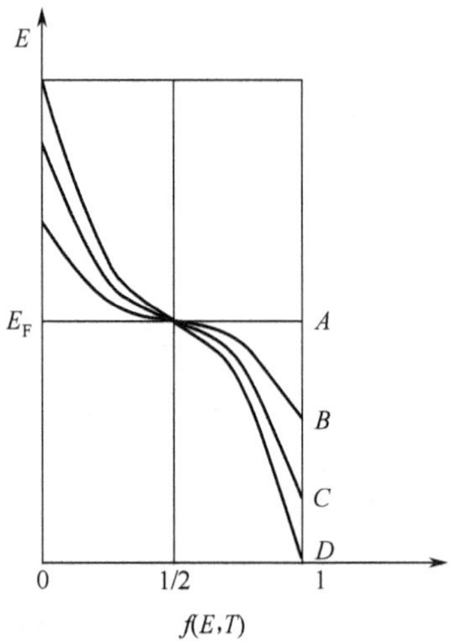

图 1-62　费米分布函数与温度关系曲线

电子总数 N 可用下式表示

$$N=\int_0^{\infty}f(E,0)g(E)dE=\int_0^{E_F^0}g(E)dE$$

自由电子系统中每个电子的平均能量可通过

$$\overline{E_0}=\frac{1}{N}\int_0^{\infty}E\,dN=\frac{1}{N}\int_0^{E_F^0}Eg(E)dE \tag{1-122}$$

计算，结果是平均能量为 $\frac{3}{5}E_F^0$。因此即使在绝对零度，电子仍有相当大的平均能量或动能，而经典理论得出电子的平均动能为 $\frac{3}{2}K_BT$，当 $T=0K$ 时为零。这是由于根据量子理论，电子必须服从泡利原理，因此在绝对零度时不可能所有电子都填充在最低的能态，因而平均能量不为零。计算表明，当 $T=0K$ 时，电子仍有惊人的平均速度，它约为 10^8cm/s。

当 $T>0K$ 时

若 $E<E_F$，则 $f(E,T)>1/2$；

若 $E=E_F$，则 $f(E,T)=1/2$；

若 $E>E_F$，则 $f(E,T)<1/2$。

上述结果说明，当系统的温度高于绝对零度时，如果量子态的能量比费米能级低，则该量子态被电子占据的概率大于50%；若量子态的能量比费米能级高，则该量子态被电子占据的概率小于50%。因此，费米能级是量子态基本上被电子占据或基本上是空的一个标志。而当量子态的能量等于费米能级时，则该量子态被电子占据的概率是50%。

例如，量子态的能量比费米能级高或低 $5k_0T$ 时的情况：

当 $E-E_F>5k_0T$ 时，$f(E,T)<0.007$；

当 $E-E_F<-5k_0T$ 时，$f(E,T)>0.993$。

可见，温度高于绝对零度时，能量比费米能级高 $5k_0T$ 的量子态被电子占据概率只有0.7%，概率很小，量子态几乎是空的；而能量比费米能级低 $5k_0T$ 的量子态被电子占据的概率是99.3%，概率很大，量子态上几乎总有电子。

一般可以认为，在温度不很高时，能量大于费米能级的量子态基本上没有被电子占据，而能量小于费米能级的量子态基本上为电子所占据，而电子占据费米能级的概率在各种温度下总是1/2，所以费米能级的位置比较直观地标志了电子占据量子态的情况，通常说费米能级标志了电子填充能级的水平。费米能级位置越高，说明有较多的能量较高的量子态上有电子。

图1-62中的曲线 B、C、D 分别为温度在300K、1000K、1500K时费米分布函数 $f(E,T)$ 与 E 的曲线。从图中看出，随着温度的升高，电子占据能量小于费米能级的量子态的概率下降，而占据能量大于费米能级的量子态的概率增大。

1.4.5.2 玻耳兹曼分布函数

在式（1-119）中，当 $E-E_F \gg k_0T$ 时，由于 $\exp\left(\frac{E-E_F}{k_0T}\right) \gg 1$，所以

$$1+\exp\left(\frac{E-E_F}{k_0T}\right) \approx \exp\left(\frac{E-E_F}{k_0T}\right) \tag{1-123}$$

这时，费米分布函数就转化为 $f_B(E,T)=e^{-\frac{E-E_F}{k_0T}}=e^{\frac{E_F}{k_0T}}e^{-\frac{E}{k_0T}}$

令 $A=e^{\frac{E_F}{k_0T}}$，则

$$f_B(E,T)=Ae^{-\frac{E}{k_0T}} \tag{1-124}$$

式（1-124）表明，在一定温度下，电子占据能量为 E 的量子态的概率由指数因子 $e^{-\frac{E}{k_0T}}$ 所决定。这就是熟知的玻耳兹曼统计分布函数。因此，$f_B(E,T)$ 称为电子的玻耳兹曼分布函数。由图1-62看到，除去在 E_F 附近几个 k_0T 处的量子态外，在 $E-E_F \gg k_0T$ 处，量子态为电子占据的概率很小，这正是玻耳兹曼分布函数使用的范围。这一点是容易理解的，因为费米统计律与玻耳兹曼统计律的主要差别在于：前者受到泡利不相容原理的限制。而在 $E-E_F \gg k_0T$ 的条件下，泡利原理失去作用，因而两种统计的结果变成一样了。

$f(E,T)$ 表示能量为 E 的量子态被电子占据的概率，因而 $1-f(E,T)$ 就是能量为 E 的量子态不被电子占据的概率，这也就是量子态被空穴占据的概率。故

$$1-f(E,T)=\frac{1}{1+\exp\left(\frac{E_F-E}{k_0T}\right)} \tag{1-125}$$

当 $E_F-E \gg k_0T$ 时，上式分母中1可以略去，若设 $B=e^{-\frac{E_F}{k_0T}}$，则

$$1-f(E,T)=Be^{\frac{E}{k_0T}} \tag{1-126}$$

式（1-126）称为空穴的玻耳兹曼分布函数。它表明当 E 远低于 E_F 时，空穴占据能量为 E 的量子态的概率很小，即这些量子态几乎都被电子所占据了。

习　题

1. 画出下列图样的结晶学原胞，固体物理学原胞，布喇菲格子基矢。（提示　将 p，q，b，d 看作 4 中不同的原子）

qp　db　qp　db　qp　db　qp　db　qp

db　qp　db　qp　db　qp　db　qp　bd

qp　db　qp　db　qp　db　qp　db　qp

db　qp　db　qp　db　qp　db　qp　bd

qp　db　qp　db　qp　db　qp　db　qp

2. 下列结构是什么样的格子？是不是布喇菲格子？如果不是，有几个子格子沿什么方向套构而成？

底心立方　　面心立方　　侧心立方

3. Na 在 23K 从体心立方转变到六角密堆结构，假定转变时密度保持不变，六角相的晶格（复式格子）常数 a 是多少？（立方相的 $a=4.23$Å，六角相的 $c/a=1.633$）

提示：密度等于晶胞内含的原子数/晶胞体积。

4. 在简立方晶胞中画出下列平面和方向：

(122)，[122]；(112)，[112]

5. 在面心立方结构中，原子面密度最大的平面是什么平面？铜是面心立方结构，计算这个面密度（原子数/cm^2），$a=1$Å。

6. 画出二维格子的倒格子，并将由倒格子基矢确定的原胞和第一布里渊区的画法比较。（$a_1=1.25$Å，$a_2=2.50$Å，$\gamma=120°$）

7. 试证明面心立方格子和体心立方格子互为正倒格子。

8. Cu 靶发射的 X 射线 $\lambda=1.544$Å，证明在铝中从（111）面反射的反射角是 19.2°，并计算此晶面的面间距。（$a=4.05$Å）

9. 如果晶体的体积可写成 $V=NbR^3$，式中 N 为晶体中的离子数，R 为原子间的最近距离，求出下列晶格的 b 值。

（1）氯化钠晶体；

（2）面心立方单原子；

（3）体心立方单原子。

10. 已知 $U(r)=(-A/r^m)+(B/r^n)$，令 $m=2$，$n=10$，且两原子形成一稳定的分子，其核间距为 3Å，离解能为 4eV，计算 A 和 B。

11. 画出一维布喇菲格子波矢分别为 $q=3\pi/2a$，$q=7\pi/2a$，$q=5\pi/2a$ 原子的振动格波，并说明它们之间具有什么关系。

12. 双原子晶格的色散曲线由声学波和光学波组成。声学波顶和光学波底间的频率范围称为频率隙，也就是说此范围的波在晶体中传输时强烈衰减而不能透过，由此说明双原子晶格可作为带通机械滤波器。如果两原子的质量相等，频率隙还存在吗？光学波还存在吗？和单原子晶格的结果比较。

13. 原子能级分裂的原因是什么？

14. 概率波的物理意义是什么？

15. 比较宏观物体与微观粒子的运动速度、加速度的物理意义？其结果说明什么？

16. 电子的有效质量的意义是什么？

17. 费米能级的物理意义是什么？

第 2 章　无机材料的受力形变

在载荷的作用下，材料内部各质点之间发生相对位移，在宏观上表现为形状和大小的变化，称为形变或变形。载荷大小可以是稳定的，可以是连续变动的；从作用时间上来看，可以是几分之一秒或更短一些，也可以是许多年；从使用环境来看，可以是大气压室温，高温及低温，有时甚至是腐蚀性介质。不论是哪一种载荷，其作用本质都是改变原子间的作用力，如同外力的作用一样，改变原子的相对位移，由于外力的大小不同，作用材料不同，其变形情况会有很大的不同，表现为弹性形变、塑性形变、断裂。因此无机材料的受力形变是材料的重要力学性能，是研究材料断裂和强度的基础，与材料的制造、加工和使用都有密切的关系。因此，研究无机材料的形变规律有着很重要的实际意义。

2.1　应力和应变

在分析形变时，通常采用应力和应变的概念。应力定义为单位面积上所受的力，即

$$\sigma=\frac{F}{S} \tag{2-1}$$

式中，F 为外力；S 为面积；σ 为应力，应力的单位为 Pa。

作用于材料某一平面上的外力，可以分解为两个相互垂直的外力，一个垂直于作用面，另一个平行于作用面，由此可以定义两种应力，将其分别定义为正应力和剪切应力。

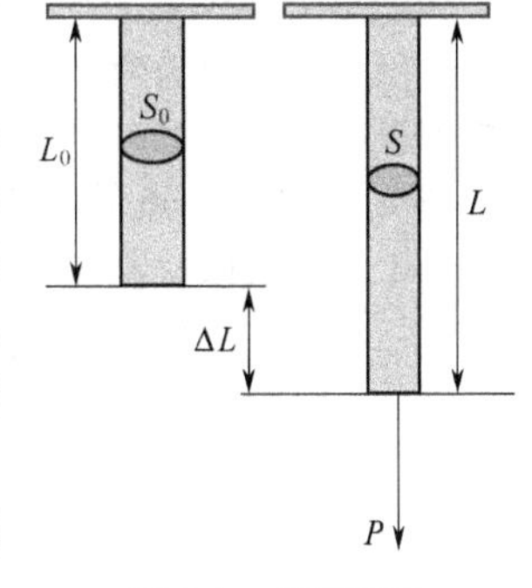

图 2-1　拉伸形变

外力方向与作用面方向垂直时的应力为正应力，见图 2-1。如果材料受力前的初始面积为 S_0，则 $\sigma_0=F/S_0$，为名义应力；如果形变后的真实面积为 S，则为真实应力。实用上一般都用名义应力。对于形变量总量很小的无机材料，二者数值相差不大，只在高温形变时才有显著差别。正应力作用的结果，引起材料的伸长或缩短。

若负荷作用到各向同性的非刚体上，由于负荷的作用，材料伸长，如果样品为细棒，正应变定义如下

$$\frac{L-L_0}{L_0}\equiv\varepsilon \tag{2-2}$$

L_0 为原有长度，L 为加上负荷后处于应变状态的长度。这种形式定义的应变叫名义应变。由于 L 随外力的作用不断发生变化，应变可以用下式来表示

$$真实应变=\int_{L_0}^{L}\frac{1}{L}\mathrm{d}L=\ln\frac{L}{L_0} \tag{2-3}$$

这一应变为真实应变。为方便起见一般也采用名义应变。

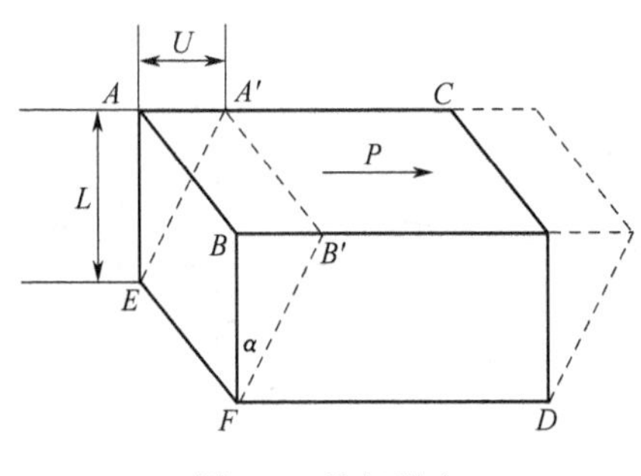

图 2-2　剪切形变

外力方向与作用面方向平行时的应力为剪切应力，见图 2-2。剪应力引起材料的畸变，并使材料发生转动。在剪应力作用下发生剪切应变。剪切应变定义为材料内部一体积元上的两个面元之间的夹角的变化，表示如下

$$\gamma = \frac{U}{L} = \tan\alpha = \alpha \tag{2-4}$$

下面讨论任意的力作用于材料时，在其中某一点的应力、应变状态。

当外力作用于物体，力直接作用于物体表面的质点上（称面力或接触力），使表面质点位移，然后间接通过质点间键的网络，相继作用到内部质点上去，使全部质点位移到新的位置进行相互作用，即处于所谓应力状态。由于接触力是短程力，即它的作用范围仅是分子大小数量级，宏观上力的作用可以视为物体是一层一层通过界面上的接触力相继和另一层相互作用。因此讨论材料内部某一点 P 的应力时，可以取一立方体积单元，并建立如图 2-3 所示的坐标系，体积元上的六个面均垂直于坐标轴 x，y，z。将作用于该立方单元表面上的接触力分解为和三个坐标轴平行的分力并除以面积，得出分应力。每个面上都有一个法向应力和两个剪切应力。

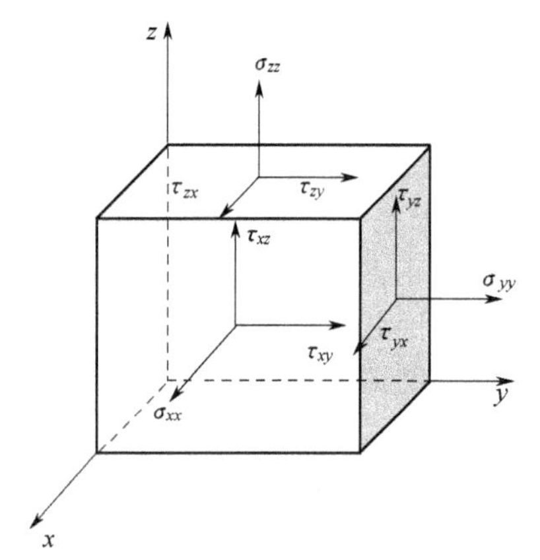

图 2-3　应力分量

应力分量下标的含义是：第一个字母表示应力作用面的法线方向；第二个字母表示应力的作用方向。

应力分量的正负号规定：正应力的正负号规定是拉应力（张应力）为正，压应力为负。剪应力的正负号规定是体积元上任意面上的法向应力与坐标轴的正方向相同，则该面上的剪应力指向坐标轴的正方向者为正；如果该面上的法向应力指向坐标轴的负方向，则剪应力指向坐标轴的正方向者为负。

由于整个系统处于平衡条件，即立方单元不发生平移和转动，因此应力间存在以下平衡关系：体积元上相对的两个平行平面上的法向应力大小相等，方向相反；剪应力作用在物体上的总力矩等于零。由此可以得出一点的应力状态由六个分量决定。即 σ_{xx}，σ_{yy}，σ_{zz}，σ_{yz}，σ_{zx}，σ_{xy}。

研究材料中一点的应变状态，也和研究应力一样，在材料内部围绕该点取出一体积元，见图 2-4。如果该材料发生形变，O 点沿 x、y、z 方向的位移分量分别为 u、v、w，沿 x 方向的正应变为$\frac{u}{x}$，用偏微分形式表示为$\frac{\partial u}{\partial x}$，则在 O 点处沿 x 方向的正应变为

$$\varepsilon_{xx} = \frac{\partial u}{\partial x}$$

同理沿 y、z 方向的正应变分别为

$$\varepsilon_{yy} = \frac{\partial v}{\partial y} \qquad \varepsilon_{zz} = \frac{\partial w}{\partial z} \tag{2-5}$$

A 点在 x 方向的位移为 $u+\frac{\partial u}{\partial x}\mathrm{d}x$，$OA$ 的长度增加了$\frac{\partial u}{\partial x}\mathrm{d}x$。$O$ 点在 y 方向的应变为$\frac{\partial v}{\partial x}$，$A$ 点在 y 方向的位移为 $v+\frac{\partial v}{\partial x}\mathrm{d}x$。$A$ 点在 y 方向的相对位移为$\frac{\partial v}{\partial x}\mathrm{d}x$。同理：$B$ 点在 x 方向的相对位移为$\frac{\partial u}{\partial y}\mathrm{d}y$，

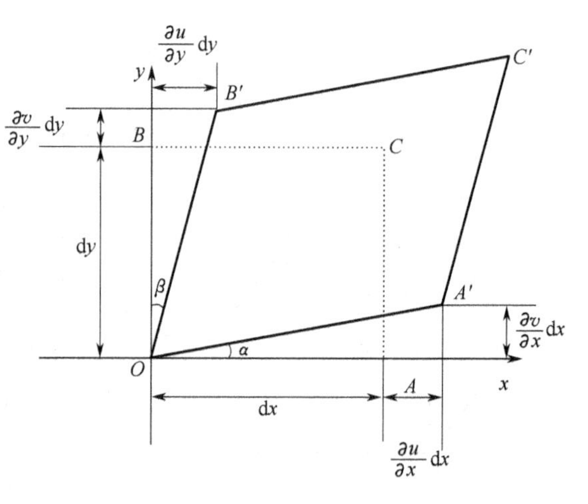

图 2-4　z 面上的剪应力和剪应变

则 OA 与 OA' 间的畸变夹角为

$$\alpha=\frac{\left(\frac{\partial v}{\partial x}\right)\mathrm{d}x}{\mathrm{d}x}=\frac{\partial v}{\partial x}$$

OB 与 OB' 间的畸变夹角为

$$\beta=\frac{\left(\frac{\partial u}{\partial y}\right)\mathrm{d}y}{\mathrm{d}y}=\frac{\partial u}{\partial y}$$

在 xy 平面，线段 OA 及 OB 之间的夹角减少了 $\frac{\partial v}{\partial x}+\frac{\partial u}{\partial y}$，则 xy 平面的剪应变为 $\gamma_{xy}=\alpha+\beta$，即

$$\gamma_{xy}=\frac{\partial v}{\partial x}+\frac{\partial u}{\partial y}$$

同理可以得出其他两个平面 yz、zx 剪切应变

$$\gamma_{yz}=\frac{\partial v}{\partial z}+\frac{\partial w}{\partial y} \tag{2-6}$$

$$\gamma_{zx}=\frac{\partial w}{\partial x}+\frac{\partial u}{\partial z}$$

由此可以得出：一点的应变状态可以用六个应变分量来决定，即三个剪应变分量和三个正应变分量。

无机材料受载荷时要变形，一般随外力的逐渐增大，相继按弹性形变、塑性形变直至最后断裂。因此通常用应力-应变曲线来反映材料的形变特征。图 2-5 表示不同材料的应力与应变的关系。许多无机材料的变形行为如图 2-5 中的曲线（a）所示，即在弹性变形后没有塑性形变或塑性形变很小，就发生突然断裂，总弹性应变能非常小，这是所有脆性材料的特征。对于延性材料，如大多数金属和一些陶瓷单晶，开始为弹性形变，接着有一段弹塑性形变，然后才断裂，总变形能很大，如图 2-5 中的曲线（b）所示。橡皮这类高分子材料具有极大的弹性形变，如图 2-5 中的曲线（c）所示，是没有残余形变的材料，称为弹性材料。描述这种曲线及将它和其他材料比较所需要的特性是弹性模量、屈服应力及断裂强度等。

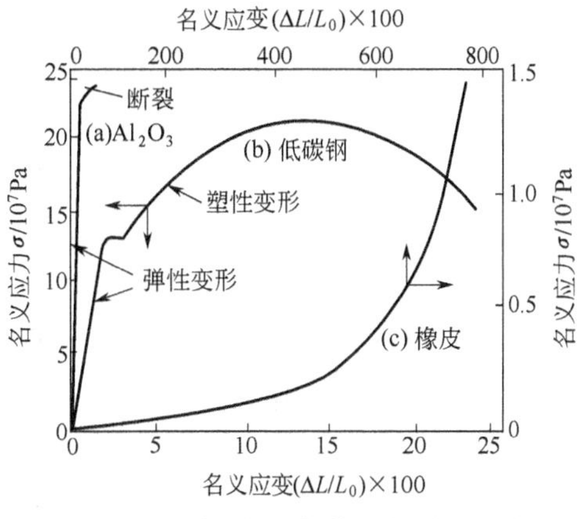

图 2-5 不同材料的拉伸应力-应变曲线

2.2 弹性形变

对于弹性形变，直到比例极限为止，应力和应变的关系服从虎克定律。无机材料的许多重要应用是对作用应力下的弹性形变作出控制和操纵的结果。本节涉及虎克定律、弹性形变的机理及影响弹性形变的因素。

2.2.1 广义虎克定律

2.2.1.1 各向同性体的虎克定律

设想一长方体，各棱边平行于坐标轴，在垂直于 x 轴的两个面上受均匀分布的正应力 σ_x，见图 2-6。如果长方体在轴向的相对伸长为

$$\varepsilon_x=\frac{\sigma_x}{E} \tag{2-7}$$

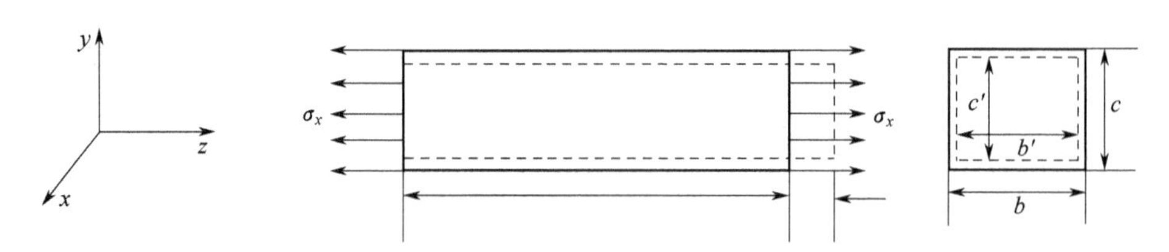

图 2-6　长方体受力形变示意图

即应力与应变服从虎克定律，其中 E 为弹性模量，对各向同性体，弹性模量为一常数。

在长方体伸长的同时，侧向发生横向收缩

$$\varepsilon_y=\frac{c'-c}{c}=-\frac{\Delta c}{c}$$

$$\varepsilon_z=\frac{b'-b}{b}=-\frac{\Delta b}{b}$$

横向变形系数（称为泊松比）

$$\mu=\left|\frac{\varepsilon_y}{\varepsilon_x}\right|=\left|\frac{\varepsilon_z}{\varepsilon_x}\right| \tag{2-8}$$

则有

$$\varepsilon_y=\mu\varepsilon_x=-\mu\frac{\sigma_x}{E} \tag{2-9}$$

$$\varepsilon_z=-\mu\frac{\sigma_x}{E}$$

如果长方体在 σ_x，σ_y，σ_z 的正应力作用下，根据应变分量叠加原理，虎克定律表示为

$$\begin{aligned}\varepsilon_x&=\frac{\sigma_x}{E}-\mu\frac{\sigma_y}{E}-\mu\frac{\sigma_z}{E}=\frac{\sigma_x-\mu(\sigma_y+\sigma_z)}{E}\\ \varepsilon_y&=\frac{\sigma_y}{E}-\mu\frac{\sigma_x}{E}-\mu\frac{\sigma_z}{E}=\frac{\sigma_y-\mu(\sigma_x+\sigma_z)}{E}\\ \varepsilon_z&=\frac{\sigma_z}{E}-\mu\frac{\sigma_x}{E}-\mu\frac{\sigma_y}{E}=\frac{\sigma_z-\mu(\sigma_x+\sigma_y)}{E}\end{aligned} \tag{2-10}$$

对于剪切应变，则有

$$\begin{aligned}\gamma_{xy}&=\frac{\tau_{xy}}{G}\\ \gamma_{yz}&=\frac{\tau_{yz}}{G}\\ \gamma_{zx}&=\frac{\tau_{zx}}{G}\end{aligned} \tag{2-11}$$

式中，G 为剪切模量或刚性模量。

G，E，μ 参数之间存在如下关系

$$G=\frac{E}{2(1+\mu)} \tag{2-12}$$

如果 $\sigma_x=\sigma_y=\sigma_z=-P$，则由式（2-10）得

$$\varepsilon=\varepsilon_x=\varepsilon_y=\varepsilon_z=\frac{1}{E}[-P-\mu(-2P)]=\frac{P}{E}(2\mu-1) \tag{2-13}$$

相应的体积变化率为

$$\frac{\Delta V}{V}=(1+\varepsilon)(1+\varepsilon)(1+\varepsilon)-1$$

将上式展开，略去 ε 的二次项以上的项，得

$$\frac{\Delta V}{V}\approx 3\varepsilon=\frac{3P}{E}(2\mu-1) \tag{2-14}$$

定义各向同等的压力 P 除以体积变化率为材料的体积模量 K

$$K=-\frac{P}{\left(\frac{\Delta V}{V}\right)}=\frac{E}{3(1-2\mu)} \tag{2-15}$$

材料的体积模量 K 又称为流体静压模量。上述各种结果是在假定材料为各向同性体的条件下得出的。大多数多晶材料由于晶粒数量很大，且随机排列，故宏观上可以作为各向同性体处理。

2.2.1.2 各向异性虎克定律

对于各向异性体，弹性常数随方向不同而不同，即有 $E_x\neq E_y\neq E_z$ 和 $\mu_{xy}\neq\mu_{yz}\neq\mu_{zx}$。在单向受力 σ_x 时，在 y、z 方向的应变为

$$\varepsilon_{yx}=-\mu_{yx}\varepsilon_x=-\frac{\mu_{yx}\sigma_x}{E_x}=-\frac{\mu_{yx}}{E_x}\sigma_x=S_{21}\sigma_x \tag{2-16}$$

$$\varepsilon_{zx}=-\mu_{zx}\varepsilon_x=-\frac{\mu_{zx}\sigma_x}{E_x}=S_{31}\sigma_x$$

式中，S_{21} 和 S_{31} 表示作用于晶体上的单位应力所产生的应变值，称为弹性柔顺系数。1、2、3 分别表示 x、y、z。

如果同时受三个方向的正应力，则在 x、y、z 方向的应变分别为

$$\begin{aligned}\varepsilon_x&=\frac{\sigma_{xx}}{E_x}+S_{12}\sigma_{yy}+S_{13}\sigma_{zz}\\ \varepsilon_y&=\frac{\sigma_{yy}}{E_y}+S_{21}\sigma_{xx}+S_{23}\sigma_{zz}\\ \varepsilon_z&=\frac{\sigma_{zz}}{E_z}+S_{31}\sigma_{xx}+S_{32}\sigma_{yy}\end{aligned} \tag{2-17}$$

令 $S_{11}=1/E_x$，$S_{22}=1/E_y$，$S_{33}=1/E_z$。根据力的叠加原理：作用在弹性体上的合力产生的位移等于各分力产生的位移之和。由于应力对六个应变有贡献，图 2-7 为正应力对剪切形变的影响。为了统一符号，因此应力都用 σ 表示，而应变都用 ε 表示，则有关系式

图 2-7 正应力对剪切形变的影响

$$\begin{aligned}\varepsilon_x&=S_{11}\sigma_{xx}+S_{12}\sigma_{yy}+S_{13}\sigma_{zz}+S_{14}\sigma_{yz}+S_{15}\sigma_{zx}+S_{16}\sigma_{xy}\\ \varepsilon_y&=S_{21}\sigma_{xx}+S_{22}\sigma_{yy}+S_{23}\sigma_{zz}+S_{24}\sigma_{yz}+S_{25}\sigma_{zx}+S_{26}\sigma_{xy}\\ \varepsilon_z&=S_{31}\sigma_{xx}+S_{32}\sigma_{yy}+S_{33}\sigma_{zz}+S_{34}\sigma_{yz}+S_{35}\sigma_{zx}+S_{36}\sigma_{xy}\\ \varepsilon_{yz}&=S_{41}\sigma_{xx}+S_{42}\sigma_{yy}+S_{43}\sigma_{zz}+S_{44}\sigma_{yz}+S_{45}\sigma_{zx}+S_{46}\sigma_{xy}\\ \varepsilon_{zx}&=S_{51}\sigma_{xx}+S_{52}\sigma_{yy}+S_{53}\sigma_{zz}+S_{54}\sigma_{yz}+S_{55}\sigma_{zx}+S_{56}\sigma_{xy}\\ \varepsilon_{xy}&=S_{61}\sigma_{xx}+S_{62}\sigma_{yy}+S_{63}\sigma_{zz}+S_{64}\sigma_{yz}+S_{65}\sigma_{zx}+S_{66}\sigma_{xy}\end{aligned} \tag{2-18}$$

或者 6 个如下形式的关系式

$$\begin{aligned}\sigma_{xx}&=C_{11}\varepsilon_x+C_{12}\varepsilon_y+C_{13}\varepsilon_z+C_{14}\varepsilon_{yz}+C_{15}\varepsilon_{zx}+C_{16}\varepsilon_{xy}\\ \sigma_{yy}&=C_{21}\varepsilon_x+C_{22}\varepsilon_y+C_{23}\varepsilon_z+C_{24}\varepsilon_{yz}+C_{25}\varepsilon_{zx}+C_{26}\varepsilon_{xy}\\ \sigma_{zz}&=C_{31}\varepsilon_x+C_{32}\varepsilon_y+C_{33}\varepsilon_z+C_{34}\varepsilon_{yz}+C_{35}\varepsilon_{zx}+C_{36}\varepsilon_{xy}\end{aligned} \tag{2-19}$$

$$\sigma_{yz}=C_{41}\varepsilon_x+C_{42}\varepsilon_y+C_{43}\varepsilon_z+C_{44}\varepsilon_{yz}+C_{45}\varepsilon_{zx}+C_{46}\varepsilon_{xy}$$
$$\sigma_{zx}=C_{51}\varepsilon_x+C_{52}\varepsilon_y+C_{53}\varepsilon_z+C_{54}\varepsilon_{yz}+C_{55}\varepsilon_{zx}+C_{56}\varepsilon_{xy}$$
$$\sigma_{xy}=C_{61}\varepsilon_x+C_{62}\varepsilon_y+C_{63}\varepsilon_z+C_{64}\varepsilon_{yz}+C_{65}\varepsilon_{zx}+C_{66}\varepsilon_{xy}$$

式中，C_{ij} 是比例常数，表示使晶体产生单位应变所需的应力，称为弹性刚度系数。

以上为广义虎克定律，总共有 36 个弹性系数。实际上 36 个系数并非都是独立的，即使对于极端各向异性的单晶材料也只需要 21 个独立的系数。通常对大多数各向异性晶体，可以从弹性应变能角度证明有如下的倒顺关系

$$C_{ij}=C_{ji} \text{ 或 } S_{ij}=S_{ji} \qquad (\text{其中 } i\neq j)$$

由于完全弹性体的弹性形变量是可逆的，如果在绝热条件下形变，则外界对弹性体所做的功 dW 将全部转化为弹性应变能，即弹性体的内能 dU

$$dW=dU \tag{2-20}$$

其中
$$dW=\sigma_{xx}d\varepsilon_x+\sigma_{yy}d\varepsilon_y+\sigma_{zz}d\varepsilon_z+\sigma_{yz}d\varepsilon_{yz}+\sigma_{zx}d\varepsilon_{zx}+\sigma_{xy}d\varepsilon_{xy} \tag{2-21}$$
$$dU=\frac{\partial U}{\partial\varepsilon_x}d\varepsilon_x+\frac{\partial U}{\partial\varepsilon_y}d\varepsilon_y+\frac{\partial U}{\partial\varepsilon_z}d\varepsilon_z+\frac{\partial U}{\partial\varepsilon_{yz}}d\varepsilon_{yz}+\frac{\partial U}{\partial\varepsilon_{zx}}d\varepsilon_{zx}+\frac{\partial U}{\partial\varepsilon_{xy}}d\varepsilon_{xy} \tag{2-22}$$

比较式（2-21）和式（2-22），有

$$\sigma_{xx}=\frac{\partial U}{\partial\varepsilon_x},\ \sigma_{yy}=\frac{\partial U}{\partial\varepsilon_y},\ \cdots,\ \sigma_{xy}=\frac{\partial U}{\partial\varepsilon_{xy}}$$

进而有

$$\frac{\partial\sigma_{xx}}{\partial\varepsilon_{yz}}=\frac{\partial}{\partial\varepsilon_{yz}}\left(\frac{\partial U}{\partial\varepsilon_x}\right) \tag{2-23}$$
$$\frac{\partial\sigma_{yz}}{\partial\varepsilon_x}=\frac{\partial}{\partial\varepsilon_x}\left(\frac{\partial U}{\partial\varepsilon_{yz}}\right) \tag{2-24}$$

比较式（2-23）和式（2-24），得

$$\frac{\partial\sigma_{xx}}{\partial\varepsilon_{yz}}=\frac{\partial\sigma_{yz}}{\partial\varepsilon_x} \tag{2-25}$$

即有
$$C_{14}=C_{41}$$

同理可得 $C_{ij}=C_{ji}$。因此系数 C 可减少至 21 个。

晶体对称性的不同也会使独立弹性系数的个数发生变化。不同晶系的独立弹性系数个数见表 2-1。例如：斜方晶系，剪应力只影响与其平行的平面的应变，不影响正应变，C 的个数为 9，即 C_{11}，C_{22}，C_{33}，C_{44}，C_{55}，C_{66}，$C_{12}=C_{21}$，C_{23}，C_{13}。六方晶系只有 5 个 C，即 C_{11}，C_{33}，C_{44}，C_{66}，C_{13}。立方晶系中沿三个轴向是等同的，这样 $C_{11}=C_{22}=C_{33}$，$C_{12}=C_{23}=C_{31}$，$C_{44}=C_{55}=C_{66}$，为 3 个系数，其中 C_{44} 的物理意义是立方晶系中（100）面沿 [010] 方向的切变模量。如果仅对某一方向的应力组分进行研究时，只考虑该组分的有关系数。

表 2-1　不同晶系的独立弹性系数个数

晶系	三斜	单斜	正交	四方	六方	立方	各向同性
独立的弹性系数个数	21	13	9	6	5	3	2

可以通过独立的弹性系数计算任意方向的弹性模量和弹性刚度系数。例如 MgO 的柔顺系数在 25℃ 时，$S_{11}=4.03\times10^{-12}Pa^{-1}$；$S_{12}=-0.94\times10^{-12}Pa^{-1}$；$S_{44}=6.47\times10^{-12}Pa^{-1}$。可以证明，对于立方晶系，在任一方向上

$$\frac{1}{E}=S_{11}-2\left[(S_{11}-S_{12})-\frac{1}{2}S_{44}\right](l_1^2l_2^2+l_2^2l_3^2+l_3^2l_1^2) \tag{2-26}$$

$$\frac{1}{G}=S_{44}+4\left[(S_{11}-S_{12})-\frac{1}{2}S_{44}\right](l_1^2l_2^2+l_2^2l_3^2+l_3^2l_1^2) \tag{2-27}$$

式中，l 为方向余弦，为所考虑方向与［100］三个轴之间夹角的余弦，见表 2-2。用这些数据及方向余弦，可算出 MgO 单晶在［100］、［110］、［111］方向上的弹性常数。由此可知，各向异性晶体的弹性常数不是均匀的。

表 2-2 MgO 晶向与［100］三个轴之间夹角的余弦

方　向	l_1	l_2	l_3	E/GPa	G/GPa
［100］	1	0	0	248.2	154.6
［110］	$(1/2)^{1/2}$	$(1/2)^{1/2}$	0	316.4	121.9
［111］	$(1/3)^{1/2}$	$(1/3)^{1/2}$	$(1/3)^{1/2}$	348.9	113.8

弹性常数测定方法有许多种，现以超声波脉冲法为例进行说明。从物理学中已知，若介质能发生弹性压缩或伸长变形，则该介质能通过纵波，传播速度为 $v=(E/\rho)^{1/2}$，其中 ρ 是介质密度。若介质各层间相互切变时有弹性力发生，弹性力使切变变回到平衡位置，则此介质能传播横波，其传播速度为 $v=(G/\rho)^{1/2}$，因此可以利用纵波和横波测定弹性常数 E 和 G。先用石英换能器产生的超声脉冲波透过被检验的晶体，并从晶体的背面反射到换能器，脉冲开始到被接受之间所经历的时间，可用标准的电子学方法测定。以经历时间除以来回所走过的距离，便得到脉冲波的速度。一般实验频率约为 15MHz，脉冲宽度为 1μs，波长为 3×10^{-2} 数量级。晶体试样长度约为 1cm。立方晶体的弹性刚度 C_{11}、C_{44}，可以用不同类型波的速度测定，沿立方体的轴向传播纵波，则从公式 $v=(C_{11}/\rho)^{1/2}$ 求出 C_{11}。其次沿立方体一个轴向传播切变波，即横波，则从公式 $v=(C_{44}/\rho)^{1/2}$ 求出 C_{44}。

2.2.2 弹性形变的机理

虎克定律表明，对于足够小的形变，应力与应变呈线性关系，系数为弹性模量 E；作用力和位移呈线性关系，系数为弹性系数 k_s。下面从微观上研究原子间相互作用力、弹性系数及弹性模量间的关系。

为了方便起见，仅讨论双原子间的相互作用力和相互作用势能。如图 2-8 所示，在 $r=r_0$ 时，原子 1 和原子 2 处于平衡状态，其合力 $F=0$。当原子受到拉伸时，原子 2 向右位移，起初作用力与位移呈线性变化，后逐渐偏离，达到 r'时，合力最大，此后又减小。合力的最大值相当于材料断裂时的作用力，即材料的理论断裂强度。因此断裂时的相对位移为 $r'-r_0=\delta$。当合力与相对位移呈线性变化时，弹性系数可用下式近似表示

$$k_s\approx\frac{F}{\delta}=\tan\alpha \tag{2-28}$$

从图中可以看出 k_s 是在作用力曲线 $r=r_0$ 时的斜率，因此 k_s 的大小反映了原子间的作用力曲线在 $r=r_0$ 处斜率的大小。

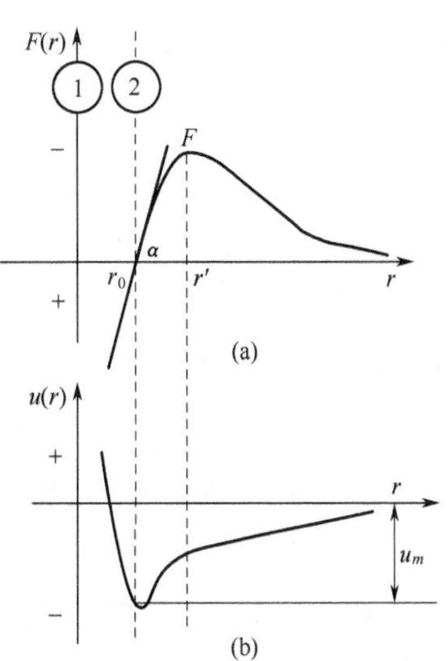

图 2-8 双原子间的作用力（a）及其势能与距离的关系（b）

从双原子间的势能曲线上可知势能大小是原子间距离 r 的函数 $u(r)$。当受力的作用使原子间距离增大到 $r_0+\delta$ 时，势能为 $u(r_0+\delta)$，将其按泰勒函数展开，得

$$u(r)=u(r_0+\delta)=u(r_0)+\left(\frac{du}{dr}\right)_{r_0}\delta+\frac{1}{2}\left(\frac{du}{dr}\right)_{r_0}\delta^2+\text{高次项} \tag{2-29}$$

此处 $u(r_0)$ 是指 $r=r_0$ 时的势能。由于在 $r=r_0$ 时，势能曲线有一极小值，因此有 $\left(\frac{\partial u}{\partial r}\right)_{r_0}=0$，此外由于弹性变形，相对位移 δ 远小于 r_0，高次项可以忽略，于是有

$$u(r)=u(r_0+\delta)=u(r_0)+\frac{1}{2}\left(\frac{\mathrm{d}u}{\mathrm{d}r}\right)_{r_0}\delta^2$$

$$F=\frac{\mathrm{d}u(r)}{\mathrm{d}r}=\left(\frac{\mathrm{d}^2u}{\mathrm{d}r^2}\right)_{r_0}\delta \tag{2-30}$$

式中的 $\left(\frac{\mathrm{d}^2u}{\mathrm{d}r^2}\right)_{r_0}$ 就是势能曲线在最小值 $u(r_0)$ 处的曲率。它是与 δ 无关的常数，将式（2-30）与虎克定律比较，有

$$k_s=\left(\frac{\mathrm{d}^2u}{\mathrm{d}r^2}\right)_{r_0} \tag{2-31}$$

因此弹性系数 k_s 的大小实质上反映了原子间势能曲线极小值尖峭度的大小。对于一定的材料它是个常数，它代表了对原子间弹性位移的抗力，即原子结合力。

如果使原子间的作用力平行于 x 轴，原子上的作用力 $F=-\frac{\partial u}{\partial r}$，应力为

$$\sigma_{xx}\approx-\frac{1}{r_0^2}\left(\frac{\partial u}{\partial r}\right) \tag{2-32}$$

对式（2-32）进行微分得

$$\mathrm{d}\sigma_{xx}\approx-\frac{1}{r_0^2}\left(\frac{\partial^2 u}{\partial r^2}\right)\mathrm{d}r \tag{2-33}$$

相应的应变

$$\mathrm{d}\varepsilon_{xx}=\frac{\mathrm{d}r}{r_0} \tag{2-34}$$

由于

$$\mathrm{d}\sigma_{xx}=C_{11}\mathrm{d}\varepsilon_{xx} \tag{2-35}$$

将式（2-33）、式（2-34）代入式（2-35），弹性刚度系数为

$$C_{11}\approx-\frac{1}{r_0}\left(\frac{\mathrm{d}^2u}{\mathrm{d}r^2}\right)_{r_0}=\frac{k_s}{r_0}=E_1 \tag{2-36}$$

这样，弹性刚度系数 C_{11} 和 $F(r)$ 曲线在 r_0 处的斜率成比例。其大小实质上也反映了原子间势能曲线极小值尖峭度的大小。

大部分无机材料具有离子键和共价键，共价键势能 $u(r)$ 和力 $F(r)$ 曲线的谷比金属键和离子键的深，即共价键的 $\left(\frac{\partial F}{\partial r}\right)_{r_0}$ 和 $\left(\frac{\mathrm{d}^2u}{\mathrm{d}r^2}\right)_{r_0}$ 具有较大的数值，因此它的弹性刚度系数比离子键和金属键的大。表 2-3 中共价键型的金刚石刚度系数最大，共价键占优势的 TiC 比几乎纯是离子键性的卤化物的刚度系数值大，而 MgO 的值处于两者之间正是由于它的键性也处于两者之间的缘故，得到了较好的说明。

表 2-3 NaCl 型晶体的弹性刚度系数（10^{11} dyn/cm^2，20℃）

晶 体	C_{11}	C_{12}	C_{14}	晶 体	C_{11}	C_{12}	C_{14}
TiC	50	11.30	17.50	NaBr	3.87	0.97	0.97
MgO	28.92	8.80	15.46	KCl	3.98	0.62	0.62
LiF	11.1	4.20	6.30	KBr	3.46	0.58	0.51
NaCl	4.87	1.23	1.26				

注：1dyn/cm^2=0.1Pa。

从原子间振动模型来研究弹性常数，见图 2-9，两个原子质量为 m_1、m_2，原子间平衡

距离为 r_0，振动时两原子间距为 r，r_1、r_2 分别为原子离开其重心的距离，此时有以下关系 $m_1r_1=m_2r_2$，两原子间距

$$r=r_1+r_2=r_1\left(1+\frac{m_1}{m_2}\right) \tag{2-37}$$

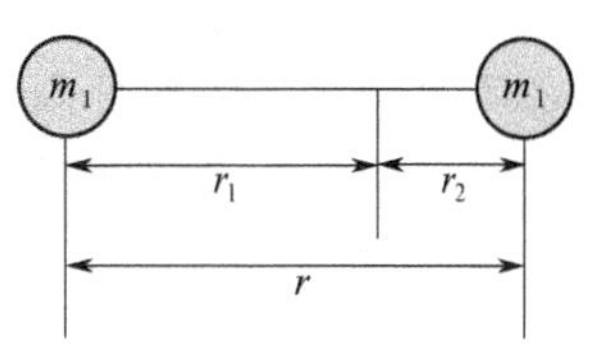

图 2-9　原子间振动模型

外力使它们相互间产生振动时，服从牛顿定律与虎克定律

$$F=m_1\frac{d^2r_1}{dt^2}=m_2\frac{d^2r_2}{dt^2}=-k_s(r-r_0) \tag{2-38}$$

将式（2-37）代入式（2-38）得

$$m\frac{d^2(r-r_0)}{dt^2}=-k_s(r-r_0)$$

或

$$m\frac{d^2\delta}{dt^2}=-k_s\delta \tag{2-39}$$

其中 $m=\frac{m_1m_2}{m_1+m_2}$称为折合质量，解此方程可以得出共振频率 $\nu=\frac{\sqrt{E/m}}{2\pi}=\sqrt{\frac{k_s}{m}}$，则

$$k_s=m(2\pi\nu)^2=m\left(\frac{2\pi c}{\lambda}\right)^2 \tag{2-40}$$

此处 c 是光速，λ 是吸收波长。根据这一原理，可以利用晶体的红外吸收波长测出弹性常数。

2.2.3　弹性模量的影响因素

2.2.3.1　晶体结构的影响

既然弹性模量表示了原子间结合力的大小，那么它和材料结构的紧密联系也就不难理解，它对材料的组织不敏感正是因为晶体结构对弹性模量值有着决定性的影响。以硅酸盐为例说明各向异性结构与弹性常数的关系，如表 2-4 所示，很明显，石英和石英玻璃的架状结构是三维空间网络。由于不同方向上的键结合几乎相同，因此弹性性质各向异性相差很小，几乎各向同性。其次如辉石，含有 SiO_3 单链，角闪石含有 Si_4O_{11} 双链，弹性系数沿链方向的键结合强，沿此轴向刚度比其他两个轴向大。绿柱石和电气石含有 Si_6O_{18} 环结构，在环平面的键较强，刚度大，另一轴向较小，但在绿宝石中，由于 Be—O 和 Al—O 键强也较大，故其各向异性小。对含 Si_6O_{18} 相互连接成层状结构，如云母族，沿层的二轴向刚度大而且相等，另一轴向弱，有较大的各向异性。因此弹性模量因材料的方向不同而差别很大。

表 2-4　硅酸盐晶体的刚度系数（10^{11} dyn/cm^2）

晶体	刚度系数		
架状结构			
α-石英 SiO_2	$C_{11}=C_{22}=0.9, C_{33}=1.0$		
石英玻璃 SiO_2	$C_{11}=C_{22}=C_{33}=0.8$		
单链状硅酸盐			
霓辉石 $NaFeSi_2O_6$	$C_{11}=1.9$	$C_{22}=1.8$	$C_{33}=2.3$
普通辉石 $(CaMgFe)SiO_3$	$C_{11}=1.8$	$C_{22}=1.5$	$C_{33}=2.2$
透辉石 $CaMgSi_2O_6$	$C_{11}=2.0$	$C_{22}=1.8$	$C_{33}=2.4$
双链状硅酸盐			
普通角闪石 $(CaNaK)_{2\sim3}(HgFeAl)_5(SiAl)_8O_{22}(OH)_2$	$C_{11}=1.2$	$C_{22}=1.8$	$C_{33}=2.8$
环状硅酸盐			
绿柱石 $Be_3Al_2Si_6O_{18}$	$C_{11}=C_{22}=3.1$	$C_{33}=0.6$	
电气石 $(NaCa)(LiMgAl)_3(AlFeMn)_6(OH)_4(BO_3)_3Si_6O_{18}$	$C_{11}=C_{22}=2.7$	$C_{33}=1.6$	
层状硅酸盐			
黑云母 $K(Mg,Fe)_3(AlSi_3O_{10})(OH)_2$	$C_{11}=C_{22}=1.9$	$C_{33}=0.5$	
白云母 $KAl_2(AlSi_3O_{10})(OH)_2$	$C_{11}=C_{22}=1.8$	$C_{33}=0.6$	
金云母 $KMg_3(AlSi_3O_{10})(OH)_2$	$C_{11}=C_{22}=1.8$	$C_{33}=0.5$	

2.2.3.2 温度的影响

不难理解，大部分固体随着温度升高发生热膨胀现象，原子间结合力减弱，受热后渐渐变软，因此弹性常数随温度升高而降低。弹性模量与温度的定量关系为

$$E=E_0-bT\exp\left(-\frac{T_0}{T}\right)$$

或

$$\frac{E-E_0}{T}=-b\exp\left(-\frac{T_0}{T}\right) \tag{2-41}$$

E_0、b、T_0 是经验常数，对 MgO、Al_2O_3、ThO_2 等氧化物，$b=2.7\sim5.6$，$T_0=180\sim320$。

温度对弹性刚度系数的影响，通常用弹性刚度系数的温度系数 T_C 表示

$$T_C=\frac{1}{C}\left(\frac{dC}{dT}\right) \tag{2-42}$$

这一系数对在电子仪器中的所谓延迟线和标准频率器件十分重要，因为它们需要寻求零温度系数的材料。为此要补偿一般材料的负 T_C 值，就需要探索一种异常弹性性质的材料，即 T_C 是正的材料。这一类材料被称为温度补偿材料，表 2-5 为不同材料的 T_C 值。从表 2-5 中可以看出，α-SiO_2 在某一方向 T_C 值为正值。现讨论 α-SiO_2 具有正值的原因。从石英加热过程中的多种变体间的转化可知，同一系列的高低温变体之间的转化是 Si—O 键发生了一些扭转，键与键之间的角度稍有变动，即进行位移式相转变，如低温石英在 570℃通过四面体旋转，变成充分膨胀的敞旷高温型石英结构。见图 2-10，（a）是三原子弯曲键连接；（b）是（a）受力伸长时，弯曲键有伸长和转动发生；（c）是三原子呈直线形的连接；（d）是（c）受力时仅有伸长发生。因此对高温石英和低温石英施加拉伸应力，前者由于 Si—O—Si 键是直的，仅发生拉伸，后者除拉伸外，还有键角改变，即发生转动运动。随着温度的增加，其刚度增加，温度系数为正值。此例说明 T_C 和转动相关。

表 2-5 几种氧化物的弹性刚度系数（10^{-4}℃$^{-1}$）

MgO	$T_{C11}=-2.3$	$T_{C44}=-1.0$
$SrTiO_3$	$T_{C11}=-2.6$	$T_{C44}=-1.1$
α-SiO_2	$T_{C11}=-0.5$	$T_{C33}=-2.1$
	$T_{C44}=-1.6$	$T_{C66}=+1.6$

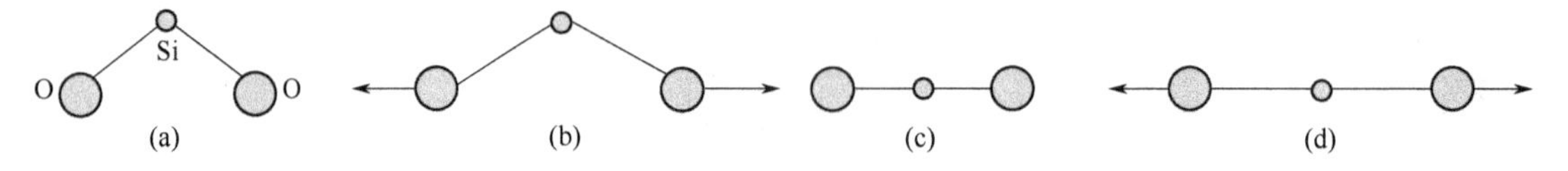

图 2-10 敞旷结构正 T_C 与转动的关系

由此可以得到启示：温度补偿材料具有敞旷的结构，并且内部结构单位具有能发生较大转动的特性。具有这种敞旷式结构的配位数常常是小的。一般架状结构为敞旷型结构，具有正的 T_C。如方石英、长石、沸石、白榴子石等。

2.2.3.3 复相的弹性模量

因为材料中的各个晶粒杂乱取向，单成分多晶体是各向同性的，其弹性常数如同各向同性体。如果考虑较复杂的多相材料，难度很大。一种分析问题的出发点是材料由弹性模量分别为 E_A 和 E_B 的各向同性 A、B 两相材料组成。为了简便起见，在两相系统中，通过假定材料由许多层组成，这些层平行或垂直于作用单轴应力，且两相的泊松比相同，并经受同样

的应变或应力，形成串联或并联模型，见图 2-11，从而找出最宽的可能界限。

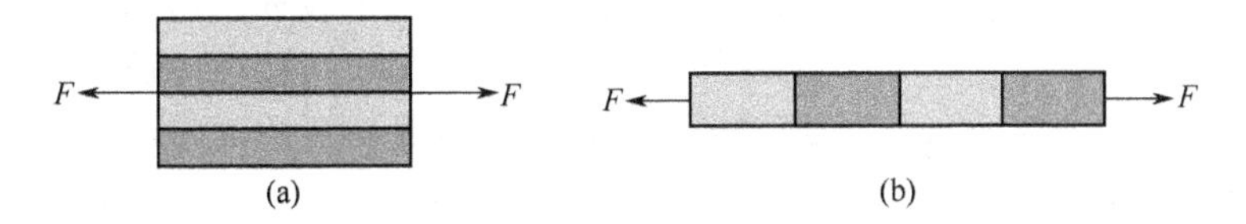

图 2-11　材料的受力模型

并联模型如图 2-11（a）所示，材料总体积为 V，两相的长度都为复相材料的长度 L，两相的横截面积分别为 S_A、S_B，两相在外力 F 作用下伸长量 ΔL 相等，则每相中的应变相同，即 $\varepsilon=\varepsilon_A=\varepsilon_B$，且有 $F=F_A+F_B$，由 $F=\sigma S=E\varepsilon S$ 得

$$E\varepsilon S=E_A\varepsilon_A S_A+E_B\varepsilon_B S_B \tag{2-43}$$

上式两边分别乘以 L/V

$$\frac{E\varepsilon SL}{V}=\frac{E_A\varepsilon_A S_A L}{V}+\frac{E_B\varepsilon_B S_B L}{V}$$

得

$$E=\frac{E_A V_A}{V}+\frac{E_B V_B}{V} \tag{2-44}$$

其中 $v_A=V_A/V$ 与 $v_B=V_B/V$ 分别表示两相的体积分数，且 $v_A+v_B=1$

则

$$E_u=v_A E_A+(1-v_A)E_B \tag{2-45}$$

因为应变相同，所以大部分应力由高模量的相承担。

例如：含有纤维的复合材料，在平行于纤维的方向上受到张应力的作用，引起纤维和基质同样的伸长，如果基质和纤维的泊松比相同，则复合材料的弹性模量可由式（2-45）给出。因为应变相同，所以主要的应力由弹性模量大的纤维来承担。更常见的情况是二者的泊松比不同，平行于纤维轴方向的伸长相同时，黏结在一起的基质和纤维的固有横向收缩不同，与每一部分单独受应变相比，造成泊松比较高的相横向收缩降低，或者泊松比较低的成分横向收缩增加。这就在复合材料中引起应力或附加的弹性应变能，于是

$$E>v_A E_A+(1-v_A)E_B$$

由方程式（2-45）确定的弹性模量为复合材料弹性模量的上限值。用式（2-45）估算金属陶瓷、玻璃纤维、增强塑料以及在玻璃基体中含有晶体的半透明材料的弹性模量是比较满意的。

串联模型如图 2-11（b）所示，设各相的横截面积相等，有 $F=F_A=F_B$ 和 $\Delta L=\Delta L_A+\Delta L_B$，由 $F=\sigma S=E\varepsilon S$ 和 $\varepsilon=\Delta L/L$ 得

$$\frac{LF}{ES}=\frac{L_A F_A}{E_A S}+\frac{L_B F_B}{E_B S} \tag{2-46}$$

上式两边分别乘以 S/V，得

$$\frac{1}{E_L}=\frac{v_A}{E_A}+\frac{1-v_B}{E_B} \tag{2-47}$$

通过该式计算的弹性模量为复合材料弹性模量的下限值。

材料中最常见的第二相是气孔，由式（2-47）计算的值太大。因为气孔的弹性模量近似为零，所以气孔对弹性模量的影响不能由式（2-47）来计算。其原因是气孔影响基质的应

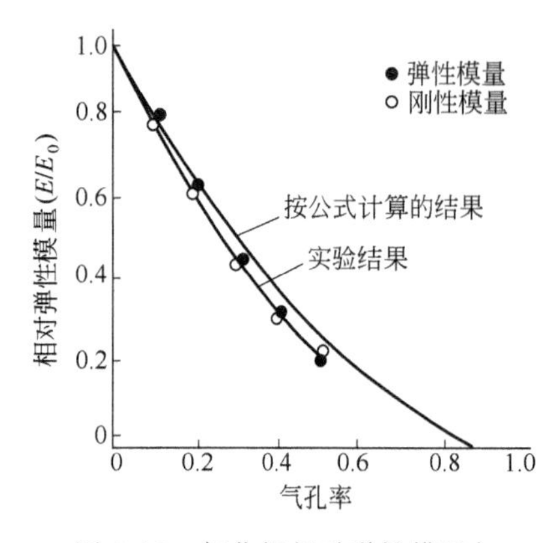

图 2-12 氧化铝相对弹性模量与气孔率的关系

变。由于密闭气孔的存在，会在其周围引起应力集中，因此气孔周围的实际应力较外部施加负荷大，所引起的应变比内部应力和施加负荷相等时所计算的数值大。对连续基体内的密闭气孔，可用下面经验公式

$$E=E_0(1-1.9P+0.9P^2) \tag{2-48}$$

式中，E_0 为材料无气孔时的弹性模量；P 为气孔率，此式适用于 $P\leqslant 50\%$。如果气孔是连续相，则影响更大。图 2-12 为氧化铝相对弹性模量和按公式（2-38）计算的曲线对比。由图可以看出，在气孔率小于 50% 时，理论计算和实验结果符合得较好。一些无机材料的弹性模量列于表 2-6 中。

表 2-6 一些无机材料的弹性模量

材 料	E/GPa	材 料	E/GPa
氧化铝晶体	380	烧结 TiC(P=5%)	310
烧结氧化铝(P=5%)	366	烧结 $MgAl_2O_4$(P=5%)	238
高铝瓷(P=5%)	366	密实 SiC(P=5%)	470
烧结氧化铍(P=5%)	310	烧结稳定化 ZrO_2(P=5%)	150
热压 BN(P=5%)	83	石英玻璃	72
热压 B_4C(P=5%)	290	莫来石瓷	69
石墨(P=20%)	9	滑石瓷	69
烧结 MgO(P=5%)	210	镁质耐火砖	170
烧结 $MoSi_2$(P=5%)	407		

2.3 滞弹性

在研究弹性应变时，假定应变、应力与时间无关，只是服从虎克定律，即应力会立即引起弹性形变，一旦应力消除，应变也会随之立刻消除。实际上，材料在发生弹性应变时，原子的位移是在一定的时间内发生的。相应于最大应力的弹性应变滞后于引起这个应变的最大负荷。因此测得的弹性模量随时间而变化。弹性模量依赖于时间的现象称为滞弹性。滞弹性是一种非弹性行为，但与晶体范性这个意义上的非弹性现象不同，弛豫现象不留下永久变形。为了更进一步了解滞弹性，需要建立材料的流变模型。

2.3.1 流变模型

流变学是研究物体的流动和变形的科学，综合研究物体的弹性形变、塑性形变和黏性流动。例如：研究水泥砂浆和新拌混凝土黏性、塑性、弹性的演变和硬化混凝土的徐变；金属材料高温徐变、应力松弛；高温玻璃液特性；高聚合物加工成型等。另外，流变学还研究材料内部结构和力学特性间的关系。所以对于新材料的研究和发展具有重要的意义。

在流变学领域内，常由一些参数把应力和应变的关系表示为流变方程式。这一表示物体在某一瞬间所表现的应力与应变的定量关系称为流变特性。通常采用某些理想元件组成模型，近似而定性地模拟某些真实物体的力学结构，导出物体的应力与应变的流变方程。

2.3.1.1 理想流变模型

理想流变模型有虎克固体模型、牛顿液体模型、圣维南塑性固体模型，其模型及流变特性见图 2-13 和图 2-14。

(1) 虎克固体模型

虎克固体模型是一个完全弹性的弹簧，应力与应变关系服从虎克定律，流变方程为

$$\tau = G\gamma$$

或

$$\sigma = E\varepsilon$$

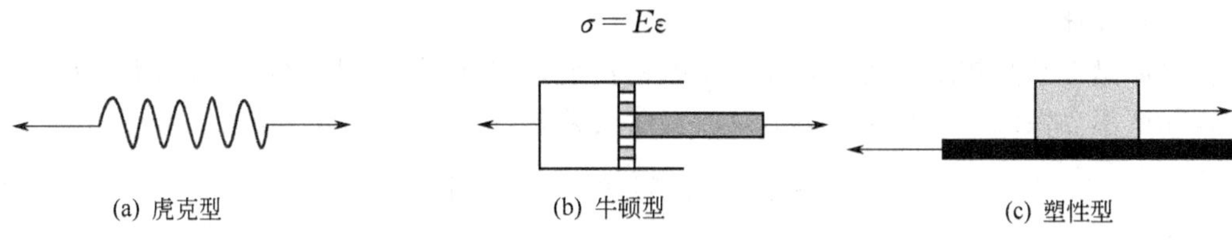

图 2-13　理想流变模型

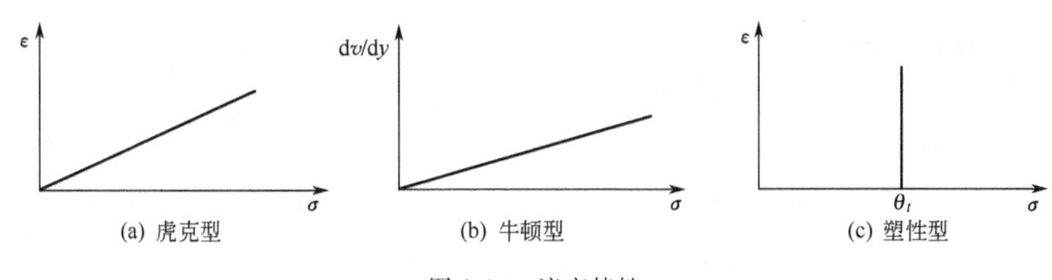

图 2-14　流变特性

这种固体实际上并不存在，但大多数无机材料在一定的弹性限度内都近似地属于虎克固体。

(2) 牛顿液体模型

牛顿液体模型是一个带孔活塞在装满黏性液体的圆柱形容器内运动。液体服从牛顿液体定律。即相邻的两层平行流动着的黏性液体，在其流速不相等时，两层流体间产生内摩擦力，即剪切应力，见图 2-15，这种剪切应力与垂直于流

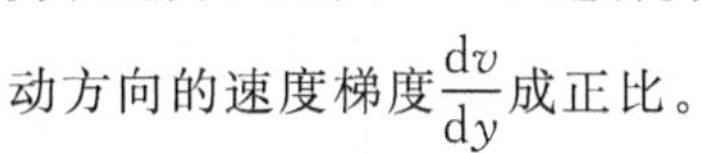
动方向的速度梯度$\frac{dv}{dy}$成正比。

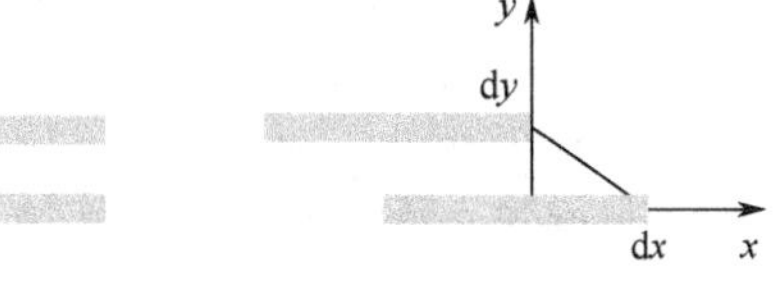

图 2-15　黏性液体流动模型

$$\tau = \eta \frac{dv}{dy} \tag{2-49}$$

式中，η 为黏度，也称黏性系数。

由于

$$\frac{dv}{dy} = \frac{dx}{dy\,dt} = \frac{d\gamma}{dt} = \dot{\gamma}\text{(剪切速率)}$$

因此速度梯度与剪切速率相等。式 (2-49) 可表达为

$$\tau = \eta\dot{\gamma} \tag{2-50}$$

(3) 圣维南塑性固体模型

圣维南塑性固体模型是一个静置在桌面上的重物，重物与桌面间存在摩擦力，当作用力稍大于静摩擦力时，重物即以匀速移动。也可这样来描述，在应力不超过某一限定值以前，物体为刚性，一旦超过限定值，则会迅速流动变形。流变方程为

$$\tau = \theta_\tau \tag{2-51}$$

式中，θ_τ 为屈服应力。

流变模型及方程说明，圣维南体是一种当剪切力增加到超过屈服应力（模型中的摩擦力）后产生塑性流动，而在塑性流动过程中剪切力停留在屈服应力常数值的情况下的一种物体。

2.3.1.2　组合模型

实际模型是将理想模型元件串联或并联起来，进行各种排列组合，模拟各种物体的力学结构。常见的组合模型有宾汉体、马克斯韦尔液体（液态黏弹性物体）、开尔文固体（固态

黏弹性物体）。

（1）宾汉体

宾汉体是在承受较小外力时物体产生弹性形变，当外力超过屈服应力 θ_{τ} 时，按牛顿液体的规律产生黏性流动。其流变模型及流变曲线见图 2-16 和图 2-17。流变方程

$$\tau-\theta_{t}=\eta\frac{\mathrm{d}v}{\mathrm{d}y}\text{或}\tau-\theta_{t}=\eta\dot{\gamma} \tag{2-52}$$

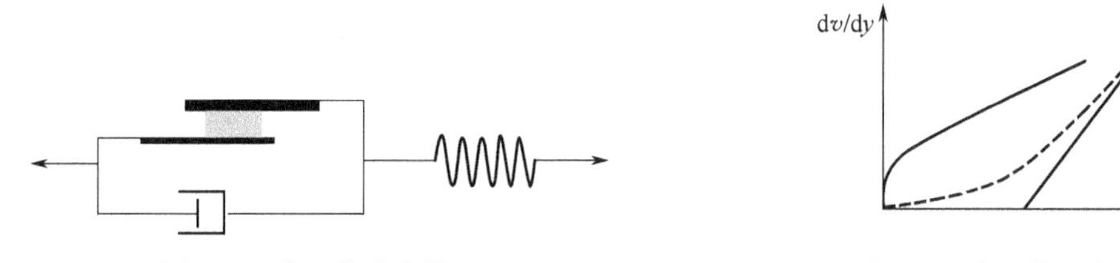

图 2-16　宾汉体流变模型　　　　图 2-17　宾汉体流变特性

这种物体是圣维南塑性固体和牛顿黏性液体的混合体。硅藻土、瓷土、石墨、油漆、水泥等的悬胶体具有宾汉体的流变特性。实际泥料的流变特性不完全符合这种简单的组合，常出现偏差。如实际泥料没有明显的流动极限，即从塑性体过渡到黏性体是连续的准塑性体。偏差使流动曲线变形，用下式修正

$$\tau^{n}=\eta\frac{\mathrm{d}v}{\mathrm{d}y} \tag{2-53}$$

$n>1$ 时黏度随应力增大而减小——结构黏性体；

$n<1$ 时黏度随应力增大而增大——触稠性。

（2）马克斯韦尔液体

马克斯韦尔液体是一种液态黏弹性物体，是内部结构由弹性和黏性两种成分组成的聚集体。其中弹性成分不成为骨架而埋在连续的黏性成分中，因此在恒定应变下，储存于弹性体中的势能会随时间逐渐消失于黏性体中，表现为应力弛豫现象。马克斯韦尔液体的流变模型为一个弹性元件和一个活塞元件的串联，见图 2-18，其流变方程为

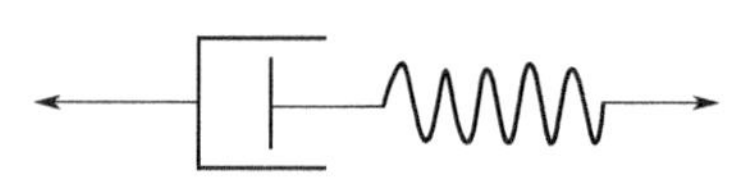

图 2-18　马克斯韦尔流变模型

$$\dot{\gamma}=\frac{\dot{\tau}}{G}+\frac{\tau}{\eta} \tag{2-54}$$

其中 $\dot{\tau}=\frac{\mathrm{d}\tau}{\mathrm{d}t}$。这种物体虽然具有一定程度的弹性，但本质上仍是一种液体。

（3）开尔文固体

开尔文固体是一种固态黏弹性物体，是内部结构由坚硬骨架及填充于空隙的黏性液体所组成的一种多孔物体。其流变模型为一个弹性元件和一个活塞元件的并联，见图 2-19，流

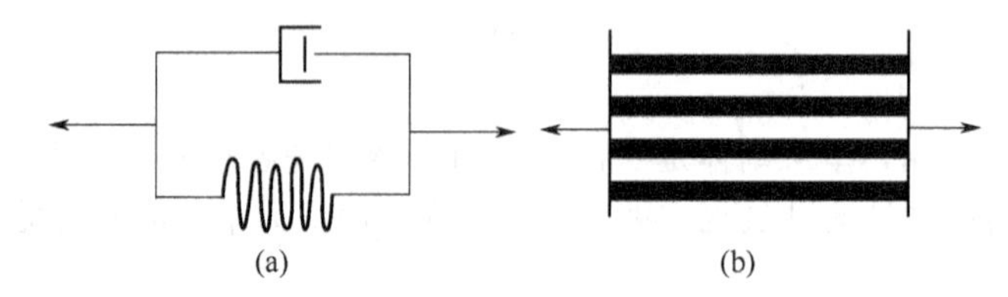

图 2-19　开尔文体

（a）流变模型；（b）结构模型

变方程为

$$\tau=G\gamma+\eta\dot{\gamma} \tag{2-55}$$

开尔文固体受力时，变形须在一定时间后才能逐渐增加到最大弹性变形，而卸荷后变形也须在一定时间后才能消失。水泥混凝土具有此结构特征。

2.3.2 滞弹性

(1) 标准线性固体

标准线性固体是曾纳提出的一种模型，由弹簧及黏性系统组成的力学模型见图 2-20。根据此模型有以下关系

$$\dot{\varepsilon}=\dot{\varepsilon}_1+\dot{\varepsilon}_3=\dot{\varepsilon}_2 \qquad \sigma_3=\eta\dot{\varepsilon}_3 \qquad \dot{\sigma}=\dot{\sigma}_1+\dot{\sigma}_2$$

$$\sigma=\sigma_1+\sigma_2 \qquad \sigma_1=E_1\varepsilon_1 \qquad \sigma_1=\sigma_3$$

$$\sigma_2=E_2\varepsilon_2 \qquad \dot{\sigma}_2=E_2\dot{\varepsilon}_2=E_2\dot{\varepsilon} \qquad \dot{\sigma}_1=E_1\dot{\varepsilon}_1$$

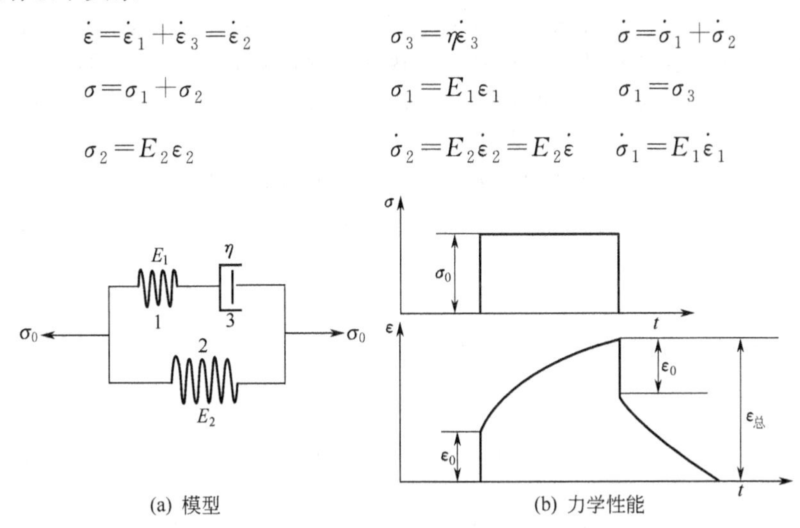

图 2-20 表示弛豫性状的标准线性固体

消去各元件的应力和应变，可以解得标准线性固体的应力 σ 与应变 ε 的关系。

标准线性固体形变速率为

$$\frac{d\varepsilon}{dt}=\frac{\frac{d\sigma_1}{dt}}{E_1}+\frac{\sigma_3}{\eta}=\frac{\frac{d\sigma_1}{dt}}{E_1}+\frac{\sigma-E_2\varepsilon}{\eta} \tag{2-56}$$

由应力变化速率的关系得：$\frac{d\sigma_1}{dt}=\frac{d\sigma}{dt}-\frac{d\sigma_2}{dt}$，将其代入式 (2-56)，得

$$\frac{d\varepsilon}{dt}=\frac{\frac{d\sigma}{dt}-\frac{d\sigma_2}{dt}}{E_1}+\frac{\sigma-E_2\varepsilon}{\eta}=\frac{\frac{d\sigma}{dt}-\frac{E_2 d\varepsilon}{dt}}{E_1}+\frac{\sigma-E_2\varepsilon}{\eta}$$

整理得

$$\frac{\eta(E_1+E_2)}{E_1}\dot{\varepsilon}+E_2\varepsilon=\frac{\eta}{E_1}\dot{\sigma}+\sigma$$

或

$$\frac{\eta(E_1+E_2)}{E_1E_2}\dot{\varepsilon}+\varepsilon=\frac{\eta}{E_1E_2}\dot{\sigma}+\frac{\sigma}{E_2} \tag{2-57}$$

令 $\tau_\varepsilon=\frac{\eta}{E_1}$ 和 $\tau_\sigma=\frac{\tau_\varepsilon(E_1+E_2)}{E_2}=\frac{\eta(E_1+E_2)}{E_1E_2}$，则有

$$\tau_\sigma\dot{\varepsilon}+\varepsilon=\frac{\tau_\varepsilon}{E_2}\dot{\sigma}+\frac{\sigma}{E_2} \tag{2-58}$$

定义 τ_ε 为恒定应变下的应力弛豫时间；τ_σ 为恒定应力下的应变蠕变时间。

(2) 应变松弛和应力松弛

应变松弛是固体材料在恒定荷载下，变形随时间延续而缓慢增加的不平衡过程，或材料受力后内部原子由不平衡到平衡的过程，也叫蠕变或徐变。当外力除去后，徐变变形不能立即消失。例如：沥青、水泥混凝土、玻璃和各种金属等在持续外力作用下，除初始弹性变形外，都会出现不同程度的随时间延续而发展的缓慢变形。对大多数无机材料，只有在较高温度下持续受力，徐变才能显著测得。发生徐变的原因有多种，如声波速度的限制，即弹性后效；黏性流动等。

应力松弛是在持续外力作用下，发生变形着的物体，在总的变形值保持不变的情况下，由于徐变变形渐增，弹性变形相应减小，由此使物体的内部应力随时间延续而逐渐减少的过程。现从热力学观点分析应力弛豫，物体受外力作用而产生一定的变形，如果变形保持不变，则储存在物体中的弹性势能将逐渐转变为热能。这种从势能转变为热能的过程，即能量消耗的过程，这一过程就为应力松弛现象。所以也可这样解释应力松弛：一个体系因外界原因引起的不平衡状态逐渐转变到平衡状态的过程。

应力松弛与应变松弛都是材料的应力与应变关系随时间而变化的现象，都是指在外界条件影响下，材料内部的原子从不平衡状态通过内部结构重新组合而达到平衡状态的过程。因此两者在意义上有密切的关系。

松弛过程的机理有原子的振动、弹性变形波、热消散、间隙原子的扩散、晶界的移动等。例如杂质原子可以使晶体内固有原子漂移引起的应变难于实现，只有杂质原子再扩散才能使应变成为可能。

(3) 松弛时间

为了说明松弛时间的概念，让我们考虑一种材料在 $t=0$ 时，被突然加上负荷，见图2-19 (b)。材料立即产生应变，而应变 ε_0 较可能的最大值小，ε_0 称为无弛豫应变。如果材料继续在同样不变的外力 σ_0 的作用下，那么应变逐渐随时间而增加到 $\varepsilon_{总}$，即到达相应于充分弛豫状态的数值。在 $t=t_1$ 时，突然卸荷后，立即收缩，随时间的推移，材料恢复到原有的尺寸。

在恒定应力的作用下，式 (2-58) 的右边为常数，即

$$\tau_\sigma \dot{\varepsilon} + \varepsilon = \frac{\sigma_0}{E_2} = 常数 \tag{2-59}$$

式中，$\dfrac{\sigma_0}{E_2}$ 为总应变量 $\varepsilon_{总}$。

设 ε_a 为总应变的滞后应变部分，$\varepsilon=\varepsilon_0+\varepsilon_a$。当材料的应变速率趋近于 0 时，$\varepsilon_a$ 达到最终值 $\varepsilon_a^{\infty}=\varepsilon_{总}-\varepsilon_0$，因此式 (2-59) 可用微分方程表示如下

$$\frac{d\varepsilon_a}{dt} = \frac{1}{\tau_\sigma}(\varepsilon_a^{\infty} - \varepsilon_a) \tag{2-60}$$

时间与应变分量的关系可由下式积分方程而求得

$$\int_0^{\varepsilon_a} \frac{d\varepsilon_a}{\varepsilon_a^{\infty} - \varepsilon_a} = \frac{1}{\tau_\sigma}\int_0^t dt \tag{2-61}$$

解方程并加上瞬时弹性应变，得到材料总应变与时间的函数关系

$$\varepsilon = \varepsilon_0 + (\varepsilon_{总} - \varepsilon_0)\left[1 - \exp\left(-\frac{t}{\tau_\sigma}\right)\right] = \varepsilon_{总} - (\varepsilon_{总} - \varepsilon_0)\exp\left(-\frac{t}{\tau_\sigma}\right) \tag{2-62}$$

该式说明 τ_σ 越大，应变滞后越大，因此 τ_σ 可以反映不同材料应变滞后的程度。即 τ_σ 越大，滞弹性也越大。

当 $t=\tau_\sigma$ 时，有

$$\varepsilon_{\tau_\sigma}=\varepsilon_{总}-\frac{\varepsilon_{总}-\varepsilon_0}{e} \tag{2-63}$$

此式说明在恒定应力作用下，其形变量达到 $\varepsilon_{\tau_\sigma}$ 时，所需时间为应变蠕变时间。滞弹性应变为

$$\varepsilon_a=(\varepsilon_{总}-\varepsilon_0)[1-\exp(-t/\tau_\sigma)] \tag{2-64}$$

同样可以分析应力弛豫时间。在恒定应变条件下，式（2-58）左边为一常数

$$\tau_\varepsilon\dot{\sigma}+\sigma=E_2\varepsilon_0=常数 \tag{2-65}$$

由于模型弹簧 1 的应力可以表示为 $\sigma_1=\sigma-E_2\varepsilon_0$。弹簧 2 的应力不随时间变化，因此总应力 σ 的变化速率与弹簧 1 的相同，随着时间的延长，其应力趋近于零。对于弹簧 1 有微分方程 $\tau_\varepsilon\dot{\sigma}_1+\sigma_1=0$，解微分方程得

$$\sigma_1=\sigma_0\exp\left(-\frac{t}{\tau_\varepsilon}\right) \tag{2-66}$$

该式说明在恒定应变条件下，弹簧 1 的应力得到松弛，该应力随时间按指数关系逐渐消失。

当 $t=\tau_\varepsilon$ 时，有

$$\tau_\varepsilon=\frac{\tau_0}{e} \tag{2-67}$$

弛豫时间是应力从原始值松弛到 τ_0/e 所需的时间。

应力弛豫时间表达了一种材料在恒定变形下，势能消失时间的长短，是材料内部结构性质的重要指标之一，对于材料变形性质有决定性的影响。从其定义上说明松弛时间对材料弹性的影响，如果材料的 η 大，E 小，则 τ_ε 和 τ_σ 都大，说明滞弹性也大。如果 $\eta=0$，则 $\tau_\varepsilon=0$，$\tau_\sigma=0$，弹性模量为常数，不随时间变化，表现出真正的弹性。两种弛豫时间都表示材料在外力作用下，从不平衡状态达到平衡状态所需的时间。

（4）无弛豫模量与弛豫模量

由于滞弹性是与时间有关的弹性，所以弹性模量可以表示为时间的函数 $E(t)$。

对于蠕变，应力和应变有
$$E_c(t)=\frac{\sigma_0}{\varepsilon(t)} \tag{2-68}$$

对于弛豫，应力和应变有
$$E_r(t)=\frac{\sigma(t)}{\varepsilon_0} \tag{2-69}$$

即弹性模量随时间而变化，并不是一个常数。由式（2-62）可以得到

$$\varepsilon=\frac{\sigma_0}{E_{总}}-\left(\frac{\sigma_0}{E_{总}}-\frac{\sigma_0}{E_0}\right)\exp\left(-\frac{t}{\tau_\sigma}\right) \tag{2-70}$$

E_0 为无弛豫模量，$E_{总}$ 为弛豫模量，根据方程可知，当出现滞弹性现象时，测得的弹性模量与应力作用时间和弛豫时间之比值有关。当应力作用时间很短，以致依赖时间的弹性应变未出现，可得无弛豫模量。因此无弛豫模量表示测量时间小于松弛时间，随时间的形变还没有机会发生时的弹性模量。当测量的持续时间比材料的弛豫时间长得多时，可得到弛豫模量。弛豫模量表示测量的时间大于松弛时间，随时间的形变已发生的弹性模量。

2.4 无机材料的塑性形变

塑性形变是在超过材料的屈服应力作用下，产生变形，外力移去后不能恢复的形变。材

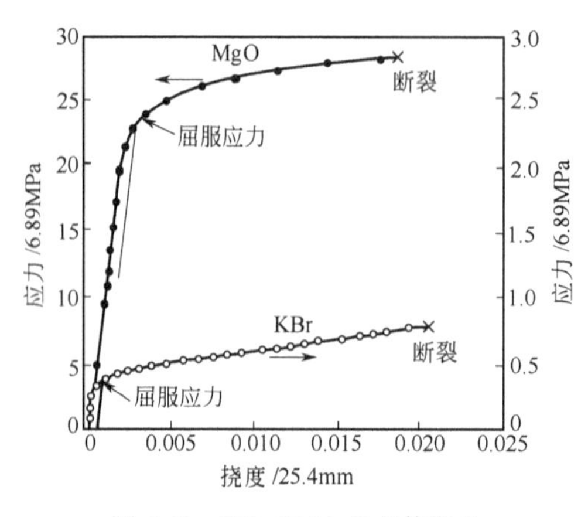

图 2-21　KBr 和 MgO 晶体弯曲试验的应力-应变曲线

料经受此种形变而不破坏的能力叫延展性。此种性能对材料的加工和使用都有很大的影响，是一种重要的力学性能。图 2-21 为 KBr 和 MgO 晶体弯曲试验的应力-应变曲线。其特点是当外力超过材料弹性极限，达到某一点时，在外力几乎不增加的情况下，变形骤然加快，此点为屈服点，达到屈服点的应力为屈服应力。严格说，弹性极限并没有固定的值，因为开始偏离线性关系的点是由测量仪器的精度决定的。为了考虑这个测量不准确问题，通常在某个规定的应变处画一条平行于曲线的弹性部分的直线来决定屈服强度。在工程上规定在塑性范围相应残留应变为 0.05％时的应力作为指标，表明材料达到该应力时已从弹性范围转入塑性范围的状态。某些无机材料，如氟化锂、高温下的氧化铝材料的应力和应变曲线类似于金属，也具有上屈服点和下屈服点。本节主要分析单晶塑性形变发生的条件、机理及影响因素。

2.4.1　晶格滑移

结晶学上形变过程包括晶体单元彼此相互滑动（叫做滑移）或受到均匀剪切（叫做孪晶），如图 2-22 所示。由于滑移现象在晶体中最常见，滑移机理比较简单且具有很广泛的重要性，因此我们主要讨论晶体的滑移。

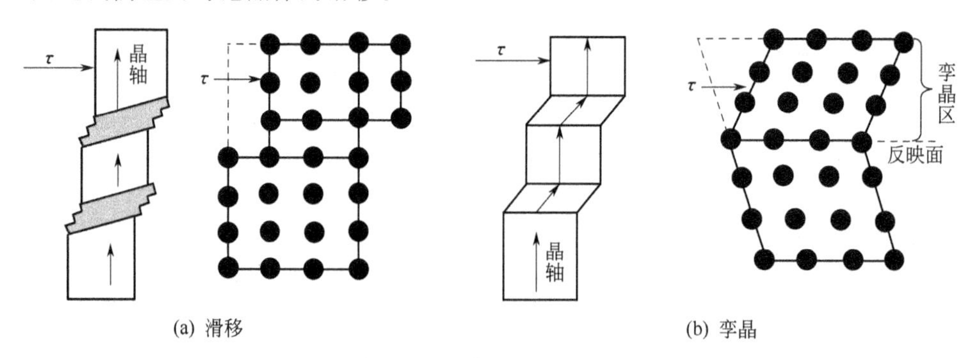

(a) 滑移　　(b) 孪晶

图 2-22　晶体的滑移示意图

(1) 晶格滑移的条件

晶体受力时，晶体的一部分相对另一部分平移滑动，这一过程叫做滑移，图 2-23 为滑移现象的微观示意图。在晶体中有许多族平行晶面，每一族平行晶面都有一定的面间距。由于晶面指数小的面，原子的面密度大，因此面间距越大，原子间的作用力越小，易产生相对滑动。滑过滑动平面使结构复原所需的位移量最小，即柏格斯矢量小，也易于产生相对滑动。另外从静电作用因素考虑，同号离子存在巨大的斥力，如果在滑移过程中相遇，滑移将无法实现。因此晶体的滑移总是发生在主要晶面和主要晶向上。滑移面和滑移方向为晶体的滑移系统。滑移方向与原子密堆积的方向一致，滑移面是原子密堆积面。

NaCl 型结构的离子晶体，其滑移系统通常是 {110} 面和 [110] 方向。图 2-24 为 MgO 晶体滑移示意图。

(2) 临界分解剪切应力

对晶体施加一拉伸力或压缩力，都会在滑移面上产生剪应力。由于滑移面的取向不同，其上的剪应力也不同，以单晶受拉为例，分析滑移面上的剪应力要多大才能引起滑移，即临

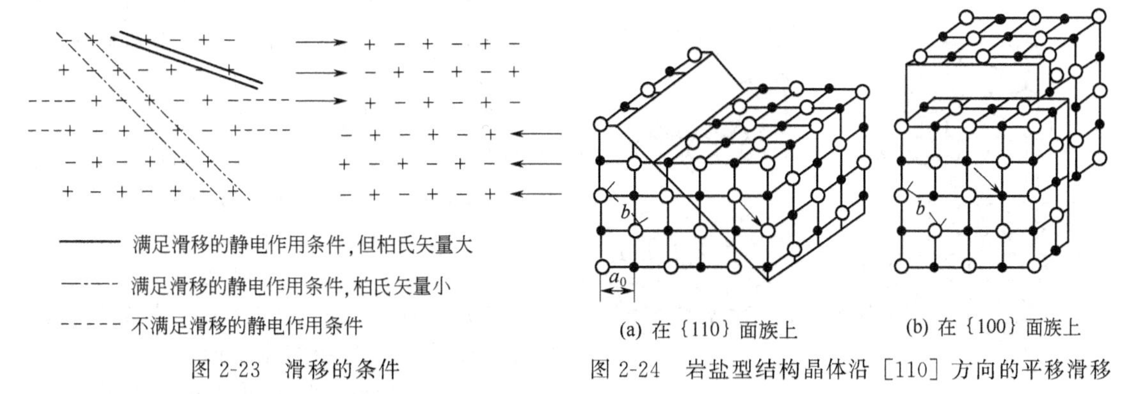

图 2-23 滑移的条件

图 2-24 岩盐型结构晶体沿［110］方向的平移滑移

界分解剪切应力。如图 2-25 表示截面为 S 的圆柱单晶，受拉力，在滑移面上滑移方向发生滑移，由图可知滑移面面积为 $S/\cos\lambda$，F 在滑移面上分剪力为 $F\cos\phi$，此应力在滑移方向上分剪应力为

$$\tau=\frac{F\cos\phi}{S/\cos\lambda}=\tau_0\cos\phi\cos\lambda \tag{2-71}$$

该式表明，不同滑移面及滑移方向的剪应力不同，同一滑移面，不同滑移方向其剪应力也不同。当 $\tau\geqslant\tau_{临}$（临界剪应力）时发生滑移。由于滑移面的法线 N 总是与滑移方向垂直，当 ϕ 角、λ 角与 F 处于同一平面时，ϕ 为最小值，即 $\phi+\lambda=90°$，有

$$\cos\phi\cos\lambda=\frac{1}{2}\cos(90°-2\lambda)$$

所以 $\cos\phi\cos\lambda$ 的最大值为 0.5。可见，在外力 F 作用下，在与 N、F 处于同一平面内的滑移方向上，剪应力最大。

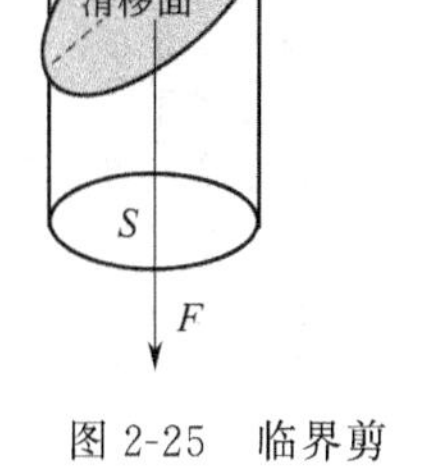

图 2-25 临界剪应力的确定

（3）金属与非金属晶体滑移难易的比较

如果晶体只有一个滑移系统，产生滑移的机会就很少。如果有多个滑移系统，对某一个系统来说，可能 $\cos\phi\cos\lambda$ 较小，但对其他系统则可能较大，达到临界剪应力的机会就多。对于金属来说，一般由一种原子组成，结构简单，金属键无方向性，滑移系统多，如体心立方金属（铁、铜）滑移系统有 48 种之多，而无机材料由于其组成复杂、结构复杂、共价键和离子键的方向性，滑移系统很少，只有少数无机材料晶体在室温下具有延性，这些晶体都属于 NaCl 型结构的离子晶体结构，如 KCl、KBr、LiF 等。Al_2O_3 属于刚玉型结构，比较复杂，因而在室温下不能产生滑动。

对于多晶体材料，其晶粒在空间随机分布，不同方向的晶粒，其滑移面上的剪应力差别很大，即使个别晶粒已达到临界剪应力而发生滑移，也会受到周围晶粒的制约，使滑移受到阻碍而终止。所以多晶材料更不易产生滑移。

2.4.2 塑性形变的机理

在原子尺度上分析滑移。见图 2-26，剪切力使整个原子层相对于相邻层产生移动。当作用力较小时，原子仅稍微离开平衡位置，当去除作用力后，原子恢复到它们的初始位置。当作用力足以引起较大的位移时，去除作用力后，晶体整个下部分相对于上部分产生了永久位移，原子保持永久应变状态，晶体体积没有变化，仅是形状发生变化。如果滑移时，所有原子同时移动，作用力必须克服处于滑移面两侧所有原子的相互作用力，即该能量接近于所有这些键同时断裂时所需的离解能总和；按此所计算的应力值大约为 1×10^{10} Pa，因此需要很大能量才出现滑移，由此推断产生塑变所需能量与晶格能同一数量级。实际测试结果：晶

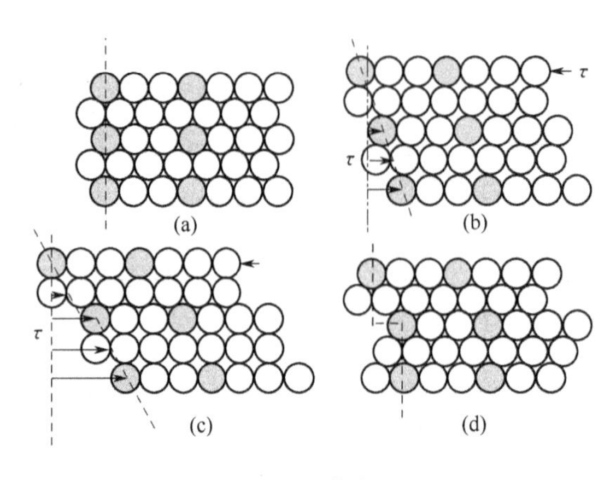

图 2-26　形变时晶体中原子的位置

（a）负荷作用前原子的位置；（b）小负荷作用下的应变；（c）高负荷作用下的应变；（d）达到高负荷作用下的状态后除去负荷后原子的位置

格能超过产生塑变所需能量几个数量级。这一矛盾可以用位错的产生及运动得到解释。

（1）位错的形成及运动

剪应力作用在如图 2-27（a）所示的晶体的上半部，引起半个晶面 1′的原子从平衡位置移动到一个新位置。当力继续作用时，处于半晶面 1′上的原子产生一个小的移动，就足以使它们的位置与半晶面 2 上的原子的位置连成一线，见图 2-27（b）。半晶面 1′和 2 的原子形成一个新的原子面，而原来与半晶面 2 同一晶面的半晶面 2′进一步向右移动，形成一个附加半晶面，即形成了一个刃型位错，见图 2-27（c）。以此类推，下一步可把半晶面 2′和 3 连接起来。因此在描述上面的运动时，不是晶体中所有原子都同时移动，而仅仅是其中的小部分，不需很大的作用力就可使晶体的两部分相对移动。

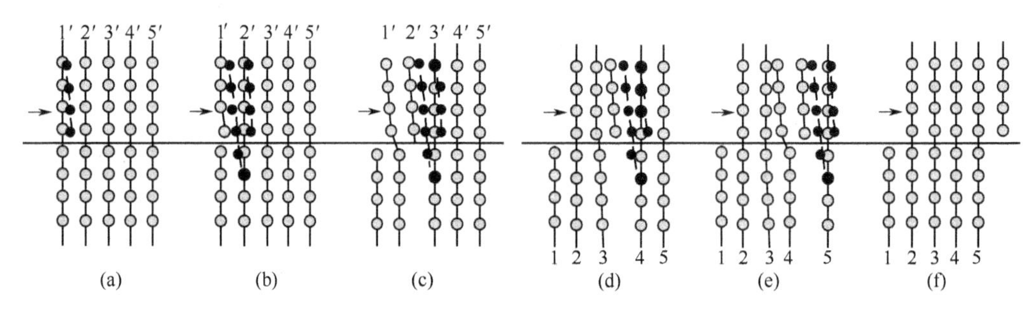

图 2-27　晶体塑性形变时，原子的局部位移

分析晶体的滑移过程，可以知道滑移是一个有限的小面积畸变区域穿过晶体的运动而产生，这一畸变区域为刃型位错，用符号⊥表示。因此也可以这样理解滑移：滑移是刃型位错沿滑移面从晶体内部移出的过程或刃型位错沿滑移面的运动。每个位错在晶体内通过都会引起一个原子间距滑移。位错运动的特点是整个原子组态作长距离的传播，而每一参与运动的原子只作短距离（数个原子间距）的位移。

刃型位错的形式及晶体中的位错分别如图 2-28 和图 2-29 所示。

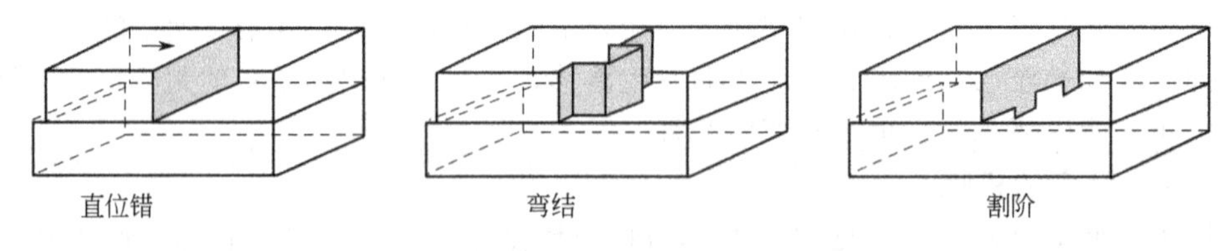

图 2-28　刃型位错线的割阶和弯结

在刚劈裂的晶体中，劈裂过程中出现的机械应力导致位错的形成并且容易滑动。化学抛光以后的试样由于消除了先前的操作所形成可移动的位错，需要形成新的位错，因此表现出高的屈服应力和明确的屈服点。如果在抛光的试样上用碳化硅喷洒，由于冲击而形成许多新的位错环，又容易重新引起塑性形变。这就表明，位错的产生比它们随后的运动需要更大的力。

（2）塑性形变的位错运动理论

为使宏观形变得以发生，就需要使位错开始运动。如果不存在位错，就必须产生一些位错；如果存在的位错被杂质钉住，就必须释放一些出来。一旦这些起始位错运动起来，它们就会加速并引起增殖和宏观屈服现象。塑性形变的特征不仅与形成位错所需的能量或使位错开始运动所需的能量有关，还和任一特定速度保持位错运动所需的力有关。两者中的任一个都能成为塑性形变的约束，已发现对纤维状无位错的晶须需要很大的应力来产生塑性形变；但是一旦起始滑移，就可在较低的应力水平下继续下去。

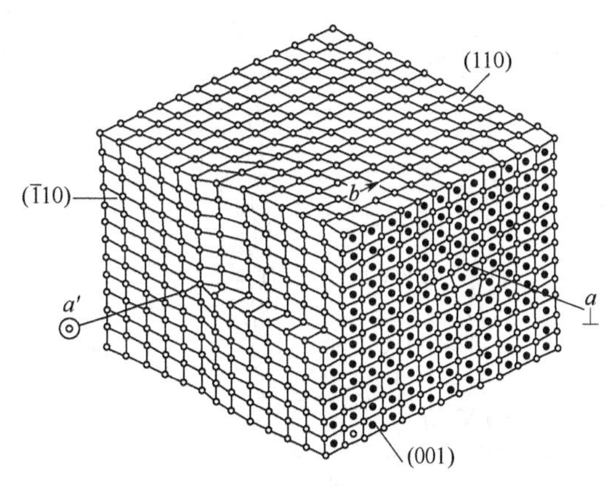

图 2-29 与晶面相交处具有纯刃型和纯螺型特征，而在晶体中其他部分呈现混合特征的位错

a 和 a' 是位错线与晶面的相交点；b 为柏氏矢量

① 位错运动的激活能。理想晶体内部的原子处于周期性势场中，在原子排列有缺陷的地方一般势能较高，使周期势场发生畸变。位错是一种缺陷，也会引起周期势场畸变，见图 2-30，在位错处出现了空位势能，相邻原子 C_2 迁移到空位上需要克服的势垒 h' 比 h 小，克服势垒 h' 所需的能量可由热能或外力做功来提供，在外力作用下，滑移面上就有分剪应力 τ，此时势能曲线变得不对称，原子 C_2 迁移到空位上需要克服的势垒为 $H(\tau)$，且 $H(\tau)<h'$，即外力的作用使 h' 降低，原子 C_2 迁移到空位更加容易，也就是刃型位错线向右移动更加容易，τ 的作用提供了克服势垒所需的能量。$H(\tau)$ 为位错运动的激活能，与剪切应力 τ 有关，τ 大，$H(\tau)$ 小；τ 小，$H(\tau)$ 大。当 $\tau=0$ 时，$H(\tau)$ 最大，且 $H(\tau)=h'$。

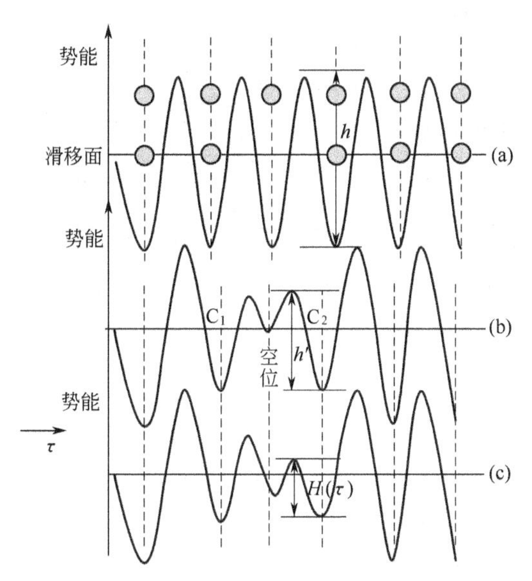

图 2-30 一列原子的势能曲线

(a) 完整晶体的势能曲线；(b) 有位错时晶体的势能曲线；(c) 加剪应力 τ 后的势能曲线

② 位错运动的速度。一个原子具有激活能的概率或原子脱离平衡位置的概率与玻耳兹曼因子成正比，因此位错运动的速度与玻耳兹曼因子成正比，有

$$v=v_0\exp\left[-\frac{H(\tau)}{kT}\right] \qquad (2\text{-}72)$$

式中，v_0 是与原子热振动固有频率有关的常数；k 为玻耳兹曼常数。

当 $\tau=0$，在 $T=300\text{K}$，则 $kT=4.14\times10^{-21}\text{J}=4.14\times10^{-21}\times6.24\times10^{18}\text{eV}=0.026\text{eV}$，金属材料 h' 为 0.1～0.2eV，而具有方向性的离子键、共价键的无机材料 h' 为 1eV 数量级，因此 h' 远大于 kT，无机材料位错难以运动。如果有外应力的作用，因为 $h>h'>H(\tau)$，所以位错只能在滑移面上运动，只有滑移面上的分剪应力才能使 $H(\tau)$ 降低。无机材料中的滑移系统只有有限的几个，达到临界剪应力的机会就少，位错运动也难于实现。对于多晶体，在晶粒中的位错运动遇到晶界就会塞积下来，形不成宏观滑移，更难产生塑性形变。如果温度升高，位错运动速度加快，对于一些在常温下不发生塑性形变的材料，在高温下具有一定塑性。例如 Al_2O_3 在高温下具有一定的塑性形变见图 2-31。氧化铝的塑

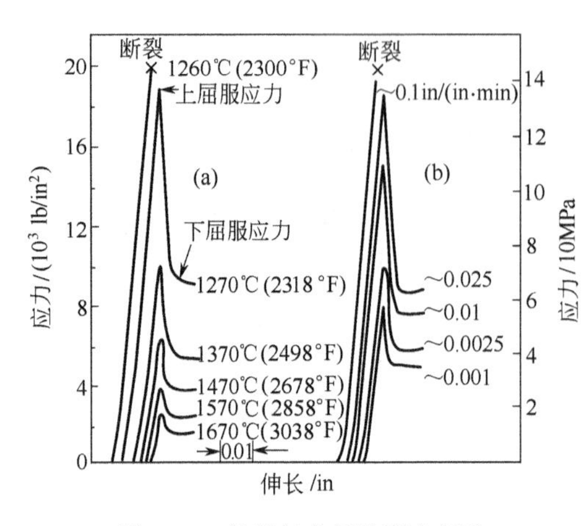

图 2-31　单晶氧化铝的形变行为

(a) 温度的影响；(b) 应变速率的影响

1lb＝0.4536kg，1in＝0.0254m

性形变特征特别有意义，因为氧化铝是一种广泛使用的材料，而且这种非立方晶系、强烈的各向异性晶体可能在性状上代表一种极端的情况。这种形变特征直接和晶体结构有关。单晶在 900℃以上由于在 (0001) [$11\bar{2}0$] 系统上的基面滑移而塑性形变，引起各向异性形变。在较高温度下，可在一些非基面系统上产生滑移；这些非基面滑移也能在较低温度、在很高的应力下发生。但即使在 1700℃，产生非基面滑移的应力也是产生基面滑移的 10 倍。氧化铝在 900℃以上的形变特征可概括为 (a) 强烈的温度依赖关系；(b) 大的应变速率依赖关系；(c) 在恒定应变速率测试中有确定的屈服点。图 2-31 中的上、下屈服应力都是温度敏感而且随温度增加而表现出近似按指数下降的规律。

实际上，由于无机材料位错运动难以实现，当滑移面上的分剪应力尚未使位错以足够速度运动时，此应力可能已超过微裂纹扩展所需的临界应力，最终导致材料的脆断。

③ 形变速率

由于塑性形变是位错运动的结果，因此宏观上的形变速率和位错运动有关。图 2-32 的简化模型表示了这种关系。设 $L \times L$ 平面上有 n 个位错，位错密度为 $D=n/L^2$，在时间 t 内，一边的边界位错通过晶体到达另一边界，这时有 n 个位错移出晶体，位错运动平均速度为 $v=L/t$，在时间 t 内，长度为 L 的试件形变量为 ΔL，应变为 $\Delta L/L=\varepsilon$，则应变速率

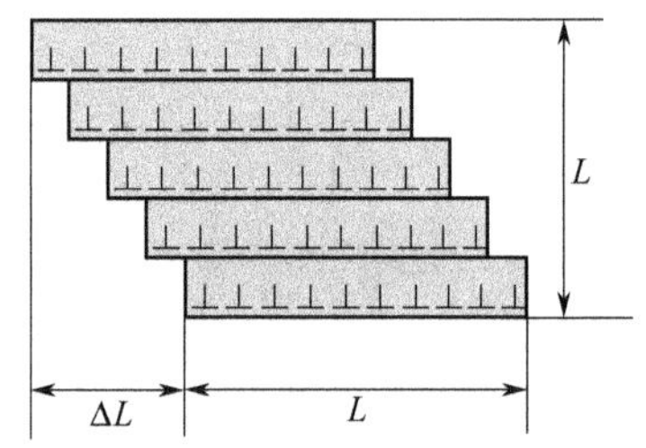

图 2-32　塑性形变的简化模型

$$\dot{\varepsilon}=\frac{d\varepsilon}{dt} \tag{2-73}$$

考虑位错在运动过程的增殖，移出晶体的位错数为 cn 个，c 为位错增殖系数。由于每个位错在晶体内通过都会引起一个原子间距滑移，也就是一个柏格斯矢量 b，则单位时间内的滑移量

$$\frac{cnb}{t}=\frac{\Delta L}{t} \tag{2-74}$$

应变速率

$$\dot{\varepsilon}=\frac{d\varepsilon}{dt}=\frac{\Delta L}{Lt}=\frac{cnb}{Lt}=\frac{cnbL}{L^2 t}=vDbc \tag{2-75}$$

式 (2-75) 说明塑性形变速率取决于位错运动速度、位错密度、柏格斯矢量、位错的增殖系数，且与其成正比。位错密度是用与单位面积相交的位错线的密度来表示的。仔细制备的晶体，每平方厘米可能有 10^2 个位错，而几乎没有位错的大块晶体和晶须已制备出来；在塑性形变后位错密度大为增加，对某些强烈形变的金属可达到每平方厘米 $10^{10}\sim10^{11}$。要引起宏观塑性形变必须：(a) 有足够多的位错；(b) 位错有一定的运动速度；(c) 柏格斯矢量大。但另一方面柏格斯矢量与位错形成能有关系

$$E=aGb^2 \tag{2-76}$$

式中，a 为几何因子，取值范围为 0.5～1.0；G 为弹性模量。柏格斯矢量影响位错密

度，即柏格斯矢量越小，位错形成越容易，位错密度越大。b 相当于晶格点阵常数。金属的点阵常数一般为 3Å 左右，无机材料的点阵常数大，如 $MgAl_2O_4$ 三元化合物为 8Å，Al_2O_3 的为 5Å，形成位错的能量较大，因此无机材料中不易形成位错，位错运动也很困难，也就难于产生塑性形变。

④ 位错的增殖机理

人们熟知的比较好的机理为弗兰克-瑞德源引起的弗兰克瑞德机理，这种位错源如图 2-33 所示。(a) 表示含有一个割阶（C-D）的刃型位错的晶体；(b) 仅仅表示（a）所示的位错线。实际上上述的位错并非限于刃型位错，也可以是任何混合型位错。对于图中所示的位错，为了在滑移时成为一个新的位错源，它在晶体中的运动必然有限。加上剪应力后，或者是因为在半晶面线段 AB 和 CD 上不出现剪切分量，或者是因为 B 点和 C 点被杂质原子钉扎，所以半晶面线段 AB 和 CD 保持不动。剩下的线段 BC 开始在滑移面上运动，见图（c）。因为位错线在 B 点和 C 点被钉扎，所以使平移的 BC 线段弯曲，并以图（d）和（e）所示的方式扩展。在这个阶段，在 1 点和 2 点形成了符号相反的螺形位错，它们彼此相互吸引和堙没，再形成理想的晶体结构。具有同样特性和符号的剩余线段，通过彼此结合可降低它们的能量，见图（f）。因此，位错形成闭合环线，同时，再产生原有的位错线段 BC。由于此种位错运动，滑移面上部的晶体向前运动一个原子间距。当晶体继续受到应力的作用时，上述过程多次重复，直到晶体平移部分的棱边到达 B 点和 C 点。此后位错就消失。按照这一机理，少数被钉扎的位错可以使晶体产生足够大的滑动。把位错两侧都钉扎是不必要的，只在一点钉扎就足够了，这时位错将以扇形方式扩展。

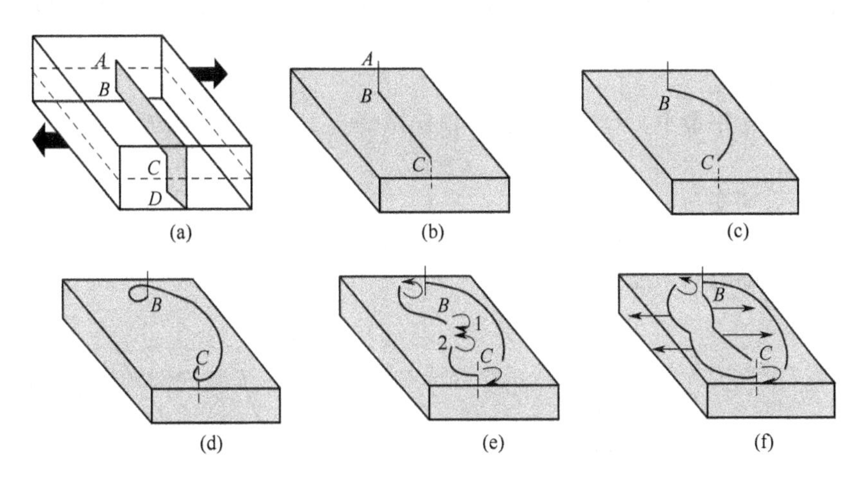

图 2-33 弗兰克-瑞德源

(a) 含有钉孔于 B 点和 C 点的割阶的刃型位错晶体；

(b)、(c)、(d)、(e)、(f) 这种位错平移时的相继阶段

对于离子晶体，比较常见的增殖机理是通过螺形位错的复交叉滑移。当位错相互缠结在一起时，产生复合交叉滑移。纠缠在一起的位错不能运动，并形成位错的不运动线段，这就像弗兰克瑞德机理中的刃型位错的钉扎线段一样以同样方式作用。

由于位错与塑性形变的关系特别重要，为了改善无机材料的形变特性，采用对表面进行抛光、加入不同尺寸的离子或不同电价的杂质能引起固溶强化。如对氧化铝退火和进行表面火焰抛光，消除表面缺陷；固溶 Fe、Ni、Cr、Ti 和 Mg 可增加压缩屈服强度。由于除 Cr 外，在氧化铝中所有阳离子的溶解度低，可能出现固溶强化和淀析硬化。

多晶塑性形变不仅取决于构成材料的晶体本身，而且在很大程度上受晶界物质的控制。多晶塑性形变包括以下内容：晶体中的位错运动引起塑变；晶粒与晶粒间晶界的相对滑动；

空位的扩散；黏性流动。

2.5　无机材料的高温蠕变

材料在高温下长时间受到小应力作用，出现蠕变现象，即具有典型的应变-时间关系。从热力学观点出发，蠕变是一种热激活过程。在高温条件下，借助于外应力和热激活的作用，形变的一些障碍物得以克服，材料内部质点发生了不可逆的微观过程。在常温下使用的材料用不着考虑蠕变，而在高温下使用的材料必须考虑蠕变。无机材料是很有前途的高温结构材料，因此对无机材料的高温蠕变的研究越来越受到重视。

2.5.1　典型的蠕变曲线

典型的蠕变曲线见图 2-34。该曲线可分为四个阶段。

（1）起始段

在外力作用下发生瞬时弹性形变，即应力和应变同步。若外力超过试验温度下的弹性极限，则起始段也包括一部分塑性形变。

（2）第一阶段蠕变

此阶段也叫蠕变减速阶段或过渡阶段。其特点是应变速率随时间递减，持续时间较短，应变速率有如下关系：

$$U=\frac{d\varepsilon}{dt}=At^{-n} \tag{2-77}$$

A 为常数。低温时 $n=1$，得 $\varepsilon=A\ln t$；高温时，$n=2/3$，得 $\varepsilon=Bt^{-2/3}$，此阶段类似于可逆滞弹性形变。

（3）第二阶段蠕变

此阶段的形变速率最小，且恒定，也为稳定态蠕变。形变与时间的关系为线性关系

$$\varepsilon=Kt \tag{2-78}$$

（4）第三阶段蠕变

此阶段也叫加速蠕变，该阶段是断裂即将来临之前的最后一个阶段。其特点是曲线较陡，说明蠕变速率随时间增加而快速增加。

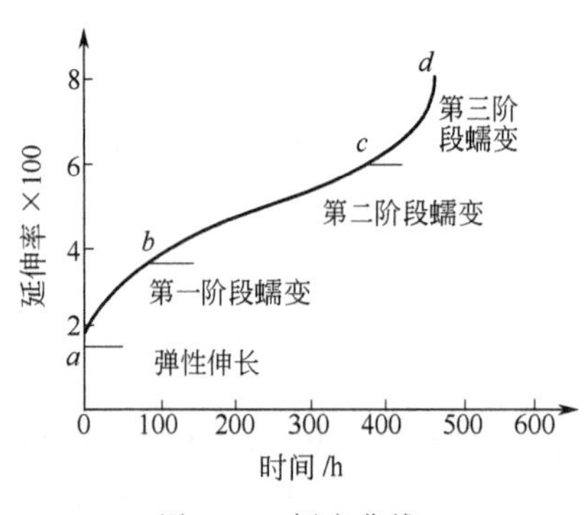

图 2-34　蠕变曲线

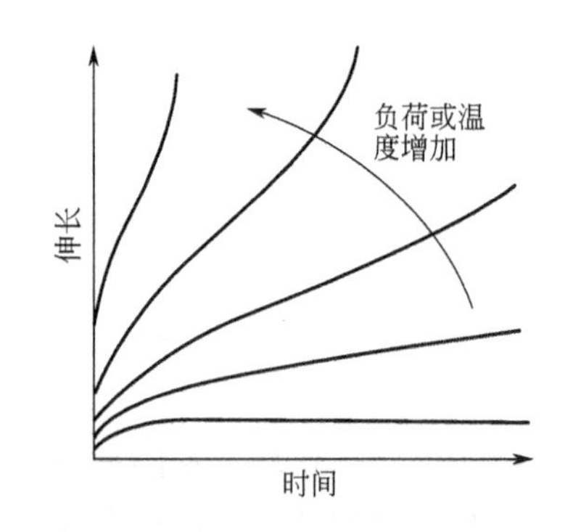

图 2-35　温度和应力对蠕变曲线的影响

温度和应力都影响恒定温度蠕变曲线的形状，见图 2-35。在蠕变曲线的第一阶段蠕变，温度不同，有不同的 n 值。当温度升高时，n 值变小，形变速率加快，恒定蠕变阶段缩短。增加应力时，曲线形状的变化类似于温度。形变速率与应力有如下关系：

$$\dot{\varepsilon}=(\text{常数})\sigma^{n} \tag{2-79}$$

n 变动在 2～20 之间，$n=4$ 最为常见。

2.5.2 蠕变机理

描述无机材料形变的机理有位错的攀移、扩散蠕变，在某些条件下晶界滑动也可能是重要的。由于位错的攀移是在晶体中发生，因此也为晶格机理。

2.5.2.1 晶格机理

晶格机理是由于晶体内部的自扩散而使位错进行攀移。在一定温度下，热运动的晶体中存在一定数量空位和间隙原子；位错线处一列原子由于热运动移去成为间隙原子或吸收空位而移去；位错线移上一个滑移面。或其他处的间隙原子移入而增添一列原子，使位错线向下移一个滑移面。位错在垂直滑移面方向的运动称为位错的攀移运动，见图 2-36。

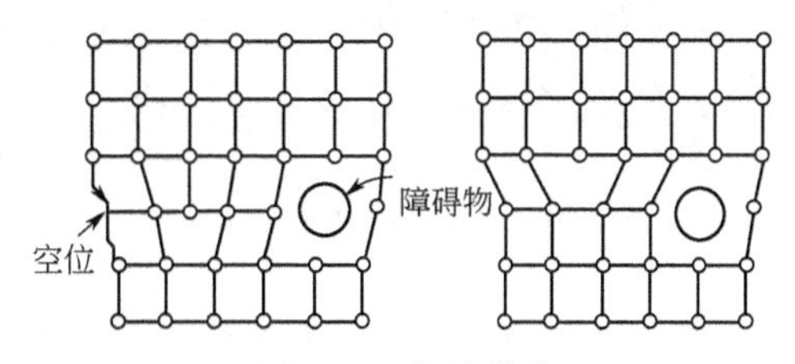

图 2-36 位错攀移

滑移和攀移的区别是滑移与外力有关，而攀移与晶体中的空位和间隙原子的浓度及扩散系数等有关。实际生产中利用位错的攀移运动来消除位错。位错攀移时，应变速率为

$$\dot{\varepsilon}=A\sigma^n\exp\left(-\frac{Q}{RT}\right)=A\sigma^n\exp\left(\frac{\Delta S}{R}\right)\exp\left(-\frac{\Delta H}{RT}\right) \tag{2-80}$$

式中，Q 为自扩散激活能；ΔS 为熵；ΔH 为自扩散激活焓。该方程为杜恩和魏脱迈方程。

位错攀移是第二阶段蠕变发生的机理，当温度、应力恒定时，应变速率为一常数。

对于多晶材料，晶界起着阻止位错滑动的作用。有些晶粒对应力轴取向很差，阻止其他晶粒剪切，结果使集合体没有延性。一般多晶材料需要五个独立的滑移系统才能具有延性。为满足该条件，辅助（高温）滑移系统必须起作用。

由位错滑动而变形的材料的屈服强度 σ 和晶粒尺寸 d 之间的关系：

$$\sigma=\sigma_i+B/d^{1/2} \tag{2-81}$$

式中，B 为常数；σ_i 为摩擦应力，是晶格抵抗形变的一个量度。这种强化也可能起因于亚晶粒和小角度晶界。

2.5.2.2 扩散蠕变理论-空位扩散流动

也叫纳巴罗-赫润蠕变。在扩散蠕变过程中，多晶材料内部的自扩散使固体在作用应力下屈服。形变起因于每个晶粒的扩散流动。这种流动是受法向压应力的晶界上的原子朝向受法向张应力的晶界上运动。晶界在法向张应力的作用下，其空位浓度为

$$c=c_0\exp\left(\frac{\sigma\Omega}{KT}\right) \tag{2-82}$$

受法向压应力的晶界上的空位浓度为

$$c=c_0\exp\left(-\frac{\sigma\Omega}{KT}\right) \tag{2-83}$$

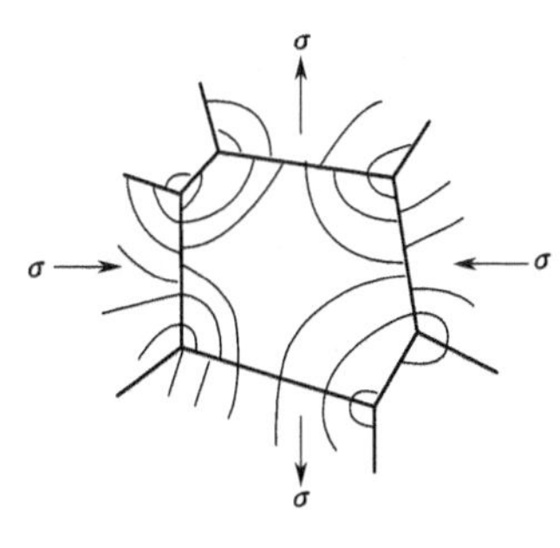

图 2-37 高温受力下晶粒中原子的扩散示意图

式中，Ω 为空位体积；c_0 为平衡浓度。

因此应力造成空位浓度差，质点由高浓度向低浓度扩散，导致晶粒沿受拉方向伸长，引起形变，见图 2-37。在稳定态条件下，纳巴罗-赫润计算蠕变速率（蠕变率）。

(1) 体扩散（通过晶粒内部）蠕变率

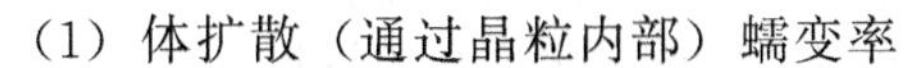

$$\dot{\varepsilon}=\frac{13.3\sigma\Omega D_V}{KTd^2} \tag{2-84}$$

(2) 晶界扩散（沿晶界扩散）蠕变率

$$\dot{\varepsilon}=\frac{47\sigma\delta\Omega D_b}{KTd^3} \tag{2-85}$$

式中，δ 为晶界的宽度；D_V 为体扩散系数；D_b 为晶界扩散系数；d 为晶粒直径。

2.5.2.3 晶界蠕变理论

晶界对蠕变速率有两种影响。第一，高温下，晶界能彼此相对滑动，这使剪应力得到松弛，但却增加晶粒内部滑动受到限制的那些地方，特别是三个晶粒相遇的三重点的应力。第二，晶界本身是位错源或阱，所以在离晶界约为一个障碍物间距内的位错会消失，而不会对应变硬化有贡献；在晶粒尺寸减小到大约与障碍物间距相当的那些地方，稳定态蠕变速率就有显著增加。对于大角度晶界是晶格匹配差的区域，可以认为是晶粒之间的非晶态结构区域。

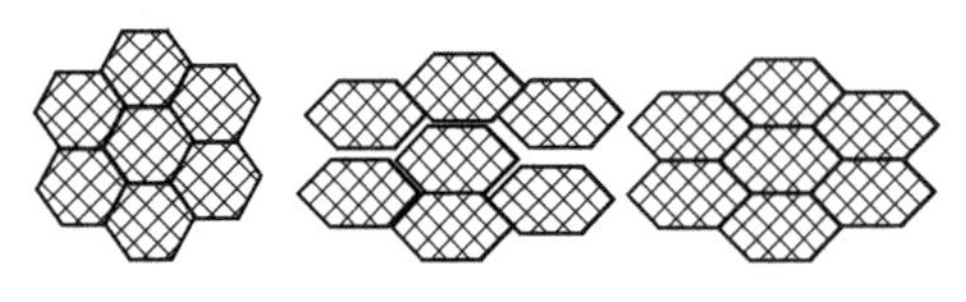

图 2-38 扩散蠕变与晶界滑动

在高温下，晶界表现为黏滞性扩散蠕变，与晶界蠕变是互动的。如果蠕变由扩散过程产生，为了保持晶粒聚在一起，就要求晶界滑动，见图 2-38；另一方面，如果蠕变起因于晶界滑动，要求扩散过程来调整。

对于材料蠕变机理的判断，须根据具体材料进行具体分析。例如，对于氧化镁多晶的研究表明与晶界相交的位错难于穿入相邻晶粒。因此在细晶粒材料中控制速率的机理不是守恒的位错运动。由热压或烧结制备的材料在晶界处可能有气孔或第二相，当晶界滑动时引起裂纹并在明显呈现塑性之前就破坏。由于掺加溶质会提高扩散速率并阻止滑动，所以含有 Fe^{3+} 的 MgO 的蠕变在低应力下完全是扩散蠕变。对于气氛的影响，由于氧分压降低，镁离子的空位浓度下降，因此降低了镁的扩散和蠕变速率。在较高的应力下，更符合位错的攀移机理。对于氧化铝，只有当非基面滑移系统受激活时，才具有可塑性。因此温度低于 2000℃，应力与弹性模量之比小于 10^{-3} 时，必是位错运动以外的其他机理影响并控制着蠕变行为。对于晶粒尺寸为 5～70μm 的材料，在 400～2000℃范围内铝离子穿过晶格的扩散是控制速率的扩散。较低温度（<1400℃）和较细的晶粒尺寸（1～10μm）下，铝离子沿晶界扩散限制着速率。但是对于大晶粒（60μm）可能由位错机理所引起的重大作用而变形。

2.5.3 影响蠕变的因素

（1）温度

由前面分析可知，温度升高，蠕变增大。这是由于温度升高，位错运动和晶界滑动加快，扩散系数增大，这些都对蠕变有贡献。图 2-39 为 SiAlON 及 Si_3N_4 的稳态蠕变速率与温度的关系。

（2）应力

从式（2-84）和式（2-85）可知，蠕变随应力增大而增大。若对材料施加压应力，则增加了蠕变阻力。

除了温度和应力外，影响材料蠕变行为的最重要的因素就是显微结构（晶粒尺寸和气孔率），组成，化学配比，晶格完整性和周围环境。

（3）晶体的组成

结合力越大，越不易发生蠕变。因此随着共价键结构程度的增加，扩散和位错的运动降低。像碳化物、硼化物以共价键结构结合的材料具有良好的抗蠕变性。

（4）显微结构

蠕变是结构敏感的性能。材料中的气孔、晶粒尺寸、玻璃相等对蠕变都有影响。

① 气孔率。由于气孔减少了抵抗蠕变的有效截面积。因此气孔率增加，蠕变率增加，如图 2-40 所示。此外，如果晶界黏性流动起主要作用时，气孔的空余体积可以容纳晶粒所发生的形变。

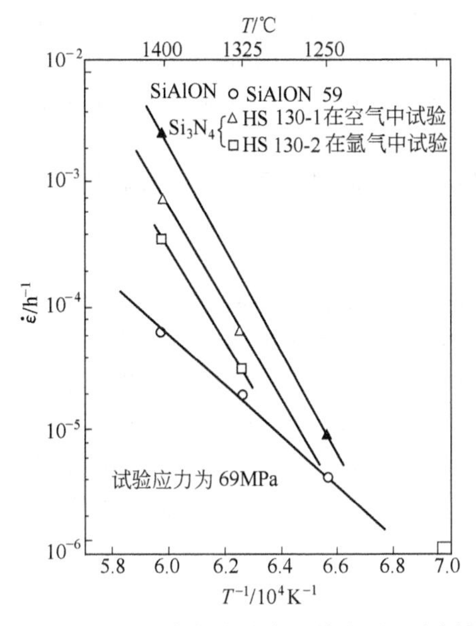

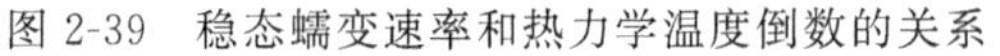

图 2-39 稳态蠕变速率和热力学温度倒数的关系

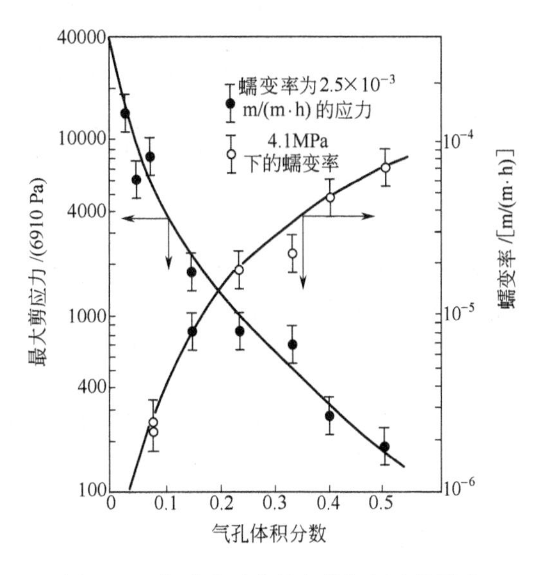

图 2-40 气孔率对多晶氧化铝蠕变的影响

② 晶粒尺寸。由式（2-84）和式（2-85）可知，晶粒越小，蠕变率增大。这是因为晶粒小，晶界的比例随晶粒的减小而大大增加，晶界扩散及晶界流动也就加强。所以晶粒越小，蠕变率越大。从表 2-7 的数据看出，尖晶石晶粒尺寸为 2～5μm 时，蠕变率为 $26.3\times10^{-5}h^{-1}$；当晶粒尺寸为 1～3mm 时，蠕变率为 $0.1\times10^{-5}h^{-1}$，蠕变率减小很多。单晶没有晶界，因此，抗蠕变的性能比多晶材料好。

③ 玻璃相。温度升高，玻璃的黏度降低，变形速率增大，蠕变率增大。因此黏性流动对材料致密化有影响，材料在高温烧结时，晶界黏性流动，气孔容纳晶粒滑动时发生的形变，即实现材料致密化。一些无机材料的蠕变率列于表 2-7，从中可看出，非晶态玻璃的蠕变率比结晶态要大得多。另外玻璃相对蠕变的影响还取决于玻璃相对晶相的润湿程度，见图 2-41。如果玻璃相不润湿晶相，则晶粒发生高度自结合作用，抵抗蠕变的性能就好；如果玻璃相完全润湿晶相，玻璃相穿入晶界，将晶粒包围，自结合的程度小，形成抗蠕变最弱的结果。其他润湿程度介于二者之间。

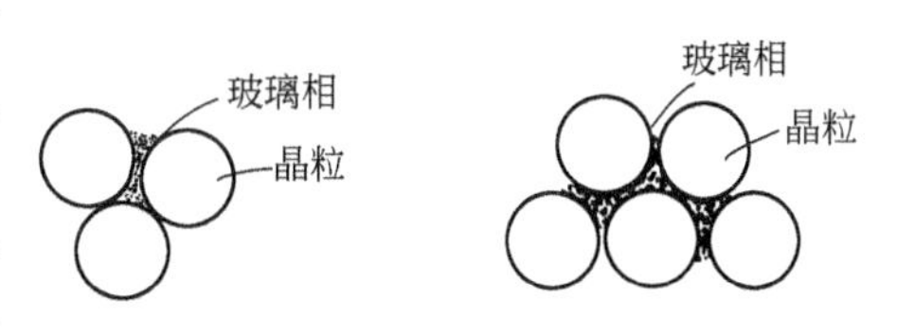

图 2-41 玻璃相对晶相的润湿情况

表 2-7 无机材料的蠕变

材　　料	蠕变率(1300℃,1.24×10^7Pa)/h^{-1}	材　　料	蠕变率(1300℃,7×10^4Pa)/h^{-1}
多晶 Al_2O_3	0.13×10^{-5}		
多晶 BeO	30×10^{-5}		
多晶 MgO(注浆)	33×10^{-5}		
多晶 MgO(等静压)	33×10^{-5}	软玻璃	8
多晶 $MgAl_2O_4$(2～3μm) (1～3μm)	26.3×10^{-5} 0.1×10^{-5}	铬砖	0.0005
多晶 ThO_2	100×10^{-5}	镁砖	0.00002
多晶 ZrO_2	3×10^{-5}		
石英玻璃	2000×10^{-5}	石英玻璃	0.001
隔热耐火砖	10000×10^{-5}	隔热耐火砖	0.005

大多数耐火材料中存在的玻璃相在决定变形性状中起着极重要的作用。对于高强耐火材料，要求完全消除玻璃相是不可能的，因而只能降低玻璃相的润湿性。可能的办法是在只有很少润湿发生的温度进行烧成或改变玻璃相的组成使其不润湿。这是不容易做到的。强化耐火材料的另一种方法是通过控制温度和改变组成来改变玻璃的黏度。

除此之外，非化学配比由于可以在晶体中形成离子空位，因而对蠕变速率也有影响。

2.6 黏滞流动

晶体中塑性流动强烈地决定于结晶学，即具有一定的滑移系统，与此相比较，液体和玻璃的黏滞形变或黏滞流动完全是各向同性的，只决定于作用应力。由于液体的黏度小，因此在小的剪应力作用下就会发生黏滞流动。通常用流动度来表示其形变的能力。流动度 φ 为黏度的倒数 $1/\eta$。黏度随温度在宽广范围内变动。例如：室温下，水和液态金属黏度为 0.001Pa·s (0.01P) 数量级。液线温度下钠钙硅酸盐玻璃，其值约 100Pa·s (1000P)；在退火范围的玻璃约为 10^{13}Pa·s (10^{14}P)。为了解释黏性流动的本质，曾提出过各种模型，下面简单介绍其中的几种模型，并简要分析影响黏度的因素

2.6.1 流动模型

(1) 绝对速率理论

绝对速率模型把黏滞流动看成是受高能量过渡状态控制的一种速率过程。

绝对速率理论的含义是液体分子从开始的平衡位置过渡到另一平衡状态。越过能垒进行传输，该能垒受到作用应力的影响发生偏移。根据绝对速度理论，见图 2-42，流动速度为

$$\Delta u = 2\lambda\gamma_0 \exp\left(-\frac{E}{kT}\right)\sin\left(\frac{\tau\lambda_1\lambda_2\lambda_3}{2kT}\right) \tag{2-86}$$

式中，γ_0 为原子的振动频率；E 为没有剪应力时的势垒高度；k 为玻耳兹曼常数。

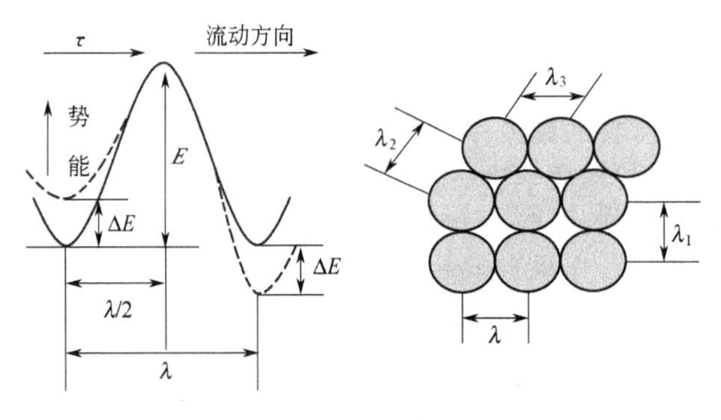

图 2-42 液体流动模型及势能曲线

根据牛顿液体定律：$\tau = \eta \dfrac{dv}{dx} = \eta \dfrac{\Delta u}{\lambda_1}$

得：

$$\eta = \frac{\tau\lambda_1}{\Delta u} = \frac{\tau\lambda_1}{2\lambda\gamma_0 \exp\left(-\frac{E}{kT}\right)\sin\left(\frac{\tau\lambda_1\lambda_2\lambda_3}{2kT}\right)} \tag{2-87}$$

假定：$\lambda = \lambda_1 = \lambda_2 = \lambda_3$

则：

$$\eta = \frac{\tau \exp\left(\frac{E}{kT}\right)}{2\gamma_0 \sin\left(\frac{\tau V_0}{2kT}\right)} \tag{2-88}$$

式中，$V_0 = \lambda^3$，为流动体积，与分子体积大小相当。

当外应力很小时，气体分子体积很小，$\tau V_0 \ll kT$ 得：

$$\eta=\frac{kT}{\gamma_0 V_0}\exp\left(\frac{E}{kT}\right)=\eta_0\exp\left(\frac{E}{kT}\right) \tag{2-89}$$

说明在外应力很小时，黏度与应力无关，应力较大时，黏度随温度提高而剧烈下降。

（2）自由体积理论

根据此模型，流动中的临界步骤是开启具有某种临界体积的空隙以容许分子运动。这一空隙被认为是由系统中自由体积 V_f 的再分布形成的。自由体积定义为

$$V_f=V-V_0 \tag{2-90}$$

式中，V 为给定温度下分子的体积，温度越高，其值越大；V_0 为分子有效的硬核体积，其值恒定不变。在观察到流动的大多数条件下，平均自由体积为硬核体积的一小部分。

自由体积理论的黏度表达式为

$$\eta=B\exp\left(\frac{KV_0}{V_f}\right) \tag{2-91}$$

式中，B 为一常数；K 为约等于 1 的常数。自由体积 V_f 由于提高了容许分子运动的空隙，其值越大，黏度越小。因此当温度升高，自由体积增大，黏度降低。黏度对温度的相依性在这里由自由体积对温度的相依性来表示。

（3）过剩熵理论

根据此模型，随着温度下降，液体的位形熵降低，使形变难以发生。考虑到系统的最小区域的大小，此区域能变成一种新的组态而同时外部不发生组态的变化，将此和位形熵联系起来，可得过剩熵理论的表达式为

$$\eta=C\exp\left(\frac{D}{TS_0}\right) \tag{2-92}$$

式中，C 为常数；S_0 为材料的位形熵；D 与分子重新排列的势垒成比例，应接近于常数。在接近 T_g 的温度范围内，此时实际上和自由体积理论的表达式没有区别。

2.6.2 影响黏度的因素

2.6.2.1 温度

不同种类的材料，黏度对温度的依赖关系有很大差别。从黏性流动的本质分析，黏度与温度有很大的关系，一般情况下，温度升高，黏度下降。玻璃黏度随温度变化见图 2-43，其特点是在玻璃转变温度 T_g，相当于黏度等于 10^{12} Pa·s 所对应的温度，玻璃的折射率、比热容、热膨胀系数、黏度等物理性质发生突变，在性质与温度曲线上表现为斜率突然改变。这种黏度随温度的关系是玻璃成型工艺的重要依据。一般熔化阶段的黏度为 5～50Pa·s，加工阶段为 10^3～10^7 Pa·s，退火阶段为 $10^{11.5}$～$10^{12.5}$ Pa·s。玻璃加工的实际温度都为黏度所要求的温度，并以测定温度为准。

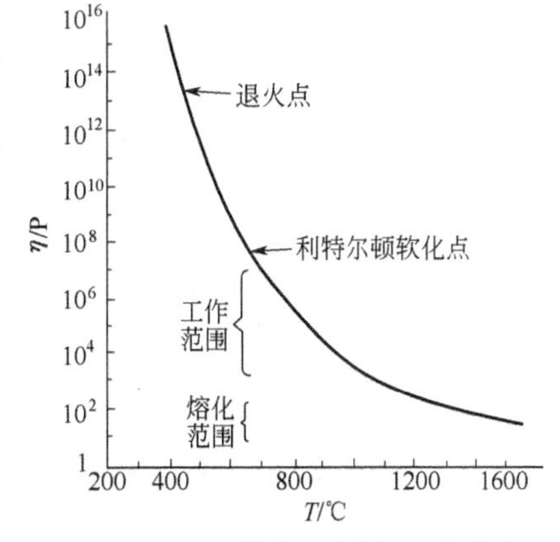

图 2-43　钠钙硅玻璃的黏度与温度的关系
（1P=0.1Pa·s）

2.6.2.2 时间

在玻璃转变温度区域内，玻璃的黏度与时间有关。见图 2-44，从高温状态冷却到退火点的试样，其黏度随时间而增加。而预先在退火温度点以下保持一定的时间，试样的黏度随时间而降低，但所

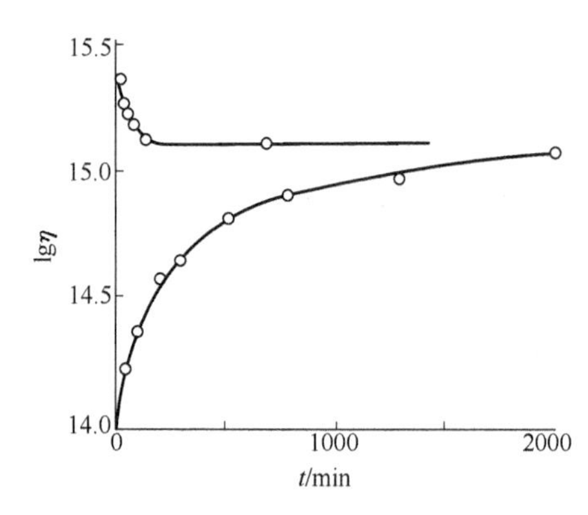

图 2-44 两个钠-钙-硅酸盐玻璃试件在 486.7℃的黏度-时间曲线

（上面的曲线为试件事先在 477.8℃下加热 64h 的情况；下面的曲线为新拉制的试件的试验结果；1P=0.1Pa・s）

需时间大大缩短。这种现象可以用自由体积理论解释。从高温先冷却到退火点，然后再加热，液体的体积减小，自由体积也减小，使黏度增大。而预先加热一定的时间，则使热膨胀加大，自由体积增加，黏度下降。

2.6.2.3 熔体的结构与组成

玻璃的黏度与熔体结构密切相关，而熔体结构又决定于玻璃的化学组成和温度，其结构主要由氧硅比决定。玻璃的黏度几乎总是随网络改变阳离子浓度的增加而下降。例如：在 1600℃，熔融石英的黏度因掺 2.5% K_2O（摩尔分数），黏度下降约四个数量级，原因是改性离子减弱了 Si—O 键。

（1）化学键的强度

在碱硅二元玻璃中，当氧硅（O/Si）比值很高，已接近岛状结构，其间很大程度上依靠 R—O 相连接，黏度按 $Li_2O \rightarrow Na_2O \rightarrow K_2O$ 顺序递减，当比值低时，顺序相反。

（2）离子的极化

阳离子的极化力大，对氧离子极化、变形大，减弱硅氧键的作用大，表现为黏度下降。一般非惰性气体型的氧离子极化力大于惰性气体型的氧离子。例如：二价铅取代电荷相同、大小相近的二价锶离子，玻璃的黏度下降。过渡金属取代镁，黏度下降。

（3）结构的对称性

结构不对称，有可能在结构中存在缺陷，黏度下降。例如：Si—O、B—O 键强相差不大，但石英玻璃的黏度比氧化硼玻璃的黏度大得多。磷酸盐玻璃中磷氧有单键和双键，即结构不对称性。

（4）配位数 N

氧化硼配位数对黏度的影响比较突出。开始加入的硼处于氧四面体，使结构网络聚集紧密，黏度提高，当含量增加到一定值时，硼处于三角体中，使结构疏松，黏度下降。

氧化物对玻璃黏度的影响为 SiO_2、Al_2O_3、ZrO_2 等提高黏度；碱金属氧化物降低黏度；碱土金属氧化物对黏度的作用较复杂。一方面类似于碱金属氧化物，能使大型的四面体群解聚，减小黏度，表现在高温。另一方面，其电价较高，离子半径不大，故键力较大，有可能夺取小型四面体群的氧离子，使黏度增大，表现在低温。PbO、CdO、Bi_2O_3、SnO 等降低黏度。Li_2O、ZnO、B_2O_3 等增加低温黏度，降低高温黏度。

习　题

1. 简要说明各向异性虎克定律的物理意义。
2. 弹性刚度系数与原子间相互作用势能曲线之间有什么关系？
3. 影响弹性模量的因素有哪些？
4. 某种 Al_2O_3 瓷晶相体积比为 95%（弹性模量为 $E=380$GPa），玻璃相为 5%（$E=84$GPa），两相泊松比相同，计算上限和下限弹性模量。如果该瓷含有 5%气孔（体积比），估计其上限和下限的弹性模量。
5. 画两个曲线图，分别示出应力弛豫与时间的关系和应变蠕变与时间的关系。并注出：$t=0$、$t=\infty$ 以及 $t=\tau_\varepsilon$ 或 $t=\tau_\sigma$ 时的纵坐标。
6. 产生晶面滑移的条件是什么？并简述其原因。
7. 什么是滑移系统？并举例说明。
8. 比较金属与非金属晶体滑移的难易程度。

9. 晶体塑性形变的机理是什么？

10. 试从晶体的势能曲线分析在外力作用下塑性形变的位错运动理论。

11. 玻璃是无序网络结构，不可能有滑移系统，呈脆性，但在高温时又能变形，为什么？

12. 为什么常温下大多数陶瓷材料不能产生塑性变形，而呈现脆性断裂？

13. 高温蠕变的机理有哪些？

14. 影响蠕变的因素有哪些？为什么？

15. 黏滞流动的模型有几种？

16. 影响黏度的因素有哪些？

17. 拉制玻璃棒和玻璃纤维是可能的，但用同样的方法来处理金属时，则拉制棒材过程中发生缩颈，形成纤维过程中要发生起球现象。(1) 说明为什么拉制玻璃棒不会产生缩颈现象；(2) 说明为什么能制成玻璃纤维，而不能制成金属纤维。

18. 给出 CaF_2 的晶体结构、解理面、主要滑移面、柏格斯矢量，占优势的晶格缺陷类型和1200℃时加入 YF_3、CaO、NaF 对塑性流动的影响，并讨论每种情况的机理。

19. 假定硬度特性和塑性及键强度有关，你预期 SiC 的六边形变体比立方变体硬还是软？为什么？

20. 在1750℃测试了氧化铝的稳定态蠕变速率。发现多晶材料以 3×10^{6} m/(m·s) 的速率蠕变，而单晶的蠕变速率为 8×10^{-10} m/(m·s)。为什么有此差别？

第3章　无机材料的脆性断裂与强度

在第2章中我们介绍了材料的塑性形变，讨论了常温下大多数无机材料在外力作用下没有或很少塑性形变，这就是说呈现出脆性，因此，破坏时往往是脆性断裂，而且抗冲击的性能也很差。对于脆性断裂还没有一个严格的、普遍的定义，有人认为脆性断裂就是材料在受力后，将在低于其本身结合强度的情况下作应力再分配，当外加应力的速率超过应力再分配的速率时，就发生断裂。这种断裂没有先兆，是突然发生的，而且是灾难性的。

当然，材料呈现出脆性或延性并不是绝对的，而是和材料的成分、结构、受力条件和环境等因素有关。

材料的强度是抵抗外加负荷的能力。强度是材料极为重要的力学性能，有十分重要的实际意义，是设计和使用材料的一项重要指标。根据使用中受力的情况，要求材料具有抵抗拉、压、弯、扭、循环荷载等不同的强度指标。因此材料的强度问题一直受到人们的重视，并从两个不同的角度对材料的强度进行了大量的研究。

以应用力学为基础，从宏观现象研究材料应力-应变状况，进行力学分析，总结出经验规律，作为设计、使用材料的依据，这是力学工作者的任务。

从材料的微观结构来研究材料的力学性状，也就是研究材料宏观力学性能的微观机理，从而找出改善材料性能的途径，为工程设计提供理论依据。这是材料科学的研究范围。上述两方面的研究是密切相关的。材料科学比起应用力学来说要年轻得多，但随着科学技术的进步，对材料要求愈来愈高，使用条件也愈来愈苛刻，迫切需要具有特殊性能的新材料及改善现有材料的性能，因此近二三十年来材料科学的发展很快，取得了很大进展，提出了各种理论，已经可以看出解决材料强度理论的苗头。主要是从微观上抓住位错缺陷，阐明塑性形变的微观机理，发展了位错理论，从宏观上抓住微裂纹缺陷（这是材料脆性断裂的主要根源），发展出一门新的学科——断裂力学。这两种缺陷在材料强度理论中扮演着主要角色。但材料的强度理论尚在发展中，许多问题尚不清楚。看法也不完全一致，有待今后进一步研究。第3章介绍关于无机材料的脆性断裂及强度的一些主要内容。

3.1　理论断裂强度

由于一般材料的抗压强度远大于抗张强度。对于陶瓷来说，抗压强度约为抗张强度的10倍，所以强度的研究大都集中在抗张强度上，也就是研究其最薄弱的环节。

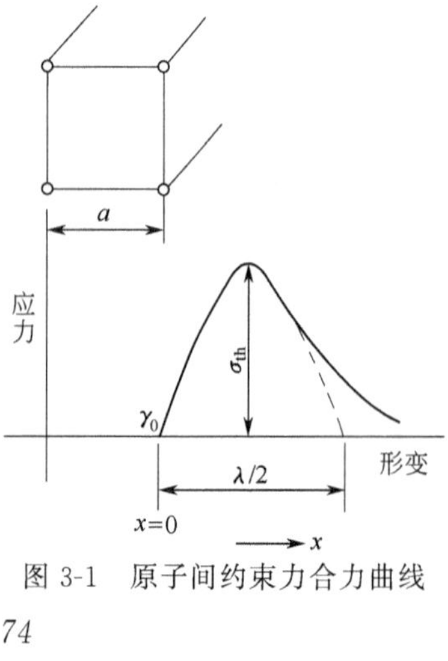

要求的理论强度，当然应从原子间的结合力入手，只有克服了原子间的结合力，材料才能断裂。如果知道原子间结合力的细节，即知道应力-应变曲线的精确形式，就可算出理论断裂强度。这在原则上是可行的，就是说固体的强度都可以从化学组成、晶体结构与强度之间的关系来计算。但不同的材料有不同的组成、不同的结构及不同的键合方式，因此这种理论计算是十分复杂的，而且对各种材料都不一样。

图3-1　原子间约束力合力曲线

为了能简单、粗略地估计各种情况都适用的理论强度，奥罗万（Orowan）提出了一种办法，他以正弦曲线这种简单形式来近似原子间约束力随距离变化的曲线图（见图3-1），得出：

$$\sigma=\sigma_{th}\sin\frac{2\pi x}{\lambda} \tag{3-1}$$

式中，σ_{th} 为理论断裂强度；λ 为正弦曲线的波长。

将材料拉断时就产生两个新表面，使单位面积的原子平面分开所做的功等于产生两个单位面积的新表面所需的表面能时，材料才能断裂。设分开单位面积原子平面所做的功为 U，则：

$$U=\int_0^{\frac{\lambda}{2}}\sigma_{th}\sin\frac{2\pi x}{\lambda}dx=\frac{\lambda}{2}\cdot\frac{\sigma_{th}}{\pi}\left[-\cos\frac{2\pi x}{\lambda}\right]_0^{\frac{\lambda}{2}}=\frac{\lambda\sigma_{th}}{\pi} \tag{3-2}$$

设材料形成新表面的表面能为 γ（这里是断裂表面能，不是自由表面能），则 $U=2\gamma$，即：

$$\frac{\lambda\sigma_{th}}{\pi}=2\gamma$$

$$\sigma_{th}=\frac{2\pi\gamma}{\lambda} \tag{3-3}$$

接近平衡距离的区域，曲线可以用直线代替，服从虎克定律：

$$\sigma=E\varepsilon=\frac{x}{a}E \tag{3-4}$$

且当 x 很小时

$$\sin\frac{2\pi x}{\lambda}\approx\frac{2\pi x}{\lambda} \tag{3-5}$$

将式（3-3）、式（3-4）、式（3-5）代入式（3-1），得：

$$\sigma_{th}=\sqrt{\frac{E\gamma}{a}} \tag{3-6}$$

式中，a 为晶格常数，可见理论断裂强度只与弹性模量、表面能、晶格间距等材料常数有关。式（3-6）虽是粗略的估计，但对所有固体均能应用而不问原子间具体结合力详情如何。通常 γ 约为$\frac{aE}{100}$，这样式（3-6）可写成：

$$\sigma_{th}=\frac{E}{10} \tag{3-7}$$

更精确的计算说明式（3-6）的估计稍偏高。

一般材料常数的典型数值为：$E=300$GPa，$\gamma=1\text{J/m}^2$，$a=3\times10^{-10}$m，则根据式（3-6）算出：$\sigma_{th}=30$GPa。

要得到高强度的固体，就要求 E、γ 大、而 a 小。实际材料中只有一些极细的纤维和晶须接近理论强度值，例如石英玻璃纤维强度可达 24.1GPa，约为 $E/4$，碳化硅晶须强度为 6.47GPa，约为 $E/23$；氧化铝晶须强度为 15.2GPa，约为 $E/33$。但尺寸较大的材料的实际强度比理论值低得多，约为 $E/100$ 到 $E/1000$ 范围，而且实际材料强度总在一定范围内波动，即使是同样材料在同样条件下制成的试件，强度值也有波动。试件尺寸大，强度就偏低。

1920 年，格里菲斯（Griffith）为了解释玻璃的理论强度与实际强度的差异，提出了一个微裂纹理论，后来经过许多发展和补充，逐渐成为脆性断裂的主要理论基础。

3.2 格里菲斯微裂纹理论

格里菲斯认为实际材料中总存在许多细小的裂纹或缺陷，在外力作用下，这些裂纹和缺陷附近就产生应力集中现象，当应力达到一定程度时，裂纹就开始扩展而导致断裂。所以断裂并不是晶体两部分同时沿整个横截面被拉断，而是裂纹扩展的结果。

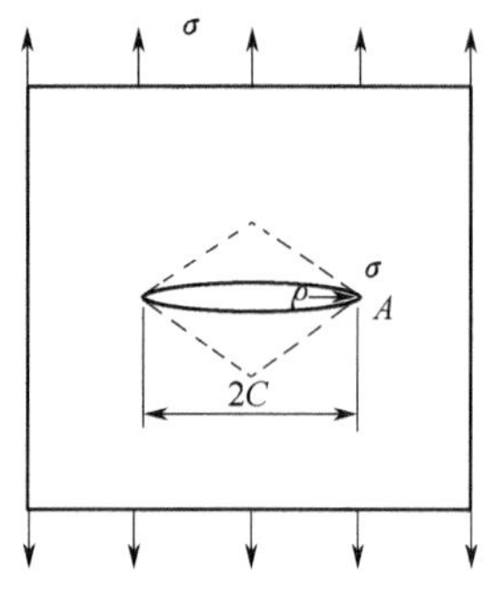

图 3-2　有孔薄板的应力

英格里斯（Inglis）曾研究了具有孔洞的板的应力集中问题，他研究的一个重要结果是：孔洞端部的应力几乎只取决于孔洞的长度和端部的曲率半径而不管孔洞的形状如何。见图 3-2，在一大而薄的平板上，有一穿透孔洞，不管孔洞是椭圆还是菱形（虚线），只要孔洞的长度（$2C$）和端部曲率半径 ρ 相同，则 A 点的应力差别不大。英格里斯根据弹性理论求得 A 点的应力 σ_A 为：

$$\sigma_A=\sigma\left(1+2\sqrt{\frac{C}{\rho}}\right) \tag{3-8}$$

式中，σ 为外加应力。如果 $C\gg\rho$，即为扁平的锐裂纹，则 C/ρ 很大，这时可略去式中括号内的 1，得：

$$\sigma_A=2\sigma\sqrt{\frac{C}{\rho}} \tag{3-9}$$

奥罗万注意到 ρ 是很小的，可近似认为与原子间距 a 同数量级，见图 3-3，这样可将式（3-9）写成：

$$\sigma_A=2\sigma\sqrt{\frac{C}{a}} \tag{3-10}$$

当 σ_A 等于式（3-6）中的理论强度 σ_{th} 时，裂纹就被拉开而迅速扩展，裂纹扩展，C 就增大，C 增大，σ_A 又进一步增加，如此恶性循环，材料很快就断裂。裂纹扩展的临界条件就是：

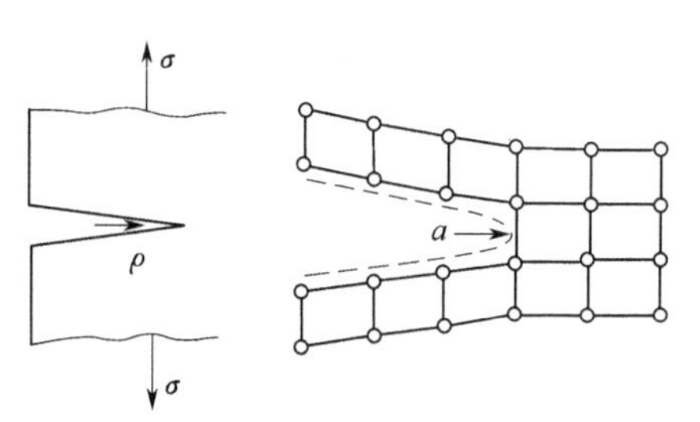

图 3-3　微裂纹端部的曲率对应于原子间距

$$2\sigma\sqrt{\frac{C}{a}}=\sqrt{\frac{E\gamma}{a}} \tag{3-11}$$

临界情况 $\sigma=\sigma_C$ 故

$$\sigma_C=\sqrt{\frac{E\gamma}{4C}} \tag{3-12}$$

英格里斯只考虑了端部一点的应力，实际上裂纹端部的应力状态是很复杂的。格里菲斯从能量的观点来研究裂纹扩展的临界条件。这一条件如下。

物体内储存的弹性应变能的降低大于或等于形成两个新表面所需的表面能。在求理论强度时曾将此概念用于理想的完整晶体，而格里菲斯将此概念用于有缺陷的裂纹体。他认为物体内储存的弹性应变能的降低（或释放）就是裂纹扩展的动力。我们用图 3-4 来说明这一概念并导出这一临界条件。将一单位厚度的薄板拉长到 $l+\Delta l$，然后将两端固定，此时板中储存的弹性应变能 $W_{e_1}=\frac{1}{2}F\Delta l$；人为地在板上割出一条长度为 $2C$ 的裂纹，产生两个新表面，原来储存的弹性应变能就要降低，有裂纹后板内储存的应变能为 $W_{e_2}=\frac{1}{2}(F-\Delta F)\Delta l$，应变能降低为 $W_e=W_{e_1}-W_{e_2}=\frac{1}{2}\Delta F\Delta l$；欲使裂纹进一步扩展，应变能将进一步降低，降低的数量应等于形成新表面所需的表面能。

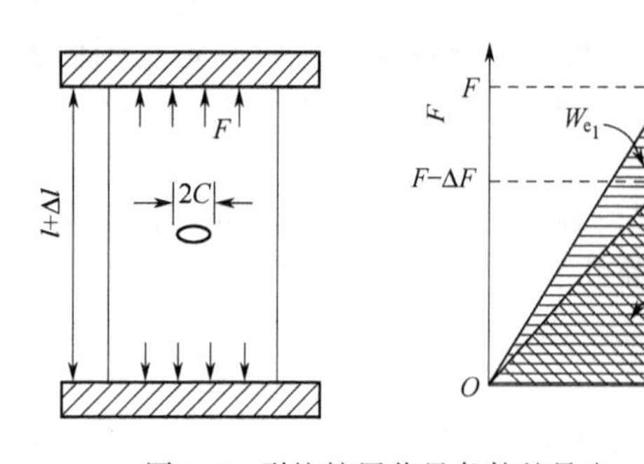

图 3-4　裂纹扩展临界条件的导出

由弹性理论可以算出，当人为割开长 $2C$ 的裂纹时，平面应力状态下应变能的降低为：

$$W_e = \frac{\pi C^2 \sigma^2}{E} \tag{3-13}$$

式中，C 为裂纹半长；σ 为外加应力；E 为弹性模量。如为厚板，则属平面应变状态，此时

$$W_e = (1-\mu^2)\frac{\pi C^2 \sigma^2}{E} \tag{3-14}$$

式中，μ 为泊松比。

产生长度为 $2C$，厚度为 l 的两个新表面，所需的表面能为

$$W_s = 4G\gamma \tag{3-15}$$

式中，γ 为断裂表面能。

裂纹进一步扩展单位面积所释放的能量为$\frac{dW_e}{dC}$，而形成新的单位表面积所需的表面能为$\frac{dW_s}{dC}$。因此，当$\frac{dW_e}{dC} < \frac{dW_s}{dC}$时，为稳定状态，裂纹不会扩展；$\frac{dW_e}{dC} > \frac{dW_s}{dC}$时，裂纹失稳，迅速扩展；当$\frac{dW_e}{dC} = \frac{dW_s}{dC}$时，为临界状态。

而

$$\frac{dW_e}{dC} = \frac{d}{dC}\left(\frac{\pi C^2 \sigma^2}{E}\right) = \frac{2\pi \sigma^2 C}{E} \tag{3-16}$$

$$\frac{dW_s}{dC} = \frac{d}{dC}(4C\gamma) = 4\gamma \tag{3-17}$$

临界条件就是：

$$\frac{2\pi C \sigma_C^2}{E} = 4\gamma \tag{3-18}$$

临界应力

$$\sigma_C = \sqrt{\frac{2E\gamma}{\pi C}} \tag{3-19}$$

如果是平面应变状态，则

$$\sigma_C = \sqrt{\frac{2E\gamma}{(1-\mu^2)\pi C}} \tag{3-20}$$

这就是格里菲斯从能量观点分析而得出的结果，比较式（3-11）和式（3-19），可见基本一致，只是系数稍有差别，而且和式（3-6）理论强度的公式很类似。式（3-6）中 a 为原子间距，而式（3-19）中 C 为裂纹半长。可见如果我们能控制裂纹长度和原子间距同数量级，就可使材料达到理论强度。当然，这在实际上很难做到，但已给我们指出了制备高强材料的方向，即是 E、γ 应大，而裂纹尺寸应小。应注意式（3-19）和式（3-20）是从平板模型推导出来的，物体几何条件变化，对结果将有影响。

格里菲斯用刚拉制的玻璃棒做试验，弯曲强度为 6GPa，在空气中放置几小时后强度下降为 0.4GPa，发现强度下降的原因是由于大气腐蚀而形成表面裂纹。还有人用温水溶去氯化钠晶体表面的缺陷，强度即由 5MPa 提高到 1.6GPa，可见表面缺陷对断裂强度影响甚大。还有人把石英玻璃纤维分成几段不同长度测其强度，发现当长度为 12cm 时，强度为 275MPa，长度为 0.6cm 时，强度可达 760MPa，这是由于试件长含有危险裂纹的机会就多，其他形状试件也有类似规律，大试件强度偏低，这就是所谓尺寸效应。弯曲试件的强度比拉伸试件强度高也是由于弯曲试件的横截面上只有一小部分受到最大拉应力。从以上实验可知，格里菲斯微裂纹理论能说明脆性断裂的本质——微裂纹扩展，且与实验相符，并能解释

强度的尺寸效应。这一理论对玻璃等脆性材料取得很大成功，但对金属与非晶态聚合物，实验得出 σ_C 值比按式（3-19）算出的大得多。奥罗万指出延性材料受力时产生大的塑性形变，要消耗大量能量，因此 σ_C 就提高，他认为可以在格里菲斯方程中引入扩展单位面积裂纹所需的塑性功 γ_C 来描述延性材料的断裂，即：

$$\sigma_C=\sqrt{\frac{2E(\gamma+\gamma_p)}{\pi C}} \tag{3-21}$$

通常 $\gamma_p \gg \gamma$。例如高强度金属 $\gamma_p \approx 10^3\gamma$，普通强度钢 $\gamma_p=(10^4\sim10^6)\gamma$。因此，对具有延性的材料，$\gamma_p$ 控制着断裂过程。典型陶瓷材料 $E=300\text{GPa}$，$\gamma=1\text{J/m}^2$，如有长度 $C=1\mu\text{m}$ 的裂纹，则按式（3-19），$\sigma_C=0.4\text{GPa}$。对高强度钢，假定 E 值相同，而 $\gamma_p=10\gamma=10\text{J/m}^2$，则当 $\sigma_C=0.4\text{GPa}$ 时，临界裂纹长度可达 1.25mm。比陶瓷材料的允许裂纹尺寸大了三个数量级。由此可见，陶瓷材料存在微观尺寸的裂纹就会导致在低于理论强度 σ_{th} 的低应力下断裂，而金属材料则要有宏观尺寸的裂纹才能导致在低应力下断裂，因此，塑性是阻止裂纹扩展的一个重要因素。

实验结果表明断裂表面能 γ 比自由表面能大，这是因为储存的弹性应变能除消耗于形成新表面外，还有一部分要消耗于塑性形变、声能、热能等。表 3-1 为一些单晶材料的断裂表面能。对于多晶陶瓷，由于裂纹路径不规则，阻力较大，测得的断裂表面能比单晶大。

表 3-1 一些单晶的断裂表面能

晶　体	断裂表面能/(J/m²)	晶　体	断裂表面能/(J/m²)
云母，真空，298K	4.5	NaCl，N_2(液)，77K	0.3
LiF，N_2(液)，77K	0.4	蓝宝石($10\bar{1}1$)面，298K	6
MgO，N_2(液)，77K	1.5	蓝宝石($10\bar{1}0$)面，298K	7.3
CaF_2，N_2(液)，77K	0.5	蓝宝石($11\bar{2}3$)面，77K	32
BaF_2，N_2(液)，77K	0.3	蓝宝石($10\bar{1}1$)面，77K	24
$CaCO_3$，N_2(液)，77K	0.3	蓝宝石($22\bar{4}3$)面，77K	16
Si，N_2(液)，77K	1.8	蓝宝石($11\bar{2}3$)面，293K	24

3.3 应力强度因子和平面应变断裂韧性

格里菲斯理论提出后，一直被认为只适用于像玻璃、陶瓷这类脆性材料，对其在金属材料中的应用没有受到重视。从 20 世纪 40 年代起，金属材料制成的结构接连发生了一系列重大的脆性断裂事故。例如 1940～1945 年第二次世界大战期间，美国近 5000 艘全焊接“自由轮”（标准船）发生了 1000 多次脆性破坏事故，其中 238 艘完全破坏，1950 年美国北极星导弹固体燃料发动机壳体在试验发射时发生爆炸，1952 年 ESSO 公司原油罐因脆性断裂而倒塌。从大量事故分析中发现，结构件中常不可避免地存在着宏观裂纹这一客观事实。结构件在低应力下脆性破坏正是裂纹扩展的结果。传统的方法对断裂问题缺乏基本分析，不能定量地处理问题并直接用于设计。在这样的背景下，近二十年来迅速发展了一门新的力学分支——断裂力学。它是研究裂纹体的强度和裂纹扩展规律的科学，也可称为裂纹力学，它说明断裂是裂纹这种宏观缺陷扩展的结果，阐明了宏观裂纹降低断裂强度的作用。突出了缺陷对现实材料的性能的重要影响。这里我们主要介绍一些和材料工作者有关的基本概念。

3.3.1 裂纹扩展方式

裂纹有三种扩展方式或类型，见图 3-5，分别称为张开型（Ⅰ型）、滑开型（Ⅱ型）及撕开型（Ⅲ型）。其中张开型扩展是低应力断裂的主要原因，也是十多年来实验和理论研究的主要对象，这里也主要介绍这种扩展类型。

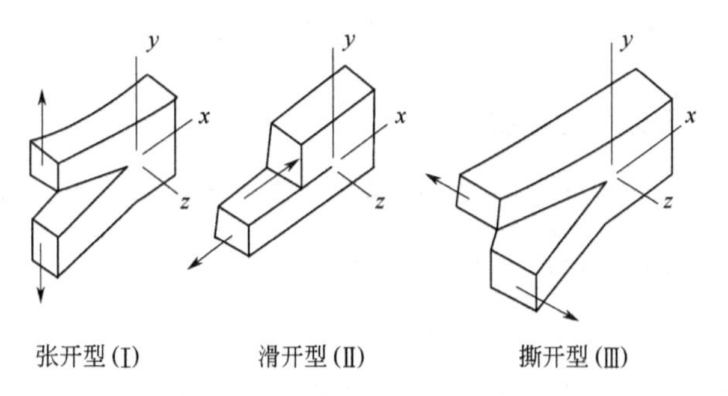

图 3-5　裂纹扩展的三种类型

首先我们看一下实验结果：用不同裂纹尺寸的试件做拉伸实验，测出断裂应力 σ_C。发现断裂应力与裂纹长度有如图 3-6 所示的关系，可表示为：

$$\sigma_C = KC^{-\frac{1}{2}} \tag{3-22}$$

式中，K 为与材料、试件尺寸、形状、受力状态等有关的系数。该式说明，当作用力 $\sigma=\sigma_C=\dfrac{K}{\sqrt{C}}$ 或 $K=\sigma_C\sqrt{C}$ 时断裂就发生。这是由实验总结出的规律。

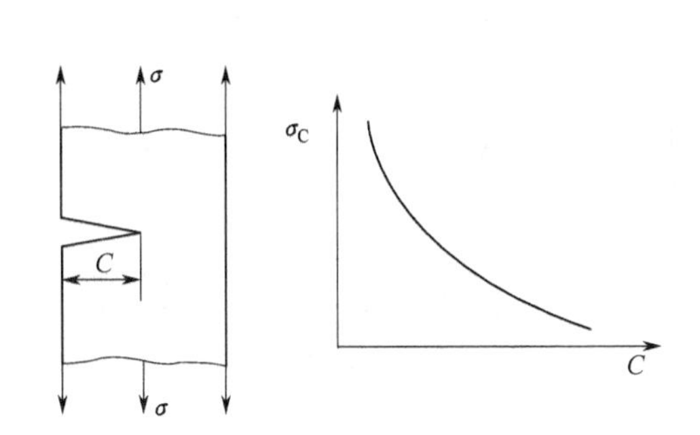

图 3-6　裂纹长度与断面应力的关系

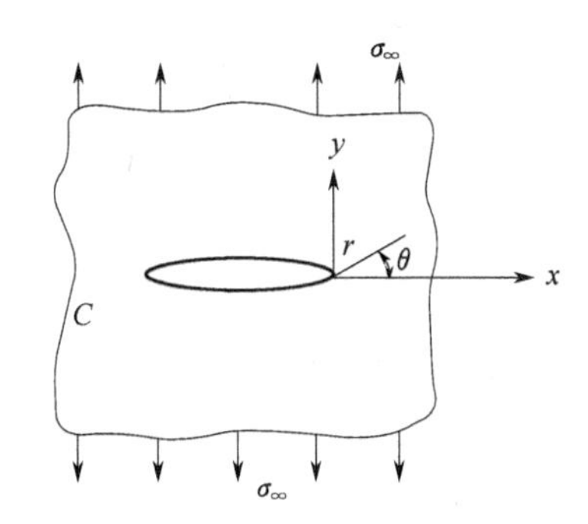

图 3-7　裂纹端部的应力场分析

3.3.2　裂纹尖端应力场分析

1957 年欧文（Irwin）应用弹性力学的应力场理论对裂纹端部的应力场作了较深入的分析，对于Ⅰ型裂纹（图 3-7），得到如下结果

$$\left.\begin{aligned}
\sigma_{xx} &= \frac{K_{\mathrm{I}}}{\sqrt{2\pi r}}\cos\frac{\theta}{2}\left(1-\sin\frac{\theta}{2}\sin\frac{3\theta}{2}\right)\\
\sigma_{yy} &= \frac{K_{\mathrm{I}}}{\sqrt{2\pi r}}\cos\frac{\theta}{2}\left(1+\sin\frac{\theta}{2}\sin\frac{3\theta}{2}\right)\\
\tau_{xy} &= \frac{K_{\mathrm{I}}}{\sqrt{2\pi r}}\cos\frac{\theta}{2}\sin\frac{\theta}{2}\cos\frac{3\theta}{2}
\end{aligned}\right\} \tag{3-23}$$

式中，K_{I} 为与外加应力 σ、裂纹长度 C、裂纹种类和受力状态有关的系数，称为应力强度因子，其下标系Ⅰ型扩展类型，单位 $\mathrm{MPa\cdot m^{1/2}}$。式（3-23）也可写成：

$$\sigma_{ij} = \frac{K_{\mathrm{I}}}{\sqrt{2\pi r}} f_{ij}(\theta) \tag{3-24}$$

式中，r 为半径矢量；θ 为角坐标。

当 $r \ll C$、$\theta \to 0$ 时，即为裂纹尖端处一点，此时：

$$\sigma_{xx} = \sigma_{yy} = \frac{K_{\mathrm{I}}}{\sqrt{2\pi r}} \tag{3-25}$$

从上面分析可知，裂纹端部附近一点的应力分量都和 K_{I} 这一因子有关。裂纹扩展的主动力是 σ_{yy}。

3.3.3 应力场强度因子及几何形状因子

由于 $\sigma_{ij}=f(\sigma、C、r、\theta)$，而 $\frac{1}{\sqrt{2\pi r}}f_{ij}(\theta)$ 是和位置有关的项，所以 K_{I} 是 σ 和 C 的函数，此函数关系已由上述实验规律得出，即：

$$K_{\mathrm{I}}=Y\sigma\sqrt{C} \tag{3-26}$$

式中，K_{I} 是反映裂纹尖端应力场强度的一个量。Y 为几何形状因子，和裂纹型式、试件几何形状有关。求 K_{I} 的关键在求 Y。求出不同条件下的 Y 即为断裂力学的内容，也可通过大量实验得到 Y。各种情况下的 Y 可从手册上查到，图 3-8 列举出几种情况下的 Y 值。例如，图 3-8（c）中三点弯曲试样，当 $S/W=4$ 时，几何形状因子为

$$Y=[1.93-3.07(C/W)+14.5(C/W)^2-25.07(C/W)^3+25.8(C/W)^4]$$

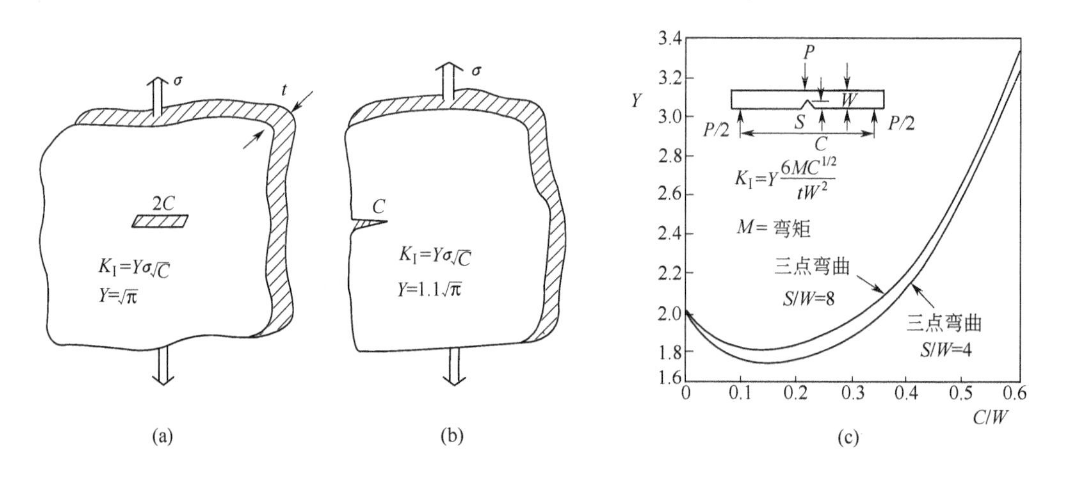

图 3-8 几种情况下的 Y 值

（a）大而薄的板，中心穿透裂纹；（b）大而薄的板，边缘穿透裂纹；（c）三点弯曲试件

3.3.4 临界应力场强度因子及断裂韧性

按照经典强度理论，在设计构件时，断裂准则是 $\sigma\leqslant[\sigma]$，即使用应力应小于或等于许用应力，而许用应力 $[\sigma]=\frac{\sigma_{\mathrm{f}}}{n}$ 或 $\frac{\sigma_{\mathrm{ys}}}{n}$，$\sigma_{\mathrm{f}}$ 为断裂应力，σ_{ys} 为屈服强度，n 为安全系数。σ_{f} 与 σ_{ys} 都是材料常数。上面已经谈到这种设计方法和选材准则没有抓住断裂的本质，不能防止低应力下的脆性断裂。按断裂力学的观点，必须打破传统观点，提出新的设计思想和选材准则，应该用一个新的表征材料特征的临界值来作判据，此临界值叫做平面应变断裂韧性 K_{IC}，它也是一个材料常数。这一判据就是：

$$K_{\mathrm{I}}\leqslant K_{\mathrm{IC}}=Y\sigma_{\mathrm{C}}\sqrt{C} \tag{3-27}$$

就是说应力强度因子应小于或等于材料的平面应变断裂韧性，所设计的构件是安全的。

下面举一具体例子来说明两种设计选材方法的差异。有一构件，实际使用应力为 1.30GPa，有两种钢待选：

甲钢　　$\sigma_{\mathrm{ys}}=1.95\mathrm{GPa}$，$K_{\mathrm{IC}}=45\mathrm{MPa}\cdot\mathrm{m}^{1/2}$

乙钢　　$\sigma_{\mathrm{ys}}=1.56\mathrm{GPa}$，$K_{\mathrm{IC}}=75\mathrm{MPa}\cdot\mathrm{m}^{1/2}$

根据传统设计，σ 使用应力×安全系数≤屈服强度。

甲钢　　　　　　　　　　安全系数 $n=\frac{\sigma_{ys}}{\sigma}=\frac{1.95}{1.30}=1.5$

乙钢　　　　　　　　　　安全系数 $n=\frac{1.56}{1.30}=1.2$

可见选择甲钢比选乙钢安全。

但根据断裂力学观点，构件的脆性断裂是裂纹扩展的结果，应该计算 K_{I}是否超过 K_{IC}，根据计算 $Y=1.5$，设最大裂纹尺寸为 1mm，则由 $\sigma_C=\frac{K_{\text{IC}}}{Y\sqrt{C}}$可算出$\sigma_C$；

甲钢　　　　　　　　　　$\sigma_C=\frac{45\times10^6}{1.5\sqrt{0.001}}=1.0\text{GPa}$

乙钢　　　　　　　　　　$\sigma_C=\frac{75\times10^6}{1.5\sqrt{0.001}}=1.67\text{GPa}$

对甲钢，$\sigma_C<1.30\text{GPa}$，因此是不安全的，会导致低应力脆性断裂；而乙钢的 $\sigma_C>1.30\text{GPa}$，因而是安全可靠的。可见两种设计方法得出截然相反的结果。按断裂力学观点来设计，既安全可靠，又能充分发挥材料的强度，合理使用材料。而按传统观点，一味片面追求高强度（实验证明 σ_{ys} 与 K_{IC} 成反比），其结果不但不安全，而且还埋没了乙钢这种非常合用的材料。

从上面分析可以看到 K_{IC} 这一材料常数的重要性，有必要进一步研究其物理意义。

3.3.5　裂纹扩展的动力与阻力

欧文将裂纹扩展单位面积所降低的应变能定义为应变能释放率或叫裂纹扩展力，对于有内裂（长 $2C$）的薄板，上节已推出公式（3-16），则

$$G\equiv\frac{\mathrm{d}W_e}{\mathrm{d}(2C)}=\frac{\pi C\sigma^2}{E} \tag{3-28}$$

为使裂纹扩展的能力。如为临界状态，则加脚标 C 表示，即

$$G_C=\frac{\pi C\sigma_C^2}{E} \tag{3-29}$$

根据计算，G_C 和 K_{IC} 之间有下面简单关系：

$$G_C=\frac{K_{\text{IC}}^2}{E}\ \text{（平面应力状态）} \tag{3-30}$$

$$G_C=\frac{(1-\mu^2)K_{\text{IC}}^2}{E}\ \text{（平面应变状态）} \tag{3-31}$$

对于脆性材料，$G_C=2\gamma$，由此得：

$$K_{\text{IC}}=\sqrt{2E\gamma}\ \text{（平面应力状态）} \tag{3-32}$$

$$K_{\text{IC}}=\sqrt{\frac{2E\gamma}{1-\mu^2}}\ \text{（平面应变状态）} \tag{3-33}$$

可见 K_{IC} 并不是什么神秘的东西，就是我们熟知的由 E、γ、μ 所决定的物理量［主要是 E 和 γ，因为一般材料的 μ 在 0.2～0.3 之间，对式（3-33）的影响不大］。K_{IC} 反映具有裂纹的材料对外界作用的一种抵抗能力，也可以说是阻止裂纹扩展的能力，是材料固有的性质。在传统材料强度研究中，材料的塑性指标（如形变 δ）和材料强度（σ_f，σ_{ys}）是分不开的，其最大缺陷是塑性指标反映不到断裂计算中去，而 K_{IC}就不同，它既反映材料的强度也反映塑性（G 或$\gamma+\gamma_p$），第一次使塑性性能进入断裂计算，它是反映材料强度与塑性的综合指标。E、μ 是非结构敏感的，而 γ 与材料微观结构有很大关系，所以 K_{IC} 也是结构敏感的。

3.4 断裂韧性常规测试方法

随着断裂力学的发展，对金属材料平面应变断裂韧性 K_{IC} 的测试已经积累了丰富的经验。显然，这些丰富的经验一定能用来研究适合于陶瓷材料的测试方法。当然，把适用于金属材料断裂韧性的实验技术原封不动地套用于陶瓷材料是行不通的，因为陶瓷材料的同类测试存在一些独特的问题，这些问题主要如下。

① 由于陶瓷材料塑性有限，大多数陶瓷材料的 K_{IC}/σ_{ys} 是一个很小的量，所以测定断裂韧性 K_{IC} 所需要的断裂力学试样满足平面应变厚度限制条件几乎不存在什么困难。也就是说，测定陶瓷材料平面应变断裂韧性的试样可以比金属试样小得多。当然，陶瓷试样也应该具有一个合适大小的截面，以便能充分反映出材料显微结构对材料性能的影响规律。

② 陶瓷材料有限的塑性另一方面也使得断裂力学测试结果具有较为理想的特性，即裂纹在扩展之前几乎不会偏离线性关系，也没有突然的变化，一般可以用断裂的最大荷载代替开裂点的荷载来进行断裂韧性计算，这就可以免去在金属材料测试中常用的在裂纹根部测量张开位移的程序。

③ 陶瓷材料的许多应用，尤其是在结构部件上的应用，都是在高温下进行的。因此，一种较为理想的断裂韧性测试技术应该在从室温到 1000℃（甚至 1400℃）这一宽阔的温度区域内均能有效得以应用。

④ 由于陶瓷材料中固有裂纹的尺寸较小，通常只有几十微米左右，加之其分布又是随机的，因此，即使采用无损检测技术也难以准确确定材料内部最危险裂纹的位置及其尺寸，至于在测试过程中直接测量最危险裂纹的尺寸几乎就不可能。因此，通常需要在断裂力学试样表面预制出一条人工裂纹以模拟材料的固有裂纹。

在过去的几十年中，已经出现了一些用于陶瓷材料断裂韧性测试的技术，这些测试技术中所采用的试样形状及受力方式各不相同，在实际应用中也各有其优缺点。下面我们仅就其中较有代表性的几种测试技术进行讨论。

3.4.1 单边切口梁技术

单边切口梁又称为直通切口梁，文献中通常简记为 SENB。SENB 试样的几何形状如图 3-9 所示。弯曲试样为一具有矩形截面的长柱状；试样受拉面中部垂直于长度方向的人工裂纹通常采用机加工方法引进。由于在这一构型中存在着从拉伸到压缩的应力梯度以及边缘效应，因而相应的应力场强度没有精确的理论解，一般情况下只能通过数值方法获得其近似解。对于陶瓷材料断裂力学研究中常用的三点弯曲 SENB 试样，在试样高宽比 $W/B=2$、高跨比 $W/L=1/4$ 的条件下，由边界配位法得到的 K_I 近似表达式为

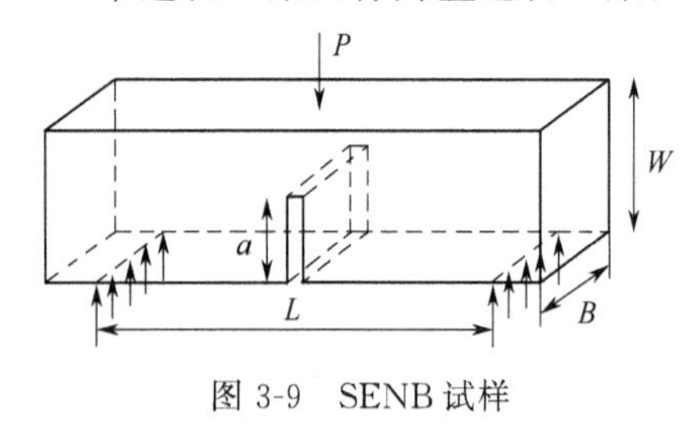

图 3-9 SENB 试样

$$K_I=\frac{PL}{BW^{3/2}}f\left(\frac{a}{W}\right) \tag{3-34}$$

式中，P 为试样所承受的外加荷载；L 为三点弯曲跨距；$f(a/W)$ 为试样的几何形状因子，由下式给出：

$$f\left(\frac{a}{W}\right)=2.9\left(\frac{a}{W}\right)^{\frac{1}{2}}-4.6\left(\frac{a}{W}\right)^{\frac{3}{2}}+21.8\left(\frac{a}{W}\right)^{\frac{5}{2}}-37.6\left(\frac{a}{W}\right)^{\frac{7}{2}}+38.7\left(\frac{a}{W}\right)^{\frac{9}{2}} \tag{3-35}$$

表 3-2 列出了 $a/W=0.4\sim0.5$ 的 $f(a/W)$ 值供使用时参考。

表 3-2　三点弯曲单边切口梁的 $f\left(\frac{a}{W}\right)$ 值 $\left(W/B=2, W/L=\frac{1}{4}\right)$

a/W	$f\left(\frac{a}{W}\right)$	a/W	$f\left(\frac{a}{W}\right)$	a/W	$f\left(\frac{a}{W}\right)$
0.400	1.981	0.435	2.186	0.470	2.426
0.405	2.009	0.440	2.218	0.475	2.463
0.410	2.037	0.445	2.251	0.480	2.502
0.415	2.065	0.450	2.284	0.485	2.541
0.420	2.095	0.455	2.318	0.490	2.581
0.425	2.124	0.460	2.353	0.495	2.623
0.430	2.155	0.465	2.389	0.500	2.665

单边切口弯曲梁法是金属材料断裂韧性测试的一种常用的标准方法，20 世纪 70 年代初移植到陶瓷材料领域。由于尚未形成统一的测试标准，因此对测定陶瓷材料断裂韧性所用的单边切口梁试样的尺寸没有明确规定，只是为了满足平面应变条件和裂纹尖端小范围屈服条件，对试样高度 W、试样宽度 B 以及切口深度 a 的取值范围一般有如下限制条件：

$$\begin{cases} B \geqslant 2.5\left(\dfrac{K_{\mathrm{IC}}}{\sigma_{\mathrm{ys}}}\right)^2 \\ a \geqslant 2.5\left(\dfrac{K_{\mathrm{IC}}}{\sigma_{\mathrm{ys}}}\right)^2 \\ W-a \geqslant 2.5\left(\dfrac{K_{\mathrm{IC}}}{\sigma_{\mathrm{ys}}}\right)^2 \end{cases} \tag{3-36}$$

当然，对于陶瓷材料而言，满足这一限制条件是很容易的。

采用单边切口梁法测定陶瓷材料的平面应变断裂韧性的一般步骤如下。

① 从待测制品上直接截取或按与待测制品相同的工艺制作出如图 3-10 所示的试样，并加工到所要求的尺寸。对试样进行机加工时应注意：与横截面垂直的试样两相对侧面之间的不平行度应小于 0.02mm，横截面两相邻边棱之间夹角应为 $(90\pm0.5)°$，试样表面粗糙度按国家标准 GB 1031—83 的规定应不大于 $3.20\mu m$。

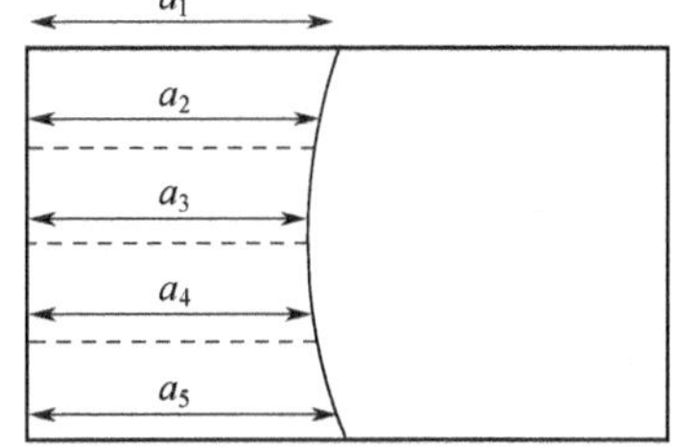

图 3-10　SENB 试样裂纹尺寸的测量

② 在试样受拉面跨中位置切出一切口，切口深度 a 约为 $(0.4\sim0.5)W$；切口宽度最好不要大于 0.25mm。为保证裂纹的开裂面与试样横截面平行，切口所在平面与试样横截面之间的夹角最好限制在 $(90\pm0.5)°$以内。

③ 采用三点弯曲或四点弯曲方式对试样加载直至断裂，并记录试样断裂时所对应的最大外加荷载值。加载时应注意保证上压头加载位置严格位于切口所在平面（对于三点弯曲加载方式）或试样的恒弯矩区内（对于四点弯曲加载方式）。由于加载速率的大小将直接影响试样的断裂荷载，为保证实验结果的可比性，习惯上采用的加载速率为 0.05mm/min。

④ 将试样断裂荷载值连同试样各部分尺寸测试结果一并代入相应的 K_{I} 表达式 (3-34)，即可计算出材料的平面应变断裂韧性值。

这里需要说明的是，试样各部分尺寸的测量最好在试样断裂之后进行，其中切口深度 a 的测量只能在试样断裂之后进行。由于切口的加工一般是采用机加工方法，加工时使用内圆形或外圆形金刚石锯片。从试样断口上看，切口的前缘通常表现为一段圆弧，而不是直线。因此，在实际确定切口深度 a 时要求按如图 3-10 所示测量五个等分点的数据，以其算术平均值作为切口深度，即：

$$a=(a_1+a_2+a_3+a_4+a_5)/5 \tag{3-37}$$

3.4.2 山形切口技术

所谓山形切口，指的是一种形状呈“V”形的机加工切口，图 3-11 示出了试样断面上的山形切口形状。含有山形切口的试样在承载初期，材料整体处于弹性形变阶段，而在山形切口尖端处由于局部的高度应力集中会发生早期的塑性屈服，当该点处的应力达到材料的极限应力时，该点处会突然释放能量，产生开裂。在试样出现裂纹之后，由于总的形变量突然增大（柔度增大），加在试样上的荷载会马上降低，从而减小了山形切口尖端处应力场强度，裂纹也就随之而止裂；进一步加大荷载，又导致裂纹进一步扩展。因而整个加载过程中，裂纹一旦在山形切口尖端处形成后便进入到了一个稳态扩展阶段，一条尖锐裂纹逐渐形成；同时，裂纹宽度随之也逐渐增大，使得裂纹前缘逐渐由平面应力状态过渡到平面应变状态。当裂纹长度达到一个特定的临界值 a_C 时，裂纹的扩展由稳态过渡到失稳，从而导致试样断裂。将裂纹失稳时所对应的外加荷载（即最大荷载）P_C 代入相应的 K_I 表达式，即可获得平面应变断裂韧性 K_{IC} 值。这就是山形切口试样法测定陶瓷材料断裂韧性的基本原理。

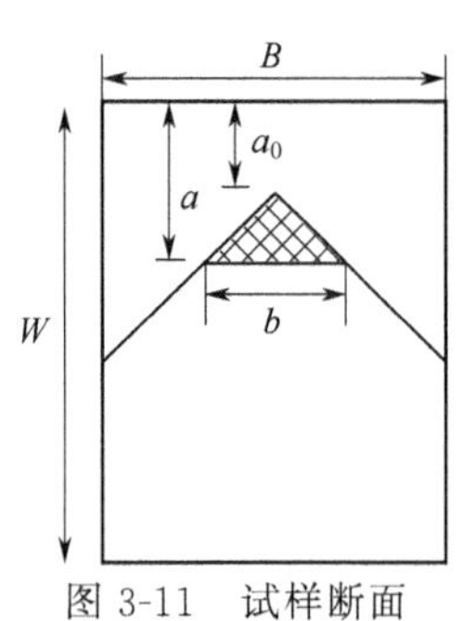

图 3-11 试样断面上的山形切口

最早得到使用的山形切口试样是一种具有圆形截面的短棒试样，如图 3-12（a）所示。这类试样在文献中通常简记为 SR 试样，是由 Barker 提出的（Barker，1977）。此后，又逐渐发展出了一些其他形状的山形切口试样，如具有方形（或矩形）截面的短棒试样［图 3-12（b）］、三点弯曲或四点弯曲梁［图 3-12（c）］等。其中圆形短棒和方形短棒在受力方式上是一样的，均为在试样含切口一侧端部承受拉伸荷载作用。

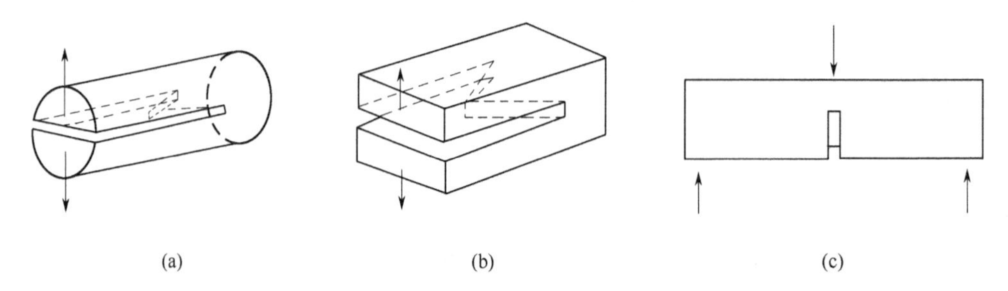

图 3-12 三类典型的山形切口试样

山形切口试样的 K_I 表达式一般通过柔度标定实验确定。对于不同尺寸的试样，K_I 表达式有所不同。柔度标定法确定山形切口试样 K_I 表达式的理论基础是 Irwin-Kies 公式。对于山形切口试样，Irwin-Kies 公式可以写成：

$$G=\frac{P^2}{2}\left(\frac{\mathrm{d}\lambda}{\mathrm{d}A}\right)=\frac{P^2}{2b}\left(\frac{\mathrm{d}\lambda}{\mathrm{d}a}\right) \tag{3-38}$$

式中，λ 为试样的柔度，随裂纹尺寸而变；A 为试样的实际开裂面积：

$$A=\frac{b}{2}(a-a_0) \tag{3-39}$$

式中，b 为裂纹前缘宽度；a 为最大拉应力作用面到实际裂纹前缘的距离；a_0 则为最大拉应力作用面到山形切口尖端处的距离（参见图 3-11）。

令山形切口夹角为 θ，则由简单的几何关系不难得到

$$b=2(a-a_0)\tan\left(\frac{\theta}{2}\right) \tag{3-40}$$

代入式（3-38），即可获得一个只包含裂纹尺寸 a 一个变量在内的 G 表达式，这个表达式的具体形式可以通过专门设计的柔度标定实验确定。

根据断裂力学理论，当 $G \geqslant G_C$ 时裂纹将发生扩展。在理想情况下，由于承载前的山形切口已经具有了一个尖锐的尖端，$b \to 0$，故试样在承载点即有 $G \to \infty$，从而引起山形切口尖端处开裂（为了避免开裂时能量释放过度集中，通常需要在山形切口尖端处开一小口，使 b 值增大）；此后裂纹扩展的稳定性就取决于 dG/dc 与 dG_C/dc 的相对大小了。对于各向同性均质材料，$dG_C/dc=0$，故山形切口试样的断裂条件为

$$\frac{dG}{dA}=\frac{1}{b}\left[\left(\frac{d\lambda}{da}\right)\frac{d}{da}\left(\frac{P^2}{2b}\right)+\frac{P^2}{2b}\left(\frac{d^2\lambda}{da^2}\right)\right]\geqslant 0 \tag{3-41}$$

等号成立时为临界状态，即

$$\left(\frac{d\lambda}{da}\right)\frac{d\left(\frac{1}{2b}\right)}{da}=-\frac{1}{2b}\left(\frac{d^2\lambda}{da^2}\right) \tag{3-42}$$

应用式（3-40）并令在临界状态下 $a=a_C$，上式可进一步简化为

$$\left(\frac{d\lambda}{da}\right)_{a=a_C}=(a_C-a_0)\left(\frac{d^2\lambda}{da^2}\right)_{a=a_C} \tag{3-43}$$

这就是采用柔度标定法确定山形切口试样断裂韧性计算式的基础，它是由 Barker 于 1977 年首先导出的。该式说明，对于一种几何形状确定的山形切口试样，其裂纹尺寸的临界值 a_C 可以由初始值 a_0 决定。实际上，迄今为止出现的所有有关的柔度标定实验报道都表明，山形切口试样的 a_C 值是由 a_0 唯一决定的，也就是说，试样形状一经确定，a_C 值就已经确定了。而将式（3-40）代入 Irwin-Kies 公式得到

$$G_C=\frac{P_C^2}{2b_C}\left(\frac{d\lambda}{da}\right)_{a=a_C}=\frac{P_C^2}{4(a-a_C)\tan\frac{\theta}{2}}\left(\frac{d\lambda}{da}\right)_{a=a_C} \tag{3-44}$$

可以看出，最终获得的 G_C 表达式中将不出现临界裂纹尺寸 a_C。这是山形切口试样测定断裂韧性的优点之一。

由于尚未形成标准方法，文献中报道的山形切口试样尺寸不尽相同，相应获得的 K_{IC} 表达式形式也不同，但具有一定的规律性。如对于短棒试样，K_{IC} 计算式中除了含有山形切口形状参数 a_C 及 θ 之外，唯一出现的一个试样尺寸参数是山形切口所在平面的高度 W，其通式为

$$K_{IC}=\frac{P_C}{W^{3/2}\tan^{1/2}\left(\frac{\theta}{2}\right)\sqrt{1-v^2}}f\left(\frac{a_0}{W}\right) \tag{3-45}$$

式中的 $f(a_0/W)$ 是山形切口试样的几何形状因子，因试样几何形状及尺寸而变，其具体的函数表达式可以通过柔度标定实验确定。

3.4.3 其他形状切口试样

除了上述两种试样构型之外，在陶瓷材料断裂韧性测试中还经常采用一些其他形状的试样，分别介绍如下。

（1）双扭试样

双扭（通常简记为 DT）试样是 Outwater 首先设计的，1973 年 Williams 和 Evans 对这一技术进行了详尽的断裂力学分析（Williams 和 Evans，1973），从而使得这一试样构型开

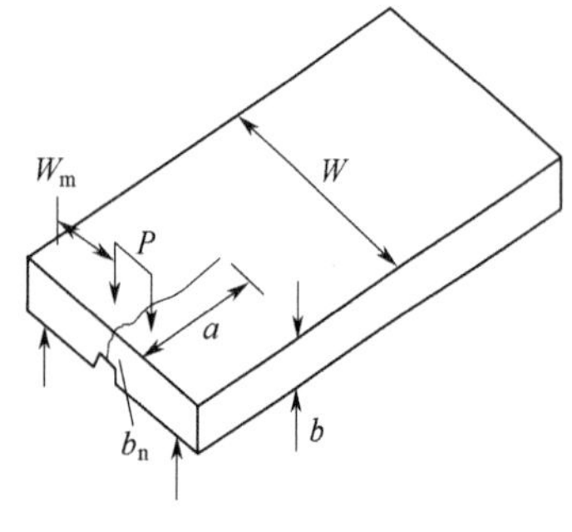

图 3-13 DT 试样示意图

始在陶瓷材料断裂力学参数测试中得到应用。

典型的双扭试样的几何形状及受力方式如图 3-13 所示。试样为一薄平板，截面为长方形，板的厚度远小于板的宽度。试样一侧采用机加工方法预制出一条长约 0.5 mm 的人工裂纹；四点弯曲荷载施加在试样含裂纹一侧的端点处。为保证试样在承载过程中裂纹的扩展基本与试样的长度方向平行，通常需要在试样的下表面宽度跨中处沿切口方向开出一条贯穿整个长度方向的窄小的裂纹扩展导向槽，槽深一般约为板厚的 1/3～1/2。双扭试样的尺寸一般为 2mm 厚×24mm 宽×(30～40mm) 长。

双扭试样可以近似处理为由两块左右对称、在端点处承受点力作用的弹性扭转板组成。在扭矩 $T=(P/2)W_m$ 作用下，板的扭转应变 ε 为

$$\varepsilon \approx \frac{y}{W_m} \approx \frac{6Ta}{Wb^3\mu} \tag{3-46}$$

式中，a 为扭转板的长度（即双扭试样中的裂纹长度）；y 为扭转板承载点处的位移；μ 为材料的剪切模量；W、W_m 及 b 为试样的几何尺寸（如图 3-13 所示）。

由式（3-46）可以直接得到双扭试样的柔度 λ 与裂纹尺寸 a 之间关系表达式：

$$\lambda = \frac{y}{P} \approx \frac{3W_m^2 a}{Wb^3\mu} \tag{3-47}$$

利用 Irwin-Kies 公式，并考虑到双扭试样中实际开裂面积 $A=ab_n$（b_n 为裂纹所在平面的厚度），得到：

$$G = \frac{P^2}{2b_n}\left(\frac{d\lambda}{da}\right) = \frac{3P^2W_m^2}{2Wb^3b_n\mu} \tag{3-48}$$

再由 $E/\mu=2(1+v)$，便可以得到双扭试样的 K_I 表达式

$$K_I = PW_m\left[\frac{3(1+v)}{Wb^3b_n}\right]^{1/2} \tag{3-49}$$

双扭试样的一个突出的优点是：试样的应力场强度 K_I 与裂纹尺寸无关。

(2) 双悬臂梁试样

常规双悬臂梁（通常简记为 DCB）试样如图 3-14 所示：薄板试样一端沿试样长度方向切出一机加工切口，拉伸荷载施加在试样含切口一侧。DCB 法由 Gilman 首先使用，以测量各种晶体材料的断裂表面能。Gilman 在他的研究中使用的断裂表面能计算式是一个近似解，这个近似解的推导过程中假定了试样的弹性应变能是由梁的弯曲单独引起的。研究表明：这个假定在裂纹尺寸远大于试样厚度的情况下具有足够的精度。Wiederhorn 等人对双悬臂梁构型进行的更完整的分析（Wiederhorn、Shorb 和 Moses，1968）指出：梁中的剪应力和裂纹尖端附近区域的应力场也对弹性应变能有一定程度的影响。适用于 DCB 试样的更为精确的应力场强度 K_I 表达式为

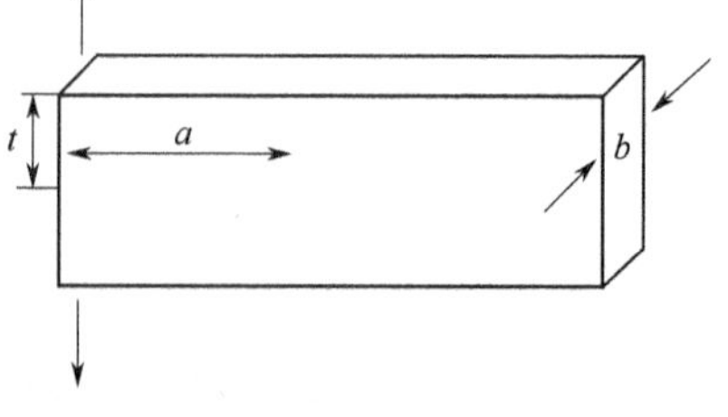

图 3-14 DCB 试样示意图

$$K_I = \frac{Pa}{bt^{3/2}}\left[3.467+2.315\left(\frac{t}{a}\right)\right] \tag{3-50}$$

式中，P 为外加荷载；a、t、b 的定义如图 3-14 所示。由式（3-50）可以看出，双悬臂梁试样的应力场强度与裂纹尺寸有关，这就使得在使用式（3-50）计算 K_I 时需对裂纹尺寸进行

精确测量。为避开裂纹尺寸的测量问题，学者们先后提出了两种改进型的双悬臂梁试样构型。

图 3-15 所示为一种端部逐渐变细的双悬臂梁试样，是由 Mostovoy 等人提出的（Mostovoy、Crosley 和 Ripling，1967）。在这一构型中，为了保证裂纹的扩展基本上平行于试样长度方向，试样的上下表面中部沿长度方向均开出了一道裂纹扩展导向槽。这一构型的应力场强度表达式为

$$K_{\mathrm{I}}=2P\sqrt{\frac{1}{h}+\frac{2a^{2}}{h^{3}}}/\sqrt{bb_{\mathrm{n}}} \tag{3-51}$$

由于如图 3-15 所示的特殊试样形状保证了$\frac{1}{h}+\frac{2a^{2}}{h^{3}}$为一个不随裂纹尺寸 a 而变的恒值，因而这种构型的应力场强度随荷载的增大而线性增大，并且始终与裂纹尺寸无关。

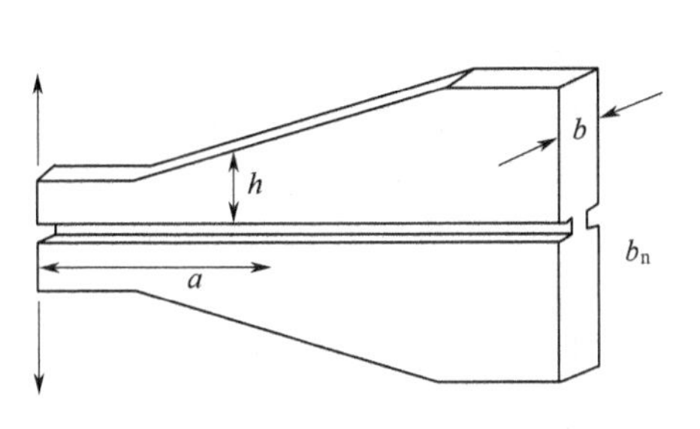

图 3-15 端部逐渐变细的 DCB 试样

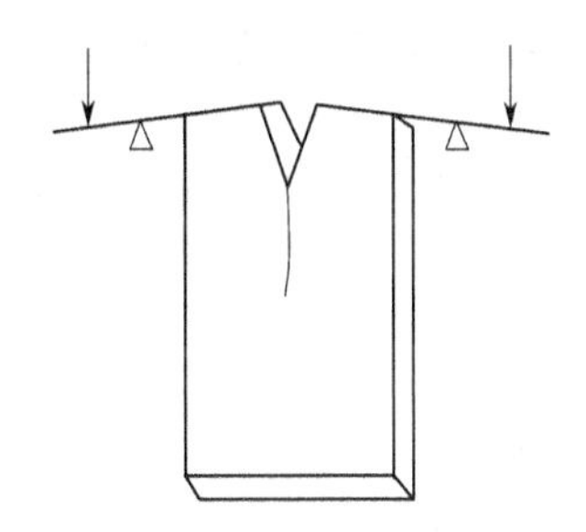
图 3-16 恒力矩 DCB 试样

Freiman 等人对 DCB 技术的改进则采用了另外一种思路，他们把一个力矩（而不是一个力）施加在双悬臂梁开裂的两臂上（如图 3-16 所示）。分析表明，这一构型的应力场强度也与裂纹尺寸无关，其具体表达式为（Freiman、Mulvile 和 Mast，1973）：

$$K_{\mathrm{I}}=\frac{M}{\sqrt{Ib}} \tag{3-52}$$

式中，M 为力矩；I 为试样臂的转动惯量；b 为试样厚度。

同样，为使裂纹扩展基本平行于试样长度方向，一般也需要在试样表面中部沿长度方向开出一裂纹扩展导向槽。此时，式（3-52）就应该修正为

$$K_{\mathrm{I}}=\frac{M}{\sqrt{Ibb_{\mathrm{n}}}} \tag{3-53}$$

式中的 b_{n} 为裂纹所在平面的厚度。

（3）紧凑拉伸技术

同 SENB 一样，紧凑拉伸（简记为 CT）技术也是金属材料平面应变断裂韧性测试的标准方法之一。图 3-17 示出了典型 CT 试样的几何形状（$W_1=0.6\ W$，$W_2=0.25\ W$）。图中所标注的尺寸比例是金属材料断裂韧性 K_{IC} 测试标准的要求，对于陶瓷材料这一标准可以借鉴。用边界配位法导出的这一构型的应力场强度表达式为

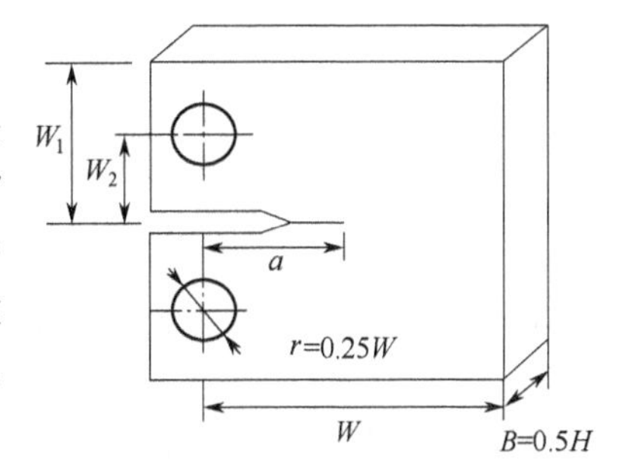

图 3-17 紧凑拉伸试样

$$K_{\mathrm{I}}=\frac{P}{BW^{1/2}}f\left(\frac{a}{W}\right) \tag{3-54}$$

式中
$$f\left(\frac{a}{W}\right)=29.6\left(\frac{a}{W}\right)^{\frac{1}{2}}-185.5\left(\frac{a}{W}\right)^{\frac{3}{2}}+655.7\left(\frac{a}{W}\right)^{\frac{5}{2}}-1017\left(\frac{a}{W}\right)^{\frac{7}{2}}+639\left(\frac{a}{W}\right)^{\frac{9}{2}} \tag{3-55}$$

表 3-3 列出了 $a/W=0.45\sim0.55$ 的 $f(a/W)$值供使用时参考。

表 3-3 紧凑拉伸试样的 $f\left(\frac{a}{W}\right)$ 值

a/W	$f\left(\frac{a}{W}\right)$	a/W	$f\left(\frac{a}{W}\right)$	a/W	$f\left(\frac{a}{W}\right)$
0.450	8.340	0.485	9.194	0.520	10.214
0.455	8.454	0.490	9.329	0.525	10.377
0.460	8.570	0.495	9.466	0.530	10.544
0.465	8.689	0.500	9.608	0.535	10.717
0.470	8.811	0.505	9.753	0.540	10.895
0.475	8.936	0.510	9.902	0.545	11.078
0.480	9.063	0.515	10.056	0.550	11.268

3.4.4 Knoop 压痕三点弯曲梁法

此法适用于致密的陶瓷及玻璃，其特点是在简支梁试件受拉面的中部，用 Knoop 压头制造一人工的非贯穿尖锐裂纹。裂纹长度方向垂直于梁的纵轴。此裂纹更接近实际无机材料上的表面微裂纹状态。然后进行三点弯曲试验。在断裂后，用读数显微镜观察断口，看到裂纹起始处有半椭圆形断裂区，其中包含较清晰的预制断裂面形状，量测其深度 a 及长度 $2c$ 作为计算的依据。图 3-18 为 Knoop 压头及压痕形状。

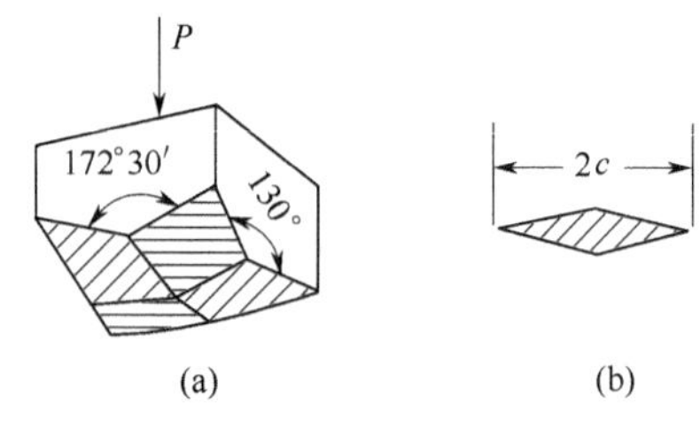

图 3-18 Knoop 压头及压痕形状

Knoop 压头的形状如图 3-18（a）所示，用 W0.5 研磨膏在试件表面上抛光，用 4.41～45.08N（450～4600gf）的压力缓慢地将 Knoop 压头压在试件表面，满载持续 30s，在试件表面留下一个菱形压痕，如图 3-18（b）所示。在深度方向上留下的半椭圆截面的内部挤裂伤痕为试件的隐伤，构成试件受力断裂的起点。

试件在受三点弯曲试验时，折断面应穿过 Knoop 压痕。

带有半椭圆形尖锐裂纹的无机材料，在垂直于裂纹平面方向上受拉应力时，材料在断面处的应力强度因子为

$$K_{\mathrm{I}}=M_{\mathrm{e}}\sigma\sqrt{\frac{\pi a}{Q}} \tag{3-56}$$

式中，M_{e} 是裂纹前后表面总的修正因子，由裂纹深度 a 与试件厚度 t 的比值计算，见图 3-19；Q 是裂纹形状因子。

$$Q=\varphi^2-0.212\left(\frac{\sigma}{\sigma_y}\right)^2 \tag{3-57}$$

式中，σ_y 为拉伸屈服应力；$0.212\left(\frac{\sigma}{\sigma_y}\right)^2$ 为塑性区修正因子。因为陶瓷材料的 $\sigma_y \gg \sigma$，故可认为 $Q=\varphi^2$，φ 为椭圆积分 $\varphi=\int_0^{\frac{\pi}{2}}\left[1-\frac{c^2-a^2}{c^2}\sin^2\theta\right]^{1/2}\mathrm{d}\theta$，$\varphi^2$ 值见表 3-4。

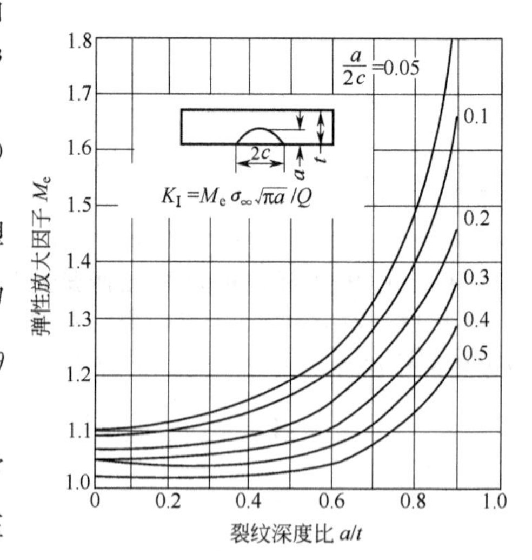

图 3-19 总的表面修正因子曲线

由式（3-56）看出，对同一种材料，K_{IC} 是常数，则 σ_{C} 与 $a^{-\frac{1}{2}}$ 应呈直线关系。采用系列化的压痕荷载可得系列化的压痕尺寸 a 与 $2c$。实验证明，同一种材料，压痕的 $a/2c$ 是常数。不同的 a 值的

表 3-4 φ^2 值

φ^2	a/c	φ^2	a/c	φ^2	a/c	φ^2	a/c	φ^2	a/c
1.00	0.00	1.30	0.39	1.60	0.59	1.90	0.76	2.20	0.89
1.02	0.06	1.32	0.41	1.62	0.60	1.92	0.77	2.22	0.90
1.04	0.12	1.34	0.42	1.64	0.61	1.94	0.78	2.24	0.91
1.06	0.15	1.36	0.44	1.66	0.62	1.96	0.79	2.26	0.92
1.08	0.18	1.38	0.45	1.68	0.64	1.98	0.80	2.28	0.93
1.10	0.20	1.40	0.46	1.70	0.65	2.00	0.81	2.30	0.93
1.12	0.23	1.42	0.48	1.72	0.66	2.02	0.81	2.32	0.94
1.14	0.25	1.44	0.49	1.74	0.67	2.04	0.82	2.34	0.95
1.16	0.27	1.46	0.50	1.76	0.68	2.06	0.83	2.36	0.96
1.18	0.29	1.48	0.52	1.78	0.69	2.08	0.84	2.38	0.97
1.20	0.31	1.50	0.53	1.80	0.70	2.10	0.85	2.40	0.98
1.22	0.32	1.52	0.54	1.82	0.71	2.12	0.86	2.42	0.98
1.24	0.34	1.54	0.55	1.84	0.72	2.14	0.86	2.44	0.99
1.26	0.36	1.56	0.56	1.86	0.73	2.16	0.87	2.46	1.00
1.28	0.38	1.58	0.57	1.88	0.74	2.18	0.88		

系列化试件，在分别做三点弯曲试验时，其由破坏荷载算出的破坏应力 σ_C 也呈系列化。拟合实验所得的 σ_C-$a^{-\frac{1}{2}}$ 直线，由斜率可算得 K_{IC} 值。实验证明，拟合直线的线性相关系数在 0.995 以上。

此法的特点是压痕较接近于实际材料构件的表面尖锐裂纹，故所得 K_{IC} 值比较接近实际情况。缺点是压痕尺寸的测量受人为判断的影响。

3.5 裂纹的起源与扩展

3.5.1 裂纹的起源

实际材料都是裂纹体，这些裂纹是如何形成的呢？

① 由于晶体微观结构中存在缺陷，当受到外力作用时，在这些缺陷处就引起应力集中，导致裂纹成核，例如位错在材料中运动会受到各种阻碍：a. 由于晶粒取向不同，位错运动会受到晶界的障碍，而在晶界产生位错塞积，这在前面已讨论过；b. 材料中的杂质原子引起应力集中而成为位错运动的障碍，位错是原子排列有缺陷的地方，处于能量较高的状态，使原子易于移动，而杂质原子的存在改变了这种状态，导致位错运动激活能 h' 提高，使位错运动困难，而且由于杂质原子引起应力集中就抵消了外界剪应力 τ 的作用，使降低 $H(\tau)$

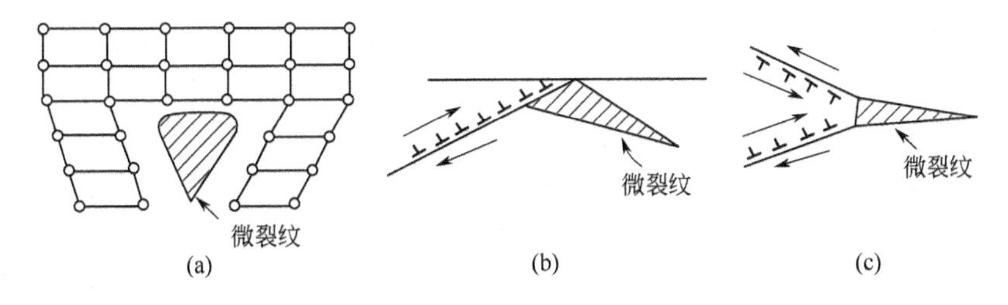

图 3-20 位错形成微裂纹示意图

(a) 位错组合而形成的微裂纹；(b) 位错在晶界前塞积形成的微裂纹；(c) 位错交截形成的微裂纹

的作用减弱，位错运动就比较困难；c. 热缺陷，交叉（指位错组合、位错线与位错或位错线与其他缺陷相互交叉）都能使位运动受到阻碍。当位错运动受到各种障碍时，就会在障碍前塞积起来，导致微裂纹形成。图 3-20 就是位错形成微裂纹的几种情形。从位错形成裂纹的机理来看，在多晶陶瓷中，穿过晶粒的微裂纹的尺寸不会超过晶粒的大小。

② 材料表面的机械损伤与化学腐蚀形成表面裂纹，这种表面裂纹最危险，裂纹的扩展常常由表面裂纹开始。有人研究过新制备的材料表面，用手触摸就能使强度降低约一个数量级。从几十厘米高度落下一粒砂子就能在玻璃表面形成微裂纹。对直径为 6.4mm 的玻璃棒，在不同的表面情况下，测得的强度值见表 3-5。大气腐蚀造成表面裂纹的情况前已述及，如果材料处于其他腐蚀性环境中，情况更加严重。此外，在加工、搬运及使用过程中也较易造成表面裂纹。

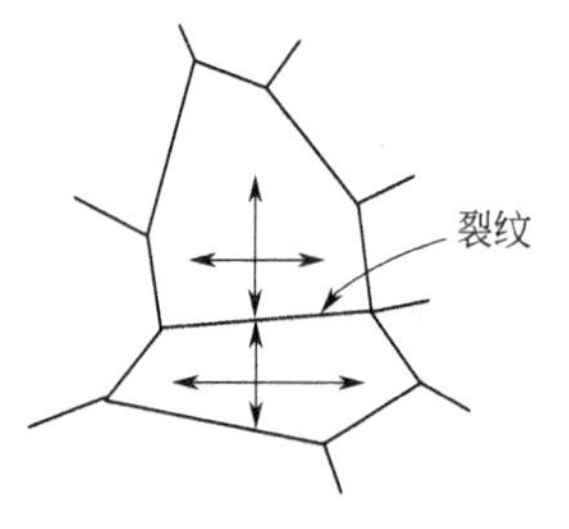

图 3-21 由于晶粒取向不同，各方向膨胀（或收缩）不一致出现边界应力而形成裂纹

③ 由于热应力而形成裂纹。大多数陶瓷是多晶多相体，晶粒在材料内部取向不同，不同相的热膨胀系数也不同，这样就会因各方向膨胀（或收缩）不同而在晶界或相界出现应力集中，导致裂纹生成。见图 3-21。

在制造或使用过程中，当由高温迅速冷却时，由于内部和表面的温度差引起热应力，导致裂纹生成。此外，温度变化时有晶型转变的材料也会因体积变化而引起裂纹。

总之，裂纹的成因很多，要制造没有裂纹的材料是极困难的，因此假定实际材料都是裂纹体是符合实际情况的。

表 3-5 不同表面情况对玻璃强度的影响

表面情况	强度/MPa
工厂刚制备	45.5
受砂子严重冲刷后	140
用酸腐蚀除去表面缺陷后	175

3.5.2 裂纹的快速扩展

按照格里菲斯微裂纹理论，材料的断裂强度不是取决于裂纹的数量，而是决定于裂纹的大小，即是由最危险的裂纹尺寸（临界裂纹尺寸）决定材料的断裂强度，一旦裂纹超过临界尺寸，裂纹就迅速扩展而断裂。因为裂纹扩展力 $G=\frac{\pi C\sigma^2}{E}$，当 C 增加时，G 也变大，而 $\frac{\mathrm{d}W_s}{\mathrm{d}C}=4\gamma$ 是常数，因此，断裂一旦达到临界尺寸而起始扩展，G 就愈来愈大于 4γ，直到破坏。所以对于脆性材料，裂纹的起始扩展就是破坏过程的临界阶段，因为脆性材料基本上没有吸收大量能量的塑性形变。

由于 G 愈来愈大于 4γ，释放出多余的能量，一方面使裂纹运动加速，变成动能。裂纹扩展的速度一般可达到材料中声速的 40%～60%。另一方面多余的能量还能使裂纹增殖，产生分枝以形成更多的新表面。图 3-22 是四块玻璃板在不同负荷下用高速照相机拍摄的裂纹增殖情况。多余的能量也可能不表现为裂纹增殖，而是使断裂表面呈复杂形状，如条纹、波纹、梳刷状等，这种表面因极不平整，表面积比平的表面大得多，因此能消耗较多能量。对于断裂表面的深入研究，有助于了解裂纹的成因及其扩展的特点，也能提供关于裂纹扩展速度的情况，断裂过程中最大应力的方向变化及缺陷在断裂中的作用等知识。“断裂形貌学”就是专门研究断裂表面特征的学科。

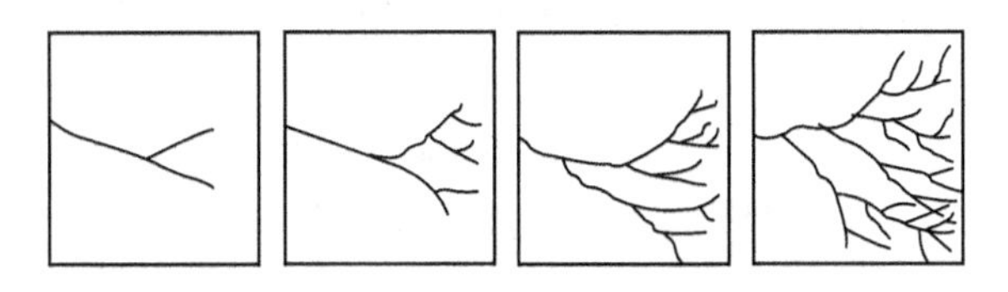

图 3-22 玻璃板在不同负荷下裂纹增殖示意图

3.5.3 影响裂纹扩展的因素

首先应使作用应力不超过临界应力，这样裂纹就不会扩展，其次在材料中设置吸收能量的机构也能阻止裂纹扩展。例如在陶瓷材料基体中加入塑性的粒子或纤维而制成金属陶瓷和复合材料就是利用这一原理的突出例子。此外人为地在材料中造成大量极微细的裂纹（小于临界尺寸）也能吸收能量，阻止裂纹扩展。近年来出现的所谓“韧性陶瓷”就是在氧化铝中加入氧化锆，利用氧化锆的相变产生体积变化，在基体中形成大量微裂纹，从而大大提高了材料的韧性。

3.6 静态疲劳

裂纹除上述的快速失稳扩展外，还会在使用应力下，随着时间的推移而缓慢扩展，这种缓慢扩展也叫亚临界扩展，或称为静态疲劳（材料在循环应力作用下的破坏叫做动态疲劳）。裂纹缓慢扩展的结果是裂纹尺寸逐渐加大，一旦达到临界尺寸就会失稳扩展而破坏。就是说材料在短时间内可以承受给定的使用应力，但负荷时间足够长，最后就会在低应力下破坏，也可以说材料的断裂强度取决于时间。例如同样材料，负荷时间长时，断裂强度为 σ_1；负荷时间短一些，断裂强度为 σ_2；负荷时间再缩短，断裂强度为 σ_3，一般规律为 $\sigma_3>\sigma_2>\sigma_1$。这在生产上有重大意义，一个构件开始负荷时不会破坏，而在一定时间后就突然断裂，没有先兆。因此提出了构件的寿命问题。就是在使用应力下，构件能用多少时间就要破坏。如果能事先知道，就可以限制使用应力延长寿命，或用到一定时间就进行检修，撤换构件。

关于裂纹缓慢扩展的本质至今尚无统一完整的理论，这里介绍几种观点。

(1) 应力腐蚀理论

这种理论的实质在于：在一定的环境温度和应力场强度因子作用下，材料中关键裂纹尖端处，裂纹扩展动力与裂纹扩展阻力的比较，构成裂纹开裂或止裂的条件。

应力腐蚀理论的出发点是考虑材料长期暴露在腐蚀性环境介质中。例如玻璃的主成分是 SiO_2，陶瓷中也含各种硅酸盐或游离 SiO_2，如果环境中含水或水蒸气，特别是 pH 值大于 8 的碱溶液，由于毛细现象，进入裂纹尖端与 SiO_2 发生化学反应，引起裂纹进一步扩展。

裂纹尖端处的高度的应力集中导致较大的裂纹扩展动力。从物理化学角度分析，在裂纹尖端处的离子键受到破坏，吸附了表面活性物质（H_2O、OH^- 以及极性液体和气体），使材料的自由表面能降低。也就是说，裂纹的扩展阻力降低了。如果此值小于裂纹扩展动力，就会导致在低应力水平下的开裂。新开裂表面的断裂表面，因为还没有来得及被介质腐蚀，其表面能仍然大于裂纹扩展动力，裂纹立即止裂。接着进行下一个腐蚀-开裂循环，周而复始，形成宏观上的裂纹的缓慢生长。

S. Wiederhorn 对水蒸气分压对应力腐蚀的影响做过系统的试验。Bradt 认为一般陶瓷即使是放置在真空环境中进行受力试验，也会观察到亚临界裂纹生长现象。他解释这种现象是由于陶瓷中存在气孔、微裂纹等先天性缺陷。在试验之前这些缺陷中预先就吸附了水蒸气、水溶液等介质，因此虽然在真空环境下受力，仍然存在应力腐蚀现象。

由于裂纹的长度缓慢增加，使得应力强度因子也跟着慢慢增大，一旦达到 K_{IC} 值，立即发生快速扩展而断裂。从图 3-23 中可以看出，尽管 $K_{初始}$ 有大有小，但每个试件均在$K=K_{IC}$ 时断裂。

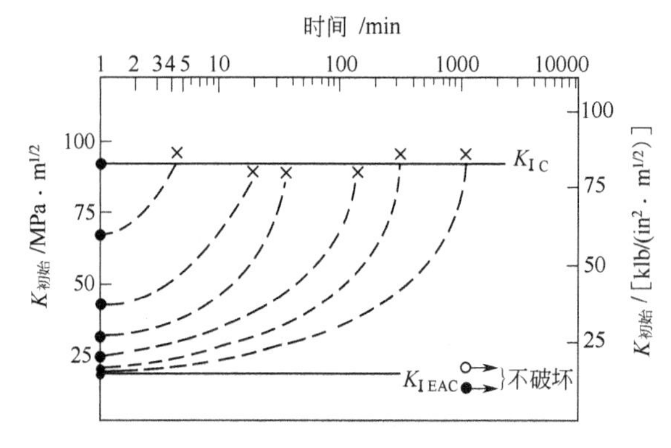

图 3-23 K 值随亚临界裂纹增长的变化

（2）高温下裂纹尖端的应力空腔作用

多晶多相陶瓷在高温下长期受力作用时，晶界玻璃相的结构黏度下降，由于该处的应力集中，晶界处于甚高的局部拉应力状态，玻璃相则会发生蠕变或黏性流动，形变发生在气孔、夹杂、晶界层，甚至结构缺陷中。使以上这些缺陷逐渐长大，形成空腔如图 3-24 所示。这些空腔进一步沿晶界方向长大、连通形成次裂纹，与主裂纹汇合就形成裂纹的缓慢扩展。

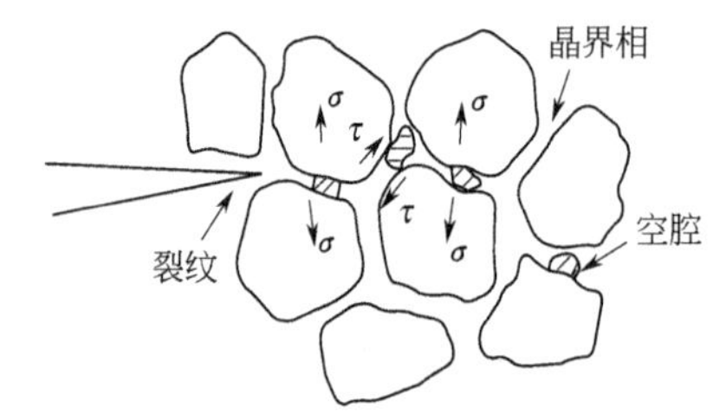

图 3-24 裂纹尖端附近空腔的形成

高温下亚临界裂纹扩展的特点，与常温或不太高温度下亚临界裂纹扩展是不一样的，分属于两种不同的机理。

（3）亚临界裂纹生长速率与应力场强度因子的关系

从图 3-23 可以看出，起始不同的 K_I，随着时间的推移，会由于裂纹的不断增长而缓慢增大，其轨迹如图中虚线所示。虚线的斜率近似于反映裂纹生长的速率$\frac{dc}{dt}=v$。起始 K_I 不同，v 不同。v 随 K_I 的增大而变大。经大量试验，v 与 K_I 的关系可表示为

$$v=\frac{dc}{dt}=AK_I^n \tag{3-58}$$

式中，c 为裂纹的瞬时长度。或者

$$\ln v=A+BK_I \tag{3-59}$$

A、B、n 是由材料本质及环境条件决定的常数。$\ln v$ 与 K_I 的关系如图 3-25 所示。该曲线可分为三个区域：第Ⅰ区 $\ln v$ 与 K_I 呈直线关系；第Ⅱ区 $\ln v$ 基本和 K_I 无关；第Ⅲ区 $\ln v$ 与 K_I 呈直线关系，但曲线更陡。综合上述关于疲劳本质的理论，可以对 $\ln v$-K_I 关系加以解释。式（3-59）用玻耳兹曼因子表示为：

$$v=v_0\exp\left[-\frac{Q^*-nK_I}{RT}\right] \tag{3-60}$$

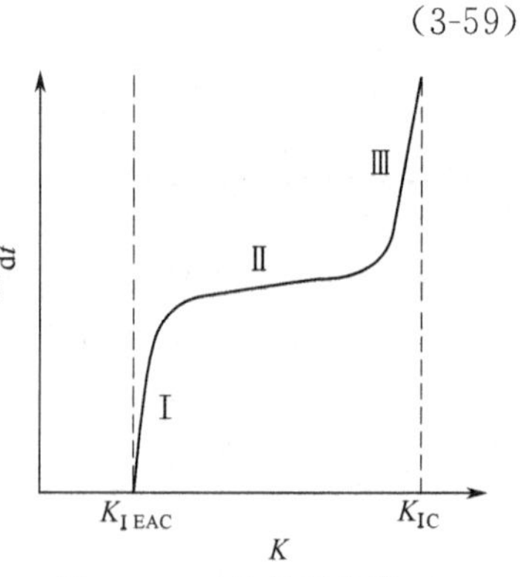

图 3-25 亚临界裂纹扩展的三个阶段示意图

式中，v_0 为频率因子；Q^* 为断裂激活能，与作用应力无关，与环境和温度有关；n 为常数，与应力集中状态下受到活化的区域的大小有关；R 为气体常数；T 为热力

学温度。

从式（3-60）可知，$\ln v$ 与$\dfrac{nK_{\mathrm{I}}-Q^{*}}{RT}$成比例，第Ⅰ区，随着 K_{I} 增加，Q^{*} 将因环境的影响而下降（应力腐蚀），于是 $\ln v$ 增加且与 K_{I} 呈直线关系；第Ⅱ区，原子及空位的扩散速率达到了腐蚀介质的扩散速率，使得新开裂的裂纹端部没有腐蚀介质，于是 Q^{*} 提高，结果抵消了 K_{I} 增加对 $\ln v$ 的影响，$nK_{\mathrm{I}}-Q^{*}\approx$常数，表现为 $\ln v$ 不随 K_{I} 变化；第Ⅲ区，Q^{*} 增加到一定值时就不再增加（此值相当于真空中裂纹扩展的 Q^{*} 值）。这样，$nK_{\mathrm{I}}-Q^{*}$ 将愈来愈大，$\ln v$ 又迅速增加。

大多数氧化物陶瓷由于含有碱性硅酸盐玻璃相，通常也有疲劳现象。疲劳过程还受加载速率的影响。加载速率愈慢，裂纹缓慢扩展的时间愈长，在较低的应力下就能达到临界尺寸。这种关系已由实验证实。

作为一个重要实例，Evans 及 Wiederhorn 曾进行过高温下 Si_3N_4 陶瓷的裂纹生长速率与起始应力场强度因子关系的研究，其结果如图 3-26 所示。不同温度下的。v-K_{I} 直线有两种斜率。温度为 1200℃时求出的 $n\approx50$，高于 1350℃，$n\approx1$。在 1200～1350℃有明显的过渡阶段：低 K_{I} 时属于 $n\approx1$，高 K_{I} 时属于 $n\approx50$。这种现象的解释如下：温度不太高时（≤1200℃），K_{I} 稍有增加，裂纹扩展速率 v 很快提高。此段直线位于图 3-26 曲线的中段，说明由于温度高，曲线的第Ⅱ区相对较短，Ⅰ区与Ⅲ区几乎相连，曲线总的趋势很陡，属于应力腐蚀机理。由 $v=v_0\exp\left[-\dfrac{Q^{*}-nK_{\mathrm{I}}}{RT}\right]$，通过直线求出 Si_3N_4 的 Q^{*} 值为 836kJ/mol。此值远远大于典型玻璃相中的离子扩散激活能或化学反应激活能，所以，还应有断裂表面能等。

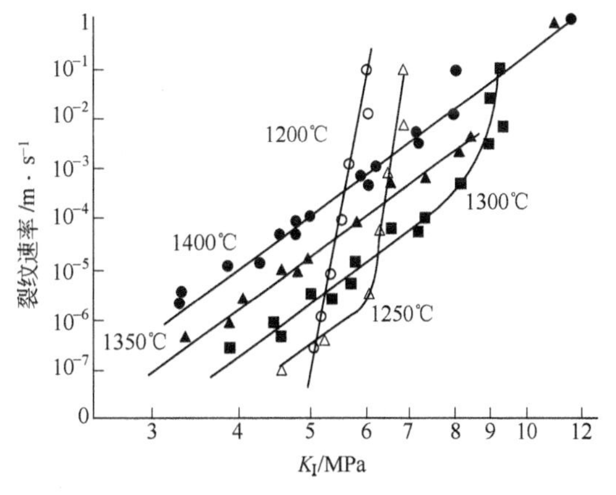

图 3-26　Si_3N_4 材料的 v-K_{I} 关系（双扭法）

当温度再高时，晶界玻璃相的结构黏度随温度的升高而锐减。在此情况下，除了晶相的蠕变变形加大之外，占主导作用的是晶界玻璃相的黏滞流动。在高度应力集中的裂纹尖端，虽然所加 K_{I} 不大，但可引起该处附近空腔的生成，并随之长大，连通，引起裂纹的缓慢扩展。虽然 K_{I} 稍有增大，但上述空腔开裂机制不会使 v 增大很多，从而解释了 $n=1$。同样温度下，当 K_{I} 值高时，黏滞体成空腔连通的速率赶不上 K_{I} 的增长，这一过程符合应力腐蚀机理。此时 Q^{*} 逐步达到真空中裂纹扩展的激活能，为一常数。$\ln v$ 与 $\ln K_{\mathrm{I}}$ 成正比，n 值较大。

如果温度继续升高（≥1350℃），则因晶界玻璃相的结构黏度进一步降低，空腔连通机理贯穿到整个 K_{I} 的数值范围。

描述一种材料在某一特定温度下的亚临界裂纹生长特性的参数，是以 v-K_{I} 曲线上的第Ⅰ区为准，在此区 $\ln v$ 与 $\ln K_{\mathrm{I}}$ 呈线性关系。在公式（3-58）中 A、n 有固定值，它们描述了该温度下的 SCG 特性。

用双扭法、紧凑拉伸法试件直接量测不同时间的裂纹长度 c 值以求 v 及 K_{I} 值的对应关系，要求试件尺寸足够大，而且还需要具备在高温下直接观测试件表面开裂情况的技术。

除了用上述直接法外，还有两种间接法。其一为静态疲劳法。即在规定温度下，量测受

有不同弯曲应力 σ_i 的试件的断裂时间 t_i。经拟合而得 $t_i=B\sigma_i^{-n}$ 可得应力场强度指数 n。因此也称为应力疲劳法。为了使缓慢断裂沿着一个固定位置开裂，在弯曲试件受拉区中点，用 Knoop 压头制造一条人工裂纹以减少随机误差。研究证明，此法与自然先天裂纹的亚临界扩展行为并无区别。另一法称为动态疲劳法，即在上述试件上，用不同的加载速率 σ_i 加载，然后测定各自的断裂应力 σ_{fi}。由 $\sigma_{fi}=B'\sigma_i^{1/(n+1)}$。求出应力场强度指数 n。

（4）根据亚临界裂纹扩展预测材料寿命

无机材料制品在实际使用温度下，经受长期应力 σ_a 的作用，制品上典型受力区的最长裂纹将会有亚临界裂纹缓慢扩展，最后断裂。研究此扩展的始终时间，可预测制品的寿命。

因瞬时裂纹的生长率 $v=\frac{\mathrm{d}c}{\mathrm{d}t}$，所以 $\mathrm{d}t=\frac{\mathrm{d}c}{v}=\frac{\mathrm{d}c}{AK_{\mathrm{I}}^n}$，积分得

$$t=\int \mathrm{d}t=\int_{C_i}^{C_\mathrm{C}}\frac{\mathrm{d}c}{AK_{\mathrm{I}}^n} \tag{3-61}$$

式中，C_i 为起始裂纹长度；C_C 为临界裂纹长度。将 $K_\mathrm{I}=Y\sigma_a c^{1/2}$ 代入上式，得

$$t=\int_{C_i}^{C_\mathrm{C}}\frac{\mathrm{d}c}{AY^n\sigma_a^n c^{n/2}}=\frac{2[K_{\mathrm{IC}}^{(2-n)}-K_{\mathrm{I}i}^{(2-n)}]}{(2-n)AY^2\sigma_a^2} \tag{3-62}$$

由于 n 值比较大，例如钠钙硅酸盐玻璃的 $n=16\sim17$，而且 $K_{\mathrm{I}i}^{(2-n)}\gg K_{\mathrm{IC}}^{(2-n)}$，则上式变成

$$t=\frac{2K_{\mathrm{I}i}^{(2-n)}}{(n-2)AY^2\sigma_a^2} \tag{3-63}$$

由式（3-63）可计算由起始裂纹状态，经受力后缓慢扩展直到临界裂纹长度所经历的时间，此即为制品受力后的寿命。

对于某一种无机材料制品，实测不同 $K_{\mathrm{I}j}$ 下的裂纹缓慢扩展速率 v，通过式（3-58）计算出 A、n 常数，则可按下述两种方法中的一种求得制品的预计寿命。

① 无损探伤法。例如 γ 射线法或超声显微镜法。用这两种方法只能探测出那些比较长的表面裂纹，设可以测出的最小裂纹长为 c_0，则用这类方法逐一检测整批制品之后，淘汰那些裂纹尺寸显然大于允许长度 c_{all} 的不合格制品。所余制品上的最大裂纹长度，显然等于 c_{all}。按 c_{all} 计算出的 $K_{\mathrm{I}i}$ 值代入式（3-63），可计算出在 σ_a 应力下的使用寿命。当然，具有小于 c_{all} 的天然裂纹的试件，其使用寿命要超过上述计算值。

但是，现有的各种先进的检测仪器，所能探测出的最小 c_0 值，尚远远大于无机材料所允许的 c_{all} 值。这正是无损探伤目前的攻关课题。

可能检测出来的最长裂纹的长度 $(c_i)_{\max}$ 已知时，对于一批制品的寿命预测，也可以用下列方法求出。

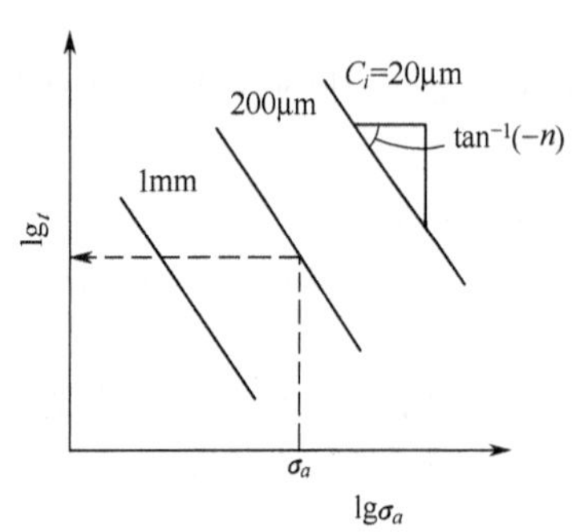

图 3-27　不同 c_i 下 t-σ_a 关系图

式（3-63）可改写成

$$t=\frac{2Y^{(2-n)}\sigma_a^{(2-n)}c_i^{(2-n)/2}}{(n-2)AY^2\sigma_a^2}=\frac{2Y^{-n}}{A(n-2)}\sigma_a^{-n}c_i^{(2-n)/2}$$

式中，A、n、Y 均为常数。以 σ_a 为变量，可得不同 c_i 下的寿命 t，如图 3-27 所示。

如果制品尺寸较小，或者对制品裂纹长度的要求严格，以满足力学、电学等性能需要，则制品上的允许最长裂纹只有十几微米或几十微米，用一般无损探伤技术是检查不出来的。在这种情况下，可用保证试验法间接求得寿命。

② 保证试验法。该法的原理是在一批制品中，每个制品均按实际工作时的受力方式，施加一个检验应力 σ_p。σ_p 应超过该制品实际要求的工作应力 σ_a，但 σ_p 不应达到临界应力 σ_C，否则制品马上断裂，无寿命可言。即 $\sigma_a<\sigma_p<\sigma_C$。对于同样的 c_i 及 Y，$K_{\mathrm{I}i}<K_{\mathrm{I}p}<K_{\mathrm{IC}}$，式中 $K_{\mathrm{I}p}$ 为检验应力下的应力场强度因子，$K_{\mathrm{I}p}=\sigma_p Y c_i^{1/2}$。相对于实际工作应力 σ_a 下的 $K_{\mathrm{I}i}=\sigma_a Y c_i^{1/2}$，上两式联立，得

$$K_{\mathrm{I}i}=\sigma_a\cdot\frac{K_{\mathrm{I}p}}{\sigma_p}<\frac{\sigma_a}{\sigma_p}\cdot K_{\mathrm{IC}} \tag{3-64}$$

如果用$\frac{\sigma_a}{\sigma_p}\cdot K_{\mathrm{IC}}$ 值代替 $K_{\mathrm{I}i}$ 值，将使 $K_{\mathrm{I}i}$ 值偏大，从而使算出的寿命偏小。对制品来说这样处理比较安全，即

$$t=\frac{2K_{\mathrm{IC}}^{(2-n)}\left(\frac{\sigma_a}{\sigma_p}\right)^{(2-n)}}{(n-2)AY^2\sigma_a^2}<t \tag{3-65}$$

式中，A、n、Y、σ_a、K_{IC}，均为已知数，只要选择 σ_p 为检验应力施加于每一制品上，淘汰那些已达临界状态以及明显出现裂纹亚临界扩展的制品，则其余的制品均符合式(3-65) 所算出来的寿命值 t_C。选择的 σ_p 愈大，算出的 t_C 也愈大，但淘汰率也愈大。

Y 值的选用视受力方式而定，对存在浅表面损伤的陶瓷、玻璃、耐火材料，可近似为 $\sqrt{\pi}$，即认为与单边缺口的受拉试件相似。

用作图法可将式（3-65）表现得更明显，见图 3-28。对具体的无机材料零件，其 A、n、Y、K_{IC} 一定时，则可事先画出图 3-28，然后根据 σ_a 和 t_C 的要求，自图上选择出 σ_p 值，逐一进行受力检验，淘汰不合格的，剩下的制品可满足 σ_a 及 t_C 的要求。

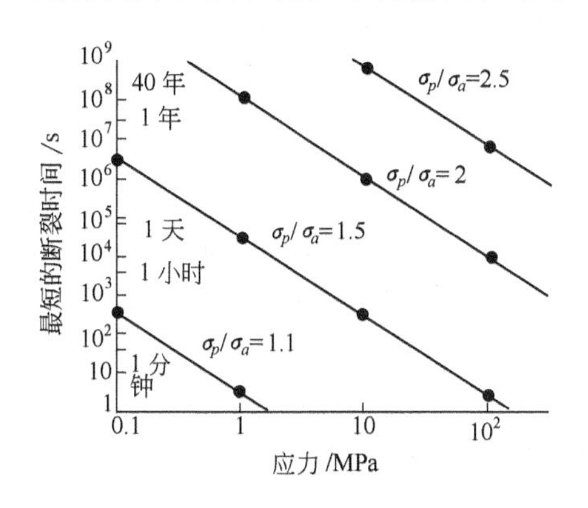

图 3-28 瓷器的保证试验图

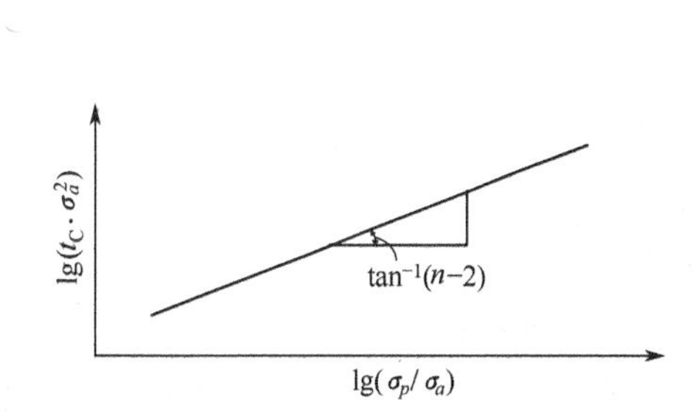

图 3-29 另一种保证试验图

另一种表示方法更为直观，即根据该材料的 A、n、Y、K_{IC}，画出图 3-29，然后根据要求的 σ_a 及 t_C 选用 σ_p。

3.7 蠕变断裂

多晶材料在高温时，在恒定应力作用下由于形变不断增加而导致断裂称为蠕变断裂。高温下形变的主要部分是晶界滑动，因此蠕变断裂的主要形式是沿晶断裂。蠕变断裂的黏性流动理论认为，高温下晶界要发生黏性流动，在晶界交界处产生应力集中，如果应力集中使得相邻晶粒发生塑性形变而滑移，则将使应力弛豫，如果不能使邻近晶粒塑性形变，则应力集中将使晶界交界处产生裂纹（图 3-30）。这种裂纹逐步扩展导致断裂。

蠕变断裂的另一种观点是空位聚积理论，这种理论认为在应力及热波动的作用下，受拉

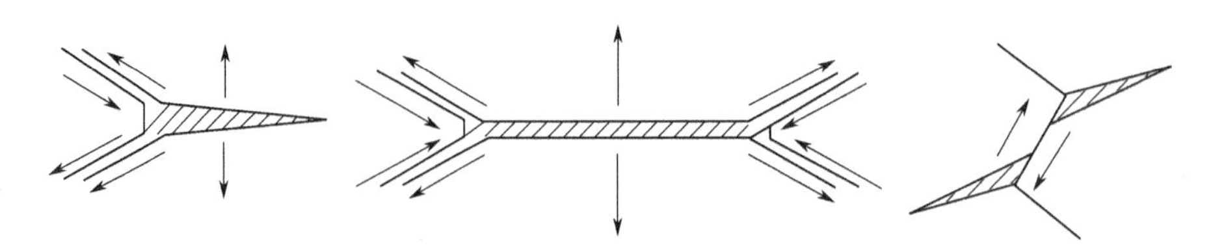

图 3-30　沿晶界断裂的几种形式

的晶界上空位浓度大大增加（回忆扩散蠕变理论），这些空位大量聚积，可形成可观的裂纹，这种裂纹逐步扩展就导致断裂。

从上述两种理论可知，蠕变断裂明显地取决于温度和外加应力。温度愈低，应力愈小，则蠕变断裂所需的时间愈长。蠕变断裂过程中裂纹的扩展属于亚临界扩展。

3.8　显微结构对材料脆性断裂的影响

由于断裂现象极为复杂，许多细节尚不完全清楚。因此不可能对显微组织的影响作完整而满意的说明，下面简单介绍几种影响因素。

（1）晶粒尺寸

对多晶材料，大量试验证明晶粒愈小，强度愈高，因此微晶陶瓷就成为陶瓷发展的一个重要方向。近来已出现许多晶粒度小于 1μm，气孔率近于 0 的高强度高致密陶瓷，如表 3-6 所示，随着晶粒尺寸及气孔率减小，强度大为提高。

实验证明；断裂强度 σ_f 与晶粒直径 d 的平方根成反比，这一关系可表示为：

$$\sigma_f=\sigma_0+k_1 d^{-\frac{1}{2}} \tag{3-66}$$

σ_0、k_1 为材料常数。如果起始裂纹受晶粒限制，其尺度与晶粒度相当，则脆性断裂与晶粒度的关系可表示为：

$$\sigma_f=k_2 d^{-\frac{1}{2}} \tag{3-67}$$

对这一关系解释如下。由于晶界比晶粒内部弱，所以多晶材料破坏多是沿晶界断裂。细晶材料晶界比例大，沿晶界破坏时，裂纹的扩展要走迂回曲折的道路，晶粒愈细，此路程愈长。此外，多晶材料中初始裂纹尺寸与晶粒度相当，晶粒愈细，初始裂纹尺寸就愈小，这样就提高了临界应力。

（2）气孔的影响

大多数陶瓷材料的强度和弹性模量都随气孔率的增加而降低，这是因为气孔不仅减小了负荷面积，而且在气孔邻近区域产生应力集中，减弱材料的负荷能力。

表 3-6　几种陶瓷材料的断裂强度

材　　料	晶粒尺寸/μm	气孔率/%	强度/MPa
高铝砖(99.2%Al_2O_3)	—	24	13.5
烧结 Al_2O_3(99.8%Al_2O_3)	48	约 0	266
热压 Al_2O_3(99.9%Al_2O_3)	3	<0.15	500
热压 Al_2O_3(99.9%Al_2O_3)	<1	约 0	900
单晶 Al_2O_3(99.9%Al_2O_3)	—	0	2000
热压 MgO	<1	约 0	340
烧结 MgO	20	1.1	70
单晶 MgO	—	0	1300

断裂强度与气孔率 P 的关系可由下式表示：

$$\sigma_f=\sigma_0 \cdot \exp(-nP) \tag{3-68}$$

式中，n 为常数，一般为 4～7；σ_0 为没有气孔时的强度。

从式（3-68）可知，当气孔率约为 10% 时，强度将下降为没有气孔时的强度的一半，这样大小的气孔率在一般陶瓷中是常见的。透明氧化铝陶瓷的断裂强度与气孔率的关系示于图 3-31 和式（3-68）的规律比较符合。

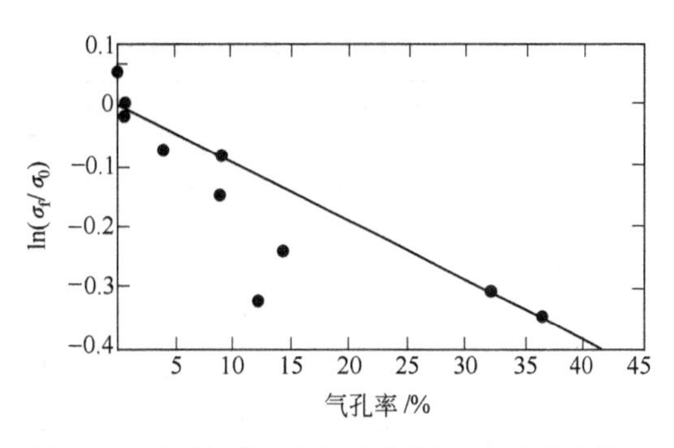

图 3-31　透明氧化铝陶瓷断裂强度与气孔率的关系

也可以将晶粒尺寸和气孔率的影响结合起来考虑，即表示为：

$$\sigma_f=(\sigma_0+k_1 d^{-a})\sigma_0^{-np} \tag{3-69}$$

除气孔率外，气孔的形状及分布也很重要。通常气孔多存在于晶界上，这是特别有害的，它往往成为裂纹源。气孔除有有害的一面外，在特定情况下也有有利的一面，就是当存在高的应力梯度时（例如由热震引起的应力），气孔能起到阻止裂纹扩展的作用。

除晶粒尺寸、气孔对强度有重要影响外，其他如杂质的存在，也会由于应力集中而降低强度，当存在弹性模量较低的第二相时也会使强度降低。

3.9　断裂统计学

在 3.5 节中曾经提到，陶瓷中含有许多尺寸和类型各异的缺陷，从而使得强度因试样的不同而变化很大。强度的这一变化通常借助于断裂概率来表述。描述强度的分布至少需要两个参数，分别用于表征分布的宽度和量级。面临的问题则是这种分布的形式不能预先知道。正因为如此，Weibull（1951）首先提出的一个经验分布得到了普遍的应用。如果将一种材料的强度数据按这一分布进行拟合，对于任意的外加应力分布情况都可以预测出断裂概率。断裂概率过高显然会影响到安全性，因此就需要改变设计或者改善材料性能。显然，理想的情况就是使断裂概率不断降低直到它可以忽略不计，但是这么做可能会影响到成本。因此在总体设计过程中，存在一个安全性和经济性的相互影响问题。

3.9.1　Weibull 方法

描述脆性材料强度分布的一个通用经验方法是 Weibull 方法。这是一种“最弱环”方法，这一方法中，物体的强度与一系列独立体积单元的幸存概率有关。这有点类似于一条链子的强度，链子的强度取决于最弱的那个环。在链子断裂后，链子剩余部分的强度就由下一个最弱环决定。依此类推。Weibull 方法中假定了一个简单的幂函数形式的应力函数，并通过这个函数对整个物体体积的积分来描述单元体的幸存概率。例如，描述在拉应力作用下一个物体断裂行为的三参数 Weibull 分布可以写成

$$F=1-\exp\left[-\int_V\left(\frac{\sigma-\sigma_{\min}}{\sigma_0}\right)^m \mathrm{d}V\right] \tag{3-70}$$

式中，F 为断裂概率；m 为 Weibull 模数；σ_0 为特征强度；$\sigma_{\min}$ 为最低强度。Weibull 模数确定了强度分布的宽度，而特征强度则给出了分布在应力空间中的位置。Weibull 模数越大，则强度值的波动就越小。陶瓷的 m 值通常在 5 到 20 之间。最近，在降低强度离散性（也即提高 m）的研究方面取得了一些进展，更高的 m 值目前已经有所报道。

在许多场合中采用的是令 $\sigma_{\min}=0$ 而得到的两参数的 Weibull 分布。在这种情况下，式（3-70）可以简化为

$$\ln\left(\frac{1}{1-F}\right)=L_{\mathrm{F}}V\left(\frac{\sigma_{\max}}{\sigma_0}\right)^m=\left(\frac{\sigma_{\max}}{\sigma_0^*}\right)^m \tag{3-71}$$

表 3-7　承载因子举例（体积裂纹）

几何构型	承载因子 L_{F}
单轴拉伸	1
弯曲试验	
纯弯曲	$\frac{1}{2(m+1)}$
三点弯曲	$\frac{1}{2(m+1)^2}$
四点弯曲（L_{i} 为内跨距，L_{o} 为外跨距）	$\frac{mL_{\mathrm{i}}+L_{\mathrm{o}}}{2L_{\mathrm{o}}(m+1)^2}$

式中，$\sigma_{\max}$ 为最大外加应力；V 为承载的体积；L_{F} 为承载因子。承载因子反映的是物体内部的应力分布状态，在单轴拉伸条件下其值为 1。由这一公式，σ_0 可以解释为具有单位体积的物体在断裂概率为 0.632 时所具有的单轴强度。使用参数 $\sigma_0^*=\sigma_0(L_{\mathrm{F}}V)^{1/m}$ 更为方便一些。这一参数表示了对于特定的 V 和 L_{F} 在 $F=0.632$ 时的比特征强度。承载因子是与单轴拉伸情况相比较所获得的物体承载效率的一个量度。乘积（$L_{\mathrm{F}}V$）通常称为有效体积，因为它说明了物体是如何“有效地”承受应力作用的。表 3-7 给出了一些常用的试验构型的承载因子。上述分析假定裂纹是分布在整个材料体积内的。通过用面积项取代体积项，类似的分析也适用于只含有表面裂纹的物体。

在分析强度数据时，式（3-71）通常写成

$$\ln\ln\left(\frac{1}{1-F}\right)=m\ln\sigma_{\max}-m\ln\sigma_0^* \tag{3-72}$$

由此，将式（3-72）左边的项对强度的自然对数作图将得到一条直线。在这一处理过程中，需要对每一个试样给出一个断裂概率。这个断裂概率通常由下式估计得到：

$$F=\frac{n-0.5}{N} \tag{3-73}$$

N 个试样的强度数据从最小值到最大值排列，给出了一个序数 n，其中 $n=1$ 为强度最低的试样。式（3-73）考虑的是试样数量有限的情况。也提出了这一公式的其他一些形式如 $F=n/(N+1)$，但是目前式（3-73）是得到广泛应用的。以式（3-72）为基础得到的图形，其斜率为 Weibull 模数 m，由截距项（$-m\ln\sigma_0^*$）则可以确定 σ_0^*。直线的拟合通常采用线性回归方法。但是一些作者认为采用其他的回归方法如极大似然法可能效果会更好一些。参数 σ_0^* 与平均强度 σ_{av} 之间的关系为 $\sigma_{\mathrm{av}}=\sigma_0^*\Gamma(1+1/m)$，其中 $\Gamma(\ )$ 为 Γ 函数，其值可以在数学用表中查到。

上述强度分析方法的一个重要特征是需要破坏大量的试样才能获得具有一定精度的 Weibull 参数。例如为了获得精度为 20% 的 m 和精度为 5% 的 σ_0^*，通常需要破坏至少 30 根试样。因此，在强度测试过程中需要 30 到 50 根试样并不是什么奇怪的事情。

3.9.2　试样尺寸和承载模式的影响

Weibull 方法的一个重要特征是脆性材料的强度取决于部件的尺寸及其承载构型[式（3-71）]。例如，图 3-32（a）给出了两组具有不同体积但在同样的加载方式下发生破坏的物体的强度值。可以预期具有较大体积的试样将表现出较低的强度，这是因为在大试样中“发现”较大裂纹的概率将会增大。在试样体积相同的情况下承载方式将变得重要起来。由表 3-7 和相关的应力分布可以看出，弯曲试验中应力对物体的作用不如拉伸试验中那么有效。因此在试样尺寸相同的情况下，弯曲试验得到的强度值应该大于单轴拉伸的结果[见图 3-32（b）]。

为了描述在一种承载构型（$L_{1\mathrm{F}}$）对一种尺寸（V_1）的试样测得的强度（σ_1）与另一种情况（σ_2，$L_{2\mathrm{F}}$，V_2）之间的关系，可以在一个固定的断裂概率下将式（3-71）写成

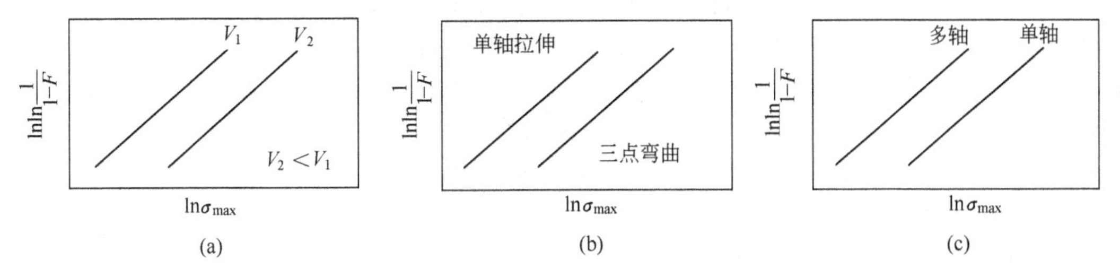

图 3-32　不同因素对强度分布的影响

(a) 试样尺寸；(b) 加载方式；(c) 多轴加载

$$\left(\frac{\sigma_1}{\sigma_2}\right)=\left(\frac{L_{2F}V_2}{L_{1F}V_1}\right)^{1/m} \tag{3-74}$$

多轴加载会改变式（3-70）的形式，在某些情况下会加速断裂的发生。在双轴应力场中，只要其他主应力（σ_2^*）不超过 $0.8\sigma_1^*$，我们就可以用最大主应力 σ_1^* 代替外加应力从而继续使用式（3-70）。在三轴场中，只要$(\sigma_2^*/\sigma_1^*)(\sigma_3^*/\sigma_1^*)<0.5$，就可以同样处理。而大于这一值时，场的多轴性就会导致强度的显著降低［见图 3-32（c）］。随着 Weibull 模数的提高，这一效应将更加明显。换句话说，多轴应力场的作用使得有更多的裂纹能够处在一个有可能导致断裂发生的方向上，这就会提高断裂概率，从而降低强度。在多轴应力问题中，通常假定在各个主应力方向上的幸存概率或可靠性 R 是相互独立的。于是总的幸存概率 R_T 就等于各个主应力方向上幸存概率的乘积（$R=R_1R_2R_3$）。由式（3-70）和式（3-71）可以获得承载因子的表达式为

$$L_F=\int_V\left(\frac{\sigma}{\sigma_0}\right)^m\frac{dV}{V} \tag{3-75}$$

于是，如果知道了应力分布的分析解，就可以计算出对应于各个主应力的承载因子。在这一过程中压应力通常可以忽略。在许多实际的部件构型中，需要通过一些数值方法如有限元分析来计算应力。由式（3-70）和 $\sigma_{min}=0$，一个单一的单元体在单一的主应力作用下的幸存概率 R_{ij} 可以写成

$$R_{ij}=\exp\left[-\left(\frac{\sigma_{ij}}{\sigma_0}\right)^m V_j\right] \tag{3-76}$$

式中的 i 和 j 分别为主应力和单元体的编号。通过所有单元体和三个主应力的表达式的乘积就可以获得总的幸存概率。这一处理方法现在已经被编入了一个特殊的软件包［CARES，由美国国家航空和航天局（NASA）发布］。这是一个非常有用的工具，可以用来分析设计方面的变化是如何影响断裂概率的。

在进行强度试验时必须保证试样中导致断裂的缺陷与实际使用时导致断裂的缺陷一致。例如，如果在试样的机械加工过程中引进了缺陷就可能得到不真实的数据。此外，部件中的缺陷会在服役过程中形成（例如氧化或者冲蚀），这些缺陷就可能与试样中的缺陷不一样。在某些情况下，在同一试样中可能会存在不同类型的裂纹，这就会导致 Weibull 曲线呈现出非线性特征。已经提出了一些方法用于从这样的非线性曲线中获得 Weibull 参数。在许多场合，需要将 Weibull 曲线外推到远低于实验室所能获得的断裂概率水平，这就可能导致较大的不可靠性。应该记住的是，Weibull 分析是经验性的，因此不能保证这是一个最好的处理方法。

3.10　提高陶瓷材料强度及改善脆性的途径

影响陶瓷材料强度的因素是多方面的，材料强度的本质是内部质点（原子、离子、分

子）间的结合力，为了使材料实际强度提高到理论强度的数值，长期以来进行了大量研究。从对材料的形变及断裂的分析可知，在晶体结构既定的情况下，控制强度的主要因素有三个，即弹性模量E，断裂功（断裂表面能）γ和裂纹尺寸C。其中E是非结构敏感的，γ与微观结构有关，但对单相材料，微观结构对γ的影响不大，唯一可以控制的是材料中的微裂纹，可以把微裂纹理解为各种缺陷的总和。所以强化措施大多从消除缺陷和阻止其发展着手。值得提出的有下列几方面。

3.10.1 微晶、高密度与高纯度

为了消除缺陷，提高晶体的完整性，细、密、匀、纯是当前陶瓷发展的一个重要方面。近年来出现了许多微晶、高密度、高纯度陶瓷，例如用热压工艺制造的Si_3N_4陶瓷密度接近理论值，几乎没有气孔。特别值得提出的是各种纤维材料及晶须。表3-8列出一些纤维晶须的特性，从表中可以看出，将块体材料制成细纤维，强度大约提高一个数量级，而制成晶须则提高两个数量级，与理论强度的大小同数量级。晶须提高强度的主要原因之一就是大大提高了晶体的完整性，实验指出，晶须强度随晶须截面直径的增加而降低。

表3-8 几种陶瓷材料的块体、纤维及晶须的抗张强度

材料	抗张强度/MPa		
	块体	纤维	晶须
Al_2O_3	280	2100	21000
BeO	140（稳定化）	—	13333
ZrO_2	140（稳定化）	2100	—
Si_3N_4	120～140（反应烧结）	—	14000

3.10.2 预加应力

人为地预加应力，在材料表面造成一层压应力层，就可提高材料的抗张强度。脆性断裂通常是在张应力作用下，自表面开始，如果在表面造成一层残余压应力层，则在材料使用过程中表面受到拉伸破坏之前首先要克服表面上的残余压应力。通过一定加热、冷却制度在表面人为地引入残余压应力的过程叫做热韧化。这种技术已被广泛用于制造安全玻璃（钢化玻璃），如汽车飞机门窗、眼镜用玻璃。方法是将玻璃加热到转变温度以上但低于熔点，然后淬冷，这样，表面立即冷却变成刚性的，而内部仍处于软化状态，不存在应力。在以后继续冷却中，内部将比表面以更大速率收缩，此时是表面受压，内部受拉，结果在表面形成残留压应力。图3-33是热韧化玻璃板受横向弯曲时，残余应力、作用应力及合成应力分布的情形。这种热韧化技术近年来发展到用于其他结构陶瓷材料，淬冷不仅在表面造成压应力，而且还可使晶粒细化。利用表面层与内部的热膨胀系数不同，也可以达到预加应力的效果。

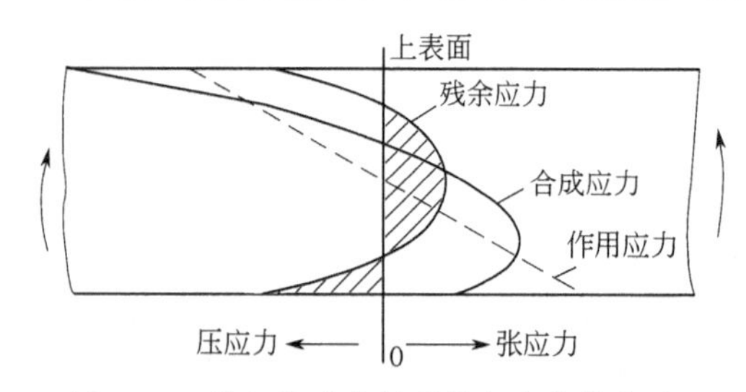

图3-33 热韧化玻璃板受横向变曲荷载时，残余应力、作用应力及合成应力分布

3.10.3 化学强化

如果要求表面残余压应力更高，则热韧化的办法就难以做到，此时就要采用化学强化（离子交换）的办法。这种技术是通过改变表面的化学组成，使表面的摩尔体积比内部的大。由于表面体积胀大受到内部材料的限制，就产生一种两向状态的压应力。可以认为这种表面压力和体积变化的关系近似服从虎克定律，即：

$$\sigma = K\frac{\Delta V}{V} = \frac{E}{3(1-2\mu)} \cdot \frac{\Delta V}{V} \tag{3-77}$$

如果体积变化为2%，$E=70\text{GPa}$，$\mu=0.25$，则表面压应力高达930MPa。

通常是用一种大的离子置换小的，由于受扩散限制及受带电离子的影响，实践上，压力层的厚度被限制在数百微米范围内。

在化学强化的玻璃板中，应力分布情况和热韧化玻璃不同，在热韧化玻璃中形状接近抛物线，且最大的表面压应力接近内部最大张应力的两倍，但在化学强化中，通常不是抛物线形，而是在内部存在一个接近平直的小的张应力区，到化学强化区突然变为压应力。表面压应力与内部张应力之比可达数百倍。如果内部张应力很小，则化学强化的玻璃可以切割和钻孔。但如果压应力层较薄而内部张应力较大，内部裂纹能自发扩展。破坏时可能裂成碎块。化学强化方法目前尚在发展中，相信会得到更广泛的应用。

此外，将表面抛光及化学处理用以消除表面缺陷也能提高强度。强化材料的一个重要发展是复合材料的出现。复合材料是近年来迅速发展的领域之一。

3.10.4 相变增韧

利用多晶多相陶瓷中某些相成分在不同温度的相变，从而增韧的效果，统称为相变增韧。例如，利用ZrO_2的马氏体相变来改善陶瓷材料的力学性能，是目前引人注目的研究领域。研究了多种ZrO_2的相变增韧，由四方相转变成单斜相，体积增大3%～5%，如部分稳定ZrO_2(PSZ)，四方ZrO_2多晶陶瓷（TZP），ZrO_2增韧Al_2O_3陶瓷（ZTA），ZrO_2增韧莫来石陶瓷（ZTM），ZrO_2增韧尖晶石陶瓷，ZrO_2增韧钛酸铝陶瓷，ZrO_2增韧Si_3N_4陶瓷，增韧SiC以及增韧SiAlON等。

其中PSZ陶瓷较为成熟，TZP、ZTA、ZTM研究得也较多。PSZ、TZP、ZTA等的断裂韧性K_{IC}已达$11\sim15\text{MPa}\cdot\text{m}^{1/2}$，有的高达$20\text{MPa}\cdot\text{m}^{1/2}$，但温度升高时，相变增韧失效。

韧化的主要机理有应力诱导相变增韧、相变诱发微裂纹增韧、残余应力增韧等。几种增韧机理并不互相排斥，但在不同条件下有一种或几种机理起主要作用。

（1）相变增韧

当部分稳定ZrO_2陶瓷烧结致密后，四方相ZrO_2颗粒弥散分布于其他陶瓷基体中（包括ZrO_2本身），冷却时亚稳四方相颗粒受到基体的抑制而处于压应力状态，这时基体沿颗粒连线方向也处于压应力状态。材料在外力作用下所产生的裂纹尖端附近由于应力集中的作用，存在张应力场，从而减轻了对四方相颗粒的束缚，在应力的诱发作用下会发生向单斜相的转变并发生体积膨胀，相变和体积膨胀的过程除消耗能量外，还将在主裂纹作用区产生压应力，二者均阻止裂纹的扩展，只有增加外力做功才能使裂纹继续扩展，于是材料强度和断裂韧性大幅度提高。

（2）微裂纹增韧

部分稳定ZrO_2陶瓷在烧结冷却过程中，存在较粗四方相向单斜相的转变，引起体积膨胀，在基体中产生弥散分布的裂纹或者主裂纹扩展过程中在其尖端过程区内形成的应力诱发相变导致的微裂纹，这些尺寸很小的微裂纹在主裂纹尖端扩展过程中会导致主裂纹分叉或改变方向，增加了主裂纹扩展过程中的有效表面能，此外裂纹尖端应力集中区内微裂纹本身的扩展也起着分散主裂纹尖端能量的作用，从而抑制了主裂纹的快速扩展，提高了材料的韧性。

（3）表面残余压应力增韧

陶瓷材料可以通过引入残余压应力达到增强韧化的目的。控制含弥散四方ZrO_2颗粒的陶瓷在表层发生四方相向单斜相相变，引起表面体积膨胀而获得表面残余压应力。由于陶瓷断裂往往起始于表面裂纹，表面残余压应力有利于阻止表面裂纹的扩展，从而起到了增强增韧的作用。

3.10.5 弥散增韧

在基体中渗入具有一定颗粒尺寸的微细粉料，达到增韧的效果，这称为弥散增韧。这种细粉料可能是金属粉末，加入陶瓷基体之后，以其塑性变形，来吸收弹性应变能的释放量，从而增加了断裂表面能，改善了韧性。细粉料也可能是非金属颗粒，在与基体生料颗粒均匀混合之后，在烧结或热压时，多半存在于晶界相中，以其高弹性模量和高温强度增加了整体的断裂表面能，特别是高温断裂韧性。

当基体的第二相为弥散颗粒时，增韧机制可能是裂纹受阻或裂纹偏转、相变增韧和弥散增韧。影响第二相颗粒增韧效果的主要因素是基体与第二相颗粒的弹性模量和热膨胀系数之差以及两相之间的化学相容性。其中，化学相容性是要求既不出现过量的相间化学反应，同时又能保证较高的界面结合强度，这是颗粒产生有效增韧效果的前提条件。

当陶瓷基体中加入的颗粒具有高弹性模量时会产生弥散增韧。其机制为：复合材料受拉伸时，高弹性模量第二相颗粒阻止基体横向收缩。为达到横向收缩协调，必须增大外加纵向拉伸应力，即消耗更多外界能量，从而起到增韧作用。颗粒弥散增韧与温度无关，因此可以作为高温增韧机制。纤维增强增韧复合材料，将在下节陈述。

3.11 复合材料

在一种基体材料中加入另一种粉体材料或纤维材料而制成复合材料是提高陶瓷材料强度和改善脆性的有效措施。在许多方面已得到广泛应用。粒子强化的机理在于粒子可以防止基体内的位错运动，或通过粒子的塑性形变而吸收一部分能量，从而达到强化的目的。例如，以 70%Al_2O_3-30%Cr（质量分数）制成的金属陶瓷，在 297K 下，抗弯强度为 380MPa，以 70%TiC-30%Ni（质量分数）制成的金属陶瓷，抗弯强度达 1340MPa。这类复合材料受到外力作用时，负荷主要由基体承担。纤维强化的作用在于负荷主要由纤维承担，而基体将负荷传递、分散给纤维。此外，纤维还可阻止基体内的裂纹扩展。为了评价强化效果，可定义强化率 F：

$$强化率\ F=\frac{粒子或纤维强化材料的强度}{未加粒子或纤维的材料的强度}$$

对于粒子强化复合材料来说，F 为粒子体积含有率 V_P、粒子分布、粒子直径 d_P 和粒子间距离 λ_P 的函数。一般来说，粒子愈小，阻止位错运动的效果就愈大，因此 F 也大。当粒子直径 d_P 在 0.01～0.1μm 范围内时，F 约为 4～15。比这更细的粒子就能形成固溶体，F 可达 10～30，例如一些超级合金。如 d_P=0.1～10μm，则 F 只有 1～3，金属陶瓷一般在此范围内。大的粒子容易成为应力集中源。使复合材料的力学性能破坏。对于纤维强化复合材料，强化率 F 和纤维体积含有率 V_f、纤维直径 d_f、纤维抗拉强度 σ_f、纤维长度 l、纤维长细比 l/d_f、纤维与基体的接着强度 τ_m、基体拉张强度有关。根据纤维和基体的特点，F 的变化范围较大。这类材料中可用纤维材料来强化韧性基体（如橡胶、树脂、金属），也可用来强化脆性基体（如玻璃及陶瓷材料）。例如用钨芯碳化硅纤维强化氮化硅，断裂功从 1J/m^2 提高到 9×10^2J/m^2，用碳纤维增强石英玻璃，抗弯强度为纯石英玻璃的 12 倍，抗冲击强度提高 4 倍，断裂功提高 2～3 个数量级。下面重点介绍一些纤维强化材料的基本概念。

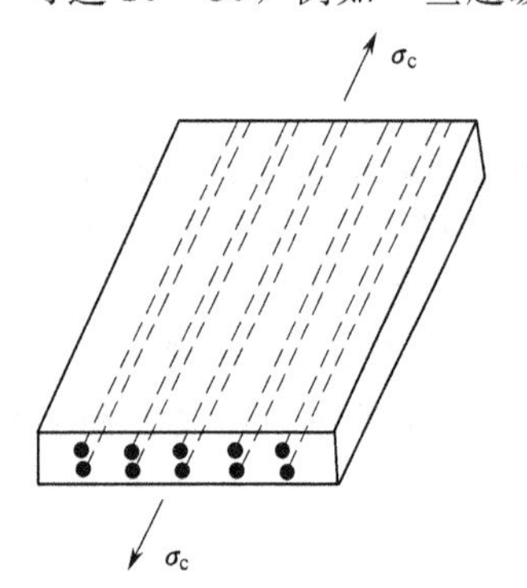

图 3-34 连续纤维单向强化复合材料的纤维排列及受力情况

纤维的强化作用取决于纤维与基体的性质，二者的结合强度，纤维在基体中的排列方式。为了达到强化目的，必须注意下列几个原则：①使纤维尽可能多地承担外加负荷，为此，应选用强度及弹性模量比基体高的纤维，因为在受力情况下，当二者应变相同时，纤维与基体所承受的应力之比等于二者弹性模量之比，E 大则承担的力大；②二者的结合强度不能太差，否则基体中所承受的应力无法传递到纤维上，极端的情况是两者结合强度为零，这时纤维毫无作用，有如基体中存在大量气孔群一样，强度反而降低，如果结合太强，虽可分担大部分应力，但在断裂过程中没有纤维自基体中拔出这种吸收能量的作用，复合材料将表现为脆性断裂，因此，结合强度以适当为宜；③应力作用的方向应与纤维平行，才能发挥纤维的作用，因此应注意纤维在基体中的排列，排列方向可以是单向、十字交叉或按一定角度交错及三维空间编织；④纤维与基体的热膨胀系数应匹配，二者的热膨胀系数以相近为宜，最好是纤维的热膨胀系数略大于基体的，这样复合材料在烧成、冷却后纤维处于受拉状态而基体处于受压状态，起到预加应力作用；⑤还要考虑二者在高温下的化学相容性，必须保证二者在高温下不致发生引起纤维性能降低的化学反应。

3.11.1 连续纤维单向强化复合材料的强度

连续纤维单向强化复合材料的纤维排列及受力情况示于图 3-34。设纤维与基体的应变相同，即 $\varepsilon_c=\varepsilon_f=\varepsilon_m$，则可写出：

$$E_c=E_fV_f+E_mV_m \tag{3-78}$$

$$\sigma_c=\sigma_fV_f+\sigma_mV_m \tag{3-79}$$

$$V_f+V_m=1 \tag{3-80}$$

式中，E_c、σ_c 分别为复合材料的弹性模量及强度；E_f、σ_f、V_f 分别为纤维的弹性模量、强度及体积分数；E_m、σ_m、V_m 分别为基体的弹性模量、强度及体积分数。

式（3-78）、式（3-79）是理想状态，也是对复合材料弹性模量和强度的最高估计。叫做上界模量及上界强度。

由于在复合材料中，纤维和基体的应变是一样的，即：

$$\varepsilon_m=\varepsilon_f=\frac{\sigma_m}{E_m}=\frac{\sigma_f}{E_f} \tag{3-81}$$

设 ε_m 超过基体的临界应变时，复合材料就破坏，但此时纤维还未充分发挥作用。根据这一条件，将式（3-81）代入式（3-79）即可求得复合材料的下界强度，即复合材料强度的最低值。

$$\sigma_c=\sigma_m\left[1+V_f\left(\frac{E_f}{E_m}-1\right)\right] \tag{3-82}$$

对于以玻璃、硼等脆性破坏的材料为纤维，以聚酯、环氧树脂、铝等延性材料为基体的复合材料，其应力应变曲线见图 3-35。曲线的第Ⅰ区域为弹性区，此时：

$$E_c=E_fV_f+E_mV_m \qquad 0\leqslant\varepsilon\leqslant\varepsilon_{my} \tag{3-83}$$

$$\sigma_c=\sigma_fV_f+\sigma_mV_m \tag{3-84}$$

式中，ε_{my} 为基体屈服点应变。基体屈服后进入第Ⅱ区，此时基体弹性模量已不是常数，因此复合材料的弹性模量可写成：

$$E_c(\varepsilon)=E_fV_f+\left[\frac{d\sigma_m(\varepsilon)}{d\varepsilon}\right]V_m \tag{3-85}$$

在第Ⅱ区域末尾，设复合材料的破坏由纤维断裂引起，此时 $\varepsilon=\varepsilon_{fu}$，则：

$$\sigma_{cu}=\sigma_{fu}V_f+\sigma_m^*V_m=\sigma_{fu}V_f+\sigma_m^*(1-V_f) \tag{3-86}$$

式中，σ_{cu}、σ_{fu} 分别为复合材料与纤维的断裂应力；σ_m^* 为与纤维断裂时的应变 ε_{fu} 相对应的基体应力。基体断裂时之应变为 ε_{mu}，参看图 3-35。

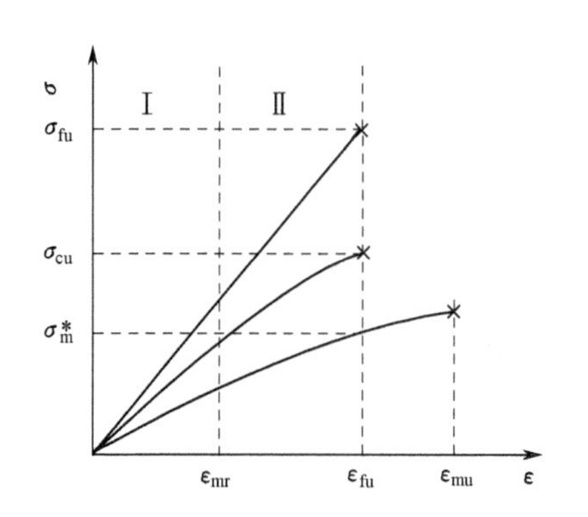

图 3-35 纤维、基体及复合材料的应力应变曲线

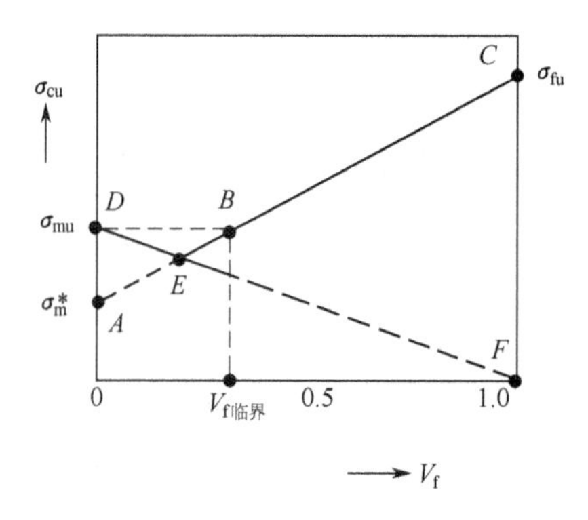

图 3-36 σ_{cu} 与 V_f 的关系

图 3-36 中 ABC 线是根据式（3-86）绘出的 σ_{cu}-V_f 关系，为一直线，说明纤维加得愈多，强度愈大，理论上 $V_f=1$ 则 $\sigma_{cu}=\sigma_{fu}$。实际上，圆形纤维排在一起，当中有空隙，V_f 不可能等于 1。由于 σ_m^* 通常比基体断裂应力 σ_{mu} 小，而 $\sigma_{cu}=\sigma_{mu}$ 的点 B 叫等破坏点，和此点对应的纤维体积含有率叫做临界体积含有率 $V_{f临界}$，故令式（3-86）的左边等于 σ_{mu} 即可求出 $V_{f临界}$

$$\sigma_{mu}=\sigma_{fu}V_{f临界}+\sigma_m^*V_m \tag{3-87}$$

$$V_{f临界}=\frac{\sigma_{mu}-\sigma_m^*}{\sigma_{fu}-\sigma_m^*} \tag{3-88}$$

必使 $V_f>V_{f临界}$，才能起到强化的效果。

为了改善陶瓷的脆性，可以在陶瓷中加入延性纤维，此时基体是脆性材料，且 $\varepsilon_{mu}<\varepsilon_{fu}$，则当 $\varepsilon_c=\varepsilon_{mu}$ 时，基体就开裂，此时负荷由纤维负担，此时加给纤维的平均附加应力为：

$$\Delta\sigma_f=\frac{\sigma_{mu}(1-V_f)}{V_f} \tag{3-89}$$

如果 $\Delta\sigma_f<\sigma_{fu}-\sigma_f'$，$\sigma_f'$ 为基体即将开裂时纤维的应力，则纤维将使复合材料保持在一起而不致断开。由式（3-89）可得：

$$\Delta\sigma_f=\frac{\sigma_{mu}(1-V_f)}{V_f}$$

$$V_f=\frac{\sigma_{mu}}{\sigma_{mu}+\Delta\sigma_f} \tag{3-90}$$

临界情况 $\Delta\sigma_f=\sigma_{fu}-\sigma_f'$ 故

$$V_{f临界}=\frac{\sigma_{mu}}{\sigma_{mu}+\sigma_{fu}-\sigma_f'} \tag{3-91}$$

如果 $\sigma_{fu}\gg\sigma_f'\gg\sigma_{mu}$，则 $V_{f临界}$ 近似为 c

$$V_{f临界}\approx\frac{\sigma_{mu}}{\sigma_{fu}} \tag{3-92}$$

3.11.2 短纤维单向强化复合材料

如果使用短纤维来强化，则纤维长度必须大于一个临界长度 l_C 才能起到增强作用，此临界长度可以根据力的平衡条件求得。研究基体中只有一根短纤维的情况，当基体受均匀应力 σ_m 时，纤维表面就作用有由基体引起的剪应力 τ，纤维断面上作用有张应力 σ_f，见图 3-37。图中（b）为纤维与基体接触面上的剪应力，二者大小相等，方向相反。纤维表面上的剪应力被截面上的张应力平衡。（c）、（d）为纤维表面剪应力及截面张应力沿纤维长度的分布。剪应力在 A、B 两端最大，中间接近于零。而截面张应力正好相反，中间最大，A、B 两端为零。

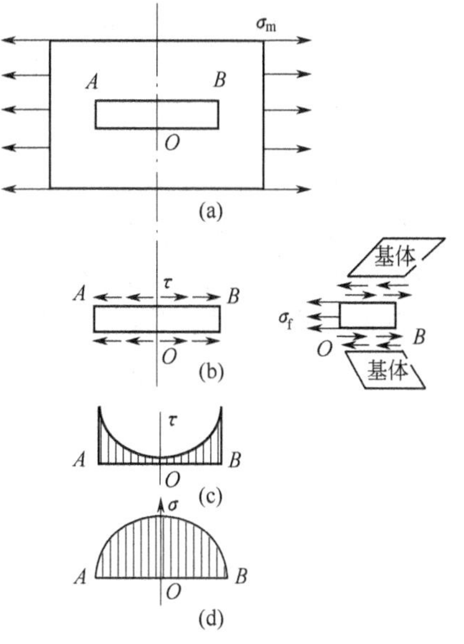

图 3-37 纤维与基体的共同作用

随着作用应力 σ_m 的增加，剪应力沿纤维全长达到界面的结合强度或基体的屈服强度 τ_{my}。由 τ_{my} 引起的纤维截面张应力恰好等于纤维的拉伸屈服应力 σ_{fy} 时所必需的纤维长度即是临界长度 l_C，根据力的平衡条件：

$$\tau_{my} \cdot \pi d \cdot \frac{l_C}{2} = \sigma_{fy} \cdot \frac{\pi d^2}{4} \qquad (3\text{-}93)$$

由此得：

$$l_C = \frac{\sigma_{fy}}{2\tau_{my}} \cdot d \qquad (3\text{-}94)$$

式中，d 为纤维直径；$\frac{l_C}{d}$ 为临界长径比。$l > l_C$ 时，才有强化效果，设 $\tau_{my} = 20\text{MPa}$，$\sigma_{fy} = 2000\text{MPa}$，则 $\frac{l_C}{d} = 50$，如 $d = 5\mu\text{m}$，则 $l_C = 0.25\text{mm}$。

当 $l \gg l_C$ 时，其效果接近连续纤维，当 $l = 10 l_C$ 时即可达连续纤维强化效果的 95%。短纤维复合材料的强度可写为

$$\sigma_c = \sigma_{fu}\left(1 - \frac{l_C}{2l}\right)V_f + \sigma_m(1 - V_f) \qquad (3\text{-}95)$$

式中，σ_m 为应变与纤维屈服应变相同时的基体的应力。

由于纤维及晶须仍在发展中，可供选择的品种不多，所以复合材料的发展受到一定限制，但随着纤维及晶须的品种不断扩大和性能不断提高，复合材料将有更广阔的前景。

3.12 陶瓷材料的硬度

硬度是材料的一种重要力学性能，但在实际应用中由于测量方法不同，测得的硬度所代表的材料性能也各异。例如金属材料常用的硬度测量方法是在静荷载下将一种硬的物体压入材料，这样测得的硬度主要反映材料抵抗塑性形变的能力，而陶瓷、矿物材料使用的划痕硬度却反映材料抵抗破坏的能力。所以硬度没有统一的定义，各种硬度单位也不同，彼此间没有固定的换算关系。

陶瓷及矿物材料常用的划痕硬度叫做莫氏硬度，它只表示硬度由小到大的顺序，不表示硬度的程度，后面的矿物可划破前面的矿物表面。一般莫氏硬度分为十级，后来因为有一些人工合成的硬度大的材料出现，又将莫氏硬度分为十五级以便比较，表 3-9 为莫氏硬度两种分级的顺序。

表 3-9 莫氏硬度顺序

顺 序	材 料	顺 序	材 料	顺 序	材 料	顺 序	材 料
1	滑石	8	黄玉	5	磷灰石	12	刚玉
2	石膏	9	刚玉	6	正长石	13	碳化硅
3	方解石	10	金刚石	7	SiO_2 玻璃	14	碳化硼
4	萤石	1	滑石	8	石英	15	金刚石
5	磷灰石	2	石膏	9	黄玉		
6	正长石	3	方解石	10	石榴石		
7	石英	4	萤石	11	熔融氧化锆		

用静载压入的硬度试验法种类很多，常用布氏硬度、维氏硬度及洛氏硬度，这些方法的原理都是将一硬的物体在静载下压入被测物体表面，表面上被压入一凹面，以凹面单位面积上的荷载表示被测物体的硬度。图 3-38 为几种常用硬度的原理及计算方法。

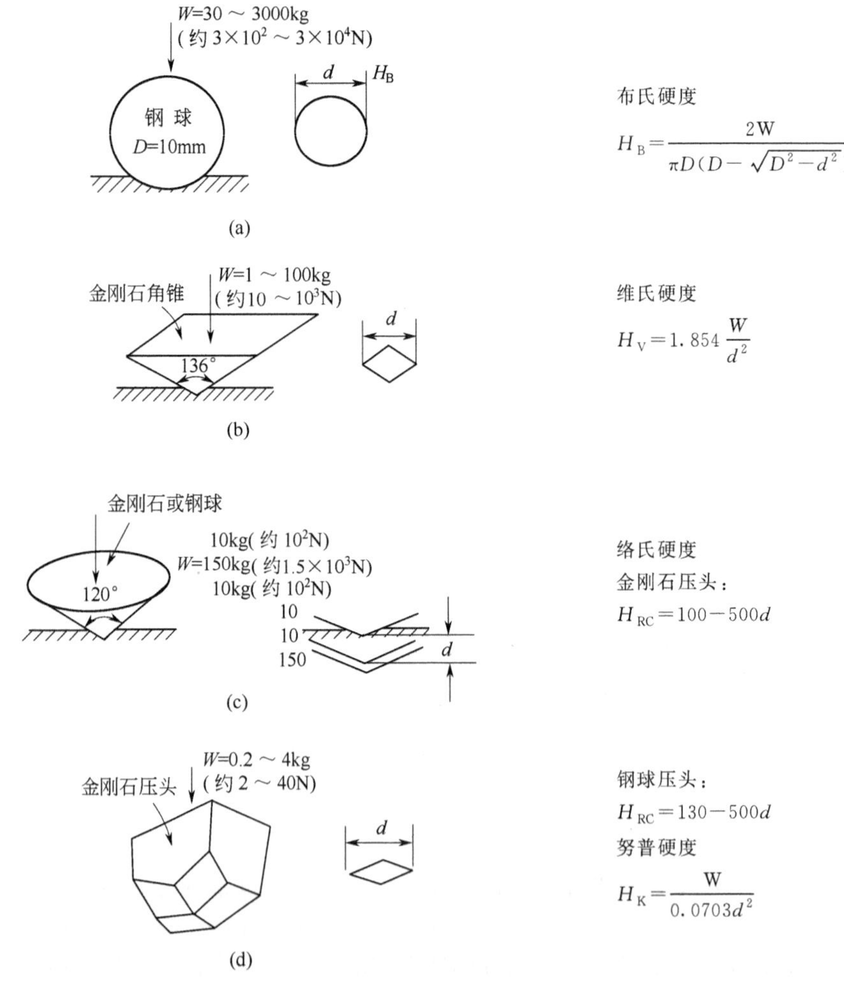

图 3-38 静载压入试验

(a) 布氏硬度；(b) 维氏硬度；(c) 洛氏硬度；(d) 努普硬度

布氏硬度法主要用来测定金属材料中较软及中等硬度的材料，很少用于陶瓷，维氏硬度法及努普硬度法都适于较硬的材料，也用于测量陶瓷的硬度，洛氏硬度法测量的范围较广，采用不同的压头和负荷可以得到 15 种标准洛氏硬度，此外还有 15 种表面洛氏硬度，其中 HRA、HRC 都能用来测量陶瓷的硬度。陶瓷材料也常用显微硬度法来测量，其原理和维氏硬度法一样，但是把硬度试验的对象缩小到显微尺度以内，它能测定在显微观察时所评定的某一组织组成物或某一组成相的硬度。显微硬度试验常用金刚石正四棱锥为压头，并在显微镜下测其硬度，试验所用公式和维氏硬度所用的相同，即：

$$\mathrm{H_M}=1.854\frac{P}{d^2}$$

式中，负荷 P 以 g 为单位；d 以 μm 为单位。仪器有效负荷为 2～200g。显微硬度试验法比较适于测定硬而脆的材料的硬度，所以也适用于测量陶瓷材料的硬度。一些材料的硬度值列于表 3-10。

表 3-10　一些材料的硬度

材　　料	条　件	硬　度	材　　料	条　件	硬　度
金属		H_V		1023K(试验温度)	1000
99.5%铝	退　　火	20	Al_2O_3		约 1500
	冷　　轧	40	B_4C		2500～3700
铝合金(Al-Zn-Mg-Cu)	退　　火	60	BN(立方)		7500
	沉淀硬化	170	金刚石		6000～10000
软钢(0.2%C)	正　　火	120	玻璃		H_V
	冷　　轧	200	石英玻璃		700～750
轴承钢	正　　火	200	钠钙玻璃		540～580
	淬火 1103K	900	光学玻璃		550～600
	回火 423K	750	高分子聚合物		
陶瓷		H_K	聚苯乙烯		17
WC	烧　　结	1500～2400	有机玻璃		16
金属陶瓷(WC-6%Co)	293K(试验温度)	1500			

矿物、晶体和陶瓷材料的硬度取决于其组成和结构。离子半径越小，离子电价越高，配位数越大，极化能就越大，抵抗外力摩擦、刻划和压入的能力也就越强，所以硬度就较大。陶瓷材料的显微组织、裂纹、杂质等对硬度有影响。当温度升高时，硬度将下降。

习　　题

1. 求熔融石英的结合强度，设估计的表面能为 1.75J/m²；Si—O 的平衡原子间距为 1.6×10^{-8}cm，弹性模量值从 60 到 75GPa。

2. 熔融石英玻璃的性能参数为：$E=73$GPa，$\gamma=1.56$J/m²，理论强度 $\sigma_{th}=28$GPa。如材料中存在最大长度为 2μm 的内裂，且此内裂垂直于作用力的方向，计算由此而导致的强度折减系数。

3. 证明测定材料断裂韧性的单边切口、三点弯曲梁法的计算公式：

$$K_{IC}=\frac{6Mc^{1/2}}{BW^2}[1.93-3.07(c/W)+14.5(c/W)^2-25.07(c/W)^3+25.8(c/W)^5]$$ 与

$$K_{IC}=\frac{P_CS}{BW^{3/2}}[2.9(c/W)^{1/2}-4.6(c/W)^{3/2}+21.8(c/W)^{5/2}-37.6(c/W)^{7/2}+38.7(c/W)^{9/2}]$$是一回事。

4. 一陶瓷三点弯曲试件，在受拉面上于跨度中间有一竖向切口如图 3-39 所示。如果 $E=380$GPa，$\mu=0.24$，求 K_{IC} 值，设极限荷载达 50kg。计算此材料的断裂表面能。

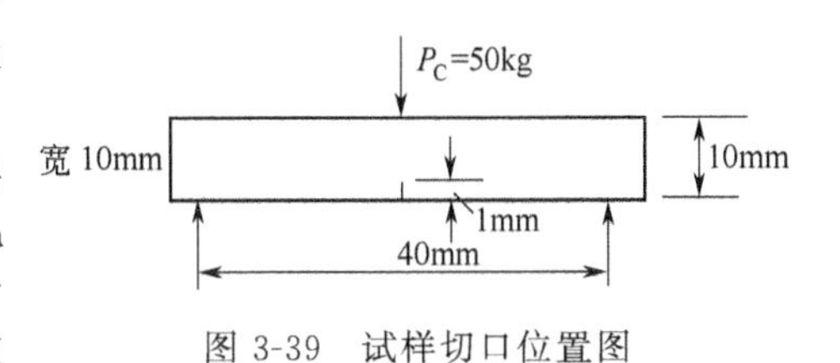

图 3-39　试样切口位置图

5. 一钢板受有长度方向的拉应力 350MPa，如在材料中有一垂直于拉应力方向的中心穿透缺陷，长 8mm ($=2c$)。此钢材的屈服强度为 1400MPa，计算塑性区尺寸 r_0 及其与裂缝半长 c 的比值。讨论用此试件来求 K_{IC} 值的可能性。

6. 一陶瓷零件上有一垂直于拉应力的边裂，如边裂长度为：① 2mm；② 0.049mm；③ 2μm，分别求上述三种情况下的临界应力。设此材料的断裂韧性为 1.62MPa·$m^{1/2}$。讨论诸结果。

7. 弯曲强度数据为：782，784，866，876，884，884，890，915，922，922，927，942，944，1012 及 1023（MPa）。求两参数韦伯模数和求三参数韦伯模数。

8. 含有一条贯穿厚度的表面裂纹的氧化钇稳定 ZrO_2 的切口梁在四点弯曲方式（Ⅰ型）下破坏。梁的高度为 10mm。断裂应力为 100MPa，临界裂纹尺寸（c）为 1mm。ZrO_2 的弹性模量和泊松比分别为 200GPa 和 0.30。

a）确定断裂表面能、断裂韧性和裂纹扩展阻力。

b）如果在无切口的情况下 ZrO_2 从一条半圆形表面裂纹处破坏，计算含有一条半径为 100μm 的裂纹的材料的断裂应力。

c）如果用 Vickers 硬度压头对 ZrO_2 压痕，荷载为 20kgf 时你预期径向裂纹的尺寸应该是多少？计算压痕材料的强度和临界裂纹尺寸。为什么临界裂纹尺寸大于压痕裂纹尺寸？

9. 一块带切口的 Al_2O_3 厚板，含有一条贯穿厚度的内部裂纹，在均匀拉伸条件（Ⅰ型）下破坏。断裂应力为 12MPa，临界裂纹尺寸（$2c$）为 60mm。Al_2O_3 的弹性模量和泊松比分别为 400GPa 和 0.26。

a）确定断裂表面能、断裂韧性和裂纹扩展阻力。

b）画出在断裂时系统的总能量与裂纹长度之间的关系曲线。

c）一个破坏了的 Al_2O_3 部件具有一个半径为 1mm 的分叉区。如果相关的分叉常数为 20MPa·$m^{1/2}$，计算断裂应力和临界裂纹尺寸。试提出两个理由说明为什么初始裂纹尺寸会小于临界裂纹尺寸。

10. Al_2O_3 的断裂韧性（4.0MPa·$m^{1/2}$）可以通过添加体积分数为 30%的以下材料得到提高：

a）ZrO_2 颗粒。利用相变增韧机制（相变区尺寸为 $2h=100\mu m$）。

b）SiC 晶须。利用裂纹桥接（假定晶须强度为 10GPa，脱附长度近似等于晶须直径 5μm，没有发生拔出）。

c）Al 颗粒。利用裂纹桥接（假定铝桥接体的直径为 50μm）。

估算在各种机制下断裂韧性的提高幅度。说明在你的分析中采用的所有假定条件（尽量是合理的假定）。对于 c）部分，估计一下使拔出的贡献等效于桥接的贡献所需要的拔出长度。

数据：ZrO_2 的弹性模量和泊松比分别为 200GPa 和 0.31；Al_2O_3 的弹性模量和泊松比分别为 400GPa 和 0.23；SiC 的弹性模量和泊松比分别为 430GPa 和 0.20；Al 的屈服强度为 100MPa。

11. 玻璃圆盘被认为是计算机硬盘驱动器基板的主要候选材料。关键的问题是驱动器是否是机械可靠的。如果你参与了这一设计的材料部分的研究，而厂商卖给你含有一个中心孔洞（用于安装目的）的圆形玻璃板（密度为 2200kg/m^3）。玻璃板的外径为 130mm，内径为 40mm，板的厚度为 1.9mm。厂商同时也提供了根据旋转试验得到的惰性强度分布数据：平均强度 83.2MPa；Weibull 模数 $m=14.0$；测试所用的试样数 100。完成以下任务，并清楚地说明假设条件、试验条件、参考文献等。

a）估算一批共 100 个圆盘中的最弱的和最强的试样的惰性强度。如果玻璃的 K_{IC} 为 0.8MPa·$m^{1/2}$，估算与这两个强度相对应的临界裂纹尺寸。

b）计算在惰性强度水平的转速为 20000r/min 时的断裂概率。

c）设计一个保证试验，使你能够将 20000r/min 时的断裂概率降低到原来的 1/10。

第4章　无机材料的热性能

由于无机材料和制品往往要应用于不同的温度环境中，很多使用场合还对它们的热性能有着特定的要求，因此热学性能也是无机材料重要的基本性质之一。

无机材料的热学性质，包括热容、热膨胀、热传导、热稳定性等，不仅对无机材料的制备有重要意义，还直接影响着它们在工程上的应用。在制造和使用过程中进行热处理时，热容和热导率决定了无机材料基体中温度变化的速率。这些性能是确定抗热应力的基础，同时也决定操作温度和温度梯度。对于用作隔热体的材料来说，低的热导率是必需的性能。无机材料基体或组织中的不同组分由于温度变化而产生不均匀膨胀，能够引起相当大的应力。无机材料承受温度骤变而不至于破坏的能力即抗热震性，它的高低是关系到无机材料优异的高温性能能否得到充分发挥的关键。

无机材料是由晶体及非晶体组成的。以往在讨论晶体结构时，往往是把晶体点阵中的粒子，看作是静止在结点上的，实际上晶体点阵中的质点（原子、离子）总是围绕着各自的平衡位置附近作微小振动，这就是晶体的点阵振动或称晶格振动（晶格振动的详细内容在第1章1.3节已介绍）。介质温度的高低也就反映了这种振动的强烈程度，所以也称为热振动，这种热振动也是固体中离子或分子的主要运动形式。由于热振动在一定程度上破坏了晶格的周期性，因此对晶体力学、电学、热学等各种物理性质有着一定的影响。

本章就对无机材料热性能的宏观、微观本质关系进行讨论，以便在选材、用材、改善材质、探讨新材料、新工艺方面打下物理理论基础。

4.1　无机材料的热容

物体在温度升高1K时所吸收的热量称作该物体的热容，所以在温度 t 时物体的热容可表达为：

$$C_t=\left(\frac{\partial Q}{\partial T}\right)_T(\text{J/K}) \tag{4-1}$$

显然物体的质量不同，热容值不同，对于一克的物质的热容又称之为“比热容”，单位是J/(K·g)，一摩尔物质的热容即称为“摩尔热容”。同一物质在不同温度时的热容也往往不同，通常工程上所用的平均热容是指物体从温度 T_1 到 T_2 所吸收的热量的平均值：

$$C_{均}=\frac{Q}{T_2-T_1} \tag{4-2}$$

平均热容是比较粗略的，$T_1 \sim T_2$ 的范围愈大，精确性愈差，而且应用时还特别要注意到它的适用范围（$T_1 \sim T_2$）。

另外物体的热容还与它的热过程性质有关，假如加热过程是恒压条件下进行的，所测定的热容称为恒压热容（C_P）。假如加热过程是在保持物体容积不变的条件下进行的，则所测定的热容称为恒容热容（C_V）。由于恒压加热过程中，物体除温度升高外，还要对外界做功（膨胀功），所以每提高1K温度需要吸收更多的热量，即 $C_P>C_V$，因此它们可表达为：

$$C_P=\left(\frac{\partial Q}{\partial T}\right)_P=\left(\frac{\partial H}{\partial T}\right)_P$$

$$C_V=\left(\frac{\partial Q}{\partial T}\right)_V=\left(\frac{\partial E}{\partial T}\right)_V$$

式中，Q 为热量；E 为内能；H 为焓。

从实验的观点来看，C_P 的测定要方便得多，但从理论上讲，C_V 更有意义，因为它可以直接从系统的能量增量来计算，根据热力学第二定律还可以导出 C_P 和 C_V 的关系如下：

$$C_P - C_V = \alpha^2 V_0 T / \beta \tag{4-3}$$

式中，$\alpha = \frac{dV}{VdT}$容积热膨胀系数；$\beta = \frac{-dV}{VdP}$压缩系数；V_0 为摩尔容积。

对于物质的凝聚态，实际上 C_P 和 C_V 的差异可以忽略，但在高温时差别就增大了（见图 4-1）。

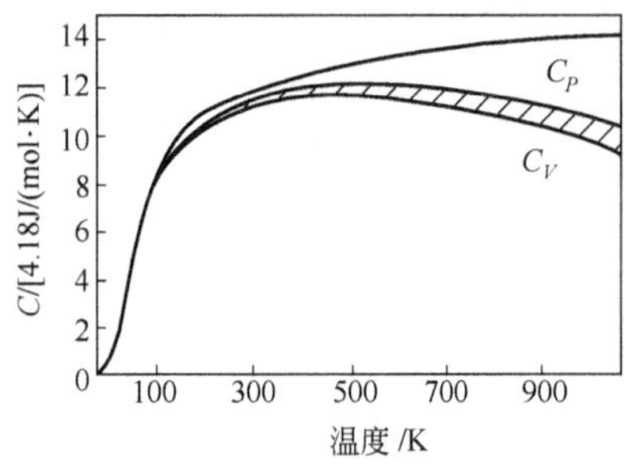

图 4-1　NaCl 的热容-温度曲线

4.1.1　晶态固体热容的经验定律和经典理论

晶体的热容，已发现了两个经验定律。一是元素的热容定律——杜隆-珀替定律："恒压下元素的原子热容等于 25J/(K·mol)"。实际上大部分元素的原子热容都接近 25J/(K·mol)，特别在高温时符合得更好。另一是化合物热容定律——柯普定律："化合物分子热容等于构成此化合物各元素原子热容之和"。但轻元素的原子热容不能用 25J/(K·mol)，需改用表 4-1 中的值。

表 4-1　轻元素的原子热容

元　素	H	B	C	O	F	Si	P	S	Cl
C_P	9.6	11.3	7.5	16.7	20.9	15.9	22.5	22.6	20.4

经典的热容理论可对此经验定律作出如下的解释。

根据晶格振动理论，在固体中可以用谐振子来代表每个原子在一个自由度的振动，按照经典理论能量按自由度均分，每一振动自由度的平均动能和平均位能都为 $kT/2$，一个原子有三个振动自由度，平均动能和位能的总和就等于 $3kT$，一摩尔固体中有 N 个原子，总能量为：

$$E = 3NkT = 3RT \tag{4-4}$$

式中，N 为阿佛加德罗常数；T 为热力学温度（0K）；k 为玻耳兹曼常数；$R = 8.314$J/(K·mol)为气体普适常数。

按热容定义：

$$C_V = \left(\frac{\partial E}{\partial T}\right)_V = \left[\frac{\partial(3NkT)}{\partial T}\right]_V = 3Nk = 3R \approx 25\text{J}/(\text{K}\cdot\text{mol}) \tag{4-5}$$

由式（4-5）可知，热容是与温度无关的常数，这就是杜隆-珀替定律。对于双原子的固态化合物，一个摩尔中的原子数为 $2N$，故摩尔热容为 $C_V = 2\times25$J/(K·mol)。三原子的固态化合物的摩尔热容 $C_V = 3\times25$J/(K·mol)，余类推。杜隆-珀替定律在高温时与实验结果符合得很好，但在低温时，热容的实验值并不是一个恒量，随温度降低而减小，在接近绝对零度时，热容值按 T^3 的规律趋于零，对于低温下热容减小的现象使经典理论遇到了困难，而需要用量子理论来解释。

4.1.2　晶态固体热容的量子理论

根据量子理论，谐振子的振动能量可以表示为：

$$E_i = \left(n + \frac{1}{2}\right) h\nu_i \tag{4-6}$$

式中，E_i 为第 i 个谐振子的振动能量；ν_i 为第 i 个谐振子的振动频率；h 为普朗克常数；$n=0$、1、2、…。

按照玻耳兹曼统计理论，晶体内振动能量为 E_i 的谐振子的数目 N_{E_i} 与 $e^{\frac{-E_i}{kT}}$ 成正比，$N_{E_i}=C'e^{\frac{-E_i}{kT}}$（$C'$为比例常数，$e^{\frac{-E_i}{kT}}$ 为玻耳兹曼因子，可以用来表征谐振子具有能量为 E_i 的概率）。则谐振子的平均能量

$$\bar{\varepsilon}_i=\frac{\sum_{n=0}^{\infty}\left(n+\frac{1}{2}\right)h\nu_i\cdot C'e^{\frac{-\left(n+\frac{1}{2}\right)h\nu_i}{kT}}}{\sum_{n=0}^{\infty}C'e^{\frac{-\left(n+\frac{1}{2}\right)h\nu_i}{kT}}} \tag{4-7}$$

经过化简

$$\bar{\varepsilon}_i=\frac{h\nu_i}{e^{\frac{h\nu_i}{kT}}-1}+\frac{1}{2}h\nu_i \tag{4-8}$$

一摩尔晶体中有 N 个原子，每个原子的振动自由度是 3，所以晶体的振动可看作是 $3N$ 个谐振子振动，振动的总能量为：

$$E=\sum_{i=1}^{3N}\bar{\varepsilon}_i=\sum_{i=1}^{3N}\left(\frac{h\nu_i}{e^{\frac{h\nu_i}{kT}}-1}+\frac{1}{2}h\nu_i\right) \tag{4-9}$$

这样我们就可以按量子理论得到的振动能量来导出热容：

$$C_V=\left(\frac{\partial E}{\partial T}\right)_V=\sum_{i=1}^{3N}k\left(\frac{h\nu_i}{kT}\right)^2\frac{e^{\frac{h\nu_i}{kT}}}{\left(e^{\frac{h\nu_i}{kT}}-1\right)^2} \tag{4-10}$$

但是由式（4-10）来计算 C_V 值，就必须知道谐振子系统的频谱，严格地寻求该频谱却是非常困难的，因此一般讨论时就常采用简化的爱因斯坦模型和德拜模型。

4.1.2.1 爱因斯坦模型

爱因斯坦提出的假设是：晶体中所有原子都以相同的频率振动，这样式（4-10）就成为

$$C_V=3Nk\left(\frac{h\nu}{kT}\right)^2\frac{e^{\frac{h\nu}{kT}}}{\left(e^{\frac{h\nu}{kT}}-1\right)^2} \tag{4-11}$$

适当选取频率 ν，可以使理论与实验吻合，又因为 $R=Nk$，令 $\theta_E=\frac{h\nu}{k}$则式（4-11）可改写为：

$$C_V=3R\left(\frac{\theta_E}{T}\right)^2\frac{e^{\frac{\theta_E}{T}}}{\left(e^{\frac{\theta_E}{T}}-1\right)^2}=3Rf_E\left(\frac{\theta_E}{T}\right) \tag{4-12}$$

式中，θ_E 称为爱因斯坦特征温度；$f_E\left(\frac{\theta_E}{T}\right)=\left(\frac{\theta_E}{T}\right)^2\frac{e^{\frac{\theta_E}{T}}}{\left(e^{\frac{\theta_E}{T}}-1\right)^2}$为爱因斯坦比热函数。

当温度较高时，$T\gg\theta_E$，则可将 $e^{\frac{\theta_E}{T}}$ 展开为：

$e^{\frac{\theta_E}{T}}=1+\frac{\theta_E}{T}+\frac{1}{2!}\left(\frac{\theta_E}{T}\right)^2+\frac{1}{3!}\left(\frac{\theta_E}{T}\right)^3+\cdots$，略去 $e^{\frac{\theta_E}{T}}$ 的高次项，式（4-12）可化为：

$$C_V=3R\left(\frac{\theta_E}{T}\right)^2\frac{e^{\frac{\theta_E}{T}}}{\left(e^{\frac{\theta_E}{T}-1}\right)^2}=3Re^{\frac{\theta_E}{T}}\approx 3R \tag{4-13}$$

这就是杜隆-珀替定律的形式。

式（4-12）中，当 T 趋于零时，C_V 逐渐减小；当 $T=0$ 时，$C_V=0$，这都是爱因斯坦模型与实验相符之处，但是在低温下，$T\ll\theta_E$，$e^{\frac{\theta_E}{T}}\gg 1$，故式（4-12）得到如下形式：

$$C_V=3R\left(\frac{\theta_E}{T}\right)^2 e^{\frac{-\theta_E}{T}} \tag{4-14}$$

这样 C_V 依指数规律随温度而变化，这比实验测定的曲线下降得更快了些，导致差异的原因是爱因斯坦采用了过于简化的假设，实际晶体中各原子的振动不是彼此独立地以单一的频率振动着的，原子振动间有着耦合作用，而当温度很低时，这一效应尤其显著。因此，忽略振动之间频率的差别也就给理论结果带来缺陷。德拜模型在这一方面作了改进，故能得到更好的结果。

4.1.2.2　德拜的比热模型

德拜考虑到了晶体中原子的相互作用。由于晶体中对热容的主要贡献是弹性波的振动，也就是波长较长的声频支，低温下尤其如此。由于声频波的波长远大于晶体的晶格常数，就可以把晶体近似视为连续介质，所以声频支的振动也近似地看作是连续的，具有频率从 0 到截止频率 ν_{max} 的谱带，高于 ν_{max} 的不在声频支范围而在光频支范围，对热容贡献很小，可以略而不计。ν_{max} 可由分子密度及声速所决定，由这样的假设导出了热容的表达式为：

$$C_V=3Rf_D\left(\frac{\theta_D}{T}\right) \tag{4-15}$$

式中，$\theta_D=\frac{h\nu_{max}}{k}\approx 4.8\times 10^{-11}\nu_{max}$ 为德拜特征温度；$f_D\left(\frac{\theta_D}{T}\right)=3\left(\frac{T}{\theta_D}\right)\int_0^{\frac{\theta_D}{T}}\frac{e^x x^4}{(e^x-1)^2}dx$ 为德拜比热函数，其中 $x=\frac{h\nu}{kT}$。

根据式（4-15）还可以得到如下的结论。

① 当温度较高时，$T\gg\theta_D$，$C_V\approx 3R$，即杜隆-珀替定律。

② 当温度很低时，$T\ll\theta_D$，则经计算

$$C_V=\frac{12\pi^4 R}{5}\left(\frac{T}{\theta_D}\right)^3 \tag{4-16}$$

这表明了当 T 趋于 0K 时，C_V 与 T^3 成比例地趋于零，这也就是著名的德拜 T 立方定律，它和实验的结果十分符合，温度越低德拜近似越好，因为在极低温度下只有长波的激发是主要的，对于长波，晶体是可以看作连续介质的。

随着科学的发展，实验技术和测量仪器的不断完善，人们发现了德拜理论在低温下还不能完全符合事实，这显然还是由于晶体毕竟不是一个连续体，但是在一般的场合下，德拜模型已是足够精确了。

最后要说明的是，上面仅讨论了晶格振动能的变化与热容的关系，实际上电子运动能量的变化对热容也有贡献，只是在温度不太低时，这一部分的影响，远小于晶格振动能量的影响，一般可以略去，只有当温度极低时，才成为不可忽略的部分。

4.1.2.3　无机材料的热容

根据德拜热容理论可以知道，在高于德拜温度 θ_D 时，热容趋于常数 25J/(K・mol)，而低于 θ_D 时与 T^3 成正比变化，不同材料的 θ_D 是不同的，例如石墨约为 1970K，Al_2O_3 约为 920K 等，它与键的强度、材料的弹性模量、熔点等有关。图 4-2 是几种陶瓷材料的热容-温度曲线，这些材料的 θ_D 约为熔点（热力学温度）的 0.2～0.5 倍，对于绝大多数氧化物、碳化物的热容都是从低温时由一个低的数值，增加到 1300K 左右的近于 25J/(K・mol)的数值，温度进一步增加，热容基本上没有什么变化，而且这几条曲线不仅形状、趋向相同，数值也很接近。陶瓷材料的热容与材料结构的关系是不大的，如图 4-3 所示 CaO 和 SiO_2(石英)1∶1 的混合物与 $CaSiO_3$(硅灰石)的热容-温度曲线基本重合。

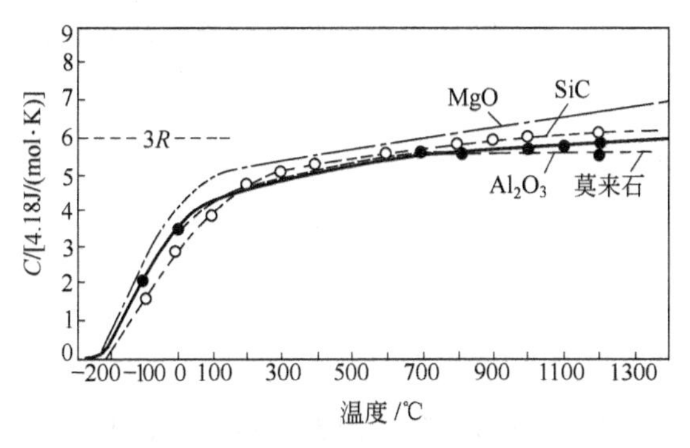

图 4-2 几种陶瓷材料的热容-温度曲线

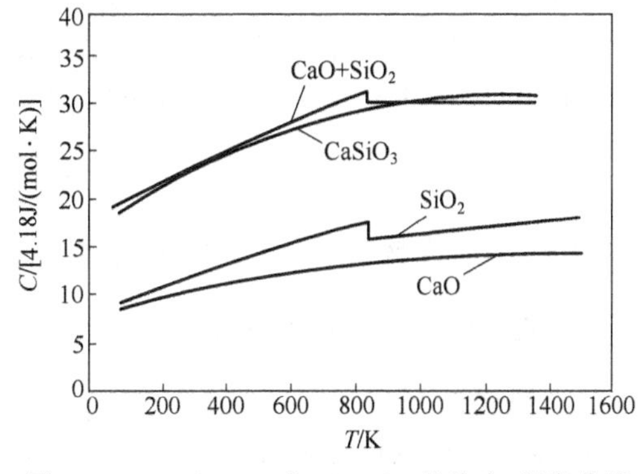

图 4-3 $CaO+SiO_2$ 与 $CaSiO_3$ 的热容-温度曲线

相变时，由于热量的不连续变化，所以热容也出现了突变，如图 4-3 中石英 α 型转化为 β 型时所出现的明显变化，其他所有晶体在多晶转化、铁电转变、铁磁转变、有序-无序转变……等相变情况下都会发生类似的情况。

虽然固体材料的摩尔热容不是结构敏感的，但是单位体积的热容却与气孔率有关。多孔材料因为质量轻，所以热容小，因此提高轻质隔热砖的温度所需要的热量远低于致密的耐火砖。

材料热容与温度关系应由实验来精确测定，根据某些实验结果加以整理可得如下的经验公式[单位为 J/(kg·K)]：

$$C_P=a+bT+cT^{-2}+\cdots \tag{4-17}$$

表 4-2 列出了某些陶瓷材料的 a、b、c 系数以及它们的应用温度范围。

表 4-2 某些陶瓷材料的热容-温度关系经验方程式系数

名　　称	$a\times10^{-3}$	b	$c\times10^{-8}$	适用的温度范围/K
氮化铝 AlN	22.87	32.6	—	293～900
刚玉 α-Al_2O_3	114.66	12.79	−35.41	298～1800
莫来石 $3Al_2O_3\cdot2SiO_2$	365.96	62.53	−111.52	298～1100
碳化硼 B_4C	96.10	22.57	−44.81	298～1373
氧化铍 BeO	35.32	16.72	−13.25	298～1200
氧化铋 Bi_2O_3	103.41	33.44	—	298～800
氮化硼 α-BN	7.61	15.13	—	273～1173
硅灰石 $CaSiO_3$	111.36	15.05	−27.26	298～1450
氧化铬 Cr_2O_3	119.26	9.20	−15.63	298～1800
钾长石 $K_2O\cdot Al_2O_3\cdot6SiO_2$	266.81	53.92	−71.27	298～1400
碳化硅 SiC	37.33	12.92	−12.83	298～1700
α-石英 SiO_2	46.82	34.28	−11.29	298～848
β-石英 SiO_2	60.23	8.11	—	848～2000
石英玻璃 SiO_2	55.93	15.38	−14.42	298～2000
碳化钛 TiC	49.45	3.34	−14.96	298～1800
金红石 TiO_2	75.11	1.17	−18.18	298～1800
氧化镁 MgO	42.55	7.27	−6.19	298～2100

实验还证明，在较高温度下固体的热容具有加合性；即物质的摩尔热容等于构成该化合物各元素原子热容的总和（见前柯普定律），如下式：

$$C=\sum n_iC_i \tag{4-18}$$

式中，n_i 为化合物中元素 i 的原子数；C_i 为化合物中元素 i 的摩尔热容。

这一公式对于计算大多数氧化物和硅酸盐化合物，在 573K 以上的热容时能有较好的结果，同样对于多相复合材料可有如下的计算式：

$$C=\sum g_i C_i \tag{4-19}$$

式中，g_i 为材料中第 i 种组成的质量分数；C_i 为材料中第 i 种组成的热容。

4.2 无机材料的热膨胀

4.2.1 热膨胀系数

物体的体积或长度随着温度的升高而增大的现象称为热膨胀。假设物体原来的长度为 l_0，温度升高 Δt 后长度增量为 Δl，实验指出它们之间存在如下的关系：

$$\frac{\Delta l}{l}=\alpha\Delta t \tag{4-20}$$

α 称为线膨胀系数，也就是温度升高 1K 时物体的相对伸长，因此物体在 tK 时的长度 l_t 为：

$$l_t=l_0+\Delta l=l_0(1+\alpha\Delta t) \tag{4-21}$$

实际上固体材料的 α 值并不是一个常数，而是随温度的不同稍有变化，通常随温度升高而加大，陶瓷材料的线膨胀系数一般都是不大的，数量级约为 $10^{-6}\sim10^{-5}\text{K}^{-1}$。

类似上述的情况，物体体积随温度的增长可表示为：

$$V_t=V_0(1+\beta\Delta t) \tag{4-22}$$

β 称为体膨胀系数，相当于温度升高 1K 时物体体积相对增大。

假如物体是立方体则可以得

$$V_t=l_t^3=l_0^3(1+\alpha\Delta t)^3=V_0(1+\alpha\Delta t)^3$$

由于 α 值很小可略去 α^2 以上的高次项，则

$$V_t=V_0(1+3\alpha\Delta t) \tag{4-23}$$

与式（4-22）比较，就有了 $\beta=3\alpha$ 的近似关系。

对于各向异性的晶体，各晶轴方向的线膨胀系数不同，假如分别设为 α_a、α_b、α_c，则：

$$V_t=l_{at}l_{bt}l_{ct}=l_{a0}l_{b0}l_{c0}(1+\alpha_a\Delta t)(1+\alpha_b\Delta t)(1+\alpha_c\Delta t)$$

同样忽略 α 二次方以上的项，得

$$V_t=V_0[1+(\alpha_a+\alpha_b+\alpha_c)\Delta t]$$

所以

$$\beta=\alpha_a+\alpha_b+\alpha_c \tag{4-24}$$

必须指出，由于膨胀系数实际上并不是一个恒定值，而是随温度而变化的，见图 4-4，所以上述的 α、β 都是具有在指定的温度范围 Δt 内的平均值的概念，因此与平均热容一样，应用时还要注意它适用的温度范围。它们的精确值应表达为：

$$\alpha=\frac{\partial l}{l\,\partial t}\qquad \beta=\frac{\partial V}{V\,\partial t} \tag{4-25}$$

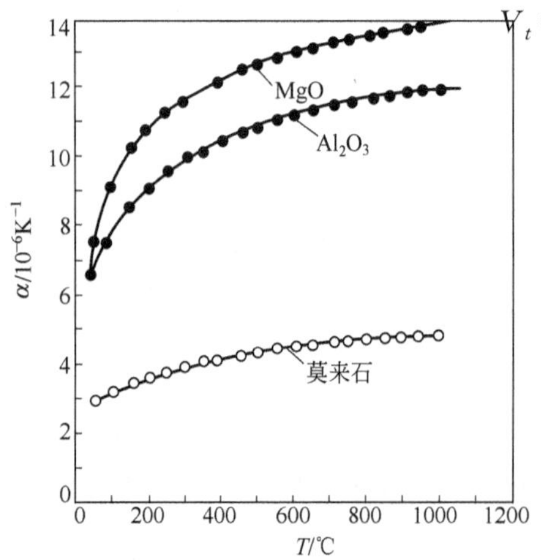

图 4-4 固体材料的膨胀系数与温度的关系

4.2.2 固体材料热膨胀机理

固体材料热膨胀的本质是点阵结构中的质点

间平均距离随温度升高而增大，在晶格振动中曾近似地认为质点的热振动是简谐振动。对于简谐振动，温度的升高只能增大振幅，并不会改变平衡位置，因此质点间平均距离不会因温度升高而改变，热量变化不能改变晶体的大小和形状，也就不会有热膨胀。这样的结论显然是不正确的，造成这一错误的原因是，在晶格振动中相邻质点间的作用力，实际上是非线性的，即作用力并不简单地与位移成正比。由图 4-5 可以看到，质点在平衡位置两侧时受力的情况并不对称，在质点平衡位置 r_0 的两侧，合力曲线的斜率是不等的，当 $r<r_0$ 时，曲线的斜率较大，$r>r_0$ 时，斜率较小，所以 $r<r_0$ 时，斥力随位移增大得很快，$r>r_0$ 时，引力随位移的增大要慢些，在这样的受力情况下，质点振动时的平均位置就不在 r_0 处而要向右移，因此相邻质点间平均距离增加，温度越高，振幅越大，质点在 r_0 两侧受力不对称情况越显著，平衡位置向右移动得越多，相邻质点间平均距离也就增加得越多，以致晶胞参数增大，晶体膨胀。

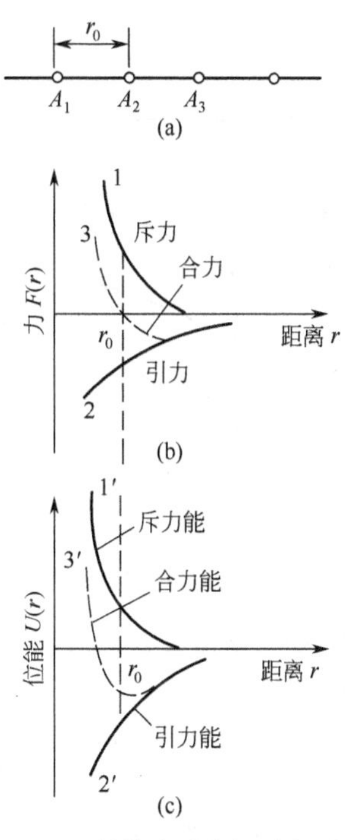

图 4-5　晶体中质点间引力-斥力曲线和位能曲线

从位能曲线的非对称性同样可以得到较具体的解释，由图 4-6 作平行横轴的平行线 E_1、E_2…则它们与横轴间距离分别代表了在温度 T_1、T_2…下质点振动的总能量。当温度为 T_1 时，质点的振动位置相当于在 E_1 线的 ab 间变化，相应的位能变化是按弧线 aAb 的曲线变化，位置在 A 时，即 $r=r_0$ 位能最小，动能最大。在 $r=r_a$ 时和 $r=r_b$ 时，动能为零，位能等于总能量，而弧线 aA 和弧线 Ab 的非对称性，使平均位置不在 r_0 处，而是 $r=r_1$。当温度升高到 T_2 时，同理，平均位置移到了 $r=r_2$ 处，结果平均位置随温度的不同沿 AB 曲线变化，所以温度愈高，平均位置移得愈远，晶体就愈膨胀。

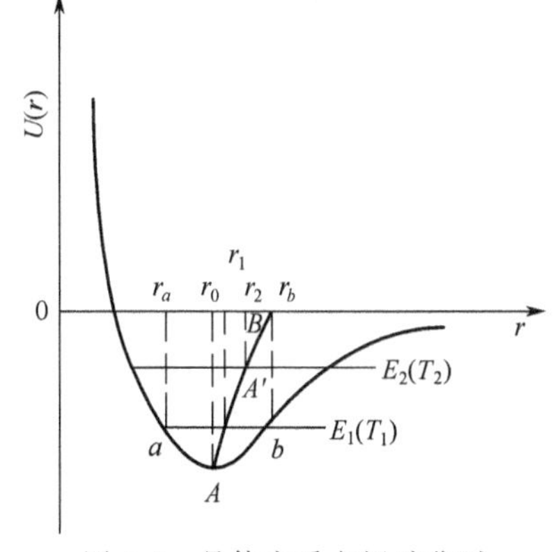

图 4-6　晶体中质点振动非对称性的示意图

振动质点的位能公式已由式（第 1 章 1.3.1.1）给出，并在略去 δ^3 等高次项后，可认为质点间互作用力为弹性力，假如保留 δ^3 次项，就可计算出平均位置偏离的平均值 $\overline{\delta}$，并可证明膨胀系数 $\alpha=\frac{1}{r_0}\cdot\frac{\mathrm{d}\overline{\delta}}{\mathrm{d}T}$ 是一个常数，如计入 δ 的更高次项，就可得到 α 将随温度而稍有变化。

以上所讨论的是导致热膨胀的主要原因，此外晶体中各种热缺陷的形成将造成局部晶格的畸变和膨胀，这虽然是次要的因素，但随温度升高热缺陷浓度按指数关系增加，所以在高温时这方面的影响对某些晶体来讲也就变得重要了。

4.2.3　热膨胀和其他性能的关系

4.2.3.1　热膨胀和结合能、熔点的关系

由于固体材料的热膨胀与晶体点阵中质点的位能性质有关，而质点的位能性质是由质点间的结合力特性所决定的。质点间结合力越强，则位阱深而狭，升高同样的温度差 Δt，质点振幅增加得较少，故平均位置的位移量增加得较少，因此热膨胀系数较小。

一般晶体的结构类型相同时，结合能大的熔点也较高，所以通常熔点高的膨胀系数也小。根据实验还得出某些晶体热膨胀系数 α 与熔点 $T_{熔}$ 间经验关系式

$$\alpha=\frac{0.038}{T_{熔}}-7.0\times10^{-6} \tag{4-26}$$

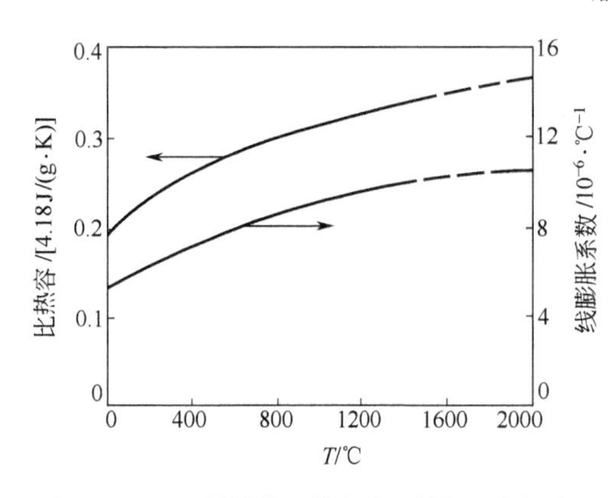

图 4-7 Al_2O_3 的热容、热膨胀系数与温度的关系

4.2.3.2 热膨胀和热容的关系

热膨胀是因为固体材料受热以后晶格振动加剧而引起的容积膨胀，而晶格振动的激化就是热运动能量的增大。升高单位温度时能量的增量也就是热容的定义。所以热膨胀系数显然与热容密切相关而有着相似的规律。图 4-7 表示 Al_2O_3 的热膨胀系数和热容对温度的关系曲线，可以看出这两条曲线近于平行、变化趋势相同，即两者的比值接近于恒值，其他的物质也有类似的规律。在 0K 时，α 与 C 都趋于零。通常由于高温时，有显著的热缺陷等原因，使 α 仍可以看到有一个连续的增加。

4.2.3.3 热膨胀和结构的关系

对于相同组成的物质，由于结构不同，膨胀系数也不同。通常结构紧密的晶体，膨胀系数都较大，而类似于无定形的玻璃，则往往有较小的膨胀系数。最明显的例子是 SiO_2，多晶石英的膨胀系数为 $12\times10^{-6}K^{-1}$，而石英玻璃则只有 $0.5\times10^{-6}K^{-1}$，结构紧密的多晶二元化合物都具有比玻璃大的膨胀系数，这是由于玻璃的结构较松弛，结构内部的空隙较多，所以当温度升高，原子振幅加大而原子间距离增加时，部分地被结构内部的空隙所容纳，整个物体宏观的膨胀量就会小些。

氧离子紧密堆积的结构有高的原子堆积密度，其热膨胀系数的典型数据是从室温附近的 $(6\sim8)\times10^{-6}K^{-1}$ 增加到德拜温度附近的 $(10\sim15)\times10^{-6}K^{-1}$。一些硅酸盐物质，因为它们的网状结构，常具有较低的密度，所以热膨胀系数也出现低得多的数值。表 4-3 列出了一些陶瓷材料的平均线膨胀系数。

表 4-3 几种陶瓷材料的平均线膨胀系数

材料名称	$\alpha(273\sim1273K)/(10^{-6}K^{-1})$	材料名称	$\alpha(273\sim1273K)/(10^{-6}K^{-1})$
Al_2O_3	8.8	石英玻璃	0.5
BeO	9.0	钠钙硅玻璃	9.0
MgO	13.5	电瓷	3.5～4.0
莫来石	5.3	刚玉瓷	5～5.5
尖晶石	7.6	硬质瓷	6
SiC	4.7	滑石瓷	7～9
ZrO_2	10.0	金红石瓷	7～8
TiC	7.4	钛酸钡瓷	10
B_4C	4.5	堇青石瓷	1.1～2.0
TiC 金属陶瓷	9.0	黏土质耐火砖	5.5

对于非等轴晶系的晶体，各晶轴方向的膨胀系数不等，最显著的是层状结构的物质，如石墨，因为层内有牢固的联系，而层间的联系要弱得多，所以垂直 c 轴的层向膨胀系数为 $1\times10^{-6}K^{-1}$，而平行 c 轴垂直层向的膨胀系数达 $27\times10^{-6}K^{-1}$。对于某些晶体物质，在一个方向上的膨胀系数还可能出现负值，容积膨胀系数极小。对于 β-锂霞石甚至出现负的容积膨胀系数，这些都是由于存在着很大的各向异性结构的缘故，因此这些材料往往存在着高

的内应力。某些各相异性晶体的主膨胀系数见表 4-4。

表 4-4 某些各相异性晶体的主膨胀系数

晶 体	主膨胀系数 $\alpha/(10^{-6}K^{-1})$		晶 体	主膨胀系数 $\alpha/(10^{-6}K^{-1})$	
	垂直 c 轴	平行 c 轴		垂直 c 轴	平行 c 轴
Al_2O_3(刚玉)	8.3	9.0	$CaCO_3$(方解石)	−6	25
Al_2TiO_5	−2.6	11.5	SiO_2(石英)	14	9
$3Al_2O_3 \cdot 2SiO_2$(莫来石)	4.5	5.7	$NaAlSi_3O_8$(钠长石)	4	13
TiO_2(金红石)	6.8	8.3	ZnO(红锌矿)	6	5
$ZrSiO_4$(锆英石)	3.7	6.2	C(石墨)	1	27

4.2.4 多晶体和复合材料的热膨胀

陶瓷材料都是一些多晶体或是由几种晶体和玻璃相组成的复合体。对于各向同性晶体组成的多晶体（致密且无液相），它的热膨胀系数与单晶体相同，假如晶体是各向异性的，或复合材料中各相的膨胀系数是不相同的，则它们在烧成后的冷却过程中会产生内应力，微观内应力的存在牵制了热膨胀。

假如有一复合材料，它的所有组成部分都是各向同性的，而且都是均匀分布的，但是由于各组成的膨胀系数不同，因此各组成部分都存在着内应力：

$$\sigma_i = K(\bar{\beta} - \beta_i)\Delta T \tag{4-27}$$

式中，σ_i 为第 i 部分的应力；$\bar{\beta}$ 为复合体的平均体积膨胀系数；β_i 为第 i 部分组成的体膨胀系数；$K = \dfrac{E}{3(1-2\mu)}$（E 是弹性模量，μ 是泊松比）；ΔT 为从应力松弛状态算起的温度变化。

由于整体的内应力之和为零，所以

$$\sum \sigma_i = \sum K_i(\bar{\beta} - \beta_i)V_i \Delta T = 0 \tag{4-28}$$

式中，V_i 为第 i 部分的体积分数。

$$V_i = \frac{W_i \bar{\rho} V}{\rho_i}$$

$$\bar{\beta} = \frac{\sum \beta_i K_i W_i / \rho_i}{\sum K_i W_i / \rho_i} \tag{4-29}$$

式中，W_i 为第 i 部分的质量分数；$\bar{\rho}$ 为复合体的平均密度；V 为复合体的体积$=\sum V_i$；ρ_i 为第 i 部分的密度。

以上是把微观的内应力都看成是纯的张应力和压应力，对交界面上的剪应力就略而不计了。假如要计入剪应力的影响，情况就要复杂得多，对于仅为二相材料的情况有如下的近似式：

$$\bar{\beta} = \beta_1 + V_2(\beta_2 - \beta_1)\frac{K_1(3K_2 + 4G_1)^2 + (K_2 - K_1)(16G_1^2 + 12G_1K_2)}{(4G_1 + 3K_2)[4V_2G_1(K_2 - K_1) + 3K_1K_2 + 4G_1K_1]} \tag{4-30}$$

式中，$G_i(i=1、2)$为相 i 的剪切模量。

图 4-8 中曲线 1 是按式（4-30）绘出的，曲线 2 是按式（4-29）绘出的。很多情况下，式（4-29）和式（4-30）与实验结果是比较符合的，然而有时也会有相差较大的情况。

对于复合体中有多晶转变的组分时，因多晶转化有体积的不均匀变化而导致膨胀系数的不均匀变化。图 4-9 中是含有方石英的坯体 A 和含有 β-石英的坯体 B 的两种曲线，坯体 A 在 473K 附近因有方石英的多晶转化（453～543K），所以膨胀系数出现不均匀的变化，坯体 B 因 β-石英在 846K 的晶型转化，所以在 773～873K 还有一个膨胀系数较大的变化。

对于复合体中不同相间或晶粒的不同方向上膨胀系数差别很大时，则内应力甚至会发展到使坯体产生微裂纹，因此有时会测得一个多晶聚集体或复合体出现热膨胀的滞后现象。例如某些含有 TiO_2 的复合体和多晶氧化钛，因烧成后的冷却过程中，坯体内存在了微裂纹，这样在再加热时，这些裂纹又趋于密合，所以在不太高的温度时，可观察到反常的低的膨胀系数，只有到达高温时（1300K 以上），由于微裂纹已基本闭合，因此膨胀系数与单晶时的数值又一致了。微裂纹带来的影响，突出的例子是石墨，它垂直于 c 轴的膨胀系数约是 $1\times10^{-6}K^{-1}$，平行于 c 轴的是 $27\times10^{-6}K^{-1}$，而对于多晶样品在较低温度下，观察到的线膨胀系数只有$(1\sim3)\times10^{-6}K^{-1}$。

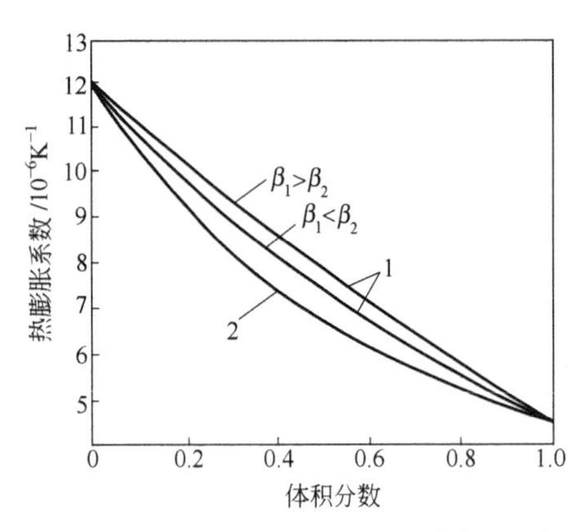

图 4-8　复合材料膨胀系数的计算值的比较

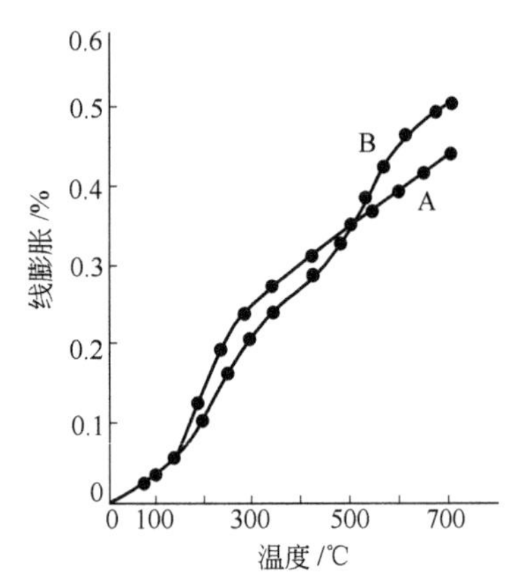

图 4-9　含不同晶型石英的两种瓷坯的热膨胀曲线

晶体内的微裂纹可以发生在晶粒内和晶界上，但最常见的还是在晶界上，晶界上应力的发展是与晶粒大小有关的，因而晶界裂纹和热膨胀系数滞后主要是发生在大晶粒样品中。

材料中均匀分布的气孔亦可以看作是复合体中的一个相，由于空气体积模数 K 非常小，它对膨胀系数的影响可以忽略。

4.2.5　热膨胀系数与坯釉适应性

陶瓷材料在与其他材料复合使用时，例如在电子管生产中，最常见的与金属材料相封接，为了封接得严密可靠，除了必须考虑陶瓷材料与焊料的结合性能外，还应该使陶瓷和金属的膨胀系数尽可能接近。但对一般陶瓷制品，表面釉层的膨胀系数的考虑，并不一定按照上述原则，这是因为实践证明，当选择釉的膨胀系数适当地小于坯的膨胀系数时，制品的机械强度得到提高，反之会使强度减弱。釉的膨胀系数比坯小，则烧成后的制品在冷却过程中，表面釉层的收缩比坯小，所以使釉层中存在着一个压应力，而均匀分布的预压应力，能明显提高脆性材料的机械强度。同时还认为这一压应力，也抑制了釉层的微裂纹及阻碍其发展，因而使强度提高。反之，当釉层的膨胀系数比坯大，则在釉层中形成张应力，对强度不利，而且过大的张应力还会使釉层龟裂。同样釉层的膨胀系数也不能比坯小得太多，否则会使釉层剥落而造成缺陷。

对于一无限大平板状上釉的陶瓷样品，当其釉层对坯体的厚度比是 j，应力松弛状态温度为 T_0（在釉的软化温度范围内），则它的釉层和坯体内的应力，可以按下式计算（通常习惯以正应力表示张力）。

$$\sigma_{釉}=E(T_0-T)(\alpha_{釉}-\alpha_{坯})(1-3j+6j^2) \tag{4-31}$$

$$\sigma_{坯}=E(T_0-T)(\alpha_{坯}-\alpha_{釉})(j)(1-3j+6j^2) \tag{4-32}$$

这对于一般陶瓷材料都有较好的近似性。

对于是圆柱体的样品，相应具有如下的表达式

$$\sigma_{釉}=\frac{E}{1-\mu}(T_0-T)(\sigma_{釉}-\sigma_{坯})\frac{A_{坯}}{A} \tag{4-33}$$

$$\sigma_{坯}=\frac{E}{1-\mu}(T_0-T)(\sigma_{坯}-\sigma_{釉})\frac{A_{釉}}{A} \tag{4-34}$$

式中，A、$A_{坯}$、$A_{釉}$分别为圆柱体总的横截面积和坯、釉层的横截面积。

陶瓷制品的坯体吸湿会趋于体积膨胀而降低釉层中的压应力，某些不够致密的制品，在足够的时间后还会使釉层的压应力转化为张应力，甚至造成釉层的龟裂，这在某些精陶产品中是最易见到的现象。

4.3 无机材料的热传导

不同的陶瓷材料在导热性能上可以有很悬殊的差别，因此有些陶瓷材料是极为优良的绝热材料，而有些又会是热的良导体。用陶瓷材料来作为绝热或导热体是经常遇见的，这也是陶瓷材料的主要用途之一。

4.3.1 固体材料热传导的宏观规律

当固体材料一端的温度比另一端高时，热量就会从热端自动地传向冷端，这个现象就称为热传导。假如固体材料垂直于 x 轴方向的截面积为 ΔS，沿 x 轴方向材料内的温度变化率为$\frac{dT}{dx}$，在 Δt 时间内沿 x 轴正方向传过 ΔS 截面上的热量为 ΔQ，则实验指出，对于各向同性的物质具有如下的关系式：

$$\Delta Q=-\lambda\frac{dT}{dx}\Delta S\Delta t \tag{4-35}$$

式中的比例常数 λ 称为热导率，$\frac{dT}{dx}$也称作 x 方向上的温度梯度。式中负号是表示传递的热量 ΔQ 与温度梯度$\frac{dT}{dx}$具有相反的符号，即$\frac{dT}{dx}<0$ 时，$\Delta Q>0$，热量沿 x 轴正方向传递；$\frac{dT}{dx}>0$ 时，$\Delta Q<0$，热量沿 x 轴负方向进行传递。

热导率 λ 的物理意义是指单位温度梯度下，单位时间内通过单位垂直面积的热量，它的单位为 W/(m・K)或 J/(m・s・K)。

式（4-35）也称作傅里叶定律，它只适用于稳定传热的条件下，即传热过程中，材料在 x 方向上各处的温度 T 是恒定的，与时间无关，即$\frac{\Delta Q}{\Delta t}$是一个常数。

假如是不稳定传热过程，即物体内各处的温度随时间是有改变的。例如一个与外界无热交换、本身存在温度梯度的物体，当随着时间的改变，温度梯度趋于零的过程，就存在热端处温度的不断降低和冷端处温度的不断升高，以致最终达到一致的平衡温度，此时物体内单位面积上温度随时间的变化率为：

$$\frac{\partial T}{\partial t}=\frac{\lambda}{\rho C_P}\cdot\frac{\partial^2 T}{\partial x^2} \tag{4-36}$$

式中，ρ 为密度；C_P 为恒压热容。

4.3.2 固体材料热传导的微观机理

众所周知，气体的传热是依靠分子的碰撞来实现的，在固体中组成晶体的质点都处在一定的位置上，相互间有着一恒定的距离，质点只能在平衡位置附近作微振动，而不能像气体分子那样杂乱地自由运动，所以也不能像气体那样依靠质点间的直接碰撞来传递热能。固体中的导热主要是由晶格振动的格波和自由电子的运动来实现，在金属中由于有大量的自由电子，而且电子的质量很轻，所以能迅速地实现热量的传递，因此金属一般都具有较大的热导率（晶格振动对金属导热也有贡献，只是相比起来是次要的），但在非金属晶体如一般离子晶体的晶格中，自由电子极少，所以晶格振动是它们的主要导热机制。

现假设晶格中一质点处于较高的温度状态下，它的热振动较强烈，而它的邻近质点所处的温度较低，热振动较弱。由于质点间存在互作用力，振动较弱的质点在振动较强的质点的影响下，振动就会加剧，热振动能量也就增加，所以热量就能转移和传递，使在整个晶体中热量会从温度较高处传向温度较低处，产生热传导现象。假如系统是热绝缘的，当然振动较强的质点，也要受到邻近振动较弱的质点的牵制，振动会减弱下来，使整个晶体最终趋于一平衡状态。

在上述的过程中可以看到热量是依晶格振动的格波来传递的，已知格波可分为声频支和光频支两类，下面就这两类格波的影响分别进行讨论。

4.3.2.1　*声子和声子热导*

对于光频支格波我们已经提到过，在温度不太高时，光频支的能量是很微弱的，因此在讨论热容时就忽略了它的影响。同样，在导热过程中，温度不太高时，主要也只是声频支格波有贡献。另外，我们还要引入一个“声子”的概念。

根据量子理论，一个谐振子的能量是不连续的，能量的变化不能取任意值，而只能是一个最小能量单元——量子的整数倍，这也就是能量的量子化。一个量子所具有的能量为 $h\upsilon$（h 为普朗克常数，υ 是振动频率），而晶格振动中的能量同样也应该是量子化的。对于声频支格波来讲，我们是把它看成一种弹性波，类似在固体中传播的声波，因此，就把声频波的“量子”称为“声子”，它所具有的能量仍然应该是 $h\upsilon$。

声子概念的引入，对我们以下的讨论就带来了很大的方便。当把格波的传播看成是质点——声子的运动以后，就可把格波与物质的相互作用理解为声子和物质的碰撞，把格波在晶体中传播时遇到的散射，看作是声子同晶体中质点的碰撞，把理想晶体中热阻的来源，看成是声子同声子的碰撞。也正因为如此，可以设想能用气体中热传导的概念来处理声子热传导问题，因为气体热传导是气体分子（质点）碰撞的结果，晶体热传导是声子碰撞的结果，它们的热导率也就应该具有相同形式的数学表达式。

根据气体分子运动理论，理想气体的导热公式为：

$$\lambda=\frac{1}{3}Cvl \tag{4-37}$$

式中，C 为气体容积热容；v 为气体分子平均速度；l 为气体分子平均自由程。

对于晶体就可以看成：C 是声子的热容，v 是声子的速度，l 是声子的平均自由程。

对于声频支来讲，声子的速度可以看作是仅与晶体的密度 ρ 和弹性力学性质有关，有 $v=\sqrt{\dfrac{E}{\rho}}$，E 为弹性模量，它与角频率 υ 无关。但是热容 C 和自由程 l 都是声子振动频率 υ 的函数。所以固体热导率的普遍形式可写成：

$$\lambda=\frac{1}{3}\int C(\upsilon)vl(\upsilon)\mathrm{d}\upsilon \tag{4-38}$$

对于热容 C，我们在 4.1 节中已作过讨论，而对于声子的平均自由程 l 还要作些说明：如果我们把晶格热振动看成是严格的线性振动，则晶格上各质点是按各自频率独立地作简谐振动，也就是说格波间没有相互作用，各种频率的声子间不相干扰，没有声子同声子碰撞，没有能量转移，声子在晶格中是畅通无阻的，晶体中的热阻也应该为零（仅在到达晶体表面时受边界效应的影响），这样热量就以声子的速度（声波的速度）在晶体中得到传递，然而这与实验结果是不符合的。实际上在很多晶体中热量传递速度是很迟缓的，这就是因为晶格热振动并非是线性的，格波间有着一定的耦合作用，声子间会产生碰撞，这样使声子的平均自由程 l 减小。格波间相互作用愈大，也就是声子间碰撞概率愈大，相应的平均自由程愈小，热导率也就愈低，因此这种声子间碰撞引起的散射是晶体中热阻的主要来源。

另外晶体中的各种缺陷、杂质以及晶粒界面都会引起格波的散射，也等效于声子平均自由程的减小而降低热导率。

4.3.2.2 光子热导

固体中除了声子热传导外还有光子的热传导作用。这是因为固体中分子、原子和电子的振动、转动等运动状态的改变，会辐射出频率较高的电磁波。这类电磁波覆盖了一较宽的频谱，但是其中具有较强热效应的是波长在 0.4～40μm 间的可见光与部分红外光的区域，这部分辐射线也就称为热射线，热射线的传递过程也就称为热辐射。由于它们都在光频范围内，所以在讨论它们的导热过程时，可以看作是光子的导热过程。

在温度不太高时，固体中电磁辐射能很微弱，但是在高温时，它的效应就明显了，因为它们的辐射能量与温度的四次方成比例，例如在温度 T 时黑体单位容积的辐射能 E_T 为：

$$E_T = 4\sigma n^3 T^4 / C \tag{4-39}$$

式中，σ 为斯蒂芬-玻耳兹曼常数；n 为折射率；C 为光速。

由于辐射传热中容积热容 C_R 相当于提高辐射温度所需的能量：

$$C_R = \left(\frac{\partial E}{\partial T}\right) = \frac{16\sigma n^3 T^3}{C} \tag{4-40}$$

同时辐射射线在介质中的速度 $v_\gamma = \dfrac{C}{n}$，以此及式（4-40）代入式（4-37）可得到辐射能的传导率 λ_γ：

$$\lambda_\gamma = \frac{16}{3}\sigma n^2 T^3 l_\gamma \tag{4-41}$$

此处 l_γ 是辐射线光子的平均自由程。

实际上对于光子传导的 C_R 和平均自由程 l_γ 都依赖于频率，所以更一般的形式仍应是式（4-38）的形式。

对于介质中辐射传热过程可以定性地解释为：任何温度下的物体既能辐射出一定频率范围的射线，同样也能吸收由外界而来的类似射线，在热的稳定状态（平衡状态）时，介质中任一体积元平均辐射的能量与平均吸收的能量是相等的。而当介质中存在温度梯度时，在两相邻体积间温度高的体积元辐射的能量大，而吸收到的能量较小。温度较低的体积元情况正相反，吸收的能大于辐射的能。因此产生能量的转移，以致整个介质中热量会从高温处向低温处传递。λ_γ 就是描述介质中这种辐射能的传递能力，它极关键地取决于辐射能传播过程中光子的平均自由程 l_γ。对于辐射线是透明的介质，热阻很小，l_γ 较大。对于辐射线不透明的介质，l_γ 就很小。对于完全不透明的介质，$l_\gamma = 0$，在这种介质中，辐射传热可以忽略。一般单晶和玻璃，对于热射线是比较透明的，因此在 800～1300K 左右辐射传热已很明显。而大多数烧结陶瓷材料是半透明或透明度很差，l_γ 要比单晶、玻璃小得多，因此对于一些耐火氧化物在 1800K 高温下，辐射传热才明显起作用。

4.3.3 影响热导率的因素

由于在陶瓷材料中热传导机构和过程是很复杂的，对于热导率的定量分析显得十分困难，因此下面是对影响热导率的一些主要因素进行定性的讨论。

(1) 温度的影响

在温度不太高的范围内，主要是声子传导，热导率由式（4-37）给出。其中 v 通常可看作是常数，只有在温度较高时，由于介质的结构松弛和蠕变，使介质的弹性模量迅速下降，以致 v 减小，如对一些多晶氧化物测得在温度高于 1000～1300K 时就出现这一效应。

热容 C 与温度的关系是已经知道的，在低温下它与 T^3 成比例，在超过德拜温度以后的较高温度下趋于一恒定值。

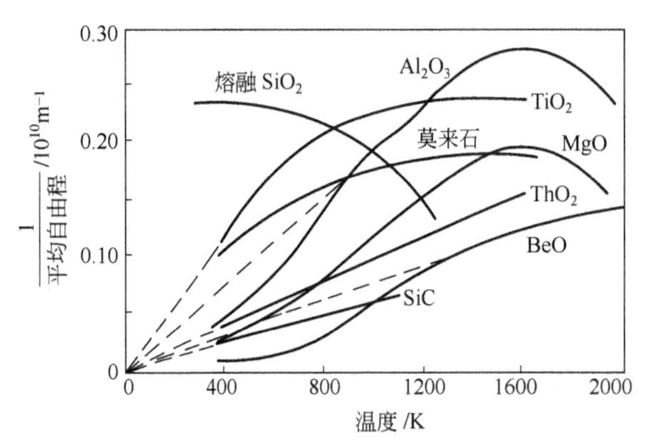

图 4-10 几种氧化物晶体的声子平均自由程与温度的关系

声子平均自由程 l 随温度的变化，有类似气体分子运动中的情况，随着温度升高 l 值降低。实验指出，l 值随温度的变化规律是：低温下 l 值的上限为晶粒的线度，高温下 l 值的下限为晶格间距。不同组成的材料，具体的变化速率不一，但随温度升高而 l 减小的规律是一致的。图 4-10 是几种氧化物晶体的$\frac{1}{l}$与 T 的关系曲线，对于 Al_2O_3、BeO 和 MgO 在低于德拜温度下，$\frac{1}{l}$随温度变化比线性关系更强烈。对于 TiO_2、ThO_2、MgO 等在接近和超过德拜温度的一个较宽的温度范围内，$\frac{1}{l}$随温度有线性的变化。对于 TiO_2、莫来石可以看到，在高温时，l 值趋于恒定，与温度无关。而图中 Al_2O_3、MgO 在 1600K 以上出现的$\frac{1}{l}$的减小，这是由于光子传导效应，使得综合的实际平均自由程增大了（假如不是多晶而是在单晶的情况下，超过 500K 就能观察到这一效应）。

图 4-11 是氧化铝的热导率与温度的关系曲线，在很低温度下声子的平均自由程 l 增大到晶粒的大小（此时边界效应是主要的），达到了上限，因此 l 值基本上无多大变化，而热容 C_V 在低温下是与温度的三次方成正比的，因此 λ 也近似与 T^3 成比例变化。随着温度的升高，λ 迅速增大，然而随着温度继续升高，l 值要减小，C_V 随 T^3 的变化也不再与 T^3 成比例，而要逐渐缓和，并在德拜温度以后，C_V 趋于一恒定值，而 l 值因温度升高而减小，成了主要影响因素，因此 λ 值随温度升高而迅速减小，这样在某个低温处（约 40K）λ 值出现了极大值。更高温度后，由于 C_V 已基本上无变化，l 值也逐渐趋于它的下限——晶格的线度，所以温度的变化又变得缓和了。在达到 1600K 的高温后 λ 值又有少许回升，这就是高温时辐射传热带来的影响。

（2）晶体结构的影响

声子传导是与晶格振动的非谐性有关的，晶体结构愈复杂，晶格振动的非谐性程度愈大，格波受到的散射愈大，因此声子平均自由程 l 较小，热导率较低。例如镁铝尖晶石的热导率比 Al_2O_3 和 MgO 的热导率都低。莫来石的结构更复杂，所以热导率比尖晶石低得多。

对于非等轴晶系的晶体，热导率也存在着各向异性的性质。例如石英、金红石、石墨等都是在膨胀系数低的方向热导率最大。温度升高时不同方向的热导率差异趋于减小，这是因为当温度升高，晶体的结构总是趋于更高的对称性。

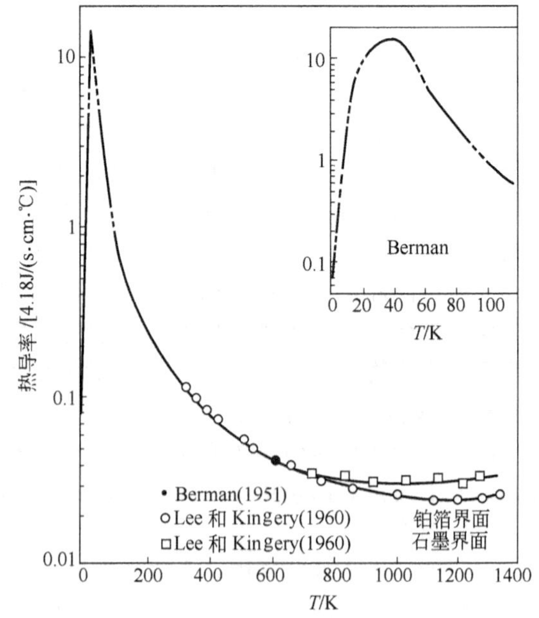

图 4-11 Al_2O_3 单晶的热导率与温度的关系

对于同一种物质，多晶体的热导率总是比单晶小，图 4-12 表示了几种单晶和多晶体热导率与温度的关系。由于多晶体中晶粒尺寸小、晶界多、缺陷多、晶界处杂质也多，声子更易受到散射，它的平均自由程就要小得多，所以热导率就小。另外还可以看到低温时多晶的热导率是与单晶的平均热导率相一致的，而随着温度升高，差异就迅速变大，这也说明了晶界、缺陷、杂质等在较高温度时对声子传导有更大的阻碍作用，同时也是单晶在温度升高后比多晶在光子传导方面有更明显的效应。

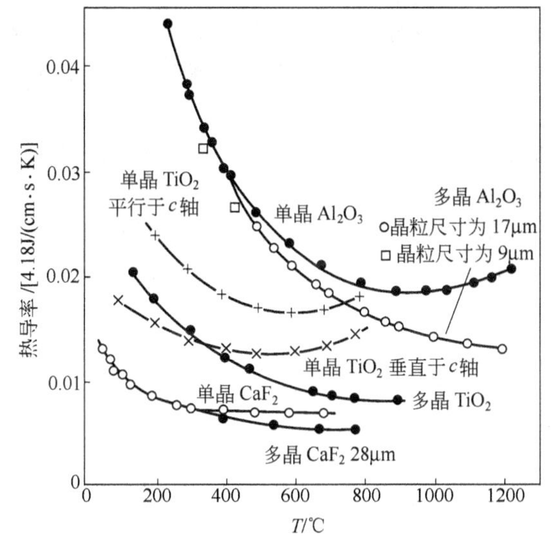

图 4-12 几种陶瓷材料热导率与温度的关系

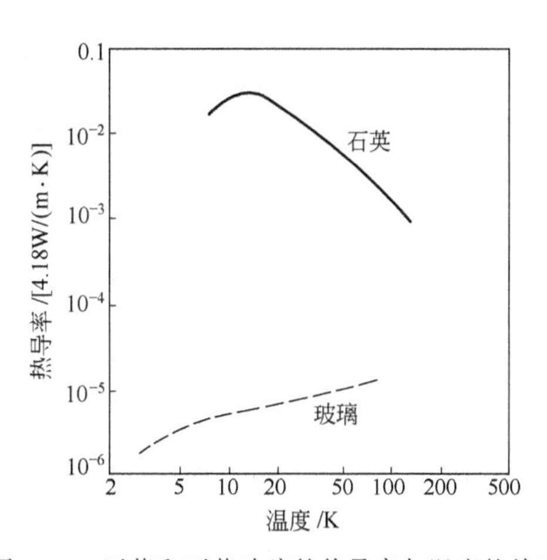

图 4-13 石英和石英玻璃的热导率与温度的关系

通常玻璃的热导率较小，而随着温度的升高，热导率稍有增大，这是因为玻璃仅存在近程有序性，可以近似地把它看成是晶粒很小（接近晶格间距）的晶体来讨论，因此它的声子平均自由程就近似为一常数，即等于晶格间距，而这个数值是晶体中声子平均自由程的下限(晶体和玻璃态的热容值是相差不大的)，所以热导率就较小。图 4-13 表示石英和石英玻璃的热导率对于温度的变化，石英玻璃的热导率可以比石英晶体低三个数量级。

（3）化学组成的影响

不同组成的晶体，热导率往往有很大的差异。这是因为构成晶体质点的大小、性质不同，它们的晶格振动状态不同，传导热量的能力也就不同。一般来说，凡是质点的原子量愈小、晶体的密度愈小、弹性模量愈大、德拜温度愈高的热导率愈大，这样凡是轻的元素的固体或有大的结合能的固体热导率较大。如金刚石的 $\lambda=1.7\times10^{-2}$W/(m·K)，而较重的硅、锗的热导率则分别为 1.0×10^{-2}W/(m·K)和 0.5×10^{-2}W/(m·K)。图 4-14 表示出某些氧化物和碳化物中阳离子的原子量与热导率的关系。可以看到，凡是阳离子的原子量较小的，即与氧及碳的原子量相近的氧化物和碳化物，其热导率比阳离子原子量较大的要大些，因此在氧化物陶瓷中 BeO 具有最大的热导率。

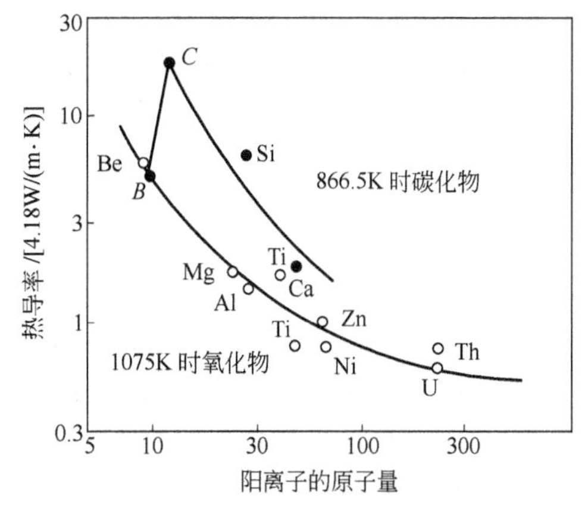

图 4-14 氧化物和碳化物中阳离子的原子量与热导率的关系

晶体中存在的各种缺陷和杂质，会导致声子的散射，降低声子的平均自由程，使热导率变小。固溶体的形成同样也降低热导率，同时取代原子的质量、大小，与原来基质原子相差愈大，以及取代后结合力方面改变愈大，则对热导率的影响愈大，这种影响在低温时出现“固溶体降低热导率”的现象，并随着温度的升高而加剧，但当温度大约比德拜温度的一半更高时，开始与温度无关。这是因为极低温度下声子传导的平均波长远大于点缺陷的线度，所以并不引起散射。随着温度升高平均波长减小，散射增加，在接近点缺陷线度后散射达到了最大值，此后温度再升高，散射效应已无多少变化，而变成与温度无关了。

图 4-15 表示了 MgO-NiO 固溶体和 Cr_2O_3-Al_2O_3 固溶体在不同温度下，$1/\lambda$ 随组成的变化，在取代元素浓度较低时，$1/\lambda$ 与取代元素的体积分数呈直线关系，即杂质对 λ 的影响很显著。而图中各条不同的温度下的直线是平行的，这说明了在这样的较高温度下，杂质效应已与温度无关。

图 4-16 表示了 MgO-NiO 固溶体在不同温度下与组成的关系。可以看到在杂质浓度很低时，杂质效应是十分显著的，所以在接近纯 MgO 或纯 NiO 处，杂质含量稍有增加，λ 值迅速下降，随着杂质含量的不断增加，这种效应也不断缓和。另外从图中可以看到杂质效应在 473K 的情况下比 1273K 要强，如果是在低于室温的温度下，杂质效应会更强烈得多。

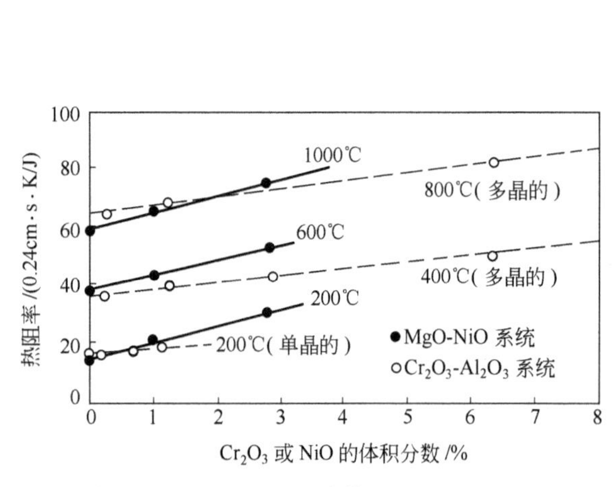

图 4-15　MgO-NiO 固溶体和 Cr_2O_3-Al_2O_3 固溶体组成与热阻的关系

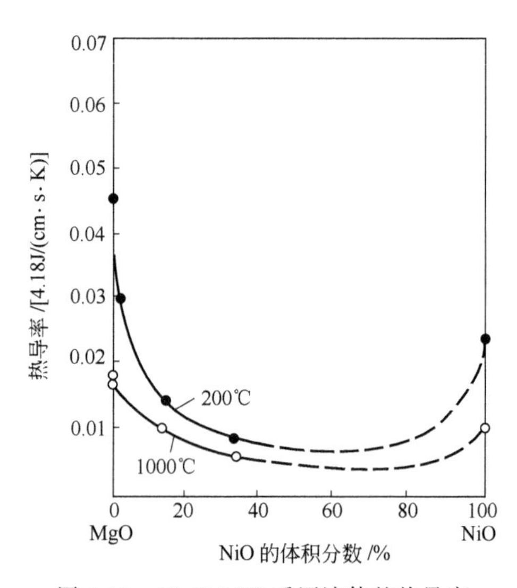

图 4-16　MgO-NiO 系固溶体的热导率

（4）复相陶瓷的热导率

陶瓷材料常见的典型微观结构类型是有一分散相均匀地分散在一连续相中，例如晶相分散在连续的玻璃相中，对于这些类型的陶瓷材料的热导率可按下式计算：

$$\lambda=\lambda_0\frac{1+2\nu_d\left(1-\frac{\lambda_c}{\lambda_d}\right)\left(\frac{2\lambda_c}{\lambda_d}+1\right)}{1-\nu_d\left(1-\frac{\lambda_c}{\lambda_d}\right)\left(\frac{\lambda_c}{\lambda_d}+1\right)} \tag{4-42}$$

式中，λ_c、λ_d 分别为连续相和分散相物质的热导率；ν_d 为分散相的体积分数。

图 4-17 表示了 MgO-Mg_2SiO_4 系统实测的热导率曲线（粗实线），其中细实线是按式(4-42) 的计算值，可以看到在含 MgO 或 Mg_2SiO_4 较高的两端，计算值与实验值是很吻合的，这是由于在 MgO 含量高于 80%或 Mg_2SiO_4 含量高于 60%时，它们都成为连续相，而在这两者的中间组成时，连续相和分散相的区别就不明确了。这种结构上的过渡状态，反映到热导率的变化曲线上也是过渡状态，所以实际曲线呈 S 形。

在陶瓷材料中，一般玻璃相是连续相，因此普通的瓷和黏土制品的热导率与其中所含的晶相和玻璃相的热导率相比较是更接近于其中玻璃相的热导率。

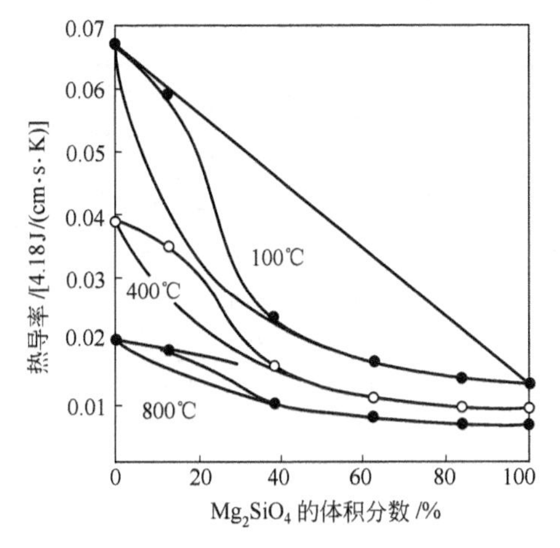

图 4-17　两相镁质材料的热导率与组成的关系

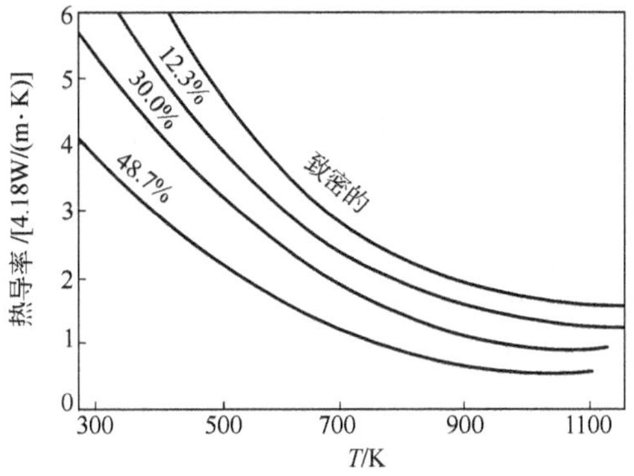

图 4-18　气孔率对 Al_2O_3 瓷热导率的影响

（5）气孔的影响

通常的陶瓷材料常含有一定量的气孔，气孔对热导率的影响是较复杂的。一般在温度不是很高，而且气孔率也不大，气孔尺寸很小，又均匀地分散在陶瓷介质中时，这样的气孔就可看作为一分散相。陶瓷材料的热导率仍然可以按式（4-42）计算，只是因为气孔的热导率很小，与固体的热导率相比，可近似看作为零，因此可得到：

$$\lambda=\lambda_s(1-P) \tag{4-43}$$

式中，λ_s 为固相的热导率；P 为气孔的体积分数。

图 4-18 表示了不同气孔率（孔径相似）时 Al_2O_3 的热导率对温度的关系曲线，可以看到随着气孔率的增大，热导率按比例减小。

对于热射线高度透明的材料，它们的光子传导效应是较大的，但是在有微小气孔存在时，由于气孔与固体间折射率有很大的差异，使这些微气孔形成了散射中心，导致透明度强烈降低，往往仅有 0.5%气孔率的微气孔存在，显著地降低射线的传播（图 4-19），这样光子自由程显著减小，因此大多数烧结陶瓷材料的光子传导率要比单晶和玻璃小 1～3 个数量级。因此烧结材料的光子传导效应，只有在很高温度下（>1800K）才是重要的。但少量的大的气孔对透明度影响小，而且当气孔尺寸增大时，气孔内气体会因对流而加强了传热，当温度升高时，热辐射的作用也增强，且与气孔的大小和温度的三次方成比例。而这一效应在温度较高时，随温度的升高迅速加剧，这样气孔对热导率的贡献就不可忽略，式（4-43）也就不再适用。

对于粉末和纤维材料，其热导率比烧结状态时又低得多，这是因为在其间气孔形成了连续相，因此材料的热导率就在很大程度上受气孔相的热导率影响。这也是通常粉末、多孔和纤维类材料能有良好的热绝缘性能的原因。

对于在一些具有显著的各向异性的材料和膨胀系数相差较大的多相复合物中，由于存在大的内应力，以致会形成微裂纹，气孔以扁平微裂纹出现并沿着晶界发展，使热流受到严重的阻碍，这样即使是在总气孔率很小的情况下，也使材料的热导率有明显的减小。对于复合材料实验测定值也就比按式（4-43）的计算值要小。

4.3.4　某些无机材料的热导率

根据以上的讨论可以看到影响陶瓷材料热导率的因素还是比较复杂的，因此实际材料的热导率一般还得依靠实验测定。图 4-20 表示了某些材料的热导率，其中石墨和 BeO 具有最

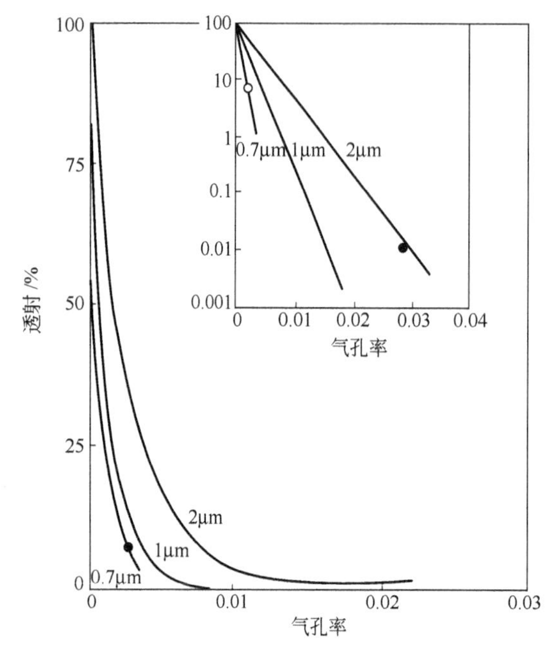

图 4-19 气孔率对 Al_2O_3 透射率的影响

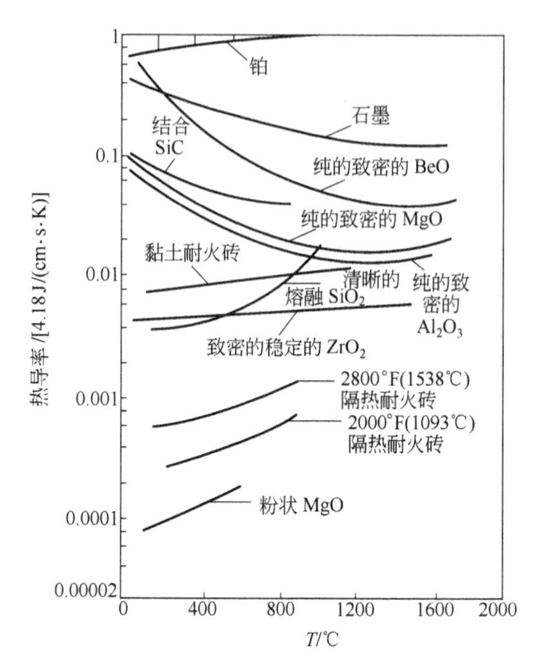

图 4-20 几种硅酸盐材料的热导率

高的热导率，低温时接近金属铂的热导率。良好的高温耐火材料之一的致密稳定化 ZrO_2，它的热导率相当低，气孔率大的保温砖就具有更低的热导率，而粉状材料的热导率则极低，具有最好的保温性能。

通常在低温时有较高热导率的材料，随着温度升高热导率降低，而低热导率的材料正相反。其中如 Al_2O_3、BeO 和 MgO 等热导率随温度变化的规律相似，根据实验结果，可整理出以下的经验公式：

$$\lambda=\frac{A}{T-125}+8.5\times10^{-36}T^{10} \tag{4-44}$$

式中，T 为热力学温度；A 为常数，对于 Al_2O_3、MgO、BeO 分别为 16.2、18.8、55.4。

此式适用范围对 Al_2O_3 和 MgO 是室温到 2000K，对于 BeO 是 1300～2000K。

玻璃体的热导率如前所述，是随温度的升高而缓慢增大，800K 以后由于辐射传热的效应使热导率有较快的上升，它们的经验方程式常具有如下的形式：

$$\lambda=cT+d \tag{4-45}$$

式中，c、d 为常数。

对于某些建筑材料、黏土质耐火砖以及保温砖等热导率是随温度升高有线性的增大，因此一般的经验方程式是：

$$\lambda=\lambda_0(1+bt) \tag{4-46}$$

式中，λ_0 为 0℃时材料的热导率；b 为与材料性质有关的常数。

4.4 无机材料的抗热震性

所谓抗热震性，是指材料承受温度的急剧变化而抵抗破坏的能力，所以也称之为耐温度急变抵抗性和热稳定性等。由于陶瓷材料在加工和使用过程中经常会受到环境温度起伏的热冲击，有时这样的温度变化还是十分急剧的，因此抗热震性亦是陶瓷材料一个重要的作业性能。

一般来讲，陶瓷材料和其他脆性材料一样，抗热震性是比较差的，它们在热冲击下损坏有两种类型。一种是材料发生瞬时断裂，对这类破坏的抵抗称抗热震断裂性；另一种是在热冲击循环作用下，材料表面开裂、剥落，并不断发展，以致最终碎裂或变质而损坏，对这类破坏的抵抗称抗热震损伤性。

4.4.1 抗热震性的表示方法

由于应用的场合的不同，往往对材料抗热震性的要求也很不相同。例如对于一般日用瓷器，通常只要求能承受温度差为100K左右热冲击，而火箭喷嘴就要求瞬时能承受高达3000～4000K的热冲击，而且还要经受高速气流的机械和化学作用，因此对材料的抗热震性要求显然就有很大的差别。而目前对于抗热震性虽已能作出一定的理论解释，但尚不完善，因此实际上对材料或制品的抗热震性评定，一般还是采用比较直观的测定方法。例如日用瓷通常是以一定规格的试样，加热到一定温度，然后立即置于室温的流动水中急冷，并逐次提高温度和重复到水中急冷，直至试样被观察到发生龟裂，则以开始产生龟裂的前一次加热温度来表征瓷的抗热震性。对于一般普通耐火材料则常是将试样的一端加热到1373K并保温20min，然后置于283～303K的流动水中3min，并重复这样的操作，直至试样受热端面破损一半为止，而以这样操作的次数来表征材料的抗热震性。某些高温陶瓷材料是以加热到一定温度再用水急冷，然后测其抗折强度的损失率来评定它的抗热震性。若制品具有较复杂的形状，则在可能的情况下，可直接用制品来进行测定，这样就免除了形状因素和尺寸因素带来的影响。总之，对于陶瓷材料尤其是制品的抗热震性，在工业应用中目前一般还是根据使用情况进行模拟测定为主，因此如何更科学更本质地反映材料的抗热震性，是当前技术和理论工作中一个重要任务。

4.4.2 热应力

材料在不受其他外力的作用下，仅因热冲击而损坏，造成开裂和断裂，这是由于材料在温度作用下产生了很大的内应力，并超过材料的机械强度限所导致的。对于这种内应力的产生和计算，我们可先以下述的一个简单情况来讨论。假如有一各向同性的均质的长为 l 的杆件，当它的温度 T_0 升到 T'后，杆件会有 Δl 的膨胀，倘若杆件能够完全自由膨胀，则杆件内不会因热膨胀而产生应力，若杆件的两端是完全刚性约束的（见图4-21），这样杆件的热膨胀不能实现，而杆件与支撑体之间就会产生很大的应力，杆件所受到的抑制力，就相当于把样品允许自由膨胀后的长度（$l+\Delta l$）仍压缩为 l 时所需要的压缩力，因此杆件所承受的压应力正比于材料的弹性模量 E 和相应的弹性应变$-\Delta l$，因此材料中的应力 σ 可由下式计算：

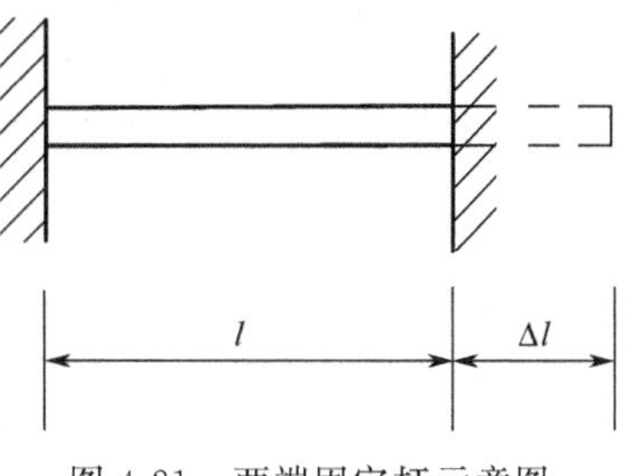

图 4-21　两端固定杆示意图

$$\sigma=E\left(\frac{-\Delta l}{l}\right)=-E\alpha(T'-T_0) \tag{4-47}$$

式中的负号是由于习惯上常把这一类张应力定为正值，压应力定为负值的缘故。

若上述情况是发生在冷却状态下，即 $T_0>T'$，则材料中内应力为张应力。

这一种由于材料热膨胀或收缩引起的内应力称为热应力。

热应力不一定要在有机械约束的情况下才产生。对于在具有不同膨胀系数的多相复合材料中，可以由于结构中各相间膨胀收缩的相互牵制而产生热应力，例如上釉陶瓷制品中坯、釉间产生的应力。另外即使对于各向同性的材料，当材料中存在温度梯度时亦会产生热应力。例如一块玻璃平板从373K的沸水中掉入273K的冰水浴中，假设最表面层在瞬间就降到273K，则表面层要趋于 $\alpha\Delta T=100\alpha$ 的收缩，然而，此时内层还保留在原来的温度 $T_0=373K$，所以并无收缩，显然在表面层就发展了一张应力，而内层有一相当的压应力，其后由于内层温度亦不断下降，因此材料中热应力也逐渐减小。若一厚度为 x、侧面为无限大的平板，在两侧均匀加热（或冷却）时，平板内任意点的温度 T 是时间 t 和距离 x 的函数 $T=f(t,x)$。而在某一时刻任意点处的应力则决定于该点温度 T 和制品在该时刻的平均温度 T_a 之间的差别，根据广义虎克定律不难得到：

$$\sigma_y=\sigma_z=\frac{E\alpha}{1-\mu}(T_a-T) \tag{4-48}$$

式中，μ 为材料的泊松比。

除了表面温度的突然改变外，当表面温度平稳改变时，也能导致温度梯度和热应力的变化（图 4-22）。

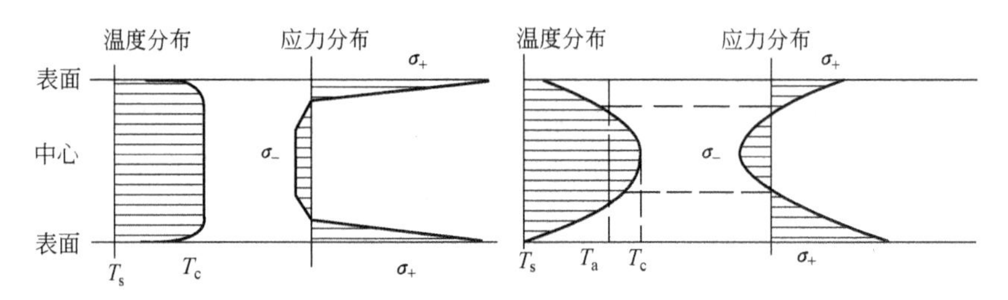

图 4-22　玻璃平板冷却时温度和应力分布示意图

当平板表面以恒定速率冷却时，温度分布是抛物线，表面温度 T_s 比平均温度 T_a 低，表面产生张应力 σ_+，中心温度 T_c 比 T_a 高，所以中心是压应力 σ_-。假如样品是被加热，则这些情况显然正好相反。

4.4.3　抗热震断裂性

根据上述的分析，只要材料中最大热应力值 σ_{max}（一般在表面及中心部位）不超过材料的强度极限 σ_b（对于脆性材料显然应取其抗张强度限），则材料不致损坏。因此再根据式 (4-48) 形式可得到材料中允许存在最大温差 ΔT_{max} 为：

$$\Delta T_{max}=\frac{\sigma(1-\mu)}{\alpha E} \tag{4-49}$$

显然 ΔT_{max} 值愈大，说明材料能承受的温度变化愈大，即抗热震性愈好，所以我们定义 $R\equiv\frac{\sigma(1-\mu)}{\alpha E}$ 为表征材料抗热震性的因子，也称为第一热应力因子。

然而实际的情况又要复杂得多，材料是否出现热应力断裂，固然与热应力 σ_{max} 的大小有着密切的关系，还与材料中应力的分布、应力产生的速率和持续时间、材料的特性（例如延性、均匀性等）以及原先存在的裂纹、缺陷等情况有关，因此 R 虽能在一定程度上反映材料抗热冲击性的优劣，但并不能简单地认为这就是材料允许承受的最大温度差，而只能看作 ΔT_{max} 与 R 有一定的关系：

$$\Delta T_{max}=f(R) \tag{4-50}$$

实际上制品中的热应力尚与材料的热导率、形状大小、材料表面对环境进行热传递的能力等有关。例如热导率 λ 大、制品厚度小、表面对环境的传热系数 h 小等，都有利于制品中温度趋于均匀，而使制品的抗热震性改善。因此式 (4-49) 是不完整的，根据实验的结果可以整理出如下的形式：

$$\Delta T_{max}=f(R)+f'\left[\frac{\sigma(1-\mu)}{E\alpha}\cdot\frac{\lambda}{bh}\right] \tag{4-51}$$

我们定义 $R'\equiv\frac{\sigma(1-\mu)\lambda}{\alpha E}$ 为第二热应力因子。由于 b 和 h 不属于材料本身的特性，因此不计入 R' 中。

对于制品的厚度 b（或半径 r）和 h 很大而 λ 很小时，式中 $f'\left(\frac{R'}{bh}\right)$ 项就很小，可以略去，这时材料的抗热冲击断裂性，可由 R 来评定。相反的情况如 b（或 r）和 h 都很小，而 λ 很大时，则相比较的结果 $f(R)$ 项可以忽略，而由 R' 来评定。只有在适中的情况下，必须同时结合 R 和 R' 来考虑。

某些材料的 R、R' 可见表 4-5，由于不同作者提供的数据不尽相同，因此表中所列的数据亦仅可供作参考。

表 4-5　某些材料的 R 和 R' 值

材料	$\sigma/(10^{-1}$kg/m$^3)$	$E/(10^2$kg/m$^2)$	$\alpha/(10^{-6}$K$^{-1})$	R/K	$\lambda/[10^{-2}$W/(m·K)]			$R'/(10^{-2}$W/m)		
					373K	673K	1273K	373K	673K	1273K
Al_2O_3	1.47	3.58	8.8	47	0.31	0.13	0.63	14.2	6.27	2.93
BeO	1.47	3.09	9.0	53	2.2	0.93	0.21	121	50.2	10.9
MgO	0.98	2.11	13.6	34	0.36	0.16	0.07	12.1	5.4	2.4
$MgAl_2O_4$	0.84	2.39	7.6	47	0.15	0.10	0.06	6.3	4.6	2.2
ThO_2	0.84	1.48	9.2	62	0.10	0.06	0.03	6.3	3.9	2.1
ZrO_2	1.40	1.48	10.0	10.6	0.02	0.021	0.023	1.8	1.9	2.1
莫来石	0.84	1.48	5.3	107	0.06	0.046	0.042	6.7	5.0	4.6
瓷器	0.70	0.70	6.0	167	0.017	0.018	0.019	2.8	2.9	3.1
堇青石	0.35	1.48	2.6	90	0.022	0.021	0.021	1.97	1.88	1.88
锂辉石	0.31	1.05	1.6	208	0.011	0.012	0.014	—		2.93
钠钙玻璃	0.70	0.67	9.0	117	0.017	0.019	—	1.97	2.16	—
石英玻璃	1.09	0.74	0.5	3000	0.016	0.019	—	47.7	56.5	—
Si_3N_4	1.105	2.5	2.25	157		0.184			29.9	
B_4C	1.573	4.56	5.5	498		0.829			41.2	
$MoSi_2$	2.80	3.53	8.51	77.8		0.192			14.9	
Al_2O_3-Cr	3.86	3.66	8.65	27	0.09	—	—	2.8	—	—
石墨	0.24	0.11	3.0	735	1.79	1.12	0.62	1300	825	456

另外表面传热系数 h[W/(m^2·K)]是表示材料表面与环境介质间，在单位温度差下，其单位面积上、单位时间里能传递给环境介质的热量或从环境介质所吸收的热量，显然 h 和环境介质的性质及状态有关。例如在平静的空气中 h 值就小，而材料表面如接触的是高速气流，则气体能迅速地带走材料表面热量，h 值就大，表面层温差就大，材料被损坏的危险性就增大。

对于尺寸因素 b 的影响是容易理解的。图 4-23 表示了某些材料在 673K，ΔT_{max}-bh 的计算值曲线。从图中可以看到一般材料在 bh 值较小时，ΔT_{max} 与 bh 成反比。当 bh 值较大时 ΔT_{max} 趋于一恒定值。另外要特别注意的是图中几种材料的曲线是交叉的，其中 BeO 就很突出，它在 bh 很小时具有很大的 ΔT_{max}，即抗热震性很好，仅次于石英玻璃和 TiC 金属陶瓷，而在 bh 很大时（如 $bh>1$），抗热震性就显得很差（由于强度低，热膨胀系数大），而仅优于 MgO。因此，实际上并不能简单地排列出各种材料的抗热冲击断裂性能的顺序。

以上主要是从材料中允许存在的最大温度差的角度来讨论的，在一些实际场合中往往关心的是材料所允许的最大冷却（或加热）速率 $\frac{dT}{dt}$，对于厚度为 $2b$ 的平板，$\left(\frac{dT}{dt}\right)_{max}$ 表达式为：

$$\left(\frac{dT}{dt}\right)_{max}=\frac{\delta_t(1-\mu)}{\alpha E}\cdot\frac{\lambda}{\rho C}\cdot\frac{3}{b^2} \tag{4-52}$$

式中，ρ 为材料的密度（g/cm^3）；C 为热容。

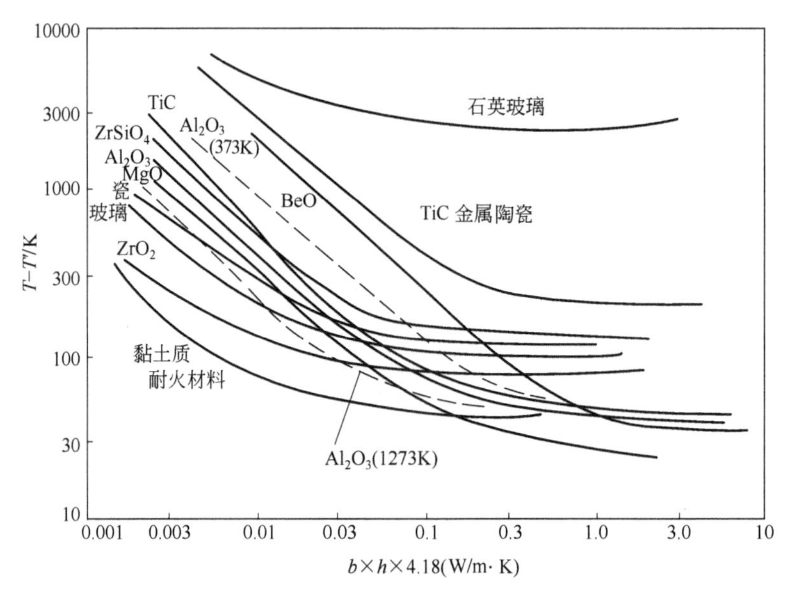

图 4-23　几种材料的 ΔT_{max}-bh 曲线

通常定义 $a \equiv \frac{\lambda}{\rho C}$ 为导温系数。它表征了材料在温度变化时内部各部分温度趋于均匀的能力，λ 愈大，ρ、C 愈小，即热量在材料内部传递得愈快，材料内部温差愈小，这显然对抗热震性有利。因此又定义 $R'' \equiv \frac{\delta_t(1-\mu)}{\alpha E} \cdot \frac{\lambda}{\rho C} = \frac{R'}{C\rho} = Ra$ 为第三热应力因子，这样式（4-52）就具有下列的形式：

$$\left(\frac{\mathrm{d}T}{\mathrm{d}t}\right)_{max} = R''\frac{3}{b^2} \tag{4-53}$$

有人计算了 ZrO_2 的 $R''=0.4\times10^{-4}\mathrm{m}^2\cdot\mathrm{K/s}$，当平板厚 10cm 时只能承受 $\left(\frac{\mathrm{d}T}{\mathrm{d}t}\right)_{max}=$ 0.0483K/s。

4.4.4　抗热震损伤性

在上面所讨论的抗热应力断裂性中，实际上是从热弹性力学的观点出发，以强度-应力为判据，认为材料中热应力达到抗张强度限后，材料就产生开裂，而一旦有裂纹产生就会导致材料完全破坏。所导出的结果对于一般的玻璃、瓷器和电子陶瓷等都能较好适用，但是对于一些含有微孔的材料（如黏土质耐火制品等）和非均质的金属陶瓷等都不适用，在这些材料中发现，热冲击下材料中产生裂纹时，即使裂纹是从表面开始，在裂纹的瞬时扩张过程中也可能被微孔、晶界或金属相所中止，而不致引起材料的完全破坏。明显的例子是在一些筑炉用的耐火砖中，往往在含有一定的气孔率时（如 10%～20%）反具有较好的抗热冲击损伤性。而气孔的存在降低材料的强度和热导率，使 R 和 R'值都要减小，因此这一现象按强度-应力理论就不能得到解释。实际上凡是热震破坏是以热冲击损伤为主的情况都是如此。因此，对抗热震性问题就发展了第二种处理方式，这就是从断裂力学观点出发以应变-断裂能为判据的理论。

在强度-应力理论中，对热应力的计算假设了材料的外形是完全刚性约束的，所以整个坯体中各处的内应力都处在最大热应力值的状态，这实际上只是一个条件最恶劣的力学模型。它假设了材料是完全刚性的，而任何应力释放（松弛），例如位错运动或黏滞流动等都是不存在的，裂纹产生和扩展过程中的应力释放也不予考虑，因此按此计算的热应力破坏会比实际情况更严重。按照断裂力学的观点，对于材料的损坏，不仅要考虑材料中裂纹的产生情况（包括材料中原先就已有的裂纹状况），还要考虑在应力作用下裂纹的扩展、蔓延情况。如果裂纹的扩展、蔓延能抑制在一个小的范围内，也可能不至于使材料完全破坏。

通常在实际材料中都存在一定大小、数量的微裂纹，在热冲击情况下，这些裂纹产生、扩展以及蔓延的程度，与材料积存的弹性应变能和裂纹扩展的断裂表面能有关。当材料中可能积存的弹性应变能较小，则原先裂纹的扩展可能性就小，裂纹蔓延时断裂表面能大，则裂纹能蔓延的程度就小，材料抗热震性就好。因此，抗热应力损伤性正比于断裂表面能、反比于应变能，这样就提出了两个抗热应力损伤因子 R'''和 R''''，定义为：

$$R''' \equiv \frac{E}{\delta_t^2 (1-\mu)} \tag{4-54}$$

$$R'''' \equiv \frac{EG}{\delta_t^2 (1-\mu)} \tag{4-55}$$

式中　G——断裂表面能（J/m^2）；

R'''——实际上就是材料中储存的弹性应变能的倒数，它可用来比较具有相同断裂表面能材料的抗热震损伤性；

R''''——是用来比较具有不同断裂表面能材料的抗热震损伤性。

R'''或 R''''值高的材料抗热应力损伤性好。从 R'''和 R''''可以看到抗热震性好的材料应有低的 σ 和高的 E，这与 R 和 R'的考虑正好相反。原因就是在于二者判断的依据不同，在抗热应力损伤性中，认为强度高的材料，原先裂纹在热应力作用下，容易产生过度的扩展蔓延，对抗热震性不利，尤其是在一些晶粒较大的样品中经常会遇到这样的情况。

海塞曼（D. P. H. Hasselman）曾从断裂力学的观点出发，认为材料中原先存在的裂纹产生破裂扩展的驱动力，应该是材料中裂纹处积存的应变能，当这些裂纹一旦开始扩展，则由于断裂表面增大，所以要吸收能量而转化为断裂表面能，在此过程应变能就不断得到释放而降低，直到全部应变能都转化为新增加的总的断裂表面能，裂纹扩展也就终止。

对于原先裂纹抗破裂的能力，他结合了 W. D. Kingery 的工作，提出“热应力裂纹安定性因子（R_{st}）”

$$R_{st} = \left[\frac{\lambda^2 G}{\alpha^2 E_0}\right]^{\frac{1}{2}} \tag{4-56}$$

式中，E_0 为材料无裂纹时的弹性模量。

R_{st} 值大裂纹不易扩展，抗热震性就好，这实际上与 R 和 R'的考虑是一致的，只是把强度 σ 的因素改由断裂能 G 来考虑。

而一定长度的原先裂纹，在热应力作用下，刚开始扩展时材料中的温度差称为该长度裂纹不稳定的临界温度差，在临界温度差下，该长度的裂纹扩展到不再蔓延时的长度，称为裂纹的最终长度，他提出了一定长度裂纹 l 成为不稳定所需的临界温度差 ΔT_C：

$$\Delta T_C = \left[\frac{\pi G(1-2\mu^2)}{2E_0\alpha^2(1-\mu^2)}\right]^{\frac{1}{2}} \left[1+\frac{16(1-\mu^2)Nl^3}{9(1-2\mu)}\right] l^{-\frac{1}{2}} \tag{4-57}$$

N 为单位容积中的裂纹数，假设 N 条裂纹是同时扩展的，并对相邻裂纹间应力场的互作用给予忽略（在 l 和 N 较小的情况下是允许的）。对于 $\mu=0.25$ 的材料以 $f(\Delta T_C)=\Delta T \left[\frac{7.5\alpha^2 E_0}{\pi G}\right]^{\frac{1}{2}}$ 为纵坐标，以$\frac{1}{2}l$ 为横坐标，按式（4-57）得到图 4-24 中粗实线所示的曲线。对于同一材料仅考虑其 ΔT 的变化，则 l 从很小值增长时，所对应的 ΔT_C 不断减小，经过一个 ΔT_C 的最小值后，随 l 的增长 ΔT_C 又增大，因此对应于一定的 ΔT_C 有两个裂纹不稳定的临界长度，在此两个长度之间的裂纹对应于该 ΔT_C 都是不稳定的。

假设 $N=1$，图中 l_0 和 l_1'对应的临界温度差为 $\Delta T_C'$，若裂纹长度 $l<l_0$，在材料中 $\Delta T=$

$\Delta T'_C$时，该裂纹是稳定的。而当裂纹长 $l'_0<l<l'_1$，则会破裂而扩展。开始扩展时应变能的释放超过了断裂表面能，超过的能量成为裂纹扩展所需的动能。当 l 扩展到 $l=l'_1$时，因裂纹仍具有动能，所以仍将继续扩展，直至全部积存的应变能都完全得到释放，此时 l 就达到最终裂纹长度 l'_f。

因此 l'_1 对应于 $\Delta T'_C$，只是静态时的临界状态，而 l'_f对应于 $\Delta T'_C$是亚临界的，只有 $\Delta T'_C$ 增大后，裂纹才会超过 l'_f而继续扩展。对于最终裂纹长度 l_f 的关系式为

$$\frac{3(\alpha\Delta T_C)^2E_0}{2(1-2\mu)}\left\{\left[1+\frac{16(1-\mu^2)Nl_0^3}{9(1-2\mu)}\right]^{-1}-\left[1+\frac{16(1-\mu^2)Nl_f^3}{9(1-2\mu)}\right]^{-1}\right\}=2\pi NG(l_f^2-l_0^2) \tag{4-58}$$

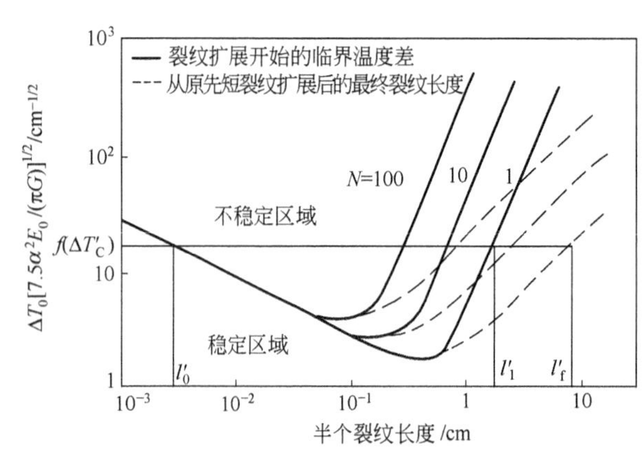

图 4-24 裂纹开始扩展的最小温度差和裂纹长度及密度 N 的关系（泊松比 $\mu=0.25$）

式中，l_0 为原先裂纹长度；l_f 为最终裂纹长度。此式在图 4-24 中为虚线所示的曲线。

按此理论预期原先存在的微小裂纹，一旦略高于临界温度差时，开始发生扩展，且瞬时扩展到最终裂纹长度，只有继续提高 ΔT，裂纹才会再扩展，它是随 ΔT 的增大连续地准静态地扩展。图 4-25 就是理论上预期的裂纹长度以及材料强度随 ΔT 的变化。假如原先裂纹长度为 l_0，相应的强度为 σ_0，在 $\Delta T<\Delta T_C$ 范围内裂纹是稳定的。当 $\Delta T=\Delta T_C$ 时，裂纹迅速地从 l_0 扩展到 l_f 值，这时在强度关系上相应也出现从 σ_0 迅速降低到 σ_f。由于 l_f 对 ΔT_C 是亚临界的，只有 ΔT 增长到一个新值 $\Delta T'_C$后，裂纹才准静态地又连续扩展，因此在 $\Delta T_C<\Delta T<\Delta T'_C$区间裂纹长度无变化，相应的强度也不变。在 $\Delta T>\Delta T'_C$以后，强度则出现连续的降低，这一结论为一些实验所证实。

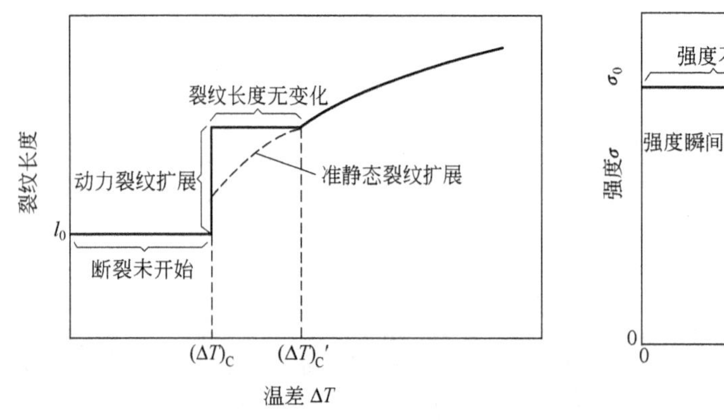

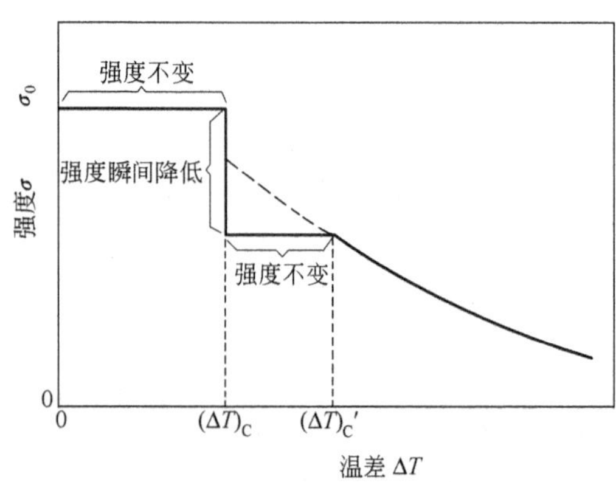

图 4-25 裂纹长度及强度与温度差的关系

图 4-26 是直径 5mm 的氧化铝杆，在加热到不同温度时又投入水中急冷后，在室温下测得的强度曲线，可以看到与理论预期结果是符合的。

对于一些多孔的低强度材料，例如保温耐火砖，由于原先裂纹尺寸较大，预期有图 4-27 形式，并不显示出裂纹的动力扩展过程，而只有准静态的扩展过程，这同样也得到了一些实验的证实。

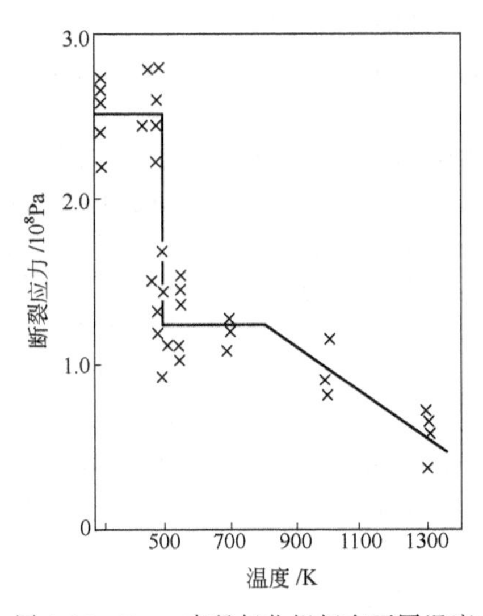

图 4-26　5mm 直径氧化铝杆在不同温度下到水中急冷的强度

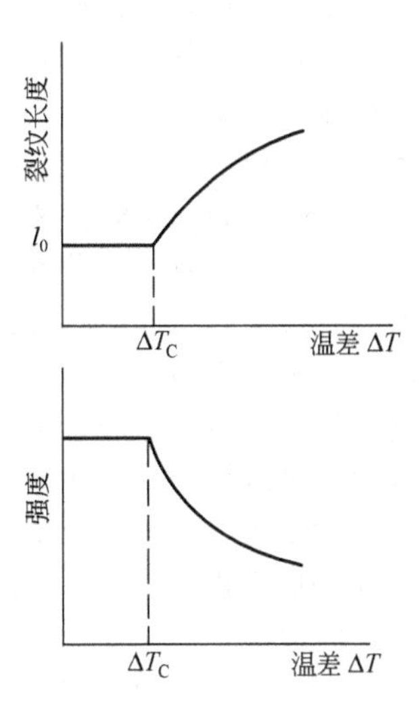

图 4-27　裂纹长度及强度与温度差的关系

然而还必须说明，由于材料中微小裂纹及其分布和陶瓷材料中裂纹扩展过程的精确测定，目前在技术上还遇到不少困难，因此还不能对此理论作出直接的验证。另外材料中原先裂纹大小远非是一致的，实际情况要复杂得多，而且影响抗热震性因素是多方面的，还关系到热冲击的方式、条件和材料中热应力的分布等。而材料的一些物理性能在不同的条件下也是有变化的，因此强度 σ 与 ΔT 的关系也完全有不同于图 4-25 和图 4-27 所示的形式，所以这些理论还有待于进一步的发展。

4.4.5　影响抗热震性的因素

通过以上对各个抗热应力因子的介绍，实际上已经提到了影响抗热震性的各种因素，现扼要地总结一下各种因素影响的实质，以便进一步了解各个因子的物理意义。

（1）影响抗热震断裂性的主要因素

从 R 和 R' 因子可以知道，它们所包含的材料性能指标主要是 σ、E、α 和 λ，现分述如下。

① 强度 σ。高的强度使材料抗热应力而不致破坏的能力增强，抗热震性得到改善。对于脆性材料，由于抗张强度小于抗压强度，因此提高抗张强度能起到明显的效果，例如金属陶瓷因具有较高的抗张强度（同时又有较高的热导率），所以 R 和 R' 值都很大，抗热震性较好。烧结致密的细晶粒状态一般比缺陷裂纹较多的粗晶粒状态要有更高的强度，而使抗热震性较好。然而一般陶瓷材料提高 σ 时，往往对应了较高的 E 值，所以并不能简单地认为 σ 高抗热震性就好。

② 弹性模量 E。E 值的大小是表征材料弹性的大小，其值大弹性小，因此在热冲击条件下材料难以通过变形来部分地抵消热应力，使得材料中存在的热应力较大，而对抗热震性不利。例如石墨强度很低，但因 E 值极小，同时膨胀系数也不大，所以有很高的 R 值，又因热导率高而 R' 也仍很高，所以抗热震性良好。气孔会降低 E 值，然而又会降低强度、热导率等，因此必须综合地进行比较，某种瓷料曾以增加熟料量，加大熟料粒度，提高气孔率等降低 E 值而使抗热震性有所改进。

③ 膨胀系数 α。热膨胀现象是材料中产生热应力的本质。同样条件下 α 值小，材料中热应力也小，因此对抗热震性来讲总是希望 α 值愈小愈好。石英玻璃具有极优良的抗热震性，突出的一点就是它具有很小的 α 值。通常陶瓷工厂在匣钵料中添加一些滑石就是为了能得到

一些α很小的堇青石以改善抗热震性。而材料的热膨胀性能可以看以前的介绍，特别要提出的是具有多晶转化的材料，由于在转化温度下有膨胀系数的突然变化，因此在选用材料或控制热条件时都必须注意。

④ 热导率λ。热导率λ值大，材料中温度易于均匀，温差应力就小，所以利于改善抗热震性。如 BeO 与 Al_2O_3 的R值相近，但 BeO 因λ值大所以R'值比 Al_2O_3 高得多，抗热震性就优良。石墨、碳化硼、氮化硼等有良好的抗热震性都与它们有着高的λ值密切相关。

其他如μ、ρ、C等的影响也已在前面给予了介绍，所以影响的因素还是较复杂的，并且还不能对各因素片面地单一地来考虑，而必须综合考虑它们的影响，这也是提出一些热应力因子来进行评定材料抗热震性的基本思想。

(2) 影响抗热震损伤性的主要因素

① 抗热应力损伤因子R'''和R''''。它们都要求有小的σ值和大的E值，与R和R'是相反的，实际上R''''还正比于G，而一般材料高的G值也往往对应于高的σ值，所以还不能过于片面地看待它的影响。

② 微观结构的影响。由前面对图 4-24 的分析中可以看到，微小的裂纹破裂时，有明显的动力扩展，瞬时裂纹长度变化很大，容易引起严重的损坏。假如原先裂纹长度能控制在图 4-24V 形曲线的最低值附近，则可以有最小的动力扩展，使材料的抗热震性得到改善。因此对多晶质材料往往因具有一定数量、大小的裂纹会使抗热震性改善。同时任何不均匀微观结构的引入，形成了局部的应力集中，这样在材料中虽然局部范围内可能产生破裂，但整个材料中的平均应力是不大的，因此严重的损坏反而可以避免。近来的工作更确认了微观结构在热冲击损伤方面的重要性。特别是晶粒间收缩开裂引起的钝裂纹，显著地提供了抵抗严重损坏的能力，而原先的尖锐裂纹，会在不太严重的热应力条件下，就导致损坏。在 Al_2O_3-TiO_2 瓷中晶粒间收缩的开裂，会使原先的尖裂纹钝化和阻止裂纹的扩展，在 Al_2O_3 瓷中添加 ZrO_2 以抑制微裂纹，也明显地改进抗热震性。对于利用各向异性的热膨胀所引起的裂纹，也为改善抗热冲击损坏提供了一个有益的途径。

③ 热膨胀系数α和热导率λ。通常的影响与抗应力断裂性中的情况一致。但是正如前述，各向异性的热膨胀在此有可能得以利用。在短时间的热冲击情况下，可以允许有小的λ值，它使热应力主要分布在表层，对整个制品来讲还是安全的。

最后还必须指出，制品的形状、尺寸因素虽非材料的本质属性，但对制品的抗热震性有着重要影响，不良的结构会导致制品中严重的温度不均匀和应力集中，恶化抗热震性。而良好的结构设计又能有效地弥补材料性能的不足，因此在实际工作中这是必须注意的。

由于抗热震性问题的复杂性，至今还未能建立起一个十分完善的理论，因此任何试图改进材料抗热震性的措施，必须结合具体的使用要求和条件，综合考虑各种因素的影响，同时必须和实际经验相结合。

习　题

1. 计算室温（298K）及高温（1273K）时莫来石瓷的摩尔热容值，并请和按杜隆-珀替规律计算的结果比较。

2. 请证明固体材料的热膨胀系数不因内含均匀分散的气孔而改变。

3. 对于组成范围为 0～50% K_2O、100%～50%SiO_2 的玻璃，推断其热膨胀变化。试通过（a）各组成的熔点及（b）玻璃的结构来解释所得的结果。

4. 试解释为什么玻璃的热导率常常低于晶态固体的热导率几个数量级。

5. 掺杂固溶体瓷与两相陶瓷的热导率随成分体积分数而变化的规律有何不同。

6. 根据你对 Al_2O_3-Cr_2O_3 系统的知识，推断单晶体及多晶体的热导率对组成的关系曲线的性质。

7. 康宁 1723 玻璃（硅酸铝玻璃）具有下列性能参数：$\lambda=0.021J/(cm\cdot s\cdot ℃)$；$\alpha=4.6\times10^{-6}℃^{-1}$；

$\sigma_p=7.0\text{kg/mm}^2$，$E=6700\text{kg/mm}^2$，$\upsilon=0.25$。求第一及第二热冲击断裂抵抗因子。

8. 一热机部件由反应烧结氮化硅制成，其热导率 $\lambda=0.184\text{J/(cm·s·℃)}$，最大厚度为 120mm。如果表面热传递系数 $h=0.05\text{J/(cm}^2\text{·s·℃)}$，假设形状因子 $S=1$，估算可以应用的热冲击最大允许温差。

9. 组成为 25%石英（−200 目）、25%钾长石（−325 目）、15%球土（空气浮选的）以及 35%高岭土（水洗的）的瓷料，用注浆法制成试件并分为三组。每组在下述三个温度中的一个温度下煅烧了一小时（1200℃，1300℃，1400℃），但是没有加上任何标志，而学生却遗失了他的记录。他能利用记录膨胀仪测量热膨胀。怎么才能区别每一组是在哪一个温度下煅烧的？

10. (a) 某钠-钙-硅酸盐玻璃精心地在 HF 溶液中处理，以便去掉所有的格里菲斯裂纹。此玻璃的弹性模量为 $E=7\times10^4\text{MPa}$（假设不随温度而变，实际上不是这样），泊松比为 0.35，线膨胀系数为 $10^{-6}℃^{-1}$。热导率为 1.046W/(m·K)。玻璃的表面张力估计为 30MPa。如果玻璃被投入冰水而淬冷，则在淬冷前玻璃可能加热到不致因热震而断裂的最高温度是多少？

(b) 如果玻璃并未经过腐蚀，并已知在表面上存在 $1\mu\text{m}$ 的格里菲裂纹，则玻璃能淬冷的最高温度是多少？

第 5 章　无机材料的电导

在无机材料的许多应用中，电导性能是非常重要的。由于电导性能的差异，材料被应用在不同的领域。半导体材料已作为电子元件被广泛地用于电子领域，成为现代电子学的一个重要部分。如电阻发热元件，在高温（>1500℃）下能维持其力学性能不变；各种半导体敏感材料，如压敏材料、热敏材料、光敏材料、快离子导电材料、气敏材料等是制作各类传感器的重要材料之一，由于它们与信息和微机等高新技术的发展密切相关，因而获得了迅猛发展，成为功能材料的一个重要分支。利用具有零阻电导现象的超导材料制作的新型电子器件也已获得应用。此外还有性能几乎不受温度和电压影响的欧姆电阻。这些材料的应用都是利用了材料的电导特性。

5.1　电导的基本性能

5.1.1　欧姆定律

在一个长 L，横界面 S 的导电体的两端加上电压 U，导体内就形成了电流，根据欧姆定律

$$I=\frac{U}{R} \tag{5-1}$$

导体的电阻 R 与导线的长度 L 成正比，与横截面积 S 成反比，即

$$R=\rho L/S \tag{5-2}$$

ρ 为导体的电阻率，单位为欧姆·米（Ω·m），习惯上用 Ω·cm。电阻率的倒数定义为电导率 σ，即

$$\sigma=1/\rho \tag{5-3}$$

电导率的单位为西门子/米（S/m）。

式（5-1）表示的欧姆定律不能说明导体内部各处电流的分布情况，特别是在半导体中，常遇到电流分布不均匀的情况，即流过不同截面的电流强度不一定相同，因此常采用电流密度的概念。

电流密度是指通过垂直于电流方向的单位面积的电流，即

$$J=\Delta I/\Delta S \tag{5-4}$$

电流密度的单位为 A/m^2 或 A/cm^2。

如果上述导体为均匀导体，则导体内部各处都建立了电场，见图 5-1，则电场强度为

$$E=U/L \tag{5-5}$$

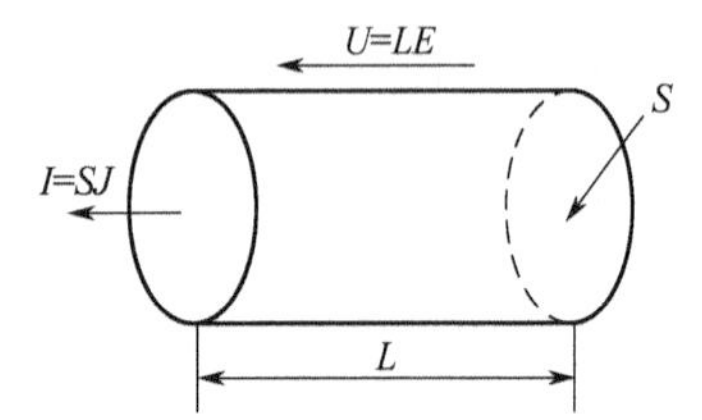

图 5-1　欧姆定律示意图

单位为 V/m 或 V/cm。对这一均匀导体来说，电流密度

$$J=I/S \tag{5-6}$$

把式（5-5）和式（5-6）代入式（5-2），得电流密度为

$$J=\sigma E \tag{5-7}$$

因此外电场与电流密度为线性关系，比例系数为电导率 σ。这就是欧姆定律的微分形式，适用于非均匀导体。它把通过导体中某一点的电流密度和该处的电导率及电场强度直接联系起来。σ 只决定于材料的性质，所以电流密度 J 与几何因子无关，这就给讨论电导的物理本质带来了方便。不同种类的材料其电导率或电阻率相差很大。几类典型材料的电阻率值列于表 5-1 中。

表 5-1　在室温下一些材料的电阻率

导电材料	电阻率/Ω·cm	半导体材料	电阻率/Ω·cm	绝缘材料	电阻率/Ω·cm
铜	1.7×10^{-6}	致密碳化硅	10	SiO_2 玻璃	$>10^{14}$
铁	10×10^{-6}	碳化硼	0.5	滑石瓷	$>10^{14}$
钼	5.2×10^{-6}	纯锗	40	黏土耐火砖	10^{8}
钨	5.5×10^{-6}	Fe_3O_4	10^{-2}	低压瓷	$10^{12}\sim10^{14}$

5.1.2　体积电阻和表面电阻

在金属材料中，由金属表面传导的电流与金属内部传导的电流相比较，可以忽略，而无机材料则不然，必须将其区分开来。可以用图 5-2 对材料的传导电流进行说明。图 5-2（a）中的虚线箭头表示的是沿试样表面流过的电流 I_S，实线箭头表示的是穿过试样体积的电流 I_V。因此总电流包括体积电流和表面电流两部分，即

$$I=I_V+I_S \tag{5-8}$$

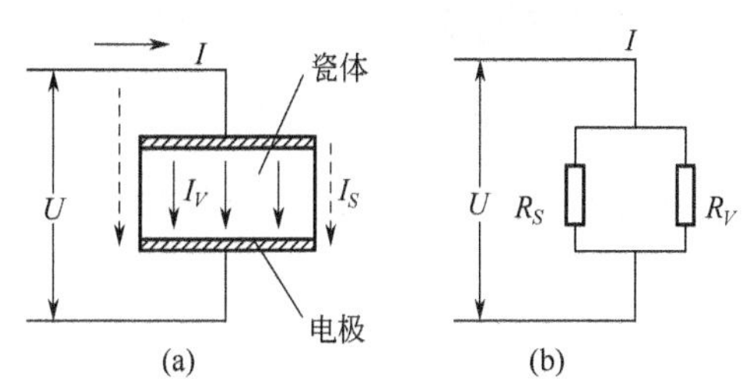

图 5-2　表面电流和体积电流

图 5-2（b）为其等效电路，R_S 为表面电阻，是施加在试样上的直流电压 U 与电极间表面传导电流之比；R_V 为体积电阻，是施加在试样上的直流电压 U 与电极间的体积传导电流之比。因而定义体积电阻 R_V 及表面电阻 R_S

$$R_V=U/I_V \tag{5-9}$$

$$R_S=U/I_S \tag{5-10}$$

将式（5-9）和式（5-10）分别代入式（5-8）可得

$$\frac{1}{R}=\frac{1}{R_V}+\frac{1}{R_S} \tag{5-11}$$

该式表示了总电阻、体积电阻和表面电阻之间的关系。表面电阻与样品的表面环境有关，而体积电阻只与材料有关，因而只有体积电阻反映材料的电导能力。

（1）体积电阻 R_V

体积电阻 R_V 与材料性质及样品几何尺寸有关，对于板状试样

$$R_V=\rho_V\times\frac{h}{S} \tag{5-12}$$

式中，h 为板状样品厚度（cm）；S 为板状样品的电极面积（cm^2）；R_V 为体积电阻（Ω）；ρ_V 为体积电阻率（Ω·cm），是描述材料电阻性能的参数，它表示当电流从边长为 1cm 的正方体的相对两面通过时，立方体电阻的大小。

对于管状试样，见图 5-3。其体积电阻可用下列微分形式表示

$$\mathrm{d}R_V=\rho_V\times\frac{\mathrm{d}x}{2\pi xl}$$

对其在 $r_1\sim r_2$ 进行积分，得体积电阻率为

$$R_V=\int_{r_1}^{r_2}\frac{\rho_V}{2\pi l}\times\frac{\mathrm{d}x}{x}=\frac{\rho_V}{2\pi l}\ln\frac{r_2}{r_1} \tag{5-13}$$

对于圆片试样，见图 5-4，两环形电极 a、g 间为等电位，其表面电阻可以忽略。设主电极 a 的有效面积为 S，则

$$S=\pi r_1^2 \tag{5-14}$$

体积电阻

$$R_V=\frac{U}{I}=\rho_V\times\frac{h}{S}=\rho_V\times\frac{h}{\pi r_1^2} \tag{5-15}$$

由上式可以得到体积电阻率为

$$\rho_V=\left(\frac{\pi r_1^2}{h}\times\frac{U}{I}\right) \tag{5-16}$$

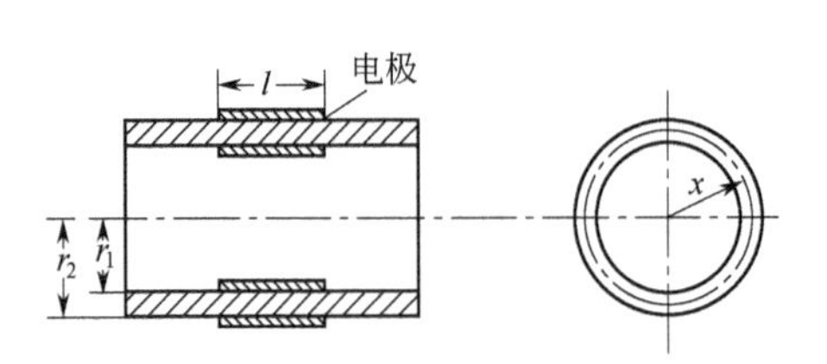

图 5-3　管状试样

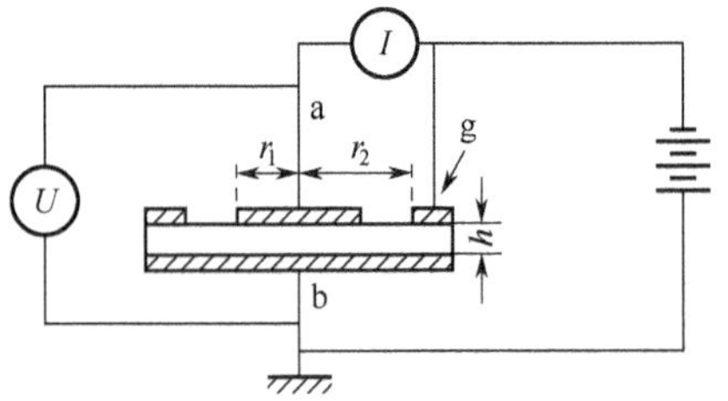

图 5-4　圆片试样体积电阻率的测量

如果要得到更精确的测定结果，可以采用下面经验公式：

$$S=\frac{\pi}{4}\ (r_1+r_2)^2 \tag{5-17}$$

$$R_V=\rho_V\times\frac{4h}{\pi(r_1+r_2)^2} \tag{5-18}$$

$$\rho_V=\frac{\pi(r_1+r_2)^2}{4h}\times\frac{U}{I} \tag{5-19}$$

（2）表面电阻 R_S

在一材料试样表面放置两块长条电极，见图 5-5，两电极间的表面电阻 R_S 由下式决定

$$R_S=\rho_S\times\frac{l}{b} \tag{5-20}$$

式中，l 为电极间的距离；b 为电极的长度；ρ_S 为样品的表面电阻率，ρ_S 和 R_S 的单位相同，均为欧姆。表面电阻率表示在材料的表面上，电流从任意大小的正方形相对两边通过时，正方形电阻的大小。由于该正方形可以是任意大小，习惯上把表面电阻率又称为方阻（例如在集成电路中），单位为欧姆（Ω）。

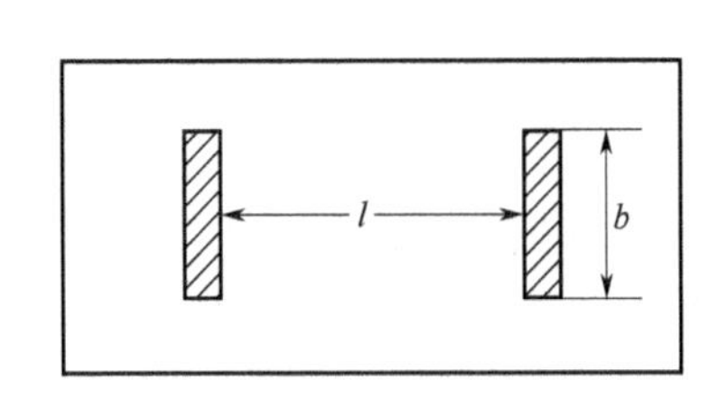

图 5-5　板状试样

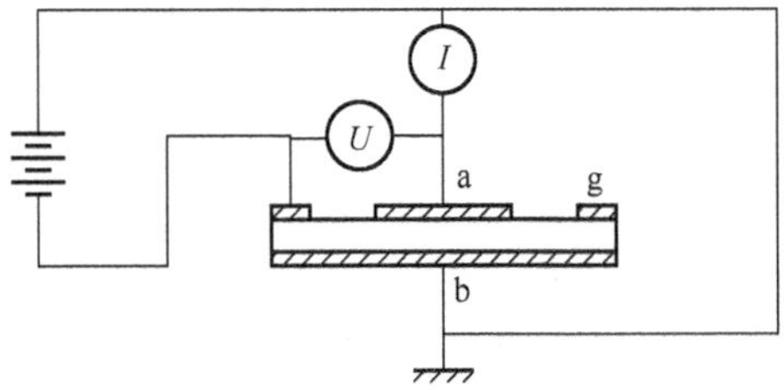

图 5-6　圆片试样表面电阻率的测量

对于圆片试样，设环形电极内外半径分别为 r_1、r_2（图 5-6），则两环形电极间的表面电阻 R_S 为：

$$R_S=\int_{r_1}^{r_2}\rho_S\times\frac{\mathrm{d}x}{2\pi x}=\rho_S\times\frac{\ln\frac{r_2}{r_1}}{2\pi} \tag{5-21}$$

ρ_S 不反映材料的性质，它决定于样品表面状态，可由实验得出。

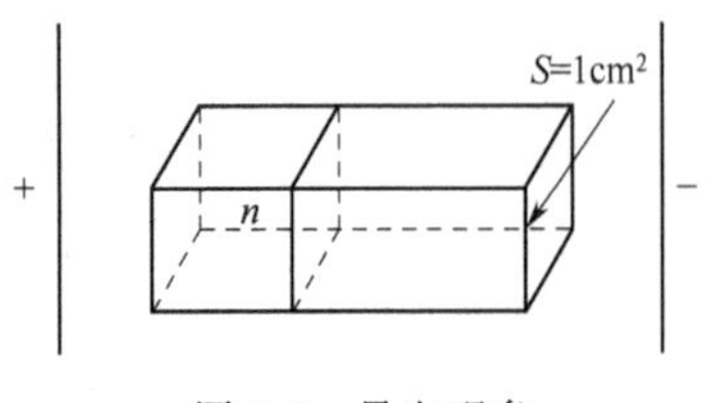

图 5-7　导电现象

5.1.3　迁移率和电导率

材料的导电现象，其微观本质是载流子在电场作用下的定向迁移。见图 5-7，设单位截面积为 S（1cm^2），载流子的浓度为 n（cm^{-3}），每一载流子的荷电量为 q，则参加导电的自由电

荷的浓度为 nq，当电场 E 作用于材料上时，则作用于每一个载流子的电场力为 qE。在这个力的作用下，每一载流子在所受力的方向发生漂移，其平均速度为 v（cm/s），则电流密度

$$J = nqv \tag{5-22}$$

根据欧姆定律的微分形式，得电导率为

$$\sigma = J/E = nqv/E \tag{5-23}$$

令 $\mu = v/E$，并定义为载流子的迁移率，表示单位电场下载流子的平均漂移速度，单位是 $m^2/(V \cdot s)$ 或 $cm^2/(V \cdot s)$。因此电导率是载流子浓度和迁移率的乘积

$$\sigma = nq\mu \tag{5-24}$$

如果载流子为离子，则需要考虑原子价态 z，则上式可以写成

$$\sigma = nzq\mu \tag{5-25}$$

在一种材料中对电导率有贡献的载流子常常不只一种。在这种情况下，第 i 种粒子的电导率为

$$\sigma_i = n_i z_i q_i \mu_i$$

于是总的电导率可由下式给出

$$\sigma = \sum \sigma_i = \sum_i n_i q_i \mu_i \tag{5-26}$$

该式反映了电导率的微观本质，即宏观电导率 σ 与微观载流子的浓度 n，每一种载流子的电荷量 q 以及每种载流子的迁移率的关系。因此从本质上来讲，阐明并控制材料中的电导问题，就包括每种可能的载流子浓度和迁移率。然后把这些贡献加起来，得到总电导率。每种载流子对总电导贡献的分数为

$$t_i = \sigma_i / \sigma \tag{5-27}$$

式中，t_i 称为迁移数。显然各迁移数的总和必等于 1。几种材料的迁移数在表 5-2 中给出。由于无机材料中的载流子可以是电子（负电子，空穴）、离子（正、负离子，空位），因此，载流子为离子的电导称为离子电导，载流子为电子或空穴的电导称为电子电导。

表 5-2 化合物中阳离子、阴离子、电子或空穴的迁移数

化合物	温度 /℃	阳离子迁移数 t_+	阴离子迁移数 t_-	电子或空穴的迁移数 $t_{e,h}$
NaCl	400	1.00	0.00	
	600	0.95	0.05	
KCl	435	0.96	0.04	
	600	0.88	0.12	
KCl+0.02%$CaCl_2$	430	0.99	0.01	
	600	0.99	0.01	
AgCl	20～350	1.00		
AgBr	20～300	1.00		
BaF_2	500		1.00	
PbF_2	200		1.00	
CuCl	20	0.00		1.00
	366	1.00		0.00
ZrO_2+7%CaO	>700	0	1.00	10^{-4}
$Na_2O \cdot 11Al_2O_3$	<800	1.00(Na^+)		$<10^{-6}$
FeO	800	10^{-4}		1.00
ZrO_2+18%CeO_2	1500		0.52	0.48
+50%CeO_2	1500		0.15	0.85
$Na_2O \cdot CaO \cdot SiO_2$ 玻璃		1.00(Na^+)		
15%($FeO \cdot Fe_2O_3$)$\cdot CaO \cdot SiO_2 \cdot Al_2O_3$ 玻璃	1500	0.1(Ca^{+2})		0.9

电子电导和离子电导具有不同的物理效应，由此可以确定材料的电导性质。

电子电导的特征是具有霍尔效应。霍尔效应的产生是由于电子在磁场作用下，产生横向移动的结果。由于离子的质量比电子大得多，磁场作用力不足以使它产生横向位移，因此纯离子电导不呈现霍尔效应。利用霍尔效应可检查材料是否存在电子电导。

离子电导的特征是存在电解效应。离子的迁移伴随着一定的质量变化，离子在电极附近发生电子得失，产生新的物质，这就是电解现象。可以利用电解效应检验材料是否存在离子电导，并且可以判定载流子是正离子还是负离子。

5.2 离子电导

离子晶体中的电导主要为离子电导。晶体的离子电导可以分为两类。第一类源于晶体点阵的基本离子的热振动形成的两种热缺陷，一种是弗仑克尔缺陷，另一种是肖特基缺陷。由于所形成的缺陷都是带电的，因而都可作为离子电导的载流子。这种载流子的电导称为固有离子电导或本征电导。第二类是由固溶的杂质离子引起，杂质离子是弱联系离子，所以在较低温度下杂质电导表现得特别显著。离子型导体统称为电解质，从状态上分为液态和固态。本节主要讨论固体电解质的电导特性。利用离子电导特性的固体称为固体电解质，它们既保持其固体特点，又具有高的离子电导率，因此这类材料的结构特点将肯定不同于一般的离子固体。对于非晶态固体，由于结构比晶体疏松造成大量的弱联系离子，因而表现为较大的离子电导。

5.2.1 载流子的浓度

在本征电导时，载流子由晶体本身热缺陷提供。对于弗仑克尔缺陷，同时形成了填隙离子和空位，而且浓度相等，如果这种缺陷的形成能为 E_f，根据玻耳兹曼分布，其浓度可表示为

$$N_f = N\exp\left(-\frac{E_f}{2kT}\right) \tag{5-28}$$

式中，N 为单位体积内离子的格点数或结点数。同样肖特基缺陷空位的浓度，在离子晶体中可表示为

$$N_s = N\exp\left(-\frac{E_s}{2kT}\right) \tag{5-29}$$

式中，N 为单位体积内正负离子对数目；E_s 为离解一个阴离子和一个阳离子并达到表面所需要的能量，即肖特基缺陷形成能。

由以上式（5-28）和式（5-29）可以看出热缺陷的浓度取决于温度 T 和离解能 E。常温下的 kT 比缺陷的形成能 E 小得多，因而只有在高温下，热缺陷的浓度才显著增大，即本征离子电导在高温下显著。E 和晶体结构有关，在离子晶体中，一般肖特基缺陷形成能比弗仑克尔缺陷形成能低许多，只有在结构很松、离子半径很小的情况下，才易形成弗仑克尔缺陷，如 AgCl 晶体，易生成间隙离子 Ag_i。

杂质离子载流子的浓度决定于杂质的数量和种类。因为杂质离子的存在，不仅增加了载流子数目，而且使点阵发生畸变，杂质离子离解活化能变小。和本征电导不同，在低温下，离子晶体的电导主要由杂质载流子浓度决定。

5.2.2 离子的迁移率

离子电导的微观机构为载流子（离子），在电场的驱动下，穿过晶格而移动，即离子在晶体中扩散或迁移。下面主要以间隙离子在晶格中的扩散现象为例讨论离子的迁移。处于间隙位置的离子，受周围离子的作用，处于一定的平衡位置，由于该位置的能量高于格点离子的能量，所以也称此为半稳定位置。如同晶体中格点的原子处于周期性势场中一样，间隙离

子同样也处于周期性势场中，见图 5-8。因此，一个离子要穿过晶格而移动，就必须具有足够的热能以越过势垒U_0，此势垒处于晶格结点之间，完成一次跃迁，又处于新的平衡位置上，这种扩散过程就完成了宏观离子的迁移。

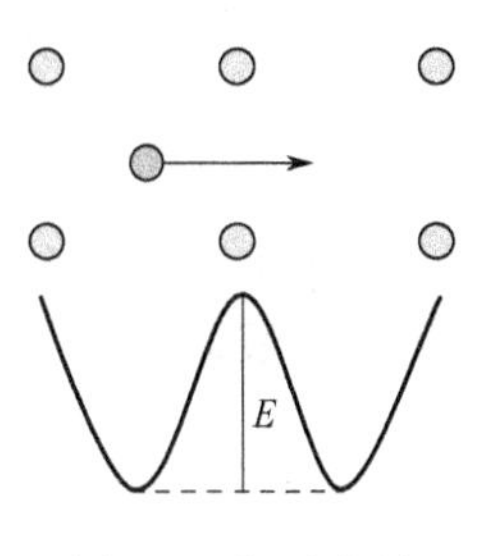

图 5-8　间隙离子扩散势垒

根据玻耳兹曼统计分布，在温度 T 时，一个粒子具有能量 U_0 的概率与 $\exp[-U_0/(kT)]$成正比。如果间隙原子在间隙位置的热振动频率为 γ_0，即单位时间内填隙原子试图越过势垒的次数，则填隙原子在单位时间内从一个间隙位置跳到相邻间隙位置的概率或单位时间内填隙原子越过势垒的次数为

$$P=\gamma_0\exp\left(-\frac{U_0}{kT}\right) \tag{5-30}$$

由于间隙离子向六个方向跃迁的概率相同，单位时间沿某一方向跃迁的次数为

$$P=\frac{\gamma_0}{6}\exp\left(-\frac{U_0}{kT}\right) \tag{5-31}$$

无外加电场时，间隙离子在晶体中各方向的迁移次数相同，宏观上无电荷定向运动，故晶体中无电导现象。

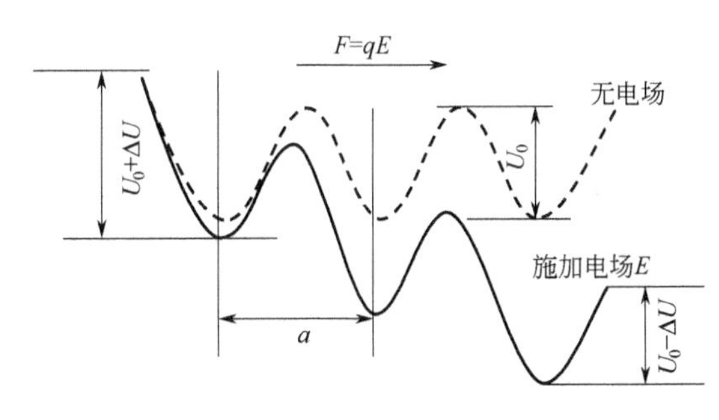

图 5-9　间隙离子的势垒变化

当有外电场存在时，外电场对间隙离子做功，间隙离子的势垒发生变化见图 5-9。每跃迁一次间隙离子移动距离 a，a 为相邻半稳定位置间的距离，等于晶格常数。对于电荷数为 q 的正离子，受电场力 $F=qE$ 的作用，F 与 E 同方向，电场在 $a/2$ 距离上造成的位势差为

$$\Delta U=\frac{a}{2}qE \tag{5-32}$$

使顺电场方向运动的势垒降低，逆电场方向运动的势垒升高。因而正离子顺电场方向迁移容易，逆电场方向迁移困难。

顺电场方向填隙离子单位时间内跃迁的次数为

$$P_{顺}=\frac{\gamma_0}{6}\exp\left(-\frac{U_0-\Delta U}{kT}\right) \tag{5-33}$$

逆电场方向填隙离子单位时间内跃迁的次数为

$$P_{逆}=\frac{\gamma_0}{6}\exp\left(-\frac{U_0+\Delta U}{kT}\right) \tag{5-34}$$

单位时间内每一间隙离子沿电场方向的净跃迁次数为

$$\Delta P=P_{顺}-P_{逆}=\frac{\gamma_0}{6}\exp\left(-\frac{U_0}{kT}\right)\left[\exp\left(\frac{\Delta U}{kT}\right)-\exp\left(-\frac{\Delta U}{kT}\right)\right] \tag{5-35}$$

每跃迁一次的距离为 a，则间隙离子沿电场方向的迁移速率为

$$v=\Delta Pa=\frac{\gamma_0 a}{6}\exp\left(-\frac{U_0}{kT}\right)\left[\exp\left(\frac{\Delta U}{kT}\right)-\exp\left(-\frac{\Delta U}{kT}\right)\right] \tag{5-36}$$

当电场强度不太大时，$\Delta U\ll kT$，有 $\exp\left(\frac{\Delta U}{kT}\right)\approx 1+\frac{\Delta U}{kT}$和 $\exp\left(-\frac{\Delta U}{kT}\right)\approx 1-\frac{\Delta U}{kT}$，则式(5-36) 可简化为

$$v=\frac{\gamma_0 a}{6}\times\frac{qaE}{kT}\exp\left(-\frac{U_0}{kT}\right) \tag{5-37}$$

载流子沿电场力方向的迁移率为

$$\mu=\frac{v}{E}=\frac{a^2\gamma_0 q}{6kT}\exp\left(-\frac{U_0}{kT}\right) \tag{5-38}$$

对于不同类型的载流子，在不同的晶体中，所需克服的势垒不同，由表 5-3 可知，间隙离子的扩散能远大于空位的扩散能。因此碱卤晶体的电导主要为空位电导。

表 5-3　碱金属卤化物晶体内的作用能（eV）

能量类型	NaCl	KCl	KBr	能量类型	NaCl	KCl	KBr
离解正离子的能量	4.62	4.49	4.23	阳离子空位扩散能	0.51		
离解负离子的能量	5.18	4.79	4.60	间隙离子的扩散能	2.9		
一对离子的晶格能	7.94	7.18	6.91	一对离子的扩散能	0.38	0.44	
阴离子空位扩散能	0.56						

一般离子的迁移率为 $10^{-13}\sim10^{-16}\text{m}^2/(\text{s}\cdot\text{V})$。例如：某晶体的晶格常数为 $5\times10^{-8}\text{cm}$，振动频率为 10^{12}Hz，势垒 $U_0=0.5\text{eV}$，在 $T=300\text{K}$ 下，根据式（5-38）计算估计离子的迁移率为 $6.19\times10^{-11}\text{cm}^2/(\text{s}\cdot\text{V})$。

5.2.3　离子的电导率

5.2.3.1　电导率的表达式

根据电导率的公式 $\sigma=nq\mu$，间隙离子的电导率可写成

$$\sigma_s=N\exp\left(-\frac{E_s}{2kT}\right)\times q\times\frac{a^2\gamma_0 q}{6kT}\exp\left(-\frac{U_0}{kT}\right)$$

$$=A_s\exp\left(-\frac{U_0+\frac{E_s}{2}}{kT}\right)=A_s\exp\left(-\frac{W_s}{kT}\right) \tag{5-39}$$

式中，W_s 为电导的活化能，它包括缺陷的形成能和迁移能；$A_s=Nq^2a^2\gamma_0/(6kT)$，在温度不大的范围内，可认为 A_s 是常数，因而电导率主要由指数项决定。

本征离子电导率的一般式为

$$\sigma=A_1\exp\left(-\frac{B_1}{T}\right) \tag{5-40}$$

式中，$B_1=W_s/k$；A_1 为常数。

对于杂质离子也可仿照上式写出

$$\sigma=A_2\exp\left(-\frac{B_2}{T}\right) \tag{5-41}$$

式中，$A_2=N_2q^2a^2\gamma_0/(6kT)$，$N_2$ 为杂质离子浓度。虽然一般格点的数目比杂质的数目大得多，即 $N\gg N_2$，但因为杂质离子的活化能小于热缺陷的活化能，即有 $B_2<B_1$，所以杂质电导率比本征电导率仍然大得多，在低温下，离子晶体的电导主要为杂质电导。

对于只有一种载流子的材料，可用对数关系表示电导率

$$\ln\sigma=\ln\sigma_0-B/T \tag{5-42}$$

利用这一关系，通过在不同的温度下测量其电导率可得出活化能。非碱卤晶体的离子电导主要来源于杂质离子，其 B 的数值已由实验测得，见表 5-4。

对于碱卤晶体，电导率大多满足二项式

$$\sigma=A_1\exp\left(-\frac{B_1}{T}\right)+A_2\exp\left(-\frac{B_2}{T}\right) \tag{5-43}$$

表 5-4 某些非碱卤晶体的活化能数据

晶 体	B	$W=Bk$	
		$(10^{-19}J)$	(eV)
石英(平行 c 轴)	21000	2.88	1.81
方镁石	13500	1.85	1.16
白云母	8750	1.2	0.75

第一项由本征缺陷决定，第二项由杂质决定，其实验数据见表 5-5。

表 5-5 卤化物的实验数据

晶 体	$A_1/\Omega^{-1}\cdot m^{-1}$	$W_1/(kJ/mol)$	$A_2/\Omega^{-1}\cdot m^{-1}$	$W_2/(kJ/mol)$
NaF	2×10^8	216		
NaCl	5×10^7	169	50	82
NaBr	2×10^7	168	20	77
NaI	1×10^6	118	6	59

如果晶体中存在多种载流子，则晶体的电导率为所有载流子电导率之和。总电导率为

$$\sigma=\sum_i A_i \exp\left(-\frac{B_i}{T}\right) \tag{5-44}$$

5.2.3.2 扩散与离子电导

离子在电场作用下的扩散机构主要有空位扩散、间隙扩散、亚晶格间隙扩散等。一般间隙扩散比空位扩散需要更大的能量。而亚晶格间隙扩散一般在间隙离子较大的晶格中发生，即由于间隙离子较大，在进行间隙扩散时要产生较大的晶格畸变，因此扩散难以发生，往往通过某一间隙离子取代附近的晶格离子，被取代的晶格离子进入间隙，从而产生离子移动。

在材料内部如果存在载流子浓度梯度$\partial n/\partial x$，由此引起载流子的定向运动，所形成电流密度（单位面积流过的电流强度）为

$$J_1=-Dq\frac{\partial n}{\partial x} \tag{5-45}$$

式中，n 为单位体积浓度；x 为扩散方向；q 为离子的电荷量；D 为扩散系数。外电场引起的电流密度可表示为

$$J_2=\sigma\frac{\partial V}{\partial x} \tag{5-46}$$

式中，V 为电位。因此总电流密度可表示为

$$J_t=-Dq\frac{\partial n}{\partial x}-\sigma\frac{\partial V}{\partial x} \tag{5-47}$$

在热平衡状态下，可以认为总电流为零。根据玻耳兹曼能量分布，载流子的浓度与电势能有以下关系

$$n=n_0\exp\left(-\frac{qV}{kT}\right) \tag{5-48}$$

对上式进行微分，得浓度梯度为

$$\frac{\partial n}{\partial x}=-\frac{qn}{kT}\frac{\partial V}{\partial x} \tag{5-49}$$

将式（5-49）代入式（5-47）得

$$\sigma=D\frac{nq^2}{kT} \tag{5-50}$$

该式为能斯特-爱因斯坦方程。此方程建立了离子电导率与扩散系数的联系。该方程与电导

率 $\sigma = nq\mu$ 还可以建立扩散系数与离子迁移率的关系

$$D = \frac{\mu}{q} kT = BkT \tag{5-51}$$

式中，B 为离子绝对迁移率。

将式（5-38）代入式（5-51），得

$$D = \frac{a^2 \gamma_0}{6} \exp\left(-\frac{U_0}{kT}\right) \tag{5-52}$$

因此扩散系数按指数规律随温度变化，也可表示为

$$D = D_0 \exp[-W/(kT)] \tag{5-53}$$

式中，W 为扩散活化能。扩散系数可由实验测得。

5.2.3.3 影响电导率的因素

（1）温度

图 5-10 表示含有杂质的电解质的电导率随温度的变化曲线。由于杂质活化能比晶格点阵离子的活化能小许多，在低温下杂质电导占主要地位，在高温下，因为热运动能量增高，使本征电导的载流子数显著增多，因此本征电导起主要作用。这两种不同的电导机构，使曲线出现了转折点。

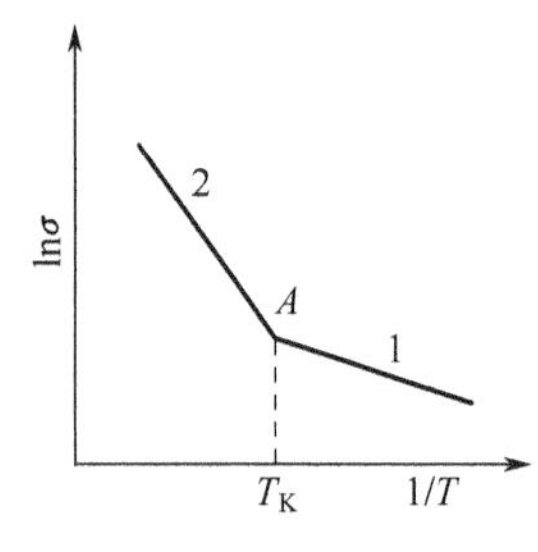

图 5-10 杂质离子电导与温度的关系

但是温度曲线中的转折点并不一定都是由两种不同的离子导电机构引起的。有时会出现电子电导。例如，刚玉瓷在低温下发生杂质离子电导，高温下则发生电子电导。

（2）晶体结构

晶体中的离子电导活化能与晶体结构有很大的关系。随着晶体结合力的增大，相应的活化能也高，电导率降低。对于碱卤化合物，随着负离子半径增大，晶体的结合力减小，正离子活化能显著降低。这一结果可以从表 5-5 看出。

离子电荷的高低对活化能也有影响。一价正离子尺寸小，电荷少，活化能小；高价正离子，价键强，所以活化能大，故迁移率较低。图 5-11（a）、（b）分别表示离子电荷、半径与电导（扩散）的关系。

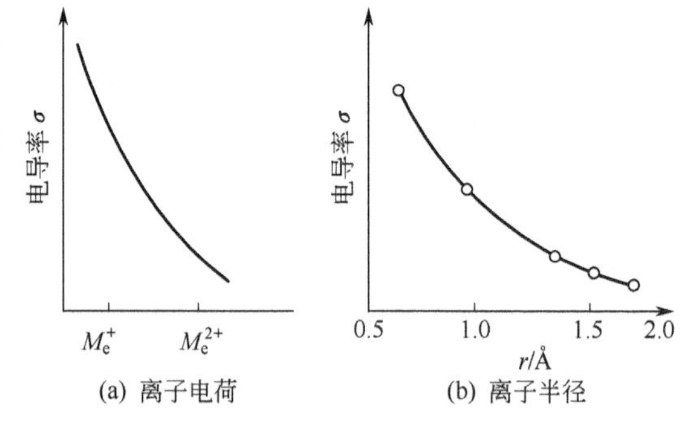

图 5-11 离子晶体中阳离子电荷和半径对电导的影响

除了离子的状态以外，晶体结构状态对离子活化能也有影响。结构紧密的离子晶体，由于可供移动的间隙小，则间隙离子迁移困难，即其活化能高，因而电导率小。

（3）晶格缺陷

在晶体中，由于热激励、不等价固溶掺杂及气氛的变化等形成了多种类型的载流子，因此大多数情况下，材料的电导率为所有载流子电导率的总和。因此离子性晶格缺陷的生成及其浓度大小是决定离子电导的关键。

固体电解质的总电导率 σ 为离子电导率和电子电导率之和。

$$\sigma = \sigma_i + \sigma_e \tag{5-54}$$

$$\sigma_i = n_d \mid Z_d e \mid \mu_d$$

$$\sigma_e = n_e e\mu_e + n_h e\mu_h$$

式中，n_d、n_e 和 n_h 分别为离子性缺陷、电子和空穴的浓度；Z 为离子缺陷的有效价

数；μ_d、μ_e 和 μ_h 为离子缺陷、电子和空穴的迁移率。

5.2.4 固体电解质

离子型固体导体统称为固体电解质。良好的固体电解质材料应具有非常低的电子电导率，基于这一特点，固体电解质在能源储备领域获得了广泛的应用。固体电解质从传导离子种类分有银离子、铜离子、钠离子、锂离子、氢离子、氟离子、氧离子等导体。按材料的结构分为晶体和玻璃两类。从应用来分，则可以归纳成储能类和传感器类。按呈现离子电导性的温度来分有高温固体电解质和低温固体电解质。离子导体一般有如下特征数据：① 离子电导率应在 10^{-2}～10^2S/m 范围；② 传导离子在晶格中的活化能很低，约在 0.01～0.1eV 之间。对于氧离子导体，研究最早的是氧化锆基固溶体，虽然 $ZrO_2(CaO)$ 材料的离子活化能在 1eV 左右，不能视为典型的快离子导体，但它在高温下（1000℃），具有较高的 O^{2-} 电导率（5S/m），并且远离其熔点，因此常将它归为快离子导体的一种。在这一类材料中受人们重视的主要是第Ⅳ族副族的金属或四价稀土金属氧化物。下面主要介绍氧离子固体电解质的结构特点及应用。

（1）氧离子结构特点

实用的氧离子导体多为萤石型晶体结构，如图 5-12 所示。萤石晶胞中的阳离子按面心立方点阵排列。阴离子占据所有的四面体位置，每个金属离子被 8 个氧包围。在这样的结构中有许多八面体空位，因此有时称为敞型结构。敞型结构允许快离子扩散，ThO_2 和 ZrO_2 在高温下正好是这种结构。

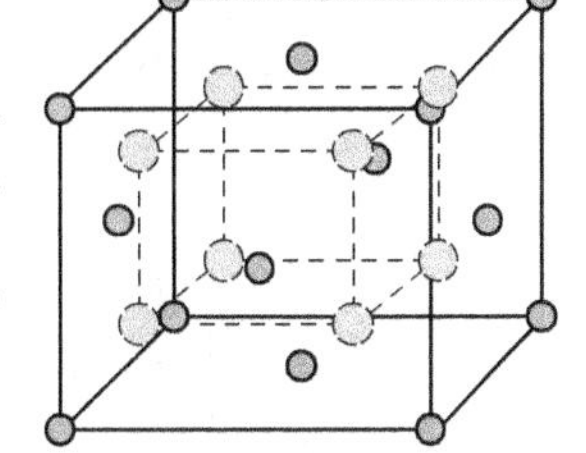

图 5-12　萤石型晶体结构

（2）掺杂对电导的影响

具有萤石型结构的氧离子导体主要有：ZrO_2、ThO_2、HfO_2 和 CeO_2 基固溶体，其中 ZrO_2 和 ThO_2 基固体电解质表现出较高的离子电导率。这些材料处于纯态时，由于稳定性或结构特点的关系，并不表现出快离子电导性，而必须掺入一些二价或三价金属元素的氧化物，诸如 Y_2O_3、CaO、Sc_2O_3、La_2O_3 等添加剂，才能具有离子电导功能。一般杂质的掺入量限制在 8%～20%（摩尔分数）。表 5-6 列出了几种添加剂对材料电导率的影响。

表 5-6　几种添加剂对材料电导率的影响

基　　体	ZrO_2				ThO_2		CeO_2	
掺杂物及量(摩尔分数)/%	12,CaO	9,Y_2O_3	8,Yb_2O_3	10,Sc_2O_3	8,Y_2O_3	5,CaO	11,La_2O_3	15,CaO
1000℃时离子电导率/10^2(S/m)	0.055	0.12	0.088	0.25	0.0048	0.0047	0.08	0.025
激活能/eV	1.1	0.8	0.75	0.65	1.1	1.1	0.91	0.75

以氧化锆基固溶体为例说明掺杂时电导率的变化。在 ZrO_2 中固溶 CaO、Y_2O_3 等可以获得稳定型 ZrO_2。固溶过程中形成氧空位，反应如下

$$CaO \xrightarrow{ZrO_2} Ca''_{Zr} + V_O^{\cdot\cdot} + O_{O^{\times}}$$

$$Y_2O_3 \xrightarrow{ZrO_2} 2Y'_{Zr} + V_O^{\cdot\cdot} + 3O_{O^{\times}}$$

ZrO_2 中 $V_O^{\cdot\cdot}$ 的大量产生，使 O^{2-} 高温下容易移动。当 $V_O^{\cdot\cdot}$ 浓度比较小时，离子电导率 σ_i 与［$V_O^{\cdot\cdot}$］成正比，但是在 $V_O^{\cdot\cdot}$ 浓度比较大时，σ_i 达到最大，然后，随 $V_O^{\cdot\cdot}$ 浓度进一步增大，电导率反而下降。这是因为 $V_O^{\cdot\cdot}$ 与固溶阳离子发生综合作用，生成（$V_O^{\cdot\cdot}$ · Ca''_{Zr}）所造成的。实验结果，在 1000℃下，固溶 13%CaO 和 8%Y_2O_3（摩尔分数），其电导率呈现极大值。

除萤石型结构材料具有氧离子传导特性外，钙钛矿型稀土氧化物也呈现出明显的氧离子

电导率。

(3) 应用

ZrO_2 和 ThO_2 基固溶体是两类最重要的氧离子导体，这两个系统具有不同的离子电导率和应用场所。氧化锆基电解质的离子电导率较大，因而已被应用于高温燃料电池、测氧计、高温氧气氛中使用的加热元件及氧泵中。图 5-13 为 ZrO_2 氧敏感元件的构造。

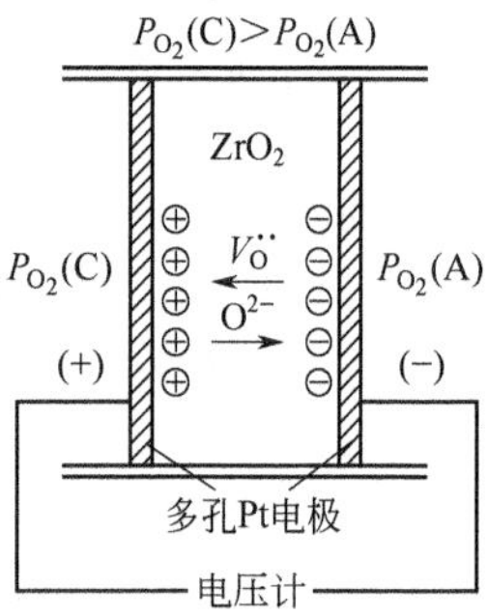

$$P_{O_2}(C) : Pt \| 稳定型\ ZrO_2 \| Pt : P_{O_2}(A)$$

图 5-13 稳定型 ZrO_2 氧敏感元件

当 $P_{O_2}(C)>P_{O_2}(A)$，氧离子从高氧分压侧 $P_{O_2}(C)$ 向低氧分压侧 $P_{O_2}(A)$ 移动，结果在高氧分压侧产生正电荷积累，在低氧分压侧产生负电荷积累，即

在阳极侧：$1/2O_2[P_{O_2}(C)]+2e' \rightarrow O^{2-}$

在阴极侧：$O^{2-} \rightarrow 1/2O_2[P_{O_2}(A)]+2e'$

按照能斯特理论，产生的电动势为

$$E=[RT/(4F)]\ln[P_{O_2}(C)/P_{O_2}(A)] \quad (5-55)$$

式中，R 为气体常数；F 为法拉第常数；T 为热力学温度。

当一侧氧分压已知时，可以通过式 (5-55) 检测另一侧的氧分压值。ZrO_2 氧敏元件广泛应用于汽车锅炉燃烧空燃比的控制、冶炼金属中氧浓度以及氧化物热力学数据的测量等。若从外部施加电压，还可以用作控制氧浓度的化学泵。

氧化锆基固体电解质作为高温燃料电池，不污染环境、无噪声、无腐蚀性，工作温度在 800～1000℃，使用的燃料为氢气和氧气或天然气，它可提供较大的电流密度和功率密度，界面不存在极化，因而不必考虑极化损失。这种电池还具有可逆性，通过供给电能和热能，把水蒸气电解为氢和氧，所需的电功或电能消耗都低于传统的低温电解法。

高温燃料电池的结构通常由管状的烧结氧化锆基固溶体电解质制成，管内壁上涂覆一层多孔导电电极，把氢等气态燃料引入内电极，把氧或空气引到外电极，由于氧在电解质处有 20 个数量级的浓度差，因此产生一个电势。燃料电池的开路电压可以从电化学反应中的阴极与阳极的氧分压 $P_{O_2}(C)$ 和 $P_{O_2}(A)$ 计算出来。

一般的电炉通常都是用金属或合金丝作为加热元件，在高温应用下（高于 1500℃），许多金属发生强烈氧化或熔化，因而选择高温加热元件材料是一件很重要的事情。钼、钨等高熔点加热材料需在真空或还原气氛下工作。而氧化锆基固体电解质，它的熔点高达 2600℃，高温下具有氧离子导电性能，利用这种电导特性可以实现高温加热。ZrO_2 ($10\%Y_2O_3$，摩尔分数) 材料在 700℃、1000℃和 2000℃时离子的电导率分别为 1S/m、10^2S/m、10^4S/m，2000℃下已达到非常高的电导水平。该材料呈现出正温特性，在加热电路中应采取适当的措施预防熔化。目前已利用高温氧离子导体制成了 1500℃以上的加热炉，受离子传导性能的约束只能采用交流电源，这是这类电炉存在的缺点之一。

5.3 电子电导

当材料存在可以移动的电子或空穴时，由于它们有较高的迁移率，比离子的迁移率大几个数量级，即使浓度很小，对电导也有显著的贡献。在某些情况下，可达金属的电导水平，而在另一些情况下，电子电导的贡献很小，几乎趋近于零。本节仍从载流子的浓度及迁移率两方面讨论电子的电导问题。

5.3.1 载流子的浓度

根据能带理论，晶体中并非所有电子，也并非所有价电子都具有电导，只有导带中的电子或价带顶部的空穴才具有电导。从金属、半导体和绝缘体的能带结构图 5-14 可以看出，导带的能带图有两种情况，一种是由于价带和导带重叠，在 0K 时，电子部分地填充在导带上，许多金属的优良电导特性来自于价带和导带的重叠，因此有大量的电子可以运动。对于其他一些金属，出现了部分填充的导带，但没有能带重叠。在绝缘体中价带和导带隔着一个宽的禁带，电子从价带到导带需要外部供给能量，使电子激发，实现电子从价带到导带的跃迁，因而通常导带中的电导电子浓度很小。半导体和绝缘体有类似的能带结构，只是半导体的禁带较小，电子比较容易跃迁。一般绝缘体禁带宽度约为 6～12eV，半导体禁带宽度小于 2eV。表 5-7 列出了一些化合物的禁带宽度。

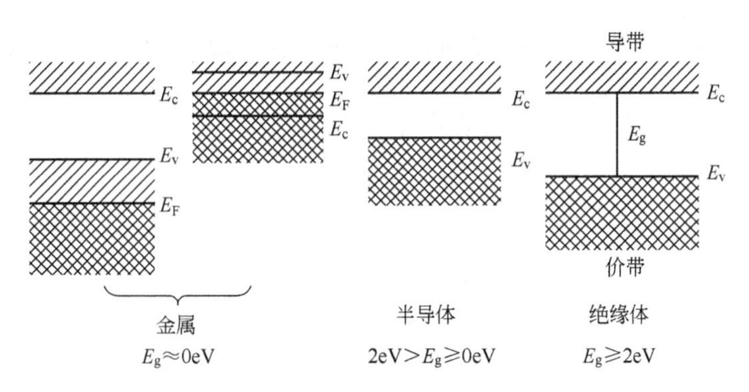

图 5-14　金属、半导体和绝缘体的能带结构

表 5-7　本征半导体室温下的禁带宽度（eV）

晶　体	E_g	晶　体	E_g
$BaTiO_3$	2.5～3.2	TiO_2	3.05～3.8
C(金刚石)	5.2～5.6	CaF_2	12
Si	1.1	PN	4.8
α-SiO_2	2.8～3	LiF	12
PbSe	0.27～0.5	CoO	4
PbTe	0.25～0.30	CdS	2.42
Fe_2O_3	3.1	GaAs	1.4
KCl	7	ZnSe	2.6
MgO	>7.8	Te	1.45
α-Al_2O_3	>8	γ-Al_2O_3	2.5

无机材料中电子电导比较显著的材料主要是半导体材料。下面以半导体为例，讨论载流子的浓度。

5.3.1.1　导带中的电子浓度和价带中的空穴浓度

在半导体的导带和价带中，有很多能级存在，但相邻能级间隔很小，约为 10^{-22}eV 数量级，可以近似认为能级是连续的。假定能带中的能量 E 到 $E+\mathrm{d}E$ 之间有 $\mathrm{d}Z$ 个量子态，则状态密度 $g(E)$ 为

$$g(E)=\frac{\mathrm{d}Z}{\mathrm{d}E} \tag{5-56}$$

也就是说，状态密度 $g(E)$ 就是能带中能量 E 附近每单位能量间隔内的量子态数。计入自旋，每个量子态最多只能容纳一个量子。由半导体物理分析可知，如果导带底的能量为 E_c，则导带底附近能量为 E 的状态密度 $g_c(E)$ 为

$$g_c(E)=4\pi V\left(\frac{2m_e^*}{h^2}\right)^{3/2}(E-E_c)^{1/2} \tag{5-57}$$

式中，V 为晶体的体积；m_e^* 为电子的有效质量；h 为普朗克常数。

根据费米分布函数，电子在量子态上存在的概率 $f_e(E)$ 为

$$f_e(E)=\frac{1}{1+\exp[(E-E_F)/(kT)]} \tag{5-58}$$

在室温下（$kT=0.025\text{eV}$），当 $E-E_F \gg kT$ 时，电子分布函数近似为

$$f_e(E)\approx \exp\left(-\frac{E-E_F}{kT}\right) \tag{5-59}$$

即电子在量子态上满足玻耳兹曼分布函数。满足这一分布的电子系统称为非简并性系统，而满足费米分布的系统称为简并性系统。

在非简并的情况下，导带中的电子可计算如下：在能量 E 到 $E+\text{d}E$ 间的电子数 $\text{d}N$ 为

$$\text{d}N=f_e(E)g_c(E)\text{d}E \tag{5-60}$$

在能量 E_1 和 E_2 之间，电子的浓度可表示为

$$n_e=\frac{1}{V}\int_{E_1}^{E_2} g(E)f_e(E)\text{d}E \tag{5-61}$$

则导带中的电子浓度为

$$n_e=\frac{1}{V}\int_{E_c}^{\infty} g_c(E)f_e(E)\text{d}E \tag{5-62}$$

将式（5-57）和式（5-59）代入式（5-61），经过积分，得导带中的导电电子的浓度为

$$n_e=2\frac{(2\pi m_e^* kT)^{\frac{3}{2}}}{h^3}\exp\left(-\frac{E_c-E_F}{kT}\right) \tag{5-63}$$

令

$$N_c=2\frac{(2\pi m_e^* kT)^{\frac{3}{2}}}{h^3}$$

则

$$n_e=N_c\exp\left(-\frac{E_c-E_F}{kT}\right) \tag{5-64}$$

N_c 称为导带的有效状态密度，显然，$N_c \propto T^{3/2}$，是温度的函数。而

$$f(E_c)=\exp\left(-\frac{E_c-E_F}{kT}\right)$$

是电子占据能量为 E_c 的量子态的概率，因此式（5-64）可以理解为把导带中所有量子态都集中在导带底 E_c，而它的状态密度为 N_c，则导带中电子浓度是 N_c 中所有电子占据量子态数。

$f(E)$ 表示能量为 E 的量子态被电子占据的概率，因而 $1-f_e(E)$ 就是不被电子占据的概率，即量子态被空穴占据的概率，所以空穴的分布函数 f_h 和电子的分布函数 f_e 之间的关系为 $f_h(E)=1-f_e(E)$，在 $E_F-E \gg kT$ 条件下，同理可得价带中空穴的浓度为

$$n_h=\frac{1}{V}\int_{-\infty}^{E_v} g_v(E)[1-f_e(E)]\text{d}E \tag{5-65}$$

通过计算化简，得

$$n_h=2\frac{(2\pi m_h^* kT)^{\frac{3}{2}}}{h^3}\exp\left(-\frac{E_F-E_v}{kT}\right) \tag{5-66}$$

式中，m_h^* 为空穴的有效质量；E_v 为价带顶部的能量。令

$$N_v=2\frac{(2\pi m_h^* kT)^{\frac{3}{2}}}{h^3}$$

则

$$n_h=N_v\exp\left(-\frac{E_F-E_v}{kT}\right) \tag{5-67}$$

N_h 称为价带的有效状态密度，显然，$N_h \propto T^{3/2}$，是温度的函数。而

$$f(E_v)=\exp\left(-\frac{E_F-E_v}{kT}\right)$$

是空穴占据能量为 E_v 的量子态的概率，因此式（5-66）可以理解为把价带中所有量子态都集中在价带顶 E_v，而它的状态密度为 N_v，则价带中的空穴浓度是 N_v 中所有空穴占据量子态数。

从式（5-64）和式（5-67）看到，导带中电子浓度和价带中空穴浓度随温度和费米能级的不同而变化，其中温度的影响，一方面来源于 N_c 和 N_v；另一方面，也是更主要的来源，是由于玻耳兹曼分布函数中的指数随温度迅速变化。另外费米能级也与温度及半导体中所含杂质密切相关。

将式（5-64）和式（5-67）相乘，得到载流子浓度乘积

$$n_e n_h=N_c N_v \exp\left(-\frac{E_g}{kT}\right) \tag{5-68}$$

将 N_c 和 N_v 的表达式代入式（5-68）得

$$n_e n_h=4\left(\frac{2\pi k}{h^2}\right)^3 (m_e^* m_h^*)^{3/2} T^3 \exp\left(-\frac{E_g}{kT}\right) \tag{5-69}$$

可见，电子和空穴的浓度乘积和费米能级无关。对一定的半导体材料，乘积 $n_e n_h$ 只决定于温度，与所含杂质无关。而在一定的温度下，对不同的材料，因禁带宽度 E_g 不同，乘积 $n_e n_h$ 也将不同。这个关系式不论是本征半导体还是杂质半导体，只要是热平衡状态下的非简并半导体，都普遍适用。式（5-69）还说明，对一定的半导体材料，在一定的温度下，乘积 $n_e n_h$ 是一定的。即当半导体处于热平衡状态时，乘积 $n_e n_h$ 保持恒定，如果因其他条件电子的浓度增加，则空穴的浓度就要减少；反之如果空穴的浓度增加，则电子的浓度必然减少。

5.3.1.2 本征半导体中的载流子浓度

所谓本征半导体就是一块没有杂质和缺陷的半导体。从其能带图中分析，在 $T=0$ 时，价带中的全部量子态都被电子占据，而导带中的量子态都是空的。在 $T>0$ 时，电子可以从价带激发到导带，同时在价带中出现了空穴，这就是所谓的本征激发。由于电子热激发而使电导率大大增加。因此，在外电场的作用下，存在电子电导和空穴电导，称为本征电导。本征电导的载流子电子和空穴浓度相等。这类载流子只由半导体晶格本身提供，其浓度与温度有很大的关系。

在本征半导体中，由于 $n_e=n_h$，由式（5-64）和式（5-67）可以求出费米能级 E_F

$$E_F=\frac{1}{2}(E_c+E_v)-\frac{1}{2}kT\ln\frac{N_c}{N_v} \tag{5-70}$$

或

$$E_F=\frac{1}{2}(E_c+E_v)+\frac{3}{4}kT\ln\frac{m_h^*}{m_e^*}$$

对于硅和锗，m_h^*/m_e^* 的值分别为 0.55 和 0.66，而砷化镓的 $m_h^*/m_e^* \approx 7.0$。因此这三种半导体材料的 $\ln(m_h^*/m_e^*)$ 约为 2 以下。因此 E_F 约在禁带中线附近 $1.5kT$ 范围内。在室温（300K）下，$kT\approx 0.026\text{eV}$，而硅、锗、砷化镓的禁带宽度约为 1eV 左右，因而式（5-70）中的第二项小得多，所以它们的本征半导体的费米能级基本上在禁带中线处。但也有例外，对于禁带宽度小的材料，如锑化铟室温时禁带宽度为 0.17eV，而 m_h^*/m_e^* 之值约为 32 左右，通过计算可知费米能级远在禁带中线之上。

将式（5-70）代入式（5-64）和式（5-67），得到本征载流子浓度为

$$n_i=n_e=n_h=(N_c N_v)^{1/2}\exp\left(-\frac{E_g}{2kT}\right) \tag{5-71}$$

式中，$(N_c N_v)^{1/2}=2(2\pi kT/h^2)^{3/2}(m_e^* m_h^*)^{3/4}$，可用 N 表示，为等效状态密度。从式（5-71）可以看出，一定的半导体材料，其本征载流子浓度随温度升高而迅速增大；不同的半导体材料，在同一温度时，禁带宽度越大，本征载流子浓度越小。将 n_e 和 n_h 相乘，得

$$n_e n_h = n_i^2$$

此式说明在一定温度下，任何非简并半导体的热平衡载流子浓度的乘积等于该温度时的本征载流子浓度的平方，与所含杂质无关。

表 5-8 列出了锗、硅、砷化镓在室温时由式（5-71）计算得到的本征载流子浓度和测量值。表中的计算结果与实验结果两者基本符合。

表 5-8　300K 下锗、硅、砷化镓的本征载流子浓度

各项参数	E_g/eV	m_e^*	m_h^*	N_c/cm^{-3}	N_v/cm^{-3}	n_i(计算值)/cm^{-3}	n_i(测量值)/cm^{-3}
Ge	0.67	$0.56m_0$	$0.37m_0$	1.05×10^{19}	5.7×10^{18}	2.0×10^{13}	2.4×10^{13}
Si	1.12	$1.08m_0$	$0.59m_0$	2.8×10^{19}	1.1×10^{19}	7.8×10^{9}	1.5×10^{10}
GaAs	1.428	$0.068m_0$	$0.47m_0$	4.5×10^{17}	8.1×10^{18}	2.3×10^{6}	1.1×10^{7}

5.3.1.3　杂质半导体中的载流子浓度

在实际应用的半导体材料晶格中，为了实现 n 型半导化或 p 型半导化，总是在材料中引入微量的杂质，或者材料并不纯净，而是含有若干杂质。由于杂质的存在，有可能在禁带中引入允许电子存在的状态，即杂质能级，由此改变半导体中的载流子浓度。正因为如此，才使它们对半导体性质产生决定性的影响。

（1）晶体中杂质能级

杂质原子进入晶体后，只可能以两种方式存在。一种方式是杂质原子位于晶格原子间的间隙位置，常称为间隙式杂质；另一种方式是杂质原子取代晶格原子而位于晶格点处，常称为替位式杂质。现讨论硅晶体中替位式杂质能级。

① 施主杂质、施主能级。Ⅲ、Ⅴ族元素在硅晶体中是替位式杂质。下面以硅中掺磷（P）为例进行分析。一个磷离子占据了硅原子的位置。磷原子有五个价电子，其中四个价电子与周围的四个硅原子形成共价键，还剩余一个价电子。同时磷原子所在处也多余了一个正电荷（+q），称这个正电荷为正电中心磷离子（P^+）。所以磷原子替代硅原子后，其效果是形成一个正电中心 P^+ 和一个多余的价电子。这个多余的价电子就束缚在正电中心 P^+ 的周围。但是，这种束缚作用比共价键的束缚作用弱得多，只要很少的能量就可以使它挣脱束缚，成为导电电子在晶格中自由运动，这时磷原子就成为少了一个价电子的磷离子（P^+），它是一个不能移动的正电中心。这种电子脱离杂质原子的束缚成为导电电子的过程称为杂质电离，用 ΔE_d 表示。其值为 0.044eV。

Ⅴ族杂质在硅中电离时，能够施放电子而产生导电电子并形成正电中心，称它们为施主杂质或 n 型杂质。它释放电子的过程叫做施主电离。施主杂质未电离时是中性的，称为束缚态或中性态，电离后成为正电中心，称为离化态。

施主杂质电离过程可以用能带图表示，见图 5-15，当电子得到能量 ΔE_d 后，就从施主的束缚态跃迁到导带成为导电电子，所以电子被施主杂质束缚时的能量比导带底 E_c 低 ΔE_d。将被施主杂质束缚的电子的能量状态称为施主能级，记为 E_d。因为 $\Delta E_d \ll E_g$，所以施主能级位于离导带底很近的禁带中。一般情况下，施主杂质是比较少的，杂质原子间的相互作用可以忽略。因此，某一种杂质的施主能级是一些具有相同能量的孤立能级，在能带图中，施主能级用离导带底 E_c 为 ΔE_d 处的短线段表示，每一条短线段对应一个施主杂质原子。在施主能级 E_d 上画一个小黑点，表示被施主杂质束缚的电子，这时施主杂质处于束缚状态。图中的箭头表示被束缚的电子得到能量 ΔE_d 后，从施主能级跃迁到导带成为导电电子的电离过程。在导带中的

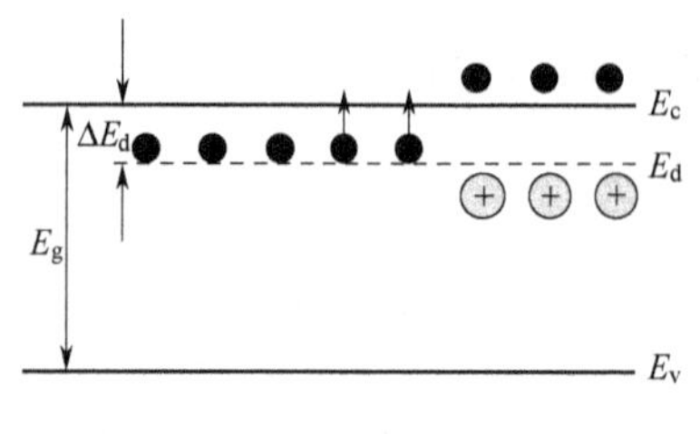

图 5-15　施主能级和施主电离

小黑点表示进入导带中的电子，施主能级处的符号表示施主杂质电离后带正电荷。

在晶体中掺入施主杂质，杂质电离后，导带中的导电电子增多，增强了材料的导电能力，通常把主要依靠导带电子导电的半导体称为电子型或n型半导体。

② 受主杂质、受主能级。以硅中掺硼为例进行分析。一个硼原子占据了硅原子的位置。硼原子有三个价电子，当它与周围的四个硅原子形成共价键，还缺少一个电子。必须从别处的硅原子中夺取一个价电子，于是在硅晶体的共价键中产生了一个空穴，而硼原子接受一个电子后成为带负电的硼离子（B^-），称为负电中心。带负电的硼离子和带正电的空穴之间有静电引力作用，所以这个空穴受到硼离子的束缚，在硼离子附近运动，硼离子对这个空穴的束缚很弱，只要很少的能量就可以使它挣脱束缚，成为在晶体的共价键中自由运动的导电空穴。这时硼原子就成为多了一个价电子的硼离子（B^-），它是一个不能移动的负电中心。因这种杂质能够在晶体中接受电子而产生导电空穴，并形成负电中心，称它们为受主杂质或p型杂质。空穴挣脱受主杂质束缚的过程称为受主电离。受主杂质未电离时是中性的，称为束缚态或中性态，电离后成为负电中心，称为离化态。使空穴挣脱受主杂质束缚成为导电空穴所需的能量，称为受主杂质的电离能，用 ΔE_a 表示，其值为0.045eV。

受主杂质电离过程可以用能带图表示，见图5-16，当空穴得到能量 ΔE_a 后，就从受主的束缚态跃迁到价带成为导电空穴，在能带图中空穴的能量是越向下越高，所以空穴被受主杂质束缚时的能量比价带顶 E_v 低 ΔE_a。把被受主杂质所束缚空穴的能量状态称为受主能级，记为 E_a。因为 $\Delta E_a \ll E_g$，所以受主能级位于离价带顶很近的禁带中。一般情况下，受主能级也是孤立能级，在能带图中，受主能级用离价带顶 E_v 为 ΔE_a 处的短线段表示，每一条短线段对应一个受主杂质原子。在受主能级上画一个小圆圈，表示被受主杂质束缚的空穴，这时受主杂质处于束缚状态。图中的箭头表示受主杂质的电离过程。在价带中的小圆圈表示进入价带中的空穴，受主能级处的符号表示受主杂质电离后带正电荷。

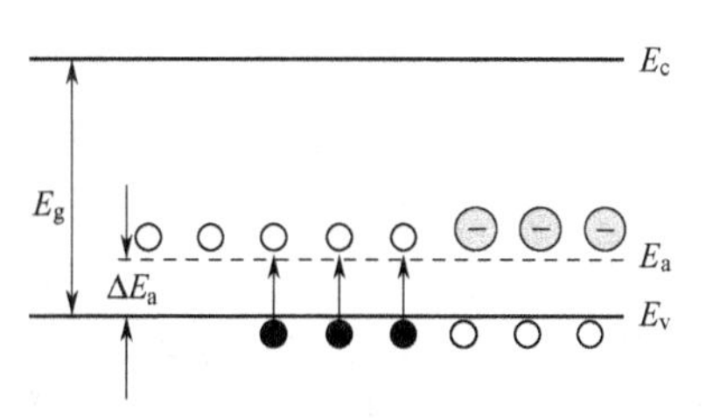

图5-16　受主能级和受主电离

在晶体中掺入受主杂质，杂质电离后，价带中的导电空穴增多，增强了材料的导电能力，通常把主要依靠价带空穴导电的半导体称为空穴型或p型半导体。

无论施主杂质还是受主杂质，它们在禁带中都引入了杂质能级，这些杂质处于两种状态，即离化态和束缚态。实验证明，硅中掺入Ⅲ、Ⅴ族的杂质的电离能都很小，通常将电离能很小的杂质引入的杂质能级为浅能级，将产生浅能级的杂质称为浅能级杂质。在室温下，晶格原子热振动的能量就可使浅能级杂质全部电离。与之相对应，非Ⅲ、Ⅴ族杂质在硅晶体中的电离能大，受主杂质引入的杂质能级远离价带顶部，施主杂质引入的施主能级远离导带底部，这种杂质能级为深能级，将产生深能级的杂质称为深能级杂质。

（2）载流子浓度

杂质对半导体的导电性能影响极大，由于杂质的引入，在禁带中出现了施主能级或受主能级，施主能级离导带近，而受主能级离价带很近。当杂质只是部分电离的情况下，在一些杂质能级上就有电子占据着。杂质能级和能带中的能级是有区别的，在能带中的能级可以容纳自旋方向相反的两个电子；而对于施主杂质能级只能是被一个有任一自旋方向的电子所占据，或者不接受电子。施主能级不允许同时被自旋方向相反的两个电子所占据，所以不能用费米分布来表示电子占据杂质能级的概率。可以证明电子占据施主能级的概率是

$$f_d(E)=\frac{1}{1+\frac{1}{2}\exp\left(\frac{E_d-E_F}{kT}\right)} \tag{5-72}$$

空穴占据受主能级的概率是

$$f_{a}(E)=\frac{1}{1+\frac{1}{2}\exp\left(\frac{E_{F}-E_{a}}{kT}\right)} \tag{5-73}$$

由于施主浓度 N_d 和受主浓度 N_a 就是杂质的量子态密度，因此施主能级上电子浓度为

$$n_{d}=N_{d}f_{d}(E) \tag{5-74}$$

这也是没有电离的施主浓度。而电离施主浓度为

$$n_{d}^{+}=N_{d}[1-f_{d}(E)]=\frac{N_{d}}{1+2\exp\left(-\frac{E_{d}-E_{F}}{kT}\right)} \tag{5-75}$$

受主能级上的空穴浓度为

$$n_{a}=N_{a}f_{a}(E) \tag{5-76}$$

这也是没有电离的受主浓度。而电离受主浓度为

$$p_{a}^{-}=N_{a}[1-f_{a}(E)]=\frac{N_{a}}{1+2\exp\left(-\frac{E_{F}-E_{a}}{kT}\right)} \tag{5-77}$$

实际上，杂质半导体的情况比本征半导体复杂得多。随着温度不同，具有不同的电中性条件。对于n型半导体，单位体积有 N_d 个施主原子，施主能级为 E_d，电离能 $E_i=E_c-E_d$。当温度不很高时，大部分施主杂质能级仍为电子所占据，只有很少量的施主杂质发生电离，这种情况称为弱电离。从价带中通过本征热激发跃迁至导带的电子数就更少了，可以忽略，因此导带中的电子几乎全部由施主能级提供。根据电中性条件，有$n_e=n_d^+$，因此

$$n_{d}^{+}=n_{e}=N_{c}\exp\left(-\frac{E_{c}-E_{F}}{kT}\right)=\frac{N_{d}}{1+2\exp\left(-\frac{E_{d}-E_{F}}{kT}\right)} \tag{5-78}$$

因 $n_d^+ \ll N_d$，所以 $\exp\left(-\frac{E_d-E_F}{kT}\right)\gg 1$，则由式（5-78）可得费米能级为

$$E_{F}=\frac{1}{2}\ (E_{c}+E_{d})\ +\frac{1}{2}kT\ln\frac{N_{d}}{2N_{c}} \tag{5-79}$$

式（5-79）就是低温弱电离区费米能级的表达式，它与温度、杂质浓度及掺入何种类杂质原子有关。

将式（5-79）代入式（5-64）得n型半导体导带中的电子浓度为

$$n_{e}=(N_{c}N_{d})^{\frac{1}{2}}\exp\left(-\frac{E_{c}-E_{d}}{2kT}\right) \tag{5-80}$$

该公式与公式 $n_e=n_h=(N_cN_v)^{\frac{1}{2}}\exp\left(-\frac{E_g}{2kT}\right)$很相似，$N_vN_d$ 和 N_cN_d 都是两个能级上的状态密度，E_g 和 E_c-E_d 都为这两个状态能级的间隔。

p型半导体的载流子主要为价带中的空穴，在温度不很高时，仿照上式，有

$$n_{h}=(N_{v}N_{a})^{1/2}\exp\left(-\frac{E_{a}-E_{v}}{2kT}\right) \tag{5-81}$$

$$E_{F}=\frac{1}{2}(E_{v}+E_{a})-\frac{1}{2}kT\ln\frac{N_{a}}{2N_{v}} \tag{5-82}$$

式中，N_a 为受主杂质浓度；E_a 为受主能级。

由此可见，杂质半导体的载流子浓度和费米能级由温度和杂质浓度所决定。对于杂质一定的半导体，随着温度升高，载流子则是以杂质电离为主要来源过渡到以本征激发为主要来

源的过程。相应地，费米能级则从位于杂质能级附近逐渐移向本征半导体。当温度一定时，费米能级的位置由杂质所决定。对于n型半导体，随着施主浓度的增加，费米能级从本征半导体的位置逐渐移向导带底。而p型半导体的费米能级则随着受主浓度的增加逐渐移向价带的顶部。这说明，在杂质半导体中，费米能级的位置不但反映了半导体的导电类型，而且还反映了半导体的掺杂水平。由于费米能级随着杂质浓度的提高，向上或向下移动，超过一定值时，就会不满足条件 $E_c-E_F \gg kT$ 或 $E_F-E_v \gg kT$，这时导带电子浓度和价带空穴浓度必须用费米分布函数计算。即需要考虑电子系统的简并性。

5.3.2 电子的迁移率

能带理论指出，在具有严格周期性势场的理想晶体中的载流子，在绝对零度下的运动像理想气体分子在真空中的运动一样，不受阻力，迁移率为无限大。当周期性势场受到破坏，载流子的运动才受到阻力的作用，其原因是载流子在运动过程中受到了各种因素的散射。本小节以散射的概念为基础分析讨论电子迁移率的本质。

5.3.2.1 载流子的散射

（1）载流子散射的概念

在有外加电场时，载流子在电场力的作用下作加速运动，漂移速度应该不断增加，电流密度将无限增大。但从欧姆定律可知，在恒定电场作用下，电流密度应该是恒定的。其原因是，在一定温度下，材料内部的大量载流子，即使没有电场作用，它们也不是静止不动，而是永不停息地作着无规则的、杂乱无章的运动，即热运动。同时晶格上的原子也在不停地围绕格点作热振动。对于半导体，其中还掺入一定的杂质，它们一般是电离了的，也带有电荷。载流子在材料中运动时，便会不断地与热振动着的晶格原子或电离了的杂质离子发生作用，或者说发生碰撞，碰撞后载流子速度的大小与方向发生改变。用波的概念，可以认为电子波在材料中传播时遭到了散射。载流子无规则的热运动也正是由于它们不断地遭到散射的结果。所谓自由载流子，实质上只在两次散射之间才真正是自由运动，其连续两次散射间自由运动的平均路程称为平均自由程，而平均时间称为平均自由时间。图 5-17 为载流子热运动示意图，在无外电场时，电子虽然永不停息地作热运动，但宏观上没有沿着一定方向流动，所以并不构成电流。

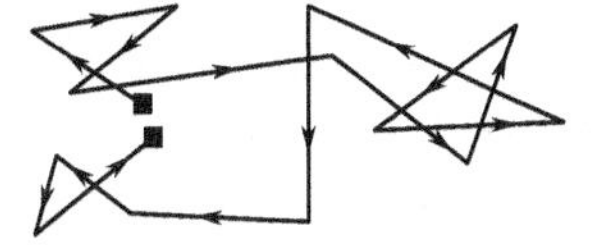
图 5-17 载流子热运动

当有外加电场作用时，载流子存在着相互矛盾的两种运动。一方面，载流子受到电场力的作用，沿电场方向（空穴）或反电场方向（电子）定向运动；另一方面，载流子仍不断地遭到散射，使载流子的运动方向不断改变。这样，由于电场作用获得漂移速度，不断地散射到各个方向上去，使漂移速度不能无限地积累起来，载流子在电场力的作用下的加速运动，也只有在两次散射之间才存在，经过散射后，它们又失去了获得的附加速度。从而在外力和散射的双重影响下，使得载流子以一定的平均速度沿力的方向漂移，这个平均速度就是恒定的平均漂移速度。载流子在外电场作用下的运动轨迹实际上是热运动和漂移运动的叠加，见图 5-18。因此在外电场的作用下，虽然载流子仍不断地遭到散射，但由于有外电场的作用，载流子会沿着电场方向或反方向有一定的漂移运动，形成电流，而且在恒定电场作用下，电流密度是恒定的。

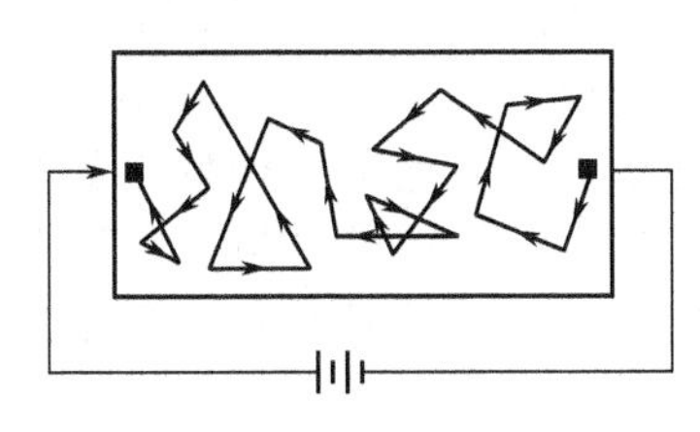
图 5-18 外电场作用下电子的漂移运动

（2）主要散射机构

载流子在运动过程中不断遭受到散射的根本原因是周期性势场的被破坏。因此只要能引起周期性势场改变的因素都会对载流子有散射作用。周期性势场被破坏在其中产生一个附加势场 ΔV。附加势场使能带中的电子在不同 k 状态间跃迁，即原来沿某一个方向以 $v(k)$ 运动的电子，附加势场可以使它散射到其他各个方向，以速度 $v(k')$ 运动。晶体中的主要散射（附加势场）机构有以下几种。

① 中性杂质的散射。中性杂质的散射是低温下没有充分电离的杂质散射，中性杂质通过对周期性势场的微扰作用引起散射。一般在低温情况下起作用。

② 位错散射。在刃型位错处，刃口上的原子共价键不饱和，易于俘获电子成为受主中心，在 n 型材料中，如果位错线俘获了电子，成为一串负电中心，在其周围由电离了的施主杂质形成一个圆柱体的正空间电荷区，这些正电荷是电离了的施主杂质。圆柱体总电荷是中性的，但是在圆柱体内部存在电场，这个圆柱形的空间电荷区就是引起载流子散射的附加势场，见图 5-19。位错散射是各向异性，主要对垂直该电场方向运动的载流子有散射。散射概率与位错密度有关。

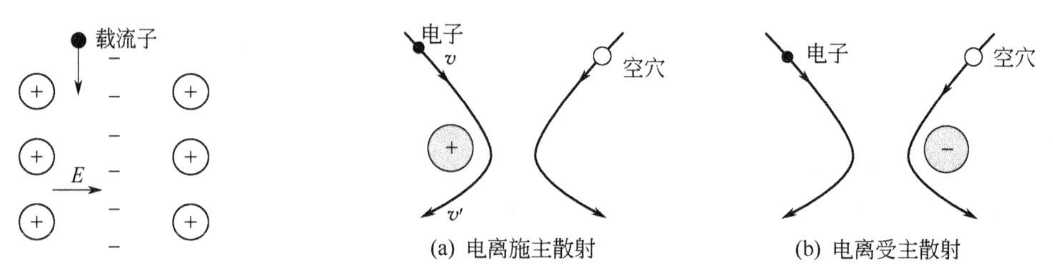

图 5-19　n 型材料中的位错散射　　图 5-20　电离杂质散射

③ 电离杂质的散射。在晶体中。施主杂质电离后是一个带正电的离子，受主杂质电离后是一个带负电的离子。在电离施主或受主周围形成一个库仑势场，这一库仑势场局部地破坏了杂质附近的周期性势场，它就是使载流子散射的附加势场，见图 5-20。

常以散射概率 P 来描述散射的强弱，它代表单位时间内一个载流子受到散射的次数。具体的分析发现，浓度为 N_i 的电离杂质对载流子的散射概率 P_i 与温度的关系为

$$P_i \propto N_i T^{-3/2} \tag{5-83}$$

N_i 越大，载流子遭受散射的机会越多，温度越高，载流子运动的平均速度越大，可以较快地掠过杂质离子，偏转就小，所以不易被散射。

④ 晶格振动的散射。在一定温度下，晶格中原子都各自在其平衡位置附近作微振动。由晶格振动理论可知，晶格是以格波形式振动，由于其特点将其分为声学波和光学波。并引入了声子的概念。这一概念的引入给分析晶格与物质的相互作用带来了很大的方便。如电子在晶体中被格波散射可以看作是电子与声子的碰撞，遵循准动量守恒和能量守恒。

对于声学波的散射，在室温下，电子的热运动速度约为 $10^5\mathrm{m/s}$，由 $\hbar k = m_e^* V$ 可估计电子波波长约为 $\lambda = 10^{-8}\mathrm{m}$。当电子与声子相互作用时，根据准动量守恒，声子动量应和电子动量具同数量级，即格波波长范围也应是 $10^{-8}\mathrm{m}$。晶体中原子间距数量级为 $10^{-10}\mathrm{m}$，因而起主要散射作用的是波长在几十个原子间距以上的长波。

在长声学波中，只有纵波在散射中起主要作用。长纵声学波传播时，和气体中的声波类似，会造成原子分布的疏密变化，产生体变，即疏处体积膨胀，密处压缩，见图 5-21 (a)。在一个波长中一半处于压缩状态，一半处于膨胀状态，这种体变引起原子间距的减小或增大。由于禁带宽度随原子间距变化，疏处禁带宽度减小，密处增大，使能带结构发生如图 5-22 所示的波形起伏。禁带宽度的改变反映了导带底 E_c 和价带顶 E_v 的升高或降低，引起能带极值的改变，改变了 ΔE_c 或 ΔE_v，由此产生了一个附加势场。这一附加势场破坏了原来周期性势场，使电子从 k 状态散射到状态 k'。

对于光学波，在离子晶体中，每个原胞内有正负两个离子，长纵光学波传播时，振动位移相反，如果只看一种离子，它们和纵声学波一样，形成疏密相间的区域。由于正负离子位

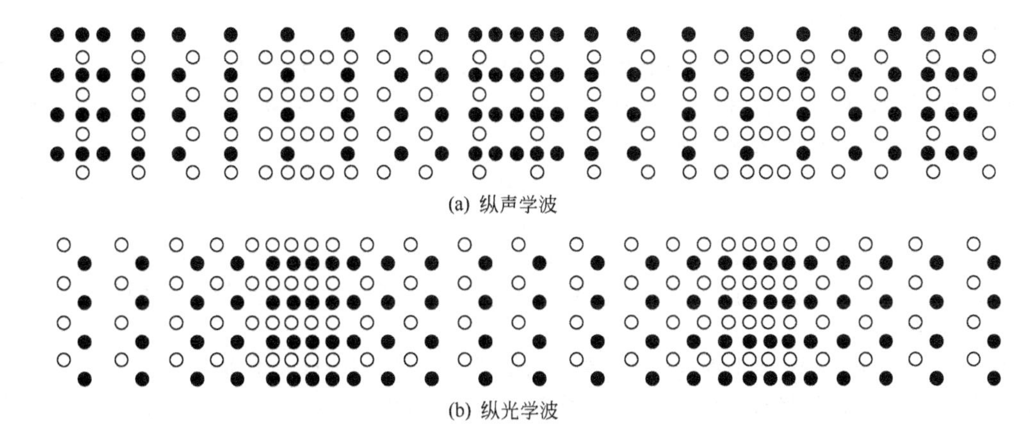

图 5-21 纵声学波和纵光学波示意图（○和●代表原胞中两类原子或离子）

移相反，所以正离子的密区和负离子的疏区相合，正离子的疏区和负离子的密区相合，从而造成在半个波长区域内带正电，另一半波长区域内带负电，带正负电的区域将产生电场，对载流子增加了一个势场的作用，这个势场是引起载流子散射的附加势场。

另外，载流子与载流子间也存在散射的作用。

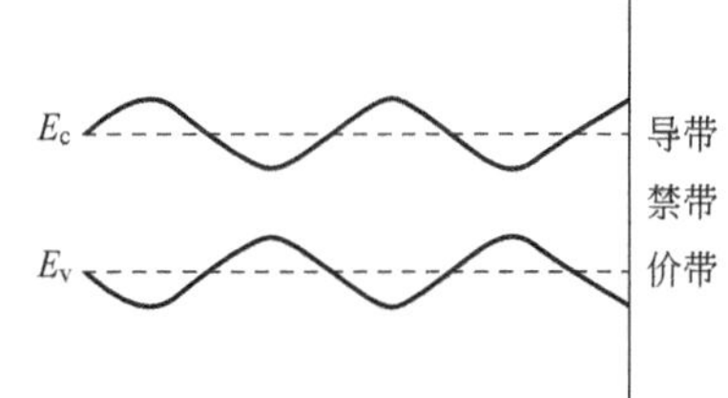

图 5-22 纵波引起能带的波形起伏

5.3.2.2 平均自由时间和散射概率

载流子在电场的作用下作漂移运动时，只有在连续两次散射之间的时间内才作加速运动，这段时间称为自由时间。若取多次求其平均值则称为载流子的平均自由时间，常用 τ 来表示。

设有 N 个电子以速度 v 沿某方向运动，$N(t)$ 表示在 t 时刻尚未遭到散射的电子数，按散射概率的定义，则在 t 到 $t+\Delta t$ 时间内被散射的电子数为 $N(t)P\Delta t$，所以 $N(t)$ 应比在 $t+\Delta t$ 时刻尚未遭到散射的电子数 $N(t+\Delta t)$ 多 $N(t)P\Delta t$，即

$$N(t)-N(t+\Delta t)=N(t)P\Delta t \tag{5-84}$$

当 Δt 很小时，可以写为

$$\frac{\mathrm{d}N(t)}{\mathrm{d}t}=\lim_{\Delta t\to 0}\frac{N(t+\Delta t)-N(t)}{\Delta t}=-PN(t) \tag{5-85}$$

上式的解为

$$N(t)=N_0\mathrm{e}^{-Pt} \tag{5-86}$$

N_0 是 $t=0$ 时未遭散射的电子数。代入式 $N(t)P\Delta t$ 中，得到在 t 到 $t+\mathrm{d}t$ 时间内被散射的电子数为

$$N_0P\mathrm{e}^{-Pt}\mathrm{d}t$$

在 t 到 $t+\mathrm{d}t$ 时间内遭到散射的所有电子的自由时间均为 t，$tN_0P\mathrm{e}^{-Pt}\mathrm{d}t$ 是这些电子自由时间的总和，对所有时间积分，就得到 N_0 个电子自由时间的总和，再除以 N_0 便得到平均自由时间，即

$$\tau=\frac{1}{N_0}\int_0^{\infty}tN_0P\mathrm{e}^{-Pt}\mathrm{d}t=\frac{1}{P} \tag{5-87}$$

即平均自由时间的数值等于散射概率的倒数。

如果有几种散射机构同时存在，需要把各种散射机构的散射概率相加，得到总散射概率 P，即 $P=P_1+P_2+P_3+\cdots$。则平均自由时间的倒数为

$$\frac{1}{\tau}=P_1+P_2+P_3+\cdots=\frac{1}{\tau_1}+\frac{1}{\tau_2}+\frac{1}{\tau_3}+\cdots \tag{5-88}$$

5.3.2.3 迁移率与平均自由时间

沿 x 方向施加强度为 $|E|$ 的电场，考虑电子的有效质量 m_e^*，如在 $t=0$ 时，某个电子恰好遭到散射，散射后沿 x 方向的速度为 v_{x0}，经过时间 t 后又遭到散射，在此期间作加速运动，再次散射前的速度 v_x 为

$$v_x = v_{x0} - \frac{q}{m_e^*}|E|t \tag{5-89}$$

假定每次散射后 v_0 方向完全无规则，即散射后向各个方向运动的概率相等，所以多次散射后，v_0 在 x 方向分量的平均值应为零。因此只要计算多次散射后第二项的平均值即得到平均漂移速度。

在 t 到 $t+\mathrm{d}t$ 时间内遭到散射的电子数为 $N_0 P\mathrm{e}^{-Pt}\mathrm{d}t$，每个电子获得的速度为 $-(q/m_e^*)|E|t$ 两者相乘再对所有时间积分就得到 N_0 个电子漂移速度的总和，除以 N_0 得到平均漂移速度，即

$$\overline{v}_x = \overline{v}_{x0} - \frac{1}{N_0}\int_0^{\infty} \frac{q}{m_e^*}|E|tN_0 P\mathrm{e}^{-Pt}\mathrm{d}t \tag{5-90}$$

因为 $\overline{v}_{x0}=0$，所以 $\overline{v}_x = -\frac{q|E|}{m_e^*}\tau_e$。

根据电子的迁移率的定义 $\mu_e = \frac{|\overline{v}_x|}{|E|}$

得到电子迁移速率为

$$\mu_e = \frac{q\tau_e}{m_e^*} \tag{5-91}$$

同理可得空穴迁移率为

$$\mu_h = \frac{q\tau_h}{m_h^*} \tag{5-92}$$

如果有几种散射机构同时存在，将不同的散射平均自由时间代入式（5-88），得总迁移率为

$$\frac{1}{\mu} = \frac{1}{\mu_1} + \frac{1}{\mu_2} + \frac{1}{\mu_3} + \cdots \tag{5-93}$$

5.3.3 电子电导率

（1）电导率的一般表达式

和离子电导率一样，电子电导率仍可按公式 $\sigma = nq\mu$ 计算，但在电子电导中，载流子电子和空穴浓度、迁移率常常不一样，计算时应分别考虑。对本征半导体，其电导率为

$$\sigma = n_e q\mu_e + n_h e\mu_h = Nq(\mu_e + \mu_h)\mathrm{e}^{-\frac{E_g}{2kT}} \tag{5-94}$$

n 型半导体的电导率为

$$\sigma = Nq(\mu_e + \mu_h)\exp\left(-\frac{E_g}{2kT}\right) + (N_c N_d)^{1/2}\mu_e q\exp\left(-\frac{E_c - E_d}{kT}\right) \tag{5-95}$$

第一项与杂质无关，第二项与杂质浓度有关，因为 $E_g > E_i$，故在低温时，上式第二项起主要作用；高温时，杂质能级上的有关电子已全部离解激发，温度继续升高时，电导率增加是属于本征电导性。本征半导体或高温时的杂质半导体的电导率与温度的关系可简写成

$$\sigma = \sigma_0 \exp\left(-\frac{E_g}{2kT}\right) \tag{5-96}$$

σ 与温度变化关系不太显著，故在温度变化范围不太大时，σ_0 可视为常数，因此 $\ln\sigma$ 与 $1/T$ 呈直线关系，由直线斜率可求出禁带宽度。取上式倒数，可得电阻率与温度的关系

$$\rho = \rho_0 \exp\left(\frac{E_g}{2kT}\right) \tag{5-97}$$

$$\ln\rho = \ln\rho_0 + \frac{E_g}{2kT} \tag{5-98}$$

同样也可以求出 p 型半导体的电导率为

$$\sigma = Nq(\mu_e + \mu_h)\exp\left(-\frac{E_g}{2kT}\right) + (N_v N_a)^{1/2}\mu_h q \exp\left(-\frac{E_d - E_v}{kT}\right) \tag{5-99}$$

图 5-23 为实验测得一些本征半导体的电阻率与温度的关系。

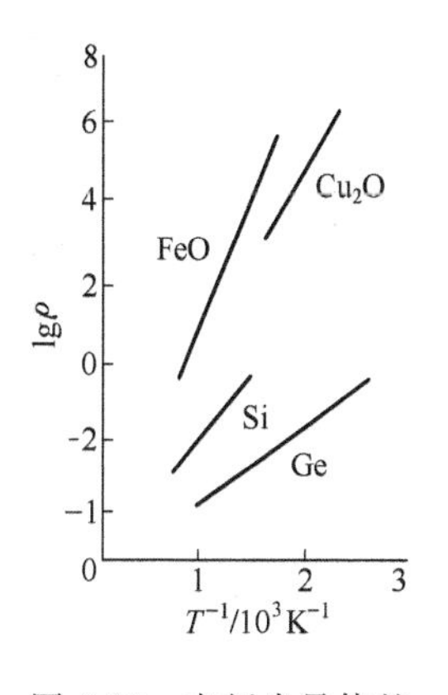

图 5-23　本征半导体的 $\lg\rho$ 与 $1/T$ 的关系

实际晶体具有比较复杂的导电机构。图 5-24 为电子电导率与温度关系的典型曲线。(a) 具有线性特性，表示该温区间具有始终如一的电子跃迁机构；(b) 和 (c) 都在 T_K 处出现明显的曲折，其中 (b) 表示低温区主要是杂质电子导电，高温区以本征电子电导为主，(c) 表示在同一晶体中同时存在两种杂质时的电导特性。

(2) 影响电子电导的因素

从电导率的公式和迁移率的公式 $\mu = e\tau/m^*$ 中可知，晶体中电子电导率主要由电子的浓度和电子的平均自由时间 τ 决定，因此可以从影响这两个参量的因素来讨论影响电子迁移率的因素。一般有温度、杂质及缺陷。

① 温度。对于晶体来说，总的迁移率受散射的控制，主要包括以下两大部分：

(a) 声子对迁移率的影响可写成 $\mu_L = aT^{-3/2}$；

(b) 杂质离子对迁移率的影响可写成 $\mu_I = bT^{3/2}$，a 和 b 为常数，决定于材料的性质。

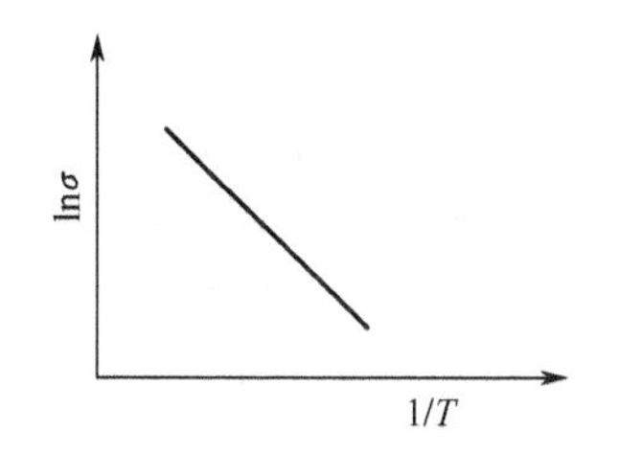

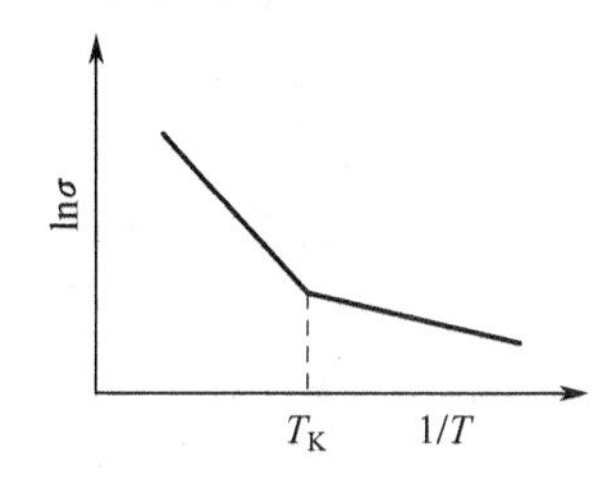

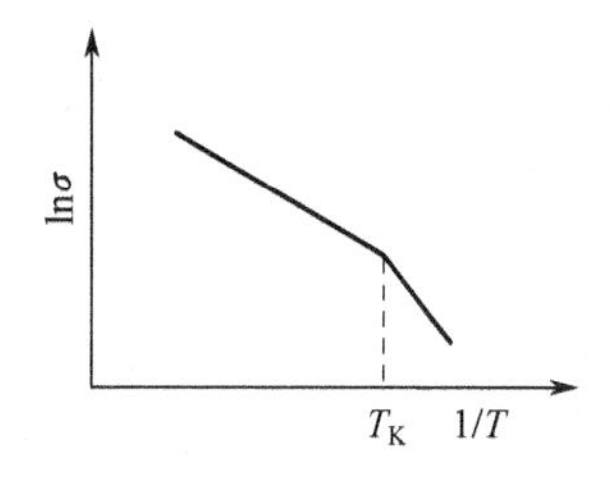

图 5-24　电导率与温度关系的典型曲线

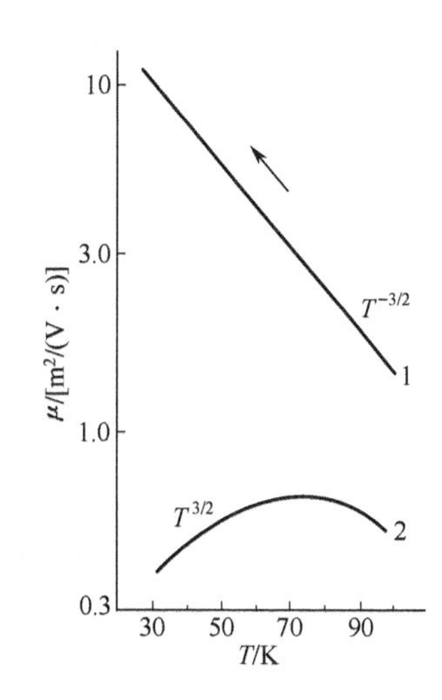

图 5-25　迁移率与温度的关系

总迁移率的倒数等于两部分迁移率的倒数之和，即

$$1/\mu = 1/\mu_L + 1/\mu_I$$

图 5-25 表示了 μ 与 T 的关系。可以看出，在低温下，杂质离子对电子的散射起主要作用；在高温下，声子对电子的散射起主要作用。

温度对载流子浓度的影响很大，它们符合指数关系，图 5-26 表示了 $\ln n$ 与 $1/T$ 的关系。图中的低温阶段为杂质电导，高温阶段为本征电导，中间出现了饱和区，此时杂质全部电离，载流子浓度与温度无关。

一般 μ 受 T 的影响比载流子浓度 n 受 T 的影响要小得多。因此电导率对温度的依赖关系主要取决于浓度项。

综合迁移率、浓度两个方面，对实际材料 $\ln\sigma$ 与 $1/T$ 的关系曲线是非线性的（图 5-27）。

② 杂质的影响。在共价键半导体中用不等价原子取代格点上的原子，在禁带中形成了杂质能级。同样，在离子晶体中，大

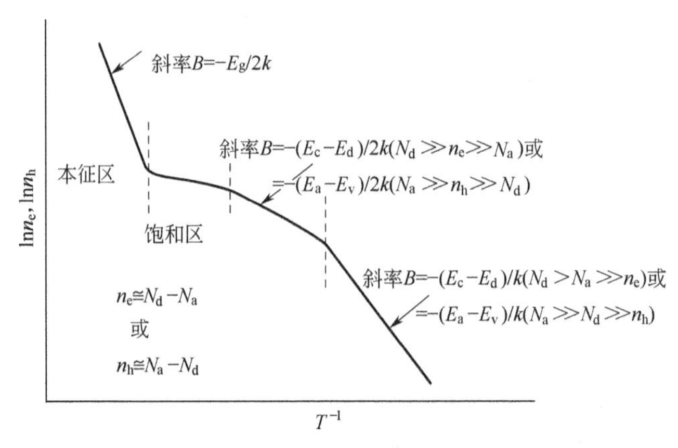

图 5-26　$\ln n$ 与 T^{-1} 的关系图

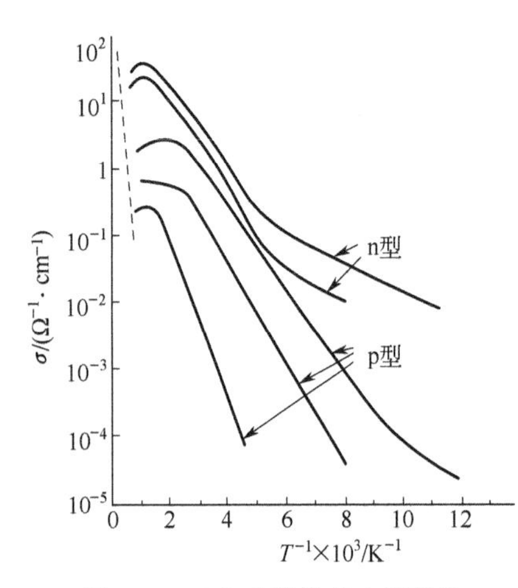

图 5-27　SiC 半导体的电导特性

多数半导体氧化物材料，由于掺杂产生非本征的缺陷，即杂质缺陷，或者由于烧成气氛使它们成为非计量化合物而形成组分缺陷，即离子空位和间隙离子，这些缺陷都会在禁带中形成缺陷能级，这些能级距导带或价带很近，当受热激发时，杂质能级中的电子或空穴可跃迁到导带或价带中，因而具有导电能力，形成 n 或 p 型半导体，对材料的电子电导有一定的影响。

5.3.4　晶格缺陷与电子电导

在实际晶体中，缺陷结构是比较复杂的，包括温度、杂质、气氛等产生的一些晶格缺陷，为了简化问题，在分析这些缺陷时，把材料中的晶格缺陷看作化学实物，并用化学热力学的原理来研究缺陷的产生、平衡及浓度等问题。因此在研究缺陷的平衡过程中，缺陷的生成反应被看作化学反应，而且质量作用定律适用于缺陷化学反应。

下面以离子晶体 MO 为例，研究晶体中缺陷种类、浓度与温度、氧分压和杂质的关系。设在 MO 晶体中存在着 V_M''、$V_O^{\cdot\cdot}$、e'、$h^{\cdot}$ 四种点缺陷。其浓度分别为 $[V_M'']$、$[V_O^{\cdot\cdot}]$、n 和 p。当缺陷浓度较低时，缺陷之间的相互作用可以忽略。当 MO 与周围氧分压处于平衡状态下，有以下三种缺陷反应，分别为

肖特基缺陷形成反应：　　　　$O^{*}=V_M''+V_O^{\cdot\cdot}$

电子空穴对或电子缺陷的形成反应：$O=h^{\cdot}+e'$

在氧化性气氛中形成阳离子空位和空穴的反应：

$$\frac{1}{2}O_2=V_M''+2h^{\cdot}+O_{O^{\times}}$$

缺陷的平衡常数分别为

$$K_s=[V_M''][V_O^{\cdot\cdot}] \tag{5-100}$$

$$K_i=pn \tag{5-101}$$

$$K=\frac{[V_M'']P^2}{P_{O_2}^{1/2}} \tag{5-102}$$

电中性条件为

$$2[V_M'']+n=2[V_O^{\cdot\cdot}]+p \tag{5-103}$$

下面根据电中性条件，采用最初由 Brouwer 提出，并由 Kröger-Vink 进一步完善的近似方法来分析氧分压、温度和各种缺陷浓度的关系。

(1)在温度一定的条件下，氧分压的影响

当电子缺陷较肖特基缺陷容易生成时，$K_i > K_s$，氧分压的影响可以分成三个区来讨论。

① 高氧分压区。有 $p \gg 2[V_O^{\cdot\cdot}]$，$2[V_M''] \gg n$，此时的电中性条件式(5-103)简化为

$$2[V_M''] = p \tag{5-104}$$

由式（5-100）、式（5-101）、式（5-102）可以得到空穴浓度、电子浓度、氧离子空位浓度与氧分压的对数关系如下

$$\lg p = \lg(2[V_M'']) = \frac{1}{6}\lg P_{O_2} + \lg\sqrt[3]{2K}$$

$$\lg n = -\frac{1}{6}\lg P_{O_2} + \lg\frac{K_i}{\sqrt[3]{2K}}$$

$$\lg[V_O^{\cdot\cdot}] = -\frac{1}{6}\lg P_{O_2} + \lg\left(\frac{2K_s}{\sqrt[3]{2K}}\right)$$

各种缺陷浓度随氧分压的变化曲线如图 5-28（Ⅰ）所示。

② 中氧分压区。随着氧分压的降低，空穴浓度 p 降低，而电子浓度 n 升高。进入中氧分压区，此时，$p \gg 2[V_O^{\cdot\cdot}]$，$n \gg 2[V_M'']$，电中性条件式（5-103）简化为

$$n = p \tag{5-105}$$

从而可得空穴浓度、阳离子空位浓度、氧离子空位浓度与氧分压的对数关系如下

$$\lg p = \lg n = \lg\sqrt{K_i}$$

$$\lg[V_M''] = \frac{1}{2}\lg P_{O_2} + \lg\frac{K}{K_i}$$

$$\lg[V_O^{\cdot\cdot}] = -\frac{1}{2}\lg P_{O_2} + \lg\frac{K_i K_s}{K}$$

各种缺陷浓度随氧分压的变化曲线如图 5-28（Ⅱ）所示。

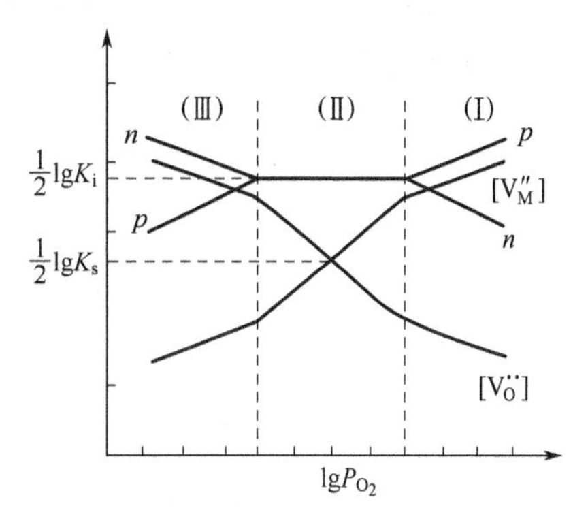

图 5-28 Kröger-Vink 图（$K_i > K_s$）

③ 低氧分压区。随着氧分压浓度的降低，空穴浓度进一步降低，电子浓度继续升高，与此同时，阳离子空位浓度下降，阴离子空位浓度升高。当进入低氧分压区时，有 $2[V_O^{\cdot\cdot}] \gg p$，$n \gg 2[V_M'']$，此时电中性条件式（5-103）变为

$$n = 2[V_O^{\cdot\cdot}] \tag{5-106}$$

可以得到如下关系，见图 5-28（Ⅲ）

$$\lg n = \lg(2[V_O^{\cdot\cdot}]) = -\frac{1}{6}\lg P_{O_2} + \lg\sqrt[3]{2K_s K_i^2/K}$$

$$\lg p = \frac{1}{6}\lg P_{O_2} + \lg\sqrt[3]{KK_i/(2K_s)}$$

$$\lg[V_M''] = \frac{1}{6}\lg P_{O_2} + \lg\sqrt[3]{4K_s^2 K/K_i^2}$$

同样可以讨论，当 $K_s > K_i$ 时，在不同氧分压区中的各种缺陷浓度与氧分压的关系。此时，电中性条件分别可以近似简化如下：

（Ⅰ）区：$2[V_M''] = p$

（Ⅱ）区：$[V_O^{\cdot\cdot}] = [V_M'']$

（Ⅲ）区：$n = 2[V_O^{\cdot\cdot}]$

Kröger-Vink 图，如图 5-29 所示。

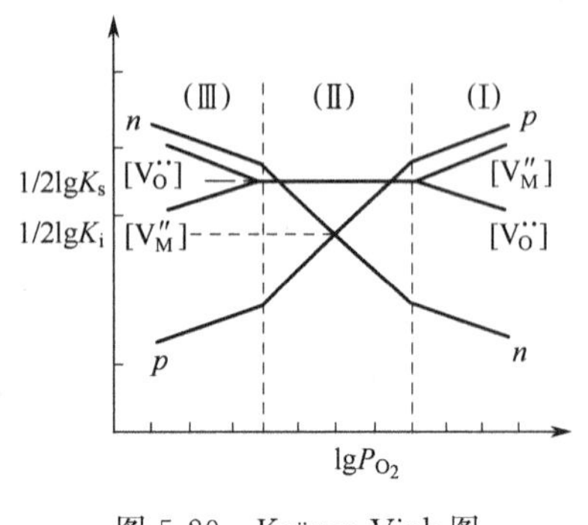

图 5-29 Kröger-Vink 图（$K_s > K_i$）

(2) 杂质的影响

如果在晶体中含有杂质或有目的地掺杂后，缺陷浓度将怎样的变化。当 $K_i > K_s$ 时，如果杂质含量极微，即在远小于 $K_i^{1/2}$ 的情况下，杂质的影响可以忽略。若杂质含量大于 $K_i^{1/2}$，且缺陷之间没有相互作用，那么杂质将对缺陷的生成产生影响。

若三价阳离子 N 取代 M 时，则形成 $N_M^{\cdot}$ 的缺陷，此时，电中性条件式（5-103）变为

$$2[V_M''] + n = [N_M^{\cdot}] + 2[V_O^{\cdot\cdot}] + p \quad (5\text{-}107)$$

若一价阳离子 L 取代 M 时，则形成 L_M' 的缺陷，电中性条件为

$$[L_M'] + 2[V_M''] + n = 2[V_O^{\cdot\cdot}] + p \quad (5\text{-}108)$$

下面讨论三价阳离子的影响。三价阳离子的影响可以划分为四个区域来讨论。

① 高氧分压区。电中性条件式（5-107）近似为 $2[V_M''] = p$

因此各缺陷浓度与氧分压的关系与前一节（Ⅰ）区相同，有

$$\lg p = \lg(2[V_M'']) = \frac{1}{6}\lg P_{O_2} + \lg\sqrt[3]{2K}$$

② 次高氧分压区。随着氧分压的降低，$[V_M'']$ 减小，于是进入次高氧分压区。

电中性条件为

$$2[V_M''] = [N_M^{\cdot}] \quad (5\text{-}109)$$

在该区内

$$\lg p = \frac{1}{4}\lg P_{O_2} + \lg\left(\frac{2K}{[N_M^{\cdot}]}\right)^{\frac{1}{2}}$$

$$\lg n = -\frac{1}{4}\lg P_{O_2} + \lg\left(\frac{K_i^2\ [N_M^{\cdot}]}{2K}\right)^{\frac{1}{2}}$$

$$[V_O^{\cdot\cdot}] = 2K_s/[N_M^{\cdot}]$$

氧分压进一步降低，n 将增加，从而进入（Ⅲ）区。

③ 中氧分压区。电中性条件式（5-108）为

$$n = [N_M^{\cdot}] \quad (5\text{-}110)$$

各缺陷浓度与氧分压的关系为

$$p = K_i/[N_M^{\cdot}]$$

$$\lg[V_M''] = \frac{1}{2}\lg P_{O_2} + \lg\left(\frac{K[N_M^{\cdot}]^2}{K_i^2}\right)$$

$$\lg[V_O^{\cdot\cdot}] = -\frac{1}{2}\lg P_{O_2} + \lg\left(\frac{K_s K_i^2}{K[N_M^{\cdot}]^2}\right)^{\frac{1}{2}}$$

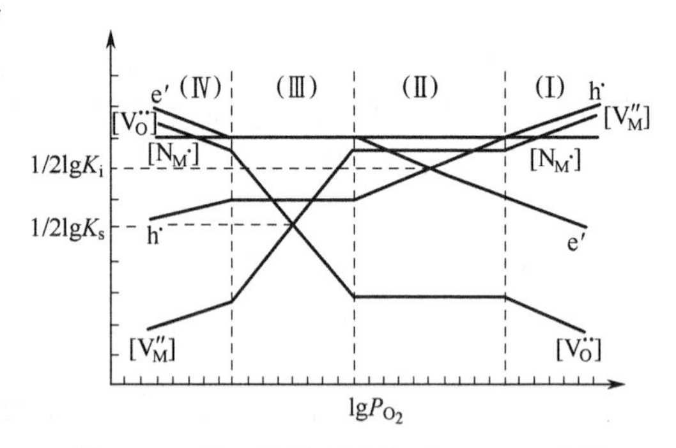

图 5-30 掺三价阳离子的 Kröger-Vink 图（$K_i > K_s$）

④ 低氧分压区。由 $p = K_i/[N_M^{\cdot}]$ 可知，$[N_M^{\cdot}]$ 很小，可忽略不计，电中性条件式（5-108）为

$$n = 2[V_O^{\cdot\cdot}]$$

因此与前一节的（Ⅲ）区相同。三价阳离子杂质对缺陷浓度和氧分压关系的影响示于图 5-30。

同理，也可以用四个区域来分析掺入一价阳离子对缺陷浓度和氧分压关系的影响。

(3) 温度的影响

如果氧分压一定时，改变温度，缺陷浓度随温度将会发生怎样的变化呢？

缺陷生成反应的平衡常数包括熵变和焓变两部分。熵变若不随温度变化，则平衡常数的对数一般表达式为

$$\lg K=\lg K^{\ominus}+\lg\left(-\frac{\Delta H}{kT}\right) \tag{5-111}$$

其中 $K^{\ominus}$ 包括熵变项，且为不随温度变化的常数，因此，焓变 ΔH 的大小与符号都直接影响缺陷浓度随温度的变化。

对于图 5-28 中的 $K_i>K_s$ 的情况，若在中氧分压区，电中性条件为 $n=p$，因此

$$\ln n=\lg p=\lg\sqrt{K_i}=\lg\sqrt{K_i^{\ominus}}+\lg\left(-\frac{\Delta H_i}{2kT}\right) \tag{5-112}$$

在上式成立的温度范围内，

$$\lg[\mathrm{V_M}'']=\lg\frac{K}{p^2}=\lg\left(\frac{K^{\ominus}}{K_i^{\ominus}}\right)+\lg\left(-\frac{\Delta H-\Delta H_i}{kT}\right)$$

$$\lg[\mathrm{V_O}^{\cdot\cdot}]=\lg\frac{K_s}{[\mathrm{V_M}'']}=\lg\left(\frac{K_s^{\ominus}K_i^{\ominus}}{K^{\ominus}}\right)+\lg\left(-\frac{\Delta H_s-\Delta H+\Delta H_i}{kT}\right)$$

若令 $\Delta H:\Delta H_i:\Delta H_s=1:2:3$，那么 $\ln n$-$\frac{1}{T}$，$\ln p$-$\frac{1}{T}$，$\ln[\mathrm{V_M}'']$-$\frac{1}{T}$，$\ln[\mathrm{V_O}^{\cdot\cdot}]$-$\frac{1}{T}$ 图的斜率分别是 $-\Delta H/k$，$-\Delta H/k$，$\Delta H/k$，$-4\Delta H/k$。因此，当温度升高，$[\mathrm{V_O}^{\cdot\cdot}]$ 的浓度激增，电中性条件将进入 $n=2[\mathrm{V_O}^{\cdot\cdot}]$ 的温度范围内；相反，若温度降低，$[\mathrm{V_M}'']$ 的浓度增大，电中性条件将变为

$$2[\mathrm{V_M}'']=p \tag{5-113}$$

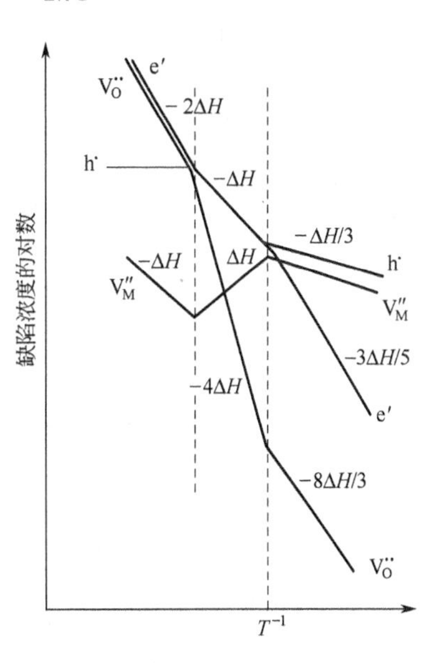

图 5-31　缺陷浓度与温度的关系

由此可得到图 5-31 所示温度对缺陷的影响结果。图 5-28 的低氧分压区和高氧分压区内，温度对缺陷浓度的影响结果基本上同图 5-31 类似，只是实际温度范围有差别而已。

以上分析了氧分压、杂质和温度对缺陷的种类和浓度的影响。根据电导率的一般公式

$$\sigma=\sum n_i e\mu_i$$

在一定温度范围内，迁移率 μ 通常可视为常数，因此电导率的变化趋势将同载流子浓度的变化趋势相似。而载流子浓度决定于主缺陷的浓度。因此晶格缺陷和缺陷化学理论是研究材料电导的基础。

5.4　无机材料的电导

5.4.1　非晶态玻璃材料的电导

（1）离子电导

在含有碱金属离子尤其是钠离子的玻璃中，由于非晶态玻璃体的结构比晶体疏松，碱金属离子不能与两个氧原子联系以延长点阵网络，从而造成弱联系离子，与晶体不同，玻璃中碱金属离子的能阱不存在单一的数值，通常有一些相邻的低能位置，其间只有小的能垒，而大的势垒则发生于偶然出现的相邻位置之间，这与玻璃结构的随机性质是一致的，如图 5-32 所示。这些势垒的体积平均值就是载流子的活化能。因此在所有温度范围内碱金属离子的迁移率远大于网络形成体离子的迁移率，电流几乎完全由碱金属离子负载，基本上表现为离子电导。

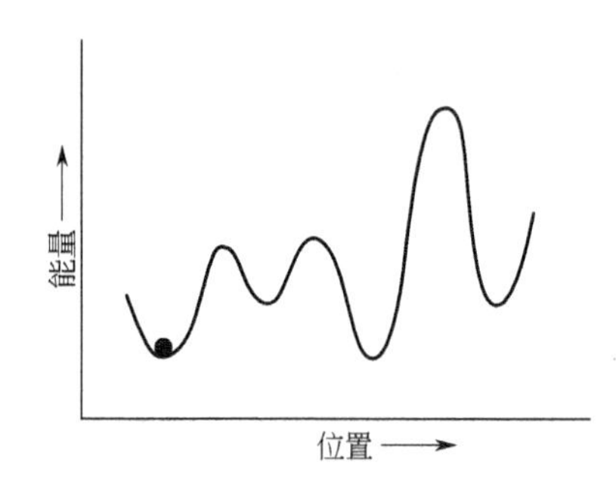

图 5-32　一价正离子在玻璃中的位垒

在碱金属氧化物含量不大的情况下，因为碱金属离子首先填充在玻璃结构的松散处，此时碱金属离子的增加只是增加电导载流子数，电导率 σ 与碱金属离子浓度有直接关系。当碱金属氧化物含量达到一定限度值时，继续增加的碱金属离子，就开始破坏原来结构紧密的部位，使整个玻璃体结构进一步松散，因而活化能降低，电导率按指数式上升。

影响玻璃离子电导的因素主要有温度和组成的影响。温度对电导率的影响，在相当大的范围内可以用下式表示：

$$\sigma=\sigma_0\exp[-E/(kT)] \tag{5-114}$$

式中，E 为电导的活化能。活化能和电导率的关系在玻璃的转变范围内表示出不连续性。因此随着温度的上升，玻璃电导率迅速增加。

组成对玻璃电导率的影响主要与网络变形体离子的类型和数量有关。特别是碱金属离子。在硅酸钠玻璃中电导率的增加正比于钠离子浓度。但是，当有其他一价碱金属或二价离子氧化物取代部分二氧化硅而形成三元系统时，其电导率却减小。表现为双碱效应和压碱效应。

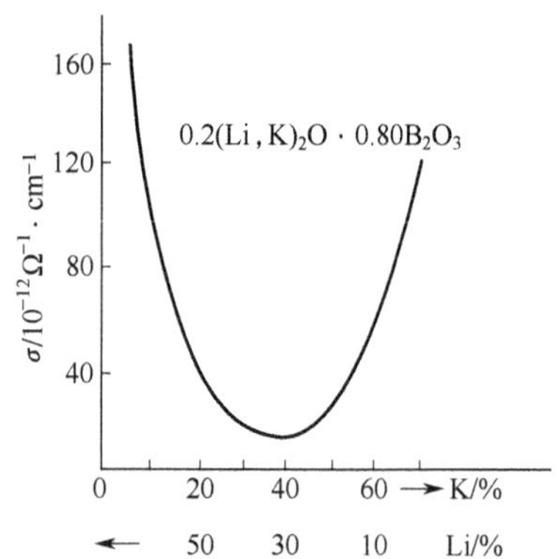

图 5-33　硼钾锂玻璃电导率与钾、锂含量的关系

双碱效应是指当玻璃中碱金属离子总浓度较大时（占玻璃组成 25%～30%），在碱金属离子总浓度相同的情况下，含两种碱金属离子比含一种碱金属离子的玻璃电导率要小。当两种碱金属浓度比例适当时，电导率可以降到很低（图 5-33）。以 K 取代部分 Li^+ 为例进行说明。由于 $r_{K^+}>r_{Li^+}$，在外电场作用下，一价金属离子 Li 移动时，留下的空位比 K^+ 留下的空位小，这样 K^+ 只能通过本身的空位。Li^+ 进入体积大的 K^+ 空位中，产生应力，不稳定，因而也是进入同种离子空位较为稳定。这样互相干扰的结果使电导率大大下降。此外由于大离子 K^+ 不能进入小空位，使通路堵塞，妨碍小离子的运动，迁移率也降低。

压碱效应是指含碱金属玻璃中加入二价金属氧化物，特别是重金属氧化物，使玻璃的电导率降低。相应的阳离子半径越大，这种效应越强。这是由于二价离子与玻璃中氧离子结合比较牢固，能嵌入玻璃网络结构，以致堵住了迁移通道，使碱金属离子移动困难，因而电导率降低。当然，如用二价离子取代碱金属离子，也得到同样效果。图 5-34 为 0.18Na_2O-

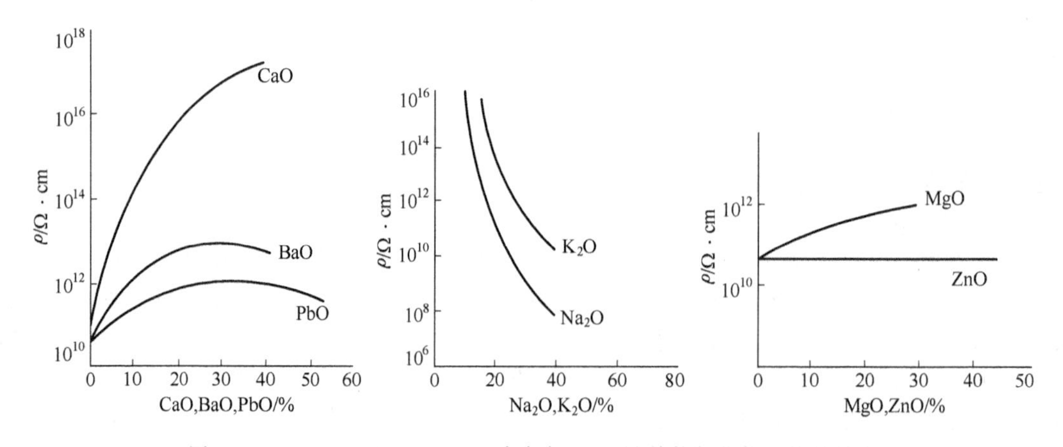

图 5-34　0.18Na_2O-0.82SiO_2 玻璃中 SiO_2 被其他氧化物置换的效应

0.82SiO_2 玻璃中 SiO_2 被其他氧化物置换的效应。

在生产实际中，常利用双碱效应，可以减少玻璃的电导率，可以使玻璃电导率降低 4～5 个数量级。

玻璃中，通过对各种氧化物置换 SiO_2 后的电阻率的变化情况研究，表明 CaO 提高电阻率的作用最显著。

在需要高电阻率的玻璃时，碱金属含量应当保持最小值，并且应当用铅、钡这类二价离子作为变体离子。这些玻璃兼有高电阻率、良好的工作特性（黏度与温度关系）、合理的工作温度和没有反玻璃化的问题。可以制成电阻率更高的钙-铝-硅玻璃，但是它们很难工作并有反玻璃化的倾向。

无机材料中的玻璃相，往往也含有复杂组成的玻璃相，一般玻璃相的电导率比晶体相高，因此介质材料应尽量减少玻璃相。上述规律对多晶多相材料中的玻璃相也是适用的。

（2）电子电导

某些含有多价过渡金属离子的氧化物玻璃中表现出电子电导特性。最著名的是磷酸钒和磷酸铁玻璃。然而在磷酸盐、硼酸盐或硅酸盐基中加入钒、铁、钴或锰都可以制备出电子电导玻璃。

近年来，半导体玻璃作为新型电子材料非常引人注目。半导体玻璃按其组成可分为：①金属氧化物玻璃（SiO_2 等）；②硫属化物玻璃，这类玻璃或单独以硫（S）、硒（Se）和碲（Te）为基础或再与磷（P）、砷（As）、锑（Sb）、铋（Bi）相结合；③Ge、Si、Se 等元素非晶态半导体。表 5-9 列出了具有代表性的硫属化物半导体玻璃的组成与性能。

表 5-9　硫属化物半导体玻璃的组成与性能

材料组成	透光范围 /μm	折射率 n	软化点 /℃	热膨胀系数 α /($10^{-6}K^{-1}$)	硬度(Knoop)	弹性模量 /GPa
$Si_{25}As_{25}Te_{50}$	2～9	2.93	317	13	167	—
$Ge_{10}As_{20}Te_{70}$	2～20	3.55	178	18	111	—
$Si_{15}Ge_{10}As_{25}Al_{50}$	2～12.5	3.06	320	10	179	—
$Ge_{30}P_{10}S_{60}$	2～8	2.15	520	15	185	—
$Ge_{40}S_{60}$	0.9～12	2.30	420	14	179	—
$Ge_{28}Sb_{12}Se_{60}$	1～15	2.62	326	15	154	29
$As_{50}S_{20}Se_{60}$	1～13	2.53	218	20	121	14
$As_{50}S_{20}Se_{20}Te_{10}$	1～13	2.51	195	27	94	10
$As_{35}S_{10}Se_{35}Te_{20}$	1～12	2.70	176	25	106	17
$As_{38.7}Se_{61.3}$	1～15	2.79	202	19	114	17
$As_{8}Se_{92}$	1～19	2.48	70	34	—	
$As_{40}S_{60}(As_2S_3)$	1～11	2.41	210	25	109	16

硫属化物多成分系玻璃由于成分不同，具有特有的玻璃化区域和物理状态。其中以 Si-As-Te 系玻璃研究较多。该系材料在其玻璃化区域内呈现出半导体性质；在玻璃化区域以外，存在着结晶化状态，形成多晶体，表现出金属电导性。大多数硫属化物玻璃的电导过程为热激活过程，与本征半导体的电导相似。这是因为非晶态的半导体玻璃存在很多悬空键和定域化的电荷位置，从能带结构来看，在价带和导带之间存在很多局部能级，因此熔体淬冷的或从气相沉积成膜的硫属化合物最显著的特征是它们的电导率对杂质不敏感。从而难于进行价控，难于形成 p-n 结。采用 SiH_4 的辉光放电法所形成的非晶态，由于悬空键被 H 所补

偿成为 α-Si∶H，能实现价控，并在太阳能电池上获得应用。

非晶态半导体的禁带稍微小于其晶态对应物，但大多数情况下晶态材料的本征电导率高于非晶态。其原因之一是非晶态中的载流子迁移率通常较低 [$<0.1cm^2/(V \cdot s)$]。

非晶态材料的电子电导率与温度的关系和晶态材料是相似的。在磷酸钒和磷酸铁玻璃中电导率随着过渡金属离子浓度的增加而增加，对于低浓度的过渡金属离子，电导率对于邻近不同价的离子数是非常敏感的，但当含量约在10%以上时，平均来说，每个离子有一个相邻的过渡金属离子。对于更高的浓度，电导率的变化更是过渡金属离子价态的函数。例如，在磷酸钒玻璃中，电导率与五价和四价的钒离子的相对数量有关。电导率的最大值出现在 $V^{4+}/V_{总}$ 约在0.1～0.2时。在磷酸铁玻璃中不论同时存在的第三种成分如何，当 $Fe^{3+}/Fe_{总}$ 的比值约为0.4～0.6时，电导率达到最大值。而且随着三价铁含量的增加，也出现了从p型电导到n型电导的变化。对于电导有贡献的电子或空穴数是高的，但它们的迁移率是低的 [$\ll 0.1cm^2/(V \cdot s)$]，因此不会引起很大的电导值。

5.4.2 多晶多相固体材料的电导

多晶多相材料具有较复杂的显微结构，含有晶粒、晶界、气孔等。因此，它的电导比单晶和均质材料要复杂得多。本小节主要介绍多晶多相材料电导的一般原理。

5.4.2.1 多晶多相固体材料的电导

多晶多相系统的电导特性通常是几个存在相的共同贡献结果。这些相包括气孔、半导体、玻璃相和绝缘晶体。其中，气孔为低电导率相；半导体具有可观的电导率；玻璃相由于结构松弛，活化能比较低，因而电导率较高，特别是在高温时具有可观的电导率；绝缘晶体是低电导相。因此多晶多相系统材料的情况比较复杂，而且其导电机构有电子电导又有离子电导。在这类材料中，相组成和排列是最重要的。相排列与热学性能的热导率相似，主要差别在于各个相变动范围对电性能来说要比热性能大得多。

气孔对电导率的影响与热导率类似。对等体积均匀分布的低气孔率来说，随着气孔率的增加，电导率几乎按比例减小。气孔率大时气孔的影响更显著。如果气孔量很大，形成连续相，电导主要受气相控制。这些气孔形成通道，使环境中的潮气、杂质很容易进入，对电导有很大的影响。因此提高材料的密度仍是很重要的内容。

晶界对多晶材料的电导影响与离子运动的自由程及电子运动的自由程有关。对离子电导，离子运动的自由程的数量级为原子间距；对电子电导，电子运动的自由程为100～150Å。因此，除了薄膜或极细的晶粒（$<0.1\mu m$）以外，晶界的散射效应比晶格小得多，因而均匀材料的晶粒大小对电导影响很小。

然而，显著的影响可能由于杂质浓度和晶界中组成变化的影响引起。特别是氧化物材料在颗粒间的边界有形成硅酸盐玻璃的趋势。这种结构相当于两相系统，数量较少相为连续相。系统的电导率取决于各相电导率的相对值。随温度升高，玻璃相的电导率比晶相显著，结果系统的电导率随温度的增加增加得更为迅速。

对冷却时在晶界上达到低温平衡的半导体材料来说，情况正好相反。这种半导体材料的晶界比晶粒内部有较高的电阻率。由于晶界包围晶粒，所以整个材料有很高的直流电阻。例如SiC电热元件，二氧化硅在半导体颗粒间形成，随着氧化物相数量的增加，晶界中 SiO_2 越多，电阻率逐渐增加。

对于氧化物半导体材料，非化学配比组成和气氛的平衡在很大程度上决定着电导率，其性质上的重大变化可能基于不同的烧成条件和冷却时高温组成被保存的程度。快速冷却的速率趋于保存高温、高电导的结构。

材料的电导在很大程度上决定于电子电导。这是因为①半束缚状态的电子理解能比弱束缚离子的理解能小很多，容易被激发，因而载流子的浓度 n 可随温度剧增；②电子或空穴的迁移率比离子迁移率要大许多个数量级。

例如岩盐中钠离子活化能为1.75eV，而半导体硅的施主能级只有0.04eV。二者迁移率相差更大。二氧化钛中电子迁移率约为$0.2cm^2/(s \cdot V)$，而铝硅酸盐陶瓷中离子迁移率只有$10^{-9} \sim 10^{-12} cm^2/(s \cdot V)$，因此材料中电子载流子的浓度只要是离子载流子的$1/(10^9 \sim 10^{12})$，就可以达到相同的电导率。这就对绝缘材料工艺制度提出了一个很重要的要求，即严格控制烧成气氛，以便减少电子电导。

因此，对于多晶多相固体材料来说，其电导是各种电导机制的综合作用。既具有电子电导又具有离子电导。

5.4.2.2 次级现象

(1) 吸收电流

在具有外电阻R的电路中，对电容量为C的简单电容器施加电势Φ，则理想电介质的电流I与时间t的关系为：

$$I=(\Phi/R)\exp[-t/(RC)] \tag{5-115}$$

此电流称为位移电流或极化电流。

在测量无机材料电阻时，经常可以发现，加上直流电压后，除了由方程式（5-115）给出的一个大的、快速的充电电流和一个与本身电阻有关的、小的、稳定的传导电流外，还有一个中值电流。在室温下此电流经过几秒到几分钟或更长时间后衰减，电流趋于稳定。切断电源后，将电极短路，发现类似的反向放电电流，并随时间减小到零，见图5-35，随时间变化的这部分电流称为吸收电流，最后恒定的电流称为漏导电率，这种现象称为吸收现象。

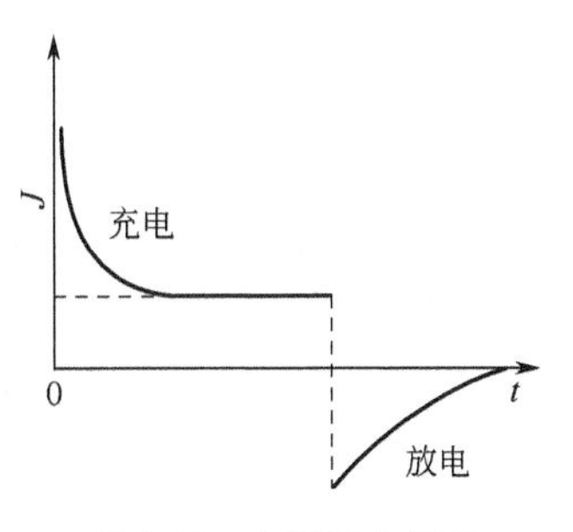

图5-35 电流吸收现象

吸收现象主要是因为空间电荷的形成改变了外电场在介质内的电位分布，因此引起了电流的变化。空间电荷形成的原因有：

① 材料内部具有微观不均匀的结构，电导率在各处不相等，运动的离子被杂质、晶格畸变、晶界所阻止，致使电荷聚集在结构不均匀处；

② 材料内部具有宏观不均匀结构，如气泡、夹层等，在其分界面上有电荷积聚；

③ 材料在直流电场中，离子电导的结果，在电极附近生成大量的新物质，形成宏观绝缘电阻不同的两层或多层介质。

电流吸收现象主要发生在以离子电导为主的材料中。以电子电导为主的材料，因电子迁移率很高，所以不存在空间电荷和吸收电流现象。

(2) 电化学老化现象

电化学老化是指在电场作用下，由于化学变化引起材料的电性能发生不可逆的恶化。不仅离子电导，而且以电子电导为主的介质材料都有可能发生电化学老化现象。

一般电化学老化的原因主要是离子在电极附近发生氧化还原过程而引起的，常见的有以下几种情况。

① 晶相和玻璃相中的一价正离子活动能力强，迁移率大；同时电极的Ag^+也能参与漏导。最后两种离子在阴极处都被电子中和，形成新物质。

② 参加电导的载流子既有正离子，也有负离子。它们分别在阴极、阳极被中和，形成新物质。

③ 参加电导的载流子为阳离子和电子。这种机构通常在具有变价阳离子的介质中发生。例如含钛陶瓷，除了纯电子电导以外，阳离子Ti^{4+}发生电还原过程

$$Ti^{4+} + e \longrightarrow Ti^{3+}$$

④ 参加电导的载流子为阴离子和电子。例如 TiO_2 在高温、还原气氛下，氧离子在阳极放出氧气和电子，Ti^{4+} 在阴极被还原成 Ti^{3+}。

阴极 $$4Ti^{4+} + 4e \longrightarrow 4Ti^{3+}$$

阳极 $$2O^{2-} \longrightarrow O_2\uparrow + 4e$$

通过分析，上述几种发生在材料中的电化学老化的必要条件是介质中至少有一种离子参加电导。如果电导纯属电子，则不会发生电化学老化现象。

金红石瓷、钙钛矿瓷的离子电导虽比电子电导小得多，但在高温和使用银电极的情况下，银电极容易发生 Ag^+ 扩散入介质，并经过一定时间后，足以使材料老化。

含钛陶瓷、滑石瓷等在高温和银电极情况下老化十分严重，因而不宜在高温下运行。对于使用严格的场合，除选用无钛陶瓷以外，还可以使用铂（金）电极或钯银电极，以避免老化过程。

5.4.2.3 电导的混合法则

陶瓷材料多晶多相材料，一般由晶粒、晶界、气孔等组成，因此影响陶瓷材料的电导理论计算因素很复杂。为了简化模型，设陶瓷材料由晶粒和晶界组成，并且其界面的影响和局部电场的变化等因素可以忽略，则总电导率为

$$\sigma_T^n = V_G\sigma_G^n + V_B\sigma_B^n \tag{5-116}$$

式中，σ_G、σ_B 分别为晶粒、晶界的电导率；V_G、V_B 分别为晶粒、晶界的体积分数。$n=-1$，相当于图 5-36（a）的串联状态，$n=1$ 为图 5-36（b）的并联状态。对于图 5-36（c）晶粒均匀分散在基体中的混合状态，可以认为 n 趋近于零。对式（5-116）进行微分，得

$$n\sigma_T^{n-1}\mathrm{d}\sigma_T = nV_G\sigma_G^{n-1}\mathrm{d}\sigma_G + nV_B\sigma_B^{n-1}\mathrm{d}\sigma_B$$

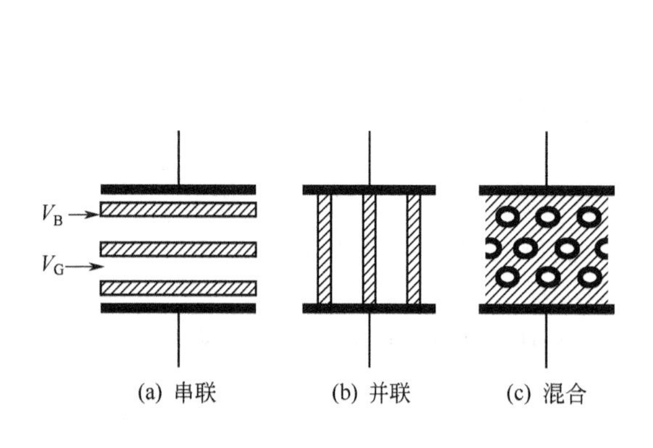

图 5-36 层状与混合模式

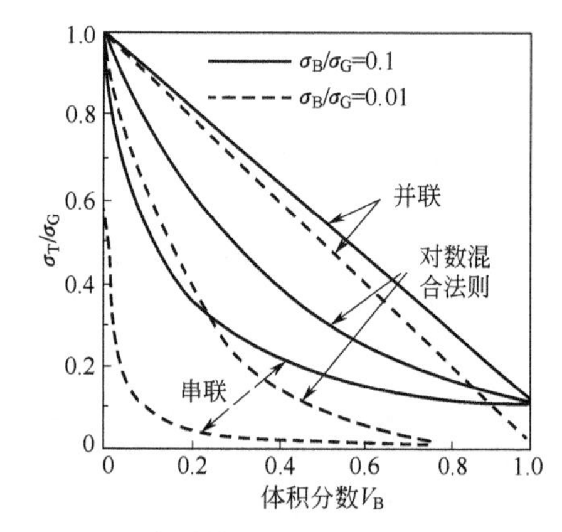

图 5-37 各种模式的 σ_T/σ_G 和 V_B 的关系

因为 $n\rightarrow 0$，则 $$\frac{\mathrm{d}\sigma_T}{\sigma_T} = V_G\frac{\mathrm{d}\sigma_G}{\sigma_G} + V_B\frac{\mathrm{d}\sigma_B}{\sigma_B}$$

即 $$\ln\sigma_T = V_G\ln\sigma_G + V_B\ln\sigma_B \tag{5-117}$$

这就是陶瓷材料电导的对数混合法则。图 5-37 表示当 $\sigma_B/\sigma_G=0.1$ 及 $\sigma_B/\sigma_G=0.01$ 时，总电导率 σ_T 和 V_B 的关系。通常由于陶瓷烧结体中 V_B 的值非常小，所以总电导率 σ_T 随 σ_B 和 V_B 值的变化较大。

对于由晶粒和晶界组成的材料，由于对组成和烧成制度的控制，可以使晶粒和晶界的电导率、介电常数、多数载流子有很大的差异，由此引起各种陶瓷材料特有的晶界效应，例如 $ZnO-Bi_2O_3$ 系陶瓷的压敏效应、半导体 $BaTiO_3$ 的 PTC 效应、晶界层电容器高介电特性等。

5.5 多晶半导体材料

多晶半导体材料是由晶粒、晶界、气孔组成的多相系统，通过微量杂质的掺入，控制烧结气氛及其微观结构，可以使传统的绝缘材料半导化，并使其具备一定的性能。还可以由于微量杂质的引入，造成晶粒表面组分偏离，在晶粒表面层产生固溶、偏析及晶格缺陷，在晶界处异质相的析出，杂质的聚集，晶格缺陷及晶格各向异性等。这些晶粒边界层的组成、结构变化，显著地改变了晶界的电学性能。并具有单晶材料所不具有的物理效应，如晶界效应。因此多晶半导体材料是继单晶半导体材料之后，又一类新型的半导体电子材料，是某些传感器中的关键材料之一，用于制作敏感元件。

5.5.1 材料的半导化

多晶半导体大部分是由各种氧化物组成的，由于这些氧化物多数具有比较宽的禁带，通常 $E_g \gg 3eV$，在室温下它们都是绝缘体，要使它们成为半导体，需要一个半导化过程，在禁带中形成附加能级，即缺陷能级。

（1）掺杂

用不同于晶格离子价态的杂质取代晶格离子，形成局部能级，使绝缘体实现半导化而成为导电体。

例如：$BaTiO_3$ 的半导化通过添加微量的稀土元素，在其禁带间形成杂质能级，实现半导化。添加 La 的 $BaTiO_3$ 原料在空气中烧成，反应式如下

$$Ba^{2+}Ti^{4+}O_3^{2-} + xLa^{3+} = Ba_{1-x}^{2+}La_x^{3+}(Ti_{1-x}^{4+}Ti_x^{3+})O_3^{2-} + xBa^{2+}$$

缺陷反应

$$La_2O_3 = La_{Ba}^{\cdot} + 2e' + 2O_o^{\times} + \frac{1}{2}O_2(g)$$

添加 Nb 实现 $BaTiO_3$ 的半导化，反应式如下

$$Ba^{2+}Ti^{4+}O_3^{2-} + yNb^{5+} = Ba^{2+}[Nb_y^{5+}(Ti_{1-2y}^{4+}Ti_y^{3+})]O_3^{2-} + yTi^{4+}$$

缺陷反应

$$Nb_2O_5 = 2Nb_{Ti}^{\cdot} + 2e' + 4O_o^{\times} + \frac{1}{2}O_2(g)$$

在氧化镍中加入氧化锂，空气中烧结，反应式如下

$$\frac{x}{2}Li_2O + (1-x)NiO + \frac{x}{4}O_2 = (Li_x^{+}Ni_{1-2x}^{2+}Ni_x^{3+})O^{2-}$$

缺陷反应

$$Li_2O + \frac{1}{2}O_2(g) = 2Li_{Ni}' + 2h^{\cdot} + 2O_o^{\times}$$

在上述的三个反应中，都存在变价离子及电子或空穴，其中的电子或空穴被这些变价离子所捕获，处于半束缚状态，容易激发，参与导电。此过程提供施主能级或受主能级。成为 n 型半导体或 p 型半导体。表 5-10 列出了一些典型的价控半导体陶瓷。

（2）组分缺陷

非化学计量配比的化合物中，由于晶体化学组成的偏离，形成了离子空位或间隙离子等晶格缺陷，即组分缺陷。这些晶格缺陷的种类、浓度将给材料的电导带来很大的影响。下面以阳离子空位和间隙阳离子为例进行说明。

① 阳离子空位。化学计量配比的化合物分子式为 MO，有阳离子空位的氧化物分子式为 $M_{1-x}O$，平衡状态，缺陷反应如下

表 5-10　价控半导体陶瓷

基　体	掺　杂	生成缺陷种类	半导体类型	应　　用
NiO	Li_2O	Li_{Ni}'　$Ni_{Ni}^{\bullet}$	p	热敏电阻
CoO	Li_2O	Li_{Co}'　$Co_{Co}^{\bullet}$	p	热敏电阻
FeO	Li_2O	Li_{Fe}'　$Fe_{Fe}^{\bullet}$	p	热敏电阻
MnO	Li_2O	Li_{Mn}'　$Mn_{Mn}^{\bullet}$	p	热敏电阻
ZnO	Al_2O_3	$Al_{Zn}^{\bullet}$　Zn_{Zn}'	n	气敏电阻
TiO_2	Ta_2O_5	$Ta_{Ti}^{\bullet}$　Ti_{Ti}'	n	气敏电阻
Bi_2O_3	BaO	Ba_{Bi}'　$Bi_{Bi}^{\bullet}$	p	高阻压敏材料组分
Cr_2O_3	MgO	Mg_{Cr}'　$Cr_{Cr}^{\bullet}$	p	高阻压敏材料组分
Fe_2O_3	TiO_2	$Ti_{Fe}^{\bullet}$　Fe_{Fe}'	n	
$BaTiO_3$	La_2O_3	$La_{Ba}^{\bullet}$　Ti_{Ti}'	n	PTC
$BaTiO_3$	Ta_2O_5	$Ta_{Ti}^{\bullet}$　Ti_{Ti}'	n	PTC
$LaCrO_3$	CaO	Ca_{La}'　$Cr_{Cr}^{\bullet}$	p	高温电阻发热体
$LaMnO_3$	SrO	Sr_{La}'　$Mn_{Mn}^{\bullet}$	p	高温电阻发热体
$K_2O\cdot 11Fe_2O_3$	TiO_2	$Ti_{Fe}^{\bullet}$　Fe_{Fe}'	n	离子-电子混合电导
SnO_2	Sb_2O_3	$Sb_{Sn}^{\bullet}$　Sn_{Sn}'	n	透明电极

$$\frac{1}{2}O_2(g)=V_M^{\times}+2O_o^{\times}$$

$$V_M^{\times}=V_M'+h^{\bullet}$$

$$V_M'=V_M''+h^{\bullet}$$

出现此类缺陷的阳离子往往具有正二价，一旦氧过剩，为了保持电中性，一部分阳离子变为正三价，这可视为二价阳离子俘获一个空穴，形成弱束缚的空穴。通过热激活，极易放出空穴而参与电导，成为 p 型半导体材料。从能带图 5-38 看，在能级间隙形成受主能级。如果在一定的温度下，阳离子空位全部电离成 V_M''，根据质量作用定律平衡常数为

$$K_p=[V_M''][O_O^{\times}][h^{\bullet}]^2/P_{O_2}{}^{1/6}$$

得

$$[h^{\bullet}]=2[V_M'']\propto P_{O_2}{}^{1/6} \qquad (5\text{-}118)$$

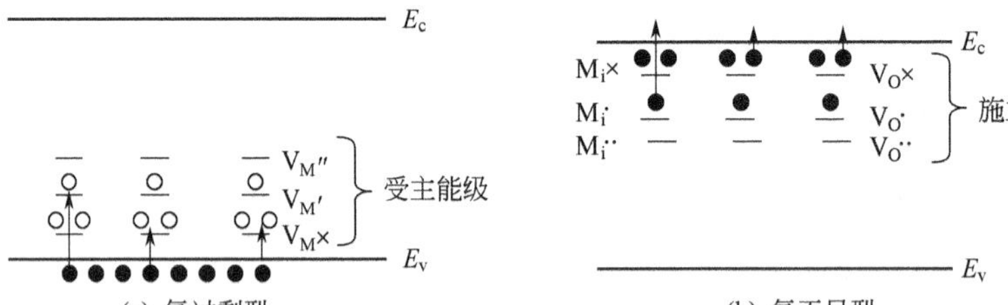

E_c
V_M''
V_M'
$V_M^{\times}$
受主能级
E_v
(a) 氧过剩型

E_c
$M_i^{\times}$
$M_i^{\bullet}$
$M_i^{\bullet\bullet}$
$V_O^{\times}$
$V_O^{\bullet}$
$V_O^{\bullet\bullet}$
施主能级
E_v
(b) 氧不足型

图 5-38　非化学计量配比氧化物的能带和晶格缺陷的能级模型

因此在一定温度下，空穴浓度与氧分压的 1/6 次方成正比。若迁移率不随氧分压变化，则电导率与氧分压的 1/6 次方成正比，图 5-39 为 NiO 单晶高温电导与氧分压关系的实测结果。

② 间隙离子缺陷。化学计量配比的化合物分子式为 MO，有间隙离子的分子式为 $M_{1+x}O$，平衡状态，缺陷反应

$$ZnO = Zn_i^{\times}+\frac{1}{2}O_2(g)$$

$$Zn_i^{\times} = Zn_i^{\bullet}+e'$$

$$Zn_i^{\bullet} = Zn_i^{\bullet\bullet}+e'$$

出现此类缺陷的阳离子往往具有较低的化合价。同样利用质量作用定律，当生成的主要

缺陷为 $Zn_i^{\cdot}$ 时，其电子浓度为

$$[e']=[Zn_i^{\cdot}]\propto P_{O_2}^{-1/4} \quad (5\text{-}119)$$

当主要缺陷为 $Zn_i^{\cdot\cdot}$ 时

$$[e']=2[Zn_i^{\cdot\cdot}]\propto P_{O_2}^{-1/6} \quad (5\text{-}120)$$

间隙离子缺陷在能带间隙内，形成施主中心如图 5-38 (b) 所示，其施主能级离导带底部很近，例如 $Zn_i^{\times}$ 的能级离导带底部约为 0.05eV，$Zn_i^{\cdot}$ 的能级离导带底部约为 2.2eV，因此较易吸收外界能量而电离。电子跃迁到导带，从而参与电导，形成 n 型半导体。

某材料属于哪一种类型的半导体，可以用霍尔效应或温差电动势效应来判断。

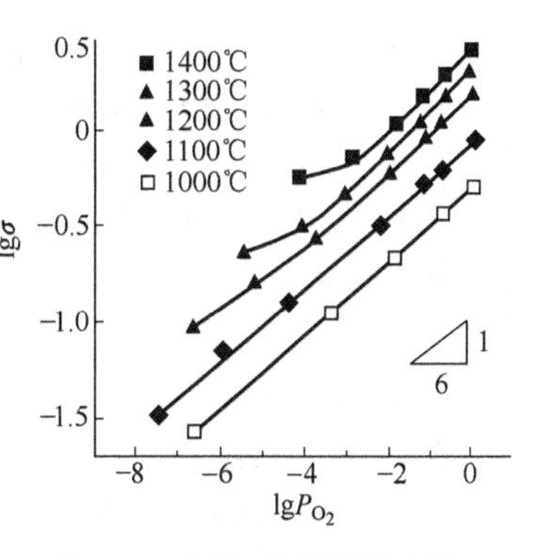

图 5-39 NiO 单晶高温电导与氧分压的关系

5.5.2 p-n 结

5.5.2.1 空间电荷区的形成

当 p 型半导体与 n 型半导体形成 p-n 结时，由于 n 型半导体的多数载流子是电子，少数载流子为空穴，相反 p 型半导体的多数载流子是空穴，少数载流子为电子，因此在 p-n 结处存在载流子空穴或电子的浓度梯度，导致了空穴从 p 区到 n 区、电子从 n 区到 p 区的扩散运动。对于 p 区，空穴离开后，留下了不可动的带负电的电离受主，没有正电荷与之保持电中性。因此在 p-n 结附近区一侧出现了一个负电荷区。同理，在 p-n 结附近区一侧出现了一个正电荷区，把在 p-n 结附近的这些电离施主和电离受主所带电荷称为空间电荷。它们所在的区域称为空间电荷区。

空间电荷区中的这些电荷产生了从 n→p 区的内建电场。在内建电场的作用下，载流子作漂移运动。电子和空穴的漂移运动方向与各自的扩散运动方向相反。因此内建电场阻碍电子和空穴的继续扩散。随着扩散运动的进行，空间电荷逐渐增多，空间电荷区逐渐扩展，内建电场不断增强，载流子的漂移运动也逐渐加强，在无外场作用下，载流子的扩散与漂移最终达到动态平衡，电子的扩散电流与漂移电流大小相等、方向相反而互相抵消。对于空穴，情况相似，因此流过的净电流为零。此时空间电荷的数量一定，保持一定的宽度，存在一定的内建电场。

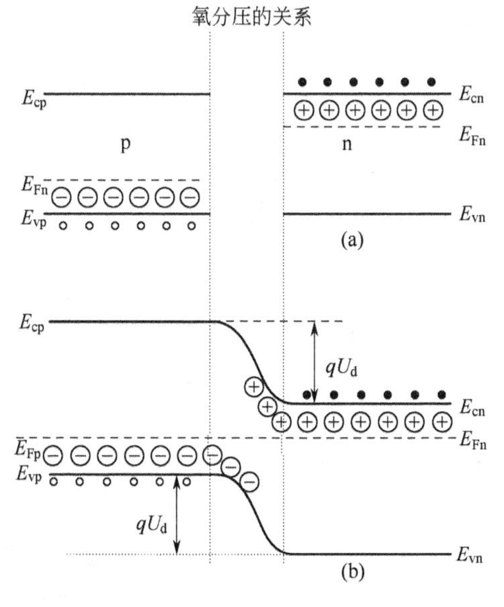

图 5-40 平衡 p-n 结的能带

5.5.2.2 p-n 结能带及势垒

n 型半导体和 p 型半导体平衡时的能带见图 5-40 (a)，E_{Fn}、E_{Fp} 分别表示 n 型和 p 型半导体的费米能级。当两块半导体结合形成 p-n 结时，按照费米能级的意义，电子将从费米能级高的 n 区流向费米能级低的 p 区，空穴则相反，结果使 E_{Fp} 不断上移，E_{Fn} 不断下移，直至 $E_{Fp}=E_{Fn}$ 时为止，此时 p-n 结中有统一的费米能级 E_F，p-n 结处于平衡状态，其能带见图 5-40 (b)，实际上，费米能级随着能带一起向上或向下移。能带相对移动的原因是 p-n 空间电荷区中的内建电场的作用结果。从图中还可以看出，在 p-n 结的空间电荷区中能带发生了弯曲，这是空间电荷区电势能变化的结果。

空间电荷区内电势由 n→p 区不断下降，空间

电荷区内电子的电势能由 n→p 区不断升高，所以电子从势能低的 n 区向势能高的 p 区运动时，必须克服这一势能高坡，才能到达 p 区，同理空穴的运动也是如此，这一势能高坡称为势垒。故空间电荷区也叫势垒区。在 p-n 结空间电荷区两端的电势差为 U_d，相应的电子电势能之差为 qU_d，也叫势垒高度。由于势垒高度正好补偿了 n 区和 p 区的费米能级之差，因此，势垒高度

$$qU_d = E_{Fn} - E_{Fp} \tag{5-121}$$

5.5.2.3 p-n 结载流子的分布

在平衡 p-n 结处载流子的分布有一定的规律。见图 5-41，取 p 区的电势为零，则 n 区的电势为 U_d，n 区的电子的电势能为 $-qU_d$，空间电荷区内某一点 x 处的电势为 $U(x)$，势垒区的电子的电势能为 $E(x)=-qU(x)$，电子的浓度分布服从玻耳兹曼分布

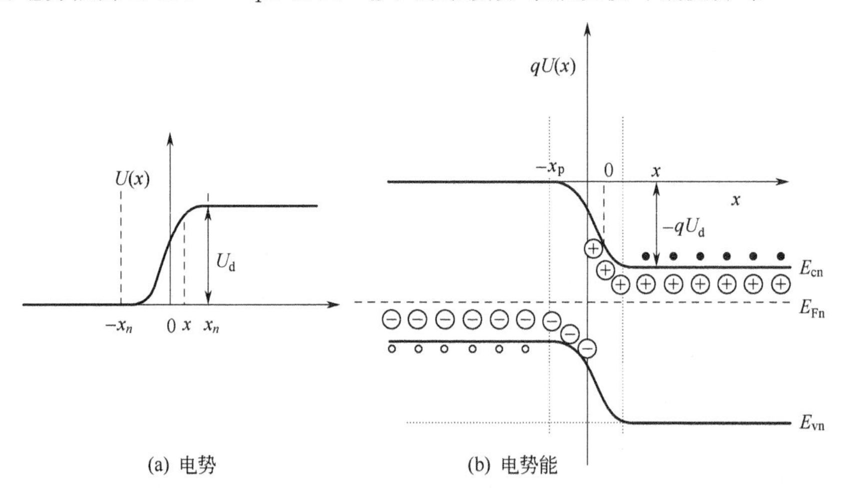

图 5-41 平衡 p-n 结中的电势和电势能

$$n(x) = n_{n0} \exp \frac{qU(x) - qU_d}{k_0 T} \tag{5-122}$$

同理空穴的浓度分布

$$p(x) = p_{n0} \exp \frac{qU_d - qU(x)}{k_0 T} \tag{5-123}$$

式中，n_{n0}、p_{n0} 分别为 n 区中的多数载流子电子和少数载流子空穴，平衡结中载流子的分布见图 5-42。

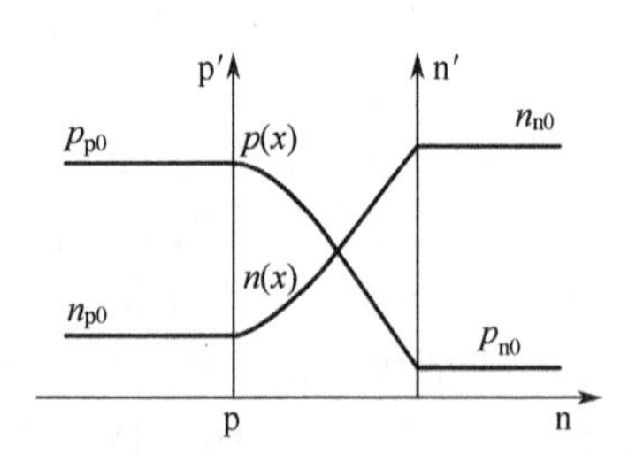

图 5-42 平衡 p-n 结中载流子分布

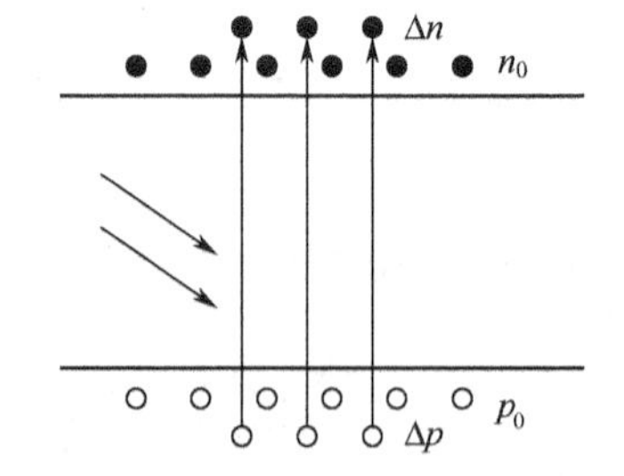

图 5-43 光照产生非平衡载流子

5.5.2.4 非平衡状态下的 p-n 结能带

在平衡 p-n 结中，存在着具有一定的宽度和势垒高度的势垒区，其中的净电流为零。如果对半导体施加外界作用（外加电压、光照），破坏了平衡状态，此时的 p-n 结处于非平衡状态，为了便于讨论，作如下定义，在一定温度下，半导体中由于热激发产生的载流子成为平

衡载流子。由于施加外界条件（外加电压、光照），人为地增加载流子数目，比热平衡载流子数目多的载流子称为非平衡载流子，图 5-43 为光照产生的非平衡载流子。

（1）光照作用

用能量等于或大于禁带宽度的光子照射 p-n 结；p、n 区都产生电子-空穴对，产生非平衡载流子，非平衡载流子破坏原来的热平衡；非平衡载流子在内建电场作用下，n 区空穴向 p 区扩散，p 区电子向 n 区扩散，能带变化见图 5-44；若 p-n 结开路，在 p-n 结的两边积累电子-空穴对，产生开路电压。此过程为光生伏特效应（图 5-45）。

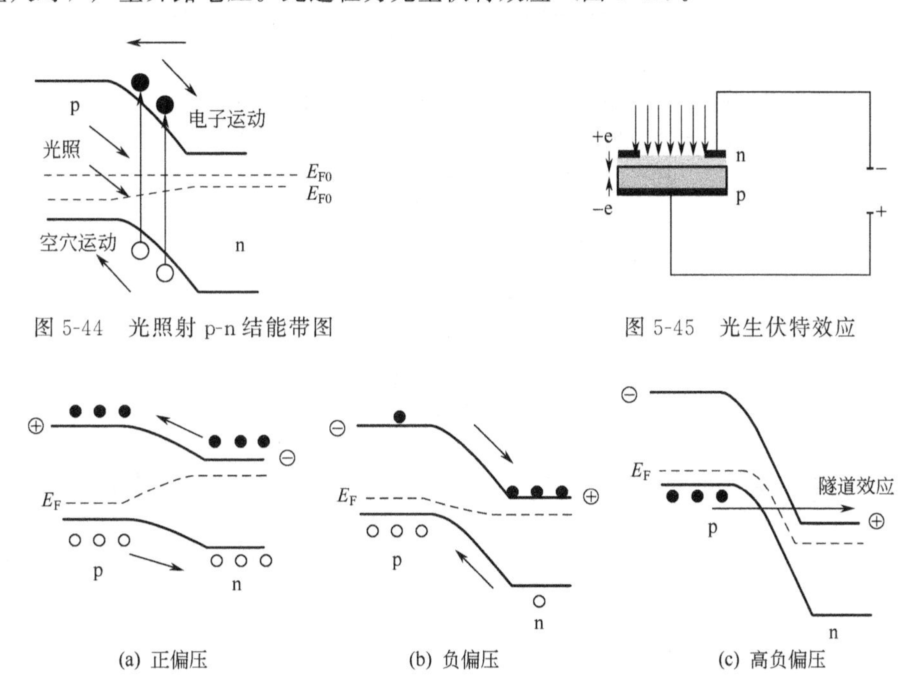

图 5-44　光照射 p-n 结能带图

图 5-45　光生伏特效应

图 5-46　偏压下的 p-n 结势垒

（2）外加电压的作用

图 5-46 为外加电压的作用。加入正偏压 U，n 区的电势比 p 区的电势高 U_d-U，势垒下降，空间电荷区变压 U，n 区的电势比 p 区的电势高 U_d-U，势垒下降，空间电荷区变薄，载流子扩散增强，多数载流子产生净电流。加入负偏压 U，n 区的电势比 p 区的电势高 U_d+U，势垒升高，空间电荷区变厚，载流子扩散减弱，少数载流子产生净电流，电流极小。负压过大，势垒很大，能带弯曲变大，空间电荷区变薄，p-n 结产生隧道效应，即 n 区的导带和 p 区的价带具有相同的能量量子态。

5.5.3　金属-半导体接触

当金属半导体接触时，由于金属半导体功函数之间的关系，可以显示出整流性接触或欧姆性接触。功函数是将金属或半导体中处于费米能级的电子移到无限远处所需的能量。由于材料不同其值各异。现在分别用 W_m 和 W_s 表示金属与 n 型半导体的功函数。

当 $W_m>W_s$ 时，如图 5-47（a）所示，χ_e 是半导体电子的亲和能。在这种接触条件下，n 型半导体的电子容易离开，所以施主杂质所贡献出的电子将流向金属一侧，从而留下荷正电的电离施主。这样就在半导体表面内形成了具有一定厚度的正空间电荷层，而金属一侧则带负电。这时的能带图见图 5-47（b）。

如果有外加电压，由图 5-48 可以看出，电子容易从半导体流向金属。电子从金属向半导体流动时所遇到的势垒高度（$W_m-\chi_e$）高，所以电子的流动困难。这个势垒称为肖特基

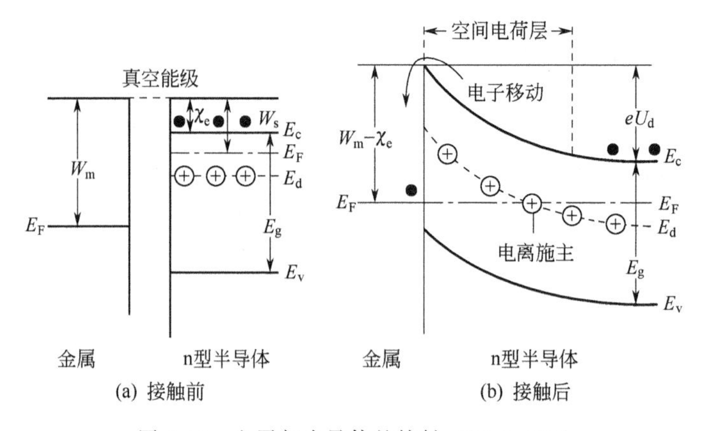

图 5-47　金属与半导体的接触（$W_m>W_s$）

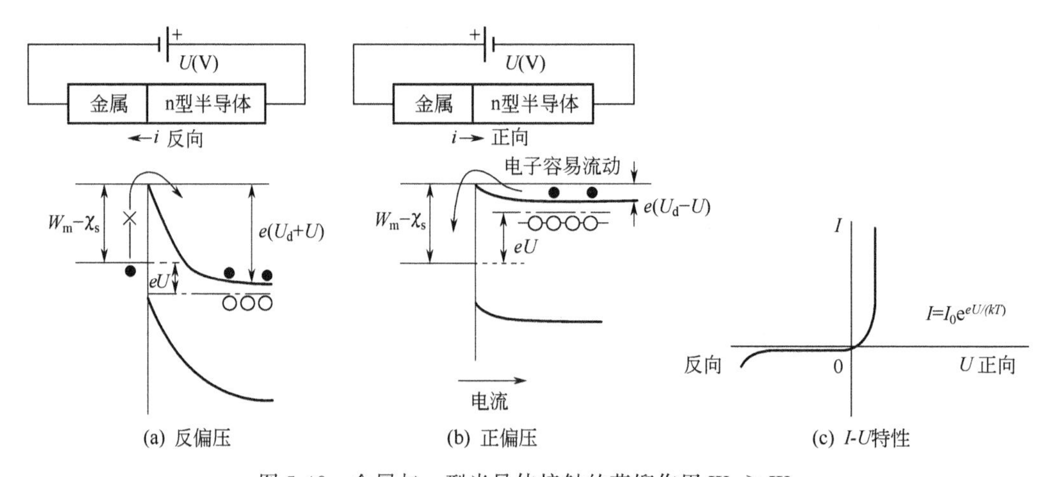

图 5-48　金属与 n 型半导体接触的蒸馏作用 $W_m>W_s$

势垒。

半导体中的电子向金属流动时所遇到的势垒为 $eU_d=W_m-W_s$。正向电压时，这个势垒高度为 $e(U_d-U)$，变小了。反向电压下，其高度变成了 $e(U_d+U)$。势垒部分的空间电荷层厚度可以用泊松方程求得，即

$$d=\{[2\varepsilon/(eN_d)](U_d-U)\}^{1/2} \tag{5-124}$$

单位面积的电容为 $C_0=\varepsilon/d$。

当 $W_m<W_s$ 时，其接触能级如图 5-49 所示。这是由于不存在势垒，所以形成欧姆性

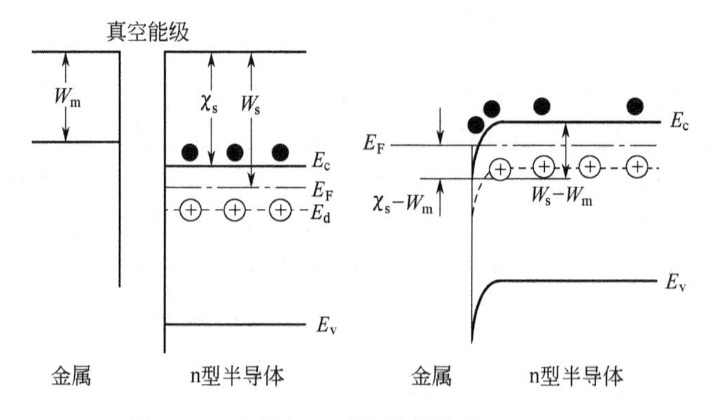

图 5-49　金属与 n 型半导体接触 $W_m<W_s$

接触。

当金属与 p 型半导体接触，且 $W_m < W_s$ 时，从金属流入半导体的电子易与半导体中的空穴复合，这样就形成了由电离受主构成的副空间电荷层。这是空穴势垒。如果外加电压使半导体一侧为正电位 U，将会有电流通过。这与 n 型半导体的情况正相反。当 $W_m > W_s$ 时，没有形成势垒而成为欧姆接触。

当半导体表面附近的杂质密度非常大时，N_d 很大。与式（5-124）相比，d 变得非常小，隧道电流能够自由流过。可以利用这种方法形成欧姆电极。

5.5.4 表面效应和界面效应

5.5.4.1 表面空间电荷层

表面和界面的电子状态和输运，对材料的电性能、光学性能和磁学性能都有非常重要的影响。表面有各种表面态和空间电荷层，层间有一定数量的载流子。在平行于表面某一个方向的外电场下，载流子将作定向运动，从而对电导有贡献，在分析材料的有关现象和工作机理时，应当充分考虑到这种表面态的电导作用。

通常固体材料的表面不像内部那样具有晶格格点形成的周期性势场，表面的能带结构也与内部不同。对于离子晶体而言，表面离子朝外的一端，由于没有异性离子的屏蔽作用，对电子具有不同的吸引力。表面正离子具有较大的电子亲和力，因而在能带图上，略低于导带底处出现的受主能级 R，见图 5-50（a）。同时，表面负离子比体内负离子对电子有较小的亲和力，因而在略高于价带顶处出现表面施主能级 P，这种施主能级和受主能级必然成对出现，这就是离子晶体的本征表面态。除此之外，杂质、空位、吸附、偏析及应变都能产生附加能级。类似于 n 型半导体与 p 型半导体的接触，这些表面能级将作为施主或受主和半导体内部产生电子授受关系，引起电子的转移，这种电子的转移一直持续到表面能级中电子的平均自由能与半导体内部的费米能级相等时为止，在表面层形成表面空间电荷层，平衡状态下表面附近的能带发生弯曲。例如 p 型半导体，当其表面能级高于半导体的费米能级即为施主能级时，从半导体内部俘获空穴而带正电，层内带负电，在表面层形成表面空间电荷层，平衡状态下表面附近的能带向下弯曲，见图 5-50（b）。而 n 型半导体，当其表面能级低于半导体的费米能级即为受主表面能级时，从半导体内部俘获电子而带负电，层内带正电，在表面层形成表面空间电荷层，平衡状态下表面附近的能带向上弯曲，见图 5-50（c）。这两种授受关系都使空间电荷层中的多数载流子浓度比内部小，这种空间电荷层称为多数载流子的耗尽层。

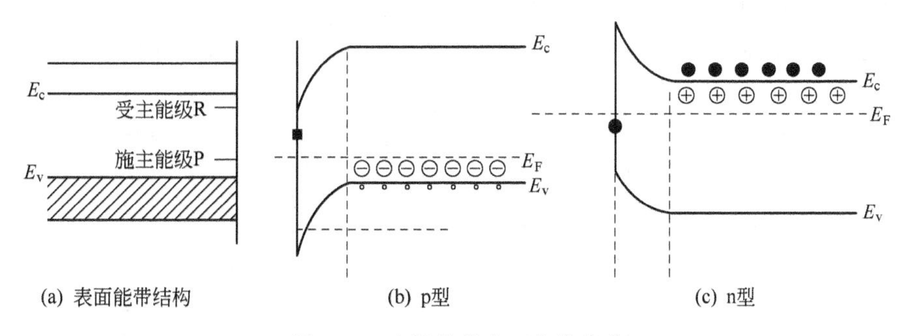

图 5-50 半导体的表面能带弯曲

表面空间电荷层内的电荷分布随外界条件的变化，即根据表面能级所俘获的电荷和数量大小，可以形成积累层、耗尽层、反型层三种空间电荷层，材料的电导率也会随之发生变化。利用这一特性可以制作许多敏感元件。

5.5.4.2 表面效应

当半导体材料或薄膜的表面与体积比大时，表面效应将决定电导率的大小。下面将举例说明半导体材料的表面效应。

(1) 气敏效应

半导体表面吸附气体时，半导体和吸附气体分子（或气体分子分解后所形成的基团）之间，即使电子的转移不那么显著，也会在半导体和吸附分子间产生电荷的偏离。如果吸附分子的电子亲和力 α 比半导体的功函数 W 大，则吸附分子从半导体捕获电子而带负电；相反，吸附分子的电离势 I 比半导体的电子亲和力 χ 小，则吸附分子向半导体供给电子而带正电。因此如果知道吸附分子（或基团）的 α 和 I 及半导体的 χ 和 W，那么就可以判断半导体的类型和吸附状态。当 n 型半导体负电吸附，p 型半导体正电吸附时，表面均形成耗尽层，因此表面电导率减少而功函数增加。当 n 型半导体正电吸附，p 型半导体负电吸附时，表面形成积累层，因此表面电导率增加。比如氧分子对 n 型和 p 型半导体都捕获电子而带负电

$$\frac{1}{2}O_2(g)+ne\longrightarrow O_{ad}{}^{n-}$$

O_{ad} 表示吸附分子。而 H_2、CO 和酒精等，往往产生正电吸附。但是它们对半导体表面电导率的影响，则使同一类型的半导体也会因氧化物的不同而不同。

半导体气敏元件的表面与空气接触时，氧常以 O^{n-} 的形式被吸附。实验表明，温度不同，吸附氧离子的形态也不一样。随着温度的升高，氧的吸附形态变化如下

低温⟶高温

$$O_2\longrightarrow\frac{1}{2}O_4^-\longrightarrow O_2^-\longrightarrow 2O^-\longrightarrow 2O^{2-}$$

O∷O　•O∶O∶O∶O∶　O∶O∶　•O∷O∶

由于表面效应，可以利用气敏陶瓷元件表面电导率变化的信号检测各种气体的存在和浓度。

以 SnO_2 为例说明气敏效应。其制备是利用金红石型的 SnO_2 粉料，由于金红石型晶体粉料难于烧结，制品呈多孔状，对气体吸附能力强，用其制成的多晶半导体是优良的气敏材料。

为了解释气敏效应，建立了两种模型：势垒模型和吸附效应模型。

势垒模型认为 SnO_2 半导体是 n 型半导体，当放在空气中时，吸附氧，氧与电子的亲和力大，从半导体表面夺取电子，产生空间电荷层，使能带向上弯曲，电导率下降，电阻上升。在吸附还原气体时，还原性气体与氧结合，氧放出电子并回至导带，使势垒下降，元件电导率上升，电阻值下降。图 5-51 给出了能带势垒和晶界势垒吸附气体后势垒的变化情况。

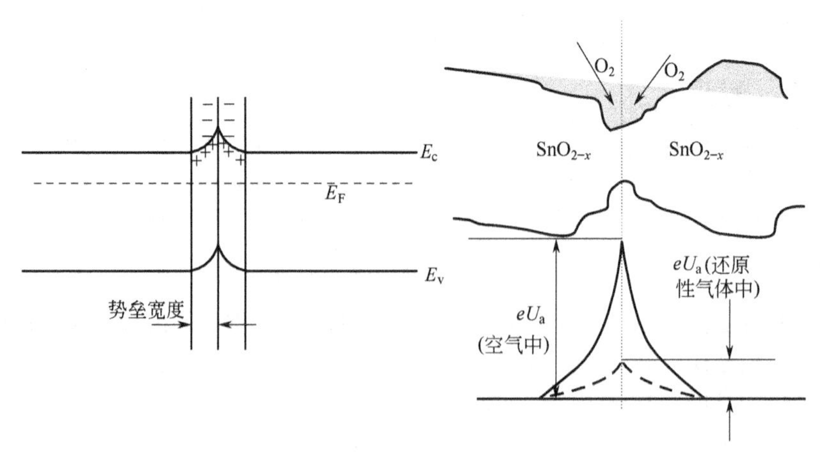

图 5-51　SnO_2 n 型半导体气敏材料的势垒模型

吸附效应模型认为SnO_2半导体是表面具有受主态的n型半导体，烧结体的晶粒中的剖面部分是导电电子均匀分布的n型区。表面附近的空白区是导电电子的耗尽层。晶粒内部和颈部的能带图如图5-52所示，当颈部半径小于空间电荷区宽度时，整个颈部厚度都直接参与和吸附气体之间的电子平衡，因而表现出吸附气体对颈部电导率较强的影响，即电导率变化最大；但是当颈部半径大于空间电荷区宽度时，吸附气体和半导体之间的电子转移仅仅发生在相当于空间电荷层的表面层内，不影响内部的能带构造。用等效电路表示在图5-53中，图中R_n为颈部等效电阻，R_b为晶粒等效电阻，R_s为晶粒表面等效电阻。其中R_b和R_s并联，R_b是恒值低阻，而R_s和R_n是由吸附气体所形成的空间电荷层控制的表面电阻。当吸附氧后$R_n \gg R_b$、$R_s \gg R_b$，而R_s被R_b短路，所以等效电路就变成了颈部电阻R_n串联的等效电路。当吸附还原性或可燃性气体时，阻值R_n将发生变化，这就是吸附效应模型的原理。通过分析，可以认为半导体气敏元件晶粒大小、接触部的形状等对气敏元件的性能有很大的影响。

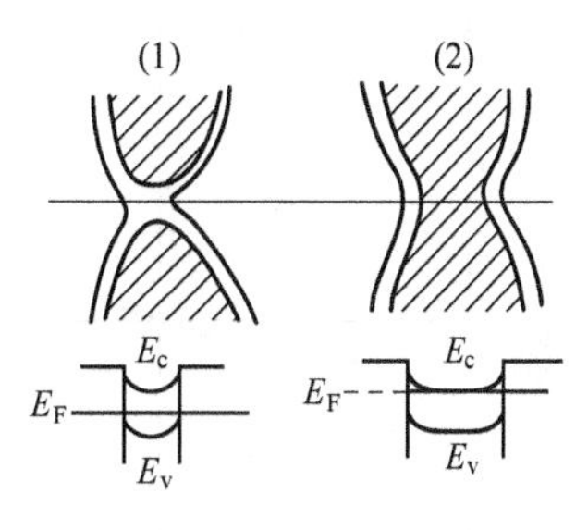

图5-52 颈部的电导

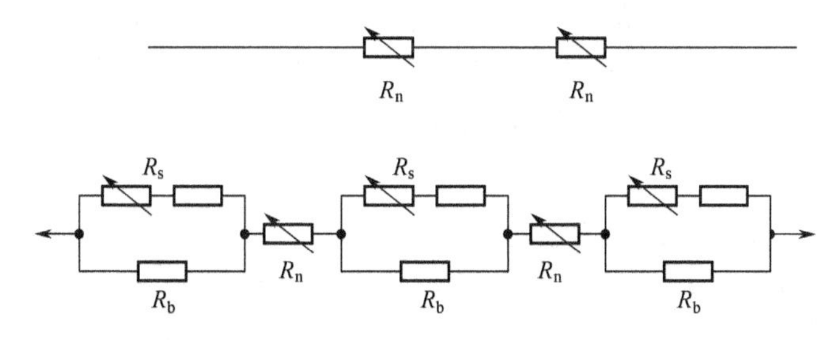

图5-53 气敏半导体陶瓷的等效电路

(2) 湿敏效应

对于湿敏效应有两种机理：表面电子电导和表面离子电导，在此仅分析表面电子电导。

对于n型半导体，表面受主能级俘获被激发到导带中的电子，形成表面负空间电荷，形成电子的表面势垒，能带在近表面处相应地上弯，使近表面处电子减少，形成耗尽层，表面电阻因此增大。对于p型半导体，由于被激发的是空穴，形成正空间电荷，引起能带向下弯曲，形成空穴的耗尽层，同样使表面电阻增大。

由于在半导体表面形成空间电荷层，成为正电吸附或负电吸附，因而表面对外界杂质有极强的吸引力。对于p型湿敏半导体，主要表现为表面氧离子与水分子中的氢原子的吸引。氢原子具有很强的正电场，必然会从半导体表面俘获电子，形成表面束缚态的负空间电荷，而在表面内层形成自由态的正电荷，高正电荷被氧的施主能级俘获，使氧的施主能级密度下降，使原来下弯的能带变平，耗尽层变薄，表面载流子密度增加。随着湿度的增大，水分子在表面的附着量增加，表面束缚的负空间电荷增加，为了平衡这种表面负空间电荷，在近表面处集积更多的空穴，形成空穴积累层，使已变平缓的能带上弯，空穴极易通过，载流子密度大大增加，电阻值进一步下降。

对于n型半导体，水分子附着后同样形成表面束缚的负空间电荷，使原来已上弯的能带进一步向上弯。当表面价带顶的能级比表面导带底的能级更接近费米能级时，表面层中的空穴浓度将超过电子的浓度，出现反型层。因此空穴很容易在表面迁移，使表面电导增加。

对于多孔半导体陶瓷，其晶粒之间的晶界或相界附近，同样由于空间电荷的积累，形成耗尽层，水汽的浸入，同样也使耗尽层变薄或反型，使电导增大。属于这一类的湿敏陶瓷有：ZnO、CuO、CoO、Fe_2O_3、Cr_2O_3、TiO_2、V_2O_5、SnO_2、$ZnCr_2O_4$、$BaTiO_3$等。

5.5.4.3 晶界效应

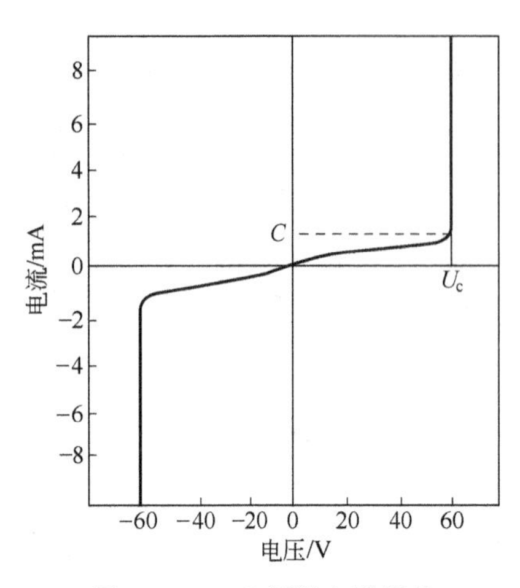

图 5-54 ZnO 压敏电阻器的电压-电流特性

(1) 压敏效应

对电压变化敏感的非线性电阻效应为压敏效应。即在某一临界电压以下，电阻值非常高，可以认为是绝缘体，当超过临界电压（敏感电压），电阻迅速降低，让电流通过。电压与电流是非线性关系，见图 5-54。压敏效应是陶瓷的一种晶界效应。

利用溶液化学腐蚀方法得到氧化锌陶瓷的显微结构是由晶粒和包围它的三维富相或等固溶体骨架构成，其显微结构见图 5-55。

晶界势垒模型认为分凝进入晶界极薄的富 Bi 的吸附层带有负电荷，使 n 型半导化的 ZnO 晶粒表面处的能带向上弯曲，形成电子的肖特基势垒，两晶粒的肖特基势垒被富 Bi 层隔开，形成分离的双肖特基势垒，b 为耗尽层的宽度，其值为 $10^2 \sim 10^3$ Å（$10 \sim 10^2$nm），富 Bi 层厚度只有 20Å（2nm），与耗尽层相比，可以近似地看成平面，把富 Bi 层中所带的电荷看成面电荷，耗尽层中的正电荷量与面电荷量是相等的，随外加电压的变化，电荷量会发生变化。

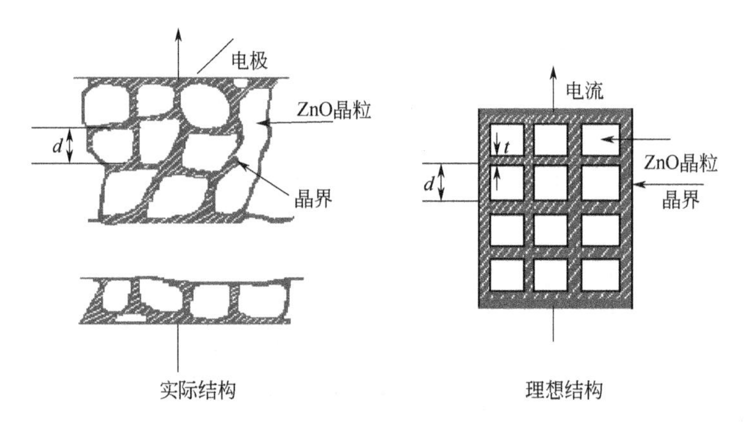

图 5-55 ZnO 压敏陶瓷显微结构

上述势垒模型是建立在富 Bi 层的基础上，但有一些根本不含 Bi，而仍具有很强的非线性，如在 ZnO 中只填加稀土氧化物 Pr_2O_3、La_2O_3，晶粒之间是 Pr_2O_3-La_2O_3 六方固溶体，这是由于稀土金属氧化物能增加表面态密度。由此可见只要在晶界有深能级陷阱（深表面态能级），就能形成肖特基势垒。通常由于化学组成偏离化学计量比、晶格结构的不完整和一些杂质在晶界富集，会导致晶界处的深能级陷阱出现。

津田考一等介绍了另一种情况，根据 STEM 等分析研究晶界处构造的结果指出，晶界处不存在析出层，而是单纯的耗尽层，构成图 5-56（a）所示的是双肖特基势垒。

在压敏电阻器上施加电压后，肖特基势垒发生倾斜，设右边的势垒施以反向偏压，则右边的势垒将受到正向偏压的影响，在偏压的作用下，反向偏压作用下的一边耗尽层加厚了许多，而正向偏压一边的耗尽层则有所减薄，因此反向偏压一边的势垒高度 φ_R 比无电压时的势垒 φ_0 高得多，而正向偏压一边的势垒高度 φ_L 比 φ_0 要小一些，势垒变化情况见图 5-56（b）。当电压较低时，仅有热激励的电子流越过肖特基势垒；而当电压高到某一值时，晶界面上所捕获的电子，由于隧道效应通过势垒，造成电流急剧增大，从而表现出异常的非线性关系。

(2) PTC 效应

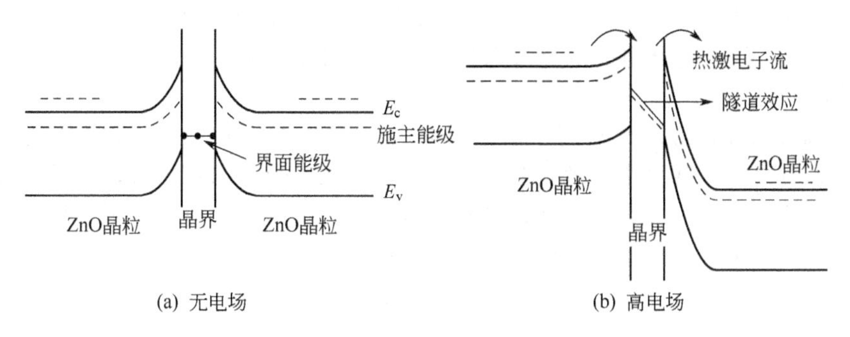

图 5-56　ZnO 压敏电阻双肖特基势垒模型

PTC 效应是指电阻率随温度上升发生突变，增大了 3～4 个数量级，见图 5-57。此效应是价控型钛酸钡半导体特有的。电阻率突变温度在相变（四方相与立方相转变）温度或居里点。而钛酸钡单晶和还原型半导体都不具有这种特性。关于 PTC 效应的研究已经进行了几十年，各种理论不断推出。目前能较好解释 PTC 效应的理论主要为 Heywang 晶界模型。

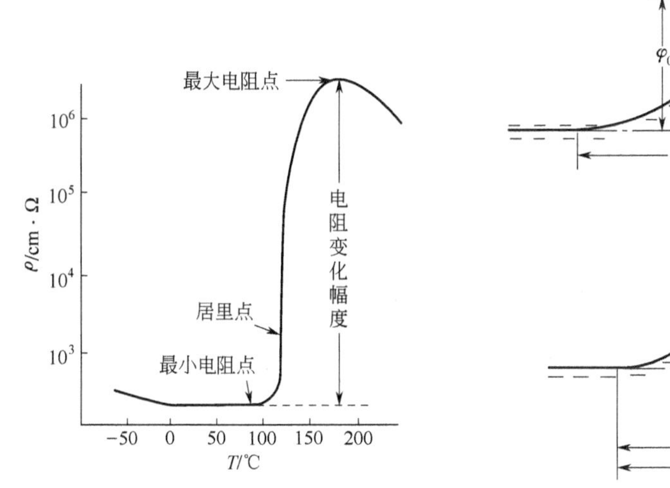

图 5-57　PTC 电阻率-温度特性

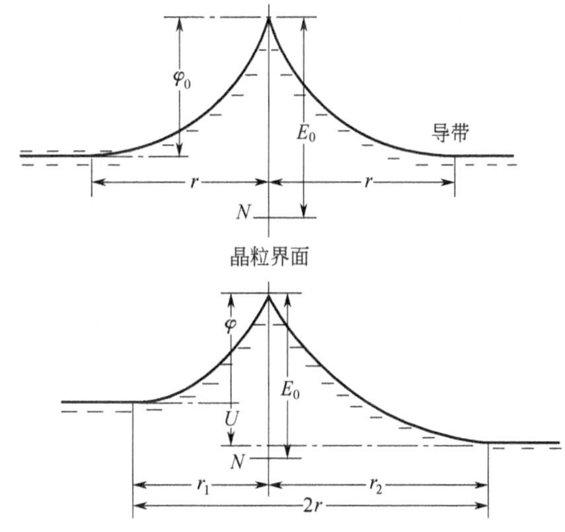

图 5-58　Heywang 晶界模型

Heywang 晶界模型见图 5-58。n 型半导体陶瓷晶界具有表面能级；表面能级可以捕获载流子，产生电子耗尽层，形成肖特基势垒。肖特基势垒高度与介电常数有关，在铁电相范围内，介电常数越大，势垒越低；当温度超过居里点，根据居里-外斯定律，材料的介电常数急剧减小，势垒增高，电阻率急剧增加。由泊松方程得势垒的高度 φ_0

$$\varphi_0=\frac{eN_d}{2\varepsilon_r\varepsilon_0}r^2 \tag{5-125}$$

式中，$2r$ 为势垒厚度；ε_r 为介电常数；N_d 为施主密度；e 为电子电荷。PTC 陶瓷的电阻率可以用下式表示

$$\rho=\rho_0\exp[e\varphi_0/(kT)] \tag{5-126}$$

铁电体在居里温度以上的介电系数按居里-外斯定律，即 $\varepsilon=C/(T-T_C)$ 下降，式中 C 为居里常数，T_C 为居里温度，因此势垒高度随介电常数的迅速减小而迅速升高，从而导致体积电阻率急剧增大，出现 PTC 效应。

PTC 陶瓷一般应用于温度敏感元件、限电流元件以及恒温发热体等方面。

温度敏感元件有两种类型：一是利用 PTC 电阻-温度特性，主要应用于各种家用电器的

过热报警器以及马达的过热保护；另一类是PTC静态特性的温度变化，主要用于液位计。

限电流元件应用于电子电路的过流保护、彩电的自动消磁。近年来广泛应用于冰箱、空调机等的马达起动。

PTC恒温发热元件应用于家用电器，具有构造简单、容易恒温、无过热危险、安全可靠等优点。从小功率发热元件，诸如电子灭蚊器、电热水壶、电吹风机、电饭锅等发展为大功率蜂窝状发热元件，应用于干燥机、温风暖房机等。目前进一步获得了多种工业用途，如电烙铁、石油气化发热元件、汽车冷起动恒温加热器等。

习　　题

1. 无机材料绝缘电阻的测量试样的外径 $\Phi=50\text{mm}$，厚度 $d=2\text{mm}$，电极尺寸如图5-59所示，$D_1=26\text{mm}$，$D_2=38\text{mm}$，$D_3=48\text{mm}$，另一面为全电极。采用直流三段电极法进行测量。

(1) 请画出测量试样体积电阻率和表面电阻率的接线电路图。

(2) 若采用500V直流电源测出试样的体积电阻为250MΩ，表面电阻为50MΩ，计算该材料的体积电阻率和表面电阻率。

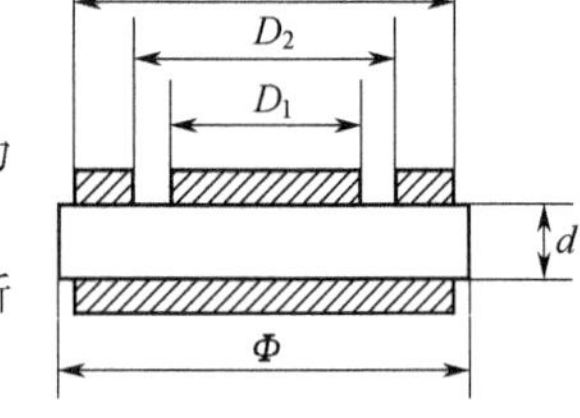

图5-59　试样尺寸

2. 实验测出离子型电导体的电导率与温度的相关数据，经数学回归分析得出关系式为

$$\lg\sigma=A+B/T$$

(1) 试求在测量温度范围内的电导活化能表达式。

(2) 若给出 $T_1=500\text{K}$ 时，$\sigma_1=10^{-9}$ $(\Omega\cdot\text{cm})^{-1}$

$$T_2=1000\text{K}\ 时，\sigma_2=10^{-6}\ (\Omega\cdot\text{cm})^{-1}$$

计算电导活化能的值。

3. 用图说明表面电流和体积电流。

4. 载流子迁移率的物理意义是什么？

5. 什么叫晶体的热缺陷？有几种类型？写出其浓度表达式？晶体中离子电导分为哪几类？

6. 根据缺陷化学原理推导ZnO电导率与氧分压的关系。并讨论添加 Al_2O_3、Li_2O 对ZnO电导率的影响。

7. 举例说明固体电解质的结构特点及应用。

8. 已知在673℃时，40% Na_2O-60% SiO_2（摩尔分数）玻璃的电导率为 5×10^{-3} $(\Omega\cdot\text{cm})^{-1}$，计算钠离子的扩散系数。

9. 在723K时，UO_2 的电导率为0.1 $(\Omega\cdot\text{cm})^{-1}$，在此温度下测得的 O^{2-} 的扩散系数为 $1.0\times10^{-13}\text{cm}^2/\text{s}$。计算 O^{2-} 离子的迁移率及其迁移数（UO_2 的密度 $=10.5\text{g/cm}^3$）。如何解释这种结果？

10. 本征半导体中，从价带激发至导带的电子和价带产生的空穴参与电导。激发的电子数 n 可近似表示为 $n=N\exp[-E_g/(2kT)]$，式中的 N 为状态密度，k 为玻耳兹曼常数，T 为热力学温度。试回答以下问题：

(1) 设 $N=10^{23}\text{cm}^{-3}$，$k=8.6\times10^{-5}\text{eV}\cdot\text{K}^{-1}$ 时，Si（$E_g=1.1\text{eV}$），TiO_2（$E_g=3.0\text{eV}$），在室温（20℃）和500℃时所激发的电子数（cm^{-3}）各是多少？

(2) 半导体的电导率可表示为 $\sigma=ne\mu$，式中 n 为载流子的浓度（cm^{-3}），e 为载流子电荷（电子电荷 $=1.6\times10^{-19}$），μ 为迁移率（$\text{cm}^2\cdot\text{V}^{-1}\cdot\text{s}^{-1}$）。当电子和空穴同时为载流子时，$\sigma=n_e e\mu_e+n_h e\mu_h$。假设Si的迁移率为 $\mu_e=1450$（$\text{cm}^2\cdot\text{V}^{-1}\cdot\text{s}^{-1}$），$\mu_h=500$（$\text{cm}^2\cdot\text{V}^{-1}\cdot\text{s}^{-1}$），且不随温度变化。求Si在室温20℃和500℃时的电导率。

11. 根据费米-狄拉克分布函数，半导体中的电子占有某一能级 E 的允许状态概率 $f(E)=[1-\exp(E-E_F)/(kT)]^{-1}$，试回答以下问题：

(1) 利用本征半导体 $p=n$，写出 E_F 的表达式；

(2) 当 $m_e^*=m_h^*$ 时，E_F 位于本征半导体能带结构的什么位置。E_F 的位置随温度将如何变化。

12. 简述p-n结能带图的形成过程。

13. 试定性描述p-n结在正负偏压时的 U-I 特性。

14. 举例说明无机材料的表面效应和晶界效应。

第6章　无机材料介电性能

介质材料在电场的作用下，带电质点发生短距离的位移，发生电极化，以感应而非传导的方式呈现其电学性能，因此在电场中表现出特殊的性状。另外，室温时无机材料在应力作用下无蠕变或形变，有较大的抵抗环境变化能力，能够与金属进行气密封接等优良的性能，而被大量地用于电绝缘体和电容元件。其中许多材料具有压电效应、热释电效应和自发电极化的铁电效应。这些具有特殊性能的电介质材料在电声、电光等技术领域正展示着广泛的应用前景。介质的电极化及介质的介电常数、介电损耗和介电强度等特性是无机电介质材料应用的基础。对这些特性的微观本质进行深入的分析，有助于研制新型器件，以满足应用对材料提出的性能要求。

6.1　介质的电极化

介质的电极化是介电材料性能的基础。本节通过引入基本概念电偶极矩来定义电介质的极化强度，进而建立电介质的极化强度与宏观电场之间的关系，电介质的极化强度与局部电场之间的关系，推导出介电常数与质点极化率的关系，并分析各种微观极化机制及响应的频率范围。

6.1.1　介质的极化强度

6.1.1.1　电偶极矩

(1) 基本概念

一个正点电荷 q 和另一个符号相反数量相等的负点电荷 $-q$，由于某种原因而坚固地互相束缚于不等于零的距离上，形成一个电偶极子，见图6-1。电偶极子中的一对正、负电荷因互相束缚坚固而一起运动，可以看成是一个复合粒子。若从负电荷到正电荷作一矢量 $\boldsymbol{l}$，则这个粒子具有的电偶极矩可表示为矢量

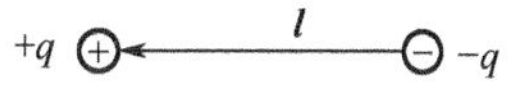

+q ⊕←——l——⊖ −q

图6-1　电偶极子

$$\boldsymbol{p}=q\boldsymbol{l} \tag{6-1}$$

电偶极矩的单位为C·m（库仑·米）。

当所观察的空间范围的距离比两个点电荷之间的距离 l 大得多时，可以将电偶极子看成是一个点偶极子，并习惯地规定用负电荷的所在位置代表点偶极子的空间位置。

当观察一个HCl分子在空间的运动时，这个复合粒子就很像一个点偶极子。由于价电子云偏向于集中 Cl^- 离子一方，所以负电荷中心位于氯原子核附近，而可把质子 H^+ 看成是一个正点电荷。在讨论分子的电偶极矩时，可用正电荷中心代替正点电荷位置，而用负电荷中心代替负点电荷位置。

在同一个分子中，因为电子的归属划分方法不同，故所得的 q 值不同，但为使最后给出的电偶极矩 p 为常数，其 l 值也应不同。例如，若把 H^+ 和 Cl^- 各自看成离子，则 q 将等于电子电荷的绝对值 e；若把分子中所有电子的电荷集中来决定负电荷中心，则 $q'=18e$，当然这时的 $l'=l/18$。

对于晶体来说，在晶体的一个晶胞中，如果正、负电荷中心不重合，可以用一个电偶极矩来进行定量的描述。

(2) 外电场对点电偶极子的作用

在外电场 E 的作用下一个点电偶极子 p 的位能为

$$U = -p \cdot E \tag{6-2}$$

式（6-2）表明当电偶极矩的取向与外电场同向时，能量为最低，而反向时能量为最高。点电偶极子所受外电场的作用力 f 和作用力矩 M 分别为

$$f = p \cdot \nabla E \tag{6-3}$$

$$M = p \times E \tag{6-4}$$

因此力使电偶极矩向电力线密集的地方平移，而力矩则使电偶极矩朝外电场方向旋转。

（3）电偶极子周围的电场

图 6-2 表示无限大真空中置于 z 轴上两个相距 l 的点电荷形成的电偶极子。点电荷所引起的任意两点 A、B 间的电位表达式为

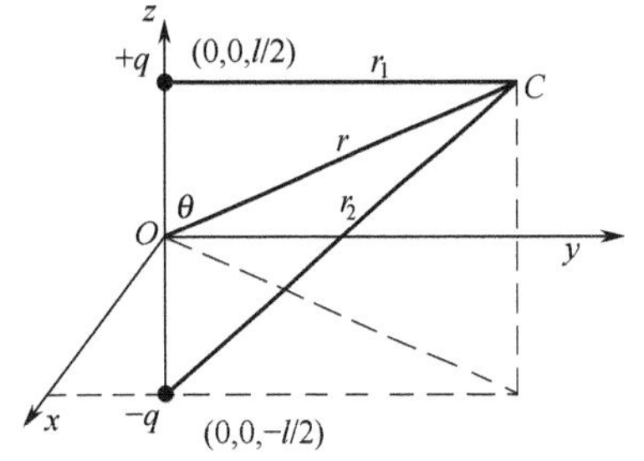

图 6-2　置于轴 z 上的电偶极子

$$U_{AB} = \frac{q}{4\pi\varepsilon_0}\left(\frac{1}{r_A} - \frac{1}{r_B}\right) \tag{6-5}$$

式中，r_A、r_B 分别为 A、B 两点与点电荷 q 所在处的距离。则正点电荷引起 O、C 两点间的电位为 U_{OC}，负点电荷引起 O、C 两点间的电位为 $U_{OC'}$，应用叠加原理，场中任意点 C 的电位为

$$\varphi(r) = U_{OC} + U_{OC'} \tag{6-6}$$

将式（6-5）代入式（6-6），得 C 点的电位 $\varphi(r)$

$$\varphi(r) = \frac{q}{4\pi\varepsilon_0}\left(\frac{1}{r_1} - \frac{1}{r_2}\right) = \frac{q}{4\pi\varepsilon_0}\left(\frac{r_2 - r_1}{r_1 r_2}\right) \tag{6-7}$$

当 r 很大时，r_1、r_2 和 r 三者近乎平行，有 $r_2 - r_1 \approx l\cos\theta$ 和 $r_1 r_2 = r^2$，将其代入式（6-7）得

$$\varphi(r) = \frac{ql\cos\theta}{4\pi\varepsilon_0 r^2} = \frac{p\cos\theta}{4\pi\varepsilon_0 r^2} \tag{6-8}$$

用矢量来表示式（6-8）

$$\boldsymbol{\varphi}(\boldsymbol{r}) = \frac{\boldsymbol{p} \cdot \boldsymbol{r}}{4\pi\varepsilon_0 r^3} \tag{6-9}$$

由 $E = -\dfrac{\mathrm{d}\varphi}{\mathrm{d}r}$ 得

$$E(r) = \frac{3(\boldsymbol{p} \cdot \boldsymbol{r})\boldsymbol{r} - r^2 \boldsymbol{p}}{4\pi\varepsilon_0 r^5} \tag{6-10}$$

式（6-10）为位于原点的电偶极子在离它 r 远处引起的电场。从式（6-9）和式（6-10）中可以看出，电偶极矩所产生的电位和电场随距离的衰减比点电荷的要快。这是相距很近的一对正、负电荷互相抵消了一部分作用的结果。通过计算可以得到一个指向 z 轴方向的偶极子在 C 点（r，θ）处的电场分量 E_x、E_z 如下

$$E_x = 3p\,\frac{\sin\theta\cos\theta}{4\pi\varepsilon_0 r^3}$$

$$E_z = p\,\frac{3\cos^2\theta - 1}{4\pi\varepsilon_0 r^3}$$

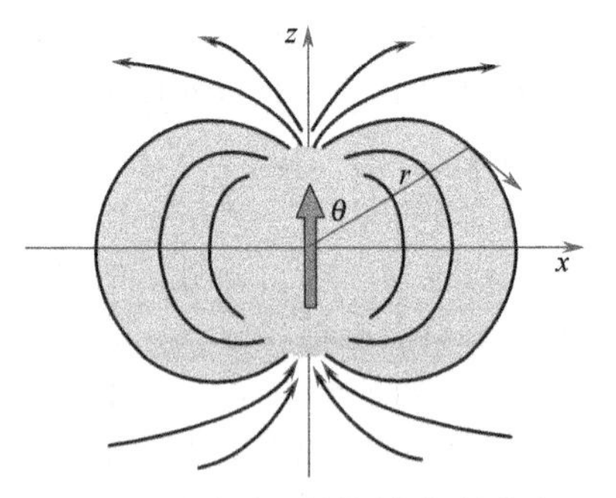

图 6-3　电偶极子周围电场的分布

图 6-3 表示一个指向 z 轴方向的偶极子周围的电力线分布情况。

6.1.1.2　极化强度

（1）定义

由具有电偶极矩的粒子组成的宏观物质称为极性物质。在极性物质中取一个宏观无限小

的体积 ΔV，在这个宏观的小体积中仍有数目庞大的粒子，将其中所有粒子的电偶极矩作矢量和$\sum \boldsymbol{p}$，则称单位体积的电偶极矩

$$P=\frac{1}{\Delta V}\sum \boldsymbol{p} \tag{6-11}$$

为这个小体积中物质的极化强度。极化强度是一个具有平均意义的宏观物理量，其单位为 C/m^2。

(2) 介质的极化强度与宏观可测量之间的关系

设有片状电介质，见图 6-4，其厚度为 l，面积为 S，外电场沿厚度方向作用于该介质，作用电压为 U，此时介质表现出了电偶极矩，从图中可以看出，在电介质的内部，电偶极矩的正端总和另一电偶极矩的负端相接，因此电偶极矩正负端的束缚电荷恰好抵消，使内部的束缚电荷显露不出来。但在介质的表面，这种抵消被破坏了；因而电偶极矩的正端显露出面束缚正电荷，而负端则显露出面束缚负电荷。由此可以建立这样的模型，认为电介质形成了一个相距为 l 的电偶极子，其两端的电荷分别为极板上所有束缚的正、负电荷 Q，则介质的极化强度为

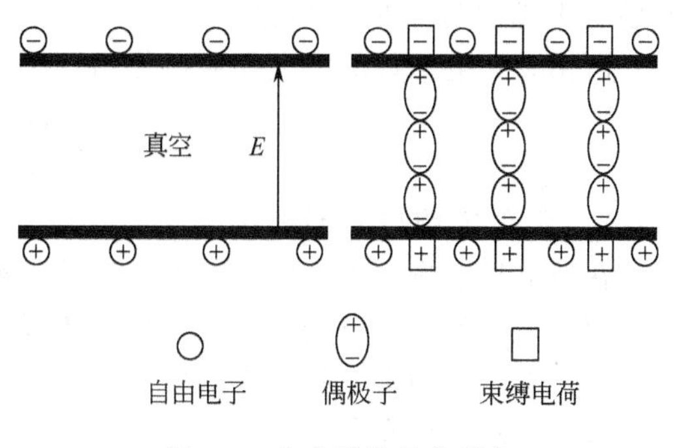

图 6-4　电介质的极化现象

$$P=\frac{Ql}{V}=\frac{Ql}{Sl}=\frac{Q}{S} \tag{6-12}$$

式 (6-12) 说明单位板面上束缚电荷的数值，也叫极化电荷密度，可以用单位体积材料中总的偶极矩即极化强度 P 来表示。

如果两块金属板间为真空时，板上的自由电荷 Q_0 与所施加的电压 U 成正比

$$Q_0=C_0U$$

两极板上自由电荷密度

$$\frac{Q_0}{A}=\frac{C_0U}{A}=\frac{\varepsilon_0\dfrac{A}{d}U}{A}=\varepsilon_0E \tag{6-13}$$

式中，E 是两极板间自由电荷形成的电场，即宏观电场。

两板间放入绝缘材料，施加电压仍为 U，电荷增加了 Q_1，有

$$Q_0+Q_1=CU$$

该式说明由于质点的极化作用，在材料表面感应了异性电荷，它们束缚住板上的一部分电荷，并抵消或中和了这部分电荷的作用，在同一电压下，增加了电容量。电介质引起电容量增加的比例为相对介电常数 ε_r

$$\varepsilon_r=\frac{C}{C_0}=\frac{Q_0+Q_1}{Q_0} \tag{6-14}$$

由介电常数的定义可知，材料越易极化，材料表面感应异性电荷越多，束缚电荷也越多，电容量也就越大。这一结论为制备小尺寸大电容的电容器提供了理论根据。介电常数的概念在电容器的设计方面非常重要。电容器在电工上能够使无用功变为有用功，因此它在电子技术中的检波、调谐等方面起着重要的作用。而在这些应用中，都对介电常数提出了不同的要求。

当有介质材料存在时，极板上电荷密度 D 等于自由电荷密度 ε_0E 与束缚电荷密度 P 之和，即

$$D=\varepsilon_0E+P=\varepsilon_0\varepsilon_rE=\varepsilon E \tag{6-15}$$

式中，$\varepsilon=\varepsilon_0\varepsilon_r$ 为绝对介电常数。因此极化强度为

$$P=(\varepsilon-\varepsilon_0)E=\varepsilon_0(\varepsilon_r-1)E \tag{6-16}$$

把束缚电荷和自由电荷的比例定义为电介质的相对电极化率 χ_e

$$\chi_e=\frac{P}{\varepsilon_0 E}=\varepsilon_r-1 \tag{6-17}$$

电极化强度可用下式表示

$$P=\varepsilon_0\chi_e E \tag{6-18}$$

式（6-18）为作用物理量 E 与感应物理量 P 间的关系，即电介质的电极化率将介质的宏观电场 E 与宏观物理量 P 联系起来。

由相对介电常数的定义还可以得出如下关系

$$\varepsilon_r=\frac{\varepsilon_0 E+P}{\varepsilon_0 E}=1+\chi_e \tag{6-19}$$

6.1.2　宏观电场与局部电场

在外电场的作用下，电介质发生极化，整个介质出现宏观电场，但作用在每个分子或原子上使之极化的局部电场并不包括该分子或原子自身极化所产生的电场，因而局部电场不等于宏观电场。但局部电场与宏观电场有关。

6.1.2.1　宏观电场 E

介质在外加电场的作用下产生极化，使介质表面带有电荷，极板上的电荷增加。因此，对于介质宏观电场的贡献由两部分电场组成。

① 外加电场 $E_{外}$。外加电场 $E_{外}$ 定义为由物体外部固定电荷所产生的电场，即极板上的所有电荷产生的电场。

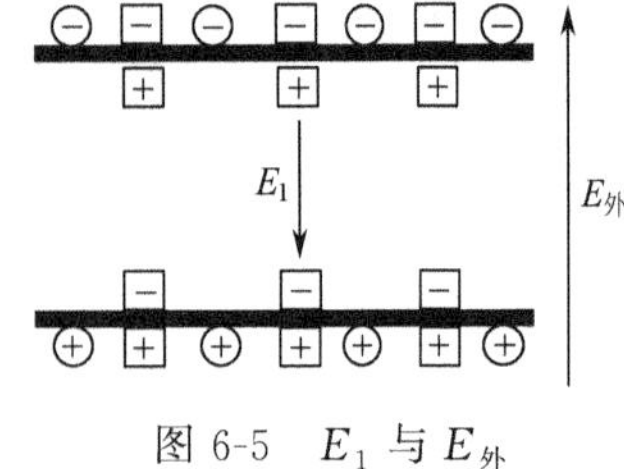

图 6-5　E_1 与 $E_{外}$

② 构成物体所有质点电荷的电场 E_1。由介质外表面上的表面电荷密度所产生，因为在物体内部倾向于对抗外加电场，所以也叫退极化场。

由此宏观电场强度 E 为外加电场 $E_{外}$ 与退极化场 E_1 之和。即

$$E=E_{外}+E_1 \tag{6-20}$$

图 6-5 表示了不同电荷产生的 $E_{外}$ 与 E_1。

6.1.2.2　局部电场 E_{loc}

原子位置上的局部电场 E_{loc}，也叫有效电场。作用在晶体中一个原子位置上的局部电场的数值与宏观电场之值相差很大，晶体中一个原子位置上的局部电场是外加电场 $E_{外}$ 与晶体内部其他原子偶极子所产生的电场之和

$$E_{loc}=E_{外}+E_{总} \tag{6-21}$$

晶体内部所有其他原子对于局部电场的贡献是由介质中所有其他原子的偶极矩在一个原子位置上所产生的总场：

$$E_{总}=\sum_i \frac{3(\boldsymbol{p}\cdot\boldsymbol{r})\boldsymbol{r}-r^2\boldsymbol{p}}{4\pi\varepsilon_0 r_i^5} \tag{6-22}$$

为了方便，可将其他原子偶极子场进行分解，并对其求和。对其他偶极子场求和的标准方法如下。

第一，对一个想象的与参考原子同心的球内适当数目的近邻原子单个地求和，这样确定 E_3。

第二，在此球外的原子对求和式的贡献是平滑变化的，可以作为均匀极化的电介质处理，它们对参考点上电场的贡献是 E_1+E_2。这个贡献可以代之以两个面积分。其中一个面积分是在外表面上进行，确定 E_1，这里 E_1 是与外边界相联系的退极化场；对第二个面积

分确定 E_2，是与球形空腔的边界相联系的场，也叫洛伦兹空腔场。

图 6-6 表示了 E_2 和 E_3 的产生。因此局部电场 E_{loc} 可用下式表示

$$E_{\text{loc}}=E_{外}+E_1+E_2+E_3 \tag{6-23}$$

(1) 退极化场 E_1

对于平板，其值为束缚电荷在无介质存在时形成的电场。由

$$P=\frac{Q_1}{A}=\varepsilon_0 E_1$$

得

$$E_1=\frac{P}{\varepsilon_0} \tag{6-24}$$

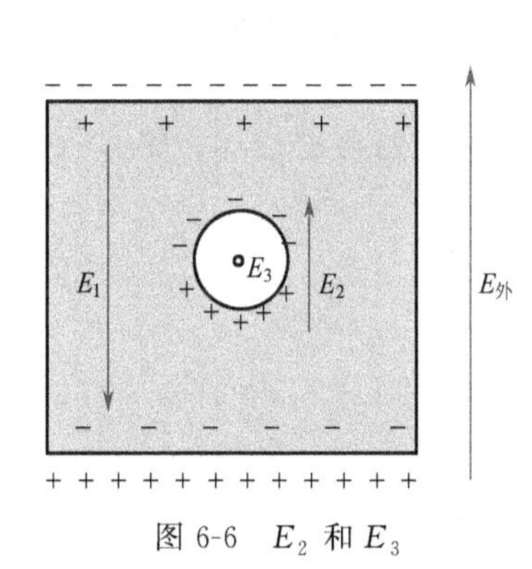

图 6-6　E_2 和 E_3

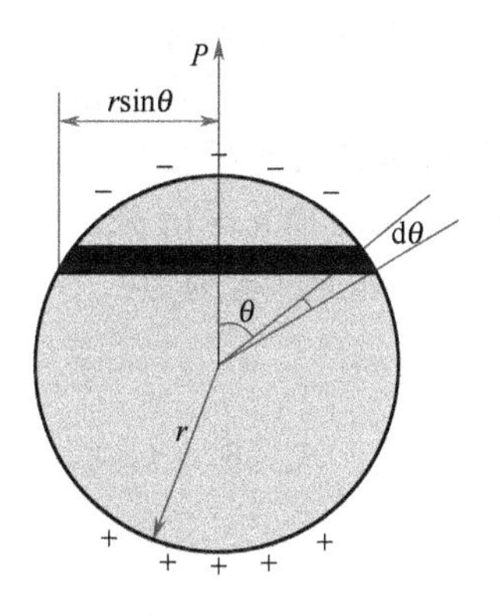

图 6-7　洛伦兹场 E_2 的计算

(2) 洛伦兹场 E_2

在介质中切割出一个以所参考的原子为中心的球形空腔，见图 6-7，空腔表面上的极化电荷所产生的电场就是洛伦兹场 E_2。以 θ 表示相对于极化方向的夹角，θ 处空腔表面上的电荷密度为 $-P\cos\theta$，取 $\mathrm{d}\theta$ 角对应的微小环球面的表面积，其表面积 $\mathrm{d}S$ 为

$$\mathrm{d}S=2\pi r\sin\theta r\,\mathrm{d}\theta=2\pi r^2\sin\theta\,\mathrm{d}\theta$$

$\mathrm{d}S$ 面上的电荷为

$$\mathrm{d}q=-P\cos\theta\,\mathrm{d}S$$

根据库仑定律，$\mathrm{d}S$ 面上的电荷作用在球心单位正电荷上的 P 方向的分力 $\mathrm{d}F$ 为

$$\mathrm{d}F=-\left(-\frac{P\cos^2\theta}{4\pi\varepsilon_0 r^2}\mathrm{d}S\right)\cos\theta$$

由 $qE=F$，得 $E=F$，则 $\mathrm{d}q$ 在空腔球心 O 点 P 方向产生的电场分量为

$$\mathrm{d}E=\frac{P\cos^2\theta\,\mathrm{d}S}{4\pi\varepsilon_0 r^2}=(2\pi r\cdot r\sin\theta\,\mathrm{d}\theta)\frac{P\cos^2\theta}{4\pi\varepsilon_0 r^2}=\frac{P\cos^2\theta\sin\theta}{2\pi\varepsilon_0}\mathrm{d}\theta$$

则整个空腔球面上的电荷在 O 点产生的 P 方向电场分量为 $\mathrm{d}E$ 由 0 到 π 的积分，通过解方程，得洛伦兹场 E_2

$$E_2=\frac{P}{3\varepsilon_0} \tag{6-25}$$

(3) 空腔内其他偶极子的电场 E_3

E_3 为只考虑质点附近偶极子的影响，是洛伦兹空腔里诸偶极子产生的场，其值由晶体结构决定。现以球体中具有立方对称环境的一个参考位置为例进行说明。如果所有原子都可以用彼此平行的点电偶极子来代替，如均平行于 z 轴，量值大小为 p，则根据式 (6-22)，由所有偶极子在球心上所产生的 z 分量应是

$$E_3=\frac{p}{4\pi\varepsilon_0}\sum_i\frac{3z_i^2-r_i^2}{r_i^5}$$

$$=\frac{p}{4\pi\varepsilon_0}\sum_i \frac{2z_i^2-x_i^2-y_i^2}{r_i^5} \tag{6-26}$$

由于球体的对称性以及点阵的对称性，x、y、z 三个方向是等价的，即有

$$\sum_i \frac{z_i^2}{r_i^5}=\sum_i \frac{x_i^2}{r_i^5}=\sum_i \frac{y_i^2}{r_i^5}$$

因此，具有对称中心及立方对称环境结构的晶体，$E_3=0$。

在此特别说明：立方晶体中的原子位置并不必定具有立方对称环境，钛酸钡结构中的位置就不具有立方对称环境。而 NaCl 结构中 Na^+ 和 Cl^- 位置以及 CsCl 结构中 Cs^+ 和 Cl^- 位置都具有立方对称性。

不具有对称中心的晶体，如金红石型晶体、钙钛矿型晶体，E_3 不等于零。

对于气体质点，其质点的相互作用可以忽略，局部电场与外电场相同。

6.1.3 介电常数与电极化率的关系

介电常数与电极化率的关系也叫克劳修斯-莫索蒂方程。如果 $E_3=0$，将式（6-25）代入式（6-23），则局部电场为

$$E_{\text{loc}}=E_{外}+E_1+\frac{P}{3\varepsilon_0}=E+\frac{P}{3\varepsilon_0} \tag{6-27}$$

将式（6-16）代入式（6-27），得

$$E_{\text{loc}}=\frac{(\varepsilon_r+2)E}{3} \tag{6-28}$$

定义单位局部电场强度下，质点电偶极矩的大小称为质点的极化率 α，即

$$\alpha=\frac{p}{E_{\text{loc}}} \tag{6-29}$$

α 表征材料的极化能力，只与材料的性质有关，其单位为 $F\cdot m^2$（法·米^2）。

设介质单位体积中的极化质点数等于 n，则极化强度可以表示为

$$P=pn=n\alpha E_{\text{loc}} \tag{6-30}$$

由式（6-16），式（6-28），式（6-30）得

$$\frac{\varepsilon_r-1}{\varepsilon_r+2}=\frac{n\alpha}{3\varepsilon_0} \tag{6-31}$$

此式称为克劳修斯-莫索蒂方程。它建立了可测宏观物理量 ε_r 与质点极化率微观量 α 之间的关系。由于在推导克劳修斯-莫索蒂方程时，假设 $E_3=0$，所以仅适用于分子间作用很弱的气体、非极性液体、非极性固体以及一些 NaCl 型离子晶体和具有适当对称性的固体。

对具有两种以上极化质点的介质，克劳修斯-莫索蒂方程可以写为

$$\frac{\varepsilon_r-1}{\varepsilon_r+2}=\frac{1}{3\varepsilon_0}\sum_k n_k\alpha_k \tag{6-32}$$

从克劳修斯-莫索蒂方程可知，为了获得高介电常数的介质，除了需要选择大 α 的离子，还要求极化介质中极化质点数 n 要多，即单位体积的极化质点数要多。

6.1.4 电极化的微观机制

组成宏观物质的结构粒子都是复合粒子，例如原子、离子、离子团、分子等。一般来说，一个宏观物体含有数目巨大的粒子，由于热运动的原因，这些粒子的取向处于混乱状态，因此无论粒子本身是否具有电矩，由于热运动的平均结果，使得粒子对宏观电极化的贡献总是零。只有在外加电场的作用下，粒子才会沿电场方向贡献一个可以累加起来的宏观极化强度的电矩。一般地，宏观外加电场的作用比起结构粒子内部的相互作用要小得多，因此结构粒子受电场 E 的作用而产生的电矩 p 存在如下的线性关系：

$$p=\alpha E \tag{6-33}$$

式中，α 为极化率。一个粒子对极化率的贡献可以来自不同的原因。电子云畸变引起的负电荷中心位移贡献的部分 α_e，离子位移贡献的部分 α_i，固有电偶极矩取向作用的贡献 α_d 等，这些是弹性的、瞬间完成的、不消耗能量的极化。这种极化称为位移式极化。还有一种极化与热运动有关，其完成需要一定的松弛时间，且是非弹性的，需要消耗一定的能量，此极化称为松弛极化。电子松弛极化、离子松弛极化属于这种极化。

6.1.4.1 电子位移极化

在外电场作用下，原子外围的电子云相对于原子核发生相对位移形成的极化叫电子位移极化。有关电子位移极化的理论有电子位移极化的经典理论、电子极化率的量子理论。以下主要讨论电子位移极化的经典理论。

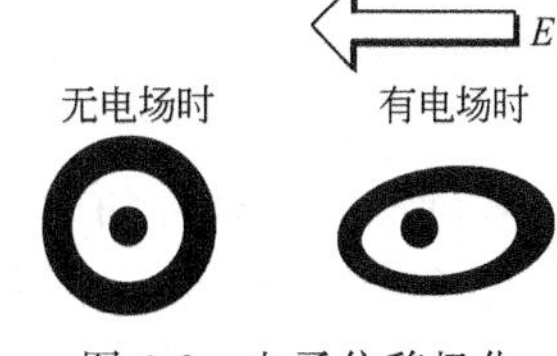

图 6-8 电子位移极化

电子位移极化的性质具有一个弹性束缚电荷在强迫振动中表现出来的特性，见图 6-8。设想一个质量为 m，带电为 $-e$ 的粒子，被一带正电 $+e$ 的中心所束缚，弹性恢复力为 $-kx$。k 是弹性系数，x 是粒子的位移，在交变电场 $E_{loc}=E_0 e^{i\omega t}$ 的作用下，电荷 $-e$ 的运动方程为

$$m\frac{d^2x}{dt^2}=-kx-eE_0 e^{i\omega t} \tag{6-34}$$

此方程的解为

$$x=\left(\frac{-e}{k-m\omega^2}\right)E_0 e^{i\omega t} \tag{6-35}$$

电子位移极化形成的电偶极矩为

$$p=-ex=\frac{e^2}{m}\left[\frac{1}{\omega_0^2-\omega^2}\right]E_0 e^{i\omega t} \tag{6-36}$$

式中，$\omega_0=\left(\frac{k}{m}\right)^{\frac{1}{2}}$，为弹性偶极子的固有频率。

由于 $p=\alpha_e E_{loc}$，则电子极化率为

$$\alpha_e=\frac{e^2}{m}\left(\frac{1}{\omega_0^2-\omega^2}\right) \tag{6-37}$$

令 $\omega\rightarrow 0$，得静态极化率

$$\alpha_e=\frac{e^2}{m\omega_0^2} \tag{6-38}$$

电子极化率依赖于频率 ω，极化率与频率的关系反映了极化惯性。弹性偶极子的固有频率可由共振吸收光频（紫光）频率测出。在光频范围内，电子对极化的贡献总是存在的，而其他极化机构由于惯性跟不上电场的变化，因而此时的介电常数几乎完全来自电子极化率的贡献。在光频范围，相对介电常数 ε_r 等于介质折射率 n 的平方，即 $\varepsilon_r=n^2$。

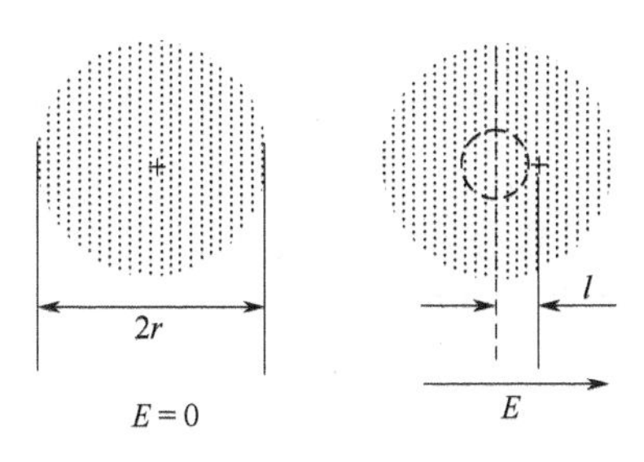

图 6-9 电子云位移极化

这里再介绍一个定性的简化模型，仅着重于原理上的讨论。

设原子的核有 Z 个正电荷，在核的周围束缚着 Z 个电子。因自由原子是球对称的，故可近似地认为 Z 个电子运动所形成的电子云均匀地分布在以 r 为半径的球内，见图 6-9。当外电场 $E=0$ 时，荷正电的核与负电荷中心重合，此时原子的电矩为零。在加外电场 E 时，正电荷受电场作用力（ZeE）而偏离球心，沿 E 方向位移。同时还受到负电荷的吸引，当两种力达到平衡时核偏离球心的位移

为 l。此时，若以负电荷所均匀分布的球的中心为心，以 l 为半径作一球面，则球面以外的负电子云对核的库仑引力为零。而球面以内的负电子云就好像集中于球心对核施加一个方向与 E 相反的引力。因此力平衡条件给出

$$ZeE=\frac{Ze}{4\pi\varepsilon_0 l^2}\left(Ze\frac{l^3}{a^3}\right)$$

得

$$l=\frac{4\pi\varepsilon_0 a^3}{Ze}E \tag{6-39}$$

原子在电场 E 的作用下诱导的电偶极矩为

$$p=4\pi\varepsilon_0 r^3 E$$

得

$$\alpha_e=4\pi\varepsilon_0 r^3 \tag{6-40}$$

对于各种原子，合理的球半径 r 的数量级为 10^{-10}m；如果用具有宏观现象常见数量级的电场，令 $E=10^5$V/m，则得到 l 的数量级为 10^{-17}m；即一般 $l\ll a$。

上述模型给出两点有用的定性结果：

第一，一般大小的宏观电场所能引起的电子云畸变很小；

第二，半径越大的原子，其电子云位移极化率一般较大。

第二个结论的意义很明显，远离核的外层电子受核束缚较弱，容易受外电场作用而对极化率做出较大贡献。

表 6-1 为离子的电子极化率，其物理量采用 CGS 制单位（cm^3），将其乘以 $1/9\times10^{-15}$，单位为 SI 单位制，即单位为 $F\cdot m^2$（法·米^2）。

表 6-1 离子的电子极化率（单位：$10^{-24}cm^3$）

Pauling JS			He 0.201	Li^+ 0.029 0.029	Be^{2+} 0.008	B^{3+} 0.003	C^{4+} 0.0013
Pauling JS-(TKS)	O^{2-} 3.88 (2.4)	F^- 1.04 0.858	Ne 0.390	Na^+ 0.179 0.290	Mg^{2+} 0.094	Al^{3+} 0.052	Si^{4+} 0.0165
Pauling JS-(TKS)	S^{2-} 10.2 (5.5)	Cl^- 3.66 2.947	Ar 1.62	K^+ 0.83 1.133	Ca^{2+} 0.47 (1.1)	Sc^{3+} 0.286	Ti^{4+} 0.185 (0.19)
Pauling JS-(TKS)	Se^{2-} 10.5 (7.0)	Br^- 4.77 4.091	Kr 2.46	Rb^+ 1.40 1.679	Sr^{2+} 0.86 (1.6)	Y^{3+} 0.55	Zr^{4+} 0.37
Pauling JS-(TKS)	Te^{2-} 14.0 (9.0)	I^- 7.10 6.116	Xe 3.99	Cs^+ 2.42 2.743	Ba^{2+} 1.55 (2.5)	La^{3+} 1.04	Ce^{4+} 0.73

注：JS 和 TKS 给出的极化率是使用钠的 D 线频率得到的结果。

6.1.4.2 离子位移极化

一对带有 $\pm q$ 电荷的离子，质量分别为 M_+、M_-，其中心相距为 a，离子在电场的作用下，偏移平衡位置，形成一个感生偶极矩。其简化模型见图 6-10。与电子位移极化类似，在电场中离子的位移，仍受到弹性力的限制。设正、负离子位移分别为 x_-、x_+，且二者符号相反。则感生的电偶极矩为

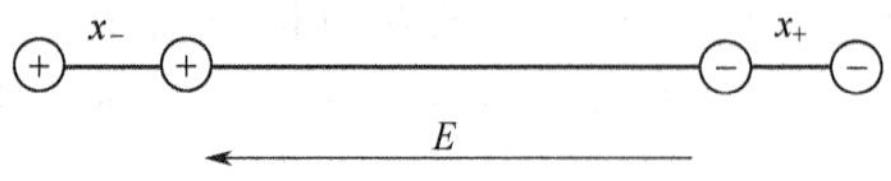

$$p=q(x_+-x_-)$$

和

$$p=\alpha_i E_{loc}$$

式中的 α_i 称为离子极化率。

图 6-10 离子位移极化

正离子受到的弹性恢复力为$-k(x_+-x_-)$，力的方向与电场反向，负离子受到的弹性恢复力为$-k(x_--x_+)$，力的方向与电场同向，实际上无论何种离子，受力的方向与位移相反。

设电场为交变电场$E=E_0e^{i\omega t}$，则离子的运动方程为

$$M_+\frac{d^2x}{dt^2}=-k(x_+-x_-)+qE_0e^{i\omega t}$$

$$M_-\frac{d^2x}{dt^2}=-k(x_--x_+)+qE_0e^{i\omega t}$$

式中，x为两离子的相对位移。引入$M^*=\dfrac{M_+M_-}{M_++M_-}$，设弹性振子的固有频率为

$$\omega_0=\left(\frac{k}{M^*}\right)^{1/2}$$

解得离子位移极化率

$$\alpha_i=\frac{q^2}{M^*}\left(\frac{1}{\omega_0^2-\omega^2}\right) \tag{6-41}$$

令$\omega\to0$，得静态极化率

$$\alpha_i=\frac{q^2}{M^*\omega^2}=\frac{q^2}{k} \tag{6-42}$$

因此，离子位移极化和电子位移极化的表达式一样，都具有弹性偶极子的极化性质。ω_0可由晶格振动红外吸收频率测量出来，从而得到离子位移极化建立的时间约为$10^{-13}\sim10^{-12}$s。其实这里的两种离子的相对运动，就是晶格振动的光学波。

以NaCl型晶体为例说明离子晶体的极化。当无外电场时，由于正、负离子空间排列的对称性，晶胞的固有电偶极矩等于零。当有外电场E时，所有正离子受电场作用沿E方向作同向位移，而负离子则反方向位移，晶格发生畸变，如图6-11所示。按照上述方法很容易计算出每对离子的平均位移极化率α_i。

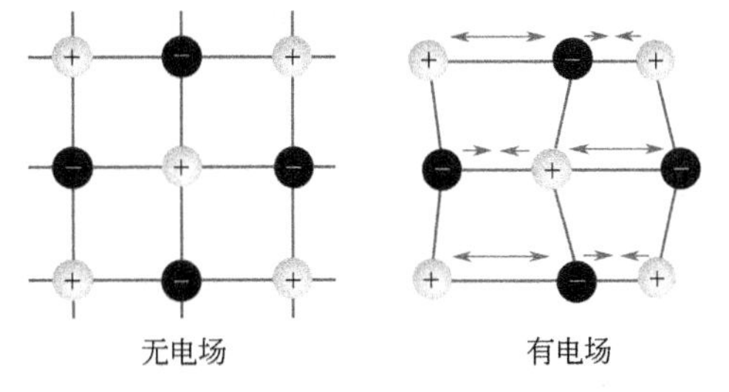

图6-11　离子极化示意图

$$\alpha_i=\frac{12\pi\varepsilon_0a^3}{A(n-1)} \tag{6-43}$$

式中，a为晶胞常数；A为马德隆常数；n为电子层斥力指数，对离子晶体$n=7\sim11$。因此可以估计离子位移极化率与电子位移极化率有大致接近的数量级，约为$10^{-40}\mathrm{F\cdot m^2}$。对于金刚石型结构，晶体离子位移极化率等于零。

6.1.4.3　偶极子取向极化

有些分子，其内部结构决定了整个分子具有非零的电偶极矩p_0；p_0值不随时间而变，也很难受外界宏观条件的影响，因此可视为固定值，并称p_0为分子的固有电偶极矩。如果有气体是由这样的分子组成，在热平衡状态下，热运动产生的平均效果具有两种意义。对于特定的某个分子来说，由于整体的旋转运动以及同其他分子的碰撞的结果，使它的电矩p_0在空间取向无规则地变化着，因此电矩矢量按时间的平均值为零。另一方面，对于气体中数目巨大的分子的集体来说，热运动的结果使得在同一瞬间在一定空间范围内的不同分子的电矩取向是杂乱无章的。所以在任意时间各分子的电矩彼此互相抵消，使大量分子平均瞬时电矩矢量为零。

如果在这个极性气体中沿z方向有一均匀电场E，由于极性分子的立体结构，在没有电

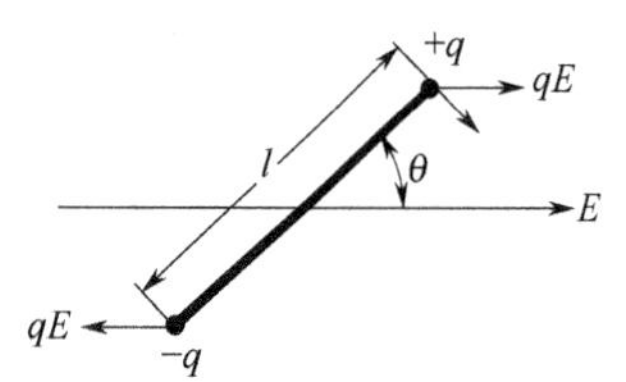

图 6-12　趋向极化示意图

场时已经具有偶极矩，当在外电场作用时，这些永久偶极子发生转动，趋向极化见图 6-12。设这个分子在某一瞬时其电矩与 z 轴成 θ 角，则电矩沿 z 方向有分量 $p=p_0\cos\theta$。根据式 (6-2)，电矩的能量为

$$U=-p_0E\cos\theta$$

在热平衡下，分子按能量的分布服从玻耳兹曼分布，根据经典统计，得极性分子的极化率为

$$\alpha_d=\frac{p_0^2}{3kT} \tag{6-44}$$

式中，k 为玻耳兹曼常数；T 为热力学温度。α_d 的物理意义是当有电场时，分子的电矩沿电场取向有较低的能量，但热运动扰乱了这样的取向，使得在平均意义上电矩朝电场方向取向占优势，所以称 α_d 为偶极子取向极化率。取向极化一般需要较长时间，约为 $10^{-2}\sim10^{-10}$s。对于一个典型的偶极子，$p_0=e\times10^{-10}$C·m，因此 α_d 约为 2×10^{-38}F·m^2，比电子极化率（10^{-40}F·m^2）高得多。

现将偶极子取向极化的机理应用于离子晶体中。带有正负电荷的成对的晶格缺陷所组成的离子晶体中的“偶极子”，在外电场的作用下也可发生取向。如图 6-13 所示的极化，是由杂质离子（通常是带大电荷的阳离子）在阴离子空位周围跳跃引起的，有时也叫离子跃迁极化，其极化机构相当于偶极子的转动。

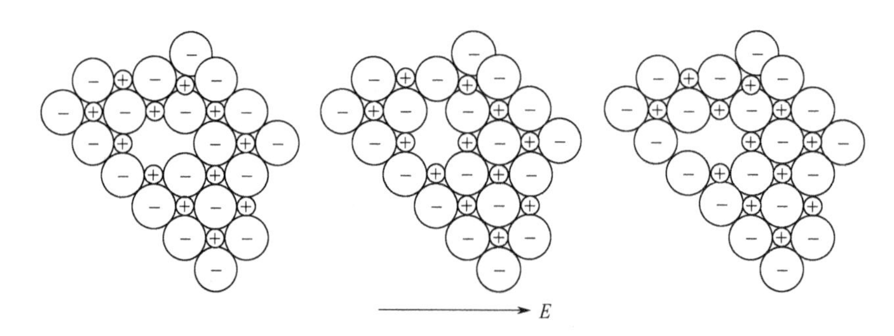

图 6-13　离子跃迁极化

6.1.4.4　松弛极化

当材料中存在着弱联系的电子、离子和偶极子等质点时，热运动使之分布混乱，电场力图使之按电场规律分布，最后在一定温度下发生极化。这种极化具有统计性质，也叫热松弛极化。松弛极化的带电质点在热运动时，移动的距离可与分子大小相比拟，甚至更大。并且质点需要克服一定的势垒才能移动，因此这种极化建立的时间较长（可达 $10^{-2}\sim10^{-9}$s），并且需要吸收一定的能量，因而与弹性极化不同，它是一种非可逆过程。由于松弛极化的质点不同可分为离子松弛极化、电子松弛极化、偶极子松弛极化。多发生在晶体缺陷区域或玻璃体内。

(1) 离子松弛极化

在晶体中，对于处于正常格点上的离子为强联系离子。它们在电场的作用下，只能产生弹性位移极化，但在一些材料中，如玻璃态材料、结构松散的离子晶体、存在杂质和缺陷的晶体，离子本身能量较高，易被活化迁移，称为弱联系离子。弱联系离子的极化可以从一个平衡位置到另一个平衡位置，当去掉外电场，离子不能回到原来的平衡位置，因而是不可逆的迁移。这种迁移的行程可与晶格常数相比较，因而比弹性位移距离大。在此需要说明离子松弛极化的迁移和离子电导不同，离子电导是离子作远程迁移，而离子松弛极化质点仅作有

限距离的迁移，它只能在结构松散区缺陷区附近移动，其运动的区域势垒见图 6-14。离子松弛极化率

$$\alpha_T = \frac{q^2 x^2}{12kT} \quad (6\text{-}45)$$

式中，k 为玻耳兹曼常数；T 为热力学温度；x 为两平衡位置间的距离。

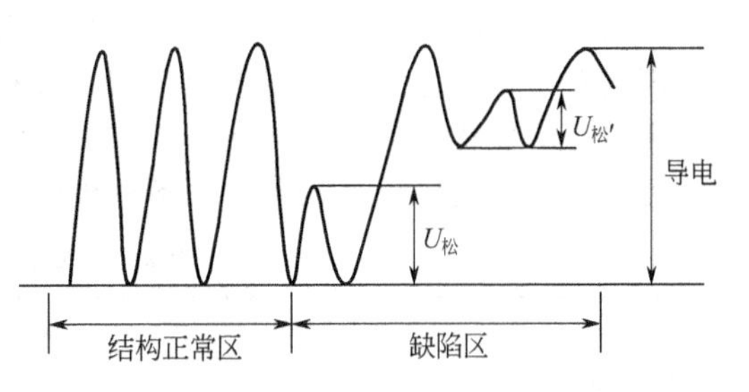

图 6-14　离子松弛极化与离子电导势垒

离子松弛极化率比电子位移极化率、离子位移极化率大一个数量级，可导致材料大的介电常数。

温度越高，热运动对质点的规则运动阻碍增强，极化率减小。松弛极化 P 与温度的关系中往往出现极大值，这是因为一方面温度升高，离子松弛时间减小，松弛加快，极化建立得更充分，这时介电常数升高；另一方面温度升高，极化率下降，使介电常数降低，所以在适当温度下，介电常数有极大值。另外一些具有离子松弛极化的无机材料的介电常数与温度并未出现极大值，这是因为参加松弛极化的离子数随温度升高而连续增加。

离子松弛极化随频率的变化，由于其松弛时间长达 $10^{-2} \sim 10^{-5}$s，所以在无线电频率下（10^6 Hz），离子松弛极化来不及建立，因而介电常数随频率升高明显下降。频率很高时，无松弛极化，只存在电子和离子的位移极化。

（2）电子松弛极化

材料中弱束缚的电子在晶格热振动下，吸收一定能量，由低级局部能级跃迁到较高能级处于激发态；处于激发态的电子连续地由一个阳离子结点移到另一个阳离子结点。类似于弱联系的离子。外加电场使其运动具有一定的方向性，由弱束缚的电子引起的极化叫电子松弛极化。这种极化与热运动有关，也是一个热松弛过程。因而电子松弛极化是不可逆过程，必有能量的损耗。

电子松弛极化和电子位移极化不同，由于电子处于弱束缚状态，所以极化作用强烈得多，即电子轨道变形厉害得多，而且因吸收一定的能量，可作短距离迁移。弱束缚电子和自由电子也不同，不能自由运动，即不能远程迁移。只有弱束缚电子获得更高能量时，受激发跃迁到导带成为自由电子，才形成电导。因此具有电子松弛极化的介质往往具有电导的特性。

电子松弛极化主要是折射率大、结构紧密、内电场大和电子电导大的电介质的特性。一般以 TiO_2 为基础的电容器材料很容易出现弱束缚电子，形成电子松弛极化。含有 Nb^{5+}、Ca^{2+}、Ba^{2+} 杂质的钛质瓷和以铌、铋氧化物为基础的材料，也具有电子松弛极化。

电子松弛极化建立的时间约为 $10^{-2} \sim 10^{-9}$s，当频率高于 10^9 Hz 时，这种极化形式就不存在了。因此具有电子松弛极化的材料，其介电常数随温度升高而减小，类似于离子松弛极化。同样介电常数随温度的变化中也有极大值。和离子松弛极化比较，电子松弛极化可能出现异常高的介电常数。

6.1.4.5　空间电荷极化

在不均匀的介质中，存在晶界、相界、晶格畸变、杂质、夹层、气泡等缺陷区，都可以成为自由电荷（自由电子、间隙离子、空位等）运动的障碍，自由电荷在障碍处积聚，形成空间电荷极化，如图 6-15 所示。由于空间电荷的积聚，可形成很高的与外电场方向相反的电场，因此一般为高压式极化。

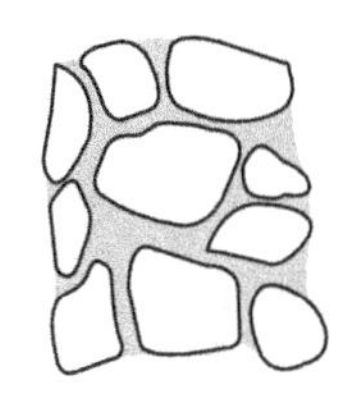
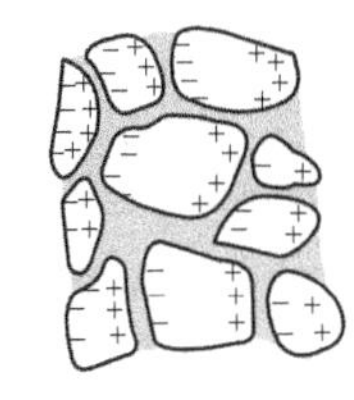
图 6-15　空间电荷极化

空间电荷极化随温度升高而下降。因为温度升高，离子运动加剧，离子扩散容易，因而空间电荷减小。

空间电荷的建立需要较长的时间，大约几秒到数十分

钟，甚至数十小时，因而空间电荷极化只对直流和低频下的介电性质有影响。上述几种极化机构都是介质在外电场的作用下引起的，没有外电场时，这些介质的极化强度等于零。有一种特殊类型的性状是自发极化现象。这种极化状态并非由外电场引起，而是由晶体的内部结构引起。自发极化机理见铁电性。各种极化形式的综合比较见表 6-2。

表 6-2　各种极化形式的比较

极化形式	极化的电介质种类	极化的频率范围	与温度的关系	能量消耗
电子位移极化	一切陶瓷	直流-光频	无关	无
离子位移极化	离子结构材料	直流-红外	温度升高极化增强	很弱
离子松弛极化	离子不紧密的材料	直流-超高频	随温度变化有极大值	有
电子松弛极化	高价金属氧化物材料	直流-超高频	随温度变化有极大值	有
转向极化	有机材料	直流-超高频	随温度变化有极大值	有
空间电荷极化	结构不均匀的材料	直流-高频	随温度升高而减小	有

6.1.5　高介晶体的极化

实际上，由于金红石和钙钛矿型晶体的结构和组成的特点，在外电场的作用下，离子之间的相互作用造成 E_3 很大，由此引起大的局部电场，使原子或离子的极化增强，因而这类材料往往具有高的介电性。如金红石和钙钛矿型晶体的 ε_∞ 与 ε_r 值都很大，金红石多晶体的 $\varepsilon_\infty=7.8$，$\varepsilon_r=110\sim114$；钙钛矿晶体的 $\varepsilon_\infty=5.3$，$\varepsilon_r=150$。而一般大部分离子晶体，例如碱卤晶体、碱土金属的氧化物和硫化物的相对介电系数 ε_∞ 约为 $1.6\sim3.5$，ε_r 约为 $5\sim12$。

随着电子技术的发展，高介电的电子材料有着广阔的应用和发展前景。研究这些材料的介电特性与结构和组成的关系，有很重要的意义。

6.1.5.1　*洛伦兹场 E_3*

如果认为金红石和钙钛矿晶体的点阵内离子的电子壳层是球形，则可认为电场内的晶体电阵由点电荷构成，离子在电场作用下发生极化后所形成的感应电矩也可看作是点电偶极矩。

设被考察的离子位于洛伦兹球球心上，则作用在被考察离子上的内电场强度 E_3 为球内所有离子在外电场作用下所形成的点电偶极矩在球心处所产生的电场的矢量和。如果外电场方向沿晶体 z 轴，则洛伦兹球内所有离子的感应偶极矩在球心所引起的沿 z 轴的电场分量为

$$E_3=\sum_{i=1}^{n}\frac{2z_i^2-(x_i^2+y_i^2)}{(x_i^2+y_i^2+z_i^2)^{5/2}}\alpha_i E_i\times\frac{1}{4\pi\varepsilon_0} \tag{6-46}$$

式中，α_i 为周围离子极化率；E_i 为作用于每一个周围离子上的局部电场强度；x_i、y_i、z_i 为周围离子相对于球心的坐标；i 是周围的离子；n 是洛沦兹球内的周围离子数。

如果晶体由几种不同性质的离子和相互位置不同的同种离子组成，计算时，将其在球心上所建立的附加内电场分开计算，并将同一种离子的极化率和局部电场当作一样。因此第 k 种离子在被考察的第 k 种离子上的内建电场为：

$$E_{3kk}=\alpha_k E_k\sum_{i=1}^{n_k}\frac{2z_i^2-(x_i^2+y_i^2)}{(x_i^2+y_i^2+z_i^2)^{5/2}}\times\frac{1}{4\pi\varepsilon_0}=\alpha_k E_k C_{kk}$$

式中的求和部分只与位置有关，因此可称为内电场结构系数。C_{kk} 为同种离子间的内电场结构系数，所以有

$$E_{3kk}=\alpha_k E_k C_{kk} \tag{6-47}$$

同理，第 j 种离子在被考察的第 k 种离子上的内建电场为：

$$E_{3kj}=\alpha_j E_j C_{kj} \tag{6-48}$$

C_{kj} 是不同离子间的内建电场结构系数。

由式（6-48）可知，结构系数对被考察离子的局部电场有影响。见图 6-16，如果离子 A 周围处于 B 位置上的离子占优势，则感应电矩作用在离子 A 上的附加内电场与外电场方向一致；此时附加内电场加强了外电场的作用，结构系数为正值。反之如果离子 A 周围处于 C 位置上的离子占优势，则附加内电场与外电场方向相反，削弱了外电场的作用，结构系数为负值。

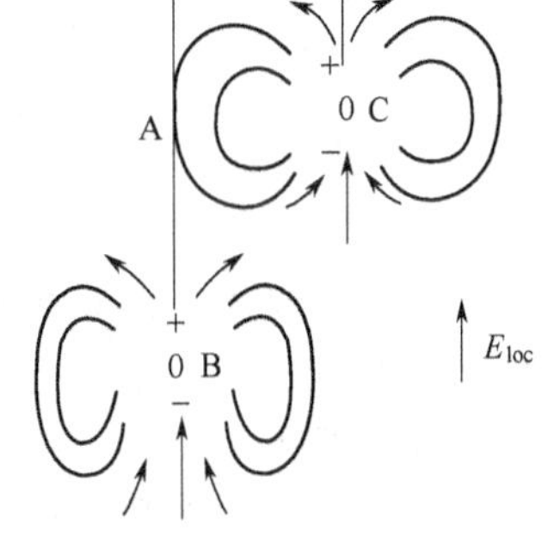

图 6-16　内电场示意图

结构系数个数可由晶体中含有不同种类和不同相对位置的离子数决定。如果这样的离子有 m 个，则结构系数的个数为 m^2。

对于金红石型晶体，见图 6-17，只有钛和氧两类离子，而其晶格为复式格子，由三个相同的子格子套构而成，两个是由 Ti^{4+} 离子形成，四个是由不同位置的 O^{2-} 离子构成，所以从三维空间上分析，$m=6$，但是如果选取了 z 轴，则不同位置上的氧离子在 z 轴上的相对位置是相同的，所以 $m=2$，结构系数有四个。如果计算被考察离子周围的 150 个离子的作用，由结构系数计算公式所得结果见表 6-3，表内数值的单位为 CGS，如化为 SI 制应乘以 1/（$4\pi\varepsilon_0$）。C_{11} 和 C_{22} 均为负值，说明同种离子之间都有削弱外电场的作用。C_{21} 和 C_{12} 均为正值，说明异种离子之间都有加强外电场的作用，且值相当大，其结果使氧离子和钛离子的极化加强，这种加强远远超过同种离子间的削弱，最终使晶体介电常数加大。

表 6-3　金红石型晶体的内建电场结构系数

中心离子	周围离子	
	Ti^{4+}	O^{2-}
Ti^{4+}	$C_{11}=-0.8/a^3$	$C_{12}=+36.3/a^3$
O^{2-}	$C_{21}=+18.15/a^3$	$C_{22}=-12.0/a^3$

注：Ti^{4+} 用下标“1”，O^{2-} 用下标“2”。a 为金红石型晶体的棱长，$a=4.58\times10^{-10}$m。

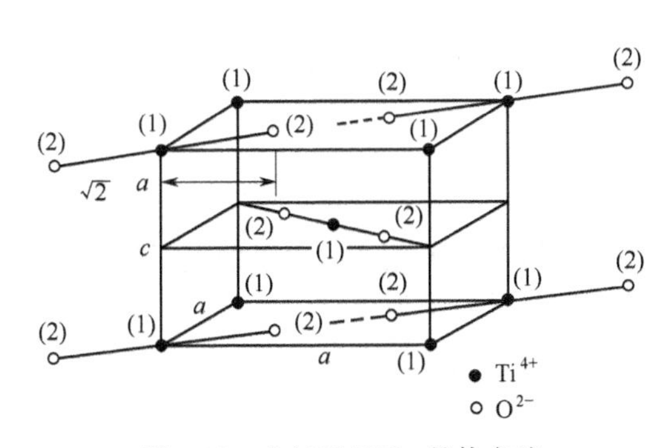

图 6-17　金红石 TiO_2 晶体点阵

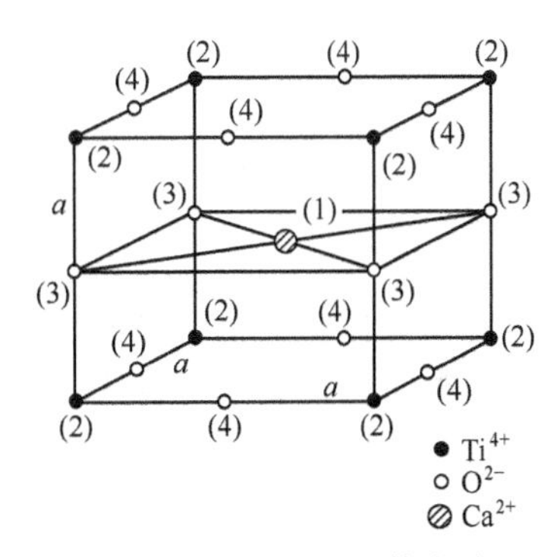

图 6-18　$CaTiO_3$ 晶体点阵

在钙钛矿型结构中，有三种不同的元素，从离子间的相对位置来看，氧离子有两类 $O_{(3)}$、$O_{(4)}$，见图 6-18，所以 $m=4$，结构系数有 16 个，见表 6-4，表内数值的单位为 CGS，如化为 SI 制应乘以 1/（$4\pi\varepsilon_0$）。表内有几个结构系数为零，从结构上分析是由于这些离子与被考察离子具有立方对称环境结构所引起的，由此进一步地证明了具有立方对称环境结构的晶体，其 E_3 为零。

表 6-4　钙钛矿型晶体的内建电场结构系数

中心离子	周围离子			
	Ca^{2+}	Ti^{4+}	$O^{2-}_{(3)}$	$O^{2-}_{(4)}$
Ca^{2+}	$C_{11}=0$	$C_{12}=0$	$C_{13}=+7.7/a^3$	$C_{14}=+4.1/a^3$
Ti^{4+}	$C_{21}=0$	$C_{22}=0$	$C_{23}=+28.0/a^3$	$C_{24}=+14.1/a^3$
$O^{2-}_{(4)}$	$C_{31}=-7.7/a^3$	$C_{32}=+28.0/a^3$	$C_{33}=0$	$C_{34}=+4.1/a^3$
	$C_{41}=+7.7/a^3$	$C_{42}=-28.0/a^3$	$C_{43}=+7.7/a^3$	$C_{44}=-5.7/a^3$

注：Ca^{2+} 用下标“1”，Ti^{4+} 用下标“2”，$O^{2-}_{(3)}$ 用下标“3”，$O^{2-}_{(4)}$ 用下标“4”。a 为钙钛矿型晶体的棱长，$a=3.8\times10^{-10}$m。

6.1.5.2　金红石型晶体的介电常数

在计算金红石型晶体介电常数时，仅考虑电子位移极化和离子位移极化对金红石型晶体介电常数的影响。

对于金红石型晶体介电常数的计算，可以建立一个简化模型，如图 6-19 所示。在金红石晶体中，Ti^{4+} 在电场 E_1 的作用下，相对于平衡位置位移了 ΔZ_1，O^{2-} 在电场 E_2 的作用下相对于平衡位置位移了 ΔZ_2。在近似的讨论中，可以只注意钛离子相对于氧离子位移了 $\Delta Z=\Delta Z_1+\Delta Z_2$。设“$TiO_2$”分子在点阵中离子位移极化系数为 α_i，讨论作用在氧离子上的电场时，可以假定氧离子没有位移，仅由钛离子移动，全部位移 ΔZ 仅由 Ti 离子完成，此时 Ti 离子的等效位移极化系数为 α_i。反过来讨论作用在钛离子上的电场，每个氧离子的等效位移极化系数为 $\alpha_i/2$。作用于钛离子与氧离子上局部电场强度分别为 E_1、E_2，当将该分子的全部位移折算成某一离子时，作用于其上的电场（等效局部电场）为 $(E_1+E_2)/2$。

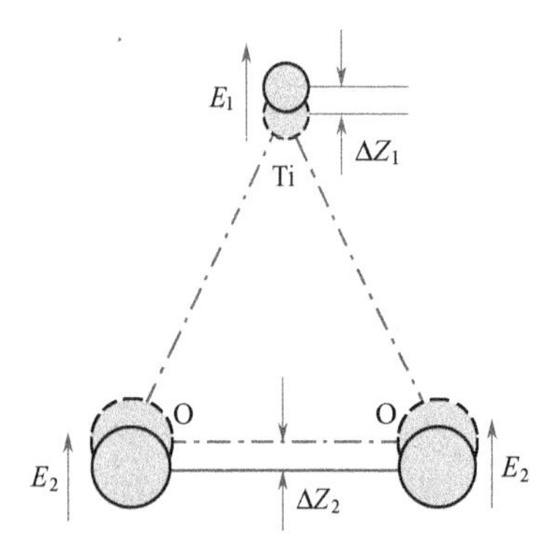

图 6-19　“TiO_2”分子的离子位移

设钛离子与氧离子的电子极化率分别为 α_1 和 α_2，则作用在钛离子和氧离子上的局部电场分别为

$$E_1=E+\frac{P}{3\varepsilon_0}+\alpha_1E_1C_{11}+\alpha_2E_2C_{12}+\frac{\alpha_i}{2}\left(\frac{E_1+E_2}{2}\right)C_{12} \tag{6-49}$$

$$E_2=E+\frac{P}{3\varepsilon_0}+\alpha_1E_1C_{21}+\alpha_2E_2C_{22}+\alpha_i\left(\frac{E_1+E_2}{2}\right)C_{21} \tag{6-50}$$

两式相减，并略加整理得

$$\frac{E_1}{E_2}=\frac{1+\alpha_2(C_{12}-C_{22})}{1-\alpha_1(C_{11}-C_{21})} \tag{6-51}$$

金红石型晶体的极化由三方面极化组成：钛离子的电子极化、氧离子的电子极化、氧离子与钛离子相对位移感生的极化，因此材料的极化强度可表示为：

$$P=n\left(\alpha_1E_1+2\alpha_2E_2+\alpha_i\ \frac{E_1+E_2}{2}\right) \tag{6-52}$$

将 $E=P/[\varepsilon_0(\varepsilon_r-1)]$ 代入式（6-49），并用式（6-52）将 P 代换，整理得

$$\frac{\varepsilon_r-1}{\varepsilon_r+2}=\frac{1}{3\varepsilon_0}\times n\times\frac{\alpha_1\times\frac{E_1}{E_2}+2\alpha_2+\frac{1}{2}\times\frac{E_1}{E_2}+\frac{1}{2}\alpha_i}{\frac{E_1}{E_2}-\alpha_2C_{11}\times\frac{E_1}{E_2}-\alpha_2C_{12}\times\frac{E_1}{E_2}-\frac{1}{4}\alpha_iC_{12}}$$

将式（6-51）代入上式，并略去含有极化系数乘积的各项得

$$\frac{\varepsilon_r-1}{\varepsilon_r+2}\approx\frac{n}{3\varepsilon_0}\times\frac{\alpha_1+2\alpha_2+\alpha_i}{1-\alpha_1 C_{11}-\alpha_2 C_{22}-\alpha_i C_{21}} \tag{6-53}$$

对于金红石，由于 $|C_{11}|\ll|C_{22}|$，得

$$\frac{\varepsilon_r-1}{\varepsilon_r+2}\approx\frac{n}{3\varepsilon_0}\times\frac{\alpha_1+2\alpha_2+\alpha_i}{1-\alpha_2 C_{22}-\alpha_i C_{21}} \tag{6-54}$$

由式（6-53）计算出来的金红石晶体的相对介电常数为 170，与实验值 173 很接近。

当离子位移极化不存在时，$\alpha_i=0$，则得纯电子极化时的公式为

$$\frac{\varepsilon_\infty-1}{\varepsilon_\infty+2}\approx\frac{n}{3\varepsilon_0}\times\frac{\alpha_1+2\alpha_2}{1-\alpha_2 C_{22}} \tag{6-55}$$

式（6-55）在不考虑结构系数时，与克劳修斯-莫索蒂方程相同。

比较式（6-54）和式（6-55），离子极化率 α_i 不太大时，都可以使 ε_r 比起 ε_∞ 来剧增，因为方程式（6-54）的右边不仅分子增大，而且分母减小。

通过分析，高介电常数的晶体所具备的条件是：有比较特殊的点阵结构，主要体现在结构系数方面；含有尺寸大、电荷小、电子壳层易变形的阴离子（氧离子）；尺寸小、电荷大易产生离子位移极化的阳离子（如：钛离子）。在外电场作用下，这两类离子通过晶体内附加内电场产生强烈的极化，因而导致相当高的介电常数。

6.1.6　无机材料的电极化

6.1.6.1　混合物的连通性

随着电子技术的发展，需要一系列具有不同介电常数和介电常数温度系数的材料。因此，由结构和化学组成不同的两种成分的晶体混合所制成的多晶混合物材料，或由介电常数小的有机材料和介电常数大的无机固体粉体所组成的复合材料，愈来愈引起人们的兴趣。

混合物的性质取决于各组成成分、含量和分布情况。在对不同类型的混合物进行分类时，需要用“连通性”的概念。其基本思想是：混合物中任何相在零维、一维、二维或三维方向上是相互连通的，因而任意弥散和孤立颗粒的连通性为 0，而包围它们的介质的连通性为 3。若混合物是由两种不同的“平板”相堆积而成的，则体系的连通性可认为是 2-2。通常由两相组成的混合物共有 10 种可能的连通性（0-0，1-0，2-0，3-0，1-1，2-1，3-1，2-2，3-2，3-3）。由三个相组成的混合物有 20 种可能存在的连通性。而当混合物为四个相时，它可能存在 35 种连通性。

目前讨论最多的是 3-0 系统。当介电常数为 ε_d 的球形颗粒均匀地分散在介电常数为 ε_m 的基体相中时，其体系的连通性为 3-0，麦克斯韦（Maxwell）推导出该混合物的介电常数 ε 的一般关系式

$$\varepsilon=\varepsilon_m\left[1+\frac{3x_d(\varepsilon_d-\varepsilon_m)}{\varepsilon_d+2\varepsilon_m-x_d(\varepsilon_d-\varepsilon_m)}\right] \tag{6-56}$$

式中，x_d 为分散颗粒占据的体积分数。由式（6-56）可知它与分散颗粒的大小无关。当 $\varepsilon_m\gg\varepsilon_d$，且 $x_d\ll0.1$ 时，式（6-56）可简化为

$$\varepsilon=\varepsilon_m\left(1-\frac{3x_d}{2}\right) \tag{6-57}$$

如果分散颗粒的体积分数超过 0.1 这个界限，则分散相由于体积浓度较高而形成连续的结构，连通性大于 0，与该公式的体系不符。这个公式适用于含有少量气孔的介质材料，它可以将多孔材料的介电常数值转变为密实体介电常数。

当混合物的连通性为 1-3 时，介电常数为 ε_1 的条状介质材料处于介电常数为 ε_2 的基体

中，并从一个电极扩展到另一个电极，其简单结构如图 6-20（a）所示。利用并联电容器的模型来表示系统的介电常数 ε，于是

$$\frac{\varepsilon A}{h}=\frac{\varepsilon_1 A_1}{h}+\frac{\varepsilon_2 A_2}{h}$$

即
$$\varepsilon=x_1\varepsilon_1+x_2\varepsilon_2 \tag{6-58}$$

式中，x_1 和 x_2 分别为两相的体积分数，并且 $x_1+x_2=1$。

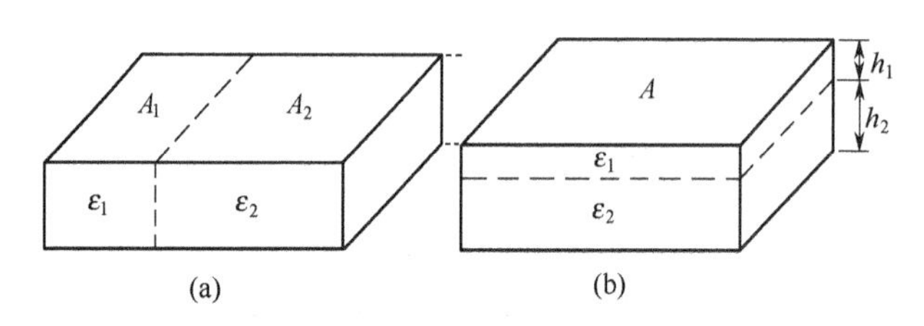

图 6-20　电介质的等效结构

对于连通性为 2-2 的电介质，其等效结构如图 6-20（b）所示。在这种情况下，两个电容器有效地串联在一起，于是

$$\frac{h}{A\varepsilon}=\frac{h_1}{A\varepsilon_1}+\frac{h_2}{A\varepsilon_2}$$

即
$$\varepsilon^{-1}=x_1\varepsilon_1^{-1}+x_2\varepsilon_2^{-1} \tag{6-59}$$

式（6-58）和式（6-59）为介质连通性结构的两个极限情况。两者均可用下列公式表示

$$\varepsilon^n=x_1\varepsilon_1^n+x_2\varepsilon_2^n \tag{6-60}$$

其中两相并联时 $n=1$；两相串联时 $n=-1$。

对于体积分数为 x_1、x_2、x_3、…的多相时，则

$$\varepsilon^n=\sum_i x_i\varepsilon_i^n \tag{6-61}$$

尽管只有当 ε 和 n 很小时，才有关系式 $\varepsilon^n\approx 1+n\ln\varepsilon$，但仍可用于式（6-60）中，并得到

$$\ln\varepsilon=\sum_i x_i\ln\varepsilon_i \tag{6-62}$$

虽然方程式（6-62）的理论基础并不是太充分，但仍不失为一个很有用的公式。此公式最早是由利登克尔于 1926 年提出来的，可用于混合物的电导率、磁导率、热导率等方面的计算。

对两相混合物的介电常数 ε 为

$$\ln\varepsilon=x_1\ln\varepsilon_1+x_2\ln\varepsilon_2 \tag{6-63}$$

式（6-63）只适用于两相的介电常数相差不大，而且均匀分布的场合。图 6-21 的 A、B、C、D 分别对应式（6-59）、式（6-56）、式（6-62）和式（6-58）的关系曲线，其中 $\varepsilon_1/\varepsilon_2=10$。由此可以看到，利登克尔和麦克斯韦方程曲线居于串联模型和并联模型的中间。

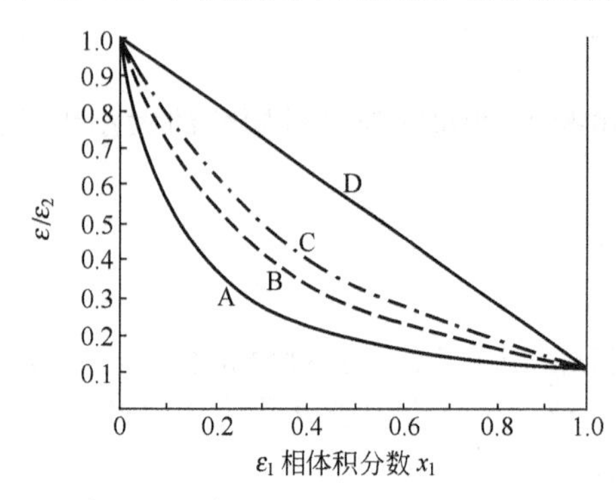

图 6-21　混合物的 $\varepsilon/\varepsilon_2$-$x_1$ 的关系曲线

将式（6-62）对温度求导，可得

$$\frac{1}{\varepsilon}\frac{\partial\varepsilon}{\partial T}=\sum_i\frac{x_i}{\varepsilon_i}\frac{\partial\varepsilon_i}{\partial T} \tag{6-64}$$

式（6-64）给出了混合相的介电常数的温度系数，虽然它与实测值不一定完全相符，但却是一个极为有用的近似表达式。

通过对混合物连通性的分析，可以根据式（6-62）调节复合介质的介电常数。表 6-5 列出了根据式（6-63）计算的结果，其数值与实验值也比较接近。

表 6-5 复合材料的介电常数

成　　分	体积分数/%	根据式(6-63)计算的结果	测量结果		
			10^2 Hz	10^6 Hz	10^{10} Hz
TiO_2+聚二氯苯乙烯	41.9	5.2	5.3	5.3	5.3
	65.3	10.2	10.2	10.2	10.2
	81.4	22.1	23.6	23.0	23.0
$SrTiO_3$+聚二氯苯乙烯	37.0	4.9	5.2	5.18	4.9
	59.5	9.6	9.65	9.61	9.36
	74.8	18.0	18.0	16.6	15.2
	80.6	28.5	25.0	20.2	20.2

6.1.6.2 无机材料介质的极化

多晶多相介质材料，其极化机构可以不止一种。一般都含有电子位移极化和离子位移极化。介质中如果有缺陷存在，则通常存在松弛极化。

电工材料按其极化形式可分类如下。

① 以电子位移极化为主的电介质材料。这类材料包括金红石瓷、钙钛矿瓷以及某些含锆瓷。

② 以离子位移极化为主的电介质材料。包括刚玉、斜顽辉石为基础的陶瓷材料以及碱性氧化物含量不高的玻璃介质材料。

③ 表现出显著的离子松弛极化和电子松弛极化的材料，包括绝缘子瓷、碱玻璃和高温含钛陶瓷。一般折射率大、结构紧密、内电场大、电子电导大的电介质材料，以电子松弛极化为主，如含钛的电介质材料。一般折射率小、结构松散，如硅酸盐玻璃、绿宝石、堇青石等电介质材料以离子松弛极化为主。

表 6-6 列出了一些无机材料的 ε_r 数值，它们都反映了不同的极化性质。

表 6-6 一些无机材料的相对介电常数（25℃，10^6 Hz）

材　　料	ε_r	材　　料	ε_r
LiF	9.00	金刚石	5.68
MgO	9.65	多铝红柱石	6.60
KBr	4.90	Mg_2SiO_4	6.22
NaCl	5.90	熔融石英玻璃	3.78
TiO_2(平行 c 轴)	170	Na-Li-Si 玻璃	6.90
TiO_2(垂直 c 轴)	85.8	高铅玻璃	19.0
Al_2O_3(平行 c 轴)	10.55	$CaTiO_3$	130
Al_2O_3(垂直 c 轴)	8.6	$SrTiO_3$	200
BaO	34		

6.1.6.3 介电常数的温度系数

根据介电常数与温度的关系，电子材料可分为两大类。一类是介电常数与温度成典型的非线性关系的介质材料。属于这类介质的有铁电陶瓷和松弛极化十分明显的材料。另一类是介电常数与温度的关系为线性关系的材料。这类材料的 ε 与温度的关系可用介电常数的温度系数 TKε 来描述。介质材料的相对介电常数的温度系数，是温度升高 1K(1℃）时，相对介电常数的变化值与起始温度时的相对介电常数的比值。

介电常数温度系数 TKε 的微分形式为

$$TK\varepsilon=\frac{1}{\varepsilon}\cdot\frac{d\varepsilon}{dT} \tag{6-65}$$

实际工作中采用实验方法求 TKε

$$TK\varepsilon=\frac{\Delta\varepsilon}{\varepsilon_0\Delta t}=\frac{\varepsilon_t-\varepsilon_0}{\varepsilon_0(t-t_0)} \tag{6-66}$$

式中，t_0 为原始温度，一般为室温；t 为改变后的温度；ε_0、ε_t 分别为介质在 t_0 和 t 温度时的介电常数。生产上经常通过测量电容的温度系数 TKC 来近似地代表 TKε。

不同的材料，由于极化形式不同，极化随温度变化的情况也不同，表现为介电常数的温度系数不同，可以为正值或负值。

如果电介质只有电子极化，随着温度升高，介质密度降低，极化强度降低，介电常数降低，因而这类材料的介电常数的温度系数是负的。

以离子极化为主的材料随温度升高，其离子极化率增加，并且对极化强度增加的影响超过了密度降低对极化强度的影响，因而这类材料的介电常数有正的温度系数。

以松弛极化为主的材料，ε 和 T 的关系中可能出现极大值，因而 TKε 可正、可负。但是大多数此类材料，在广阔的温度范围内，TKε 为正值。

对于电容器来说，材料的介电常数的温度系数是十分重要的。根据不同的用途，对电容器的温度系数有不同的要求，如用于滤波旁路和隔直流的电容器，要求 TKε 为正值；用于热补偿电容器，要求 TKε 为一定的负值，因为要求这种电容器除了可以作为振荡回路的主振电容器外，还能同时补偿振荡回路中电感线圈的正温度系数值；而在诸如电容量热稳定度高的回路中的电容器和高精度的电子仪器中的电容器，则要求 TKε 接近零。根据 TKε 值的不同，可把电容器分成若干组。电容器各温度系数组及其标称温度系数、偏差等级和标志颜色见表 6-7。目前制作电容器用的高介材料的一个重要任务，就是如何获得 TKε 接近于零而介电常数尽可能高的材料。

表 6-7　瓷介电容器标称温度系数、偏差等级及标志颜色

组别代号	标称温度系数 /(10^{-6}℃$^{-1}$)	温度系数偏差 /(10^{-6}℃$^{-1}$)	标志颜色	组别代号	标称温度系数 /(10^{-6}℃$^{-1}$)	温度系数偏差 /(10^{-6}℃$^{-1}$)	标志颜色
A	+120 *	±30	蓝色	J	−330 *	±60	浅棕色
V	+33 *		灰色	I	−470	±90	粉红色
O	0 *		黑色	H	−750 *	±100	红色
K	−33		褐色	L	−1300 *	±200	绿色
Q	−47 *		浅蓝色	Z	−2200 *	±400	黄底白点
B	−75		白色	G	−3300	±600	黄底绿点
D	−150 *	±40	黄色	R	−4700	±800	绿底蓝点
N	−220		紫红色	W	−5600	±1000	绿底红点

注：带 * 号者为优选组别。表中所指的温度系数是+20～+85℃温度的数值。

由于各种材料的 TKε 值不同，如 TiO_2、$CaTiO_3$、$SrTiO_3$ 等具有负 TKε 值，而 $CaSnO_3$、$2MgO\cdot TiO_2$、$CaZrO_3$、$CaSiO_3$、$Mg\cdot SiO_2$ 以及 Al_2O_3、MgO、CaO、ZrO_2 等具有正 TKε 值。根据混合相介电常数的温度系数公式（6-64），可以采用改变两组分或多组分固溶体的相对含量来有效地调节系统的 TKε 值，也就是用介电常数的温度系数符号相反的两种（或多种）化合物配制成所需 TKε 值的瓷料（混合物或固溶体）。

如果要做一种 TKε 很小，即介电常数热稳定性好的电容器，可以用一种 TKε 值很小但为正值的晶体作为主晶相，再适量地加入另一种具有负 TKε 值的晶体，制备 TKε 的绝对值很小的电容器材料。纯的钛酸镁（$2MgO \cdot TiO_2$）的 $\varepsilon=16$，$TK\varepsilon=60\times10^{-5}$，如在钛酸镁（$2MgO \cdot TiO_2$）中加入 2%～3%的 $CaTiO_3$，可使钛酸镁瓷的 $TK\varepsilon$ 值降至很小的正值，并且使 ε 值升高。调制后的钛酸镁瓷，$\varepsilon=16\sim17$，$TK\varepsilon=(30\sim40)\times10^{-6}$。又如 $CaSnO_3$ 的 $\varepsilon=14$，$TK\varepsilon=110\times10^{-6}$，加入 3%或 6.5%的 $CaTiO_3$ 所制得的锡酸钙瓷，其 $TK\varepsilon$ 为 $(30\pm20)\times10^{-6}$，或 $-(60\pm20)\times10^{-6}$，而 ε 为 15～16 或 17～18。

如果要制成小型化的电容器，上述几种配方有一定的困难。因为它们的 $TK\varepsilon$ 的绝对值虽然可以调节到很小的数值甚至等于零，但是 ε 值都不大。实际上在金红石瓷中加入一定量的稀土金属氧化物如 La_2O_3、Y_2O_3 等，可以降低瓷料的 $TK\varepsilon$ 值，提高瓷料的热稳定性，而且使 ε 仍然保持较高的数值。例如当 $TK\varepsilon=0$ 时，TiO_2-BeO 的 $\varepsilon=10\sim11$；TiO_2-MgO 的 $\varepsilon=15\sim16$；TiO_2-ZrO_2 的 $\varepsilon=15\sim17$；TiO_2-BaO 的 $\varepsilon=28\sim30$；TiO_2-La_2O_3 的 $\varepsilon=34\sim41$。通过比较，TiO_2-La_2O_3 具有较大的 ε 值。

6.2 介质的损耗

6.2.1 介电损耗

电介质在恒定电场作用下，所损耗的能量与通过内部的电流有关。加上电场后，介质内部通过电流及损耗情况有以下内容：

① 由样品的几何电容充电引起的位移电流或电容电流，这部分电流不损耗能量；

② 由各种介质极化的建立引起的电流，此电流与松弛极化或惯性极化、共振等有关，引起的损耗为极化损耗；

③ 介质的电导或漏导造成的电流，这一电流与自由电荷有关，引起的损耗为电导损耗。

因此，能量损耗与介质内部的松弛极化、离子变形和振动、电导等有关。

6.2.1.1 复介电常数

设在真空中电容量为 $C_0=\varepsilon_0 S/d$ 的平行平板式电容器两极板上加交变电压 $U=U_0 e^{i\omega t}$，则在电极板上出现的电荷为

$$Q=C_0U=C_0U_0e^{i\omega t} \tag{6-67}$$

该式说明电容上的电荷与外电压同位相。

电容上的电流为

$$I_0=\frac{dQ}{dt}=i\omega C_0U_0e^{i\omega t} \tag{6-68}$$

该式说明电容上的电流与外电压相差 90°的位相，如图 6-22 所示，此时的电流为电容电流，为非损耗性电流。

如果在两极板间充入非极性的完全绝缘的介质材料时，电容量为 $C=\varepsilon_r C_0$，$\varepsilon_r>1$，电容上的电流为

$$I=i\omega CU_0e^{i\omega t}=i\omega\varepsilon_r C_0U=\varepsilon_r I_0 \tag{6-69}$$

因此充入介质后，电容上的电流 I 比 I_0 大了 ε_r 倍，但 I 仍与外加电压相差 90°的位相。

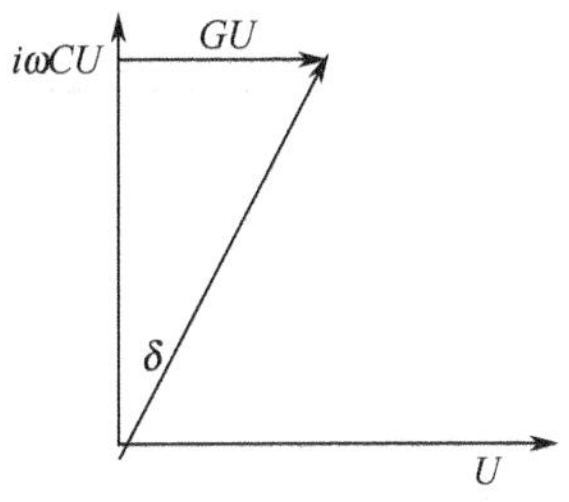

图 6-22 电容器上的电流

如果介质有微弱的漏导电流或极性，或者兼有此两种特性，则产生损耗，那么电容器不再是理想的，则其中有一个与外加电压相位相同的小电流 GU 通过，见图 6-22，其等效电路见图 6-23。

设电导 G 仅由自由电荷产生，则电容上的电流为

$$I=i\omega CU+GU \tag{6-70}$$

则由 $G=\sigma S/d$、$C=\varepsilon S/d$ 及式（6-70），得电流密度 j 为

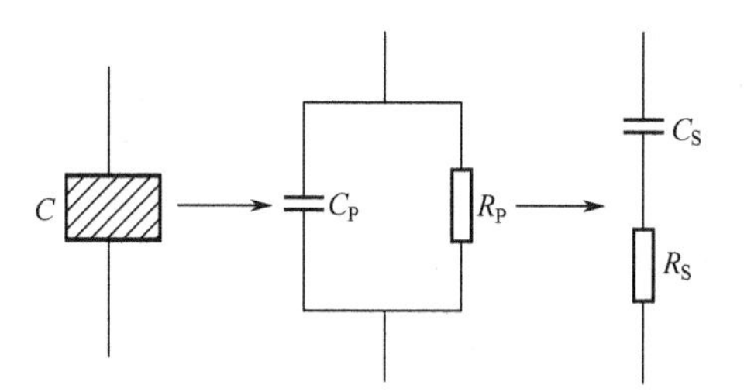

图 6-23 充满电介质电容器及其等效电路

$$j=(i\omega\varepsilon+\sigma)E \tag{6-71}$$

$i\omega\varepsilon E$ 项为位移电流密度 D，不引起介电损耗；σE 项为传导电流密度，引起介电损耗；ε 为绝对介电常数。

定义 $\sigma^*=i\omega\varepsilon+\sigma$ 为复电导率。因此复介电常数可定义为

$$\varepsilon^*=\frac{\sigma^*}{i\omega}=\varepsilon-\frac{i\sigma}{\omega} \tag{6-72}$$

即有

$$j=\sigma^* E=i\omega\varepsilon^* E \tag{6-73}$$

从复电导率和复介电常数的定义中可知，它们都包含了损耗项和电容项。定义损耗角正切 $\tan\delta$ 为

$$\tan\delta=\frac{损耗项}{电容项}=\frac{\sigma}{\omega\varepsilon_1} \tag{6-74}$$

则电导率为

$$\sigma=\omega\varepsilon\tan\delta \tag{6-75}$$

式中，$\varepsilon\tan\delta$ 仅与介质有关，称为介质的损耗因子，其大小可以作为绝缘材料的判据。

如果电导不完全由自由电荷产生，也由束缚电荷产生，即极化产生，那么电导本身就是一个依赖于频率的复量，所以 ε^* 的实部不是精确地等于 ε，而虚部也不是精确地等于 σ/ω，复介电常数最普遍的表达式是

$$\varepsilon^*=\varepsilon'-i\varepsilon'' \tag{6-76}$$

式中，ε' 和 ε'' 是依赖于频率的量，则介电损耗角正切为

$$\tan\delta=\frac{损耗项}{电容项}=\frac{\varepsilon''}{\varepsilon'} \tag{6-77}$$

由此可知，介质的损耗由复介电常数的虚部 ε'' 引起，通常电容电流由实部 ε' 引起，相当于实际测得介电常数。

6.2.1.2 介电松弛

如同滞弹性一样，在一个实际介质的样品上突然加上一电场，所产生的极化过程不是瞬时完成的，而是滞后于电压，这一滞后通常是由偶极子的极化和空间电荷极化所致。在外电场施加或移去后，系统逐渐达到平衡状态的过程叫介电松弛或弛豫，在此过程中，电荷积累与电流特性见图 6-24。

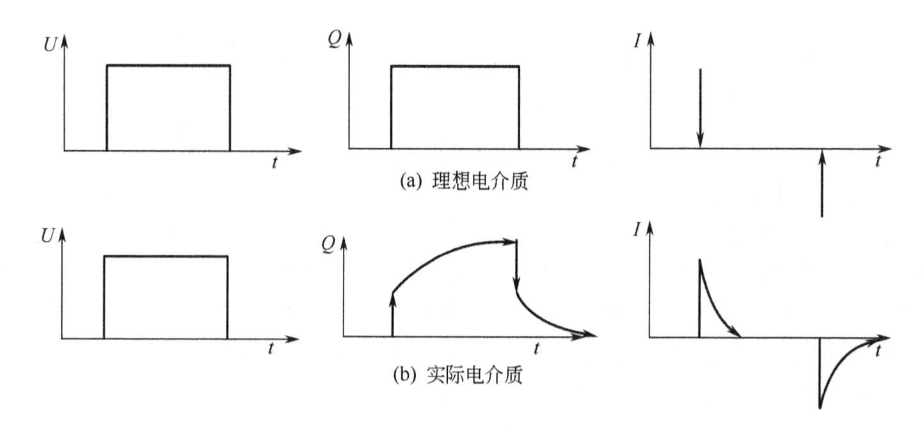

图 6-24 电荷积累与电流特性

图 6-25 为介质在突然加上一电场时的极化过程。P_0 表示瞬时完成的极化，$P_1(t)$ 为随时间变化的松弛极化，随着时间的持续渐渐达到一稳定值 $P_{1\infty}$，$P(t)$ 为在时间 t 时介质的总极化，$P(t)=P_0+P_1(t)$，当时间足够长时，总极化 $P(t)\to P_{\infty}$。

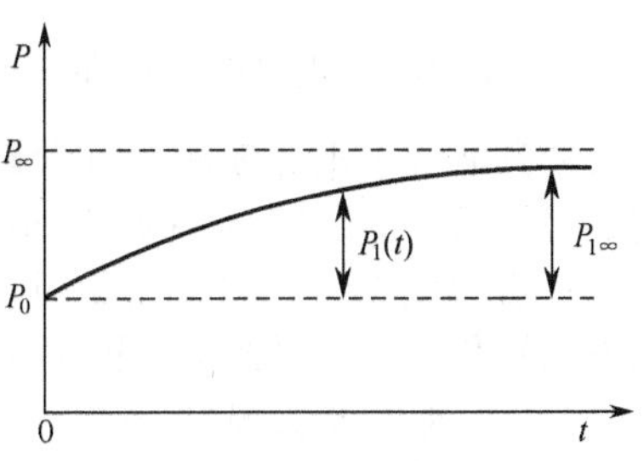

图 6-25　介质的极化过程

设 $P_0=\chi_0 E$，$P_{1\infty}=\chi_1 E$，χ_0 与 χ_1 可以认为是绝对极化系数。类似于滞弹性方程 $\frac{d\varepsilon_a}{dt}=\frac{1}{\tau_\sigma}(\varepsilon_a^{\infty}-\varepsilon_a)$，极化强度随时间变化的速率与其最终数值和某时刻实际值之差有以下关系

$$\frac{d[P(t)-P_0]}{dt}=\frac{(P_{\infty}-P_0)-[P(t)-P_0]}{\tau} \tag{6-78}$$

式（6-78）为介质极化弛豫过程的特征方程，τ 为松弛极化时间，对式（6-78）进行积分，在时间 t 时介质的总极化为

$$P(t)=P_0+P_{1\infty}(1-e^{-t/\tau})=[\chi_0+\chi_1(1-e^{-t/\tau})]E \tag{6-79}$$

当施加的电场为交变电场 $E=E_0 e^{i\omega t}$ 时，考虑同相运动，$P_1(t)$ 也为一振动函数

$$P_1(t)=A e^{i\omega t} \tag{6-80}$$

代入式（6-78），考虑 $P_{1\infty}=\chi_1 E$，可得

$$A=\chi_1 E e^{-i\omega t}/(1+i\omega\tau) \tag{6-81}$$

代入式（6-80）得

$$P_1(t)=\frac{\chi_1 E}{1+i\omega\tau} \tag{6-82}$$

则在时间 t 时介质的总极化 $P(t)$ 为

$$P(t)=\left(\chi_0+\frac{\chi_1}{1+i\omega\tau}\right)E=\varepsilon_0\chi_r^* E \tag{6-83}$$

式中，χ_r^* 为相对复极化系数。由相对介电常数 $\varepsilon_r=1+\chi_r$ 得相对复介电常数 ε_r^* 与相对复极化系数 χ_r^* 的关系为 $\varepsilon_r^*=1+\chi_r^*$，令 $\chi_0=\varepsilon_0\chi_{r0}$，$\chi_1=\varepsilon_0\chi_{r1}$，则

$$\varepsilon_r^*=1+\chi_{r0}+\frac{\chi_{r1}}{1+i\omega\tau}=\varepsilon_r'-i\varepsilon_r'' \tag{6-84}$$

由式（6-84）得相对复介电常数的实部 ε_r' 和虚部 ε_r'' 分别为

$$\varepsilon_r'=1+\chi_{r0}+\frac{\chi_{r1}}{1+\omega^2\tau^2}$$

$$\varepsilon_r''=\frac{\chi_{r1}\omega\tau}{1+\omega^2\tau^2} \tag{6-85}$$

在低频或静态时，$\varepsilon_r'=\varepsilon(0)$，当频率 $\omega\to\infty$，即光频时，$\varepsilon_r'=\varepsilon_{\infty}$，由式（6-85）得

$$\varepsilon(0)=1+\chi_{r0}+\chi_{r1}$$

$$\varepsilon_{\infty}=1+\chi_{r0} \tag{6-86}$$

由式（6-84）、式（6-86）得

$$\varepsilon_r^*(\omega)=\varepsilon_{\infty}+\frac{\varepsilon(0)-\varepsilon_{\infty}}{1+i\omega\tau} \tag{6-87}$$

$\varepsilon_r^*(\omega)$ 的实部

$$\varepsilon_r'=\varepsilon_{\infty}+\frac{\varepsilon(0)-\varepsilon_{\infty}}{1+\omega^2\tau^2} \tag{6-88}$$

$\varepsilon_r^*(\omega)$ 的虚部 $$\varepsilon_r''=\frac{[\varepsilon(0)-\varepsilon_\infty]\tau\omega}{1+\omega^2\tau^2}$$

方程式（6-87）、式（6-88）和式 $\tan\delta=\frac{\varepsilon_r''}{\varepsilon_r'}$为德拜公式。

德拜研究了电介质的介电常数 ε'、反映介电损耗的 ε_r''、所加电场的角频率 ω 及松弛时间 τ 的关系，图 6-26 为它们之间的关系。以 $\omega\tau$ 为横坐标，当 $\omega\tau=1$，ε_r''最大，因而 $\tan\delta$ 也极大；$\omega\tau$ 大于或小于 1 时，ε_r''都小，即松弛时间和所加电场的频率相比，较大时，偶极子来不及转移定向，ε_r''就小，松弛时间比所加电场的频率还要迅速时，ε_r''也小。

6.2.1.3 共振吸收损耗

离子位移极化和电子位移极化被想象为用弹性力联结在一起的正负电荷，即弹性振子，具有系统本身的固有振动频率 ω_0，在低频以下其弹性是瞬间完成的，不消耗能量。但当外加电场的频率 ω 大于 ω_0 时，则这样的振子来不及跟电场变化，根据物理学经典振动理论得出相对复介电常数的实部和虚部：

$\varepsilon_r(\omega)$ 的实部 $$\varepsilon_r'=\frac{\omega_0^2-\omega^2}{\omega_0^2-\omega^2+b^2\omega^2}$$

$\varepsilon_r(\omega)$ 的虚部 $$\varepsilon_r''=\frac{\eta\omega}{\omega_0^2+\omega^2+b^2\omega^2} \tag{6-89}$$

式中，b 为与振动有关的衰减系数。在图 6-27 中看出，在共振频率 ω_0 附近介电常数ε_r'有最高值和最低值，而且介电损耗在 ω_0 处最大，这一现象称为共振吸收。产生共振吸收的原因是共振使电流与电压同位相。离子振动和形变损耗在室温时只是在相当于 $10^{12}\sim10^{14}$ Hz 这一红外频率范围内才是主要的。

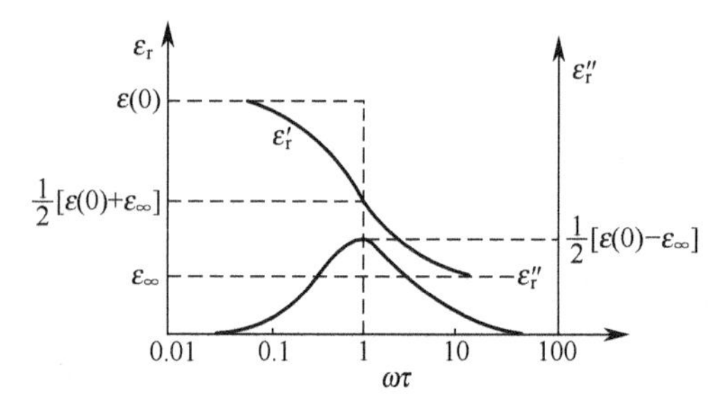

图 6-26 ε'、ε''与 $\omega\tau$ 的关系

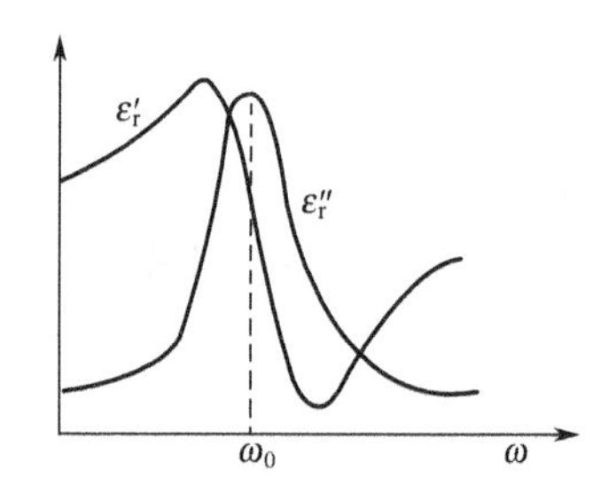

图 6-27 共振吸收

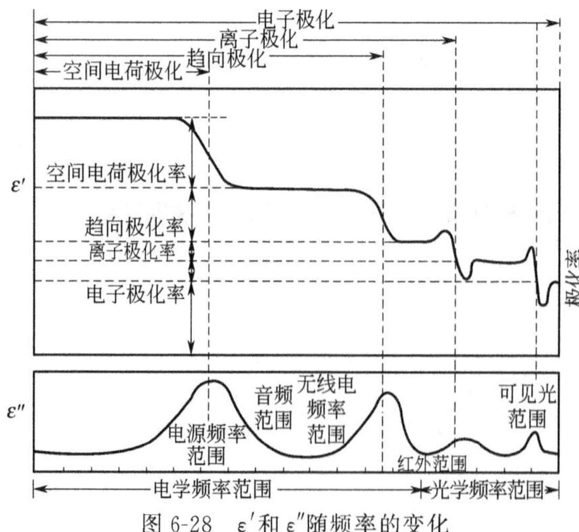

图 6-28 ε'和 ε''随频率的变化

另外，在光频范围，由于介电常数与折射率有关，因此这种损失就是光学材料的光吸收本质。

介电常数 ε'和介电损耗 ε''随频率的变化如图 6-28 所示。它清楚地反映了极化机制对介电常数的贡献以及不同频率下的损耗机制。

6.2.1.4 传导损失

传导损失主要是由离子或电子载流子传导产生，可用下式表示

$$\tan\delta=\frac{1}{\omega\rho\varepsilon} \tag{6-90}$$

此处 ρ 是电阻率。对于较好的绝缘

体，其电导率随温度按指数规律上升，因此可预测，$\tan\delta$ 也随温度呈现指数上升。图 6-29 是在室温时不同介电损失机理对 $\tan\delta$ 的影响。含有大量杂质或缺陷的玻璃或晶体，在室温、较低频率时，电导损耗变得重要起来，在中等频率时，离子跃迁和偶极子损耗最重要，在中间频率下，介质损耗较小，在足够高的频率下，离子极化效应产生能量吸收。例如，在室温下，钠钙硅玻璃的电阻率为 $\rho=10^{12}\Omega\cdot\text{cm}$，频率为 10^3 Hz 时，介电常数为 9 的 $\tan\delta=2\times10^{-5}$，比测得的 $\tan\delta$ 小得多，因此在室温下这种电导损耗与其他损耗相比是小的。在高温 200℃时，电阻率为 $\rho=10^7\Omega\cdot\text{cm}$，$\tan\delta$ 约为 1。这和材料中的其他损耗不相上下或更大一些。

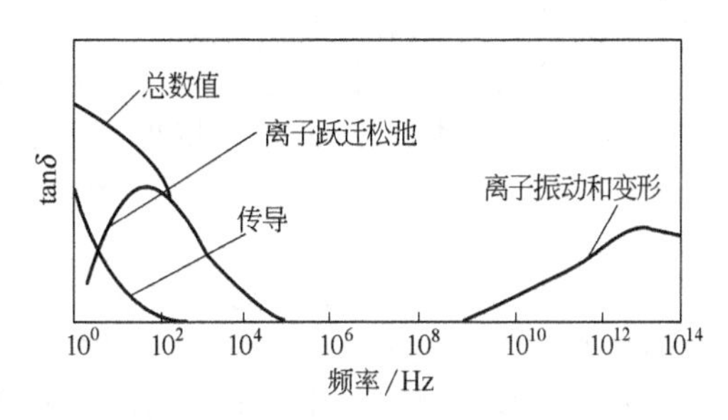

图 6-29　室温时不同介电损失机理对 $\tan\delta$ 的影响

6.2.1.5　介电损耗的表示方法

电介质在电场的作用下，单位时间内损耗的电能，即损耗功率叫介电损耗。

在直流电压 U 或稳定电场作用下，如果介质的损耗仅由电导引起，损耗功率为

$$P=IU=GU^2 \tag{6-91}$$

定义单位体积的介质损耗为能量损耗密度或介质损耗率 p，则

$$p=P/V=\sigma E^2 \tag{6-92}$$

式中，V 为介质体积，σ 为纯自由电荷产生的电导率。由此可见，在一定的直流电场作用下，介质损耗率仅取决于材料的电导率。

实际上更常见的情况是材料处于随时间变化的不稳定电场中，而且是正弦变化的状态。正如前面所讲，当电容器两极板间充以非极性的完全绝缘的介质时，如果介质在这样的交变电场中，则电容上的电流 I_C 与外电压 U 相差 90°的位相。由于从电源得到的瞬时功率为 $I_C U$，则一段时间内平均功率损耗是 P

$$P=\frac{1}{T}\int_0^T I_C U\mathrm{d}t \tag{6-93}$$

式中，$T=2\pi/\omega$，为时间周期。如果电压 $U=U_0\sin(\omega t)$，电流 $I_C=U_0\omega\cos(\omega t)$，代入式（6-93），得 $P=0$。其原因很简单，在前半个周期中电源向被充电的电容器做功，而后半个周期中放电电容器又可逆地向电源做功。这和机械振动的情况一样，当一个物体连接在理想弹簧上，在重力作用下振动，系统能量没有损失，仅仅只有弹簧的弹性势能与物体的重力势能的转换。

如果在介质材料中存在自由电荷电导与松弛极化，其位相相差不是 90°，而是 90°$-\delta$，如果电压用 $U=U_0\sin\omega t$ 表示，则电流可以用 $I=I_0\cos(\omega t-\delta)$，即在电流 I 中存在一个与 U 同位相的分量 $I_1=I\sin\delta$，导致功率损耗，而电容分量 I_C 则不存在功率损耗。因而平均功率损耗为：

$$P=\frac{1}{T}\int_0^T IU\mathrm{d}t=\frac{1}{T}\int_0^T U_0\sin(\omega t)I_0\cos(\omega t-\delta)\mathrm{d}t \tag{6-94}$$

对式（6-94）进行积分得到

$$P=\frac{1}{2}U_0 I_0\sin\delta \tag{6-95}$$

由于 $I_0=I_{C0}/\cos\delta$，$I_{C0}=\omega CU_0$，则

$$P=\frac{1}{2}U_0 I_{C0}\tan\delta=\frac{1}{2}U_0^2\omega C\tan\delta \tag{6-96}$$

由式（6-95）看出，$\sin\delta$ 是电流和电压的乘积系数，它是一种能量耗散系数，称为功率

因子。式（6-96）损耗角正切 $\tan\delta$ 是电容电流和电压的乘积系数，它是另一种形式的热能耗散系数。在大多数情况下，δ 很小，所以 $\sin\delta \approx \tan\delta$。

对于厚度为 h 的平行板电容器，如果板电极的面积为 A，则有 $U_0 = E_0 h$ 和 $C = \varepsilon_r \varepsilon_0 A / h$，平行板电容器体积为 Ah，可以推导出电介质的能量损耗密度方程：

$$p = \frac{P}{V} = \frac{1}{2} E_0^2 \omega \varepsilon_0 \varepsilon_r \tan\delta \tag{6-97}$$

对比式（6-92），式中 $\omega\varepsilon_0\varepsilon_r\tan\delta$ 定义为介质的等效电导率 σ，即 $\sigma = \omega\varepsilon_0\varepsilon_r\tan\delta$。如果用介电常数的实部和虚部表示等效电导率，则有 $\sigma = \omega\varepsilon\tan\delta = \omega\varepsilon''$，等效电导率也是损耗的一种表示方法，不仅取决于材料本质，而且与频率有关。

有关介质的损耗描述方法有多种，见表 6-8，哪一种描述方法比较方便，需根据用途而定。多种方法对材料来说都涉及同一现象。即实际电介质的电流位相滞后理想电介质的电流位相 δ。

表 6-8　有关介质的损耗描述方法

损耗角正切	$\tan\delta$	应　　用	损耗角正切	$\tan\delta$	应　　用
损耗因子	$\varepsilon'\tan\delta$	作为绝缘材料的选择依据	等效电导率	$\sigma = \omega\varepsilon''$	电介质发热
品质因素	$Q = 1/\tan\delta$	应用于高频	复介电常数的虚部	ε''	研究材料的功率、发热
损耗功率	p	功率的计算			

6.2.2　介质损耗和频率、温度的关系

（1）频率的影响

图 6-30 为频率与介电常数、介电损耗、功率损耗的关系。可以看出，在 ω_m 下，$\tan\delta$ 具有最大值，ω_m 可由式（6-88）的微分式 $\partial\tan\delta/\partial\omega$ 得到

$$\omega_m = \frac{1}{\tau}\sqrt{\frac{\varepsilon(0)}{\varepsilon_\infty}} \tag{6-98}$$

当外加电场频率很低，即 $\omega \to 0$ 时，介质中的各种极化都能跟上外加电场的变化，此时不存在极化损耗，介电常数 ε_r 最大。介电损耗 P 主要由漏导电流决定，和频率无关，基本上为一常数。由定义 $\tan\delta = \sigma/(\omega\varepsilon)$ 可知，当 $\omega \to 0$ 时，$\tan\delta \to \infty$。随着频率升高，$\tan\delta$ 逐渐减小。

当外加频率逐渐升高时，需要一定时间的松弛极化，在某一频率开始跟不上外加电压频率的变化，松弛极化对介电常数的贡献逐渐减小，因而 ε_r 随 ω 升高而减小。在这一频率范围内，由于 $\omega\tau \ll 1$，由式（6-88）可知，$\tan\delta$ 随 ω 升高而增大，同时介电损耗不仅与漏导电流有关，还与松弛极化过程有关，因此 P 增大。

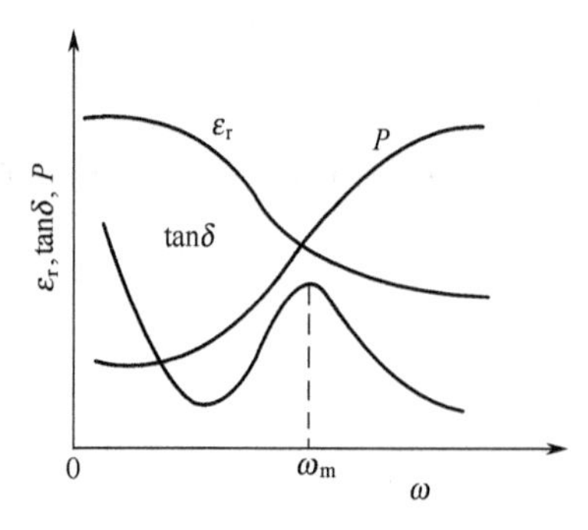

图 6-30　ε_r、$\tan\delta$、P 与 ω 的关系

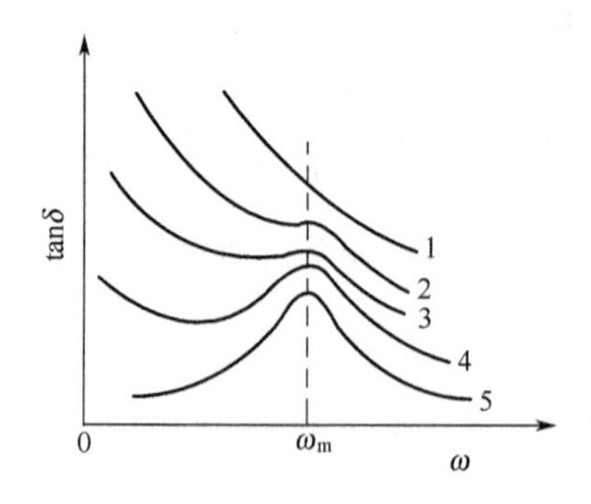

图 6-31　不同介质 $\tan\delta$ 与 ω 关系

当 ω 很高时，$\varepsilon_r \to \varepsilon_\infty$，只有位移极化存在，因此介电常数仅由位移极化决定，ε_r 趋于

最小值。此时由于$\omega\tau \gg 1$，由式可知，$\tan\delta$ 随 ω 升高而减小。$\omega \to \infty$时，$\tan\delta \to 0$。

$\tan\delta$ 的最大值主要由松弛过程决定。但是介质电导如果显著变大，则 $\tan\delta$ 的最大值变得平坦，最后在很大的电导下，$\tan\delta$ 无最大值，主要表现为电导损耗特征：$\tan\delta$ 与 ω 成反比，见图 6-31。

(2) 温度的影响

温度升高，离子间易发生移动，松弛时间 τ 减小，因此松弛极化随温度升高而增大。由于温度对松弛极化产生很大的影响，因而 P、ε 和 $\tan\delta$ 与温度的关系很大。

当温度很低时，τ 较大，由德拜关系式可知，ε_r 较小，$\tan\delta$ 也较小。此时由于 $\omega^2\tau^2 \gg 1$，由式 (6-88) 可得 $\tan\delta \propto 1/(\omega\tau)$ 和 $\varepsilon' \propto 1/(\omega^2\tau^2)$。

在此温度范围内，随温度上升，τ 减小，因而 ε_r 上升，$\tan\delta$ 上升，P 也上升。

当温度较高时，τ 较小，此时 $\omega^2\tau^2 \ll 1$，因而

$$\tan\delta = \frac{[\varepsilon(0) - \varepsilon_\infty]\omega\tau}{\varepsilon(0) + \varepsilon_\infty\omega^2\tau^2} = \frac{[\varepsilon(0) - \varepsilon_\infty]\omega\tau}{\varepsilon(0)} \tag{6-99}$$

在此温度范围内，随温度上升，τ 减小，$\tan\delta$ 减小。这时电导上升并不明显，所以 P 主要决定于极化过程，P 也随温度上升而减小。

由此看出，在某一温度 T_m 下，P 和 $\tan\delta$ 有极大值，见图 6-32。

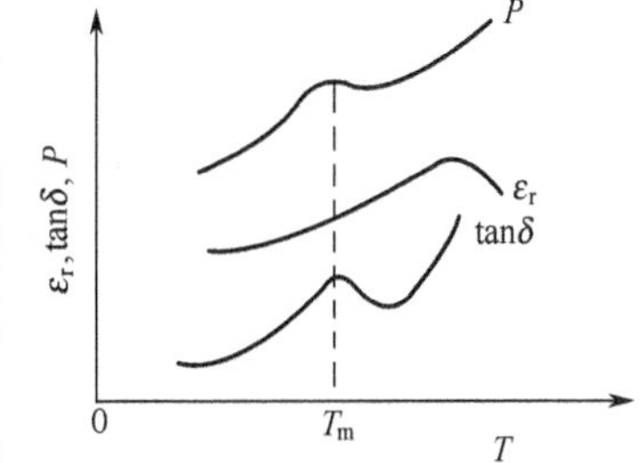

图 6-32 ε_r、$\tan\delta$、P 与 ω 的关系

当温度继续升高，达到很大值时，离子热运动能量很大，离子在电场作用下的定向迁移受到热运动的阻碍，因而极化减弱，ε_r 下降。此时电导损耗剧烈上升，$\tan\delta$ 也随温度上升急剧上升。

比较不同频率下的 $\tan\delta$ 与温度的关系，可以看出，高频下，T_m 点向高温方向移动。由式 (6-98) 可知，$(\omega\tau)_m$ 为常数，ω 增加时，τ_m 应减小，即 T_m 增加。

根据以上分析可以看出，如果介质的贯穿电导很小，则松弛极化介质损耗的特征是：$\tan\delta$ 在与频率、温度的关系曲线中出现极大值。

6.2.3 无机介质的损耗

无机材料作为电介质的主要优点之一是，与其他可利用的材料如塑料相比，其能量损耗小。一般材料损耗的基本形式主要有电导损耗和松弛极化损耗，此外，由于无机材料中的气孔及特殊结构，还有两种损耗形式：电离损耗和结构损耗。

电离损耗主要发生在含有气孔的材料中。含有气孔的固体介质在外电场强度超过了气孔内气体电离所需要的电场强度时，由于气体电离而吸收能量，造成损耗。这种损耗称为电离损耗。电离损耗的功率可以用下式近似计算

$$P_W = A\omega(U - U_0)^2 \tag{6-100}$$

式中，A 为常数；ω 为频率；U 为外施电压；U_0 为气体的电离电压。该式只有在 $U > U_0$ 时才适用。当 $U > U_0$ 时，$\tan\delta$ 剧烈增大。

固体电介质内气孔引起的电离损耗，可能导致整个介质的热破坏和化学破坏，应尽量避免。

结构损耗与介质内部结构的紧密程度密切相关。实验表明，结构紧密的晶体或玻璃体的结构损耗都是很小的，但是当某些原因（如杂质的掺入，试样经淬火急冷的热处理等）使它内部结构变松散了，会使结构损耗大为提高。结构损耗与温度的关系很小，损耗功率随频率升高而增大，而 $\tan\delta$ 则与频率无关。

一般材料，在不同的温度、频率条件下，损耗的形式不同。在高温、低频下，主要为电

导损耗，在常温、高频下，主要为松弛极化损耗，在高频、低温下主要为结构损耗。

影响介质损耗的最根本的因素是材料的结构和组成，下面分别讨论离子晶体与玻璃的损耗情况，然后再加以综合分析。

6.2.3.1 离子晶体的损耗

各种离子晶体根据其内部结构的紧密程度，可以分为两类。

① 晶体的内部，离子都堆积得十分紧密，排列很有规则，离子键强度比较大，如 α-Al_2O_3、镁橄榄石晶体，在外电场作用下很难发生离子松弛极化（除非有严重的点缺陷存在），只有电子和离子的位移极化，所以无极化损耗，损耗仅由漏导引起（包括本征电导和少量杂质引起的杂质电导）。因此它们的 $\tan\delta$ 随温度的变化呈现出电导损耗的特征。这类晶体的介质损耗功率与频率无关。而 $\tan\delta$ 随频率的升高而降低。因此以这类晶体为主晶相的材料，如刚玉瓷、滑石瓷、金红石瓷、镁橄榄石瓷等，往往应用在高频的场合。

② 结构不紧密的离子晶体，如莫来石（$3Al_2O_3 \cdot 2SiO_2$）、堇青石（$2MgO \cdot 2Al_2O_3 \cdot 5SiO_2$）等，这类晶体的内部有较大的空隙或晶格畸变，含有缺陷或较多的杂质，离子的活动范围很大。在外电场作用下，晶体中的弱联系离子有可能贯穿电极运动（包括接力式的运动），产生电导损耗。弱联系离子也可能在一定范围内来回运动，形成离子松弛极化，出现极化损耗。所以这类晶体的损耗较大，由这类晶体作主晶相的陶瓷材料不适用于高频，只能应用于低频。

另外，如果两种晶体生成固溶体，则会产生点阵畸变和结构缺陷，通常有较大的损耗，并且在某一比例时达到很大的数值，远远超过两种原始组分的损耗。例如单一的 ZrO_2 和 MgO 的性能很好，但当 MgO 溶进 ZrO_2 中生成氧离子不足的缺位固溶体后，损耗大大增加，当 MgO 含量约为 25%（摩尔分数）时，损耗有极大值。

6.2.3.2 玻璃的损耗

多组分玻璃中的介质损耗主要包括三个部分：电导损耗、松弛损耗和结构损耗。在工程频率和很高温度的条件下，电导损耗占优势；在高频下，主要是由弱联系的离子在有限范围内的移动造成的松弛损耗；在高频和低温下，主要是结构损耗，其损耗机理目前还不清楚，可能与结构的紧密程度有关。

玻璃中的各种损耗与温度的关系示于图 6-33 中。一般单一成分玻璃的损耗都是很小的，例如石英玻璃在 50Hz 及 10^6Hz 时，$\tan\delta$ 为 $2\times10^{-4}\sim3\times10^{-4}$，硼玻璃的损耗也相当低。这是因为单一组分玻璃中的“分子”接近规则的排列，结构紧密，没有联系弱的松弛离子。在单一组分玻璃中加入碱金属氧化物后，碱性氧化物进入玻璃的点阵结构后，使离子所在处点阵受到破坏。金属离子是一价的，不能保证相邻单元间的联系，介质损耗大大增加，并且损耗随碱性氧化物浓度的增大按指数增大。

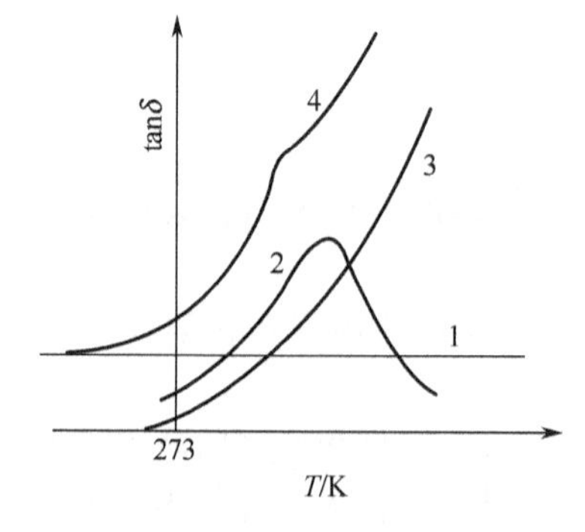

图 6-33 玻璃的 $\tan\delta$ 与温度的关系

1—结构损耗；2—松弛损耗；3—电导损耗；4—总损耗

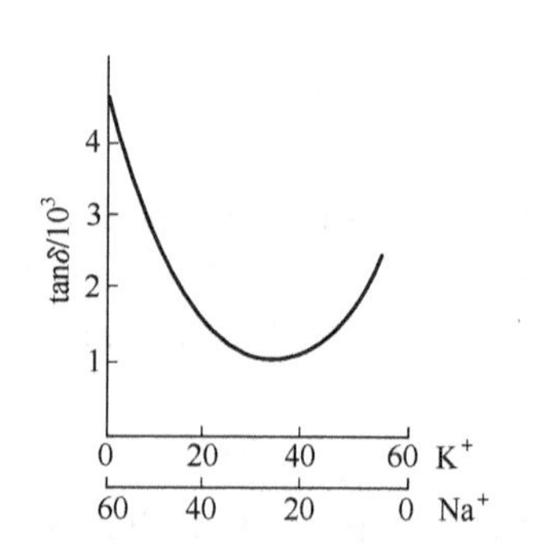

图 6-34 Na_2O-K_2O-B_2O_3 玻璃的 $\tan\delta$ 与组成的关系

另外，在玻璃电导中出现的“双碱效应”和“压碱效应”在玻璃的介质损耗方面也同样存在，即当碱金属离子的总浓度不变时，由两种碱性氧化物组成的玻璃，$\tan\delta$ 大大降低，而且有一最佳的比值。图 6-34 表示 Na_2O-K_2O-B_2O_3 系的玻璃的 $\tan\delta$ 与组成的关系，其中 B_2O_3 数量为 100，Na^+ 离子和 K^+ 离子的总量为 60。两种碱金属离子同时存在时，$\tan\delta$ 的值总是低于单一碱金属离子存在时的值，而最佳比值约为 1∶1。

在含碱玻璃中加入二价金属氧化物，特别是重金属氧化物时压抑效应特别明显。因为二价离子能使松弛的碱玻璃的结构网络连接起来，减少松弛极化作用，因而使 $\tan\delta$ 降低。例如含有大量 PbO 及 BaO、少量碱的电容器玻璃，在 1×10^6 Hz 时，$\tan\delta$ 为 $6\times10^{-4}\sim9\times10^{-4}$。制造电容器用的玻璃釉含有大量的 PbO 及 BaO，$\tan\delta$ 可降低到 4×10^{-4}，并且可使用到 250℃的高温。

6.2.3.3　多晶多相固体材料的损耗

多晶多相固体材料的损耗主要来源于电导损耗、松弛质点的极化损耗及结构损耗。此外由于无机材料表面存在气孔，因此会吸附水分、油污及灰尘等，从而造成表面电导，由此也会引起较大的损耗。

为了改善某些材料的工艺性能，往往在配方中引入一些易熔物质（如黏土），形成玻璃相，这样就使损耗增大，如滑石瓷、尖晶石瓷。因而一般高频瓷，如氧化铝瓷、金红石瓷等仅含有很少的玻璃相。

大多数电工材料，由于主晶相结构松散，生成了缺陷固溶体，存在多晶相转变等，因而离子松弛极化损耗较大。

在材料中如果含有可变价离子，如含钛，在材料中往往会形成弱束缚的电子或空穴，因此具有显著的电子松弛极化损耗。

由于多晶多相材料在烧结过程中，除了基本物理化学过程外，还会形成玻璃相和各种固溶体，因此结构复杂，其性能不能只按照瓷料成分中纯化合物的性能来推测。

通过分析，降低材料的介质损耗应从降低材料的电导损耗和极化损耗方面考虑。

① 尽量选择结构紧密的晶体作为主晶相。

② 在改善主晶相性能时，尽量避免产生缺位固溶体或填隙固溶体，最好形成连续固溶体。这样弱联系离子少，可避免损耗显著增大。

③ 尽量减少玻璃相。如果为了改善工艺性能需要引入较多玻璃相时，应采用“中和效应”和“压抑效应”，以降低玻璃相的损耗。

④ 防止产生多晶转变，因为多晶转变时晶格缺陷多，电性能下降，损耗增加。如滑石转变为原顽辉石时析出游离方石英

$$Mg_3(Si_4O_{10})(OH)_2 \longrightarrow 3(MgO\cdot SiO_2)+SiO_2+H_2O$$

游离方石英在高温下会发生晶型转变产生体积效应，使材料不稳定，损耗增大。因此往往加入少量（1%）的 Al_2O_3，使 Al_2O_3 和 SiO_2 生成硅线石（$Al_2O_3\cdot SiO_2$）来提高产品的机电性能。

⑤ 选择合适的烧成气氛。含钛陶瓷不宜在还原气氛中烧成。烧成过程中升温速率要合适，防止产品急冷急热。

⑥ 为了减小气孔率，必须控制好最终烧结温度，防止“生烧”和“过烧”。

此外，在工艺过程中应防止杂质的混入，坯体要致密。

表 6-9、表 6-10 中列出了一些常用介质材料的损耗数据。表 6-11 对电工介质材料的介电损耗进行了分类。

表 6-9　常用装置瓷的 tanδ 值（$f=10^6$ Hz）

瓷　料		莫来石（$\times10^{-4}$）	刚玉瓷（$\times10^{-4}$）	纯刚玉瓷（$\times10^{-4}$）	钡长石瓷（$\times10^{-4}$）	滑石瓷（$\times10^{-4}$）	镁橄榄石瓷（$\times10^{-4}$）
tanδ	293K±5K	30～40	3～5	1.0～1.5	2～4	7～8	3～4
	353K±5K	50～60	4～8	1.0～1.5	4～6	8～10	5

表 6-10　电容器瓷的 tanδ 值（$f=10^6$ Hz，$T=293$K±5K）

瓷　料	金红石瓷	钛酸钙瓷	钛酸锶瓷	钛酸镁瓷	钛酸锆瓷	锡酸钙瓷
tanδ($\times10^{-4}$)	4～5	3～4	3	1.7～2.7	3～4	3～4

表 6-11　电工介质材料损耗的分类

损耗的主要机构	损耗的种类	引起该类损耗的特点
极化介质损耗	离子松弛损耗	① 具有松散晶格的单体化合物晶体，如堇青石、绿宝石
		② 缺陷固溶体
		③ 玻璃相中，特别是存在碱性氧化物
	电子松弛损耗	破坏了化学组成的电子半导体晶格
	共振损耗	频率接近离子(或电子)固有振荡频率
	自发极化损耗	温度低于居里点的铁电晶体
漏电介质损耗	表面电导损耗	制品表面污秽，空气湿度高
	体积电导损耗	材料受热温度高，毛细管吸湿
不均匀结构介质损耗	电离损耗	存在闭口孔隙和高电场强度
	由杂质引起的极化和漏导损耗	存在吸附水分、开口孔隙吸潮以及半导体杂质等

6.3　介电强度

6.3.1　介质在电场中的破坏

当介质材料在电场强度和温度的较大范围内仍能保持绝缘、介电等特性时，它可以用来作为绝缘材料和电容器介质材料。当电场强度超过某一临界值时，材料中可以形成或存在电荷顺利通过的击穿“隧道”，并且具有较高的电导率，这些击穿隧道致使电流局部突发而使整块材料破坏，介质由介电状态变为导电状态。这种现象称介电强度的破坏，或叫介质的击穿。介质被击穿的临界电场强度称为介电强度，或称为击穿电场强度。

单晶的介电强度范围约为（$10^5\sim5\times10^6$）V·cm^{-1}。从宏观尺度看，这些电场属于高电场，但从原子的尺度看，这些电场是非常低的，10^6V·cm^{-1} 可表示为 10^{-2}V·Å^{-1}（1Å$=10^{-10}$m）。因此，除了在非常特殊的实验室条件下，击穿绝不是由于电场对原子或分子的直接作用所导致的。电击穿是一种基体现象。能量通过其他粒子（例如，已经从电场中获得了足够能量的电子和离子）传送到被击穿的组分中的原子或分子上。

虽然严格划分击穿类型是很困难的，但为了便于叙述和理解，通常将介质材料在外电场作用下发生击穿分为两种方式。第一种来源于电子击穿，有时称为本征介电强度。第二种过程是由于电导产生的局部过热而引起的击穿，局部电导率增加到出现不稳定的数值时，就会产生冲击电流造成熔化而破坏，这叫做热击穿。

6.3.2　电击穿

介质材料的电击穿理论是在气体放电的碰撞电离理论基础上建立的。大约在 20 世纪 30 年代，以 A. Von. Hippel 和 FrÖhlich 为代表，在固体物理基础上，以量子力学为工具，逐步建立了固体介质电击穿的碰撞理论，这一理论可简述如下。

在强电场下，固体材料导带中可能因冷发射或热发射存在一些电子。这些电子一方面在外电场作用下被加速，获得动能；另一方面与声子相互作用，把能量传递给晶格。当这两个过程在一定温度和场强下平衡时，固体介质有稳定的电导；当电子从电场中得到的能量大于传递给晶格振动的能量时，电子的动能就越来越大，到达一定值时，电子与晶格相互作用释放出附加电子，此过程持续地加速进行，使自由电子数迅速增加，电导进入不稳定阶段，击穿发生。

6.3.2.1　本征电击穿理论

在良好的实验条件控制下，当一个均质介质材料承受不断增加的电压后，将产生较小的电流，且随着电压增加而逐渐增至饱和值。此时如果再增加电压，材料即被击穿。这种击穿与介质中的自由电子有关，该过程在室温下即可发生，发生时间很短，约 $10^{-8}\sim10^{-7}$s。介质中的自由电子来源于杂质或缺陷能级及导带。

在外加电场的作用下，电子从电场获得能量，以 A 表示单位时间电子获得的能量，则

$$A=\frac{e^2E^2}{m^*}\bar{\tau} \tag{6-101}$$

式中，e 为电子电荷；m^* 为电子有效质量；E 为外加电场强度；$\bar{\tau}$ 为电子的平均自由程时间或电子的松弛时间。

一般来说，电子的能量与松弛时间的影响很大，能量大的电子运动的速度快，松弛时间短；反之能量低的电子运动的速度慢，松弛时间长。因此 A 是电场和电子能量的函数，可以表示为

$$A=\left(\frac{\partial u}{\partial t}\right)_E=A(E,u) \tag{6-102}$$

式中，u 为电子能量；脚注 E 表示电场的作用。

另外，电子在获得能量的同时，还不断地与晶格波相互作用，损失能量。以 B 表示电子单位时间能量的损失。由于晶格振动与温度有关，所以，B 为温度和能量的函数，即

$$B=\left(\frac{\partial u}{\partial t}\right)_L=B(T_0,u) \tag{6-103}$$

式中，T_0 为晶格温度。

当电场强度达到某一值 E_c 时，有

$$A(E,u)=B(T_0,u) \tag{6-104}$$

这一状态为平衡状态，材料处在稳定阶段。

当电场强度超过 E_c 时，有

$$A(E,u)>B(T_0,u) \tag{6-105}$$

原来的平衡被破坏，电子与晶格相互作用发生碰撞电离。把这一起始场强作为介质电击穿场强的理论即为本征击穿理论。

本征击穿的微观理论分为单电子近似和集合电子近似两种。

(1) 考虑电子间相互作用的集合电子近似方法

FrÖhlich 利用这一方法，建立了关于含杂质晶体电击穿的理论，根据他的计算，介电强度为

$$\ln E=常数+\frac{\Delta u}{2kT_0} \tag{6-106}$$

式中，Δu 为能带中杂质能级激发态与导带底的距离的一半。

由集合电子近似得出的本征电击穿场强，随温度升高而降低。

(2) 只考虑单电子作用的单电子近似方法

该方法适用于低温。对于晶体，在低温时（室温以下），随着温度升高，晶格振动加强，电子散射增加，电子松弛时间变短，因而使电击穿强度提高。这与实验结果定性相符。相反，玻璃的本征介电强度在低温时与温度无关，因为玻璃是一种无规则网络的结构，其中的电子散射与温度无关。

综合上述两种近似，晶态材料的本征击穿强度在室温附近有一最大值，通常本征击穿强度为 $100MV \cdot m^{-1}$。

根据本征击穿模型可知，击穿场强与试样形状无关，特别是击穿场强与试样厚度无关。

6.3.2.2 “雪崩”电击穿理论

本征电击穿理论只考虑了电子获取的能量和损失的能量不相等的非稳定态，没有考虑晶格的破坏过程。

“雪崩”电击穿理论则是以碰撞电离后自由电子数倍增到一定数值的非稳定态作为电击穿判据。由于自由电子数的倍增，引起电子雪崩，此时样品击穿并被破坏。

碰撞电离“雪崩”击穿的理论模型与气体放电击穿理论类似。Seitz 提出以电子“崩”传递给介质的能量足以破坏介质晶体结构作为击穿判据。他用如下方法计算介质击穿强度。

设电场强度为 $10^8 V/m$，电子在介质中的迁移率 $\mu = 10^{-4} m^2/(V \cdot s)$。

（1）“崩头”扩散长度

从阴极出发的电子，一方面数目进行“雪崩”倍增，另一方面继续向阳极运动。同时，在垂直于电子“崩”的前进方向进行浓度扩散，若扩散系数 $D = 10^{-4} m^2/s$，则在 $t = 1\mu s$ 时间内，“崩头”扩散长度为 $r = (2Dt)^{1/2} \approx 10^{-5} m$。

（2）破坏介质晶格所需要的电子数

近似认为，在半径为 r，长 1cm 的圆柱体中（体积为 $\pi \times 10^{-12} m^3$）产生的电子都给出能量。该体积中共有原子约 10^{17} 个。松散晶格中一个原子所需能量约为 10eV，则松散上述小体积介质总共需 $10^{18} eV$ 的能量。当场强为 $10^8 V/m$ 时，每个电子经过 1cm 距离由电场加速获得的能量约为 $10^6 eV$，则总共需要“崩”内有 10^{12} 个电子就足以破坏介质晶格。

（3）介质破坏时碰撞电离的次数

已知碰撞电离过程中，电子数以 2^n 关系增加，n 为碰撞次数。设经过 a 次碰撞，共有 2^a 个电子，那么当 $2^a = 10^{12}$，$a = 40$ 时，介质晶格就被破坏了。也就是说，由阴极出发的初始电子，在其向阳极运动的过程中，1cm 内的电离次数达到 40 次，介质便可被击穿。

Seitz 的上述估计虽然粗糙，但概念明确，因此一般用来说明“雪崩”击穿的形成，并被称之为“四十代理论”。通过更严格的数学计算，得出 $a = 38$，说明 Seitz 的估计误差不太大。

由“四十代理论”可以判断，当介质很薄时，碰撞电离不足以发展到四十代，电子崩已进入阳极复合，此时介质不能击穿，即这时的介质击穿场强将要提高。这就定性地解释了薄层介质具有较高击穿场强的原因。

由隧道效应产生的击穿也是一种“雪崩”电击穿。

“雪崩”电击穿和本征电击穿一般很难区分，但在理论上，它们的关系是明显的：本征击穿理论增加导电电子是继稳态破坏后突然发生的，而“雪崩”击穿是考虑到高场强时，导电电子数目倍增过程逐渐达到难以忍受的程度，最终介质晶格破坏。

6.3.3 热击穿

热击穿的本质是处于电场中的介质，由于其中的介质损耗而发热，当外加电压足够高时，可能从散热与发热的热平衡状态转入不平衡状态，若发热量比散去的热量多，热量就在介质内部积聚，使介质温度升高。而温度的升高又导致电导率和损耗的进一步增加。如此恶性循环，最终引起材料损失绝缘性能，出现永久性损坏，这就是热击穿。其行为不同于本征电击穿之点在于，它和产生局部发热的长时间作用的电负荷有关，并且发生在使电导率增加的足够高的温度下。而电能损耗使温度进一步上升并使局部电导率增加。这样就产生电流通道；局部不稳定和击穿，造成大电流通过，结果产生熔融和气化，使绝缘作用破坏。热学性能对介质材料的热击穿有很大的影响。

设介质的电导率为σ，当施加电场E于介质上时，在单位时间内单位体积中产生的焦耳热为σE^2。这些热量一方面使介质温度上升；另一方面通过热传导向周围环境散发而使介质温度降低。如环境温度为T_0，介质平均温度为T，则散热Q_2与温度差（$T-T_0$）成正比。由于电导率σ是温度的指数函数，因而介质由电导产生的热量Q_1是温度的指数函数。图6-35表示介质中发热量Q_1和散热量Q_2的平衡关系。

当外加电场为E_1时，从图6-35中可以看出，在介质的温度小于T_1时，发热量大于散热量，因而温度不断升高，而当介质温度上升至T_1时，发热量等于散热量，介质处于稳定态。如果将场强提高至E_3，则在任何温度下，发热量都大于散热量，热平衡被破坏，介质温度不断上升，直至被击穿。如果介质在临界电场E_C作用下，发热曲线Q_1和散热曲线Q_2相切，则在切点的温度T_C为临界温度，发热量等于散热量，因此击穿刚巧可能发生。如果介质发生热破坏的温度大于T_C，则只要电场稍高于E_C，介质温度就会持续升高到其破坏温度。所以临界场强E_C可作为介质热击穿场强。因此研究热击穿可归结为建立电场作用下的介质热平衡方程。在T_C点Q_2和Q_1（E）满足两个方程：

$$Q_1(E_C,T_C)=Q_2(T_C) \tag{6-107}$$

$$\left.\frac{\partial Q_1(E_C,T)}{\partial T}\right| T_C=\left.\frac{\partial Q_2}{\partial T}\right|_{T_C} \tag{6-108}$$

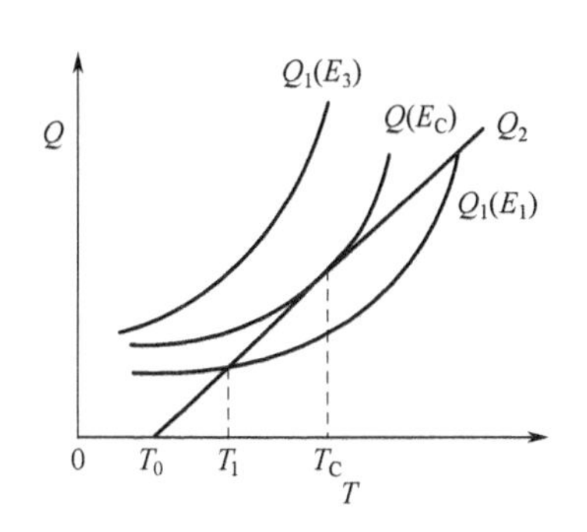

图6-35　介质中发热与散热平衡关系

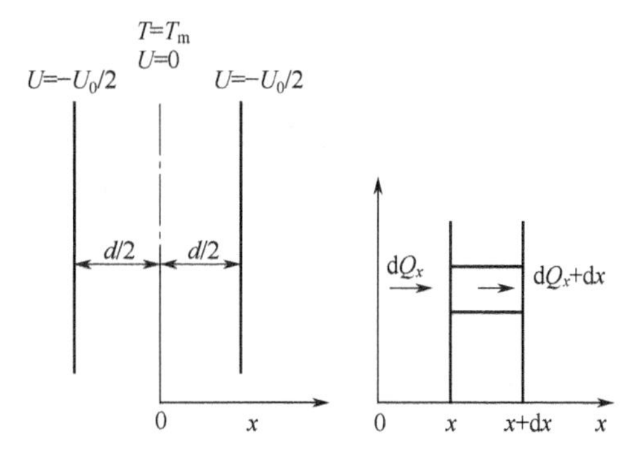

图6-36　无限大平板介质模型

通过求解可以计算出介质热击穿的电场强度。

求解方程式（6-107）、式（6-108）往往比较困难，通常简化为两种极端情况：①电压长期作用，介质内温度变化极为缓慢，称这种状态下的击穿为稳态热击穿；②电压作用时间很短，散热来不及进行，称这种状态下的击穿为脉冲热击穿。下面主要讨论第①种情况。

设电容器为无限大的平板电容器，其厚度为d，外施直流电压U。建立如图6-36所示的坐标。设介质的热导率为K，只考虑x方向热流，得热平衡时的微分方程

$$C_V\times\frac{\mathrm{d}T}{\mathrm{d}t}-K\times\frac{\mathrm{d}^2T}{\mathrm{d}x^2}=\sigma E^2 \tag{6-109}$$

式中，C_V为单位体积的热容。当处于热稳定状态时，方程中第一项略去，式（6-109）可写成

$$\frac{\mathrm{d}}{\mathrm{d}x}\left(K\times\frac{\mathrm{d}T}{\mathrm{d}x}\right)+\sigma\left(\frac{\mathrm{d}U}{\mathrm{d}x}\right)^2=0 \tag{6-110}$$

将电导率$\sigma=J/E$代入，则上式简化为

$$\frac{\mathrm{d}}{\mathrm{d}x}\left(K\times\frac{\mathrm{d}T}{\mathrm{d}x}\right)-J\times\frac{\mathrm{d}U}{\mathrm{d}x}=0 \tag{6-111}$$

可以通过解此方程，求出热击穿时的临界电压 U_C。

下面以厚膜介质和薄膜介质为例，讨论热击穿的影响因素。

(1) 厚膜介质

厚膜介质内部的温度一般不均匀，在图 6-36 中，介质的中心 $x=0$ 处温度最高，记为 T_m。设电极温度 T_1 接近于环境温度 T_0，即 $T_1 \to T_0$，所以式 (6-111) 对 x 积分，得

$$JU=\int\frac{\mathrm{d}}{\mathrm{d}x}\left(K\times\frac{\mathrm{d}T}{\mathrm{d}x}\right)\mathrm{d}x \tag{6-112}$$

当 $x=0$ 时，$\frac{\mathrm{d}T}{\mathrm{d}x}=0$，$U=0$，所以积分常数为零，上式变为

$$JU=K\times\frac{\mathrm{d}T}{\mathrm{d}x} \tag{6-113}$$

将 $J=\sigma E=-\sigma\frac{\mathrm{d}U}{\mathrm{d}x}$ 代入上式得

$$U\mathrm{d}U=-\frac{K}{\sigma}\mathrm{d}T \tag{6-114}$$

从 $x=0$ 至 x 积分，并颠倒积分上下限，则得

$$U^2=2\int_T^{T_m}\frac{K}{\sigma}\mathrm{d}T \tag{6-115}$$

如从 $U=0$ 到 $U=\frac{U_0}{2}$ 和 $T=T_m$ 到 $T=T_1$ 对上式积分，则得

$$U_0^2=8\int_{T_1}^{T_m}\frac{K}{\sigma}\mathrm{d}T \tag{6-116}$$

设临界电压 $U_{0C}=U_0$，则

$$U_{0C}^2=8\int_{T_0}^{T_m}\frac{K}{\sigma}\mathrm{d}T \tag{6-117}$$

在正常状态下，电场较小时，介质的电导率可表示为

$$\sigma=\sigma_0\exp\left(-\frac{W}{kT}\right) \tag{6-118}$$

代入式 (6-117) 得

$$U_{0C}^2=8\int_{T_0}^{T_m}\frac{K}{\sigma_0}\mathrm{e}^{\frac{W}{kT}}\mathrm{d}T \tag{6-119}$$

在环境温度 T_0 较低时，$W\gg kT_0$，$T_m>T_0$，上式积分近似为

$$U_{0C}\approx\left(\frac{8KT_0^2k}{\sigma_0 W}\right)^{\frac{1}{2}}\mathrm{e}^{\frac{W}{2kT_C}} \tag{6-120}$$

式中 T_0 随温度的变化与 e^{1/T_0} 相比，可以忽略，所以式 (6-120) 可近似为

$$U_{0C}\approx A\mathrm{e}^{\frac{B}{2T_0}} \tag{6-121}$$

A、B 是与材料有关的常数。

由式 (6-121) 可得出以下两点结论。

① 热击穿电压随环境温度升高而降低。对式 (6-121) 取对数，得

$$\ln U_{0C}=\ln A+\frac{B}{2T_0} \tag{6-122}$$

而介质电阻率与温度的关系

$$\ln\rho=\ln\rho_0+\frac{B}{T_0} \tag{6-123}$$

两式比较，$\ln U_{0C}$、$\ln\rho$ 与 $1/T_0$ 都是直线关系，但斜率相差一倍。因此热击穿理论的这一结果与实验数据十分一致，见图 6-37，故常用这一关系作为热击穿的实验判据。

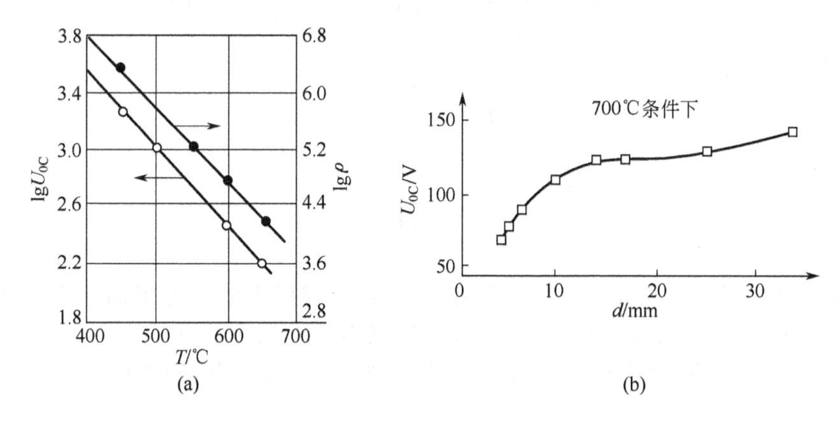

图 6-37 NaCl 单晶热击穿电压与温度及厚度的关系

② 热击穿电压与介质厚度无关。因此介质厚度增大时，热击穿场强降低。典型的热击穿电压与介质厚度的关系试验结果如图 6-37（b）所示，700℃时，NaCl 试样在 $d\approx 10\text{mm}$ 以上，击穿电压基本上不随厚度变化。

（2）薄膜介质

与厚膜介质相反，假设：①试样内部温度处处相等；②从温度为 T 的试样到温度为 T_0 的周围介质的热量传递形式可简化为 $\Gamma(T-T_0)$，其中 Γ 为考虑热传导和热对流两类过程的热传导系数。

由于电导率为温度的函数，因此电流密度 J 可表示为

$$J=\sigma(T)\frac{U}{d} \tag{6-124}$$

式中，$\sigma(T)$ 为试样电导率；U 为外加电压；d 为样品厚度。当试样温度稳定时，发热量与散热量相等，满足平衡方程

$$UJ=\Gamma(T-T_0) \tag{6-125}$$

样品不会发生击穿。

设 $\sigma(T)$ 不依赖于外电场

$$\sigma(T)=\sigma_0\exp\left(-\frac{W}{kT}\right) \tag{6-126}$$

如果 T 与 T_0 相差不大，式（6-126）可以取简单形式

$$\sigma(T)=\sigma_0\exp\lambda(T-T_0) \tag{6-127}$$

式中的 λ 为与温度 T 无关的常数。由式（6-124）、式（6-125）和式（6-127），得平衡方程式

$$\frac{U^2}{d}\sigma_0\exp\lambda(T-T_0)-\Gamma(T-T_0)=0 \tag{6-128}$$

方程式（6-128）的第一项是介质的焦耳热量，第二项是介质向周围环境散失的热量。在 Q-T 坐标中，分别绘出以上方程中两项的曲线，类似于图 6-35。很明显，最终击穿时的临界电压 U_C 就是指数曲线和直线相切的电压。切点对应的温度 T_C 即为临界温度。在该切点，满足下列方程组

$$\frac{U_C^2}{d}\sigma_0\exp\lambda(T_C-T_0)=\Gamma(T_C-T_0) \tag{6-129}$$

$$\frac{\partial\left[\frac{U_C^2}{d}\sigma_0\exp\lambda(T-T_0)\right]}{\partial T}\Bigg|T_C=\frac{\partial\Gamma(T-T_0)}{\partial T}\Bigg|T_C$$

解方程组，得

$$T_C=T_0+\frac{1}{\lambda} \tag{6-130}$$

将式（6-130）代入式（6-128）可求得

$$U_C=\left(\frac{d\Gamma}{e\sigma_0\lambda}\right)^{\frac{1}{2}} \tag{6-131}$$

e为自然对数的底。从式（6-131）可以看出，U_C 随试样厚度的平方根而变化。这种击穿电压对厚度的依赖关系常可观察到，也可作为产生热击穿的判据。图 6-38 示出由 Agarwal 和 Srivastave（1972 年）所测定的棕榈酸钡试样的厚度与击穿电场的关系。其结果与理论一致。

在上述两个极限之间的情形，可根据图标法求 U_{0C} 的值。

6.3.4 无机材料的击穿

无机材料常常为不均匀介质，有晶相、玻璃相和气孔存在，这使得无机材料的击穿性质与均匀材料不同。

6.3.4.1 不均匀介质中的电压分配

不均匀介质的结构多种多样，其中最简单的情况是双层介质。设双层介质的第一层、第二层的介电常数、电导率、厚度分别为 ε_1、σ_1、d_1 和 ε_2、σ_2、d_2。

若在此系统上加直流电压 U，则各层内的电场强度 E_1、E_2 都不等于平均电场强度 E，利用串联模型可以导出

$$E_1=\frac{\sigma_2(d_1+d_2)}{\sigma_1 d_2+\sigma_2 d_1}\times E$$

$$E_2=\frac{\sigma_1(d_1+d_2)}{\sigma_1 d_2+\sigma_2 d_1}\times E \tag{6-132}$$

式（6-132）表明：电导率小的介质承受高场强，电导率大的介质承受低场强。在交流电压下也有类似的关系。如果 σ_1 和 σ_2 相差很大，则必有一层承受很高的场强，这一层可能首先达到击穿强度而被击穿。一旦有一层被击穿，则另一层的电压会增加，且电场因此大大畸变，结果另一层也随之击穿。因此，材料的不均匀性可能引起击穿场强降低。

6.3.4.2 电离击穿

材料中存在气孔而导致均匀性降低。由于气孔中气体的 ε 及 σ 很小，因此加上电压后电场较高，而气体本身的抗电强度比固体介质要低得多（一般空气的 $E_b\approx 80\text{kV/cm}$），所以发生强烈的气体放电，即电离，产生大量的热量，使气孔附近局部区域强烈过热，在材料内部形成相当高的内应力。当热应力超过一定限度时，材料丧失机械强度而发生破坏，以致介电强度丧失，造成击穿。这种击穿称为电-机械-热击穿。由于电离击穿产生大量的热量，使局部温度升高，通常气孔附近的温度上升程度是不同的，对于低介常数的介质材料而言，温度近升高几摄氏度；而对于该介电常数的材料（如铁电材料）则可达 10^3℃。很明显，气孔越大，越易引起击穿。

假定一圆腔状的样品在其平面电场强度为 E，则气孔内的电场强度 E_c 可表示为

$$E_c=(\varepsilon_r/\varepsilon_{rc})E \tag{6-133}$$

式中，ε_{rc} 为气孔的相对介电常数；ε_r 为样品的相对介电常数。

介电强度与样品的尺寸有关，因为样品的尺寸减小，则在一定的应力下所存在的可导致

材料击穿的缺陷也相应减小。

当对介质材料施加的电场强度稳定增强并达到一定临界值时，气孔中的气体发生电离。在直流电场作用下若气孔内电场降低，电离现象便很快消失，材料中发生电荷渗漏。若再充电将重新出现前面的情况，其间隔长短取决于电荷渗漏时间，对于无机材料在室温下电荷泄漏时间的最小值为 10^2s。

在交流电场中，介质材料每半个周期发生一次电离。因此材料中的气孔放电实际上是不连续的。可以把含气孔的介质看成电阻、电容串并联的等效电路。由电路充放电理论分析可知，在交流 50 周情况下，每秒至少放电 200 次，可想而知，在高频下内电离后果是相当严重的。这对在高频、高压下使用的电容器介质材料是值得重视的问题。

虽然目前对气孔电离造成样品击穿的机理还存在许多疑问，但是有一点可以肯定，气孔率低的材料介电强度大。图 6-39 为典型的材料密度和介电强度的关系曲线。

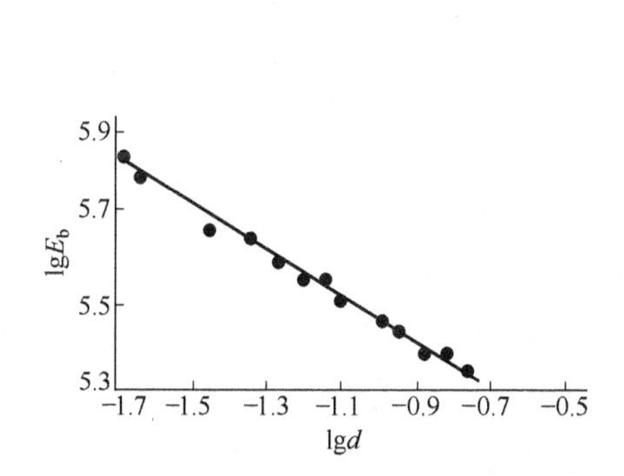

图 6-38　击穿电场 E_b 与棕榈酸钡（230～1850Å）试样厚度之间的对数关系

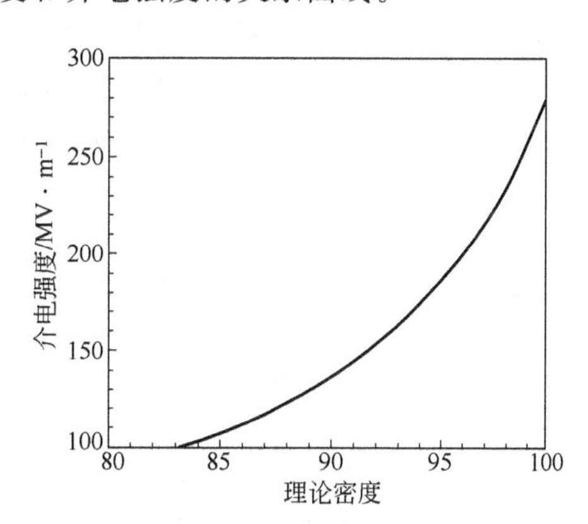

图 6-39　高纯 Al_2O_3 陶瓷介电强度与密度的关系曲线

大量的气孔放电，一方面导致电-机械-热击穿；另一方面介质内部引起不可逆的物理化学变化，使介质击穿电压下降。这种现象称为电压老化或化学击穿。

6.3.4.3　*表面放电和边缘击穿*

长期运行在远低于瞬时击穿电压下的材料往往也会发生击穿现象，其影响因素在短期中不会表现出来。

固体介质材料常处于周围气体媒质中，击穿时，常发现介质本身并未击穿，但有火花掠过它的表面，这就是表面放电。它属于气体放电。

固体介质的表面击穿电压总是低于没有固体介质时的空气击穿电压，其降低的程度视介质材料的不同、电极接触情况以及电压性质而定。

① 对于高介电常数的介质材料，由于表面吸湿等原因，引起离子式高压化（空间电荷极化），使表面电场畸变，降低表面击穿电压。

② 固体介质与电极接触不好，则表面击穿电压降低，尤其当不良接触在阴极处时更是如此。其机理是缝隙的空气介电常数低，根据夹层介质原理，电场畸变，缝隙中的气体易放电。材料介电常数愈大，此效应愈显著。

③ 随频率升高，击穿电压降低。这是由于气体正离子的迁移率比电子小，形成正的体积电荷，频率高时，这种现象更为突出。固体介质本身也因空间电荷极化导致电场畸变，因而表面击穿电压下降。

总之，表面放电与电场畸变有关系。电极边缘常常电场集中，因而击穿常在电极边缘发生，即边缘击穿。表面放电与边缘击穿决定于电极周围媒介以及电场分布（电极的形状、相互位置），还决定于材料的介电系数、电导率，因而表面放电和边缘击穿电压并不能表征材料的介电强度，它与装置条件有关。

提高表面放电电压，防止边缘击穿以发挥材料介电强度的有效作用，这对于高压下工作的器件，尤其是高频、高压下工作的器件是极为重要的。另外，对材料介电强度的测量工作也有意义。

为消除表面放电，防止边缘击穿，应选用电导率或介电常数较高的媒介，同时媒介本身介电常数要高，通常选用变压器油。此外，在介质材料表面施釉，可保持介质表面清洁，而且釉的电导率较大，对电场均匀化有好处。如果在电极边缘施以半导体釉，则效果更好。为了消除表面放电，还应注意器件结构，电极形状的设计。一方面要增大表面放电途经；另一方面要使边缘电场均匀。

另外，在直流电场作用下，材料内部和表面同时发生电化学反应，使得银离子在表面扩散并沿着晶界逐渐渗入材料内部，从而导致材料的电阻减小，绝缘特性相应降低。此外，钠离子在玻璃相中的扩散，氧空位在晶相中的扩散，形成了一定的电势差，也将可能导致击穿。

6.4 铁电性

普通的电介质材料，在没有外加电场时，这些介质的极化强度为零。在有外电场作用时，介质的极化强度与宏观电场成正比，一般将这类电介质称为线性介质。另外有一类介质，其极化强度与外加电场的关系是非线性的，这类介质为非线性介质。铁电体就是一种典型的非线性介质。

铁电性的定义是电偶极子由于它们的相互作用而产生的自发平行排列的现象。这种过程与铁磁性中的磁偶极子的自发排列类似，由于这种现象及许多特征都与铁磁性相比拟，铁电性由此得名。铁电现象的起因是局部电场的增加与极化强度的增加成正比。对含有电偶极子的材料，提高其极化强度，则局部电场增大；因而可以预期，在某一低温度时，由热能所造成的偶极子混乱排列被局部电场所克服，从而产生自发极化。因此自发极化是铁电体所特有的一种极化机制。

6.4.1 自发极化

某些晶体中存在另一种极化机构——自发极化，即这种极化状态并非由外电场所引起，而是由晶体内部结构特点所引起，晶体中每个晶胞内存在固有电偶极矩 p，这种晶体通常称为极性晶体。

自发极化受温度的影响很大，只有在较低温度时，它克服热运动引起的无序效应下，才有希望使这些永久偶极子有可能相互作用取向排列，形成电畴。那么应该在什么温度以下才有可能产生自发极化呢？

在自发极化尚未形成时，用极化强度与宏观电场及局部电场的方程 $P=\varepsilon_0(\varepsilon_r-1)E=n\alpha E_{loc}$ 来反映介质的极化。

设 $E_2=0$，$E_3=0$，则局部电场 $E_{loc}=E+\dfrac{P}{3\varepsilon_0}$

得到极化强度和电极化率为

$$P=n\alpha E/[1-n\alpha/(3\varepsilon_0)]$$

$$\chi_e=\varepsilon_r-1=\frac{P}{\varepsilon_0 E}=(n\alpha/\varepsilon_0)/[1-n\alpha/(3\varepsilon_0)] \quad (6\text{-}134)$$

随着温度的改变，$n\alpha/(3\varepsilon_0)$ 也跟着改变。当 $n\alpha/(3\varepsilon_0)$ 趋近于 1 时，极化强度和电极化率必将趋近于无穷大。说明 $n\alpha/(3\varepsilon_0)$ 趋近于 1 时，介质材料的极化强度与宏观电场不符合线性关系，必然出现突变现象。也就是说，此种变化过程中有一临界温度存在，过此温度，另一种极化机构在起作用。

如果材料中含有电偶极子，则电偶极子的取向极化率 α_d 与温度有如下的关系式

$$\alpha_d = C/(kT) \tag{6-135}$$

在总的极化过程中，如果取向极化率比电子或离子极化部分大得多，即 $\alpha = \alpha_d$，就会达到某一临界温度，这时

$$n\alpha/(3\varepsilon_0) = [n/(3\varepsilon_0)]C/(kT_C) = 1 \tag{6-136}$$

由此确定临界温度为

$$T_C = nC/(3\varepsilon_0 k) = n\alpha_d T/(3\varepsilon_0) \tag{6-137}$$

由式（6-134）、式（6-136）、式（6-137）得到电极化率

$$\chi_e = 3T_C/(T - T_C) \tag{6-138}$$

电极化率倒数与 $T - T_C$ 的这种线性关系称为居里-外斯定律，T_C 是居里温度，此关系适用于温度高于居里温度的结果，在高于居里温度时，它的介电性质和普通电介质的性质一样。在接近或低于居里温度时，偶极子将取向排列，产生自发极化，所有偶极子都是同一取向。因此介质的居里温度是铁电体材料的一个特征温度。

因自发极化机制不同可以大致分为三大类。第一类是有序-无序型自发极化，它同个别离子的有序化相联系，典型的有序-无序型晶体是含有氢键的晶体，这类晶体中质子的有序化运动引起自发极化，例如 KH_2PO_4 晶体，该晶体具有铁电体的特征；第二类结构本身具有自发极化性质；第三类是位移型，其自发极化同一类离子的亚点阵相对于另一类亚点阵的整体位移相联系。现对第二类和第三类自发极化机理分析如下。

（1）结构本身具有自发极化性质

结构本身具有自发极化性质的晶体如六方 ZnS 晶体，图 6-40 为其（010）面的投影图，是由相互交替的锌和硫的正负离子层构成，每层离子数目相同，这些层与 c 轴垂直。因为每层全部为正离子或全部为负离子，形成一系列的极性链，见图 6-40（b）。据此可计算出偶极矩

$$p = q(c/2 - \mu c) \tag{6-139}$$

式中，μ 是位置系数；c 是晶胞参数；q 为离子所带电荷。自发极化强度 $P_s = np$，n 是单位体积中的分子数。因为每个晶胞体积为 $\frac{\sqrt{3}}{2}a^2c$，则晶体的自发极化强度为

$$P_s = 4q\left(\frac{1}{2} - \mu\right)/(\sqrt{3}a^2) \tag{6-140}$$

因此这种晶体的自发极化可以估算出来。从结构分析可知，这种晶体的内部电场是很强的，而且在整体结构中存在，加上外电场并不能改变其极化强度的大小和方向，此极化达到了饱和程度，所有质点的偶极矩都是平行的，所以整个部分是一个电畴。具有这种性质的晶体必须是无对称中心的。该晶体不具有铁电性，但在加热时，在平行于 c 轴方向的两端分别出现正负电荷，而具有热释电性。引起热释电性的原因是自发极化电矩在晶体表面的正负端面总吸附着异性电荷。所吸附的异性电荷完全屏蔽了自发极化电矩的电场，使之不会显露出来。但是由于自发极化的电矩的大小与温度有关，即 $\Delta P_s = p\Delta T$。当温度变化时所吸附的多余的屏蔽电荷就被释放出来，这就是热电效应或热释电效应。热释电晶体已成为红外探测的重要材料。如最早发现的电石气、近代技术上应用的经过人工极化的铁电体。

（2）位移型自发极化

两种亚点阵整体相对位移引起自发极化的晶体结构大多同钙钛矿结构紧密相关。有关铁电现象定量的微观理论还不成熟，下面以钛酸钡为例介绍其自发极化的微观模型。

钛酸钡晶体属于立方晶系，晶体结构如图 6-41 所示，它由 Ba^{2+} 和 O^{2-} 一起紧密堆积而

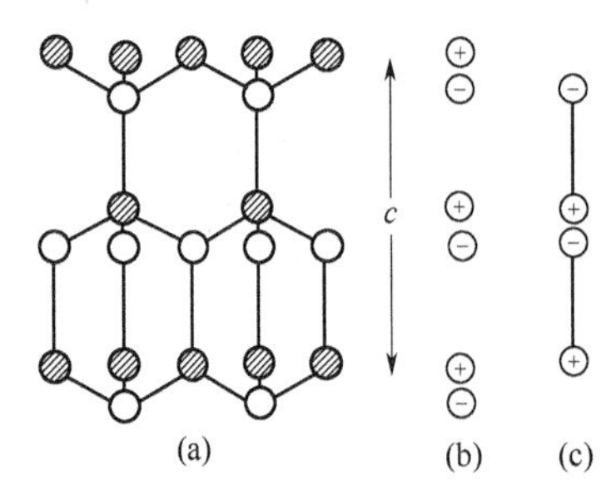

图 6-40 晶体中的固有偶极子
（a）纤锌矿结构在（010）上的投影；
（b）和（c）方法表示晶体极性链的终端

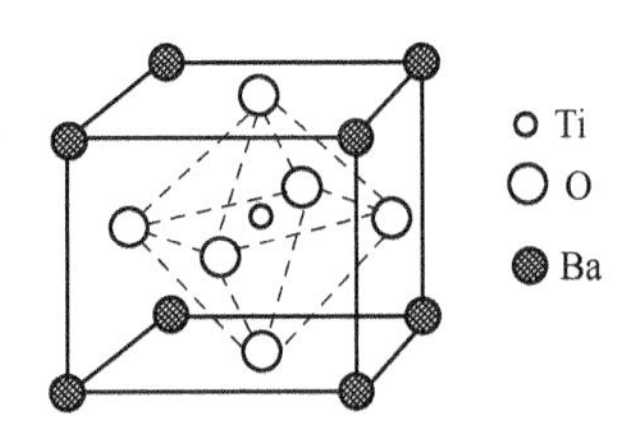

图 6-41 钛酸钡晶体

成。在大于 120℃时，立方体的晶胞常数 $a=4.01$Å，氧离子的半径为 1.32Å，钛离子的半径为 0.64Å，钛离子处于氧八面体中，两个氧离子间的空隙等于 4.01Å－2×1.32Å＝1.37Å，由于钛离子的直径为 2×0.64Å＝1.28Å，结果氧八面体空腔体积大于钛离子体积，给钛离子位移的余地。另一方面，Ba^{2+} 和 12 个 O^{2-} 配位，而且 Ba^{2+} 离子较大，它增大了钡氧面心立方体，进一步为钛离子提供了可移动的空间。因此在较高温度，即大于 120℃时，热振动能比较大，钛离子难于在偏离中心的某一个位置上固定下来，接近六个氧离子的概率相等，晶体保持高的对称性，属于立方结构，自发极化 P_s 为零。温度降低，小于 120℃时，钛离子平均热振动能降低，因热涨落，热振动能特别低的离子占很大比例，其能量不足以克服氧离子电场作用，有可能沿着<100>方向向某一个氧离子靠近，见图 6-42，在新的平衡位置上固定下来，发生自发极化，并使这一氧离子出现强烈的电子位移极化，使晶体顺着 Ti^{4+} 位移方向延长，在其他方向缩短，晶胞发生轻微畸变，由立方晶体变为四方晶体，这一晶型转变为位移式的一级相变。结果在晶胞中形成了永久偶极矩，即发生了自发极化。当极化方向沿<100>的任何一个方向时，就构成不同方向的电畴，由于四方体轴不等，因此在材料内部产生了内应力，当加上电场时，则形成铁电体的另一特征，即电滞回线。温度下降到 50℃时，极化方向变为<110>方向，到－180℃时，又变成了<111>方向，相应晶格结构也发生了变化。图 6-43 为 120℃时离子位移的图形，其数据以中央的四个 O^{2-} 离子作为参考。从这些数据可对离子位移极化引起的极化强度进行估计。一般自发极化包括两部分：一部分是直接由于离子位移而产生；另一部分是由于电子云的形变。应用洛伦兹表达式计算，可以估计出离子位移极化大约占总极化的 39%。

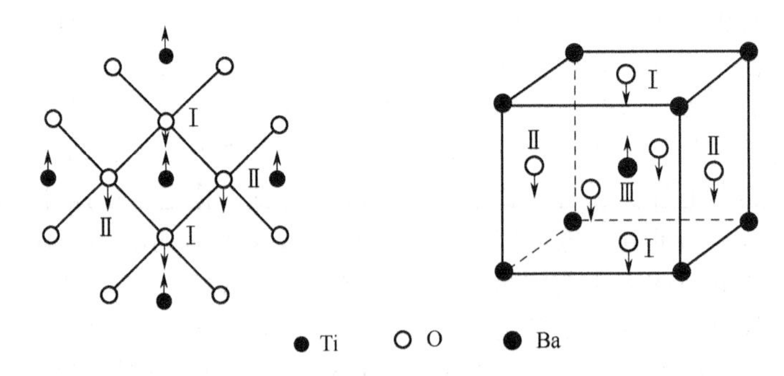

图 6-42 正方结构 $BaTiO_3$ 中，钛、氧离子位移情况

位移型的自发极化也可用极化强度的突变进行解释。在居里点以上，自发极化为零，而在居里点处，极化强度不为零，因此发生极化强度的突变。在极化强度突变中，由极化造成的局部电场的增大比作用在晶体中的一个离子上的弹性恢复力增大得快，这就导致离子位置

非对称性移动。这个移动受到弹性力场中高阶恢复力的限制。有相当多的钙钛矿型结构的晶体为铁电体，因为这种结构有利于发生极化强度的突变。在计算内电场时，从结构因子 C 可知，Ti^{4+} 和立方晶体中的上下两个面面心上的 O^{2-} 有着强烈的正作用系数（$C=28/a^3$），说明这两种离子间有强烈的耦合作用。J. C. Slater 对作用在钛离子的内电场进行了详细的计算，发现 Ti 和 O_{I}（图 6-42）之间的相互作用场强约为洛伦兹场的 8 倍，按照这个理论，其离子位移模型和衍射实验结果是符合的。

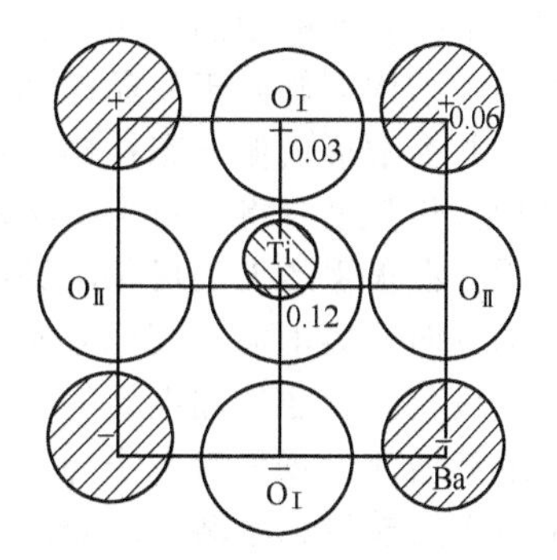

图 6-43　以中央四个 O^{2-} 为参考，各离子位移情况

铁电体中自发极化的突变引起介电常数的显著变化，尤其是在居里点处，图 6-44 为 $BaTiO_3$ 晶体自发极化时的相对介电常数和自发极化强度与温度的关系。

与本身具有自发极化特性的结构的晶体比较，由热运动引起的自发极化晶体，产生多畴，有居里点和电滞回线等特性，这类晶体具有热释电性和铁电性。因此具有铁电性的晶体，具有热释电性，但具有热释电性的晶体不一定具有铁电性。

6.4.2　铁电畴

铁电晶体晶胞中的电偶极矩是电介质在转变为铁电体时自发出现的，虽有若干种可能取向，但其数值为一定值。这个电矩的数值除以晶胞的体积所得到的商称为自发极化强度 P_s。通常一个自然形成铁电单晶或铁电陶瓷晶粒中出现许多微小的区域，每个区域中所有晶胞的电矩取向相同，而相邻区域的电矩取向不同，这样的区域称为电畴。图 6-45 为室温时，$BaTiO_3$ 中的电畴结构。小方格表示晶胞，箭头标出电矩方向，两个电畴的分界称为畴壁，分界线 AA 两侧电矩取向反平行，成为 180°畴壁；分界线 BB 为 90°畴壁。180°的畴壁较薄，一般为 5～10Å，90°的畴壁较厚，一般为 50～100Å。为了使体系的能量最低，各电畴的极化方向通常“首尾相连”。钛酸钡晶体在高温时为立方对称，当冷却下来转变为铁电体时，晶胞沿极化方向稍为伸长而垂直方向略微收缩，所以 90°畴壁两侧电矩的取向的夹角实际上并不精确等于 90°，图中的虚线表示左半格子的延长线。

当电介质的晶胞自发极化而出现电矩时，相邻晶胞的电矩可以同向排列形成电畴，并出现铁电性；也可以相间反向排列而成为反铁电性。

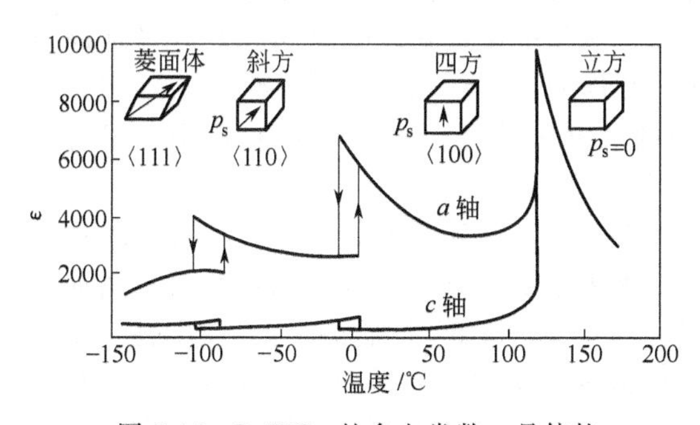

图 6-44　$BaTiO_3$ 的介电常数、晶体构造自发极化随温度的变化

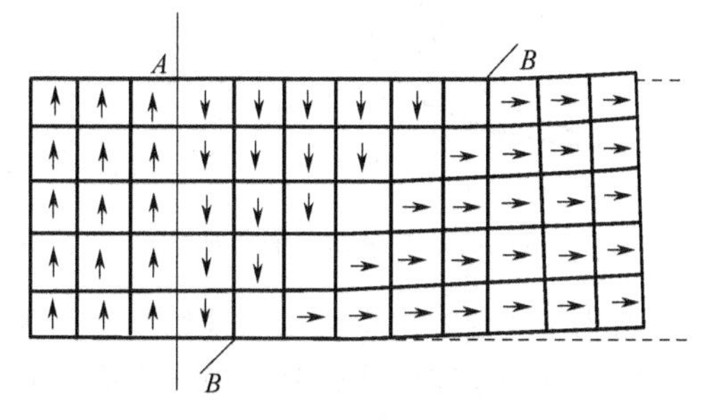

图 6-45　电畴结构

图 6-46 为铁电陶瓷和热电陶瓷的示意图。铁电陶瓷由许多线度为 10^{-1}～$10\mu m$ 数量级的晶粒紧密聚集而成，图中用点线画出了晶粒的边界。通常每个晶粒内部还可以划分若干个电畴，图中的箭头标明了每个电畴的自晶粒的晶轴取向是混乱的，而自发电矩的可能取向受

到每个晶粒的晶轴的限制。因此，不同晶粒之间的电畴结构相互关系甚少；而每个晶粒内部的电畴结构则倾向于使晶粒的自由能尽量地降低。陶瓷的晶粒边界附近出现大量杂质和缺陷，并经常形成玻璃态结构。从图中可以看出，铁电陶瓷的宏观极化强度，甚至每个晶粒的平均极化强度，将因每个电畴的电矩取向不同而互相抵消；从而在无外电场时宏观极化强度为零。在很强的人工极化电场的作用下，每个晶粒趋于单畴化，沿电场方向极化畴长大，逆电场方向的畴消失，其他方向分布的电畴转到电场方向，并且电矩沿尽可能平行于电场的方向。极化强度随外加电场的增加而增加，一直到整个结晶体成为一个单一的极化畴为止。如再继续增加电场只有电子与离子的极化效应，和一般电介质一样。通常为了使电矩克服各种阻力来完成这种单畴化的趋向，用人工极化时可以适当加热。当人工极化完备，温度降至室温，并除去外电场后，铁电陶瓷由此得到的剩余极化强度形成了一个非零的持久极化强度，它平行于极化时的极化电场。因此经过人工极化处理之后，铁电体成了具有热电效应的热电陶瓷和压电陶瓷。

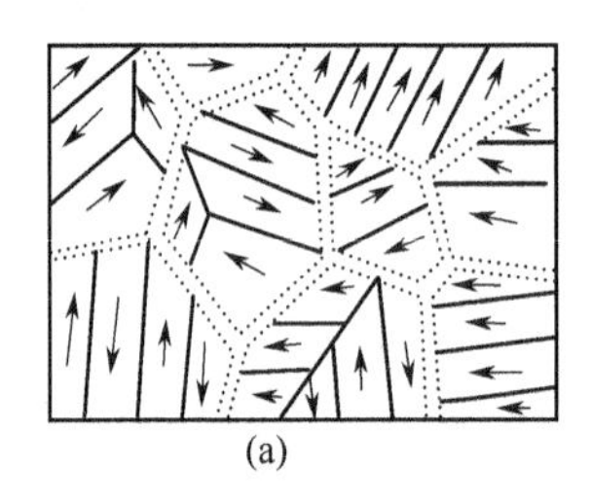

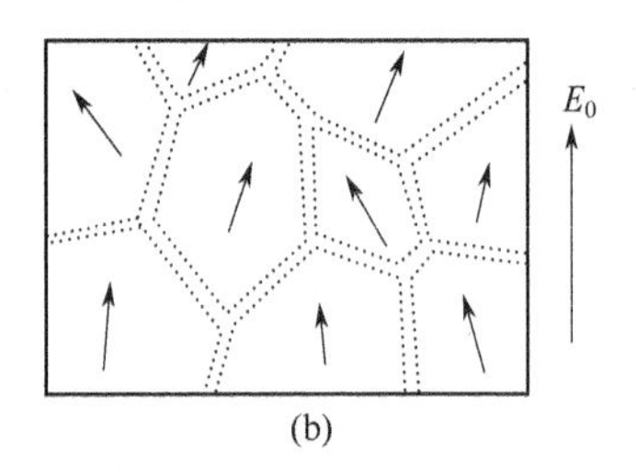

图 6-46　铁电陶瓷（a）和热电陶瓷（b）示意图

电畴可用一些实验和测试方法观察到，例如可用弱酸溶液侵蚀晶体表面。由显微观察可以看到多晶陶瓷中每个小晶粒可包含多个电畴。

6.4.3　电滞回线

铁电体是电介质材料中一个很重要的分支，它是一种特殊相变的产物。在从高对称性转变为低对称性的过程中，伴随着发生自发极化或亚点阵极化。在铁电态下，极化强度与外电场之间的关系构成电滞回线，见图 6-47。

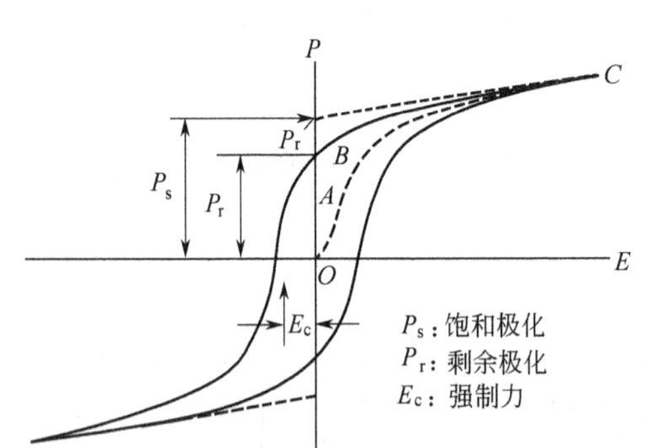

图 6-47　铁电体电滞回线

在图 6-47 所示的电滞回线中，强场饱和部分成一直线，该直线的延长线与 P 轴所交 P_s 点，称为饱和极化强度，电滞回线对于坐标原点通常是对称的，回线与 P 轴相交于 $\pm P_r$ 点，称 P_r 为剩余极化强度；回线与 E 轴所交 $\pm E_c$ 点，称 E_c 为矫顽场。

众所周知，电容器中的电介质具有非线性电阻，或者在强场下介电常数与场强有关，用通常观察电滞回线的方法也可以出现回线。因为测量方法本身并不能判断回线是由铁电性所引起的，还是由其他原因所引起。另一方面，有些铁电体因为电阻率太低或其他原因，无法加上足够强的电场来观察回线。因此只能认为出现电滞回线是铁电体的重要特征之一，回线的观察是发现铁电体的第一步。如果从微观上来考虑，铁电体可定义为，铁电体的晶胞都具有大小相等的非零电偶极矩；晶胞具有两个或两个以上的结晶学等效方向，电矩可以沿其中任何一个方向取向。在热平衡状态下，相邻晶胞电矩相同取向形成亚微观尺度范围的取向有序化；在外加电场等的作用下，铁电体中的电矩可以由原来取向转变到其他能量较低的方向。因此不能仅从是否具有电滞回线来判断铁电体，而必须从材料的微观特征来考虑。

判断铁电体的依据之一是电滞回线，电滞回线可由实验得出。根据前述分析，它是材料内部电畴运动的宏观表现。

不同材料不同工艺条件对电滞回线的形状都有很大的影响，因而应用也各不相同，所以掌握电滞回线及其影响因素，对研究铁电材料的特性是十分重要的。

(1) 温度对电滞回线的影响

温度对电滞回线的影响分为环境温度和极化温度。

环境温度的高低影响电畴运动和转向的难易，所以，温度对电滞回线的形状有影响。在低温时，电滞回线变得比较平坦，矫顽场强变得较大，相应于畴壁重新取向需要较大的能量，即电畴的排列冻结了。在较高温度时，电畴运动容易，矫顽场强和饱和场强随温度升高而降低，直至居里温度无滞后现象为止，而此时只有单一的介电常数值。由图 6-48 可以看出，在低温时，电滞回线变得比较平坦，随着温度升高，其电滞回线形状比较瘦长。环境温度对电滞回线的影响不仅表现在电畴运动的难易程度上而且对材料的晶体结构有影响，在居里温度附近，电滞回线逐渐闭合为一直线，铁电性消失。

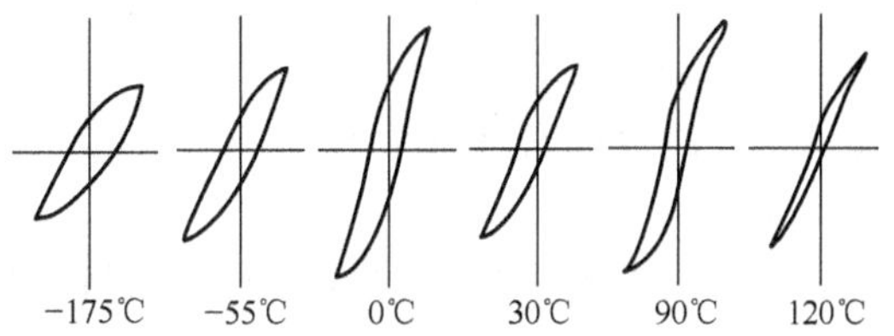

图 6-48　钛酸钡铁电体电滞回线形状随温度的变化

铁电畴在外电场作用下的“转向”，使得陶瓷材料具有宏观剩余极化强度，即材料具有极性。高温极化是指：起始极化温度在居里点以上 10～20℃，其后极化电压随极化温度降低而逐步提高，待极化温度降至 100℃以下时撤去电压，在高温时由于电畴转向阻力小，所以电畴沿电场方向的取向容易进行。另外，由于高温时材料的体积电阻率降低，使空间电荷极化，在电场作用下容易消失，空间电荷的屏蔽作用因而也消失；这就使得电畴转向所需的矫顽场强降低，使畴的转向数目增加。

由于温度对电畴运动和转向有影响，所以在一定条件下，在较高温度下进行“人工极化”，可以达到在较低的极化电压下同样的效果。

(2) 极化时间和极化场强的影响

电畴由于处在应力状态，转向需要一定的时间，随着时间的延长，电畴定向排列得更完全，极化就可以更充分。实验表明，在相同的电场强度或电压作用下，长时间的极化，可以获得较高的极化强度及较高的剩余极化强度。

极化场强对电畴转向有类似的影响，极化场强加大，电畴转向程度更高，剩余极化变大。因此为使极化充分进行，应提高极化场强。极化电场的大小主要取决于材料矫顽场强和饱和场强。极化场强一定要大于矫顽场强，才能使电畴发生翻转。但是提高场强容易引起击穿，这就限制了极化电场的提高。

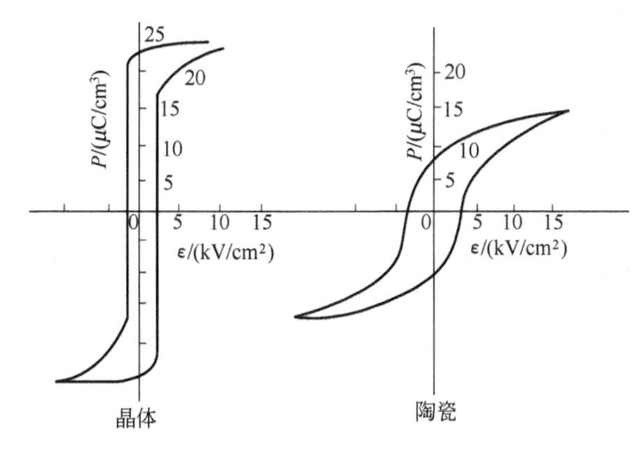

图 6-49　$BaTiO_3$ 的电滞回线

(3) 单晶与多晶的影响

同一种材料，由于晶界的结构特点对电畴定向排列有很大的影响，使单晶体与多晶体的电滞回线不同。图 6-49 反映了钛酸钡单晶和多晶陶瓷电滞回线的差异。单晶体的 P_s 和 P_r 很接近，而且较高；电滞回线很接近于矩形，易于形成单畴；陶瓷的电滞回线中 P_s 和 P_r 相差较大，表明陶瓷多晶体不易形成单畴，即不易定向排列。

电滞回线的特性在实际中有重要的应用。利用高的剩余极化强度，铁电体可用来做信息存储、图像显示。目前已经研制出一些透明铁电陶瓷器件，如铁电存储和显示器件、光阀、全息照相器件等，就是利用外加电场使铁电畴作一定的取向，使透明陶瓷的光学性质发生变化。铁电体在光记忆应用方面也已受到重视，目前得到应用的是掺镧的锆钛酸铅（PLZT）透明铁电陶瓷以及 $Bi_4Ti_3O_{12}$ 铁电薄膜。

由于铁电体的极化随 E 而变化。因而晶体的折射率也将随 E 而变化。这种由于外电场引起晶体折射率的变化称为电光效应。利用晶体的电光效应可制作光调制器、晶体光阀、电光开关等光器件。目前应用到激光技术中的晶体很多是铁电晶体，如 $LiNbO_3$、$LiTaO_3$、KTN（钽铌酸钾）等。

6.4.4 铁电体的特性及应用

（1）介电特性

由于铁电体在一定的温度下发生晶格的变化，引起自发极化，引起介电常数的显著变化，尤其在居里点处，因此像 $BaTiO_3$ 一类的钙钛矿型铁电体在晶相转变温度具有很高的介电常数。纯钛酸钡陶瓷的介电常数，在室温时约为 1400；在居里点 120℃附近，介电常数增加很快，可高达 6000～10000。由图 6-50$BaTiO_3$ 陶瓷介电常数与温度的关系可以看出，居里温度附近具有最大介电常数，这对制造小体积大容量的电容器具有重要的意义。因此改变这种铁电体介电性质使居里点符合使用条件是十分重要的。为了提高室温下材料的介电常数，可以利用固溶体的方法来达到。在实际制造中需要解决调整居里点和居里点处介电常数的峰值问题，这就是所谓的移峰效应和压峰效应。

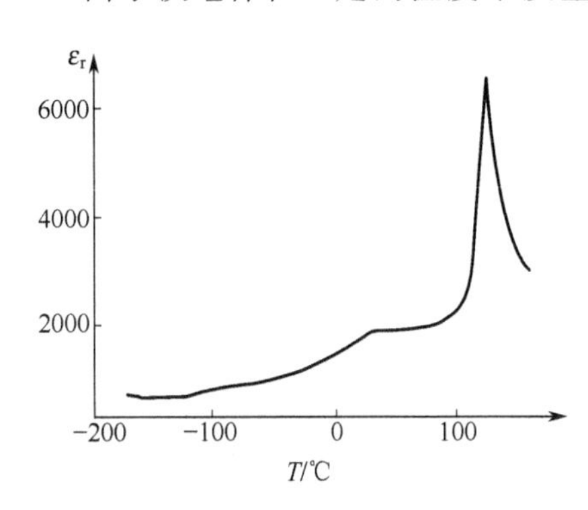

图 6-50　$BaTiO_3$ 陶瓷介电常数与温度的关系

在铁电体中引入某种添加剂生成固溶体，改变原来的晶胞参数和离子间的相互作用，使居里点向低温或高温方向移动，这就是移峰效应。例如 $BaTiO_3$ 中加入低居里点的 $SrTiO_3$ 使居里点向低温侧移，加入高居里点的 $PbTiO_3$ 使它向高温侧移。这些能使居里温度改变的添加剂叫移峰剂。移峰的目的是为了在工作条件下（室温附近）材料的介电常数和温度的关系尽可能平缓，即要求居里点远离室温温度。

压峰效应是为了降低居里点处的介电常数的峰值，即降低 ε-T 非线性，也使工作状态相应于 ε-T 平缓区。即克服居里点处介电常数随温度变化太快的缺点。可以通过加入使峰值展宽的所谓展宽剂或压峰剂来达到。例如在 $BaTiO_3$ 中加入 $CaTiO_3$ 可使居里峰下降。常用的压峰剂为非铁电体。如在 $BaTiO_3$ 中加入 $Bi_{2/3}SnO_3$，使居里点几乎完全消失，显示出线性的温度特性，而介电常数仍能保持接近 2000。其机理可认为是加入非铁电体后，破坏了原来的内电场，使自发极化减弱，即铁电性减小。

（2）非线性

铁电体的介电常数与外加电场强度的变化为非线性的关系，即铁电体的非线性。从电滞回线也可看出这种非线性关系。在工程中，常采用交流电场强度 E_{max} 和非线性系数 $N_{\sim}$ 来表示材料的非线性。E_{max} 指介电常数最大值 ε_{max} 时的电场强度，$N_{\sim}$ 表示 ε_{max} 和介电常数初始值 ε_5 之比。ε_5 指交流 50 周，电压 5V 时的介电常数。强非线性只有在 $N_{\sim}$ 很大，同时 E_{max} 较低时才出现。

非线性的影响主要是材料的结构。可以用电畴的观点来分析非线性。电畴在外加电场下能沿外电场取向，主要是通过新畴的形成、发展和畴壁的位移等实现。当所有电畴都沿外电场方向定向排列时，极化达到最大值，即达到饱和状态。所以为了使材料具有强非线性，就必须使所有的电畴能在较低的电场的作用下全部定向排列，这时，ε-T 曲线一定很陡。在低电场作用下，电畴转向主要取决于90°和180°畴壁的位移。但电畴通常位于晶体缺陷附近。缺陷区存在内应力，畴壁不易移动。因此要获得强非线性，就要减少晶体的缺陷，防止杂质掺入，选择最佳工艺条件。此外要选择适当的主晶相材料，要求矫顽场强低，体积电致伸缩小，以免产生应力。

强非线性铁电陶瓷主要用于制造电压敏感元件、介质放大器、脉冲发生器、稳压器、开关、频率调制等方面。已获得应用的材料有 $BaTiO_3$-$BaSnO_3$，$BaTiO_3$-$BaZrO_3$ 等。

（3）晶界效应

陶瓷材料的晶界特性的重要性不亚于晶粒本身的特性，例如 $BaTiO_3$ 铁电材料，由于晶界效应，可以表现出各种不同的半导体特性。可以用作铁电电容器。

室温下 $BaTiO_3$ 陶瓷的体积电阻率在 $10^6\Omega\cdot cm$ 以上，但加入 MnO_2 可使体积电阻率提高1～2个数量级。相反，在纯度达到99.99%的 $BaTiO_3$ 中引入0.1%～0.3%摩尔分数的稀土元素氧化物，用普通陶瓷工艺烧成的制品具有n型半导体的性质，其室温体积电阻率为 $10\sim10^3\Omega\cdot cm$。利用半导体的晶界效应，可制造出边界层（或晶界层）电容器。如在半导化的 $BaTiO_3$ 陶瓷表面涂覆上适当的金属氧化物，如 MnO_2、TiO_2、Bi_2O_3、CuO 等，然后在950～1250℃空气中进行热处理，使涂覆的金属氧化物与 $BaTiO_3$ 形成低共熔相，并沿开口气孔渗透到陶瓷内部，在晶界形成一层极薄的绝缘层，而晶粒内部仍为半导体，晶粒边界厚度相当于电容器介质层。

另一类型的 $BaTiO_3$ 半导体陶瓷不用添加稀土元素，只在真空或还原气氛中烧成，是使晶粒发育比较充分的陶瓷半导化。然后在适当的温度和氧化条件下，使分凝在晶界上的金属氧化物充分氧化，在晶界上形成一层极薄的绝缘层。同样也可以制备出半导化的高介电常数电容器。

这样制作的电容器的介电常数可达20000～80000。用很薄的这种陶瓷材料就可以做成击穿电压为45V以上，容量为0.5μF的电容器。它除了体积小、容量大外，还适合于高频（100MHz以上）电路使用。在集成电路中是很有前途的。

6.5 压电性

压电性就是没有中心反演对称的一些带有离子键的晶体，按所施加的机械应力成比例地产生电荷的能力。反过来，外电场作用于这类晶体，按所施加的外电场成比例地产生内应力或应变。因此这类晶体具有可逆的性质。具有压电性的晶体统称为压电晶体。非中心对称的晶体都是压电晶体。压电晶体的种类很多，最常见的有水晶、罗息盐等。一些具有闪锌矿结构的晶体，如GaAs、CuCl、ZnS等，它们都是压电半导体。水晶因其化学和机械性能好，广泛地用来制造无线电频率的谐振器，水晶振子的谐振频率非常稳定，在电信和电子技术上的效用很大。罗息盐因其压电性能强而制作又较为简易，故用来制造耳塞听筒或电唱头的材料。由于获得压电性所需要的极性，可以通过“人工极化”的方法，使原来各向同性的多晶陶瓷发生“极化”，这种极化可以在铁电材料中发生，所以近年来，压电陶瓷发展较快，在不少场合已经取代了压电单晶，应用最广泛的压电材料是钛酸钡和PZT系列的压电陶瓷，它们可用于电声换能、压电点火和引爆等方面。

6.5.1 压电效应

在晶体上施加压力、张力、切向力时，则发生与应力成比例的介质极化，同时在晶体两端表面上将出现数量相等、符号相反的束缚电荷。作用力反向时，表面荷电性质也相反，而且在一定范围内，电荷密度与作用力成正比，晶体的这一效应为正压电效应。正压电效应的电位移（电位面积的电荷）D 与施加的应力 T 关系如下

$$D = dT \tag{6-141}$$

式中，d 为压电常数，单位为库仑/牛（C/N）。

在晶体上施加电场引起极化，则将产生与电场强度成比例的变形或机械应力。晶体的这一效应为逆压电效应。逆压电效应的应变 S 与施加的电场强度 E 的关系如下

$$S = dE \tag{6-142}$$

式中，d 为压电常数，单位为库仑/牛（C/N）。

正、逆压电效应的压电常数在数值上是相同的。正、逆压电效应统称为压电效应。其本质是因为机械作用引起了晶体介质的极化，导致介质两端表面内出现符号相反的束缚电荷。具有压电效应的物体为压电体。

压电效应与晶体的对称性有很大的关系，具有对称中心的晶体不具有压电效应。只有具有不对称中心的晶体才有压电效应。其原因是，有对称中心的晶体受到应力后，内部发生均匀的变形，仍然保持质点间的对称排列规律，并无不对称的相对位移，正负电荷中心重合，不产生极化，没有压电效应。如果晶体不具有对称中心，质点排列并不对称，在应力作用下，它们就受到了不对称的内应力，产生不对称的相对位移，结果形成新的电矩，呈现出压电效应。

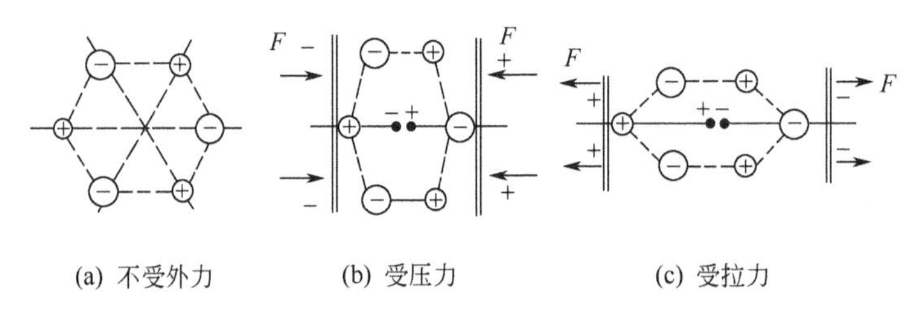

图 6-51　压电晶体产生正压电效应机理图

因此从结构上看，能产生压电现象的晶体所满足的必要条件是该晶体没有对称中心，图 6-51 画出了一个电荷没有对称中心的晶胞示意图，图中的（a）表示压电晶体中质点在某一方向上的投影。此时晶体不受外力作用，正、负电荷重心重合，整个晶体总电矩为 0，晶体表面不荷电，因此不具有持久电矩。但当晶体沿某一方向受外力作用时，晶体由于形变导致正、负电荷重心不重合，即电矩发生变化，从而引起晶体表面荷电。图（b）为晶体压缩时荷电的情况；图（c）是拉伸时的荷电情况。这就是压电效应。但是如果将压电晶体置于外电场中，由于电场的作用，引起电矩的变化，晶体内部正、负电荷重心产生位移。这一位移又导致晶体发生形变，这个效应即为逆压电效应。当然一个晶体的压电效应也与取向有关，即沿着某些方向施加电场或应力，不会产生压电效应。在 32 种宏观对称类型中，不具有对称中心的有 21 种，其中有一种压电常数为零，其余 20 种都具有压电效应，有 10 种为极性晶体，具有热电性和铁电性，因此，一般来说，热电体同时也是压电体。由于铁电体为极性晶体，即不仅要求晶体没有对称中心，而且本身要具有固有偶极矩，因此具有压电性的材料不一定是铁电体，例如：具有压电性材料又有铁电性的材料有 $BaTiO_3$、Pb(Zr、Ti)O_3、Pb($Co_{1/3}Nb_{2/3}$)O_3、Pb(Mn_1/$2Sb_{1/2}$)O_3、Pb($Sb_{1/2}Nb_{1/2}$)O_3。仅有铁电性的材料为 β-石英、纤维锌矿（ZnS）。有关介电性、压电性、热释电性及铁电性的关系见图 6-52。

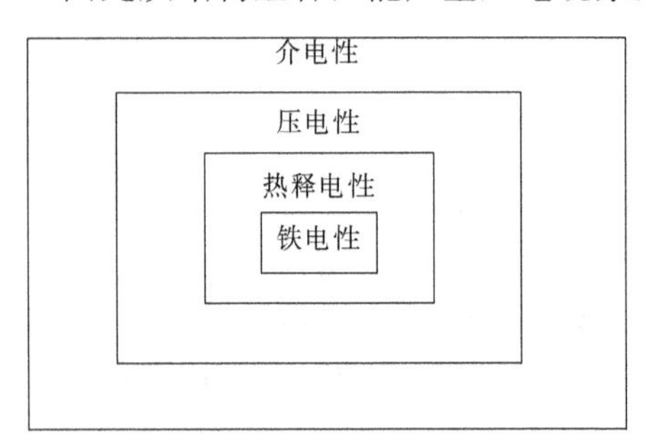

图 6-52　介电性、压电性、热释电性、铁电性的关系

6.5.2 压电效应的方程

完整地描述压电晶体的压电效应中其力学物理量（T，S）和电学物理量（D，E）关系的方程为压电方程。类似于材料弹性形变的广义虎克定律，由于正压电效应的特性，正压电效应只有如下三个方程式

$$
\begin{aligned}
D_1&=d_{11}T_1+d_{12}T_2+d_{13}T_3+d_{14}T_4+d_{15}T_5+d_{16}T_6\\
D_2&=d_{21}T_1+d_{22}T_2+d_{23}T_3+d_{24}T_4+d_{25}T_5+d_{26}T_6\\
D_3&=d_{31}T_1+d_{32}T_2+d_{33}T_3+d_{34}T_4+d_{35}T_5+d_{36}T_6
\end{aligned}
\tag{6-143}
$$

式中，d 的第一个下标代表电的方向，第二个下标代表机械的力或形变的方向。同理也可写出逆压电方程，只是在电场的作用下，应变有正应变和剪切应变，可以写出六个方程式。实际上，压电常数 d 因有晶体的对称性及压电效应的方向性而减少。举例说明如下。

(1) 正压电效应方程

① 正应力作用的正压电效应方程。假设有一压电陶瓷，其极化强度为 P，方向为轴 3 向，如图 6-53 所示。

当只施加应力 T_3 时（电场 E 为恒定，下同），在轴 3 向发生应变，并有压电效应

$$D_3=d_{33}T_3$$

在轴 1 和轴 2 方向产生应变 S_1 和 S_2，但是在轴 1 与轴 2 方向没有极化现象，也就没有压电效应。因此 $d_{13}=d_{23}=0$。

同理若只施加 T_1 或 T_2，则在三个方向上都产生应变，但仅在轴 3 向上产生极化，从对称关系可知 T_1 或 T_2 的作用是等效的，因此，$d_{31}=d_{32}$。由于在轴 1 向和轴 2 向上没有极化现象，因此，$d_{11}=d_{21}=0$ 或 $d_{12}=d_{22}=0$。

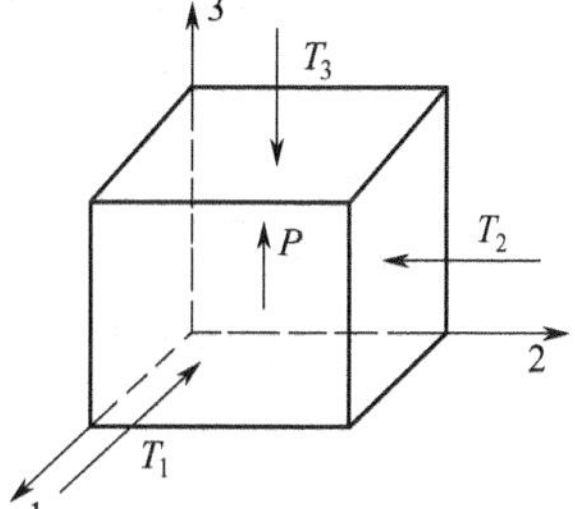

图 6-53 极化方向为轴 3 向的压电陶瓷

如果陶瓷材料同时只受三个方向的正应力，则压电效应方程为

$$
\begin{aligned}
D_1&=0\\
D_2&=0\\
D_3&=d_{31}T_1+d_{32}T_2+d_{33}T_3
\end{aligned}
\tag{6-144}
$$

该方程为简化的正压电方程式。

② 剪切应力作用的正压电效应方程。若仅有切应变 T_4 的作用，法线方向为轴 1 向的平面产生应变见图 6-54。原来的极化强度 P 发生偏转，不考虑正应力的作用，即轴 3 向的极化强度没有变化，$D_3=0$，$d_{34}=0$，而轴 2 向出现了极化分量 P_2，因而有 $D_2=d_{24}T_4$。轴 1 向也无变化，$D_1=0$，$d_{14}=0$。

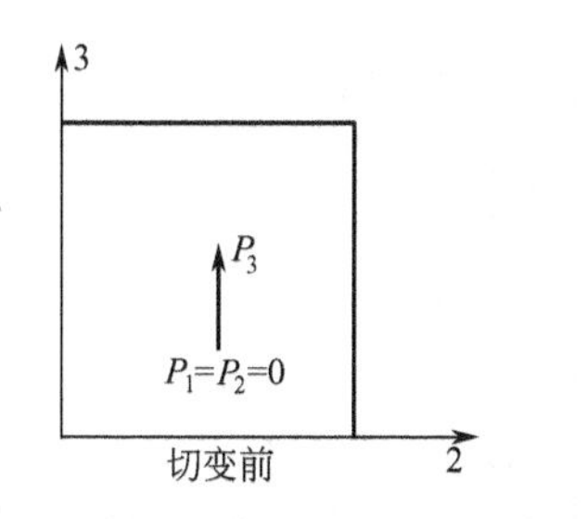

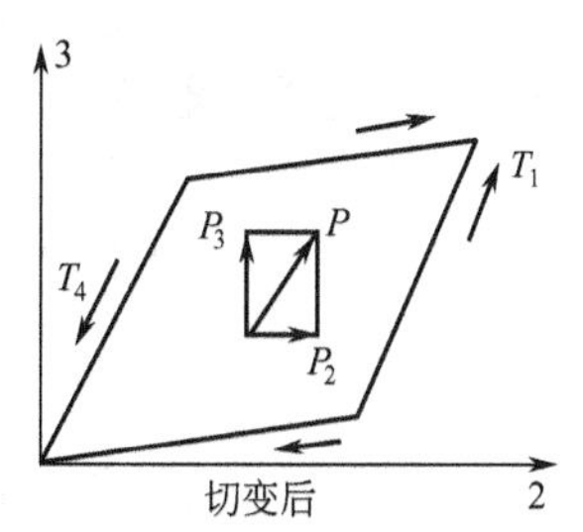

图 6-54 切应力 T_4 引起的压电效应

T_5 与 T_4 效应类同，可以得出 $D_1=d_{15}T_5$，$D_2=D_3=0$，$d_{24}=d_{15}$，$d_{25}=d_{35}$。

如果仅有 T_6 的作用，切应变作用面垂直于轴 3 向，轴 3 向的极化强度并未改变。由于原极化是在轴 3 向，故应变前后，轴 1 向和轴 2 向分量都为零。即有

$$D_1=D_2=D_3=0, \quad d_{16}=d_{26}=d_{36}=0$$

根据以上分析，如果材料在正应力和剪切应力的作用下，压电常数只有 3 个独立参量，即 d_{31}、d_{33}、d_{15}，因而压电方程为

$$\begin{aligned} D_1&=d_{15}T_5 \\ D_2&=d_{15}T_4 \\ D_3&=d_{31}T_1+d_{31}T_2+d_{33}T_3 \end{aligned} \tag{6-145}$$

（2）逆压电效应方程

极化方向仍为轴 3 方向，若仅施加电场 E（应力 T 恒定），E 分量分别为 E_1、E_2、E_3，见图 6-55（a）。

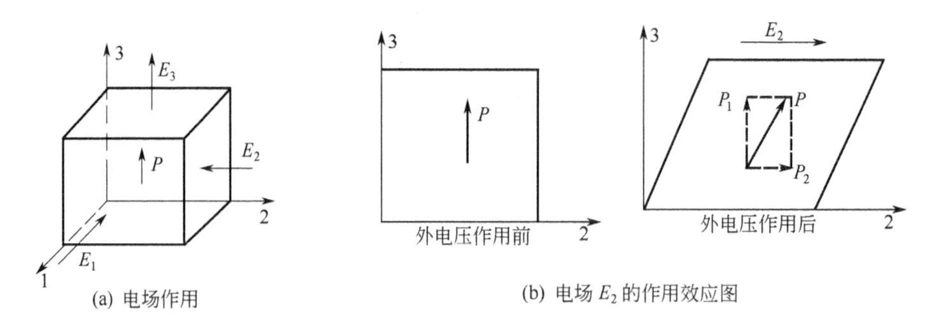

(a) 电场作用

(b) 电场 E_2 的作用效应图

图 6-55　压电体的电场作用分析

E_3 的效应导致在 3 个方向上产生正应变分别为 S_1、S_2、S_3，而没有切应变的产生，所以有

$$\begin{aligned} S_1&=d_{31}E_3 \\ S_2&=d_{32}E_3 \\ S_3&=d_{33}E_3 \end{aligned}$$

逆压电效应的压电常数的第一个下标是电的分量，而第二个下标是机械形变或应力的分量。由于轴 1 向和轴 2 向的等效性，因此 $S_2=S_1$，即有 $d_{31}=d_{32}$。

E_2 的效应，由于其方向垂直于极化强度方向 P，因此在 3 周向上不产生伸缩变形。但 E_2 的作用使极化强度 P 的方向发生偏转，在轴 2 向产生了分量 P_2，如图 6-55（b）所示，因此有切应变 S_4：

$$S_4=d_{24}E_2$$

同理 E_1 与 E_2 的效应类似，只产生切应变 S_5：

$$S_5=d_{15}E_1$$

根据对称关系，$d_{24}=d_{15}$，因此逆压电效应的方程式可以写为

$$\begin{aligned} S_1&=d_{31}E_3 \\ S_2&=d_{32}E_3 \\ S_3&=d_{33}E_3 \\ S_4&=d_{15}E_2 \\ S_5&=d_{15}E_1 \end{aligned} \tag{6-146}$$

如果同时考虑力学参量（T，S）和电学参量（E，D）的复合作用，即材料在外加电场 E 和应力 T 的作用下，引起的电荷面密度 D 和形变 S 可用简式表示如下：

$$\begin{aligned} D&=dT+\varepsilon^T E \\ S&=S^E T+dE \end{aligned} \tag{6-147}$$

式中，ε^T 是在恒定应力或零应力下测量出的机械自由介电常数；S^E 为在外电路电阻很

小，相当于短路，或电场强度 $E=0$ 的条件下，测得的弹性常数。由于压电材料沿极化强度 P 方向的性质与其他方向的性质不一样，所以其弹性、介电常数各个方向也不一样，并且与边界条件有关。

6.5.3 压电振子及其参数

压电振子是最基本的压电元件，它是被覆激励电极的压电体。样品的几何形状不同，可以形成各种不同的振动模式，见表 6-12。极化方向与电场方向平行时产生的振动为伸缩振动，包括长度伸缩振动、厚度伸缩振动；极化方向与电场方向垂直时产生的振动为切变振动，包括平面切变振动、厚度切变振动。弹性波传播方向与极化轴平行为纵向效应；弹性波传播方向与极化轴垂直为横向效应；具有两种以上激励电极的振子，在极化方向与电场方向平行而施加的方式不同时，产生的振动为弯曲振动，包括厚度弯曲和横向弯曲。

表 6-12 压电陶瓷的振动方式及其机电耦合系数

样品形状	振动方式	机电耦合系数
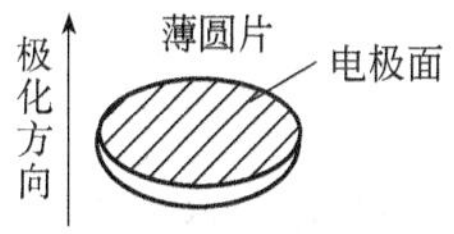 薄圆片；电极面；极化方向	沿径向伸缩振动 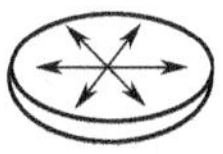	平面机电耦合系数 k_p
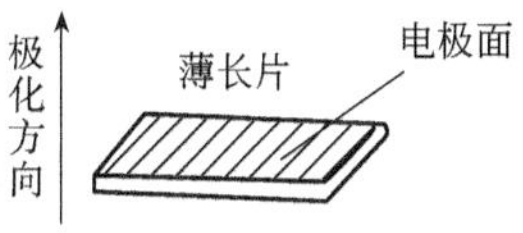 薄长片；电极面；极化方向	沿长度方向伸缩振动 	横向机电耦合系数 k_{31}
 圆柱体；电极面；极化方向	沿轴向伸缩振动 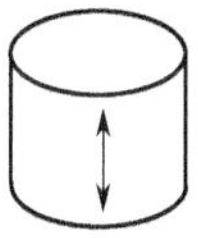	纵向机电耦合系数 k_{33}
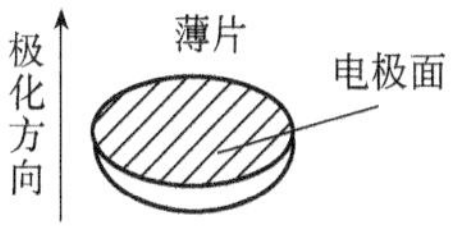 薄片；电极面；极化方向	沿厚度方向伸缩振动 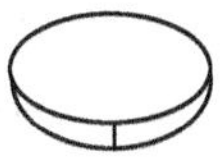	厚度机电耦合系数 k_t
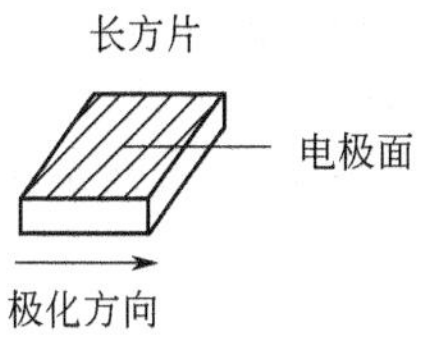 长方片；电极面；极化方向	厚度切度振动 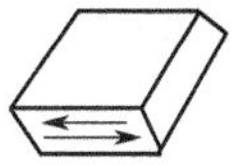	厚度机电耦合系数 k_{15}

表征压电效应的主要参数，除以前讨论的弹性常数、介电常数、压电常数等压电材料的常数外，还有表征压电元件的参数，这里重点讨论谐振频率、频率常数和机电耦合系数。

(1) 谐振频率与反谐振频率

对具有弹性的压电振子施加交变电场，当电场频率与压电体的固有频率 f_r 一致时，压电振子因逆压电效应产生机械谐振，这种机械谐振又借助于正压电效应而输出电信号。实际上压电体中产生谐振时，在其中形成驻波，形成驻波的条件是谐振的线度尺寸 L 等于振动

波波长一半的整数倍 n，即

$$L=\frac{n\lambda}{2} \tag{6-148}$$

又由于振动频率：

$$f=\frac{u}{\lambda}$$

式中，u 为声波的传播速度。

谐振的线度尺寸与频率的关系

$$f=\frac{nu}{2L} \tag{6-149}$$

当 $n=1$ 时，频率为基频，其他为二、三次等谐振频率。当发生谐振时，此时信号电压与电流同位相，f_r 为谐振频率。在两个谐振之间有一反谐振，其信号电压与电流也为同位相，此时对应的频率 f_a 为反谐振频率。

压电振子的阻抗特性曲线如图 6-56 所示。当压电振子发生谐振时，输出电流最大，此时的频率为最小阻抗频率 f_m。当信号频率继续增大到 f_n，输出电流达最小值，f_n 叫最小阻抗频率。只有压电振子在机械损耗为零的条件下，才有 $f_r=f_m$，$f_a=f_n$。

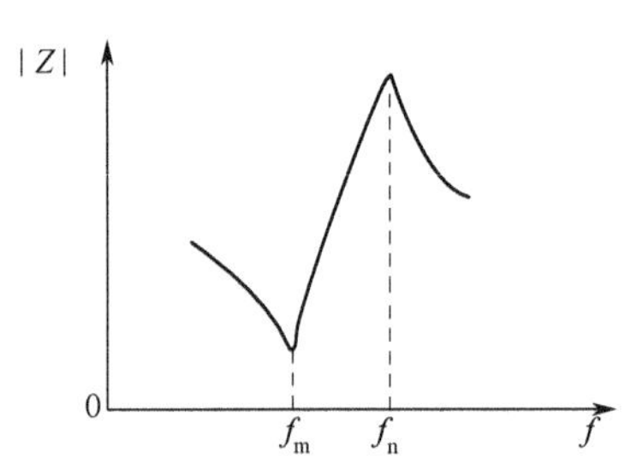

图 6-56 压电振子的阻抗特性曲线

(2) 频率常数

压电元件的谐振频率 f_r 与沿振动方向的长度 L 乘积为一常数，这一常数为频率常数 N(kHz·m)。根据式(6-147)得

$$N=\frac{nu}{2} \tag{6-150}$$

一般常利用基频谐振，所以 $n=1$。因为声波的传播速度 u 取决于材料的弹性常数和密度，所以频率常数只与材料的性质有关。若知道材料的频率常数，即可根据所要求的频率来设计元件的外形尺寸。

(3) 机电耦合系数

机电耦合系数 k 是综合反映压电材料性能的参数。它表示压电材料的机械能与电能的耦合效应，机电耦合系数可定义为

$$k^2=\frac{\text{由机械能转化的电能}}{\text{输入的总机械能}}$$

$$k^2=\frac{\text{由电能转化的机械能}}{\text{输入的总机械能}} \tag{6-151}$$

由于压电元件的机械能与它的形状和振动方式有关，因此不同形状和不同振动方式所对应的机电耦合系数也不同，表 6-12 给出了常见的几种机电耦合系数。以 k_{31} 为例求机电耦合系数。

k_{31} 表示在轴 3 向施加电场引起轴 1 向产生伸缩振动的机电耦合系数。当施加 E_3 时，在轴 3 向产生电位移

$$D_3=\varepsilon_{33}^T E_3$$

式中，ε_{33}^T 表示在恒定应力下，施加 E_3，在轴 3 向测量出的机械自由介电常数。因此单位体积输入的电能为

$$U_E=\frac{1}{2}D_3E_3=\frac{1}{2}\varepsilon_{33}^T E_3^2$$

根据压电效应，E_3 引起应变为 $S_1=d_{31}E_3$，则由电能转换的机械能，即应变能 U_M 为

$$U_M=\frac{1}{2}S_1T_1=\frac{1}{2}d_{31}E_3\ \frac{S_1}{S_{11}^E}=\frac{1}{2}\frac{d_{31}^2}{S_{11}^E}E_3^2$$

式中，S_{11}^{E} 表示在恒定电场下，在轴 1 向测量出的弹性常数。所以有

$$k_{31}=\sqrt{\frac{U_{M}}{U_{E}}}=d_{31}\sqrt{\frac{1}{S_{11}^{E}\varepsilon_{33}^{T}}}$$

因此机电耦合系数由定义可推证为 $k=d\sqrt{\frac{1}{S^{E}\varepsilon^{T}}}$

压电材料的参数可通过谐振实验测量谐振频率、反谐振频率计算出来。

6.5.4 压电材料及其应用

自从 1880 年发现压电效应以来，直至 20 世纪 40 年代，压电材料只局限于晶体材料。自 40 年代中期出现了 $BaTiO_3$ 陶瓷以后，压电陶瓷的发展较快。当前，晶体和陶瓷是压电材料的两类主要分支，柔性材料则是另一分支，它是高分子聚合物。几种压电材料的主要性能列于表 6-13。

表 6-13 几种压电材料的主要性能

材　料	耦合系数/%		相对介电常数	压电常数/(10^{-12}C/N)		频率常数/Hz·m	
	k_p	k_{31}	$\varepsilon_{33}^{T}/\varepsilon_0$	d_{31}	d_{33}	$f_{r31}L$	$f_{r33}L$
$BaTiO_3$ 单晶		31.5	168	约 34.5	85.6		
$BaTiO_3$ 陶瓷	36	21	1700	约 79	191	2000	2520
$Pb(Zr_{0.52}Ti_{0.48})O_3$	52.9	31.3	730	约 93.5	223		
$PbTiO_3$ 陶瓷	7～9.6	4.2～6.0	约 150			约 2000	约 2000

已经开发出的压电陶瓷主要有下列四方面的用途：

① 产生高压电荷，要求制品同时具有高的压电常数和抗高机械应力下电或机械损坏的性能；

② 检测机械振动和用于制动器，要求高的压电常数及低的介电系数；

③ 频率控制，要求对时间和温度稳定，并且有最小的损耗和高的耦合系数；

④ 产生声和超声振动，要求当施加产生有用的振幅所需的高电场时，材料具有低损耗。

(1) 钛酸钡

钛酸钡是第一个作为压电陶瓷被研究的，并大规模用于上述②和④。由于其机电耦合系数较高，化学性质稳定，有较大的工作温度范围。至今仍然得到广泛的应用。早在 20 世纪 40 年代末已在拾音器、换能器、滤波器等方面得到应用，后来的大量工作是掺杂改性，以改变其居里点，提高温度稳定性。

钛酸钡结构上的转变伴随着几乎所有的电和机械性质的变化。对于许多应用来说，为了避免产生大的温度系数，使转变温度移至远离工作范围是必要的。通过部分的 Ba 和 Ti 被取代，可改变转变温度。立方-四方晶系和正交-六方晶系相变正好发生在远离正常工作温度。但四方-正交晶系相变发生在靠近工作温度。Ca 取代 Ba 会降低相变温度，并已用于控制 0℃附近的压电性质，这种性质对于水下探测和回声探测是重要的。

从技术上看，纯的钛酸钡或掺有等价取代离子的钛酸钡在高电场强度（0.2～0.4MV·m^{-1}）下具有非常高的损耗，高电场强度是产生有用超声能所需要的。介电损耗主要由畴壁的运动产生。因此，控制高的介电损耗在于控制畴壁的运动。

(2) 钛酸铅

钛酸铅的结构与钛酸钡相类似，其居里温度为 495℃，居里温度下为四方晶系，但在室温时，其 c 轴约比 a 轴长约 6%。纯钛酸铅陶瓷很难烧结，当冷却通过居里点时，就会碎裂

成粉末，因此目前测量只能用不纯的样品。少量添加物可抑制开裂。例如含 Nb^{5+} 4%（原子）的材料，d_{33} 可达 40×10^{-12}C/N。陶瓷形态的钛酸铅很难极化，其压电性能较低，且常常在高的直流电场下分解。

（3）锆酸铅

锆酸铅具有与正交晶系钛酸钡类似结构的正交晶系，但它是反铁电体，即由于 Zr^{4+} 离子从六个 O^{2-} 离子环绕的几何中心位移产生的偶极子交替按相反方向指向，因此自发极化为零，但在很强的外电场作用下，可以诱导成铁电相。具有如图 6-57 的双电滞回线，居里温度为 234℃，居里点以下为斜方晶系。锆酸铅与钛酸铅的固溶体陶瓷具有优良的压电性能。

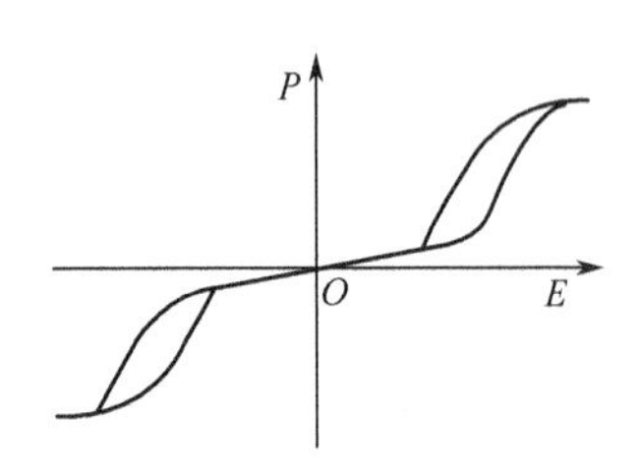

图 6-57 $PbZrO_3$ 双电滞回线

（4）钛锆酸铅（PZT）

20 世纪 60 年代以来，人们对复合钙钛矿型化合物进行了系统的研究，这对压电材料的发展起了积极的作用。PZT 为二元系压电陶瓷，$Pb(Ti, Zr)O_3$ 压电陶瓷在四方晶相（富钛边）和菱形晶相（富锆一边）的相界附近，其耦合系数和介电常数是最高的。这是因为在相界附近，极化更容易重新取向。相界大约在 $Pb(Ti_{0.465}Zr_{0.535})O_3$ 的地方，其组成的机电耦合系数 k_{33} 可到 0.6，d_{33} 可到 2000×10^{-12}C/N。

为了满足不同的使用要求，在 PZT 中添加某些元素，可达到改性的目的，比如添加 La、Nd、Bi、Nb 等，属软性添加物，它们可使陶瓷弹性柔顺常数增高，矫顽场降低，k_p 增大；Fe、Co、Mn、Ni 等添加物，属于硬性添加物，它们可使陶瓷性能向硬的方面变化即矫顽场增大，k_p 下降，同时介质损耗降低。

为了进一步改性，在 PZT 陶瓷中掺入铌镁酸铅制成三元系压电陶瓷（PCM）。该三元系陶瓷具有可以广泛调节压电性能的特点。

（5）其他压电陶瓷材料

其他还有钨青铜型、含铋层状化合物、焦绿石型等非钙钛矿型压电材料。这些材料具有很大的潜力。此外硫化镉、氧化锌、氮化铝等压电半导体薄膜也得到了研究与发展，20 世纪 70 年代以来，为了满足光电子学发展需要又研制出掺镧钛锆酸铅透明铁电陶瓷，用它制作各种光电元件。几种压电材料的主要类型列于表 6-14。

表 6-14　几种压电材料的主要类型

结　构	晶　系	点　群	实　例	类　型	T_c/K
氢键型	单斜	2	TGS(硫酸三甘肽)	热电晶体	322
含铋层状化合物型	单斜	m	$Bi_4Ti_3O_{12}$	电光晶体	648
石英型	三方	32	水晶	压电晶体	850
铌酸锂型	三方	3m	LN(铌酸锂)	高温铁电晶体	1483
钙钛矿型	四方	4mm	BT(钛酸钡)	铁电晶体	393
钨青铜型	斜方	mm2	BNN(铌酸钛钡)	非线性光学晶体	833
烧绿石型	斜方	mm2	$Sr_2Nb_2O_7$	高温电光晶体	1615
纤锌矿型	六方	6mm	CdO	压电半导体	
—		∞m	极化后的铁电陶瓷	压电铁电陶瓷	393～1483

近年来，压电陶瓷得到了广泛的应用。正压电效应的大多数用途是利用压缩应力产生高电压，例如，在空气中使用的燃气火花点火装置。利用逆压电效应可以施加给陶瓷片一个电场来产生微小的位移。通过给陶瓷片施加一个交变电场，可以产生振动，反过来施加一个交变的机械力，则产生交变的电场，由此可用于超声探伤、超声清洗、超声显像中的陶瓷超声

换能器；用于高压电源的陶瓷变压器。陶瓷薄片可以制成柔顺的弯模振荡元件，用于电声器件中的扬声器、送话筒、拾音器等。当压电陶瓷体在其共振频率振动时，其阻抗衰减特性可用作滤波器，以便从混合频率中选择频率段。表面波的产生使滤波器和将用其制造的装置能在频率超过 1GHz 下使用。应用取决于寻找最合适的外形和结构。因此这些压电陶瓷器件除了选择合适的瓷料以外，还要有先进的结构设计。

必须指出，不同的应用目的对压电参数有不同的要求。例如，高频器件要求材料有小的介电常数和低的损耗；滤波器材料要求谐振频率稳定性好，k_p 值则取决于滤波器的带宽；电声材料要求高的 k_p 和高的介电常数。

习　题

1. 解释下列名词：电极化、偶极子、电偶极矩、质点的极化率、局部电场、极化强度、电介质的电极化率。

2. 什么叫极化强度？写出它的几种表达式及其物理意义？

3. 克劳修斯-莫索蒂方程的意义是什么？适用的条件是什么？

4. 电介质的极化机制有哪些？分别在什么频率范围响应？

5. 金红石的介电常数是 100，求气孔率为 10% 的金红石陶瓷的介电常数。

6. 镁橄榄石瓷的组成为 45% SiO_2、5% Al_2O_3 和 50% MgO，在 1400℃烧成并急冷（保留玻璃相），陶瓷的 $\varepsilon_r=5.4$，由于镁橄榄石的介电常数是 6.2，估计玻璃的介电常数 ε_r。（设玻璃的体积浓度为镁橄榄石的 50%）

7. 如果 A 原子的半径为 B 原子的两倍，那么在其他条件都相同的情况下，原子 A 的电子极化率大约是 B 原子的多少倍？

8. 金红石和钙钛矿型等晶体为什么具有高的介电常数？

9. 解释下列名词：复电导率、复介电常数、损耗角、损耗因子。

10. 有关介质损耗描述方法有哪些？其本质是否一致？

11. 影响介电损耗的因素有哪些？

12. 测量高频陶瓷介质的 ε 及 $\tan\delta$ 的原理及条件是什么？测量哪些数据，写出计算 ε 及 $\tan\delta$ 的公式及式中各量的物理意义？

13. 制得高容量和小尺寸电容器。试讨论如何制造陶瓷材料作为电介质以满足此要求，哪些性质是主要的？哪些因素必须加以控制？

14. 损耗的基本形式是什么？

15. 试举出几种常用的降低陶瓷介质的 $\tan\delta$ 方法。

16. 边长 10mm、厚度 1mm 的方形平板电容器的电介质相对介电常数为 2000，计算相应的电容。若在平板上外加 200V 电压，计算（1）电介质中的电场；（2）每个平板上的总电量；（3）电介质的极化强度。

17. 示意画出介质在直流电场作用下电流与时间的关系，并注明各部分电流的名称及形成的原因？写出交流电场作用时，通过介质的全电流表达式，并说明各部分的物理意义。

18. 金红石介质材料在烧成时应维持何种气氛？为什么？

19. 已知 TiO_2 陶瓷介质的体积密度为 $4.24g/cm^3$，分子量为 79.9，该介质的化学分子式表达为 AB_2，$\alpha_{eA}=0.272\times10^{-24}cm^3$，$\alpha_{eB}=2.76\times10^{-24}cm^3$，试用克劳修斯-莫索蒂方程计算该介质在可见光频率下的介电系数，实测 $\varepsilon'_\infty=7.1$，请对计算结果进行讨论。

20. 何谓空间电荷？产生的原因是什么？

21. 何谓陶瓷介质的内电离？如何判断陶瓷介质是否发生了电离击穿？

22. 什么叫介质的击穿？示意画出热击穿与本征击穿电场强度与温度、厚度、时间的关系？

23. 介质击穿电压的严格定义是什么？击穿时常伴随什么现象发生？

24. 写出电导率分别为 r_1 与 r_2 的双层介质在电场作用下，电场强度的分配规律？并说明可能由此造成陶瓷介质击穿电压下降的原因？（该双层介质的厚度分别为 d_1 与 d_2，面积分别为 S_1 与 S_2）

25. 热运动引起自发极化的机理是什么？

26. 为什么说“凡是具有对称中心的晶体都不具有压电效应”？

27. 叙述像 $BaTiO_3$ 这种典型电介质中在居里点以下存在四种极化机制。画出介电常数和损耗因子与 $10 \sim 10^{20}$ Hz 频率范围的关系曲线。

28. 一个厚 $d=0.025$cm，直径 2cm 的滑石瓷圆片，经测定发现电容 $C=7.2\mu F$，损耗因子 $\tan\delta=72$。试确定：介电常数；电损耗因子；电极化率。

29. 画出高纯度的锗和 CaF_2 介电常数和损耗因子对 $1 \sim 10^{18}$ Hz 频率的关系曲线。

30. 一般来说，用作电绝缘体的玻璃含碱量低，含碱土金属或含铅量高。什么样的性质合乎介电绝缘体的要求？

第 7 章　无机材料的磁学性能

材料的磁性是固体物理研究的一个重要课题，也是工业应用必须考虑的一个课题。磁性材料大体分属于金属材料和铁氧体材料两大类。随着近代科学技术的发展，使用电磁波频率不断提高，金属和合金磁性材料的趋肤效应加剧，在微波领域中的电磁波已不能穿透一般金属，因此不能满足应用对性能提出的要求。而铁氧体磁性材料的电阻率为 $10 \sim 10^6 \Omega \cdot m$，属于半导体范畴，因此具有高电阻、低损耗的优点，已成为微波波段中唯一具有实际意义的磁介质材料。除此之外，铁氧体磁性材料还具有各种不同的磁学性能，使它们在无线电电子学、自动控制、电子计算机、信息存储、激光调制等方面，都有着广泛的应用。目前，铁氧体已发展成为一门独立的学科。

本章主要介绍磁性材料的一般磁性能，并讨论铁氧体材料的性能与应用。

7.1　磁矩和磁化强度

7.1.1　磁矩

(1) 定义

在磁场的作用下，物质中形成了成对的 N、S 磁极，称这种现象为磁化。可这样考虑，见图 7-1，在 N、S 磁极上带有 $+q_m$ 和 $-q_m$ 的磁量，它们是磁场的源，与讨论电场时的电荷相对应，把磁量叫做磁极强度或磁荷。一对等量异号的磁极相距很小的距离，把这样的体系叫做磁偶极子。

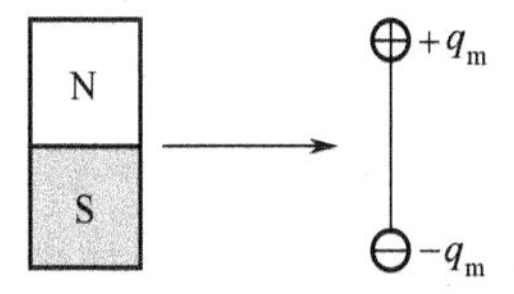

图 7-1　磁极上的磁荷

类似于静电库仑定律，两个磁极间的相互作用力在二者的连线上，其大小与磁极强度和它们间的距离有如下的关系

$$F = \frac{1}{4\pi\mu_0}\frac{q_{m1}q_{m2}}{r^2} \tag{7-1}$$

式中，F 为两磁极间的作用力 (N)；q_{m1}、q_{m2} 分别为两磁极的磁极强度 (Wb)；r 为两磁极间的距离 (m)；μ_0 为真空磁导率，$\mu_0 = 4\pi \times 10^{-7}$ H/m。

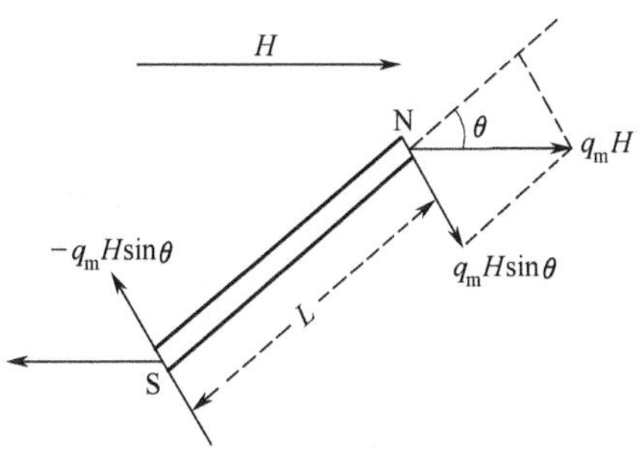

图 7-2　磁矩的概念

将磁极强度为 q_m、相距为 L 的磁偶极子置于均匀磁场 H 中，如图 7-2 所示，磁极受到的磁场力可表示为

$$F = q_m H \tag{7-2}$$

在外磁场的影响下，磁偶极子沿磁场方向排列。为达到与磁场平行，该磁矩在力矩

$$T = Lq_m H \sin\theta \tag{7-3}$$

的作用下，发生旋转。式中的系数 Lq_m 定义为磁矩 m(Wb·m)。

因此在均匀磁场中，磁偶极子受到磁场作用的力矩也可表示为

$$T = mH \tag{7-4}$$

从简单的电流概念可知，任何一个封闭的电流都具有磁矩 m，它的方向与环形法线方

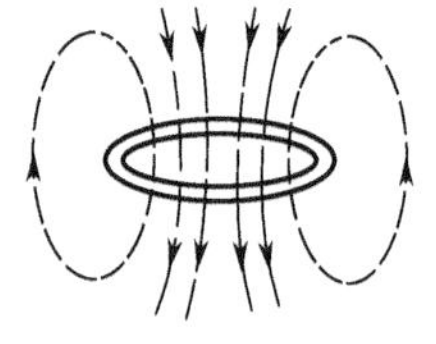

图 7-3　封闭电流引起的磁矩

向一致，大小为电流 I 与封闭环形的面积 A 的乘积（图 7-3）即

$$m=\mu_0 IA \tag{7-5}$$

磁矩是表征磁性物体磁性大小的物理量。所有物质在磁场中都会产生磁化现象，磁矩越大，磁性越强，即物质在磁场中所受的力也大。磁矩只与物体本身有关，与外磁场无关。

磁矩这一物理量是磁相互作用的基本条件，是物质中所有磁现象的根源。磁矩的概念可用于说明原子、分子等微观世界产生磁性的原因。

（2）原子磁矩

物质是原子核和电子的集合体，要理解物质的磁性起源，就要考虑原子具有的磁矩。现在我们可以从以下三方面来分析原子中的磁矩。

① 电子轨道运动产生的磁矩。如果我们参照原子结构的经典解释，那么，在绕原子核的闭合轨道上做圆周运动的电子可以认为是形成一个闭合线路，电子绕原子核运动，产生电子轨道磁矩，见图 7-4。

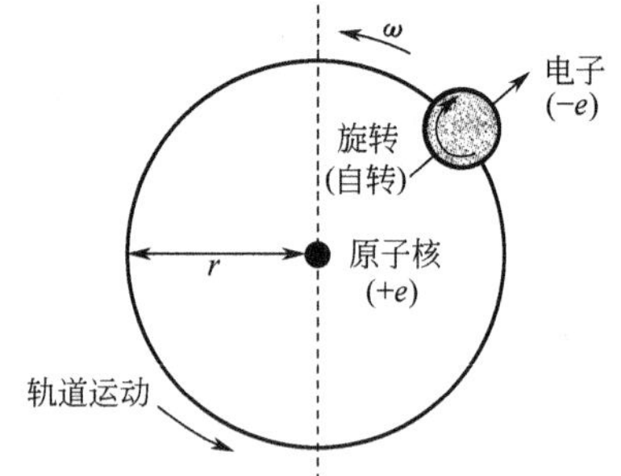

图 7-4　电子在自转的同时绕原子核公转的模型

设电子的质量为 m_e，电荷为 e，圆周运动的半径为 r，角速度为 ω，那么轨道运动的速度为每秒 $\omega/2\pi$ 周。可以认为这相当于电流 $-e\omega/(2\pi)$(A) 流过截面积为 πr^2 的线圈。因此产生的磁矩为

$$m_i=-\mu_0-\left(\frac{e\omega}{2\pi}\right)\pi r^2=-\frac{1}{2}e\omega\mu_0 r^2=-\mu_0\frac{e}{2m_e}P \tag{7-6}$$

式中的 $P=m_e\omega r^2$，称为力学角动量。根据量子力学理论，原子内电子的角动量为 $h/(2\pi)$ 的整数倍，其中 h 为普朗克常数。因此电子轨道运动的磁矩最小值为 $\mu_B=9.27\times10^{-24}\,A\cdot m^2$。$\mu_B$ 是磁矩的最小单位，称为波尔磁子。

② 电子自旋产生的磁矩。电子除了轨道角动量外，还具有自旋运动角动量，它伴随产生电子自旋磁矩，见图 7-4，其关系式为

$$m_s=-\mu_0\frac{e}{m_e}P \tag{7-7}$$

电子的自旋角动量为 $h/(4\pi)$ 的整数倍。

对于式（7-6）和式（7-7），可以用下面一般式表示：

$$m=-g\mu_0\frac{e}{2m_e}P \tag{7-8}$$

对于轨道角动量，$g=1$，对于自旋角动量，$g=2$。

③ 原子核的磁矩。原子核自旋所伴随的角动量也会产生磁矩。但原子核的质量是电子的约 1800 倍，运动速度仅为电子速度的几千分之一，所以原子核的自旋磁矩仅为电子自旋磁矩的千分之几，可以忽略不计。但是，由于存在核磁共振等许多现象，所以它对物性的研究是重要的。

通过上面的分析，电子轨道磁矩和电子自旋磁矩是物质具有磁性的根源。在晶体中，3d 过渡族原子形成键，键的本质通常是这样的：成键原子的轨道磁矩相互抵消，对外没有磁性作用。因此，物质的磁性不是由电子的轨道磁矩引起，而主要是由自旋磁矩引起。每个电子自旋磁矩的近似值等于一个波尔磁子 μ_B。因此原子具有的磁矩是由构成原子的核外电子的自旋合成所决定的。

孤立原子的磁矩决定于原子的结构。原子中如果有未被填满的电子壳层，其电子的自旋磁矩未被抵消（方向相反的电子自旋磁矩可以互相抵消），原子就具有“永久磁矩”。例如，

铁原子的原子序数为26，共有26个电子，电子层分布为：$1s^2 2s^2 2p^6 3s^2 3p^6 3d^6 4s^2$。可以看出，除3d子壳层外，各层均被电子填满，自旋磁矩被抵消。根据洪特法则，电子在3d子壳层中应尽可能填充到不同的轨道，并且它们的自旋尽量在同一个方向上。因此5个轨道中除了有一条轨道必须填入2个（自旋反平行）外，其余4个轨道均只有一个电子，且这些电子的自旋方向相同，由此总的电子自旋磁矩为$4\mu_B$。实际上，由于3d轨道和4s轨道的能量十分接近，在这些轨道上的电子有可能相互换位。按照统计分布计算，3d轨道上排布7.88个电子，而4s轨道上排布0.12个电子。因此在3d轨道上，同方向自旋电子有5个，相反方向自旋电子有2.88。实际上不成对的电子数为$5-2.88=2.12$个。因此Fe的磁矩为$2.12\mu_B$，Ni为$0.6\mu_B$，Co为$1.7\mu_B$。在元素周期表中，3d壳层和4f壳层未被填满的元素共有以下21种。

3d过渡元素：Sc，Ti，V，Cr，Mn，Fe，Co，Ni。

稀土类元素：Ce，Pr，Nd，Pm，Sm，Eu，Gd，Tb，Dy，Ho，Er，Tm，Yb。

对于稀土类的磁性，一般以合金和化合物的形态显示出磁性，无论在理论上还是实用上都是极为重要的。在这种情况下，处于4f轨道而受原子核束缚很强的内侧不成对电子也起作用，从而轨道磁矩也会对磁性产生贡献。

7.1.2 磁化强度

磁化强度的物理意义是单位体积中的磁矩总和。设体积元ΔV内磁矩的矢量和为$\sum m_i$，则磁化强度M为

$$M=\frac{\sum m_i}{\Delta V} \tag{7-9}$$

式中，m_i的单位为Wb·m；V的单位为m^3；因而磁化强度M的单位为$Wb \cdot m^{-2}$，即与磁场强度H的单位一致。

电场中的电介质由于电极化而影响电场，同样，磁场中的磁介质由于磁化也能影响磁场，即磁性体对于外部磁场H的反映强度。

设真空中$B_0=\mu_0 H$。式中B_0为磁通密度或磁感强度（$Wb \cdot m^{-2}$）；H为磁场强度（$Wb \cdot m^{-2}$）；μ_0为真空磁导率。如果在外磁场H中放入一磁介质，磁介质受外磁场作用，处于磁化状态，则磁介质内部的磁通密度B将发生变化，与磁场强度H、磁化强度M有关系式

$$B \equiv \mu_0(H+M)=\mu H \tag{7-10}$$

式中，μ为介质的磁导率，μ只与介质有关，表示磁性材料传导和通过磁力线的能力。该式采用MKS单位制表示。

实际应用时，也可采用CGS单位制，则式（7-10）表示为

$$B \equiv H+4\pi M \tag{7-11}$$

因此磁化强度M表征物质被磁化的程度。对于一般磁介质，无外加磁场时，其内部各个磁矩的取向不一致，宏观无磁性。但在外磁场作用下，各磁矩有规则地取向，使磁介质宏观显示磁性，这就叫磁化。

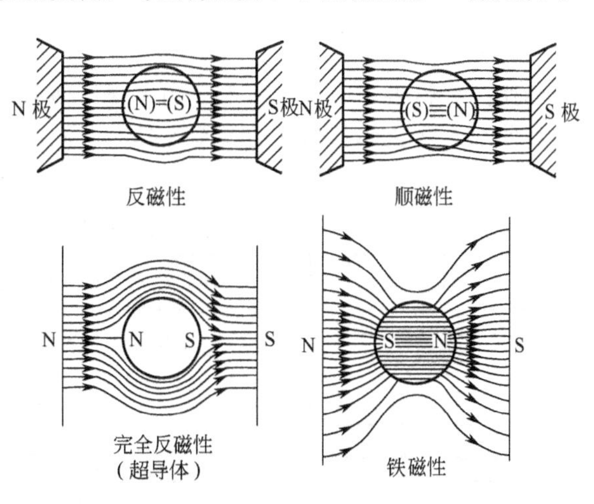

图7-5 磁力线在不同物质中的分布

磁介质在外磁场中的磁化状态，主要由磁化强度M决定。M可正、可负，由磁体内磁矩矢量和的方向决定，因而磁化了的磁介质内部的磁通密度B可能大于，也可能小于磁介质不存在时真空中的磁通密度B_0，其本质将在以后介绍。图7-5可以比较直观地

理解磁性体对外部磁场的反映情况。

由式（7-10）可得

$$\left(\frac{\mu}{\mu_0}-1\right)H=M$$

定义 $\mu_r=\frac{\mu}{\mu_0}$ 为介质的相对磁导率，则

$$M=(\mu_r-1)H \tag{7-12}$$

定义 $\chi_r\equiv\mu_r-1$ 为介质的相对磁化率，而 $\chi=\mu_0\chi_r$ 为介质的绝对磁化率，则可得磁化强度与磁场强度的关系为

$$M=\chi_r H \tag{7-13}$$

式中比例系数 χ_r 仅与磁介质性质有关，它反映材料的磁化能力或材料磁化的难易程度，它把 H 和 M 两个物理量联系起来。由式（7-13）可知，χ_r 为一无量纲物理量，可取正值或负值，决定于材料的磁性类别。

为了便于直观地理解磁性相关的基本物理量，可以将其与电学量的基本物理量进行对比，见表 7-1。

表 7-1　磁学和电学基本物理量的比较

磁学基本物理量		电学基本物理量	
名　称	单　位	名　称	单　位
磁极强度 q	韦伯 Wb	电荷量 q	库仑 C
磁矩 m	Wb·m	电偶极矩 p	C·m
磁化强度 M	Wb/m^2（特斯拉 T）	极化强度 P	C/m^2
磁通量 Φ	Wb	电流强度 I	A
磁通密度 B	Wb/m^2	电流密度 J	A/m^2
磁场强度 H	A/m	电场强度 E	V/m
磁导率 μ	H/m（亨利/米）	电导率 σ	1/(Ω·m)
磁阻	1/H	电阻	Ω
磁势 V_m	A·turns	电动势 U	V

7.2　物质的磁性

物质的磁性由于原子磁矩不同的表现，使原子磁矩与磁场的作用、磁化强度与磁场强度的关系曲线、磁化率与温度的关系等具有不同的特点，表 7-2 表达了它们的特性。下面讨论各种不同类型的磁性。

表 7-2　磁性分类及其产生机制

分类		原子磁矩	M-H 特性	M_s，$\frac{1}{\chi}$ 随温度的变化	物质实例
强磁性	铁磁性	→　→　→ →　→　→ →　→　→ →　→　→ →　→　→	M, M_s, O, H	$M_s,1/\chi$; $1/\chi$; $\chi=10^2\sim10^6$; M_s; T_c; T	Fe，Co，Ni，Gd，Tb，Dy 等元素及其合金、金属间化合物等。 FeSi，NiFe，CoFe，SmCo，NdFeB，CoCr，CoPt 等
	亚铁磁性	→　→　→ A ←　←　← B →　→　→ A ←　←　← B	M, M_s, O, H	$M_s,1/\chi$; M_s; T_c; T	各种铁氧体系材料（Fe，Ni，Co 氧化物），Fe，Co 等与重稀土类金属形成的金属间化合物（TbFe 等）

续表

分类		原子磁矩	M-H 特性	M_s，$\frac{1}{\chi}$随温度的变化	物质实例
弱磁性	顺磁性	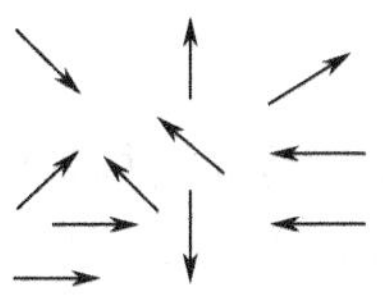	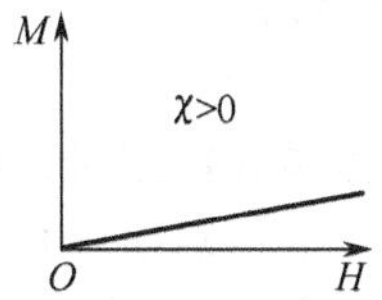 M，$\chi>0$，O，H	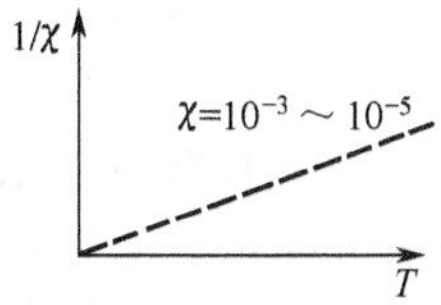 $1/\chi$，$\chi=10^{-3}\sim10^{-5}$，T	O_2，Pt，Rh，Pd 等 Ⅰa 族（Li，Na，K 等） Ⅱa 族（Be，Mg，Ca 等） NaCl，KCl 的 F 中心
	反铁磁性	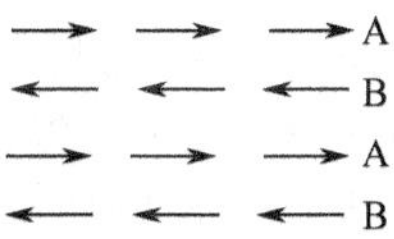 A B A B	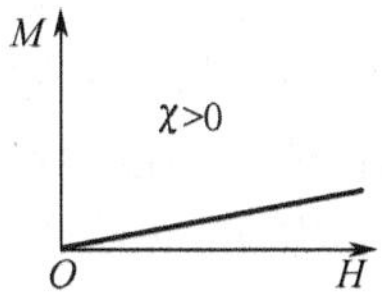 M，$\chi>0$，O，H	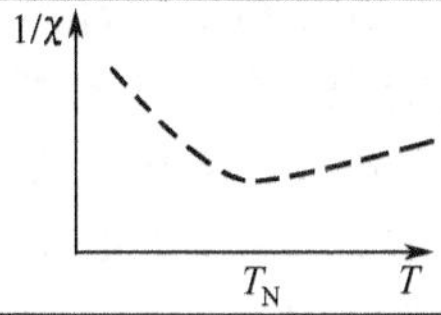 $1/\chi$，T_N，T	Cr，Mn，Nd，Sm，Eu 等 3d 过渡元素或稀土元素，还有 MnO、MnF_2 等合金、化合物等
反磁性		轨道电子的拉摩回旋运动	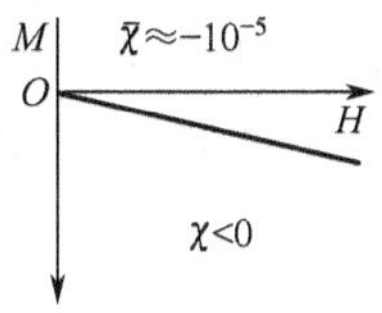 M，$\chi\approx-10^{-5}$，O，H，$\chi<0$		Cu，Ag，Au C，Si，Ge，α-Sn N，P，As，Sb，Bi S，Te，Se F，Cl，Br，I He，Ne，Ar，Kr，Xe，Rn

7.2.1 顺磁性

含有电子壳层未被填满的过渡族元素或稀土元素的原子或离子，如过渡元素、稀土元素、锕系元素、还有铝铂等金属，由于电子自旋没有互相抵消，不论外加磁场是否存在，原子内部存在永久磁矩。在没有外磁场的作用时，由于物质中的原子做无规则的热振动，各个磁矩的指向是无序分布的，没有形成宏观磁化现象。但是在外加磁场的作用下，这些磁矩沿磁场方向排列，物质显示极弱的磁性，这种现象叫顺磁性。磁化强度 M 与外磁场方向一致，M 为正，而且 M 严格地与外磁场 H 成正比。

顺磁性物质的磁性除了与 H 有关外，还依赖于温度。其磁化率 χ 与热力学温度 T 成反比。

$$\chi=\frac{C}{T} \tag{7-14}$$

式中，T 为热力学温度（K）；C 称为居里常数，取决于顺磁物质的磁化强度和磁矩大小。顺磁性物质的磁化率一般很小，室温下 χ 约为 10^{-5}。

7.2.2 铁磁性

铁磁性物质依其原子磁矩结构的不同，可以分为两种类型：一种是像 Fe、Co、Ni 等，属于本征铁磁性材料，在一定的宏观尺寸大小范围内，原子的磁矩方向趋向一致，这种铁磁性称为完全铁磁性。另一种是大小不同的原子磁矩反平行排列，二者不能完全抵消，即有净磁矩存在，称此种铁磁性为亚铁磁性。具有亚铁磁性的典型物质为铁氧体系列，作为高技术磁性材料，已受到高度重视。有关亚铁磁性在铁氧体中进行讨论。

具有铁磁性物质的磁化率为正值，而且很大。如 Fe、Co、Ni，室温下磁化率可达 10^3 数量级，属于强磁性物质。一般磁介质的 B-H 为线性关系，即 $B=\mu H$，μ 不变，而对于铁磁体，B-H 为非线性，μ 随外磁场变化。

铁磁体的铁磁性只在某一温度以下才表现出来，超过这一温度，由于物质内部热骚动破坏电子自旋磁矩的平行取向，因而总磁矩为零，铁磁性消失。这一温度称为居里点 T_C。在居里点以上，材料表现为强顺磁性，其磁化率与温度的关系服从居里-外斯定律，

$$\chi=\frac{C}{T-T_C} \tag{7-15}$$

式中，C 为居里常数。

铁磁性物质和顺磁性物质的主要差异在于：即使在较弱的磁场内，前者也可得到极高的磁化强度，而且当外磁场移去后，仍可保留极强的磁性。

7.2.3 反铁磁性

反铁磁性体的原子磁矩在同一子晶格中，无外磁场的作用时，磁矩是同向排列的，具有一定的磁矩；在不同的子晶格中磁矩是反向排列。两个子晶格中自发磁化强度大小相同，方向相反，整个晶体 $M=0$。反铁磁性物质大都是非金属化合物，如 FeO、NiF_2 及各种锰盐。

不论在什么温度下，都不能观察到反铁磁性物质的任何自发磁化现象，因此其宏观特性是顺磁性的，M 与 H 处于同一方向，磁化率 χ_r 为正值。温度很高时，χ_r 极小；温度降低，χ_r 逐渐增大。在一定温度 T_n 时，χ_r 达最大值 χ_{rn}。称 T_n（或 θ_n）为反磁性物质的居里点或尼尔点。对尼尔点存在 χ_{rn} 的解释是：在极低温度下，由于相邻原子的自旋完全反向，其磁矩几乎完全抵消，故磁化率 χ 几乎接近于 0。当温度升高时，使自旋反向的作用减弱，χ 增加。当温度升至尼尔点以上时，热骚动的影响较大，此时反铁磁体与顺铁磁体有相同的磁化行为。

7.2.4 抗磁性

当磁化强度 M 为负时，固体表现为抗磁性。抗磁性物质的磁化强度是磁场强度的线性函数。Bi、Cu、Ag、Au 等金属具有这种性质。在外磁场中，这类磁化了的介质内部，B 小于真空中的 B_0。构成抗磁性材料的原子（离子）的磁矩为零，即不存在永久磁矩，而前面所讨论的铁磁性、反铁磁性、顺磁性等都是源于原子磁矩而产生的磁性。当抗磁性物质放入外磁场中，外磁场使电子轨道改变，围绕原子核作回旋轨道运动的电子按照楞次定律会产生感生电流，此感生电流产生与外加磁场方向相反的磁场，这便是反磁性产生的根源。所以抗磁性来源于原子中电子轨道状态的变化。抗磁性物质的抗磁性一般很微弱，磁化率 χ 一般约为 -10^{-5}，其绝对值很小。符合抗磁性条件的就是那些填满了电子壳层的原子和离子，因此周期表中前 18 个元素主要表现为抗磁性。这些元素构成了无机材料中几乎所有阴离子，如 O^{2-}、F^-、Cl^-、S^{2-}、SO_4^{2-}、CO_3^{2-}、N^{3-}、OH^- 等。在这些阴离子中，电子填满壳层，自旋磁矩平衡。

在某些物质中完全不能进入磁通量，称这一性质为完全反磁性。具有完全反磁性的物质为第一类超导体，这种物质处于超导状态时，表现为完全反磁性。在图 7-6 所示的模型中可以从宏观角度理解完全反磁性。由于电磁感应，处于超导状态的第一类超导体在外磁场的作用下，在其表面数十纳米深度范围内会产生 $10^8 A/cm^2$ 程度的大电流密度的电流。根据右手定则，此电流会产生感应磁场，产生的磁场可完全抵消外加磁场，进而出现完全反磁性。实际上，外加磁场只能进入物质的表层，其深度约数十纳米，例如 Pb 为 37nm，Nd 为 39nm，因此从宏观角度看，这一深度完全可以忽略。完全反磁性目前刚刚进入实际应用阶段，利用完全反磁性的磁屏蔽、磁悬浮装置、自悬浮等技术正逐渐成熟。

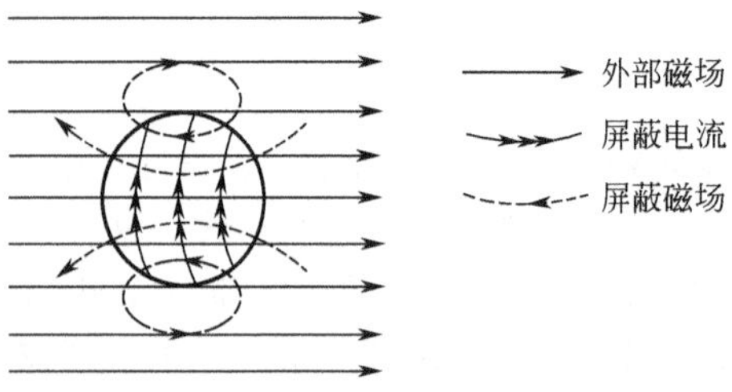

外部磁场
屏蔽电流
屏蔽磁场

图 7-6 完全反磁性的模型

7.3 磁畴的形成和磁滞回线

7.3.1 磁畴的形成

铁磁体在很弱的外加磁场作用下能显示出强磁性，这是由于物质内部存在自发磁化的小区域，即磁畴。对于处于退磁化状态的铁磁体，它们在宏观上并不显示磁性，这说明物质内部各部分的自发磁化强度的取向是杂乱的。因而物质的磁畴不会是单畴，而是由许多小磁畴组成。磁畴形成的原因有“交换”作用和超交换作用。

7.3.1.1 “交换”作用

磁偶极子类似于一个小永久磁体，因此在其周围形成磁场，这一磁场必然会对其他磁矩产生作用，使磁矩在特定方向取向，由于磁矩的相互作用，使其取向趋于一致。实际上这是由于电子的静电相互作用造成的，也即“交换”作用。由于电子的静电作用，自旋方向相反的电子具有相互靠近的运动趋势，自旋方向相同的电子具有相互远离的运动趋势。根据泡利不相容原理也可对其直观理解，同一电子轨道上不能同时容纳两个自旋方向相同的电子，只能同时容纳两个自旋方向相反的电子，也充分体现了这一微观运动规律。因此在具有多个轨道的 d 轨道上，不成对的自旋方向相同的自旋电子群处于相互远离的轨道，自旋方向相反的电子群处于相互靠近的轨道，如图 7-7 所示。

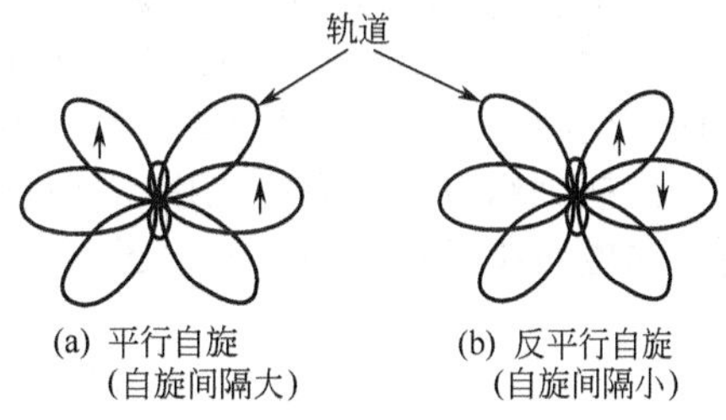

图 7-7 交换相互作用的模型

这一现象也可从电子的“共有化”运动得到解释。当原子间的距离很远时，因为无相互作用，电子的自旋取向是互不干扰的，原子都处于基态，其能量为 E_0。当它们相互接近形成凝聚态物质时，核与核、电子与电子以及核与电子之间便产生了新的静电相互作用，存在相互作用势能，其和为 C。另一方面，在晶体内，参与这种相互作用的电子已不再局限于原来的原子，而是“公有化”了，好像是电子在交换位置，故称为“交换”作用。而由这种“交换”作用产生相互作用能，也叫“交换能”。因此体系的能量已不是简单的基态能量 E_0 之和，而是所有原子的基态能量、相互作用势能和交换能之和。设交换能为 J，电子自旋平行排列和反平行排列时系统的能量分别为 E_1 和 E_2，则

$$E_1=\sum E_0+C-J \tag{7-16}$$

$$E_2=\sum E_0+C+J \tag{7-17}$$

当 $J<0$，则 $E_1>E_2$，即电子自旋反平行排列为稳定态。如果每个原子具有相同的磁矩，那么，原子的磁矩相互抵消，表现为反铁磁性。当 $J>0$，则 $E_1<E_2$，电子自旋平行排列为稳定状态，表现为铁磁性。

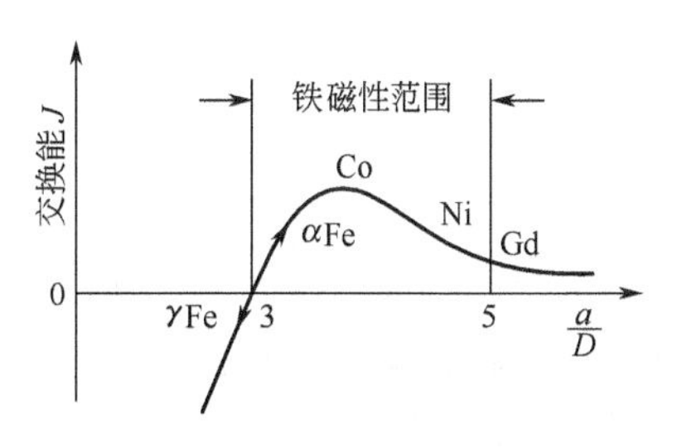

图 7-8 交换能与铁磁性的关系

交换能 J 与晶格的原子间距有密切的关系。当距离很大时，J 接近于零。随着距离的减小，相互作用有所增加，J 为正值，原子磁矩平行排列，但当距离减小到一定值时，J 为负值，原子磁矩反平行排列。如图 7-8 所示，当原子间距 a 与未被填满的电子壳层直径 D 之比大于 3 时，交换能为正值，原子磁矩平行排列；当$\frac{a}{D}<3$ 时，交换能为负值，原子磁矩反平行排列。

7.3.1.2 超交换作用

对尖晶石型铁氧体，其$\frac{a}{D}$值约为 2.5 数量级，按“交换”作用，磁性很弱，但实际上，它的磁性是很强的。那么是什么原因呢？在这些材料中过渡金属离子不是直接接触，直接接触交换作用很小，只有通过中间负离子氧起作用。图 7-9 所示为 3 原子系统，其中间为 O^{2-} 离子，两侧分别布置有金属磁性离子 M_1 和 M_2。由于中间氧离子的屏蔽作用，两侧的金属磁性离子难以发生直接相互作用。但是，当氧离子的 2p 轨道扩张到磁性离子的电子轨道范

围，也有可能进入到磁性离子的 3d 轨道，即发生所谓 p 轨道与 d 轨道轻微的重叠造成的电子交换。假设 M_1 和 M_2 的 3d 轨道上都有 5 个以上电子，设磁性离子 M_1 的自旋方向全朝上，根据洪特准则，O^{2-} 的 2p 轨道中只有自旋方向朝下的电子才有可能进入 M_1 的 3d 轨道，并产生磁矩。同时氧离子在 p 轨道的另一侧电子受到相同轨道其他电子的库仑排斥作用，处于氧离子的另一侧。这第二个电子的自旋由于泡利排斥原理和先前一个电子自旋是异向平行的，自旋朝上并与 M_2 相互作用，与图中左边的作用正好相反，在 M_2 中产生与 M_1 方向相反的磁矩。这样由于氧这一非磁性中间离子的介入，使磁性离子 M_1 和 M_2 产生相互作用的现象称为超交换相互作用。反铁磁性，如 FeO、MnO 和亚铁磁性都属于这种模型。中间非磁性离子除了 O^{2-} 外，还有 S^{2-} 、Se^{2-} 等。

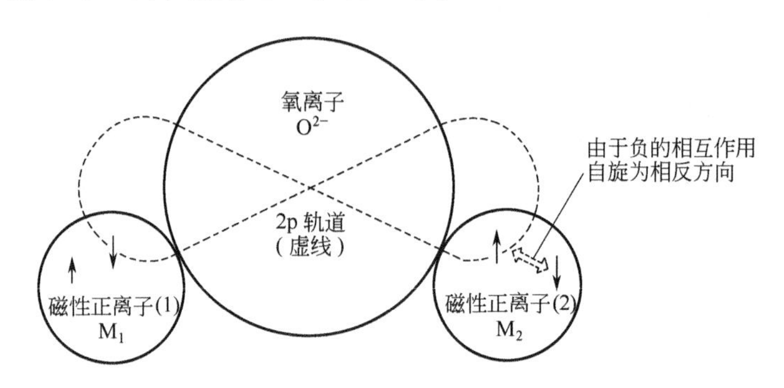

图 7-9　正离子的超相互作用

在尖晶石结构中实际上存在 A-A，B-B，A-B 三种可能位置，见图 7-10 ，因而存在三种交换作用。由于各种原因，这些化合物中只有其中的一种超交换作用占优势。

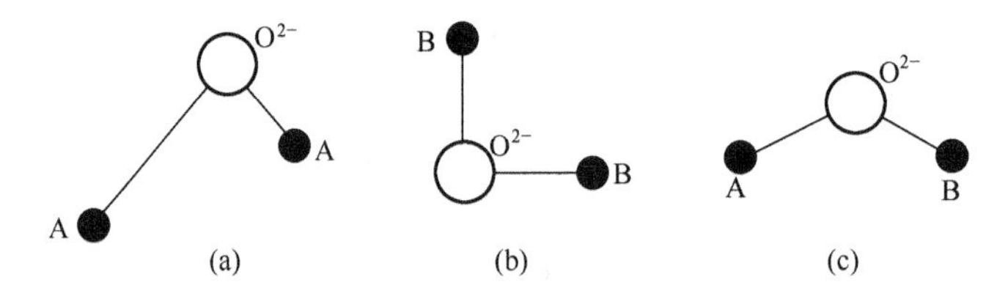

图 7-10　尖晶石结构中阳离子-氧离子-阳离子三组元的三种组态

(a) 两个阳离子在位置 A；(b) 两个阳离子在位置 B；

(c) 一个阳离子在位置 A，另一个在位置 B

对于 A-B 情况，因氧离子 2p 轨道的形状，A 和 B 在 O^{2-} 两旁近似成 180°，而且距离较近，使氧和阳离子的 3d 电子轨道相互重叠较多，所以 A-B 型超交换作用占优势，而且 A 和 B 位磁矩是反向排列的，即 A-B 型的交换作用导致了铁氧体的亚铁磁性。

以 $ZnFe_2O_4$ 尖晶石型铁氧体为例介绍另一种特性。具有电子组态 d^{10} 的 Zn^{2+} 离子占据 A 位，所有 Fe^{3+} 离子均占据 B 位。由于 Zn^{2+} 中没有不成对的自旋电子，因而，在 A 位的 Zn^{2+} 与 B 位的 Fe^{3+} 之间无超交换作用，而仅仅在 B 位的 Fe^{3+} 间，即在 B-B 间具有超交换作用，这引起 Fe^{3+} 磁矩的反平行排列。因为磁矩相同，所以观察不到 $ZnFe_2O_4$ 中磁化作用。

在另外一些尖晶石结构的化合物中，B-B 超交换作用与 A-B 交换作用同样的重要。比如 $Mn(Cr_2O_4)$ 中就出现这种情况。超交换作用 A-B(Mn^{2+}-Cr^{3+}) 趋向于使 Mn^{2+} 的磁矩与 Cr^{3+} 反平行，但同时出现的 B-B (Cr^{3+}-Cr^{3+}) 超交换作用破坏 Cr^{3+} 的亚晶格磁矩理想平行排列。这就出现非常复杂的磁结构：形成三种磁亚晶格，其中之一是由 A 位的 Mn^{2+} 阳离子的磁矩组成，其余的两个为 B 位的取向不同的 Cr^{3+} 离子磁矩组成。

具有 NaCl 型结构的 MnO 为反铁磁性体，根据中子衍射出的 MnO 点阵中 Mn^{2+} 的自旋排列示于图 7-11，O^{2-} 在 Mn^{2+} 之间（图中未画出）。从图上可以看出，在某一个（111）面上的离子有相同方向的自旋，而在相邻的（111）面上离子的自旋方向均与之相反。故对任一 Mn^{2+} 离子来说，所有相邻的 Mn^{2+} 离子均与它有相反的自旋方向。图中给出的元晶胞是按磁性来划分的，它比按结晶化学原则划分的元晶胞大 8 倍。

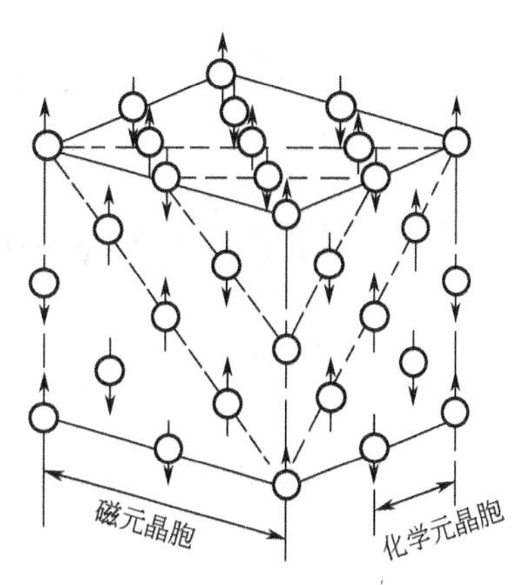

图 7-11　MnO 点阵中 Mn^{2+} 的自旋排列

根据超交换理论，能够通过邻近阳离子的激发态而完成间接交换作用。即经中间的激发态氧离子的传递交换作用，把相距很远无法发生直接交换作用的两个金属离子的自旋系统连接起来。在激发态下，O^{2-} 将一个 2p 电子给予相邻的 Mn^{2+} 而成为 O^{-}，Mn^{2+} 获得这个电子变成 Mn^{+}，此时它们的电子自旋排列如图 7-12 所示。从图中可见，O^{-} 的自旋与左方 Mn^{+} 自旋方向相同。当右方的 Mn^{2+} 的自旋方向相反时，系统能量较低。故表现出反铁磁性。

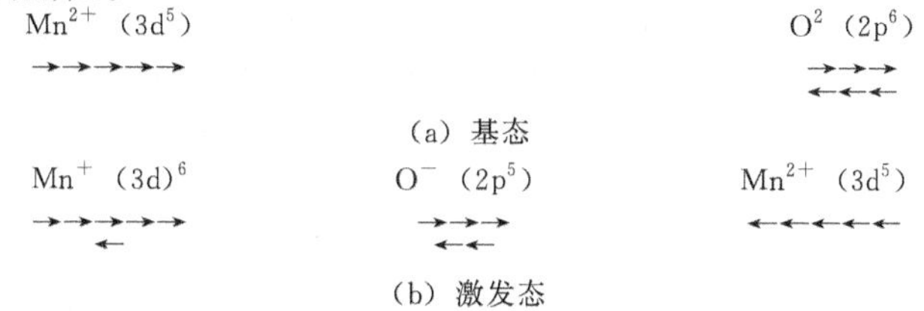

图 7-12　MnO 晶体中离子的自旋

7.3.1.3　磁畴的形成

由于铁磁体具有很强的内部交换作用，铁磁物质的交换能为正值，而且较大，使得相邻原子的磁矩平行取向，发生自发磁化，在物质内部形成许多小区域，即磁畴。这种自生的磁化强度叫自发磁化强度 M_s。因此自发磁化是铁磁物质的基本特征，也是铁磁物质和顺磁物质的区别所在。大量实验证明，为了保持自发磁化的稳定性，必须使强磁体的能量达最低值，因而就分裂成无数微小的磁畴，形成磁畴结构。每个磁畴的体积大约为 $10^{-9}cm^3$，约有 10^{15} 个原子。

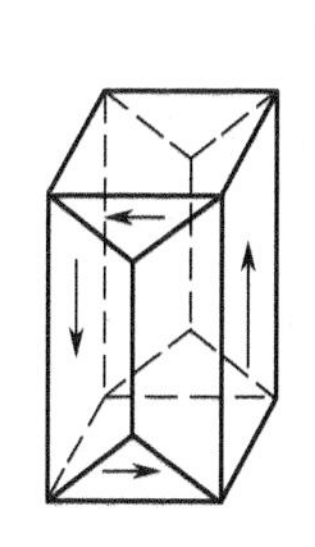
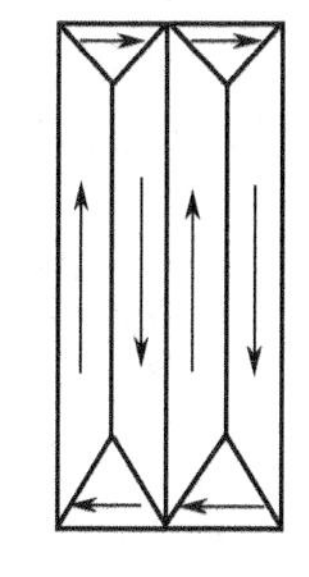
图 7-13　闭合磁畴

磁畴结构总是要保证体系的能量最小。磁畴的结构是否稳定取决于磁各向异性能、磁弹性能（由内部弹性应变引起的各向异性）等。对于磁各向异性能可以这样理解，内部能量随自发磁化强度方向的不同而变化，一般来说，磁化方向位于易磁化轴方向的能量最低，即最稳定。因晶体方向不同产生的磁各向异性称为晶体磁各向异性。由图 7-13 可以看出，各个磁畴之间彼此取向不同，首尾相接，形成闭合磁路，使磁体在空气中的静磁能下降为零，对外不显现磁性。

磁畴之间被畴壁隔开。畴壁实质上是相邻磁畴间的过渡层。为了降低交换能，在这个过渡层中，磁化强度的方向不是突然改变，而是逐渐地改变，最终转变到相反的方向，因此过渡层有一定厚度，一般为 $10^{-5}cm$。畴壁的基本类型包括图 7-14 中所示的两种及处于二者之间的一种。Bloch 畴壁多见于块体状磁性体中，磁化强度方向在厚度方向上像竹帘打捻一样实现反转；而 Néel 常见于薄膜中，磁化强度在薄膜面上发生旋转，最终实现反转。随着薄膜逐渐变厚，出现兼有这

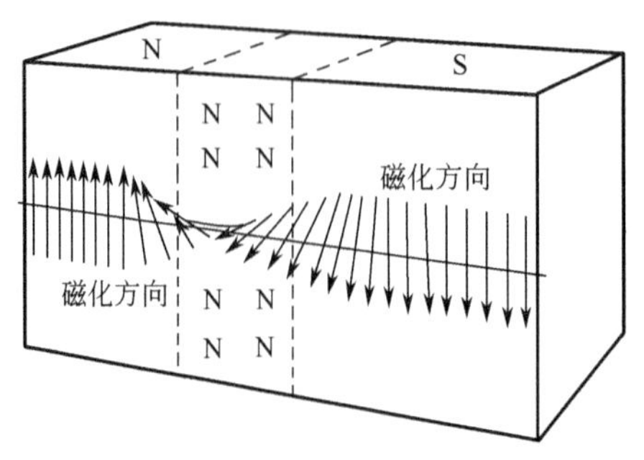

(a) Bloch 畴壁（在块体状磁性体中可见到）

（纸面即薄膜面）

(b) Néel 畴壁（在薄膜磁体中可见到）

图 7-14　磁畴壁的种类

两种特性的第三类畴壁，一般也称为枕木状畴壁。

铁磁体在外磁场中的磁化过程主要为畴壁的移动和磁畴内磁矩的转向。这一磁化过程使得铁磁体只需在很弱的外磁场中就能得到较大的磁化强度。

铁磁性的自发磁化和铁电性的自发极化有相似的规律，但应该强调的是它们的本质差别：铁电性是由离子位移引起的，而铁磁性则是由原子取向引起的；铁电性在非对称的晶体中发生，而铁磁性发生在次价电子的非平衡自旋中；铁电体的居里点是由于熵的增加（晶体相变），而铁磁体的居里点是原子的无规则振动破坏了原子间的“交换”作用，从而使自发磁化消失引起的。

7.3.2　磁滞回线

铁磁体在未经磁化或退磁状态时，其内部磁畴的磁化强度方向随机取向，彼此相互抵消，总体磁化强度为零。如果将其放入外磁场 H 中，其磁化强度 M 随外磁场 H 的变化是非线性的，M-H 曲线见图 7-15。从图中可以分析磁畴壁的移动、磁畴的磁化矢量的转向及其在磁化曲线上起作用的范围。从图中可以看出，随着外加磁场的增加，磁化强度由①经②到达③区域，并在（c）点达到饱和。在①区域，外施磁场弱，磁化方向与该磁场方向接近的磁畴将扩大，畴壁发生移动，其他方向的磁畴相应缩小。M-H 的关系是可逆的，此时磁畴能恢复到原来的状态。磁感应强度与磁场强度间也有同样的关系。在此范围内，$\Delta B/\Delta H=\mu_i$ 称为初始磁导率，它是表征软磁性材料的重要特征之一。这种效应不能进行到底，当外施磁场强度继续增至比较大时，与外磁场方向不一致的磁畴的磁化矢量会按外场方向转动。如果减小磁场强度，M-H 也不会沿原曲线返回，因而是不可逆的。在这一阶段 $\Delta B/\Delta H$ 存在最大值，称其为最大磁导率 μ_{max}。μ_{max} 与 μ_i 同样为软磁性材料的重要特征。H 再增加，

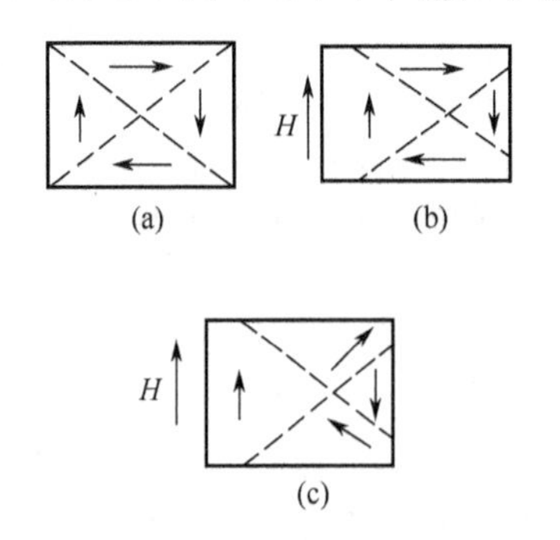

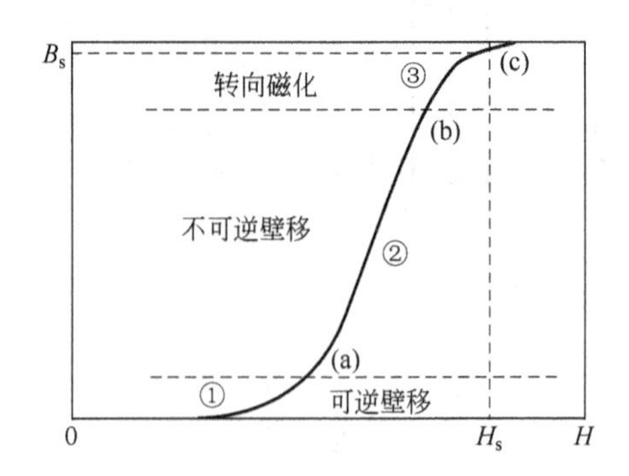

图 7-15　由磁畴扩大（b）及磁化矢量转向（c）引起的磁化过程，（a）是退磁状态下的磁畴分布（在右方的磁化曲线标明了对应的阶段）

进入③区，在每一磁畴中，磁矩都向外磁场 H 方向排列，磁化处于饱和状态，见图 7-15 中 (c) 点，此时的外磁场为 H_s，对应的磁化强度称为饱和磁化强度，用 M_s 表示，饱和磁感应强度用 B_s 表示，它们都是铁磁体极为重要的特征。称此区域为旋转磁化区或转向磁化区。如果再继续增大磁场强度，则 M 增加极其缓慢，与顺磁物质磁化过程相似，磁感应强度只随 $\mu_0 H$ 项的变化而变化。其后，磁化强度的微小提高主要是由于外磁场克服了部分热骚动能量，使磁畴内部各电子自旋方向逐渐都和外磁场方向一致造成的。

下面简单地介绍磁畴壁运动模型。在消磁状态下，畴壁受内应力等障碍物的钉扎作用，畴壁难以运动。在外磁场的作用下，由于各磁畴的磁矩发生转向而引起磁畴壁的移动，在磁畴壁的移动过程中，如果磁场较弱，不足以克服内应力等障碍物的钉扎作用，畴壁难以运动，当外磁场取消后，铁磁体即可回到消磁状态，即处于可逆的畴壁移动区域。随着外加磁场强度的增大，钉扎作用不足以抵消外磁场的作用，畴壁试图以图 7-16 所示的方式克服钉扎作用而移动，此时，挣脱开障碍物钉扎作用的畴壁，发生雪崩式的移动。畴壁移动是突然和不连续的，从而磁化也是不连续的。用电气放大作用进行探测，会有不规则的噪声出现。称此为 Barkhausen 效应或噪声。在此之后，进入到可逆的磁畴旋转区。进而达到饱和磁化状态。

如果外磁场 H 为交变磁场，则与电滞回线类似，可得到磁滞回线，见图 7-17。图中 B_r 称为剩余磁感应强度（剩磁）。为了消除剩磁，需加反向磁场 H_c。H_c 称为矫顽磁场强度，亦称“矫顽力”。加 H_c 后，磁体内 $B=0$。和电滞回线一样，磁滞回线表示铁磁材料的一个基本特征。它的形状、大小均有一定的实用意义。比如材料的磁滞损耗就与回线的面积成正比。

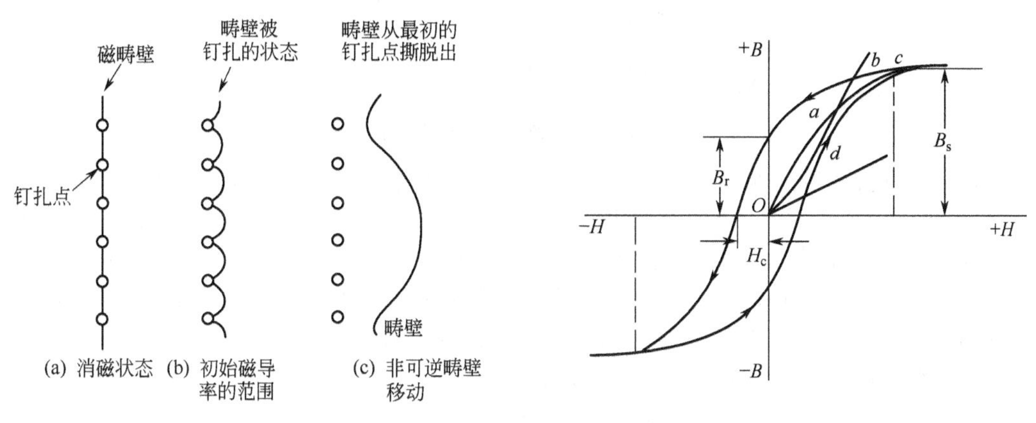

图 7-16　不连续磁畴壁移动模型

图 7-17　磁滞回线

可以用磁滞回线说明晶体磁学各向异性。在某一宏观方向上（如水平方向、垂直方向）生长的单磁畴粒子，且其自发磁化强度被约束在该方向内，当在该方向上施加外加磁场，磁滞回线为直角形，而在与此垂直的方向上施加磁场，磁滞回线缩成线形。

7.4　铁氧体结构及磁性

以氧化铁（$Fe_2^{3+}O_3$）为主要成分的强磁性氧化物叫做铁氧体。铁氧体磁性与铁磁性相同之处在于有自发磁化强度和磁畴，因此有时也被统称为铁磁性物质。铁氧体一般都是多种金属的氧化物复合而成，因此铁氧体磁性来自两种不同的磁矩。一种磁矩在一个方向相互排列整齐；另一种磁矩在相反的方向排列。这两种磁矩方向相反，大小不等，两个磁矩之差，就产生了自发磁化现象。因此铁氧体磁性又称亚铁磁性。

从晶体结构分，目前已有尖晶石型、石榴石型、磁铅石型、钙钛矿型、钛铁矿型和钨青铜型 6 种。重要的是前 3 种。下面将分别讨论它们的结构及磁性。

7.4.1 尖晶石型铁氧体

铁氧体亚铁磁性氧化物一般式表示为 $M^{2+}O\cdot Fe_2^{3+}O_3$，或者 $M^{2+}Fe_2O_4$，其中 M 是 Mn、Fe、Co、Ni、Cu、Mg、Zn、Cd 等金属或它们的复合，如 $Mg_{1-x}Mn_xFe_2O_4$，因此组成和磁性能范围宽广。它们的结构属于尖晶石型，见图 7-18。原胞由 8 个分子组成，32 个 O^{2-} 离子为密堆立方排列，8 个 M^{2+} 与 16 个 Fe^{3+} 处于 O^{2-} 的间隙中。通常把氧四面体空隙位置称为 A 位，八面体空隙位置称为 B 位，通常用 [] 来表示。如果 M^{2+} 离子都处于四面体 A 位，Fe^{3+} 离子处于 B 位，如 $Zn^{2+}[Fe^{3+}]_2O_4$，这种离子分布的铁氧体称为正尖晶石型铁氧体；如果 M^{2+} 离子占有 B 位，Fe^{3+} 离子占有 A 位及余下的 B 位，则称为反尖晶石型铁氧体，如 $Fe^{3+}[Fe^{3+}M^{2+}]O_4$。

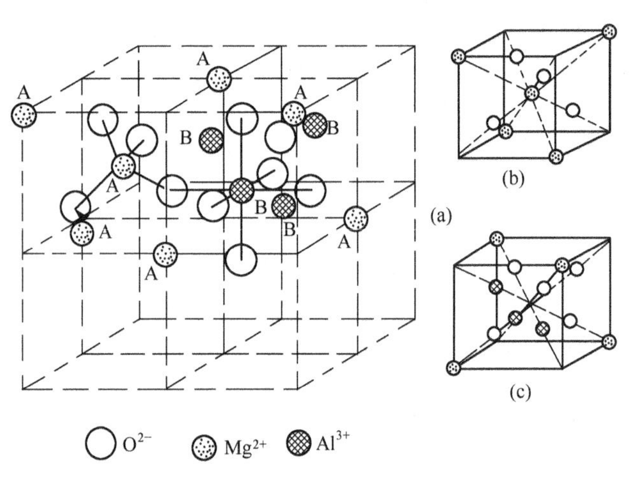

图 7-18 尖晶石的元晶胞（a）及子晶胞（b）、(c)

铁氧体内含有两种或两种以上的阳离子，这些离子各具有大小不等的磁矩（有些离子完全没有磁性），由此使铁氧体表现出不同的磁性。在正尖晶石型铁氧体中，由于 A 位置被不具有磁矩的 Zn^{2+}、Cd^{2+} 占据，所以 A-B 间不存在超交换作用。另外 B 位置的两个 Fe^{3+} 的磁矩反平行偶合，所以 B-B 间的磁矩完全抵消，不出现自发磁化。在反尖晶石型铁氧体中，处于 A 位置的 Fe^{3+} 与 B 位置的 Fe^{3+} 间有着超交换相互作用，其结果是二者的磁矩相互反平行，并抵消，而仅余下 B 位置的 M^{2+} 的磁矩。

$$Fe_a^{3+}\uparrow Fe_b^{3+}\downarrow M_b^{2+}\downarrow$$

因此所有的亚铁磁性尖晶石几乎都是反型的。

例如磁铁矿属反尖晶石结构，对于任意一个 Fe_3O_4 “分子”来说，两个 Fe^{3+} 分别处于 A 位及 B 位，它们是反平行自旋的，因而这种离子的磁矩必然全部抵消，但在 B 位的 Fe^{2+} 离子的磁矩依然存在。Fe^{2+} 有 6 个 3d 电子分别在 5 个 d 轨道上，其中只有一对电子处在同一个 d 轨道上且反平行自旋，磁矩抵消。其余尚有 4 个平行自旋的电子，因而应当有 4 个 μ_B，亦即整个“分子”的波尔磁子数为 4。实验测定的结果为 $4.2\mu_B$，与理论值相当接近。

阳离子出现于反型的程度，取决于热处理条件。一般来说，提高正尖晶石的温度会使离子激发至反型位置。所以在制备类似于 $CuFe_2O_4$ 的铁氧体时，必须将反型结构高温淬火才能得到存在于低温的反型结构。

锰铁氧体约为 80％正型尖晶石，这种离子分布随热处理变化不大。

在实际应用中，软质铁氧体是强磁性的反尖晶石与顺磁性的正尖晶石的固溶体。例如将 $x$mol 正尖晶石 $ZnFe_2O_4$ 加入到（$1-x$）mol 的反尖晶石 $M^{2+}Fe_2O_4$ 中烧制成固溶体（称此为复合尖晶石），A 和 B 位置的离子分布如下：

$$(1-x)Fe^{3+}[M^{2+}Fe^{3+}]O_4+xZn^{2+}[Fe^{3+}]_2O_4=Fe^{3+}_{(1-x)}-Zn^{2+}_x[M^{2+}_{1-x},Fe^{3+}_{1+x}]O_4$$

由于 Zn^{2+} 容易进入 A 位置，所以预先占据 A 位置的 Fe^{3+} 被推到 B 位置，其结果使占据 A 位置和 B 位置的 Fe^{3+} 之差显著了，随着 x 的增加饱和磁化增大。

7.4.2 石榴石型铁氧体

稀土石榴石也具有重要的磁性能，它属于立方晶系，但结构复杂，分子式为 $M_3Fe_5O_{12}$，式中 M 为三价的稀土离子或钇离子，如果用上标 c、a、d 表示该离子所占晶格位置的类型。则其分子式可以写成 $M_3{}^cFe_2{}^aFe_3{}^dO_{12}$，或 $(3M_2O_3)^c(2Fe_2O_3)^a(3Fe_2O_3)^d$，a 离子位于体心立方晶格格点上，c 离子与 d 离子位于立方体的各个面（图 7-19）。每个 a 离子占据一个八面体位置，每个 c 离子占据 8 个氧离子配位形成的十二面体位置，每个 d 离子处于一个四面体位置。每个晶胞包括 8 个化学式单元，共有 160 个原子。

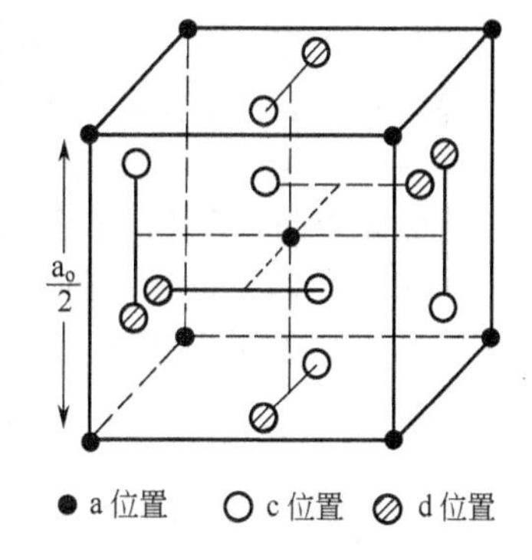

图 7-19 石榴石结构的简化模型

与尖晶石的磁性类似，由于超交换作用，石榴石的净磁矩起因于反平行自旋的不规则贡献：处于 a 位的 Fe^{3+} 离子和 d 位的 Fe^{3+} 离子的磁矩是反平行排列的，c 位的 M^{2+} 离子和 d 位的 Fe^{3+} 离子的磁矩也是反平行排列的。如果假设每个 Fe^{3+} 离子磁矩为 $5\mu_B$，则对 $M_3{}^cFe_2{}^aFe_3{}^dO_{12}$ 净磁矩为

$$\mu_{净}=3\mu_c-(3\mu_d-2\mu_a)=3\mu_c-5\mu_B \tag{7-18}$$

因此选择适当的离子，可得到净磁矩。

7.4.3 磁铅石型铁氧体

磁铅石型铁氧体的化学式为 $AB_{12}O_{19}$，A 是二价离子 Ba、Sr、Pb，B 是三价的 Al、Ga、Cr、Fe，其结构与天然的磁铅石 $Pb(Fe_{7.5}Mn_{3.5}Al_{0.5}Ti_{0.5})O_{19}$ 相同，属六方晶系，结构比较复杂。如含钡的铁氧体，化学式为 $BaFe_{12}O_{19}$，其结构如图 7-20 所示，元晶胞包括

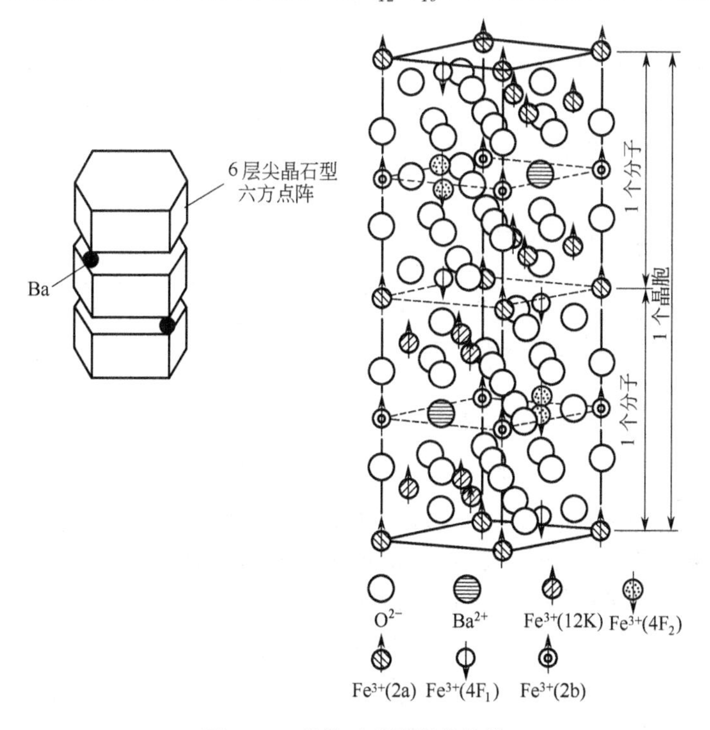

图 7-20 磁铅石型铁氧体结构

10层氧离子密堆积层，每层有4个氧离子，系由两层一组形成的六方密堆积块与四层一组形成的尖晶石堆积块交替重叠，其中六方密堆积块中的两层氧离子平行于（111）尖晶石平面。在六方密堆积块中有一个氧离子被Ba^{2+}所取代，并有2个Fe^{3+}填充在八面体空隙中，一个Fe处于五个氧离子围绕形成的三方双锥体中。四层一组的尖晶石堆积块中共有9个Fe^{3+}，分别占据7个B位和2个A位。因此一个元晶胞中共含O^{2-}为$4\times10-2=38$个，Ba^{2+} 2个，Fe^{2+}为$2(3+9)=24$个，即每一元晶胞中包含了两个$BaFe_{12}O_{19}$"分子"。

磁化起因于铁离子的磁矩，每个Fe离子有$5\mu_B\uparrow$自旋，每个单元化学式的排列如下：在尖晶石块中，2个铁离子处于四面体位置形成$2\times5\mu_B\downarrow$，7个Fe离子处于八面体位置形成$7\times5\mu_B\uparrow$。在六方密堆积块中，一个处于氧围成的三方双锥体中的Fe离子给出$1\times5\mu_B\uparrow$，处于八面体中的2个Fe离子给出$2\times5\mu_B\downarrow$。净磁矩为$4\times5\mu_B=20\mu_B$。

由于六角晶系铁氧体具有高的磁晶各向异性，故适宜作永磁铁，它们具有高矫顽力。它的结构与天然磁铅石相同。

7.5 磁性材料的物理效应

磁性材料的物理性能随外界因素，例如电场、磁场、光及热等的变化而发生变化的现象称为磁性材料的物理效应。其物理效应有磁光效应、电流磁气效应、磁各向异性磁致伸缩效应动态磁化等。

7.5.1 磁光效应

光属于电磁波，其电场、磁场和传播方向相互垂直，因此在光通过透明的铁磁性材料时，由于光与自发磁化相互作用，会出现特异的光学现象，称此现象为磁光效应。目前已知的磁光效应有下列几种。

（1）塞曼效应

对发光物质施加磁场，光谱发生分裂的现象称为塞曼效应。从应用的角度来看，还属于有待开发的领域。

（2）法拉第（Faraday）效应

法拉第效应是光与原子磁矩相互作用而产生的现象。当一些透明物质（如$Y_3Fe_5O_{12}$）透过直线偏光时，若同时施加与入射光平行的磁场，在透射光射出时，其偏振面将旋转一定的角度。称此现象为法拉第效应，如图7-21（a）所示。

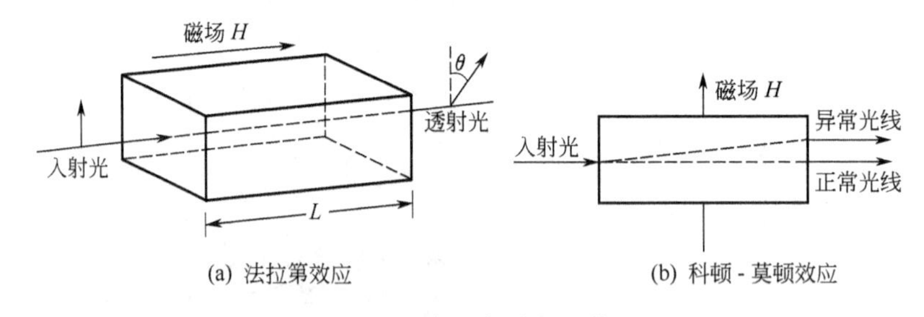

图7-21 光与磁场的相互作用

如果施加与入射光垂直的磁场，入射光将分裂为沿原方向的正常光束和偏离原方向的异常光束。这一现象为科顿-莫顿（Cotton-Mouton）效应，如图7-21（b）所示。

铁磁性材料的法拉第旋转角θ_F由下式表示

$$\theta_F=FL(M/M_S) \tag{7-19}$$

式中，F为法拉第旋转系数，(°)/cm；L为材料的长度；M_S为饱和磁化强度；M为沿入射光方向的磁化强度。任何透明的物质都会产生法拉第效应，而已知的法拉第旋转系数大的磁性材料主要是稀土石榴石系材料。

作为实用法拉第器件应满足的基本条件是：①法拉第系数要大，而与温度的相关性要小；②从透光性考虑，吸收系数 α 要小（F/α 要大），作为使用化的标准，一般要求 $F/\alpha \geqslant 200$；③居里温度 T_C 应在室温以上；④光学各向同性；⑤对于铁磁性材料来说，其饱和磁化强度要小。表 7-3 为稀土石榴石系列的典型晶体材料。

表 7-3 稀土-铁石榴石系单晶的磁光效应

晶体材料	$Y_3Fe_5O_{12}$		$(Gd_{1.8}Bi_{1.2})Fe_5O_{12}$	$(GdBi)_3(FeAlGa)_5O_{12}$		$(Y_{0.3}Tb_{1.7}Bi_1)Fe_5O_{12}$	
法拉第旋转系数 $F/(°)\cdot cm^{-1}$	600	250	−11000	−1530	−7500	−1800	−1200
$(\|F\|/\alpha)/(°)$	8	3000	150	1177	100	486	667
波长/μm	0.8	1.15	0.78	1.3	0.8	1.3	1.55

（3）克尔（Kerr）效应

当光入射到被磁化的材料，或入射到外磁场作用下的物质表面时，其反射光的偏振面发生旋转的现象称为克尔效应，其所旋转的角度为克尔旋转角 θ_k。光盘就是利用了克尔效应而进行磁记录的。表 7-4 为 TbFeCo 为主体的非晶态稀土－3d 过渡金属系材料的克尔旋转角。

表 7-4 非晶态稀土－3d 过渡金属系材料的克尔旋转角（波长 1.0μm）

材料	二元系统				多元系统				多晶体 MnBi
	GdCo	TbFe	GdFe	DyFe	GdTbFe	TbFeCo	GdFeCo	GdTbFeCo	
$\theta_k/(°)$	0.28～0.33	0.24～0.30	0.25～0.33	0.13～0.25	0.3～0.4	0.27～0.35	0.3～0.4	0.34～0.48	0.7

7.5.2 磁各向异性

材料的磁化有难易之分，对于晶体来说，不同的晶体学方向其磁化也有所不同，即存在易磁化的晶体学方向和难磁化的结晶学方向，分别称为易磁化轴和难磁化轴。如体心立方结构的 Fe，其 [100] 的 3 个轴为易磁化轴，[111] 的 4 个轴为难磁化轴。

对于铁磁性单晶来说，其自发磁化方向与其易磁化轴方向一致，要使自发磁化的方向发生旋转，必须要施加外部磁场，即需要能量。实际上，在铁磁体中存在着取决于自发磁化方向的自由能，自发磁化向着该能量取最小值的方向时最稳定，而要向其他方向旋转，能量会增加，称这种性质为磁各向异性，对应的自由能为磁各向异性能。而反映晶体对称性的磁各向异性为晶体磁各向异性，与此相关的能量为晶体的磁各向异性能。

晶体磁各向异性源于自旋磁矩相对于晶体学坐标的取向性。其产生的原因有自旋对模型和单离子模型，前者是因异方自旋间的相互作用；后者是因晶体场中磁性离子所具有的各向异性。而异方自旋间的相互作用有两种解释，第一种是经典的磁偶极子相互作用，其模型见图 7-22，它对磁各向异性的贡献并不大。第二种是各向异性交换模型，即自旋-轨道相互作用与各向同性交换相互作用相结合而产生的各向异性交换相互作用。其机制的物理模型见图 7-23。磁性原子电子云的形状，因自旋-轨道间的相互作用，与自旋的方向有关。因此，自旋方向的变化会造成相邻原子电子云重叠的变化，从而交换相互作用的大小也会发生变化。

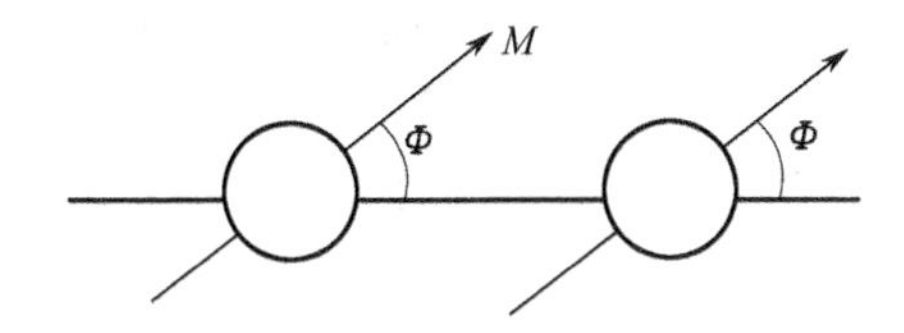

图 7-22 自旋对示意图

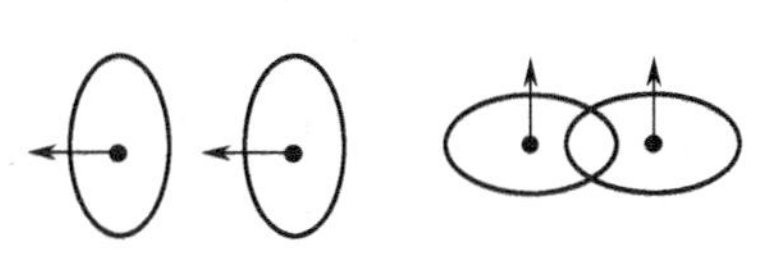
图 7-23 各向异性交换相互作用模型

由于磁性材料的自发磁化（饱和磁化）随材料的组成，构成原子的有序、无序排布，晶体结构，温度等的不同而变化。因此晶体的磁各向异性不仅随其磁性离子的种类及比例而变化，而且还随原子排布的有序、超结构及晶体结构的相变而变化。

由于晶体磁各向异性是决定磁性材料磁化曲线形状的因素之一，所以在具体应用时，可以人为地采用一些方法，如方向性处理可以使磁化曲线变为其他形状（平、直、宽、窄），产生新的磁各向异性。这种由人为的方法印发的磁各向异性称为诱导磁各向异性。

产生磁各向异性的方法很多，如，磁场中冷却效应，即将铁磁性合金及铁氧体在磁场中进行热处理，并从高温冷却；对铁磁性合金进行轧制；使铁磁性材料在磁场中发生晶体结构的相变，或在加有应力的同时进行退火等都可诱导产生磁各向异性。另一重要的各向异性是形状磁各向异性。对于有限大小的铁磁体，除非是球形，否则因方向不同，反磁场系数各异。

7.5.3 磁致伸缩效应

使消磁状态的铁磁体磁化，一般情况下其尺寸、形状会发生变化，这种现象称为磁致伸缩效应。长度为 L 的棒沿轴向磁化时，若长度变化为 ΔL，则磁致伸缩率 $\lambda=\Delta L/L$，磁致伸缩率在强磁场的作用下达到饱和的值 λ_s 称为磁致伸缩常数，作为铁磁体的特性参数经常使用。

利用磁致伸缩可以使磁能（实际上是电能）转换为机械能，而利用磁致伸缩的逆效应可以使机械能转变为电能。

磁致性伸缩的产生机制应进行综合分析。从永磁体间的偶极子相互作用能角度分析，如图 7-24 所示的模型，相对于图（a）的规则的正方形格子状态，图（b）畸变的格子状态要低一些；但从弹簧中储存的弹性能来说，图（b）要高于图（a）。因此磁致伸缩的原因，除磁偶极子相互作用外，与晶体磁各向异性的原因一样，还应考虑自旋间各种类型的相互作用。这些作用因物质不同而异。磁致伸缩是多种因素平衡的结果。例如，晶格自发畸变，造成自旋间相互作用能的减小；另一方面，畸变会造成弹性能的增加，二者间的平衡决定磁致伸缩的大小。

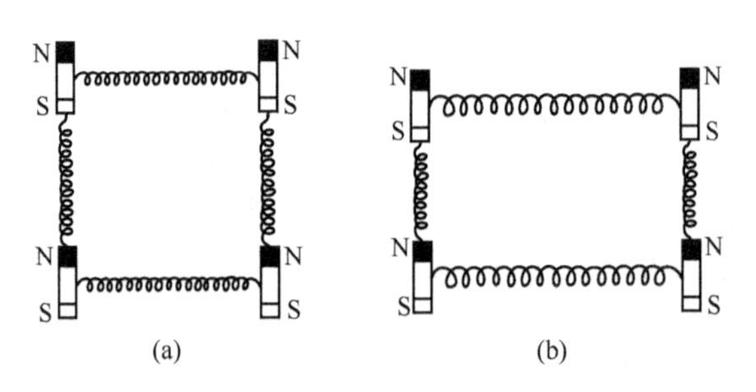

图 7-24　磁致伸缩产生机制模型

对于磁性材料的动态磁化，主要考虑铁磁性材料用于交流磁场中的磁化。当磁性体置于强磁场中时，其磁化需要一定的时间，即存在滞后现象。这一滞后现象会影响材料在交流磁场中的应用。初始磁导率越高，材料的磁化对外磁场响应越快。因此提高磁性材料的磁导率，以提高其磁化对外磁场变化的响应速度。即提高动态磁化特性成为软磁材料发展的方向之一。

另外，类似于介电材料，磁介质材料在磁场中也会产生损耗。损耗系数用磁化滞后于外磁场变化的位相差 δ 的正切 $\tan\delta$ 来表示，品质因素 $Q=1/\tan\delta$。损耗产生的原因主要有磁滞损耗、涡流损耗、残留损耗三种类型。磁滞损耗随周波数呈正比增加，涡流损耗随周波数呈二次方关系增加。由于金属磁性材料的电阻率低，因此涡流损耗所占份额较大，与此相对，铁氧体为氧化物，电阻率高，涡流损失小，使用于高周波应用。在残留损耗中已知的原因有尺寸共振、畴壁共振、扩散共振、自然共振等。表 7-5 为各种共振机制。

表 7-5 铁磁性体中的各种共振机制

尺寸共振	畴壁共振	扩散共振	自然共振
当磁芯的尺寸为电磁波波长 $\lambda/2$ 的整数倍，其内部产生驻波	外磁场的周波数与畴壁的固有频率一致时产生共振	伴随磁化的变化，磁性体内部存在电子等迁移现象，当迁移速度与外磁场周波数一致时产生共振	在外加支流磁场作用下，电子自旋将以磁场方向为轴产生拉摩运动，当外磁场周波数与该拉摩运动周期相等时，产生自然共振

7.6 磁性材料及应用

磁性材料是指具有可利用的磁学性质的材料。磁性材料按其功能可分为几大类：易被外磁场磁化的磁芯材料；可发生持续磁场的永磁材料；通过变化磁化方向进行信息记录的磁记录材料；通过光或热使磁化发生变化进行记录与再生的光磁记录材料；在磁场作用下电阻发生变化的磁致电阻材料；因磁化使尺寸发生变化的磁致伸缩材料；形状可以自由变化的磁性流体等。利用这些功能，磁性材料已用于器件和设备，如变压器、阻尼器、各类传感器、录像机等。

近年来，磁性材料在非晶态、稀土永磁化合物、超磁致伸缩、巨磁电阻等新材料相继发现的同时，由于组织的微细化、晶体学方位的控制、薄膜化、超晶格等新技术的开发，其特性显著提高。这些不仅对电子、信息产品等特性的飞跃提高做出了重大的贡献，而且成为新产品开发的原动力。目前，磁性材料已成为支持并促进社会发展的关键材料。下面从结构和性能方面介绍几种重要的磁性材料。

7.6.1 高磁导率材料

这类材料要求磁导率高，饱和磁感应强度大，电阻高，损耗低，稳定性好等。其中尤以高磁导率和低损耗最重要。生产上为了获得高磁导率的磁性材料，一方面要提高材料的 M_S 值，这由材料的成分和原子结构决定；另一方面要减小磁化过程中的阻力，这主要取决于磁畴结构和材料的晶体结构。因而必须严格控制材料成分和生产工艺。表 7-6 列出了各种磁介质的磁导率。

表 7-6 (a) 磁介质的磁导率

顺磁性		抗磁性	
物质	$(\mu_r-1)/10^{-6}$	物质	$(1-\mu_r)/10^{-6}$
氧(1标准大气压，101325Pa)	1.9	氢	0.063
铝	23	铜	8.8
铂	360	岩盐	12.6
		铋	176

表 7-6 (b) 常用铁磁性物质、铁氧体的磁性能

物质	μ_0(起始)	居里温度/℃	物质	μ_0(起始)	居里温度/℃
Fe	150	1043	$NiFe_2O_4$	10	858
Ni	110	627	$Mn_{0.65}Zn_{0.35}Fe_2O_4$	1500	400
Fe_3O_4	70	858			

起始磁导率 μ_0 高，即使在较弱的磁场下也有可能储藏更多的磁能。损耗低，当然要求

电阻率高，也要求尽可能小的矫顽力和高的截至频率 f_c。但磁导率和截至频率的要求往往是矛盾的，在不同频段和不同器件上使用时又有不同要求，因此通常根据不同频段下的使用情况选用系统、成分、性能不同的铁氧体。如在音频、中频和高频范围选用的尖晶石铁磁体，基本上是含锌的尖晶石，最主要的是 Ni-Zn、Mn-Zn、Li-Zn 铁氧体；在超高频范围（$>10^8$ Hz），则用磁铅石型六方铁氧体。这两类软磁材料磁学性能列于表 7-7 和表 7-8 中。

表 7-7　几种含 Zn 铁氧体（尖晶石型）的常温性质

材　　料	$\mu_0(10^{-5}$ H/m)	$\tan\delta$(1MHz)	θ_f/K	$\rho/(\Omega/\text{m})$
$Ca_{0.4}Zn_{0.6}Fe_2O_4$	138	0.100	363	10^3
$Mg_{0.5}Zn_{0.5}Fe_2O_4$	50.3	0.130	373	10^4
$Mn_{0.455}Zn_{0.495}Fe^{2+}_{0.05}Fe_2O_4$	125.7	0.170	383	1
$Ni_{0.4}Zn_{0.4}Fe_2O_4$	10.3	0.055	353	10^4

表 7-8　几种六方（磁铅石型）铁氧体的常温磁性

材　　料	$\mu_0(10^{-6}$ H/m)	$\mu_r(M_s)/(10^{-4}$ A/m)	θ_f/K	f_c[①]/MHz
Co_2Y[②]	5.03	2.3	613	—
Ni_2Y	8.16	1.6	663	—
Zn_2Y	33.9	2.85	4.3	—
Co_2Z[③]	15.08	3.35	683	1400
$Co_{0.8}Zn_{1.2}Z$	30.16	—	—	530

① f_c 是 μ 下降至最大值的一半时的频率。

② $Y=Ba_2Fe_{12}O_{22}$。

③ $Z=Ba_3Fe_{24}O_{41}$。

软磁材料主要应用于电感线圈、小型变压器、脉冲变压器、中频变压器等的磁芯以及天线棒磁芯、录音磁头、电视偏转磁轭、磁放大器等。

7.6.2　磁性记录材料

磁记录机是具有空气缝隙的环形记录磁头。环是由铁铝合金片或锰锌铁氧体等磁性材料制成的，缝隙很小，小于 0.001in（0.0254mm），见图 7-25。记录用磁带是用极细小颗粒的磁性材料和一种非磁性材料的胶黏剂混合后涂敷在带机而成。输入讯号加到线圈形成的磁通进入到磁带内，造成磁性颗粒的磁化，把信息保留在带内。显然，磁记录必须是硬磁材料。讯号读出时，从记录带中磁偶极子发出的磁通沿磁阻小的磁头磁芯进入，在线圈中感应出电讯号而读出。所以对磁记录介质的磁性材料有类似永磁体的性质，要求高的剩磁、矫顽力和 H_m 值。当然为了能记录短波长，无规则噪声要最低，磁畴要小，并且它能够做成高强度、柔顺而光滑的薄层。

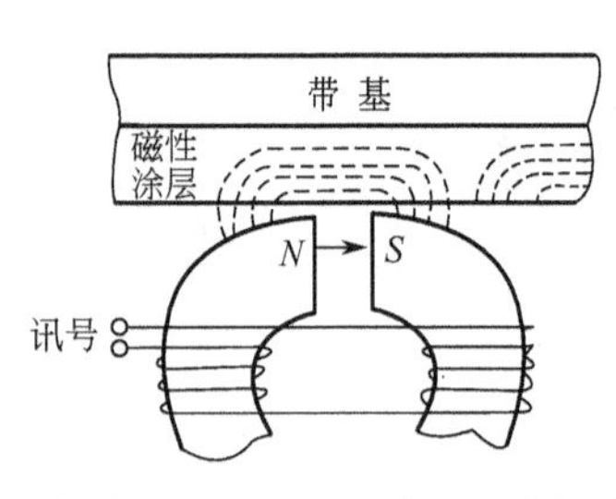

图 7-25　记录磁头示意图

在前述磁畴中知道，磁性材料和磁畴结构及磁畴壁的移动有密切的关系。但是当晶粒粒度减小到临界尺寸大小，即一个细小的颗粒只能形成一个单畴时，材料的磁性质会发生很大的变化，矫顽力急速增大，这是由于缺乏磁壁，各个颗粒仅仅依靠自旋磁矩矢量的同时旋转来改变磁化，而这个过程又由于晶体磁各向异性的反抗变得很困难。此外，纤维状晶粒，还有形状各向异性来反抗它的旋转，造成矫顽力增大。例如 15μm 的铁纤维的矫顽力比通常的甚至高达一万倍。但是颗粒太小，又由于热起伏作用超过了交换力的作用，而丧失铁磁性质，这时的状态称超顺磁体。磁性材料现在用的是 γ-Fe_2O_3 的单畴颗粒，它是 α-Fe_2O_3 的亚稳相，具有尖晶石立方结构。

7.6.3 高矫顽力材料

硬磁材料也称为永磁材料，其主要特点是剩磁 B_r 大，这样保存的磁能就多，而且矫顽力 H_c 也大，才不容易退磁，否则留下的磁能也不易保存。因此用最大磁能积 $(BH)_{max}$ 就可以全面地反映硬磁材料储有磁能的能力。最大磁能积 $(BH)_{max}$ 越大，则在外磁场撤去后，单位面积所储存的磁能也越大，性能也越好。此外对温度、时间、振动和其他干扰的稳定性也越好。这类材料主要用于磁路系统中作为永磁以产生恒稳磁场，如扬声器、微音器、拾音器、助听器、录音磁头、电视聚焦器、各种磁电式仪表、磁通计、磁强计、示波器以及各种控制设备。最重要的铁氧体硬磁材料是钡恒磁 $BaFe_{12}O_{19}$，它与金属硬磁材料相比的优点是电阻大、涡流损失小、成本低。

前面指出，磁化过程包括畴壁移动和磁畴转向两个过程，据研究，如果晶粒小到全部都只包括一个磁畴（单畴），则不可能发生壁移而只有畴转过程，这就可以提高矫顽力。

因此在生产铁氧体的工艺过程中，通过延长球磨时间，使粒子小于单畴的临界尺寸和适当提高烧成温度（但不能太高，否则使晶粒由于重结晶而重新长大），可以比较有效地提高矫顽力。另外，用所谓磁致晶粒取向法，即把已经过高温合成和通过球磨的钡铁氧体粉末，在磁场作用下进行模压，使得晶粒更好地择优取向，形成与外磁场基本一致的结构，可以提高剩磁。这样，虽然使矫顽力稍有降低，但总的最大磁能积 $(BH)_{max}$ 还有所增加，从而改善了材料的性能。

7.6.4 矩磁材料

有些磁性材料的磁滞回线近似矩形。并且有很好的矩形度。图 7-26 表示了比较典型的矩形磁滞回线。可用剩磁比 B_r/B_m 来表征回线的矩形。另外，也可用 $B_{\frac{1}{2}H_m}/B_m$（或简写为 $B_{\frac{1}{2}}/B_m$）来描述回线的矩形度，其中 $B_{\frac{1}{2}H_m}$ 表示静磁场达到 H_m 一半时的 B 值。可以看出前者是描述Ⅱ、Ⅳ象限的矩形程度。因为 B_r/B_m 在开关元件中是重要的参数，因此又称为开关矩形比；$B_{\frac{1}{2}}/B_m$ 在记忆元件中是重要的参数，故也可称为记忆矩形比。利用 $+B_r$ 和 $-B_r$ 的剩磁状态，可使磁芯作为记忆元件、开关元件或逻辑元件。如以 $+B_r$ 代表“1”，$-B_r$ 代表“0”，就可得到电子计算机中的二进制逻辑元件。对磁芯输入讯号，从其感应电流上升到最大值的 10%时算起，到感应电流又下降到最大值的 10%时的时间间隔定义为开关时间 t_s。它与外磁场 H_a 之间的关系如下：$(H_a-H_0)t_s=S_w$。式中，$H_0 \approx H_c$（矫顽力），S_w 称为开关常数，对常用的矩磁铁氧体材料，S_w 为 $2.4\times10^{-5}\sim12\times10^{-5}$C/m。

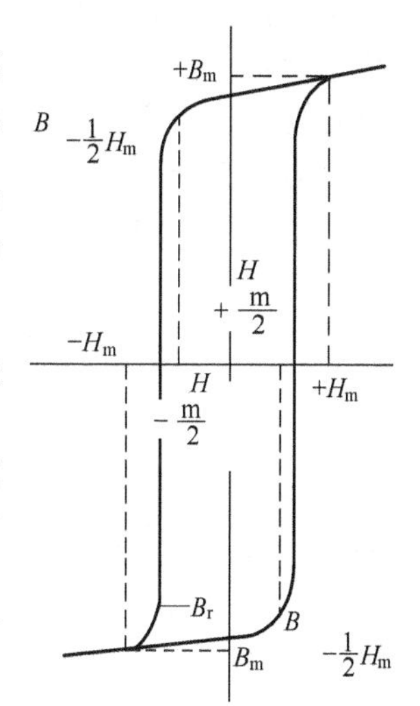

图 7-26　矩形磁滞回线

从应用的观点看，对于矩磁铁氧体材料主要有以下要求：

① 高的剩磁比 B_r/B_m，在特殊情况下还要求有高的 $B_{-\frac{1}{2}}/B_m$；

② 矫顽力 H_c 小；

③ 开关系数 S_w 小；

④ 损耗低；

⑤ 对温度、振动和时间稳定性好。

对于大型高速电子计算机，运算率在一定程度上受磁芯存取速率所制约，除前面所说的开关常数 S_w 外，磁芯尺寸的小型化将大大降低驱动电流，因而是高速开关所必需的。

除少数几种石榴石型以外，有矩形磁滞回线的铁氧体材料都是尖晶石结构。矩形磁滞回线，一类是自发地出现，另一类是需经磁场退火后才出现。自发矩磁铁氧体主要是 Mg-Mn

铁氧体，在 $MgO-MnO-Fe_2O_3$ 三元系统中有一个形成矩磁铁氧体材料的宽广范围（在12%～56%MgO，7%～46%MnO，28%～50%Fe_2O_3 所包围的区域）。为了改善性能，还可适量加入少许其他氧化物，如 ZnO、CaO 等。表 7-9 给出几种铁氧体矩磁材料的磁性。经磁场退火感生矩形回线的铁氧体有 Co-Fe、Ni-Fe、Ni-Zn-Co、Co-Zn-Fe 等系统，其组成、磁场退火的温度、制度等对材料的矩磁性有影响。

表 7-9 几种铁氧体矩磁材料的磁性

铁氧体系统	B_r/B_m	$B_{-\frac{1}{2}}/B_m$	H_c/(A/m)	S_w/(10^{-5}C/m)
Mg-Mn	0.90～0.96	0.83～0.95	52～200	6.4
Mg-Mn-Zn	>0.90	—	32～200	1.6～2.4
Mg-Mn-Zn-Cu	0.95	0.83	59	—
Mg-Mn-Ca-Cr	—	—	223	4.0
Cu-Mn	0.93	0.76	53	6.4
Mg-Ni	0.94	0.84	—	17.5
Mg-Ni-Mn	0.95	0.83	—	—
Li-Ni	—	0.78	—	8.0
Co-Mg-Ni	—	0.85～0.95	—	20.7

7.6.5 磁泡材料

用单轴各向异性的磁性材料，切成薄片（50μm）或用晶体外延法生长制成薄膜，使易磁化轴垂直于表面，当未加外磁场时，薄片由于自发磁化，产生带状磁畴，见图 7-27，当在外磁场的作用下，反向磁畴局部缩成分立的圆柱形磁畴，在显微镜下，它很像气泡，所以称为磁泡，直径约为 1～100μm。磁泡存储器就是利用某一区域磁泡的存在与否表示二进制码“1”和“0”的信息，实现信息的存储和处理。这种材料比磁矩铁氧体具有存储器体积小、容量大的优点。经过研究，原则上磁泡材料可获得每平方英寸百万位以上的容量，这对增大计算机容量和缩小体积具有很大的意义。

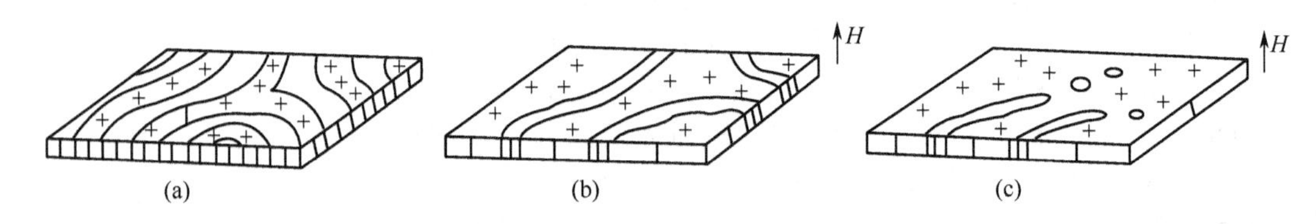

图 7-27 磁泡的形成

磁泡材料有：铁氧体 $ReFeO_3$，Re 是 Y、Er、Sm 等稀土元素；稀土石榴石型铁氧体，例如 $Gd_{2.54}Tb_{0.46}Fe_5O_{12}$、$Eu_1Er_2Ga_{0.7}Fe_{4.3}O_{12}$ 等；新近发展出的 Gd-Co、Gd-Fe 等非晶态薄膜，具有很高的单轴各向异性性质。

7.6.6 磁性玻璃

（1）抗磁性玻璃

不含过渡元素离子和稀土离子的一般普通玻璃，表现出抗磁性，且磁化率的绝对值非常小，例如石英玻璃的 $\chi=0.5\times10^{-6}$。抗磁性物质的磁化率与所含离子或原子的数量成正比，各种离子的抗磁性极化率见表 7-10。它们符合加合关系，与温度无关。新型玻璃材料中法拉第旋转玻璃就是利用了它的抗磁性。这种玻璃大多数都含有较多的铅或 Bi^{3+}、TI^{+}、Sb^{3+} 等。

表 7-10　离子的抗磁性磁化率

离子	$-\chi/10^{-6}$	离子	$-\chi/10^{-6}$	离子	$-\chi/10^{-6}$	离子	$-\chi/10^{-6}$	离子	$-\chi/10^{-6}$
Au^{2+}	36	F^-	11	S^{2-}	38	Cl^-	26	P^{5+}	1
Ag^{2+}	31	Ge^{4+}	7	Sb^{3+}	17	Cr^{6+}	3	Si^{4+}	1
Al^{3+}	2	K^+	13	Se^{2-}	48	Mg^{2+}	3	Sr^{2+}	15
As^{3+}	9	Li^+	0.6	Ba^{2+}	32	Na^+	5	Ti^{4+}	5
B^{3+}	0.2	Pb^{2+}	28	Ca^{2+}	8	O^{2-}	12	Zn^{2+}	10
Cu^0	9	Rb^+	20						

抗磁性体中最为突出的例子是超导体，它表现出完全的抗磁性。金属玻璃中有许多组成表现为超导性，如：$Mo_{89}P_{10}B_{10}$、$Mo_{64}Ru_{16}P_{20}$、$Nb_{80}Si_{12}B_8$ 等。氧化物玻璃与金属玻璃不同，氧化物玻璃本身不呈现超导性，但通过微晶化可制成 T_c 大于 100K 的 Bi(Pb)-Sr-Ca-Cu-O 系高温超导体。因此超导微晶玻璃具有较大的抗磁性。

（2）顺磁性玻璃

含过渡金属和稀土离子的氧化物表现为顺磁性。由于玻璃基体具有抗磁性，因此顺磁性离子的浓度超过定值时，才能表现出顺磁性。顺磁体的磁化率 χ_p 为

$$\chi_p=\frac{N\mu^2}{3kT} \tag{7-20}$$

式中，N 为每克玻璃含有顺磁性离子数；k 为玻耳兹曼常数；μ 为单位顺磁性离子的磁导率，$\mu=P_{\text{eff}}\beta$（P_{eff} 为有效波尔磁子数，是每一个顺磁性离子所含不成对电子数 n 的函数，β 为波尔磁子，为一固定数值）；T 为热力学温度。

一般研究较多的是过渡元素铁离子在玻璃中析出铁化合物晶相而表现出的磁性。

可形成顺磁性玻璃的稀土元素有 Nd^{3+}、Er^{3+}、Ce^{3+}、Tb^{3+}。含稀土离子的顺磁性玻璃作为新型玻璃受到人们的重视。含 Nd^{3+} 玻璃已开始在核聚变大功率激光玻璃上应用。除 Nd^{3+} 以外，涂覆 Er^{3+} 等其他稀土离子的激光玻璃也正在积极开发。含 Ce^{3+} 和 Tb^{3+} 稀土金属离子的顺磁性玻璃已开始应用于法拉第旋转玻璃。

（3）强磁性玻璃

常见的强磁性玻璃是用液体急冷法制作的过渡元素（Fe、Co、Ni）-半金属（B、C、Si、P）系金属玻璃。与强磁性金属玻璃相比，氧化物玻璃中有强磁性的例子还不多，目前还未涉及到实用材料。

在玻璃形成体 P_2O_5、Bi_2O_3、SiO_2 中添加尖晶石型铁氧体结晶，在 1350～1400℃温度下熔融，用双辊超急冷法制作的玻璃呈现强磁性。但这些玻璃室温时的饱和极化率都在 5×10^{-4} 以下，与原来的铁氧体的值（如 $CoFe_2O_4$ 约为 80×10^{-4}）相比小得多。原因是氧化物晶体经玻璃化后，原子的规则排列受到了破坏，饱和磁化率和居里温度急剧下降。

结晶状态下不呈现强磁性的反强磁性氧化物晶体 $ZnFe_2O_4$ 和 $BiFeO_3$，两者混合熔融后超急冷，形成了强磁性玻璃，如 $(Bi_2O_3)_{0.3}(ZnO)_{0.2}(Fe_2O_3)_{0.5}$ 玻璃。另外还出现了不含铁的强磁性玻璃，如 $0.5(La_{1-x}Sr_xMnO_3)\cdot0.5B_2O_3$，$La_{1-x}Sr_xMnO_3$ 等。

习　　题

1. 磁重晶石（常称为钡铁氧体）是一种硬磁材料，具有六角结构和很高的磁各向异性，其磁化轴与基面垂直。列出烧结的钡铁氧体，获得高磁能积（$B\times H$）的两种不同方法。并阐明有关过程中应控制哪些因素。

2. 当正型尖晶石 $CdFe_2O_4$ 掺入反型尖晶石如磁铁矿 Fe_3O_4 时，Cd 离子仍保持正型分布。试计算下列组成的磁矩：$Cd_xFe_{3-x}O_4$（$x=0$，$x=0.1$，$x=0.5$）。

3. 试述气孔和晶粒尺寸对 $MgFe_2O_4$ 这类软磁铁氧体性能的影响，并与 $BaFe_{12}O_{19}$ 这类硬磁铁氧体作

比较。晶粒尺寸和气孔是在烧结过程中形成的，硬磁铁氧体与软磁铁氧体相比，生产中哪些因素是重要的参数？

4. 试述下列反型尖晶石结构的单位体积饱和磁矩，以波尔磁子数表示：

$$MgFe_2O_4、CoFe_2O_4、Zn_{0.2}Mn_{0.8}Fe_2O_4、LiFe_5O_8、\gamma\text{-}Fe_2O_3$$

如各组成物在1200℃淬火急冷，对 μ_B 有什么影响？

5. 磁畴的研究对理解磁性有兴趣的人们是极其有益的。

(a) 即使在运动中也可观察到的布洛赫畴壁的本质是什么？

(b) 杂质，特别是气孔是如何改变布洛赫壁运动的？

6. 已知测得 $Li_{0.5}Fe_{2.5}O_4$ 铁氧体的磁矩为每个化学式单元2.6波尔磁子数。如何从有关离子的已知净自旋磁矩证明这一结果的正确性？在晶体晶格中，Li^+ 和 Fe^{3+} 各占什么位置？

7. 铁磁性和亚铁磁性特性只在含过渡族和稀土类离子的化合物中才能观察到。关于导致这种类型磁特性的离子结构唯一性是什么？为什么这些离子的化合物中只有某些是铁磁性或亚铁磁性的？而其他一些却不是？

8. MnF_2 晶体为反铁磁性，居里点为92K，在150K时，每摩尔磁化率为 1.8×10^{-2}。如温度下降至150K以下，磁化率将怎样变化？磁化率达最大值是什么温度？磁化率达最小值是什么温度？

9. 镁铁氧体的组成为 $(Mg_{0.8}Fe^{3+}_{0.2})(Mg_{0.1}Fe^{3+}_{0.9})_2O_4$ 晶格常数为8.40Å。Fe^{3+} 离子的磁矩为5个波尔磁子。试计算这种材料具有的饱和磁化强度。

10. 如将上述铁氧体用作固体器件，要有高起始磁导率和低矫顽力。在制造材料时，应以怎样的显微结构特征为目标？

第8章　无机材料的光学性能

无机材料由于其光学性能而被广泛地应用在许多方面。之所以有这些性质，是因为大多数无机材料除了作介质使用外，还是宽禁带的绝缘材料，并且基本上不吸收可见光。透明无机材料最重要的光学性质之一是能够折射可见光。这些性质是玻璃和晶体在光学系统中被广泛应用的基础。如用作窗口、透镜、棱镜、滤光镜、激光器、光导纤维等以光学性能为主要功能的光学玻璃、晶体等。有些特殊用途的光学零件，如高温窗口、高温透镜等，不宜采用玻璃材料，需采用透明陶瓷材料，透明氧化铝陶瓷已被成功地应用在高压钠灯灯管上，因为它需要能承受上千摄氏度的高温和钠蒸气的腐蚀，对它的主要光学性能要求是透光性。

对于诸如建筑瓷砖（面砖）、餐具、艺术瓷、搪瓷、卫生瓷等的价值和用途在很大程度上取决于其颜色、半透明性和表面光泽等性质。此外，激光、近代的光学信息处理、信息显示和储存、光学通讯等领域科学技术的发展对材料的光学性能又提出了更高的要求，因此了解材料的光学性质是很必要的。而这些性质的基础是光的反射、折射、吸收、散射等现象，它们都是光和物质相互作用的结果，因此我们通过光的这些现象研究光学性质的本质与控制。

8.1　光和物质相互作用的基本理论

介质中的各种光学现象本质上是光和物质相互作用的结果。从经典电子模型出发，研究光和物质相互作用的微观过程，是讨论介质中光的折射、散射、吸收和色散等常见线性光学现象的物理本质的基础。

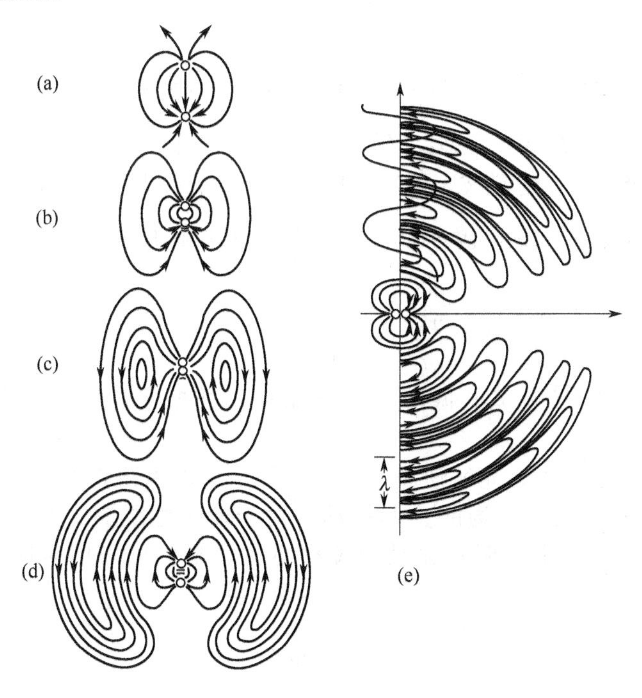

图 8-1　电偶极子的辐射场

一般来说，当带电粒子加速运动时就会产生电磁波辐射。光波的辐射主要是由原子最外层电子或弱束缚电子的加速运动产生的，因而原子的电偶极矩便是这种光辐射的主要波源。了解电偶极子辐射场的基本性质对经典理论处理光和物质相互作用的问题极为重要。

电偶极子是一对等值异号的电荷相距一定距离配置的体系，而原子中的外层电子与原子核即可等效成这样的电偶极子，当这对电荷交替变化时，即形成一个交变的电偶极子，电偶极子在它的周围产生交变电场，交变电场又产生交变磁场，交变磁场再产生交变电场，如此不断地继续下去，于是，在电偶极子周围空间便产生由近及远的电磁波动，图 8-1 为电偶极子的辐射场图，因此，交变电偶极子向空间发射电磁波。

根据电磁场理论和麦克斯韦方程可知这种电磁波是一种横波，其电矢量 E 和磁矢量 H 的振动方向互相垂直，等相位面为球面，故称为横球面波。

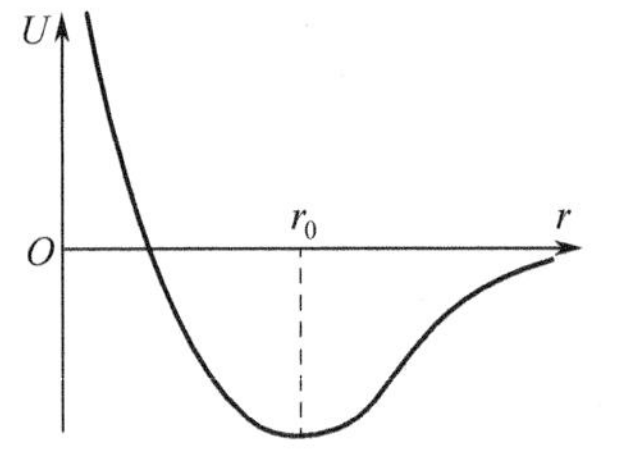

图 8-2　原子中电子的位能函数

按照经典理论的观点，光和物质相互作用的过程可以看作是组成物质的原子或分子体系在入射光波电场的作用下，正负电荷发生相反方向的位移，并跟随光波的频率作受迫振动，产生感生电偶极矩，进而产生电磁波辐射的过程。这一过程也为发射次波的过程。

根据经典原子模型，原子中的束缚电子受原子核和邻近原子库仑力的作用，围绕其平衡位置振动。其位能曲线见图 8-2，当电子振动位移较小时，位能曲线可用平衡位置附近的二次曲线近似。则相应的力为弹性恢复力，因此原子内部电子的运动可用简谐振动规律的电偶极子描述，称为简谐振子。电子的运动方程为

$$m\frac{d^2x}{dt^2}=-kx$$

或

$$\frac{d^2x}{dt^2}=-\omega_0^2x \tag{8-1}$$

式中，m 为电子的质量；$\omega_0=\left(\frac{k}{m}\right)^{\frac{1}{2}}$ 为弹性偶极子的固有频率；kx 为维持电子在平衡位置的弹性力；k 是弹性常数，x 是在时间 t 时电子的位移。

因为交变电偶极子辐射电磁波，而辐射场必然对电子产生反作用，即辐射阻尼，这种辐射阻尼的阻力与位移速度 dx/dt 成正比，即 $\gamma\frac{dx}{dt}$，γ 为阻力系数，于是，电子的运动方程可写成

$$\frac{d^2x}{dt^2}+\gamma\frac{dx}{dt}+\omega_0^2x=0 \tag{8-2}$$

因此原子内部电子按固有频率的振动是衰减振动，其振幅随时间不断减小，即为阻尼振动。

当光波作用到原子上时，光波使原子极化，原子中的电子将在光频电磁场的驱动下作受迫振动，使电子依靠光波电场的步调振动。对于非磁性材料，仅考虑电场力（$-eE$）的作用。如果光场较弱，电子强迫振动的位移不大，则仍可采用简谐振子模型，电子运动方程为

$$\frac{d^2x}{dt^2}+r\frac{dx}{dt}+\omega_0^2x=-\frac{e}{m}E \tag{8-3}$$

式中，$e=|e|$ 为电子电荷的大小；忽略介质中宏观场与局部电场的微小差别，E 就是

外部光波的电场。

为了简单起见，考虑简谐电场作用下的电子运动，则电场 E 和电子位移 x 分别为 $E=E(\omega)e^{i\omega t}$ 和 $x=x(\omega)e^{i\omega t}$，其中 $E(\omega)$ 和 $x(\omega)$ 表示对应于频率的振幅值。代入方程式（8-3），解得

$$x(\omega)=\frac{e}{m}\frac{E(\omega)}{\omega_0^2-\omega^2+i\omega\gamma} \tag{8-4}$$

由此可见，在简谐振子模型的近似下，电子受迫振动的频率与驱动光波频率相同。但该式右边的分母中含有虚因子 $i\omega\gamma$，表明受迫振动与驱动光场间存在相位差，且这个相位差对介质中所有原子都是一样的。对于式（8-4），在 $\omega\neq\omega_0$、$\omega=\omega_0$ 情况下，过程有不同的特点。

① 在 $\omega\neq\omega_0$ 的情况下，当过程开始时，电子吸收少量光波能量，引起受迫振动感生电偶极矩，并辐射次波。从式（8-4）看到，即使忽略辐射阻尼（即不考虑振子的辐射），电子位移恒为有限值。因此在达到稳定状态后，吸收的能量与辐射的能量必然达到平衡，即维持稳幅振荡，这种过程称为光的散射。这一散射过程的特点是，电子的本征能量不会发生改变，形式上只是入射光波和散射光波之间的能量互相转换，吸收多少又散射多少。这一过程称为光和物质的非共振相互作用过程。因此当光子的频率与电子振动的自然频率（大约 10^{15}/s）不同时，电磁波在固体中自然传播而无吸收。

② 在 $\omega=\omega_0$ 情况下，随着入射光波频率逐渐接近原子的固有频率，振子的振幅逐渐加大，因而振子从入射光波摄取的能量增大，相应的辐射次波能量也增大。这一过程有其显著的特点。从式（8-4）可以看到，当略去阻尼作用时，振幅将趋向无穷大。因此，无论考虑阻尼与否，振子都将吸收能量：有辐射阻尼时，吸收的能量用作散射；没有辐射阻尼时，吸收的能量用来不断增大振幅。鉴于这一特点，通常把 $\omega\approx\omega_0$ 的过程与其他频率的过程区分开来，不再称作散射，而称为吸收与再放射。实际上，在 $\omega=\omega_0$ 的谐振频率处，可以认为初始态的电子吸收一个光子跃迁到高能态，而受激电子又可以放出一个同频率的光子回到初始的低能态。在这种吸收与再放射过程中，电子的本征能态将发生改变，故属于光和物质的共振相互作用过程。

8.2 光在界面的反射和折射

介质材料可以看作许多线性谐振子的集合，在光波场的作用下，极化的原子或分子辐射的次波与入射光波的相互干涉决定了光在介质中的传播规律。对于不同的材料，光的传播特性有所不同，因此光在两种不同介质材料的界面上表现出了反射和折射等现象。

8.2.1 光的反射和折射

当一种介质材料置于可见光范围的电磁辐射场中时，辐射的极化电场引起其中带电的结构单元周期性的位移，辐射导致该材料的宏观极化。在可见光的频率范围内仅出现电子极化。由于光的传播与介质的极化有关，因此介质对光波场的响应可用宏观电物理量，即极化率或介电常数来描述。光波除了与介质材料中的电结构作用外，还与磁结构作用。正是因为材料的极化和磁化作用，“拖住”了电磁波的步伐，使电磁波的传播速度变慢。根据麦克斯韦电磁场理论，电磁波在固体中的传播速度 v 与反映材料极化特性的相对介电常数 ε_r 和磁化特性的相对磁导率 μ_r 及真空中的光速 c 有如下的关系：

$$v=\frac{c}{\sqrt{\mu_r\varepsilon_r}} \tag{8-5}$$

该式反映了材料的性质对光传播的影响。对于非磁性材料，$\mu_r\approx1$。在下面的讨论中，介质

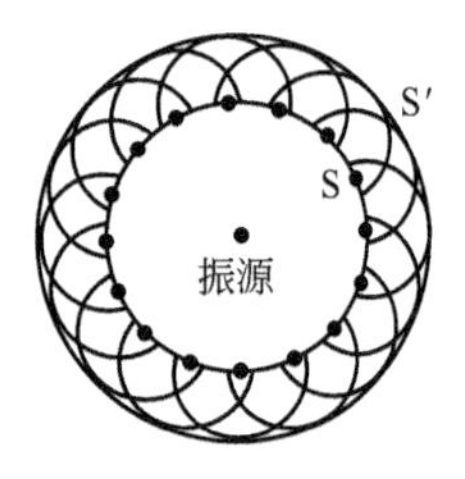

图 8-3 惠更斯原理

材料一般都是非磁性材料。

由于光的传播速度因材料而异，因此光从一种均匀介质斜射入另一种均匀介质时，在两种介质的界面上一般都会发生反射和折射现象。

其现象可以用惠更斯原理得到解释。惠更斯原理是关于波面传播的理论，它的描述可以用图 8-3 来说明。在某一时刻 t，由振源发出的波扰动传播到了 S 面，S 上的每一点都可以看作球面次波的波源。这些波源发射的球面次波以光波的速度 v 传播，经过时间 Δt 后，在各向同性的均匀介质中，形成半径为 $v\Delta t$ 的球面。这些次波面的包络面 S′就是 $t+\Delta t$ 时刻总扰动的波面，或者说是经过 Δt 时刻后，波面传播到了 S′。

如图 8-4 所示，设想有一束平行光线（平面波）以入射角 i_1 由介质 1 射向它与介质 2 的分界面上。作通过 A_1 点垂直于所有入射光的波面，分别相交 A_1、A_2、…、A_n 点，这些点可以作为波源发射次波。设光在介质 1 中的传播速度为 v_1，在介质 2 中的传播速度为 v_2，由于 $v_1 \neq v_2$，所以对于处在分界面上的 A 点分别向介质 1 内发射反射次波和介质 2 内发射透射次波，这些次波都是半球面。经过 Δt 时间后，其他点都陆续地传播到界面上，成为次波源，并分别发射反射次波和透射次波，这些次波面一个比一个小，直到缩成一个点 B，$A_nB=v_1\Delta t$。而此时 A 点发出的透射波到达 C 点，$AC=v_2\Delta t$，反射波到达 D 点，$AD=v_1\Delta t$。根据惠更斯原理，这一时刻总扰动的波面是这些次波面的包络面。在各向同性介质中，由于波线总是与波面正交，容易证明，反射次波和透射次波的包络面都是通过 B 点的平面，因此 BC 为透射波的波前，与所有透射次波面相切，连接次波源和切点得到折射光线；同样，BD 为反射波的波前，与所有反射次波面相切，连接次波源和切点得到反射光线。

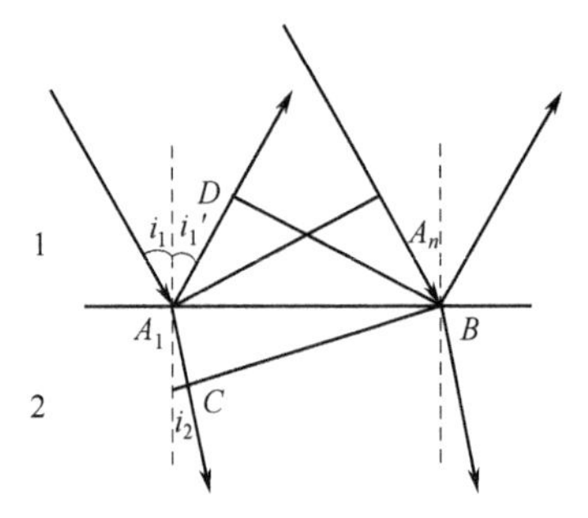

图 8-4 用惠更斯定律解释折射和反射现象

由三角形全等关系 $\Delta A_1BD \equiv \Delta A_1A_nB$，得 $i_1=i_1'$，即入射角等于反射角，这就是反射定律。由$\angle A_1BC=i_2$，得 $\sin i_2=A_1C/A_1B$，此外 $\sin i_1=A_nB/A_1B$，于是

$$\frac{\sin i_1}{\sin i_2}=\frac{A_nB}{A_1B}=\frac{v_1\Delta t}{v_2\Delta t}=\frac{v_1}{v_2}$$

由此可见，入射角与折射角正弦之比为一常数。这就是折射定律。称 $\sin i_1/\sin i_2$ 的比值为介质 2 相对介质 1 的折射率 n_{21}。如果介质 1 为真空，则定义

$$n_2=\frac{v_{真空}}{v_{材料}}=\frac{c}{v_{材料}} \tag{8-6}$$

式中，n_2 为介质 2 的折射率。而两种介质的相对折射率则为

$$n_{21}=\frac{n_2}{n_1} \tag{8-7}$$

因此，材料的折射率反映了光在该材料中传播速度的快慢。两种折射率相比，折射率较大者，光的传播速度较慢。

8.2.2 影响折射率的因素

由式（8-5）和式（8-6）得出麦克斯韦关系式：

$$\varepsilon_r = n^2 \tag{8-8}$$

该式反映了光的折射率与材料的介电常数的关系。材料的极化性质与构成材料原子的原子量、电子分布情况、化学性质等微观因素有关。这些微观因素通过宏观量介电常数来影响光在材料中的传播速度。为了进一步说明影响介质折射率的因素，将式（8-5）代入克劳修斯-莫索蒂方程$\frac{\varepsilon_r - 1}{\varepsilon_r + 2} = \frac{n\alpha}{3\varepsilon_0}$中，由于介质单位体积中的极化质点数$n = N\rho/M$，其中$M$是分子量，$\rho$是密度，$N$是阿佛加德罗常数，则有

$$P_M = \frac{n^2 - 1}{n^2 + 2} \cdot \frac{M}{\rho} = \frac{N\alpha}{3\varepsilon_0} \tag{8-9}$$

式中，P_M是分子的折射度。该式说明单位体积中原子的数目越多，或结构越紧密，则折射率越大。另外在讨论电子的极化时，从定性的简化模型中导出了$\alpha_e = 4\pi\varepsilon_0 r^3$的关系，由于介质的折射率随组成固体原子的电子极化率的增加而增加，因此材料的折射率随原子半径的增加而增加。归纳起来影响折射率n值的因素有下列几方面。

（1）构成材料元素的离子半径和电子结构

折射率是材料的组成离子的极化率总和。正负离子的极化率是由离子的半径及其外层电子结构决定的。原子价相同的正离子，其半径越大，原子核对外层电子吸引力越弱，则离子的极化率越高。而外层具有孤立电子对（Pb^{2+}、Bi^{3+}等）或18电子结构（Zn^{2+}、Cd^{2+}、Hg^{2+}等）的正离子比惰性气体电子层结构的离子有较大的极化率。此外离子极化率还受到周围离子极化的影响，这对负离子尤为显著。氧离子和周围离子键力越大，则它的外电子层被固定得越牢，越不易被极化，因而极化率也就越小。氧离子和正离子间键力随正离子半径的增加而减弱，所以当正离子半径增加时，不仅其本身极化率上升，而且也提高了氧离子的极化率，因而促使材料的折射率迅速增大。可以用大离子得到高折射率的材料，如PbS的$n=3.912$，因此提高玻璃折射率的有效措施是掺入铅和钡的氧化物。例如含PbO90%（体积分数）的铅玻璃$n=2.1$。用小离子得到低折射率的材料，如$SiCl_4$的$n=1.412$。许多材料的折射率实验值确实随构成这种材料的原子（离子）半径增加而增加。

（2）材料的结构、晶型和非晶态

折射率除与离子半径有关外，还和离子的排列密切相关。像非晶态（无定形态）和立方晶体这些各向同性的材料，当光通过时，折射率不因光速的传播方向不同而变化，材料只有一个折射率，称之为均质介质。但是对于除非晶态和立方晶体以外的其他晶型的非均质介质，折射率随方向而不同，沿着原子或离子越密堆的结晶学方向，折射率越大。对于层状结构的晶体，沿原子较紧密的堆积层面内的光波速度，都比其他方向小，特别是垂直于层面的光波速度。晶体结构内没有明显的层状结构，但具有平面状负离子团CO_3^{2-}、NO_3^-、ClO_3^-等，它们在晶体结构中上下互相平行排列，也会同样出现强的各向异性。在链状晶体中，最大的折射率依然出现在结构质点最紧密堆积的链上。对于像SiO_2架状结构的晶体比岛状结构空旷得多，折射率就比较小。

（3）同质异构体

一般情况下，同质异构材料的高温晶型原子的密堆积程度低，因此高温晶型的折射率较低，低温晶型原子的密堆积程度高，因此其折射率较高。例如常温下的石英玻璃，$n=1.46$，数值最小。常温下的石英晶体，$n=1.55$，数值较大；高温时的鳞石英，$n=1.47$；方石英，$n=1.19$。至于普通钠钙硅酸盐玻璃，$n=1.51$，比石英的折射率小。表8-1列出了各种玻璃和晶体的折射率。

表 8-1　各种玻璃和晶体的折射率

玻　璃	平均折射率	晶　体	平均折射率	双折射	晶体	平均折射率	双折射
钾长石组成的玻璃	1.51	四氯化硅	1.412		莫来石	1.64	0.010
钠长石组成的玻璃	1.49	氟化锂	1.392		金红石	2.71	0.287
霞石正长岩组成的玻璃	1.50	氟化钠	1.326		碳化硅	2.68	0.043
氧化硅玻璃	1.458	氟化钙	1.434		氧化铅	2.61	
高硼硅酸玻璃（90％SiO_2）	1.458	刚玉	1.76	0.008	硫化铅	3.912	
		方镁石	1.74		方解石	1.65	0.17
钠钙硅玻璃	1.51～1.52	石英	1.55	0.009	硅	3.49	
硼硅酸玻璃	1.47	尖晶石	1.72		碲化镉	2.74	
重燧石光学玻璃	1.6～1.7	锆英石	1.95	0.055	硫化镉	2.50	
硫化钾玻璃	2.66	正长石	1.525	0.007	钛酸锶	2.49	
		钠长石	1.529	0.008	铌酸锂	2.31	
		钙长石	1.585	0.008	氧化钇	1.92	
		硅线石	1.65	0.021	硒化锌	2.62	
					钛酸钡	2.40	

（4）外界因素对折射率的影响

材料在机械应力、超声波、电场等的作用下，折射率会发生改变，如有内应力存在时的透明材料，垂直于受拉主应力方向的 n 大，平行于受拉主应力方向的 n 小。因此具有光弹性效应、声光效应、电光效应等物理效应。

8.2.3　反射率和透射率

作为一种波动，光在两种介质界面上的行为除了传播方向可能改变外，还有能流的分配、位相的跃变和偏振态的变化等问题，这些问题可根据光的电磁理论，由电磁场的边界条件求得全面的解决。

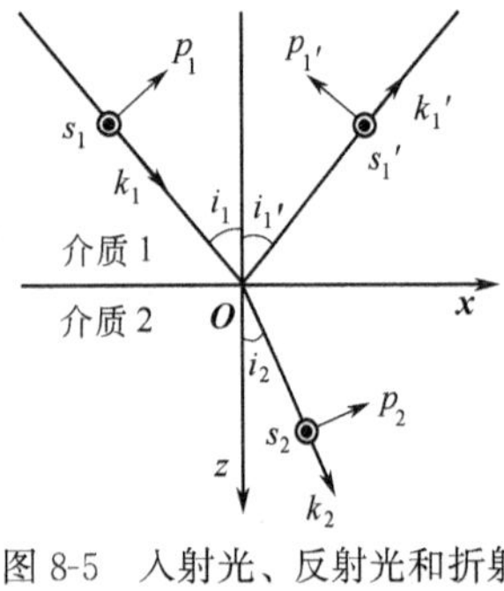

设两种介质的折射率分别是 n_1 和 n_2，当自然光波由介质 1 入射到介质 2 时，光在介质界面上分成了反射光和折射光。由于自然光波的振动可以分解为相互独立的 s 振动和 p 振动，则入射光 k_1、反射光 k_1' 和折射光 k_2 三光束中的电矢量 E_1、E_1'、E_2 都分解成 p 分量和 s 分量，它们都垂直于光的波矢 k，它们的正负都是相对于各自的波矢方向而定的。入射光、反射光和折射光内的 p、s、k 正交系的选择如图 8-5 所示。由此根据电磁场的边界关系可以导出在界面两侧的入射光、反射光和折射光的电矢量满足如下的关系：

图 8-5　入射光、反射光和折射光内的 p、s、k 正交系的选择

$$\boldsymbol{E}'_{1p}=\frac{n_2\cos i_1-n_1\cos i_2}{n_2\cos i_1+n_1\cos i_2}\boldsymbol{E}_{1p}=\frac{\tan(i_1-i_2)}{\tan(i_1+i_2)}\boldsymbol{E}_{1p} \tag{8-10}$$

$$\boldsymbol{E}_{2p}=\frac{2n_1\cos i_1}{n_2\cos i_1+n_1\cos i_2}\boldsymbol{E}_{1p} \tag{8-11}$$

$$\boldsymbol{E}'_{1s}=\frac{n_1\cos i_1-n_2\cos i_2}{n_1\cos i_1+n_2\cos i_2}\boldsymbol{E}_{1s}=\frac{\sin(i_2-i_1)}{\sin(i_2+i_1)}\boldsymbol{E}_{1s} \tag{8-12}$$

$$\boldsymbol{E}_{2s}=\frac{2n_1\cos i_1}{n_1\cos i_1+n_2\cos i_2}\boldsymbol{E}_{1s} \tag{8-13}$$

以上四等式便是菲涅耳反射折射公式。其中式（8-10）和式（8-12）是反射公式，式（8-11）和式（8-13）是折射公式。菲涅耳公式表明，在折射和反射过程中，p 和 s 两个分量的振动是相互独立的。

为了说明反射和折射各占多少比例，通过引入反射率和透射率的概念。这里除了光的各

分量要分别计算外，还应区别三种不同的反射率和透射率，即振幅反（透）射率、光强反（透）射率和能流反（透）射率。它们的定义和相互关系列于表 8-2。

表 8-2　各种反射率和透射率的定义

反射率或透射率	p 分量	s 分量
振幅反射率	$r_p=\dfrac{E'_{1p}}{E_{1p}}$	$r_s=\dfrac{E'_{1s}}{E_{1s}}$
光强反射率	$R_p=\dfrac{I'_{1p}}{I_{1p}}=\lvert r_p\rvert^2$	$R_s=\dfrac{I'_{1s}}{I_{1s}}=\lvert r_s\rvert^2$
能流反射率	$\mathscr{R}_p=\dfrac{W'_{1p}}{W_{1p}}=R_p$	$\mathscr{R}_s=\dfrac{W'_{1s}}{W_{1s}}=R_s$
振幅透射率	$t_p=\dfrac{E_{2p}}{E_{1p}}$	$t_s=\dfrac{E_{2s}}{E_{1s}}$
光强透射率	$T_p=\dfrac{I_{2p}}{I_{1p}}=\dfrac{n_2}{n_1}\lvert t_p\rvert^2$	$T_s=\dfrac{I_{2s}}{I_{1s}}=\dfrac{n_2}{n_1}\lvert t_s\rvert^2$
能流透射率	$\mathscr{T}_p=\dfrac{W_{2p}}{W_{1p}}=\dfrac{\cos i_2}{\cos i_1}T_p$	$\mathscr{T}_s=\dfrac{W_{2s}}{W_{1s}}=\dfrac{\cos i_2}{\cos i_1}T_s$

其中 I 为光强，即平均能流密度，等于光波的振幅的平方；W 为能流，$W=IS$，S 为光束的横截面积，由反射定律和折射定律可知，反射光束与入射光束的横截面积相等，而折射光束与入射光束横截面积之比是 $\cos i_2/\cos i_1$。最后根据能量守恒，即 $W'_{1p}+W_{2p}=W_{1p}$，$W'_{1s}+W_{2s}=W_{1s}$ 及 $\mathscr{R}_p+\mathscr{T}_p=1$，$\mathscr{R}_s+\mathscr{T}_s=1$，由菲涅耳反射折射公式可得到 r_p、r_s、t_p、t_s 的具体表达式：

$$r_p=\frac{n_2\cos i_1-n_1\cos i_2}{n_2\cos i_1+n_1\cos i_2}=\frac{\tan(i_1-i_2)}{\tan(i_1+i_2)} \tag{8-14}$$

$$r_s=\frac{n_1\cos i_1-n_2\cos i_2}{n_1\cos i_1+n_2\cos i_2}=\frac{\sin(i_2-i_1)}{\sin(i_2+i_1)} \tag{8-15}$$

$$t_p=\frac{2n_1\cos i_1}{n_2\cos i_1+n_1\cos i_2} \tag{8-16}$$

$$t_s=\frac{2n_1\cos i_1}{n_1\cos i_1+n_2\cos i_2} \tag{8-17}$$

利用表 8-2 中其他各式，可进一步求出光强和能流的反射率和透射率。

当光束正入射时，$i_1=i_2=0$，上述各式简化为

$$R_p=\frac{n_2-n_1}{n_2+n_1}=-r_s \tag{8-18}$$

$$T_p=t_s\ \frac{2n_1}{n_2+n_1} \tag{8-19}$$

此外

$$R_p=R_s=\mathscr{R}_p=\mathscr{T}_s=\left(\frac{n_2-n_1}{n_2+n_1}\right)^2 \tag{8-20}$$

$$T_p=T_s=\mathscr{T}_p=\mathscr{T}_s=\frac{4n_1n_2}{(n_2+n_1)^2} \tag{8-21}$$

因此反射率和透射率是由两种介质的折射率决定的，如果 n_1 和 n_2 相差很大，那么界面反射损失就严重。这意味着在光学系统中当折射率增大时，反射损失增大。以玻璃为例，设其折射率为 $n_2=1.5$，光从空气正入射时，$r_p=20\%$，$r_s=-20\%$，$R_p=4\%$，$t_p=t_s=80\%$，$T_p=96\%$。

图 8-6 为光在空气与玻璃界面上反射时 p 分量和 s 分量的反射率与入射角的关系，从图中可以看出当入射角 $\alpha=54°40'$时，p 的反射率 R_p 为零，即此时反射光中没有平行于入射面的分量 R_p，而只有垂直于入射面的分量 R_s，这个角度称为布儒斯特角，以 α_B 表示，它的

普遍关系为

$$\tan\alpha_B = \frac{n_2}{n_1} \tag{8-22}$$

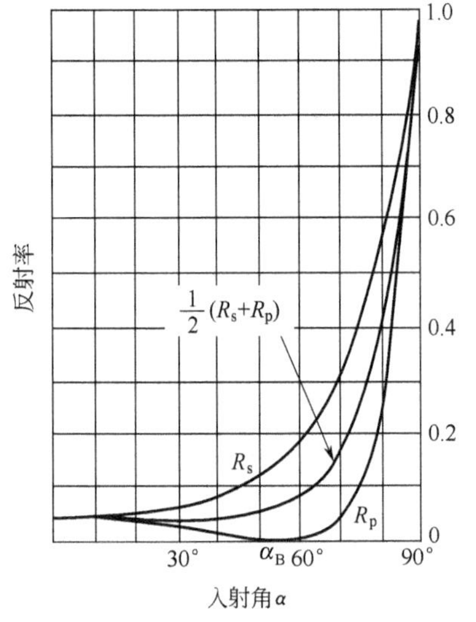

图 8-6 反射率随入射角的变化

利用布儒斯特角可以产生线偏振光。在激光器中常将光学元件以布儒斯特角安装，以便产生偏振激光束。

介质的折射率与波长有关，因此同一种材料对不同波长的光有不同的反射率。如金对绿光的垂直反射率为50%，而对红外光的反射率达到了96%以上。

由于陶瓷、玻璃等材料的折射率较空气的大，所以反射损失严重。如果透镜系统由许多块玻璃组成，则反射损失更可观。为了减少这种界面损失，常常采用折射率和玻璃相近的胶将它们粘起来，这样，除了最外和最内的表面是玻璃和空气的相对折射率外，内部各界面都是玻璃和胶的较小的相对折射率，从而大大减小了界面的反射损失。相反，对于雕花玻璃“晶体”，则在强折射的基础上企求高的反射性能，这种玻璃含铅量高，折射率高，因而反射率约为普通钠钙硅玻璃的两倍。同样宝石的高折射率使得它具有所需的强折射作用和高反射性能。玻璃纤维作为照明和通讯的光导管时，有赖于光束的总的内反射。这是用一种具有可变折射率的玻璃或涂层来实现的。

对于光学工程的应用，希望强折射和低反射相结合。这可以在镜片上涂一层中等折射率、厚度为光波长的1/4的涂层，这种光波通常在可见光谱的中部（即 0.60μm 左右），这样的一次反射波刚好被大小相等位相相反的二次反射波所抵消。在大多数显微镜和许多其他光学系统中都采用这种涂层的物镜，同样的系统被用来制作“不可见”的窗口。

8.2.4 介质的表面光泽

上面所分析的光的反射，是指材料表面粗糙度非常低的情况下的反射，反射光线具有明确的方向性，一般称之为镜面反射。在光学材料中利用这个性能达到各种应用目的。在无机材料系统中大多数材料的表面并不是完全光滑的，因此当光照射到粗糙不平的材料表面时，发生相当大的漫反射。对一不透明材料，测量单一入射光束在不同方向上的反射能量，得到图 8-7 的结果。漫反射的原因是由于材料表面粗糙，在局部地方的入射角参差不一，反射光的方向也各不相同，致使总的反射能量分散在各个方向上，形成漫反射，材料表面越粗糙，镜反射所占的能量分数越小。

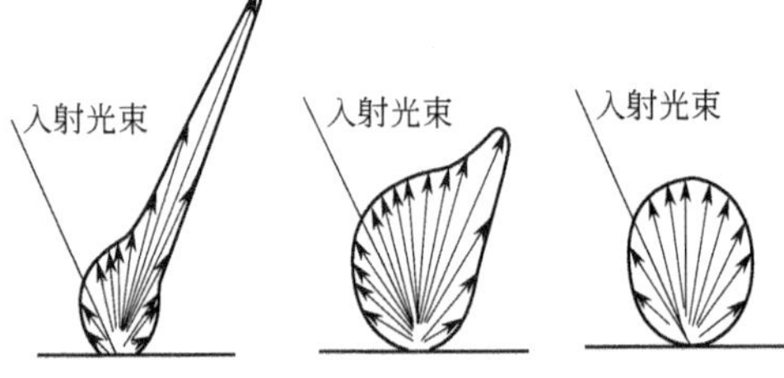

图 8-7 粗糙度增加的镜反射、漫反射能量图

要对光泽下个精确的定义是困难的，但它与镜反射和漫反射的相对含量密切相关。已经发现表面光泽与反射影像的清晰度和完整性，亦即与镜反射光带的宽度和它的强度有密切的关系。这些因素主要由折射率和表面粗糙度决定。为了获得高的表面光泽，需要采用铅基的釉或搪瓷成分，烧到足够高的温度，使釉铺展而形成完整的光滑表面。为了减小表面光泽，可以采用低折射率的玻璃相或增加表面粗糙度，例如采用研磨或喷沙的方法，表面化学腐蚀的方法以及由悬浮液、溶液或者气相沉积一层细粒材料的方法产生粗糙表面。获得高光泽的釉和搪瓷的困难通常是由于晶体形成时造成的表面粗糙、表面起伏或者气泡爆裂造成的凹坑。

8.3 光在各向异性介质中的传播

在晶体介质中，由于构成分子本身的各向异性，或分子排列的各向异性，作用在电子上的束缚力是各向异性的。因此光在各向异性介质中传播时，它的偏振状态会发生变化，主要表现出双折射现象，在某些晶体中还会表现出旋光现象。

8.3.1 双折射

8.3.1.1 双折射的概念

由于折射率与原子紧密堆积有关，所以对于各向异性材料，在不同的方向上表现出不同的折射率值，因此，当光束通过各向异性介质的表面时，由于在各方向上的折射程度不同，折射光会分成两束沿着不同的方向传播，见图 8-8。这种现象称为双折射。即光在这种材料内成了两束，两束光中的一束称为寻常光（或 o 光），对应的折射率称为常光折射率 n_o，不论入射光的入射角如何变化，n_o 始终为一常数，因而常光折射率严格服从折射定律。另一束称为非常光（或 e 光），其对应的折射率称为非常光折射率，该值随入射线方向的改变而变化，它不遵守折射定律。实际上并不是光沿任何方向都能发生双折射，在晶体中存在着一个特殊的方向，光线沿这个方向传播时，不发生双折射，这些特殊的方向称为晶体的光轴。只有一个光轴的晶体，如方解石、石英，称为单轴晶体；具有两个光轴的晶体，如云母、黄玉，称为双轴晶体。当光沿晶体光轴方向入射时，只有 n_o 存在，与光轴方向垂直入射时，存在 n_o 与 n_e，将此时的 n_o 与 n_e 合称为晶体的主折射率。如果已知某晶体的 n_o 与 n_e 及光轴的方向，可以把沿着其他方向入射时的 e 光的折射方向完全确定下来，其折射率介于 n_o 和 n_e 之间。例如石英的 $n_o=1.543$，$n_e=1.552$；方解石的 $n_o=1.658$，$n_e=1.486$；刚玉的 $n_o=1.760$，$n_e=1.768$。对于负晶体，$n_o>n_e$；对于正晶体，$n_o<n_e$。光线沿晶体的某界面入射，此界面的法线与晶体的光轴构成的平面，称为主截面。当入射面与主截面重合时，两折射线都在入射面内；否则，非常光不在入射面内。通过检偏器观察，光在各向异性材料中传播时，它的偏振态发生了变化，即射出的这两束光都是线偏振光，且两光束的振动方向相互垂直。寻常光的电矢量振动方向垂直于光轴和传播方向构成的平面，非常光的电矢量振动方向在这一平面内。双折射是非均质晶体的特性，这类晶体的所有光学性能都和双折射有关。

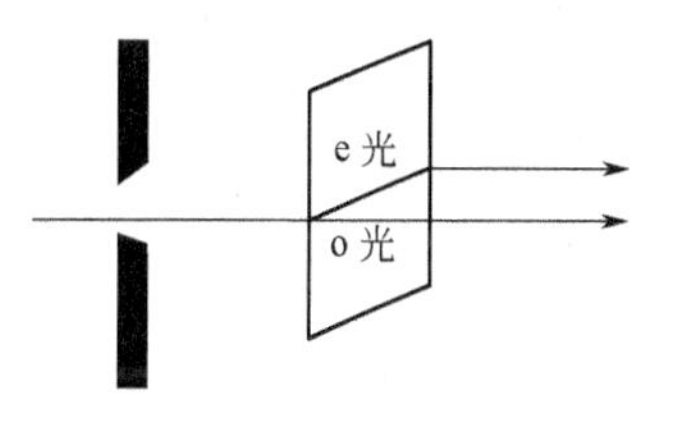

图 8-8 双折射现象

8.3.1.2 双折射现象产生的机理

在介质中的光波是入射波与介质中的电子的受迫振动所发射的次波的合成波。由于受迫振动与入射光波的频率相同，而存在位相差，因此合成波的频率与入射波光波的相同，但其位相滞后。波合成的结果使介质中的光速比真空中慢。位相滞后的程度与振子固有频率 ω_0 和入射光波频率 ω 的差值有关，从而使介质中的光速又与入射光的频率有关。

在晶体介质中，由于构成分子本身的各向异性，或分子排列的各向异性，作用在电子上的束缚力是各向异性的。因此晶体中的电子行为应该用各向异性振子来描述。设晶体中的三个独立的空间方向上有不同的固有振动频率 ω_1、ω_2 和 ω_3。对于单轴晶体，一个是平行于光轴方向的固有振动频率 ω_1，其他两个是垂直于光轴的固有振动频率 ω_2 和 ω_3，且 $\omega_2=\omega_3$。图 8-9 为单轴晶体中 o 光和 e 光的传播特性。(a) 和 (b) 分别表示从晶体中一个发光点 C 所发出的 o 光和 e 光在主截面中的传播情形。图中的虚线表示光轴方向。见图 8-9 (a)，无论光向什么方向传播，例如沿 Ca_1、Ca_2，Ca_3 方向，o 光的电矢量总是垂直于主截面（以黑点表示），其位相与 ω_1 无关，只受 ω_2 制约，因此在主截面上从 C 点发出的 o 光，传播速度都一样，以 v_o 表示，其等相点的轨迹是以 C 为中心的一个圆。将图 8-9 (a) 绕通过 C 点的光轴旋转任意角度，都可得到同样的结果，因此寻常光的波面为一球面。在图 8-9（b）中，从 C 点发出的 e 光，电矢量平行主截面，因传播方向不同而与光轴成不同的角。例如，沿 Ca_1 传播的 e 光，电矢量垂直于光轴，传播速度受垂直于光轴的振子固有频率 ω_2 制约，故以速度 v_o 传播。而沿 Ca_2 方向传播的 e 光，其电矢量平行于光轴，传播位相只与 ω_1 有关，以速度 v_e 传播。对于沿其他方向（如 Ca_3）传播的 e 光，其电矢量与光轴成某一角度，可分解为平行于光轴的分量和垂直于光轴的分量，其位相分别与 ω_1 和 ω_2 有关，总的传播速度为这两个分量的速度矢量和。因此 e 光沿不同的方向传播时，有不同的传播速度。所以，该方向的传播速度与 ω_1、ω_2 都有关，其数值应介于 v_o 和 v_e 之间，非常光在不同的方向有不同的传播速度，等位相点的轨迹形成一个椭圆。将图（b）绕通过 C 点的光轴旋转 180°，就得到 e 光的波面，这是一个旋转的椭球。从对图 8-9 的分析可知，对于单轴晶体，当光沿光轴方向入射时，o 光和 e 光的传播速度都相同，所以只有一个折射率 n_o，而沿垂直于光轴方向入射时，存在两个折射率，这两个折射率为主折射率 n_o 和 n_e。

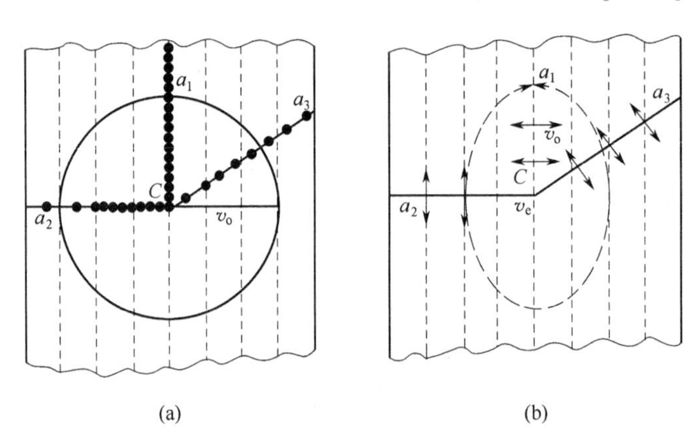

图 8-9　单轴晶体中 o 光和 e 光的传播特性

电场中的双原子模型也可以解释双折射现象。由于可以将自然光的电矢量分解为两个互相垂直的 s 和 p 分量，因此一束光入射在介质的表面上时，可以认为是这两个彼此独立的电矢量分别作用于介质，即介质中的原子或分子在这两个电矢量的作用下发生极化。对于各向同性球形对称的电子云来说，在外加电场的作用下，电荷沿电场方向发生位移而形成电偶极矩，其极化率与方向无关，即不具有双折射特性。但对于双原子分子，因为极化还和晶体中相邻原子的局部电场有关，图 8-10（a）的情况是分子在平行于长度的电矢量的作用下的情况。原子的电偶极矩等于局部电场和极化率的乘积。而局部电场是外加的电场 E 和相邻离子的偶极子电场的矢量和。相邻离子的偶极子电场加强了 E，结果使这两个原子的极化更大些，因而得到较大的折射率。而对于垂直于分子长度的电矢量的情况，见图 8-10（b），其作用则相反，相邻离子的偶极矩电场是和 E 相反的，则减小了这两个原子的偶极矩和折射率。因此平行这个分子的偏振光波的传播速度比垂直于该分子的偏振光波来得慢，这就是造成双折射的原因。同理，高度对称的等轴晶系，类似于球形分子，是各向同性的；而非等轴晶系则是各向异性，具有双折射现象。其次还有一个事实也是很重要的，感应偶极矩和外加电场的方向在非等轴晶系中并不一致，这可以从力学模型来说明：将一个小球固定在两个互相垂直的弹簧上，为了反映各向异性，设水平弹簧的弹性常数比垂直的大三倍，现用一个与这两个弹簧成 45°角的力作用在小球上，则垂直方向的位移比水平方向的位移大三倍，结果位移方向和力的方向形成一个角度。相类似，感应偶极矩和电场强度的方向不一致，也成一个角度，从而使水

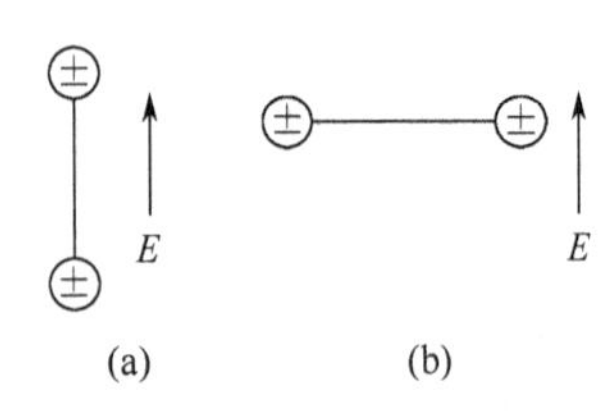

图 8-10　电场中的双原子分子

平方向和垂直方向上原子的极化不一致，最终导致双折射现象产生。

8.3.1.3　电控双折射效应

一束光线与细晶透明铁电陶瓷斜交并沿此方向传播时，会产生双折射，即光线被分解为两束线偏振光。这种双折射率可借助于外加电场的变化或陶瓷剩余极化强度的变化来进行控制，这便是电控双折射效应。

在透明的 PLZT 陶瓷系统中，实用的电光 PLZT 组分在铁电状态时，几乎都具有立方晶系结构，其极轴 c 典型地只比 a 轴长约 1%。因此其光学性质几乎是各向同性的，在一定程度上，这就是为什么能够以陶瓷的形式达到高度透明的原因。当一个电场作用于这种陶瓷时，电畴作定向排列，导致宏观极化强度的产生，因而产生单轴晶体光学性质，即光轴与极化强度方向一致。不同的 Zr、Ti 之比和 La 的添加量会使 PLZT 陶瓷表现出不同特点的电控双折射效应。一般具有三类特点，分为记忆、线性和二次电光效应。

具有记忆电光效应的 PLZT，其矫顽场低、压电系数大，因而易于极化、易于利用外加电场的变化来控制 PLZT 的双折射。这类材料主要用于记忆、显示、光阀、光谱滤色等方面。材料的典型配方为 $Pb_{0.92}La_{0.08}(Zr_{0.65}、Ti_{0.35})_{0.98}O_3$。

具有线性电光效应的 PLZT，其矫顽场高，极化达饱和时的双折射变化正比于外加电场。这类材料主要用于线性光调制、光开关、光偏转等方面。材料的典型配方为 $Pb_{0.92}La_{0.08}(Zr_{0.40}、Ti_{0.60})_{0.98}O_3$。

具有二次电光效应的 PLZT，其矫顽场近于零，外加电场时双折射率的变化正比于外加电场的平方，外加电场为零双折射小时而成为各向同性体。这类材料主要用于二次电光调制、厚度-位相全息记录等方面。材料的典型配方为 $Pb_{0.91}La_{0.09}(Zr_{0.65}、Ti_{0.35})_{0.9775}O_3$。

利用电控双折射效应制成的光调制器原理如图 8-11 所示。由左侧进入的入射光波为圆偏振光，通过偏振器后成为线偏振光。进而线偏振光射入在外加调制电场控制下的透明铁电陶瓷中，由于陶瓷的电控双折射效应，把入射的线偏振光分成两束振动方向相互垂直、沿同一方向传播的偏振光。经过陶瓷的光束产生了一个相对延迟后射入检偏器，该光束通过检偏器后成为所需要的特定成分的出射光束。显然，此出射光束是受外加调制电场控制的。

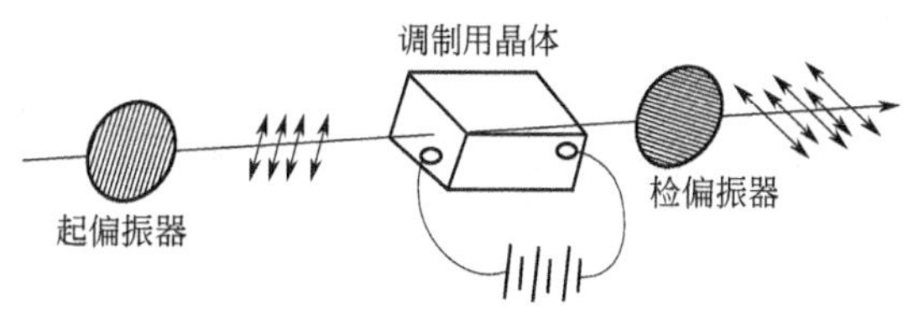

图 8-11　电控双折射

利用透明 PLZT 陶瓷的电控双折射效应研制成透过率可控的飞行窗、防护眼镜等。除此之外，在光信息处理技术中有着重要的应用。

8.3.2　旋光

8.3.2.1　旋光现象

在某一单轴晶体内沿着垂直于光轴方向切出一块平行平面晶片，例如石英晶片，并将其插入一对正交偏振片Ⅰ和Ⅱ之间，偏振片Ⅰ在单色光的照射下，偏振片Ⅱ后的视场变亮，此时如把偏振片Ⅱ向左或向右旋转一定的角度 φ，则出现消光现象。这表明，从晶片透射出来的光仍为线偏振光，但其振动面向左或向右旋转了一个角度，这种现象称为旋光。振动面旋转的角度与石英晶片的厚度 d 成正比，其比例系数为石英的旋光率。旋光率的数值与波长有关，因此在白光的照射下，不同颜色的振动面旋转的角度不同。

8.3.2.2　旋光机理

产生旋光的机理可以这样解释：在某些晶体介质中，晶格上的原子和离子排列存在附加的螺旋有序性（如石英晶体，在 z 轴方向上的原子或离子位于螺距等于晶胞长度的螺线上）。由于按螺线周期排列的原子间的相互作用，可以设想在光场的作用下电子的运动轨迹为一螺线。

电子的运动不仅产生交变的电偶极矩 $p(t)$，还将产生交变的磁偶极矩 $m(t)$，且两者都是沿螺线方向，或者同向，或者反向，取决于螺线的绕向。图 8-12 分别表示右旋和左旋两种分子平行于入射光电场的情况。交变的电、磁偶极子将辐射电磁次波，而且二者辐射的次波电矢量 E_p 和 E_m 互相垂直，因而螺线偶极子辐射的合成电场 $E_s=E_p+E_m$ 将不平行于入射场 E_i，总电场 $E=E_i+E_s$ 的偏振方向将相对于入射光场 E_i 旋转一个角度。旋转的方向取决于螺线的绕向，旋转角的大小则随分子相对与入射光场 E 的取向而变。这就是旋光现象。

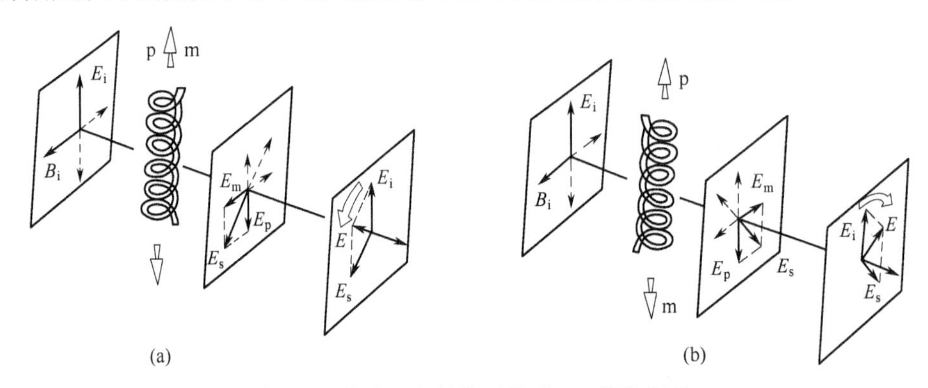

图 8-12　旋光现象的物理模型——螺旋振子

另外也可以用菲涅耳假设进行解释，其假设如下：在旋光晶体中线偏振光沿光轴传播时分解成左旋和右旋圆偏振光（L 光和 R 光），它们的传播速度 v_L 和 v_R 略有不同，或者二者的折射率不同，而经过旋光晶片时产生不同的位相滞后。

$$\varphi_L=\frac{2\pi}{\lambda}n_L d \tag{8-23}$$

$$\varphi_R=\frac{2\pi}{\lambda}n_R d \tag{8-24}$$

式中，λ 为真空中的波长；d 为旋光晶片的厚度。下面我们就根据这个假设来解释旋光现象，当圆偏振光通过晶片后，在出射界面Ⅱ上电矢量 E_L 和 E_R 的瞬时位置比同一时刻入射界面Ⅰ上的位置分别落后一个角度 φ_L 和 φ_R。见图 8-13，对于 L 光 E_L 在界面Ⅱ上的位置处于同一时刻在截面Ⅰ上位置的右边，即它需要经过一段时间向左转动 φ_L 的角度。同理，R 光中的 E_R 在界面Ⅱ上的位置处于同一时刻在界面Ⅰ上位置的左边，相差一个角度 φ_R。

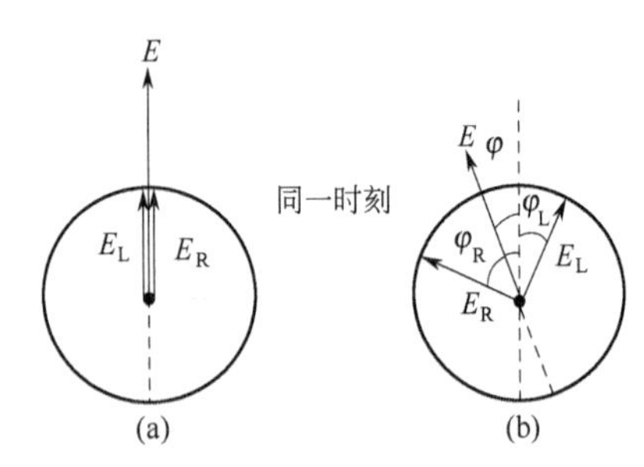

图 8-13　旋光性的解释

为了简便，设入射的线偏振光的振动面在竖直方向，并取它在入射界面Ⅰ上的初相位为 0，即在 $t=0$ 时刻入射光中电矢量 E 的方向朝上并具有极大值。因此将它分解为左、右旋圆偏振光后，E_L 和 E_R 此时刻的瞬时位置都与 E 一致，也是朝上的［见图 8-13（a）］。在同一时刻出射界面Ⅱ上，E_L 和 E_R 分别位于竖直方向的右边和左边一个角度 φ_L 和 φ_R［见图 8-13（b）］。当光束穿出晶片后左、右旋圆偏振光的速度恢复一致，它们合成为一个线偏振光，其偏振方向在 E_L 和 E_R 瞬时位置的分角线上，此时方向相对于原来的竖直方向转过了一个角度 φ，其大小为

$$\varphi=\frac{1}{2}(\varphi_R-\varphi_L)=\frac{\pi}{\lambda}(n_R-n_L)d \tag{8-25}$$

上式表明，偏振面转动的角度 φ 是与旋光晶片的厚度 d 成正比的。当 $n_R>n_L$ 时，$\varphi>0$，晶体是左旋的；$n_R<n_L$ 时，$\varphi<0$，晶体是右旋的。

正如用人工的方法（应力、电场等）可以产生双折射一样，用人工的方法也可以产生旋

光效应，其中最重要的是磁致旋光效应，通常也称法拉第旋转效应。法拉第效应是光和原子磁矩相互作用而产生的现象。这一效应已在无机材料磁学性能中作过介绍。

8.4 光的吸收、色散和散射

一束平行光照射材料时，一是部分光的能量被吸收，其强度将被减弱；二是介质中光的传播速度比真空中小，且随波长而变化产生色散现象；三是光在传播时，遇到结构成分不均匀的微小区域，有一部分能量偏离原来的传播方向而向四面八方弥散开来，即发生散射现象，其中光的吸收和散射都会导致原来传播方向上的光强减弱。这些现象与光和物质的相互作用有更多的联系。

8.4.1 光的吸收

除了真空，没有一种介质对电磁波是绝对透明的，光的强度随穿入介质的深度而减弱的现象称为介质对光的吸收。这里还应区分真吸收和散射两种情况。前者是光能真被介质吸收后转变为热能，后者则是光被介质中的不均匀性散射到四面八方。

8.4.1.1 吸收的一般规律

设有一块厚度为 x 的平板均匀介质材料，如图 8-14 所示，强度为 I_0 的单色平行光束沿 x 方向入射均匀介质，通过此材料后的光强度为 I'。对于薄层 dx，其强度减少量（或吸收损失）dI 与此处的光强度 I 和薄层的厚度 dx 有如下的关系

$$\frac{dI}{I}=-\alpha dx \tag{8-26}$$

式中，负号表示光强随着 x 的增加而减弱。在 $0\sim x$ 区间对式（8-26）进行积分，得

$$I=I_0 e^{-\alpha x} \tag{8-27}$$

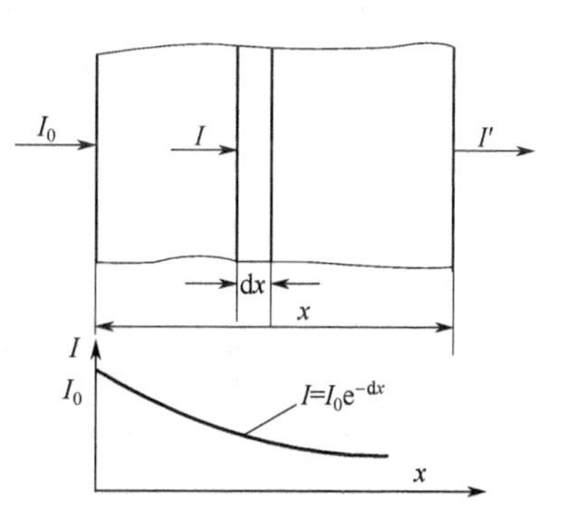

图 8-14 光通过材料时的衰减规律

该式表明，光强度随厚度的变化符合指数衰减规律。式（8-27）称为朗伯特定律。式中的 α 是一个与光强无关的比例系数，称为介质对光的吸收系数，其单位为 cm^{-1}。α 取决于材料的性质和光的波长。对于一定波长的光波而言，α 越大，材料越厚，光被吸收的就越多，因而透过后的光强度就越小。光吸收系数可按不同的光谱区进行测定。如果对于光强比原来光波大几个乃至十几个数量级的激光来说，光和物质的非线性相互作用显示出来，吸收系数则和其他许多系数（如折射率）一样都依赖于光的强度，朗伯特定律不再成立。

8.4.1.2 光的吸收与频率（或波长）的关系

由于电磁波引起电荷 e 位移，从而产生电偶极矩 $p_0=ex$，则式（8-4）可写成

$$p_0=\frac{e^2}{m}\frac{E(\omega)}{\omega_0^2-\omega^2+i\omega\gamma} \tag{8-28}$$

设每单位体积内有 N 个原子，则极化强度 $P=Np_0$，由$\frac{P}{\varepsilon_0 E}=\varepsilon_r-1$ 和 $\varepsilon_r=n^2$，得

$$\frac{P}{\varepsilon_0 E}=n^2-1 \tag{8-29}$$

因此

$$n^2-1=\frac{Ne^2}{\varepsilon_0 m}\frac{1}{\omega_0^2-\omega^2+i\omega\gamma} \tag{8-30}$$

此式表明 n 是一个复数，可用一个复数 n^* 来代替它，以便和实际折射率区别，并称其为复数折射率，即有 $n^*=n-ix$，则 $n^{2*}=(n^2-x^2)-i2nx$ 和式（8-30）相比较，两者的实部项和虚部项分别相等，则有

$$n^2-x^2=1+\frac{Ne^2}{\varepsilon_0 m}\frac{\omega_0^2-\omega^2}{(\omega_0^2-\omega^2)^2+\omega^2\gamma^2} \tag{8-31}$$

$$2nx=\frac{Ne^2}{\varepsilon_0 m}\frac{\gamma\omega_0\omega}{(\omega_0^2-\omega^2)^2+\gamma^2\omega_0^2\omega} \tag{8-32}$$

将 n 和 x 对 ω 作曲线，得出如图 8-15 所示的曲线，该曲线也叫色散曲线。由于 x 在共振频率时有一个最大值，因此它是反映光波通过材料时能量的损失，称 x 为吸收率。材料的光吸收系数 α 和吸收率 x 有如下的关系：

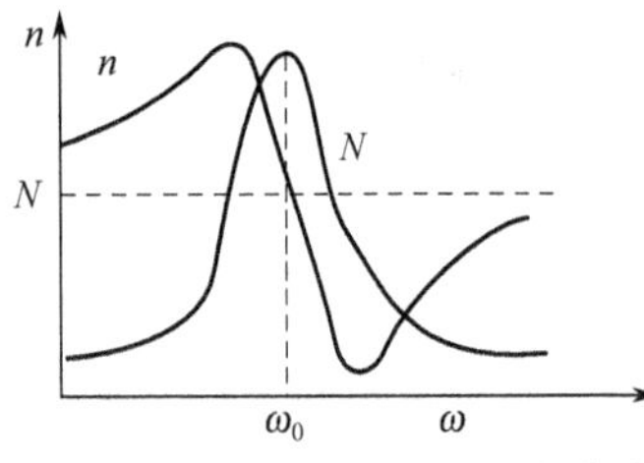

图 8-15　色散曲线和吸收率曲线

$$\alpha=\frac{4\pi x}{\lambda} \tag{8-33}$$

式中，λ 是光在真空中的波长。由此可见，介质的吸收可归并到一个复数折射率的概念中去，其虚部反映了因介质的吸收而产生的电磁波衰减。

图 8-16 是绝缘体、金属和半导体的折射率 n 和吸收率 x 随频率变化简图。对于绝缘体来说，在低频时由于离子和电子的极化，因此折射率较大，随着频率的增大，离子极化不能进行，折射率减小。吸收曲线表明，在可见光范围内绝缘体的透过性一般很好，而金属和半导体很差，主要是由于后者在低频时光子的能量就已经足够激发电子跃迁而引起能量的吸收。其次绝缘体有三个吸收峰，折射率也是异常变化的。一个吸收峰是在红外区，它是由于红外频率的光波引起材料中离子或分子的共振而发生的。在紫外线范围中有一个吸收峰，是由于紫外线引起原子中的电子发生共振，也就是紫外光频率的光子足够使电子从价带跃迁到导带或其他能级上去，因而发生吸收。第三个峰的吸收效应是由于 X 射线使原子内层电子跃迁到导带而引起的，它对折射率影响很小以致没有在曲线上显示出来。

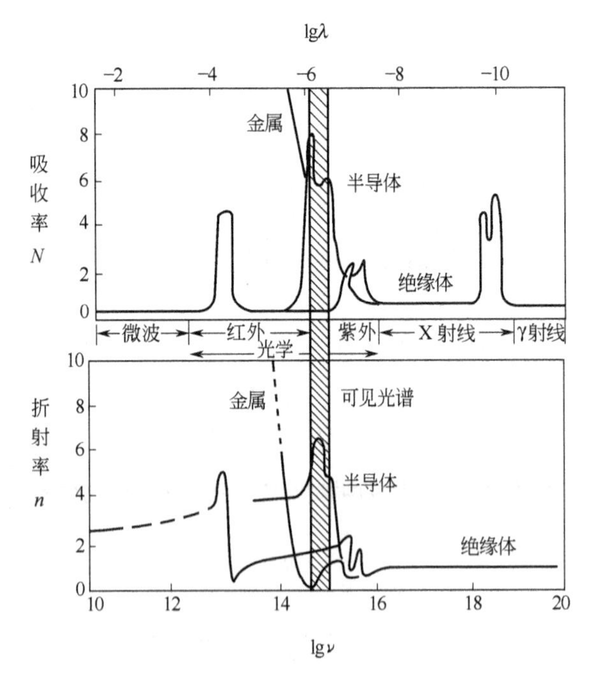

图 8-16　绝缘体、金属、半导体的吸收率和折射率与频率的关系图

对于光学元件（如光窗、棱镜、透镜等）需要材料能透过波长范围愈广愈好，最好是能找到透过紫外线、可见光和红外光的材料，但是这种材料是很难找到的，因为短波侧受材料

的禁带宽度 E_g 限制，其紫外吸收端相应的波长可根据材料的禁带宽度 E_g 求得。

$$E_g = h\nu = h \times \frac{c}{\lambda} \tag{8-34}$$

$$\lambda = \frac{hc}{E_g} \tag{8-35}$$

式中，h 为普朗克常数，$h = 6.63 \times 10^{-34}$ J·s；c 为光速。从式（8-35）中可见，禁带宽度大的材料，紫外吸收端的波长比较小。如果希望材料在电磁波谱的可见光区透过范围大，则希望紫外吸收端的波长要小，因此要求 E_g 大。如果 E_g 小，甚至可能在可见区也会被吸收而不透明。

常见材料的禁带宽度变化较大，如硅的 $E_g = 1.2$eV，锗的 $E_g = 0.75$eV，其他半导体材料的 E_g 约为 1.0eV。电介质材料的 E_g 一般在 10eV 左右。NaCl 的 $E_g = 9.6$eV，因此发生吸收峰的波长为 $\lambda = \frac{6.624 \times 10^{-27} \times 3 \times 10^{8}}{9.6 \times 1.602 \times 10^{-12}} = 0.129$（$\mu$m），此波长位于极远紫外区。

另一端受晶格热振动的限制，它决定最长波长的透过。因为晶体共振频率为

$$\omega_0^2 = 2\beta\left(\frac{1}{M_c} + \frac{1}{M_a}\right) \tag{8-36}$$

式中，β 是与力有关的常数，由离子间结合力决定；M_c 和 M_a 分别为阳离子和阴离子质量。所以决定透过的最长波长、原子的质量及键强是十分重要的。质量愈大，键强愈弱，透过的波长愈长。

综上所述，为了有较宽的透明频率范围，最好有高的电子能隙值和弱的原子间结合力以及大的离子质量。对于高原子量的一价碱金属卤化物，这些条件都是最优的。表 8-3 列出一些厚度为 2mm 的材料的透光波长范围（超过 10%）。

表 8-3　各种材料透光波长范围

材　　料	能透过的波长范围/μm	材　　料	能透过的波长范围/μm	材　　料	能透过的波长范围/μm
熔融二氧化硅	0.16～4	多晶氧化镁	0.3～9.5	硫化镉	0.55～16
熔融石英	0.18～4.2	单晶氟化镁	0.15～9.6	硒化锌	0.48～22
铝酸钙玻璃	0.4～5.5	多晶氟化钙	0.13～11.8	锗	1.8～23
偏铌酸锂	0.35～5.5	单晶氟化钙	0.13～12	碘化钠	0.25～25
方解石	0.2～5.5	溴化钾	0.2～38	氯化钠	0.2～25
二氧化钛	0.43～6.2	溴碘化铊	0.55～50	氯化钾	0.21～25
钛酸锶	0.39～6.8	氟化钡-氟化钙	0.75～12	氯化银	0.4～30
三氧化二铝	0.2～7	三硫化砷玻璃	0.6～13	氯化铊	0.42～30
蓝宝石	0.15～7.5	硫化锌	0.6～14.5	碲化镉	0.9～31
氟化锂	0.12～8.5	氟化钠	0.14～15	氯溴化铊	0.4～35
多晶氟化镁	0.45～9	氟化钡	0.13～15	碘化钾	0.25～47
氧化钇	0.26～9.2	硅	1.2～15	溴化铯	0.2～55
单晶氧化镁	0.25～9.5	氟化铅	0.29～15	碘化铯	0.25～70

由于导弹、军事和工业上的应用，发展了一系列透红外材料。用热压方法制成多晶红外窗口材料，机械强度大，耐腐蚀和热稳定性好。如 MgF_2、MgO、ZnSe、CdTe，特别是高原子序数的化合物 CdTe 对透红外有特殊的优点。但是它也有缺点，由于狭的禁带引起短波透过性差，而它的高折射率又引起较大的反射损失，此外机械强度也较差。红外材料有时尚

需考虑温度的关系，因为温度的变化引起材料厚度和折射率的变化，产生光的畸变。碱土金属氟化物的热膨胀效应和折射率随温度变化的影响几乎相互抵消，所以直径 19cm 的 BaF_2 窗口允许温度梯度可以达到 50K，而其他通过 4μm 的大部分红外材料只允许 1K 之差。1cm 小窗口的径向热流是十分重要的，甚至边部需要冷却，在这样的情况下，硅材料具有优点，因为它的热传导系数较大。

上述讨论的是介质对某种波长表现出强烈的吸收，即吸收系数非常大，而对另一种波长的吸收系数可以非常小。这个现象称为选择性吸收。在可见光区内，透明材料的选择吸收使其呈不同的颜色。与此相对应，如果介质在可见光范围对各种波长的吸收程度都相同，则称为均匀吸收。在此情况下，随着吸收程度的增加，颜色由灰变到黑。

8.4.2 色散

材料的折射率随入射光频率的减小（或波长的增加）而减小的性质，称为折射率的色散。几种材料的色散见图 8-17（a）及（b）所示。

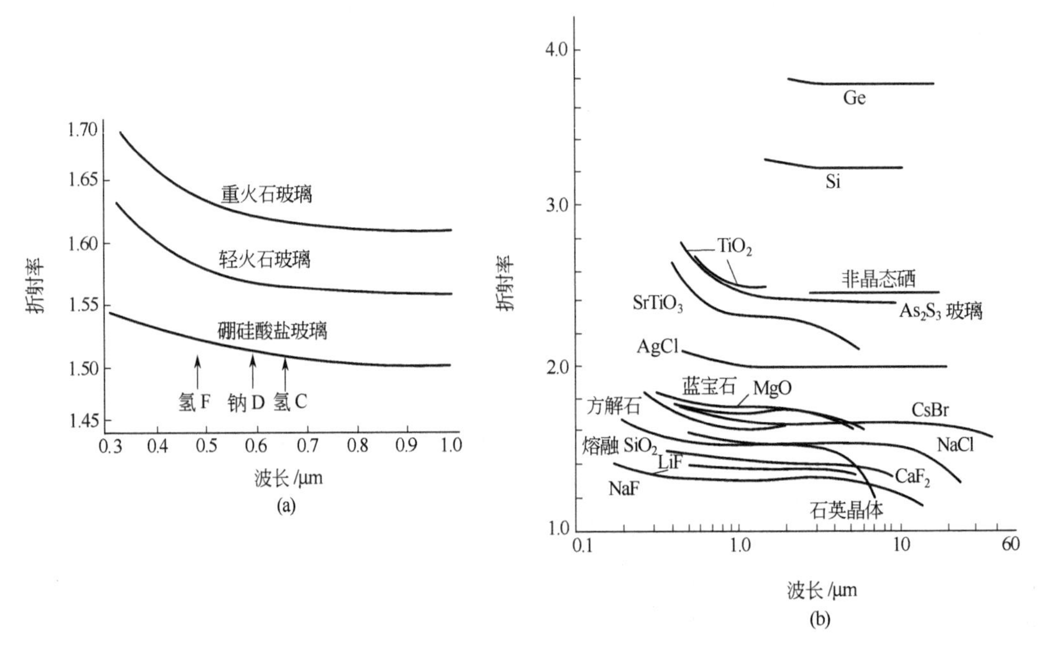

图 8-17　几种玻璃的色散图（a）与几种晶体和玻璃的色散图（b）

在给定入射光波长的情况下，材料的折射率随波长的变化率称为色散率

$$色散=\frac{dn}{d\lambda} \tag{8-37}$$

色散值可以直接由图 8-17 确定。然而最实用的方法是用固定波长下的折射率来表达，而不是去确定完整的色散曲线。最常用的数值是倒数相对色散，即色散系数

$$\gamma=\frac{n_D-1}{n_F-n_C} \tag{8-38}$$

式中，n_D、n_F 和 n_C 分别为以钠的 D 谱线、氢的 F 谱线和 C 谱线（5893Å、4861Å 和 6563Å）为光源，测得的折射率。描述光学玻璃的色散还用平均色散（n_f-n_D）。由于光学玻璃一般都或多或少具有色散现象，因而使用这种材料制成的单片透镜，成像不够清晰，在自然光的透过下，在像的周围环绕了一圈色带。克服的方法是用不同牌号的光学玻璃，分别磨成凸透镜和凹透镜组成复合透镜，就可以消除色差，这叫做消色差镜头。

1936 年科希研究了材料在可见光区的折射率，将色散曲线表达为

$$n=A+\frac{B}{\lambda^2}+\frac{C}{\lambda^4} \tag{8-39}$$

此式称为科希公式。式中的 A、B、C 表征材料的特性的常数，因此只要测出三组数据，就可以获得材料的色散曲线。一般情况下，仅用其前两项就可以得到足够准确的结果。符合这一规律的色散称为正常色散，不符合这一规律的色散称为反常色散。如对石英等透明材料，把测量波长延伸到红外区域，其色散曲线开始明显地偏离科希公式。经进一步的研究，这类偏离总是出现在吸收带附近。从图 8-18 中可知，曲线在吸收带时，折射率曲线发生了明显的不连续，不符合科希公式，因此为反常色散。事实上，色散曲线有不连续的性质是许多材料普遍的性质。这种突变，也可以出现在可见光区和紫外区，只要材料在那里有吸收带。其吸收带的位置取决于材料的特性。因此正常色散只反映一定谱区内材料的色散性质，并不具有普遍性。

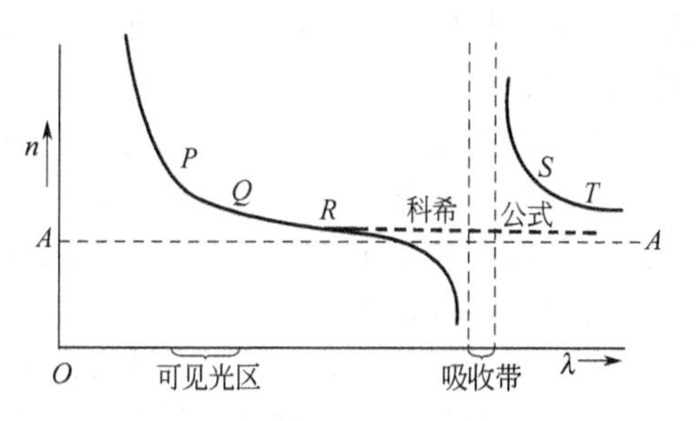

图 8-18　石英等透明材料在红外区的反常色散

图 8-19 为可见光透明介质材料的全谱色散曲线。通常表现为一系列的反常色散区和正常色散区交替出现的曲线。其特点是每经过一次吸收带，折射率就要增大一次，在所有红外吸收带之外的无线电波区域，折射率都较为均匀的缓慢下降，最后在波长无限大时，趋于某一极限。反常色散区都对应着相应的吸收带。因此其机理与吸收的物理机制类似。

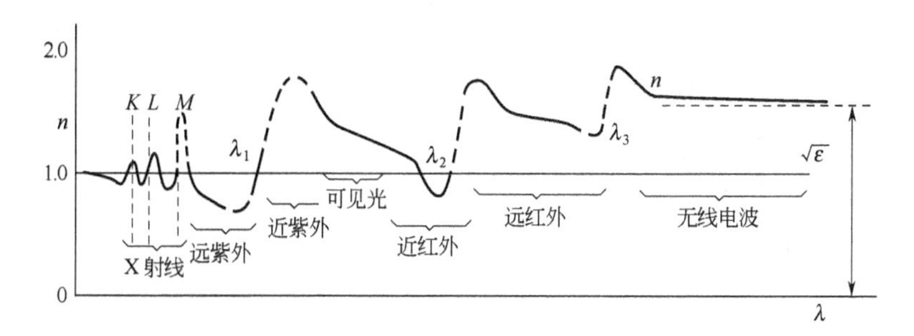

图 8-19　对可见光透明材料的全部色散曲线示意图

8.4.3　光的散射

8.4.3.1　散射的一般规律

光线通过均匀的透明介质时，从侧面是难以看到光线的。如果介质不均匀，则可从侧面清晰地看到光束的轨迹。这是介质中的不均匀性使光线朝四面八方散射的结果。从微观尺度（10^{-8}cm）来看，任何材料都由一个个分子、原子组成，没有物质是均匀的，这里所谓的均匀是以光波的波长（10^{-5}cm）为尺度来衡量的，即在这样大小的范围内密度的统计平均是均匀的。因此在材料中如果有光学性能不均匀的微小结构区域，例如含有小粒子的透明介质、光性能不同的晶界相、气孔或其他夹杂物，都会引起一部分光束被散射，由于散射，光在前进方向上的强度减弱了，对于相分布均匀的材料，其减弱的规律与吸收规律具有相同的形式

$$I=I_0\mathrm{e}^{-Sx} \tag{8-40}$$

式中，I_0 为光的原始强度；I 为光束通过厚度为 x 的介质后，由于散射，在光前进方向上的剩余强度；S 为散射系数，其单位为 cm^{-1}。

如果将吸收定律与散射的公式统一起来，则可得到

$$I=I_0\mathrm{e}^{-(\alpha+S)x} \tag{8-41}$$

因此衰减系数由两部分组成，即吸收系数和散射系数。

8.4.3.2　散射的物理机制

材料对光的散射是光与物质相互作用的基本过程之一。当光波入射在介质上时，将激起其中的电子作受迫振动，从而发出球面次波。理论上可以证明，只要分子的密度是均匀的，次波相干叠加结果，只剩下遵从几何光学规律的光线，沿其余方向的振动完全抵消。如对于纯净的液态和结构均匀的固态，其分子结构排列很致密，彼此之间结合力很强，各分子的受迫振动互相关联，合作形成共同的等相面，因而合成的次波主要沿着原来光波的方向传播，其他方向非常微弱，通常把发生在光波前进方向上的散射归入透射。如果介质中存在尺度达到波长数量级的在光学性质上与其有较大差异的结构区域，如对于多晶材料，微粒中每个分子发出的次波位相相关联，合成一个大次波。由于各个微粒之间空间位置排列毫无规则，这些大次波不会因位相关系而互相干涉，除了按几何光学规律传播的光线外，其他方向或多或少也有光线的存在，因此微粒散射的光波从各个方向都能看到，这就是散射光。如果把散射与衍射、反射和折射联系起来，则尺度与波长可比拟的不均匀性引起的散射，可看作是它们的衍射作用。如果介质中不均匀性的尺度达到远大于波长的数量级，散射又可看成是在这些不均匀性的团块上的反射和折射了。

在散射前后，根据光子的能量变化与否，可以区分为弹性散射和非弹性散射两大类。散射前后，光的波长不发生变化的散射称为弹性散射。从经典理论的观点，这个过程被看成光子和散射中心的弹性碰撞。散射结果光子仅发生方向的改变，并没有引起能量的变化。与弹性散射相比，通常非弹性散射要弱几个数量级，常常被忽略。下面我们了解一下非弹性散射的现象和过程。

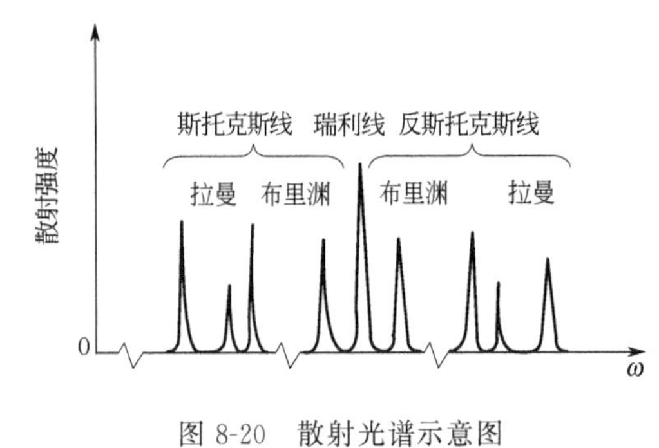

图 8-20　散射光谱示意图

当光束通过介质时，从侧向接收到的散射光主要是频率为 ω_0 的瑞利散射光。属于弹性散射。除此之外，在频率坐标上谱线的两侧对称地还有频率为 $\omega_0 \pm \omega_1$、$\omega_0 \pm \omega_2$、…等散射线的存在。这种现象称为拉曼散射。其频率差 ω_j（$j=1$，2…）与入射光的频率无关，它们与散射物质的红外吸收频率对应，表征了散射物质的分子振动频率。见图 8-20，其强度一般比弹性散射弱得多。这些频率发生改变的光散射是入射光子和介质发生了非弹性散射的结果。出现在瑞利线低频侧的散射线统称为斯托克斯线，而在瑞利线高频侧的散射线，统称为反斯托克斯线。拉曼散射就是前面所讲的点阵振动的光学声子对光波的散射，光学声子的能量较高，所以频移稍大一些，而布里渊散射则是声学声子对光波的散射，即点阵振动引起的密度起伏或超声波对光波的散射，由于声学声子的能量小，所以频移小于拉曼散射。非弹性散射一般极其微弱，以往研究很少，只有在激光器强光源出现后才获得很大发展。由于非弹性散射中散射光的频率与散射物质的能态结构有关，可以通过研究材料的这一特性获得固体结构、点阵振动、分子的能级特征等信息。

拉曼散射可用经典理论解释，在入射光电场 $E=E_0\cos\omega_0 t$ 的作用下，分子获得感应电偶极矩 p，它正比于场强 E：

$$p=\alpha\varepsilon_0 E \tag{8-42}$$

式中，α 为分子极化率。如果分子极化率是与时间无关的常数，则 p 以频率 ω_0 作周期性变化，这便是瑞利散射。如果分子以固有频率 ω_j 振动，且此振动影响着分子的极化率 α，使它也以频率 ω_j 作周期性变化，则分子的极化率为

$$\alpha=\alpha_0+\alpha_j\cos\omega_j t \tag{8-43}$$

则分子的电偶极矩为

$$\begin{aligned} p &=\alpha_0\varepsilon_0E_0\cos\omega_0 t+\alpha_j\varepsilon_0E_0\cos\omega_0 t\cos\omega_j t \\ &=\alpha_0\varepsilon_0E_0\cos\omega_0 t+\frac{1}{2}\alpha_j\varepsilon_0E_0[\cos(\omega_0-\omega_j)t+(\omega_0+\omega_j)t] \end{aligned} \tag{8-44}$$

即感应电偶极矩的变化频率有 ω_0 和 $\omega_0\pm\omega_j$ 三种，后两种正是拉曼光谱中的伴线。上述效应是有分子振动参与的光散射过程，即参量效应，在某种意义下也可说是一种非线性效应。以交流电作对比，当电容器的极板以频率 ω_j 振动时，电容量将类似于分子的极化率 α，有周期性变化。此时输入一个频率为 ω_0 的讯号时，被调制的输出讯号中将出现和频与差频 $\omega_0\pm\omega_j$。拉曼散射的经典理论是不完善的，特别是它不能解释为什么反斯托克斯线比斯托克斯线弱得多这一事实。完善的解释要靠量子理论。

在此我们只介绍了光学支和声学支两种格波参与的散射，即拉曼散射和布里渊散射。实际上在晶体中任何元激发，如介质中声子的弹性波、光子的电磁波，磁介质中的磁化强度波等均可参与光的散射过程。

8.4.3.3 影响散射的因素

散射系数与散射质点的大小、数量及散射质点与基体的相对折射率等因素有关。

弹性散射光的强度与波长的关系可因散射中心尺度 d 与波长 λ 的相对大小而具有不同的规律。一般有如下的关系：

$$I_s\propto\frac{1}{\lambda^{\sigma}} \tag{8-45}$$

式中，σ 与散射中心尺度 d 和波长 λ 的相对大小有关。

当 $d\gg\lambda$ 时，$\sigma\to0$，即当散射中心的尺度远大于光波的波长时，散射光强与入射光波长无关。诸如粉笔灰、白云等对白光中的所有单色成分都有相同的散射能力，因此看起来都是白色的。这就是廷德尔（Tyndall）散射。

当 $d\approx\lambda$ 时，即散射中心的尺度与入射光波的波长可比拟时，σ 在 0～4 之间，具体数值与二者的相对大小有关。这一散射为米氏（Mie）散射。

当 $d\ll\lambda$ 时，$\sigma=4$，即当散射中心的尺度远小于光波的波长时，为瑞利（Rayleigh）散射。

对于瑞利（Rayleigh）散射的解释如下：假定异相的密度大于介质的密度，则前者由于光波的作用而产生的电偶极矩大于后者，即前者的电偶极子大于后者，因此散射就是这些异相区域多出的电偶极子受光波的强迫振动而发出的二次光波。而微粒中多出的电偶极矩的总和可以比作一个电偶极子的振动。按照光的电磁理论，电偶极子所发射出光波的振幅是和电子加速度成正比的，即电子有加速度运动时才会产生变化的电磁场和出现电磁波。电子在光波的作用下的运动遵守简谐运动 $S=a\sin\omega t$，电子的加速度为 $-a\omega^2\sin\omega t$，因此二次光波的振幅和它的振动频率的平方成正比，而强度又和振幅的平方成正比，或者说，散射强度和波长的四次方成反比。散射光强与入射光波长的 4 次方成反比。故当白光通过含有微小微粒的浑浊体时，散射光呈淡蓝色，因为波长较短的蓝色比黄光和红光散射强烈。通过浑浊体后的白光呈浅红色，是因为它散射短波长光的缘故。

下面将进一步分析粒度对散射系数 S 的影响。

对于图 8-21，所用光线为 Na_D 谱线（$\lambda=0.589\mu m$），材料是玻璃，其中含有 1%（体积分数）的 TiO_2 散射质点。二者的相对折射率 $n_{21}=1.8$。散射最强时，质点的直径为

$$d_{max}=\frac{4.1\lambda}{2\pi(n-1)}=0.48\ (\mu m)$$

显然，光的波长不同时散射系数达最大时的质点直径也有所变化。从图 8-21 中可以看出，曲线由左右两条不同形状的曲线所组成，由于粒度的不同，各自有着不同的规律。

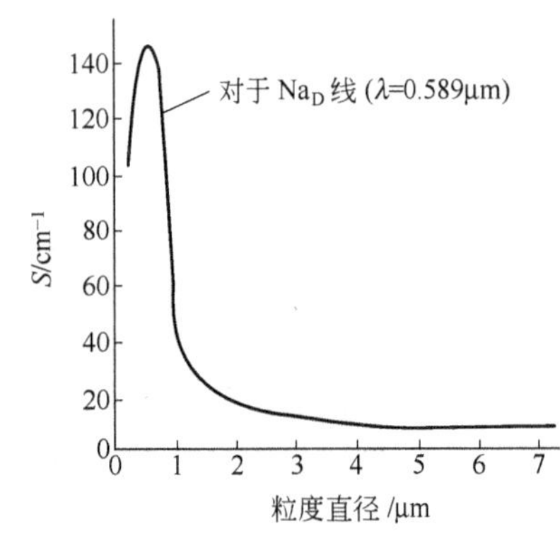

图 8-21　质点尺寸对散射系数的影响

若散射质点的体积浓度不变，当 $d<\lambda$ 时，则随着 d 的增加，散射系数 S 也随之增大；当 $d>\lambda$ 时，则随着 d 的增加，S 反而减小；当 $d\approx\lambda$ 时，S 达最大值。所以可根据散射中心尺寸和波长的相对大小，分别用不同的散射机理和规律进行处理，可求出 S 与其他因素的关系。

当 $d>\lambda$ 时，基于菲涅耳（Fresnel）规律，即反射、折射引起的总体散射起主导作用。此时，由于散射质点和基体的折射率的差别，当光线碰到质点与基体的界面时，就要产生界面反射和折射。由于连续的反射和折射，总的效果相当于光线被散射了，光束强度减弱。对于投影面积为 πR^2 的单个粒子，光束强度损失的分数由下式给出

$$\frac{\Delta I}{I}=-K\ \frac{\pi R^2}{A} \tag{8-46}$$

式中，R 为粒子半径；A 为光束面积；K 为散射因子，取决于基体和质点的相对折射率，其值在 0～4 之间变化。如果忽略多级散射，则散射系数正比于散射质点的投影面积

$$S=KN\pi R^2 \tag{8-47}$$

式中，N 为单位体积内的散射质点数。由于 N 不容易计算，因此常用第二相粒子的体积分数 V_p，则 $V_p=\frac{4}{3}\pi R^3 N$，式（8-47）变为

$$S=\frac{3KV_p}{4R} \tag{8-48}$$

由此可知，散射系数 S 与微粒粒度大小成反比，与微粒的浓度成正比。这符合实验规律。同时 S 随折射率的增大而增大。将式（8-48）代入式（8-40），得

$$\frac{I}{I_0}=e^{-Sx}=e^{-3KV_p\frac{x}{4R}} \tag{8-49}$$

当 $d<\frac{1}{3}\lambda$ 时，可近似地采用 Rayleigh 散射来处理，此时散射系数

$$S=\frac{32\pi^4 R^3 V_p}{\lambda^4}\left(\frac{n^2-1}{n^2+2}\right)^2 \tag{8-50}$$

总之，不管在上述哪种情况下，散射质点的折射率与基体的折射率相差越大，将产生越严重的散射。

$d\approx\lambda$ 的情况属于 Mie 散射为主的散射，不在这里讨论。

综上所述，散射系数主要依赖于下列因素。①粒子直径和波长的比值，常用 $\alpha=2\pi r/\lambda$ 表示，最大散射是 r 和 λ 同一个数量级。②微粒和介质的相对折射率。此处被散射的能量还和光束中的方向有关。此外，散射的能量还取决于入射光束所对应的立体角等，也取决于粒子的形状和它在光束中的取向。但影响最大的还是微粒和介质的折射率之差，随着粒子和介质之间的折射率差值的增加，散射也增大。此外散射也显著地受到粒子尺寸的影响，即最大的散射发生在粒子尺寸与辐射波长相等的时候，当粒子尺寸远小于入射波长时，散射因子 K 随粒子尺寸的增大而增加，并且与波长的四次方成反比。当粒子尺寸约等于入射波长时，散射系数达最大值，并随着颗粒尺寸的继续增加而减小。当粒子尺寸比入射波长大很多时，散射因子 K 趋于常数，因此当第二相浓度固定时，所测的散射系数反比于粒子尺寸。

8.5 无机材料的透光性

无机材料是一种多晶多相体系，内含杂质、气孔、晶界、微裂纹等缺陷，光通过无机材料时会遇到一系列的阻碍，所以无机材料并不像晶体、玻璃体那样透光。多数无机材料看上去是不透明的，这主要是由散射引起的。重要的光学特性是：镜面反射光的分数，它决定光泽；直接透射光的分数；入射光漫反射的分数以及入射光漫透射的分数。要获得高度乳浊或不透明性和覆盖能力，就要求光在达到具有不同光学特性的底层之前被漫反射。为了有高的半透明性，光应该被散射，因此透射的光是扩散开的，但是大部分入射光应当透射过去而不是被漫反射。

8.5.1 透光性

透光性是个综合指标，即光能通过材料后，剩余光能所占的百分比。光的能量（强度）可以用照度来代表，也可用一定距离外的光电池转换得到的电流强度来表示，也就是将光源照在一定距离之外的光电池上，测定其光电流强度 I_0，然后在光路中插入一厚度为 x 的无机材料，同样测得剩余光电流强度 I，按式8-27算出综合吸收系数。

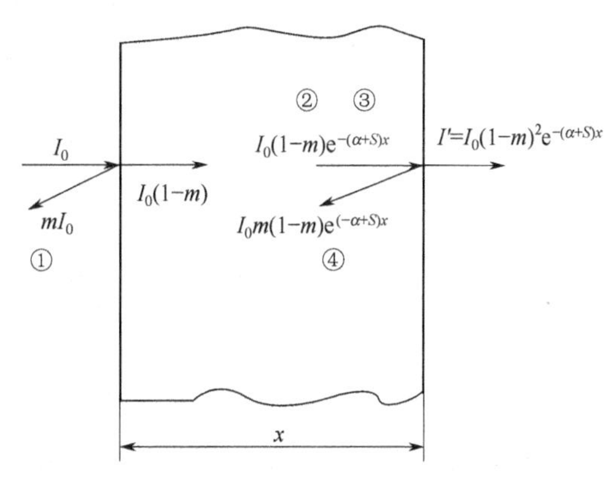

图 8-22 光通过陶瓷片的吸收损失与反射损失

显然，算出的 α 内，除吸收系数外，实际还包括散射系数以及材料两个表面的界面反射损失 $(1-m)^2$。

光通过厚度为 x 的透明薄片时，各种光能的损失如图 8-22 所示。强度为 I_0 的光速垂直地入射到薄片左表面。由于薄片与左侧空间介质之间存在相对折射率 n_{21}，因而在表面上有反射损失

$$I_{①}=mI_0=\left(\frac{n-1}{n+1}\right)^2 I_0 \tag{8-51}$$

透进材料中的光强度为 $I_0(1-m)$。

这一部分光能穿过厚度为 x 的材料后，又消耗于吸收损失和散射损失。到达材料的右表面时，光强度剩下 $I_0(1-m)e^{-(\alpha+S)x}$。在经过表面，一部分光能反射进材料内部，其数量为

$$I_{④}=I_0 m(1-m)e^{-(\alpha+S)x} \tag{8-52}$$

另一部分传至右侧空间，其光强度为

$$I=I_0(1-m)^2 e^{-(\alpha+S)x} \tag{8-53}$$

显然 I/I_0 才是真正的透光率。如此所得的 I 中并未包括 L 反射回去的光能。再经左、右表面，进行二三次反射后，仍然会有从右侧表面传出的那一部分光能。这部分光能显然与材料的吸收系数、反射系数、散射系数有密切关系，也和材料表面粗糙度、材料厚度以及光速入射角有关。影响因素复杂，无法具体算出数据。但我们可以分析哪一种因素更重要。

对于无机电介质材料，材料的吸收率或者吸收系数在可见光范围内是比较低的。所以，陶瓷材料的可见光吸收损失相对来说是比较小的，在影响透光率的因素中不占主要地位。由于在介质材料中常有夹杂物、掺杂、气孔、晶界等不均匀的结构存在及晶粒的双折射性和表面粗糙度等因素的存在都会增大反射系数和散射系数。具体分析如下。

① 材料中的夹杂物、掺杂、晶界等对光的折射性能与主晶相不同，因而在不均匀界

面上形成相对折射率。此值越大则反射系数（在界面上的，不是指材料表面的）越大，散射因子也越大，因而散射系数变大。因此需要对制作材料的原料进行提纯，提高原料纯度。

② 由于晶粒的双折射特性及排列方向的随机性使晶粒之间产生折射率的差别，引起晶界处的反射及散射损失。图 8-23 所示为一个典型的双折射引起的不同晶粒取向的晶界损失。图中两个相邻晶界的光轴相互垂直。设光线沿左晶粒的光轴方向射入，则在左晶粒中只存在常光折射率 n_o。右晶粒的光轴垂直于左晶粒的光轴，存在 n_o 和 n_e。左晶粒的 n_o 与右晶粒的 n_o 相对折射率为 $n_o/n_o=1$，$m=0$，无反射损失，但左晶粒的 n_o 与右晶粒的 n_e 则形成相对折射率。此值导致反射系数和散射系数，亦引起相当可观的晶界散射损失。因此对多晶材料来说，影响透光率的主要因素在于组成材料的晶体的双折射率。例如 α-Al_2O_3 晶体的 $n_o=1.760$，$n_e=1.768$。假设相邻晶粒的取向彼此垂直，则晶界面的反射系数 $m=\left(\frac{1.768/1.760-1}{1.768/1.760+1}\right)^2=5.14\times10^{-6}$，数值虽不大，但许多晶粒之间经多次反射损失之后，光能仍有积累起来的可观损失。譬如材料厚 2mm，晶粒平均直径 10μm，理论上具有 200 个晶界，则除去晶界反射损失后，剩余光强占 $(1-m)^{200}=0.99897$，损失并不大。从散射损失来分析，设入射光为可见光，$\lambda=0.39\sim0.77\mu m$。令 $d=10\mu m\gg\lambda$，采用式 $S=K\times\frac{3V}{4R}$计算，现在 $n_{21}=\frac{1.768}{1.760}\approx1$，所以 $K\approx0$，亦即 $S\approx0$。也就是说散射损失也很小。这就是氧化铝陶瓷有可能制成透光率很高的灯管的原因。

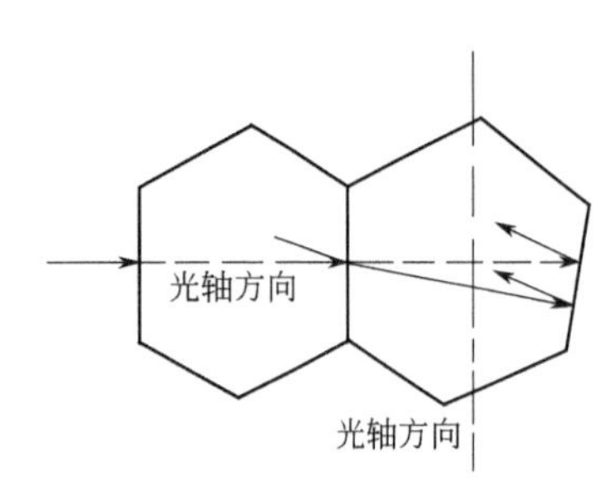

图 8-23　双折射晶体在晶粒界面产生连续的反射和折射

同样可以证明，无论是石英玻璃，还是微晶玻璃，透过率都是很高的。

但是，像金红石瓷那样的陶瓷材料则不能制成透明陶瓷。金红石晶体的 $n_o=2.854$，$n_e=2.567$，因而其反射系数 $m=2.8\times10^{-3}$。如材料厚度 3mm，平均晶粒直径 3μm，则剩余光能只剩下 $(1-m)^{1000}=0.06$ 了。此外，由于 n_{21} 较大，因此 K 较大，S 大，散射损失较大，故金红石瓷不透光。

MgO、Y_2O_3 等立方晶系材料，没有双折射现象，本身透明度较高。如果使晶界玻璃相的折射率与主晶相的相差不大，可望得到透光性较好的透明陶瓷材料。但这是相当不容易做到的。

多晶体陶瓷的透光率远不如同成分的玻璃大，因为相对来说，玻璃内不存在晶界反射和散射这两种损失。

③ 气孔引起的散射损失。存在于介质内部的气孔、空洞，其折射率 n_1 可视为 1，与基体材料的 n_2 相差较大，所以相对折射率也较大，近似等于 n_2，由此引起的反射损失、散射损失远较杂质或不等向晶粒排列等因素引起的损失为大。图 8-24 为含有少量气孔的多晶氧化铝瓷的透射率。

一般陶瓷材料的气孔，直径大约在 1μm，均大于可见光的波长（$\lambda=0.39\sim0.79\mu m$），所以计算散射损失时应采用公式 $S=K\times\frac{3V}{4R}$。

散射因子 K 与相对折射率 n_{21} 有关。上面已经说过，气孔与陶瓷材料的相对折射率几乎等于材料的折射率 n_2，数值较大，所以 K 值也较大。气孔的体积含量 V_p 越大，散射损失也越大。例如，一材料含气孔 0.2%（体积分数），$d=2\mu m$，试验所得散射因子 $K=2\sim4$，则散射系数

$$S=K\times\frac{3V}{4R}=2\times\frac{3\times0.002}{4\times0.002}=1.5\ (\text{mm}^{-1})$$

如果此材料厚为 3mm，$I=I_0\text{e}^{-1.5\times3}=0.011I_0$。剩余光能只为 1%左右，可见气孔对透光率的影响很大。所以一般在材料制作工艺上常采用真空干压成型等静压工艺、掺入杂质等方法消除材料内部较大的气孔。假如只剩下 $d=0.01\mu\text{m}$ 的微小气孔，情况就有根本的变化。此时，Al_2O_3 陶瓷的 $d<\lambda/3$（设为可见光的波长），即使气孔体积分数高达 0.63%，陶瓷也是透光的。利用式（8-50）

$$S=\frac{32\pi^4(0.005\times0.001)^3\times0.0063}{(0.6\times0.001)^4}\left(\frac{1.76^2-1}{1.76^2+2}\right)^2=0.0032\ (\text{mm}^{-1})$$

如果陶瓷材料厚 2mm，$I=I_0\text{e}^{-0.0032\times2}=0.994I_0$，散射损失不大，仍是透光性材料。对于杂质的掺入，由于杂质的负面影响，所以其量不能太大。例如在 Al_2O_3 透明陶瓷中，常加入少量 MgO 来抑制晶粒长大，在新生成晶粒表面形成一层黏度较低的 $MgO\cdot Al_2O_3$ 尖晶石，一方面，在烧结后期阻碍 Al_2O_3 晶粒的迅速长大；另一方面，又使气泡有充分时间逸出，从而使透明度增大。但是新生成的尖晶石的折射率 $n=1.72$，比 Al_2O_3 的折射率 1.76 小，使 Al_2O_3 与尖晶石的相对折射率不等于 1，从而增加了反射和散射。所以 MgO 虽有排除气孔的作用，掺得过多也会引起透光率下降。适宜的掺量一般约为 Al_2O_3 总重的 0.05%～0.5%。

近年来，为了进一步提高 Al_2O_3 陶瓷的透光性，除了加入 MgO 以外，还加入 Y_2O_3、La_2O_3 等外加剂。这些氧化物溶于尖晶石中，形成固溶体。根据前面对极化率与离子半径的关系分析，离子半径越大的元素，电子位移极化率越大，因而折射率也越大。上述氧化物中，Mg^{2+} 的半径为 0.65Å，Y^{3+} 的半径为 0.93Å，La^{3+} 的半径为 1.15Å。由 MgO 及 Al_2O_3 组成的尖晶石的折射率为 1.72，偏离了 Al_2O_3 和 MgO 的折射率。将 Y_2O_3 固溶于尖晶石后，将使尖晶石的折射率接近于主晶相的折射率 1.76，从而减少了晶界的界面反射和散射。

曾经有人采用热锻法使陶瓷织构化，从而改善其性能。这种方法就是在热压时采用较高的温度和较大的压力，使坯体产生较大的塑性变形。由于大压力下的流动变形，使得晶粒定向排列，结果大多数晶粒的光轴趋于平行。这样在同一个方向上，晶粒之间的折射率就变得一致了，从而减少了界面反射。用热锻法制得的 Al_2O_3 陶瓷是相当透明的。

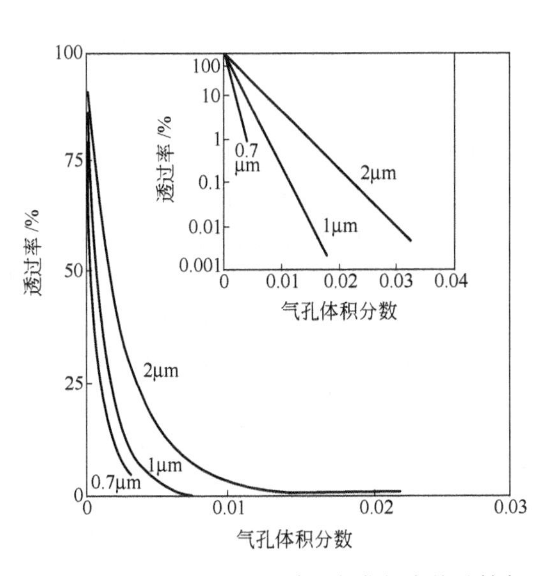

图 8-24　含有少量气孔的多晶氧化铝瓷的透射率

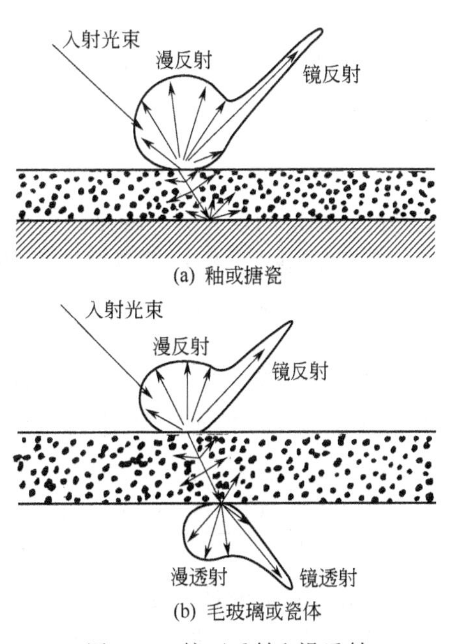

图 8-25　镜面反射和漫反射

玻璃和熔融石英是最常见的非金属光学材料，它们在可见光区是透明的，但光线正入射时，每个表面仍约有 4% 的反射。高分子材料中有机玻璃在可见光波段与普通玻璃一样透明，在红外区也有相当的透射率，可作为各种装置的光学窗口。聚乙烯在可见光波段不透明，但在远红外区透明，可作远红外波段的窗口和保护膜。氧化镁中添加少量的 LiF、CaO 或 Ga_2O_3 经真空热压或高温烧结可得到透明的陶瓷材料。氧化铝和氧化铍陶瓷也一样，它们对可见光的透射率都在 85%～90%，可作为高压钠灯管的管壁。由于管壁与钠蒸气接触，必须严格控制 SiO_2 和 Fe_2O_3 的含量（低于 0.05%），以防止使用后的"黑化"。耐高温的透明陶瓷在航天领域也常被作为重要的窗口。

8.5.2 乳浊性

8.5.2.1 乳浊性

陶瓷坯体有气孔，而且色泽不均匀，颜色较深，缺乏光泽，因此常用釉加以覆盖。搪瓷珐琅也是要求具有不透明性，否则底层的铁皮就要显露出来。釉的主体为玻璃相，有较高的表面光泽和不透明性。对于艺术玻璃和器皿玻璃要求光线柔和，因而也要求具有不透明性。釉、搪瓷、乳白玻璃和瓷器是由玻璃相和微小晶相组成的，因此它们的外貌除了与表面和光的反射性和透过性等有关外，还受到内部由于分布的微粒引起的强烈影响。见图 8-25，它和镜面反射光、表面漫反射、直接透射光以及散射光占有的分量有关。

要获得高度乳浊（不透明性）和覆盖能力，就要求光在达到具有不同光学特性的底层之前被漫反射掉。与此相对应，优良的半透明性是指光被散射了，甚至大部分入射光到达界面不是直接透过而是通过散射光透过的，即具有较大的漫透射率。

正如以前所介绍的，影响两相系统乳浊性的总散射系数的主要因素是颗粒尺寸、相对折射率和第二相颗粒的体积分数。为了得到最大的散射效果，颗粒及基体材料的折射率相差要大，颗粒尺寸应当和入射波长约略相等，并且颗粒体积分数要高。

8.5.2.2 乳浊机理

入射光被反射、吸收和透射所占的分数取决于釉层的厚度、釉的散射和吸收特性。对于无限厚的釉层，其反射率 m_{∞} 等于釉层的入射光被漫反射和镜面反射的分数。对于没有光吸收的釉层，$m_{\infty}=1$。吸收系数大的材料，其反射率低。因此好的乳浊剂必须具有低的吸收系数，亦即在微观尺度上，具有良好的透射特性。反射率 m_{∞} 决定于吸收系数和散射系数之比，由下式给出

$$m_{\infty}=1+\frac{\alpha}{S}-\left(\frac{\alpha^2}{S^2}+\frac{2\alpha}{S}\right)^{1/2} \tag{8-54}$$

也就是说，釉层的反射同等程度地由吸收系数和散射系数所决定。

在实际应用中，釉层厚度是有限的，而且釉层底部与基底材料的界面，也会有反射上来的光线增加到总反射率中去，因此其乳浊性与底材的反射率有关。为了对乳浊能力下个定义，下面分两种情况分析：①底材为一种完全吸收或完全透过入射光的材料，即釉层与底材之间的反射率 $m=0$，此时釉层表面的反射率为 m_0；②底材的反射率为 m'，与其相接触的釉层的表面光反射率为 m'_{R}，其值可以由 R. Kubelka 和 F. Munk 给出的公式计算

$$m'_{\mathrm{R}}=\frac{(1-m_{\infty})(m'-m_{\infty})-m_{\infty}(m'-1/m_{\infty})\exp[Sx(1/m_{\infty}-m_{\infty})]}{(m'-m_{\infty})-(m'-1/m_{\infty})\exp[Sx(1/m_{\infty}-m_{\infty})]} \tag{8-55}$$

这个方程的求解很困难，但它表明，当底材的反射率 m'、散射系数 S、釉层厚度 x 以及釉层反射率 m_{∞} 增加时，实际反射率 m'_{R} 也增加。

乳浊层的覆盖能力与上述两种不同的底材相接触时覆盖层的反射率有关，因此可以用

m_0 和 m'_R 的比值表示釉层的覆盖能力。将 $C'_R=\frac{m_0}{m'_R}$ 称为对比度或乳浊能力。取基底的反射率 $m'=0.80$ 比较方便，因此有

$$C'_{0.80}=\frac{m_0}{m_{0.80}}$$

式中，$m_{0.80}$ 是指基底反射率为 0.80 时，釉层表面的反射率。

用高的反射率、厚的釉层和高的散射系数或它们的某些结合，可以得到良好的乳浊效果。例如对于薄钢板搪瓷，喷上或刷上薄的涂层是符合要求的。由于乳浊剂对应于低的反射值底材，因此其散射系数必须尽可能高，才能有良好的覆盖能力，为此目的，最好选择以二氧化钛为乳浊剂的搪瓷釉，在这种搪瓷釉中相对折射率高，而且能够通过成核和淀析得到和光的波长相等的颗粒尺寸。相反铸铁搪瓷由于表面粗糙度要求采用厚的搪瓷涂层。采用粉状的釉施加到热的金属上，形成涂层。其涂层厚度约为薄钢板的涂层厚度的 10 倍。因此在铸铁上可以采用乳浊能力较低而比氧化钛经济的乳浊剂。当然由于冷却周期随着铸件的厚度而增大，这使得成核过程的控制非常困难。因此对其乳浊剂的选择需要考虑多方面因素。目前锑基乳浊剂可以满足这些要求。对于陶瓷坯体，需要相当厚的釉层，以便充分覆盖表面的缺陷，典型的涂层厚度是 0.020in。此外通常采用的白色坯体的反射能力非常高。因此对于遮盖力的要求不如薄钢板和铸铁那样严格。由于釉的烧成需要较长的周期，所以釉中的淀析过程比搪瓷中更难于控制，因此向釉料中掺入惰性的不溶解的乳浊剂，例如氧化锆和氧化锡等。

8.5.2.3 常用乳浊剂

硅酸盐玻璃是构成釉及搪瓷的主要成分，其折射率限定在 1.49～1.65 的范围内。作为一种有效的乳浊剂，必须具有和上述数值显著不同的折射率；必须能够在硅酸盐玻璃基体中形成和玻璃相无作用的微粒，而且颗粒的体积分数要高。

乳浊剂可以是与玻璃相完全不起反应的材料，它们是在熔制时形成的惰性产物，或者是在冷却或再加热时从熔体中析出来的微晶。后者是经常使用的，是获得所希望颗粒尺寸的最有效方法。例如常将釉和珐琅中的部分原料熔融淬冷，制成熔块，再湿磨成浆，施于器物表面再焙烧，因而颗粒与空气充分接触，有许多的界面，晶核容易在两相界面生成，有利于晶核的生成，这样从熔体中析出细小且尺寸一致的微晶粒。析出的小晶粒的大小与光波波长接近，散射强烈，因而有更良好的乳浊效果。如果用生料配置釉和珐琅，则基本上是乳浊剂的粗大的残余颗粒，只有少数的微晶析出。对于等量的乳浊剂，均匀的小晶粒的数量当然比残余颗粒的量要多很多，散射更强。

釉、搪瓷和玻璃中常用的乳浊剂及其平均折射率见表 8-4。

表 8-4 适用于硅酸盐玻璃介质（$n_{玻}=1.5$）的乳浊剂

惰性添加剂	$n_{分散}$	$n_{晶}/n_{玻}$	熔制反应惰性产物	$n_{分散}$	$n_{晶}/n_{玻}$	玻璃中成核、结晶物	$n_{分散}$	$n_{晶}/n_{玻}$
SnO_2	1.99～2.09	1.33	气孔	1.0	0.67	NaF	1.32	0.87
$ZrSiO_4$	1.94	1.30	As_2O_5	2.2	1.47	CaF_2	1.43	0.93
ZrO_2	2.13～2.20	1.47	$PbAs_2O_6$	2.2	1.47	$CaTiSiO_5$	1.9	1.27
ZnS	2.4	1.6	$Ca_4Sb_4O_{13}F_2$	2.2	1.47	ZrO_2	2.2	1.47
TiO_2	2.50～2.90	1.8				$CaTiO_3$	2.35	1.57
						TiO_2（锐钛矿）	2.52	1.68
						TiO_2（金红石）	2.76	1.84

由表 8-4 中可知，最有效的乳浊剂是 TiO_2，而且能形成与玻璃相无作用的微粒。由于

它能够成核并结晶成非常细的颗粒，所以广泛地用于要求高乳浊度的搪瓷釉中。但 TiO_2 在釉和玻璃中都没有用作乳浊剂，这是由于高温，特别是在还原气氛下，会使釉着色。ZnS 在高温时易溶于玻璃中，降温时从玻璃中析出微小的 ZnS 结晶而具乳浊效果，在某些乳白玻璃中常有使用。SnO_2 是另一种广泛使用的优质乳浊剂，在釉及珐琅中普通使用，已有几十年的历史。在多种不同组成的釉中，含量一定的 SnO_2 都能保证良好的乳浊效果。其缺点是烧成时如遇还原气氛则还原成 SnO 而溶于釉中，乳浊效果消失。并且比较稀少，价格较贵，使它的应用受到一定限制。近年来较深入地研究了锆化合物乳浊剂，推广使用效果很好。它的优点是乳浊效果稳定，不受气氛影响。通常使用天然的锆英石（$ZrSiO_4$）而不用它的加工制品 ZrO_2，这样成本要低得多。含锌的釉也有达到较好乳浊效果的。可能是析出了锌铝尖晶石的晶粒。由于含锌化合物在釉中溶解度高，即使有乳浊作用，烧成温度范围也是窄的。

在表 8-4 中还可以可到，乳浊剂大都是折射率显著高于玻璃折射率的晶体，而氟化物的折射率较低，但比起玻璃的折射率又不会低得太多。它们多与其他乳浊剂合用才有较好的乳浊效果。因为其中所含的氟或酸酐有促进其他晶体在玻璃中析出的作用，因而显示乳浊效果。另外还有其他的一些乳浊剂，如 Sb_2O_5 在釉和玻璃中有较大的溶解度，一般也不用它们作为乳浊剂，但却是搪瓷的主要乳浊剂之一。CeO 也是良好的乳浊剂，效果很好，但由于稀有而昂贵，限制了它的推广使用。

8.5.3 半透明性

乳白效果和半透明瓷器（包括半透明釉）的一个重要光学性质是半透明性。即除了由玻璃内部散射引起的漫反射以外，入射光中漫透射的分数对于材料的半透明性起着决定作用。为了达到半透明性，不要求最大的散射，但要求内部散射光产生的漫透射要最大，吸收要最小。

乳白玻璃的结晶相和基质玻璃相的折射率差不要求大，如一般使用乳浊剂 NaF 和 CaF_2。这两种乳化剂的主要作用不是乳化剂本身的析出，而是起矿化作用，促使其他晶体从熔体中析出。例如，含氟乳白玻璃中析出的主要晶相是方石英。有时也会有失透石（$Na_2O \cdot CaO \cdot SiO_2$）和硅灰石析出。这些细小晶粒起着乳化作用。有时在使用氟化物乳浊剂的同时，其组成中应增加 Al_2O_3 等的含量，目的是提高熔体的高温黏度，在析晶过程中形成大量的晶核，使分散相的尺寸得以控制，从而获得良好的乳浊效果。

许多陶瓷的美学价值是用半透明性判断的。例如半透明性是骨灰瓷和硬质瓷主要的鉴定指标。要求它们不仅具有优良的半透明性而且还有较好的力学性能。它们的主要原料是长石、石英和高岭土，因此其微观结构很致密而且玻璃化。在玻璃相基质中尚残留有未完全熔化好的石英颗粒，细的针状莫来石分布在其中。玻璃相的折射率一般为 1.5 左右，莫来石的折射率 $n_D=1.64$，石英的 $n_D=1.55$。而且石英颗粒较大，针状莫来石约微米大小，由于莫来石的大小接近光波，而折射率又和玻璃相相差较大，因此散射主要来自莫来石相。它的增多就会减小半透明性。提高半透明性的重要方法是：增多玻璃相和减少莫来石相。可通过增加长石量来实现。一些熔块瓷和齿用瓷含长石量高，也是这个道理。但对于其他目的，这样做是有害的，因为莫来石相量的减少会降低瓷体的强度。

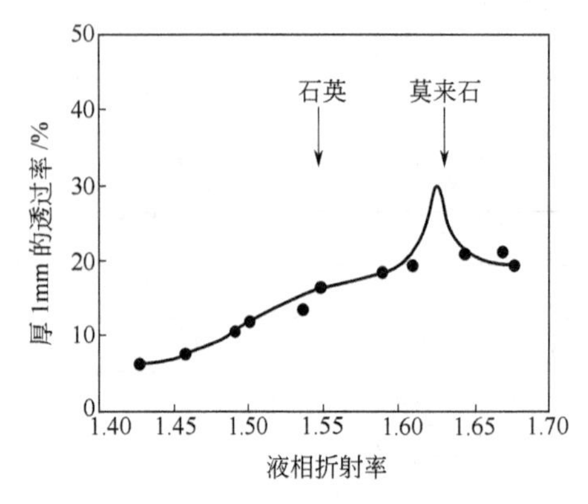

图 8-26 液相折射率对陶瓷半透明性的影响
（含 20%石英、20%莫来石、60%液相）

获得高度半透明体的另一个方法是调整各个相的折射率使之有较好的匹配。但由于石英和莫来石的折射率相差较大，改变由这两种成分组成的瓷的配方效果不大。有人改变玻璃的折射率使之接近细颗粒的莫来石的折射率。有一种骨灰瓷，含有折射率约为 1.56 的液相，其折射率几乎等于所出现的晶相的数值。利用这一措施，并结合低气孔率，使骨灰瓷具有良好的半透明性。液相折射率对陶瓷半透明性的影响见图 8-26。

正如气孔率可以大大降低单相氧化铝的透明度，在瓷体中气孔的出现是有害的。只有把制品烧到足够的温度，以便将气孔由黏土颗粒间的孔隙所形成的细孔完全排除，才能得到半透明的瓷体。半透明度是衡量残留气孔率的一种敏感的尺度，因而也是瓷器的一种良好的质量标志。

8.6 无机材料的颜色

硅酸盐工业中，陶瓷、玻璃、搪瓷、水泥的使用中都离不开颜料，如玻璃工业中的彩色玻璃和物理脱色剂，搪瓷上用的彩色珐琅罩粉和水泥生产中的彩色水泥。陶瓷使用颜料的范围最广，色釉、色料和色坯中都要使用颜料。

在陶瓷坯釉中起着色作用的有着色化合物（简单离子着色或复合离子着色）、胶体粒子。形成色心也能着色。色心的出现不是我们所希望的（如黏土中作为杂质的氧化钛）。用作陶瓷颜料的有分子（离子）着色剂与胶态着色剂两大类。其显色的原因和普通的颜料、染料一样，是由于着色剂对光的选择性吸收而引起选择性反射或选择性折射，从而显现颜色。

8.6.1 配位场化学

化合物着色的最重要的来源是过渡族元素（V，Cr，Mn，Fe，Co，Ni）或稀土元素离子（钕、铒、钬等），它们或出现于固溶体中，或以晶体的固有阳离子存在。这些元素在电子占据轨道方面不同于主族元素。如对于过渡族元素，主要涉及能量很相近的部分添满的 3d 轨道（简并能级）。当 d 轨道上的电子数少时，按照洪特规则，过渡族元素的原子或离子中有许多未完全充满的能级，因而电子在 d 轨道能级间跃迁就有可能。但是在能级完全充满的情况下，则不存在这种可能性。如果未充满的 d 轨道（或 f 轨道）间的能量间隔处在相当于可见光的能量范围内，则电子在这些轨道间跃迁时吸收光子而产生带色的透射光。

过渡族原子或离子的电子结构及吸收可见光的变化除了单个离子和它的氧化状态以外，很大程度上取决于这些离子环境的变化。例如六个配位体的 Ti^{3+} 阳离子，Ti^{3+} 的 3d 轨道上有一个不成对的电子，即具有非键合电子组态。无外电场时，即孤立离子时，所有五个 3d 轨道上的能量实际上是等同的。当 Ti^{3+} 阳离子与六个配位体形成八面体络合物时，Ti^{3+} 的电子与配位体的六个负电荷出现静电相互作用。在晶体或玻璃体中，每个离子都发生极化，这对外层电子的能量分布有重大的影响。这些就是有助于在过渡元素中形成颜色的电子能级，同时这些材料的颜色显著地受配位数的变化和相邻离子的性质的影响。这些变化导致把颜色看成是由产生特定吸收效果的特殊的发色团——复杂离子所引起的。相反，依靠内部 f 壳层中的电子跃迁而着色的稀土元素则很少受环境变化的影响。

这些环境的影响可以用晶体场和配位化学场描述，图 8-27（a）和（c）分别为不同多面体的配位场，d 电子的电荷密度在空间的分布见图 8-27（b），在没有场作用的环境中（自由离子），五种 d 轨道是简并的，即具有相同的能量。但是在有晶体场存在时，如在晶体中，所有的五种 d 轨道，即 d_{xy}、d_{yz}、d_{xz}、$d_{x^2-y^2}$、d_{z^2} 不再具有相同的能量，而是被分裂成族。这可以由一个 Ti^{3+} 离子的简单情况进行说明，这个 Ti^{3+} 离子只有一个 d 电子，由排列在八面体的顶角上的六个负离子包围着。这样一种离子被看成是处于八面体场中，在存在这样一种晶体场的情况下，沿轴向的两个轨道 d_{z^2}、$d_{x^2-y^2}$ 中，由于周围的负离子的排斥力，和自由离子比较起来，其电子能量提高了；而不沿轴向的其他三个轨道，电子能量提高得比较少。所以这种 d 能级的分裂反映了电子回避配位场最大的区域的趋势。

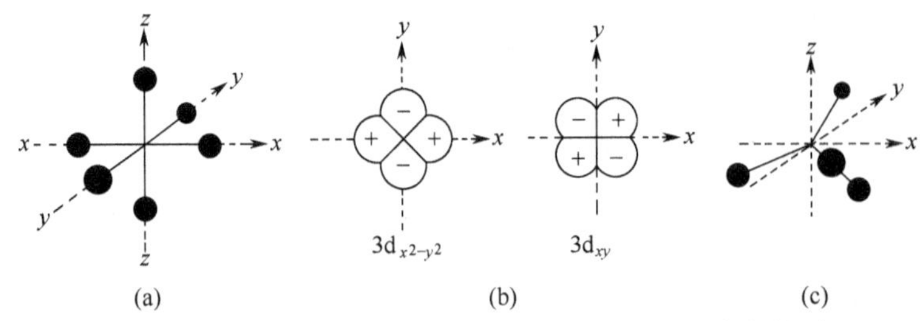

图 8-27 (a)八面体配位场(b)过渡族元素离子的 $3d_{x^2-y^2}$、$3d_{xy}$ 类氢轨道(c)四面体配位场

如果 Ti^{3+} 处于四面体中，那么 d_{z^2} 和 $d_{x^2-y^2}$ 轨道上的电子能量要比 d_{xy}、d_{yz} 和 d_{xz} 轨道的电子能量小。并且其分裂的程度要比八面体场的小。见图 8-28，示意说明这些分裂情况。较高能级 d_γ 和较低能级 d_ε 之间的总能量差对于 d 轨道其值通常在 1～3eV 范围内，通常在可见光谱区域或近红外区内。d 能级之间的电子跃迁产生可见光吸收后，呈现颜色。

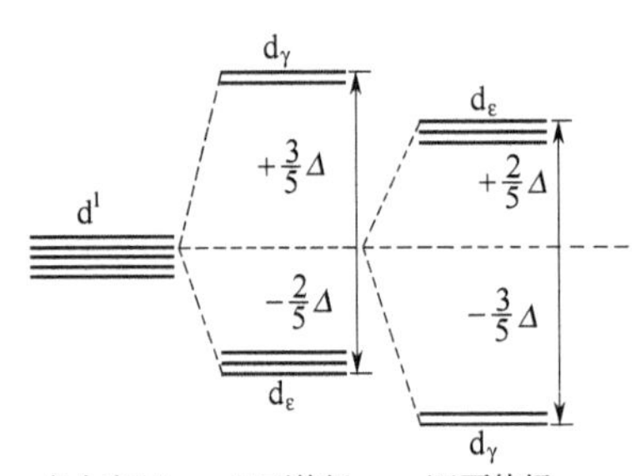

图 8-28 在八面体和四面体配位场中，具有非键合组态 d^1 的过渡族元素离子的 3d 轨道能级分裂图

这样，在很大程度上颜色也与结构有关。按照这个观点，尖晶石族的颜色是有趣的。在尖晶石结构中，阳离子可以处在氧的四面体位置和八面体位置。因为过渡族元素的离子在这些位置中的电子组态不同，因而就可以利用这类离子以及它们分布在尖晶石晶体中的八面体和四面体位置上的各种可能的组合而使尖晶石呈现许多颜色。

在估计 d 电子在可利用的轨道之间的分布时，必须考虑两个因素。这就是趋向于最大的平行自旋数以及在配位场中优先选择能量较低的轨道。在许多情况下这两种影响互相抵触（例如，对于八面体场中的具有 4～7 个 d 电子的离子）。在这种情况下，当分裂能量比引起平行自旋的相互作用小时，优先选择具有最大平行自旋数的状态；当其值较大时，则优先选择在低能轨道上具有最大电子数的状态。配位体的性质对分裂有显著的影响。对于给定的过渡金属离子，能级差值按下列顺序增加：$I^- < Br^- < Cl^- < F^- < H_2O \sim O^{2-} < NH_3 < NO_2^- < CN^-$。

在能级跃迁时，需要服从某些选择定则，除了轨道未完全填满外，仅仅当轨道量子数 L 变化 ±1 时，电子才可能从一个轨道跃迁到另一个能级。自旋量子数 S 变化，即不成对的电子数变化跃迁是不允许的。总量子数 J 仅可以改变 ±1 及 $J=0$ 的两个等同状态间的跃迁也是被禁止的。因而与这些选择定则有关，$d_\gamma - d_\varepsilon$ 电子跃迁数是有限制的，但对过渡族元素离子的某一电子组态是特定的。具有不同价的同种元素的离子，组态不同，则引起的吸收不同和呈现不同的颜色。

稀土离子具有未完全填满的 4f 层，由于 4f 轨道处于离子的内部，被外部的 $5s^2$ 和 $5p^6$ 轨道所屏蔽，因此晶体场对 $4f^n$ 电子组态的光吸收跃迁影响非常小，因此通常情况下，Re_2O_3 的颜色近于白色，尽管有些能级是在可见光区域内，只有 Nd_2O_3 呈淡粉色。镨和铽的氧化物为黑色是因为三价和四价离子同时存在的缘故。一般邻近环境的对称性对其能级分裂也有影响。当稀土离子处于偏离反演对称中心的晶体场中时，有可能有少部分 5d 混入到 4f 中，使 $4f^n$ 的电子跃迁获得一定的强度。

8.6.2 着色剂

8.6.2.1 分子着色剂

由于过渡金属离子周围的环境或配位场可能对离子的吸收特性产生影响，从而影响产生的颜色，因此对于特定的颜色可以用一定的离子组合体或发色团来得到。

在玻璃中硫化镉的黄色就是这样产生的。既不是 Cd^{2+} 也不是 S^{2-} 单独地引起可见光的吸收，而是 Cd-S 发色团相应的黄色。琥珀色是 Fe^{3+} 离子处于氧的四面体中，其中一个氧被 S^{2-} 离子所置换。

当同一化合物中存在两种氧化物状态时，特别有可能发生电子跃迁。这种材料通常是半导体，并且总是呈深色。如 Fe_3O_4 黑色，Ti_3O_5 深蓝色，Au_2Cl_4 深红色。

对于在陶瓷中的应用，要求在高温保持稳定性，这就限制了可利用的颜色的调制。当稳定性提高时，稳定的颜色数目减少，结果高温瓷釉（1400～1500℃）的釉下彩也受到限制，而且1800℃的明显色尚未得到；釉上彩、低温釉和搪瓷的颜色是很多的。釉和搪瓷的颜色或是由离子溶解于玻璃相来形成，或是类似于有色颗粒分散于油漆中的方式，由有色固体颗粒的分散系统来形成。

硅酸盐玻璃中离子的颜色主要取决于氧化状态和配位数。配位数相当于离子处于网络形成体或网络变体的位置。例如在普通硅酸盐玻璃中，Cu^{2+} 置换网络变体位置中的 Na^+，而被六个或更多的氧离子包围；通常 Fe^{3+} 和 Co^{2+} 置换 Si^{4+}，在网络中形成 CoO_4 和 FeO_4 群。但是当基质玻璃的碱度变化时，这些离子的作用也发生变化，这些离子通过结构上的合作而成为一般的中间体类型。同时氧化状态也常有变化，因此，同一元素的离子在不同的基质玻璃中可以产生范围宽广的颜色。

复合离子如其中有显色的简单离子则会显色；如全为无色离子，但互作用强烈，产生较大的极化，也会由于轨道变形，而激发吸收可见光。如 V^{5+}、Cr^{6+}、Mn^{7+}、O^{2-} 均无色，但 VO_3^- 显黄色，CrO_4^{2-} 也呈黄色，MnO_4^- 呈紫色。化合物的颜色多取决于离子的颜色。离子有色则化合物必然有色。通常为使高温色料（如釉下彩料等）的颜色稳定，一般都将显色离子合成到人造矿物中去。最常见的是形成尖晶石 $AO \cdot B_2O_3$，这里 A 是二价离子，B 是三价离子。因此只要离子的尺寸合适，则二价三价离子均可固溶进去。由于堆积紧密，结构稳定，所制成的色料稳定度高，在基质中不溶解。一般用于750～850℃温度范围内进行烧成的搪瓷中。此外，也有以钙钛矿型矿物为载体，把发色离子固溶进去而制成高温色料的。

限制色料的晶粒大小是很重要的，因为晶体和熔体对光的相对折射率不同，所以光散射在很大程度上依赖于着色晶粒的大小，通过该方法可以得到范围较为广泛的颜色。本方法只能用于低温着色涂层类。因为在高温下，许多着色晶体溶解于熔体中，因此，玻璃和瓷釉的着色是通过溶解的离子来获得的。

对于更高温度烧成的坯体，如1000～1250℃，广泛应用 ZrO_2 和 $ZrSiO_4$ 作载体。这些色料提高了对抗玻璃相腐蚀的能力，在这些色料中所采用的掺杂剂有钒（蓝色）、镨（黄色）和铁（粉红色）。

8.6.2.2 胶态粒子着色剂

胶态着色剂最常见的有胶体金（红）、银（黄）、铜（红）以及硫硒化镉等几种。但金属与非金属胶体粒子有完全不同的表现。金属胶体粒子的着色是由于胶体粒子对光的散射而引起选择性吸收引起的，决定于粒子的大小。而非金属胶体粒子的着色主要决定于它的化学组成，粒子尺寸的影响很小。如硫硒化镉胶粒的着色有两种观点。一种是与 CdS、CdSe 的半导特性有关。根据半导体的能带理论，硒原子中满带的电子比硫原子容易激发到导带。所以在基体中形成的 $CdS_x \cdot CdSe_{(1-x)}$ 微晶体的禁带宽度随 CdSe 相对含量的增大而逐渐下降，导致其吸收极限逐渐向长波方向移动，颜色由黄到橙、红、深红转变，这一观点在国际上受到重视。另一观点是光吸收都是由于一定能量的光激发阴离子（O^{2-}，S^{2-}，Se^{2-}，Te^{2-}）上的价电子到激发态所致。它们的亲电子势的大小为 $O^{2-}>S^{2-}>Se^{2-}>Te^{2-}$，故能量较小的光就能激发它们的价电子到激发态，使其短波极限进入可见光区，而导致着色。短波极限波长的位置随它们的亲电子势减小逐渐向长波转移。故随着 CdS/CdSe 比值的减小，吸收波向长波方向移动。

有人以胶态金属的水溶液做实验，$d\approx20\sim50$nm 时，是强烈的红色。这是最好的粒度。当 $d<20$nm 时，溶液逐渐变成接近金盐溶液的弱黄色，而 $d\approx50\sim100$nm 时，则依次从红变到紫红再变到蓝色，$d\approx100\sim150$nm 时，透射呈蓝色，反射呈棕色，以接近金的颜色。说明这时已经形成晶态金的颗粒。因此，以金属胶态着色剂着色的玻璃和釉，它的色调决定于胶体粒子的大小，而颜色的深浅则决定于粒子的浓度。但在非金属胶态溶液中，如金属硫化物中，则颗粒尺寸的增大对颜色的影响很小，而当粒子尺寸达到 100nm 或以上时，溶液开始浑浊，但颜色仍然不变。在玻璃中的情况也完全相同，最好的例子就是以硫硒化铬胶体着色的著名的硒红宝石，总能得到色调相同、颜色鲜艳的大红玻璃。但当颗粒的尺寸增大至 100nm 或以上时，玻璃开始失去透明。通常含胶态着色剂的玻璃要在较低的温度下以一定的制度进行热处理显色，使胶体粒子形成所需要的大小和数量，才能出现预期的颜色。假如冷却太快，则制品将是无色的，必须经过再一次的热处理，方能显现出应有的颜色。

8.6.3 影响色料颜色的因素

陶瓷坯釉、色料等的颜色，除主要决定于高温下形成的着色化合物的颜色外，还与下列因素有关。

① 加入的某些无色化合物如 ZnO、Al_2O_3 等对色调的改变也有作用。

② 烧成温度的高低，通常制品只有在正烧的条件下才能得到预期的颜色效果，生烧往往颜色浅淡，而过烧则颜色昏暗。成套餐具、成套彩色卫生洁具、锦砖等产品出现的色差，往往是烧成时的温差引起的。这种色差会影响配套。

③ 气氛对色料颜色的关系很大。某些色料应在规定的气氛下才能产生指定的色调，否则将变成另外的颜色。如钧红釉是我国一种著名的传统铜红釉，在强还原气氛下烧成，便能获得由于金属铜胶体粒子析出而着成的红色。但控制不好、还原不够或重新氧化，偶尔也会出现红蓝相间，杂以多种中间色调的“窑变”制品，绚丽斑斓，异彩多姿，其装饰效果反而超过原来单纯的红色。温度的高低反而对颜料所显颜色的色调影响不大，但与浓淡、深浅则直接相关。

8.7 特种光学材料及应用

8.7.1 荧光材料

电子从激发能级向较低能级的衰减可能伴随有热量向周围传递，或者产生辐射，在此过程中，光的发射成为荧光或磷光，取决于激发和发射之间的时间。

荧光物质广泛地用在荧光灯、阴极射线管及电视的荧光屏以及闪烁计数器中。荧光物质的光发射主要受其中的杂质的影响，甚至低浓度的杂质即可起到激活剂的作用。

荧光灯的工作是由于在汞蒸气和惰性气体的混合气体中的放电作用，使得大部分电能转变成汞谱线的单色光的辐射（2537Å）。这种辐射激发了涂在放电管壁上的荧光剂，造成在可见光范围内的宽频带发射。

例如，灯用荧光剂的基质，选用卤代磷酸钙，激活剂采用锑和锰，能提供两条在可见光区重叠发射带的激活带，发射出的荧光颜色从蓝到橙和白。

用于阴极射线管时，荧光剂激发是由电子束提供的，在彩色电视应用中，对应于每一种颜色的频率范围的发射，采用不同的荧光剂。在用于这类电子扫描显示屏幕仪器时，荧光剂的衰减时间是个重要的性能参数，例如用于雷达扫描显示器的荧光剂是 Zn_2SiO_4，激活剂用

Mn，发射波长为 530nm 的黄绿色光，其衰减至 10%的时间为 2.45×10^{-2}s。

8.7.2 激光器

许多陶瓷材料已经用作固体激光器的基质和气体激光器的窗口材料。固体激光器是一种发光的固体材料，在其中，一个激发中心的荧光发射激发其他中心作同位相的发射。

红宝石激光器是由掺少量（<0.05%）Cr 的蓝宝石单晶组成，呈棒状，两端面要求平行。靠近两个端面各放置一面镜子，以便使一些自发发射的光通过激光棒来回反射。其中一面镜子起完全反射的作用，另一面镜子只是部分反射。激光棒沿着它的长度方向被闪光灯激发。大部分闪光的能量以热的形式散失，一小部分被激光棒吸收；而在 6943Å 处三价铬离子以窄的谱线进行发射，构成输出的辐射，自激光棒一端（部分发射端）穿出。

另一重要的晶体激光物质是掺 Nd 的钇铝石榴石单晶（$Y_3Al_5O_{12}$），其辐射波长为 1.06μm。

某些无机材料，以其固定的波段（例如红外区）具有高的透射率，因而应用于气体激光器的窗口材料。例如按波长的不同，分别选用 Al_2O_3 单晶材料、CaF_2 类碱土金属卤化物和各种Ⅱ到Ⅵ族的化合物如 ZnSe 或 CdTe。

8.7.3 光弹性材料

对材料施加机械应力，引起折射率的变化，称为光弹性效应。在工程上常利用此效应分析复杂形状的应力分布。在声学器件、光开关、光调制器和扫描器等方面也是很重要的。

机械应力对材料产生的应变，导致晶格内部结构的改变，并同时改变了弱连接的电子轨道形状的大小，因此引起极化率和折射率的改变。其应变 ε 和折射率的关系如下：

$$\Delta\left(\frac{1}{n^2}\right)=\frac{1}{n^2}-\frac{1}{n_0^2}=P\varepsilon \tag{8-56}$$

式中，n_0 和 n 是加应力于材料前后的折射率；P 是光弹性系数。为了便于清楚理解应力对折射率的影响，设对一个立方晶体施加静压力，由式（8-9）得

$$\frac{n^2-1}{n^2+2}=KN\alpha\rho \tag{8-57}$$

式中的 $K=1/(3M\varepsilon_0)$ 是一个常数。将式（8-57）对密度 ρ 微分，得

$$\frac{\mathrm{d}n}{\mathrm{d}\rho}=\frac{(n^2-1)(n^2+2)}{6n\rho}\left(1+\frac{\rho}{\alpha}\frac{\mathrm{d}\alpha}{\mathrm{d}\rho}\right) \tag{8-58}$$

由式（8-56）和式（8-58）得出光弹性系数的平均值

$$P_{平均}=\frac{(n^2-1)(n^2+2)}{3n^4}\left(1+\frac{\rho}{\alpha}\frac{\mathrm{d}\alpha}{\mathrm{d}\rho}\right) \tag{8-59}$$

该式表明，光弹性系数依赖于压力。因为压力增大，原子堆积更紧密，引起密度和折射度的增大，同时固体被压缩时，电子结合得更紧密，使极化率减小，因此 $\mathrm{d}\alpha/\mathrm{d}\rho$ 为负值。由于这两个影响有互相抵消的作用，而且为同一数量级，因此有一些氧化物的折射率随压力增大而增大，如 Al_2O_3。而有一些氧化物的折射率随压力增大而减小。还有一些氧化物（$Y_3Al_5O_2$）则是常数。总之在大部分材料中要找出较大的光弹性系数是困难的，只有那些含有孤立电子对的正离子的化合物和压电偶合系数大的材料才有可能。后者是由于施加应力产生内部电场而加强了光弹性效应，例如 $Pb(NO_3)_2$ 中 Pb^{2+} 是孤立电子对的离子，有非常大的极化率，故它的光弹性系数非常大。其他如 As_2S_3 玻璃、Sb_2O_3 等也是一样的。

如果物体受单向的压缩和拉伸，则在物体内部发生轴向的各向异性，这样的物体在光学性质上就和单轴晶体相似，产生双折射现象。玻璃内应力存在也是一样，如玻璃在互相垂直

方向作用着不相等的张应力 S_x 和 S_y，这样玻璃就变成各向异性了，即沿 x 方向光的传播速度 v_x 小于沿 y 方向传播的速度 v_y，产生光程差。光程差 Δ 和玻璃的厚度 d 及 (v_y-v_x) 成比例，$\Delta=Kd(v_y-v_x)$，式中 K 是比例系数。由于光传播速度和玻璃应力差成正比，$v_y-v_x=K'(S_x-S_y)$，因此

$$\Delta=KK'd(v_y-v_x)=B(S_x-S_y) \tag{8-60}$$

式中 B 是比例系数，其倒数称为光弹性系数，但是和前述光弹性系数形式不同，它反映光程差和应力造成光速差的关系，是有纲量的，称为应力光学常数，可以利用偏光仪来测定玻璃的光程差求出内应力的大小。

8.7.4 声光材料

利用压电效应产生的超声波通过晶体时，引起晶体折射率的变化，称为声光效应。由于声波是弹性波，当超声波通过晶体时，使晶体内部质点产生随时间变化的压缩和伸长应变，其间距等于声波的波长，根据光弹性效应，它使介质的折射率也相应发生变化，因此，当光束也通过压缩——伸张应变层时，就能使光产生折射或衍射。超声波频率低时，即它的波长比入射光宽度（例如光束的直径）大得多时，产生光的折射现象；当超声波频率高，即入射光的宽度远比超声波波长大时，折射率随位置的周期性变化就起着衍射光栅的作用，产生光的衍射，通常称它为超声光栅，光栅常数即等于超声波波长 λ_s，这时的情况见图 8-29，类似于晶体对 X 射线的衍射一样，可以用布拉格方程来描述：

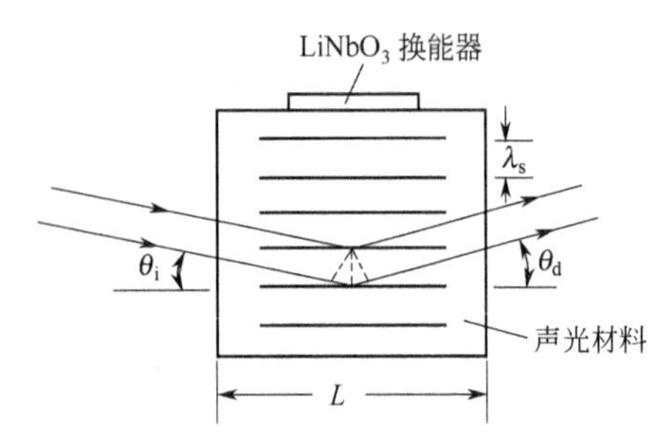

图 8-29　声光布拉格反射示意图

$$\theta_i=\theta_d=\theta_B \tag{8-61}$$

$$\lambda=2\lambda_s\sin\lambda \tag{8-62}$$

式中，θ_i 为入射角；θ_d 为衍射角；θ_B 为布拉格角；λ 是激光束的波长。由此可知衍射可使光束产生偏转，这类偏转称声光偏转，声光偏转一般在 1°～4.5°的范围内。偏转角度和超声波的频率有关，此外衍射光的频率和强度还与弹性应变成比例。零级衍射光束和入射光束频率 ν_c 相同，但正和负一级的频率是 $\nu_c+\nu_m$ 和 $\nu_c-\nu_m$。因此调制超声波的频率就会引起衍射光束频率的调制；同时也可以利用调制超声波的振幅，使衍射光束引起相应的强度调制。

由此看来，可以将上述声光效应原理应用于光的偏转、调制、信息处理和滤光等方面。

对声光材料作了很多研究，在一定的超声波功率条件下，光衍射效率和性能指数 $M=P^2n^6/(\rho v^3)$，式中 n 是折射率，P 是光弹性系数，ρ 是密度，v 是声速。因此光弹性系数高、折射率高、声速低、密度小的晶体为好。但在实际使用时，为了提高偏转速度，使声波的波面迅速使之变化，就要求声速大；然而对提高分辨率和得到大的偏转角，又以声速小为好，两者之间有矛盾。含有高极化离子，例如，Pb^{2+}、Te^{4+}、I^{5+} 一类高极化率离子的晶体，它们的折射率高，晶体密度大，声速慢；其次熔点要低，一般熔点低的晶体较软，声速慢，目前找到的大多数声光晶体的熔点处于 700～1000℃。如 α-HIO_3，$PbMO_3$，$Sr_{0.75}Ba_{0.25}Nb_2O_6$，$TeO_2$，$Pb_5(GeO_4)(VO_4)_2$，$TeWO_4$，$TI_3AsS_4$，$\alpha$-HgS 等。

8.7.5 电光材料和光的全息存储

对物质施加电场引起折射率的变化称为电光效应。电光效应是电场 E 的函数

$$\Delta\left(\frac{1}{n^2}\right)=\frac{1}{n^2}-\frac{1}{n_0^2}=\lambda E+PE^2$$

式中，n、n_0 是加电场前后的折射率；E 是电场强度；γ 是电光线性系数；P 是电光平方效应系数。若该固体 P 等于零或其值可忽略时，其变化和电场 E 成正比的效应叫一次电光效应或普克尔效应。而与 E^2 成正比的变化叫克尔效应或叫二次电光效应。

从物质组成和结构对折射率的影响中知道，几乎任何分子都具有极化率的各向异性。光学上的各向同性物质可能是由各向异性的分子构成，如果后者排列地无规则或高对称的话。相反地，如果用任何方法使各向同性材料内大量分子有某种优势的取向，那么极化矢量（分子偶极矩的总和）将不会再对不同方向有相同的数值，也就是说，物质的介电常数也将是各向异性的，因此它在光学上是各向异性的。光弹性效应就是使分子有某种优势的取向。现在施加电场使物质中电偶极矩的取向有某种优势的取向，因此也必定改变它的折射率，也就是晶体中折射率随传播方向而异，根据岩相学中的晶体的光学理论，它是用折射率椭球——光率体表示的，对它加上电场后会使光率体也起变化，这样晶体对于偏振光的两个组成部分就有不同的折射率，即不同的传播速度，因而对两个波产生相位差或光程差。图 8-11 是利用上述原理进行光的调制。当未加电压时，使两偏振器相互垂直，光被遮断，施加电压时，光率体变化，致使光能透过，其强弱可视电压变化而异。因此，随电压讯号不同透过光的强弱也跟着变化，进行了调制。

由于普克尔效应是线性关系，在具有对称中心的晶体中是不会出现的，而克尔效应，所有的晶体都可以出现。其中最重要的电光材料是 $LiNbO_3$、$LiTaO_3$、$Ca_2Nb_2O_7$、$Sr_xBa_{1-x}Nb_2O_6$、KH_2PO_4、$K(Ta_xNb_{1-x})$ 和 $BaNaNb_5O_{15}$。这些晶体的结构单位大多数都是由 Nb 或 Ta 离子的氧配位八面体构成。由于折射率随电场的变化，电光晶体可用作光振荡器、信频器、电压控制开关及光通讯用的调制器。

例如掺杂 $LiNbO_3$ 或 $(Sr, Ba)Nb_2O_6$ 等晶体还会具有全息存储功能。所谓全息存储是基于全息照相原理。后者是指一束足够强的光的相干光照明物体，从物体反射光或透视光（称为物光）射向感光胶片，同时再使这束相干光的一部分直接（或通过反射镜反射）照射在胶片，这部分相干光称为参考光束。这样物光和参考光同到胶片上叠加，形成光像的干涉图样，和光栅相似，只不过它是一个反差不同、间距不等的畸变光栅或相位光栅，即全息照片。在此片上不仅记录了光的强弱，如同普通照片一样，而且还记录了光的相位。若使物体的像再现，也是用一束激光照射到全息照片上，光被照片上的干涉图样所衍射，在照片后出现一系列衍射波，构成物体的再生像。那么这些电光晶体为什么也能起全息存储作用呢？主要是光致折射率变化的原理。当光照射到这些晶体时，会使这种晶体中电子陷阱释放出自由电子，而这些电子即从照射区扩散到较黑暗的区域内，造成了空间电荷电场，而该电场随即通过电光效应调制了晶体内各处的折射率，形成了相位光栅，留下了物体的信息。若再经温和加热，使正离子扩散到负空间电荷处中和该局部电场，冷却后就使晶体内得到均匀的电中和状态，而留下了不均匀的离子分布，也就是将相位光栅固定下来，达到全息的存储。全息存储的存储密度很高，记录方便，把一组信息记录在一个点子上，所以全息存储是目前光存储的主要发展方向。

以激光技术为基础的系统，除了激光器与波导以外，还需要许多附加的硬件。例如频率的调制、开关、调幅和转换装置，光学信号的程控及自控装置。这些需求促进了材料的发展，以便能以低的损耗来进行光的传输，而由电场、磁场或外加应力来调整这些材料的光学性能，使之按规定的方式与光学信号相互作用。在这些材料中占重要地位的是电光晶体和声光晶体。

当外加电场引起光学介电性能的改变时，产生电光效应。外加电场可能是静电场、微波电场或者是光学电磁场。在有些晶体中，电光效应基本上来源于电子；在其他晶体中，电光作用主要与振荡模式有关。在有些情况下，电光效应随着外加电场而先行地变化；另一些情况下，它随场强的二次方变化。

如用单独的电子振子来描述折射率，则低频电场 E 的作用改变特征频率从 ν_0 到 ν：

$$\nu^2-\nu_0^2=\frac{2\nu e(\varepsilon_0+2)E}{3m\nu_0^2} \tag{8-63}$$

式中，ν 是非谐力常数；e 是电子电荷；m 是电子质量；ε_0 是低频介电常数。折射率 n 随 $(\nu^2-\nu_0^2)^{-1}$ 而变化，因此上述方程直接表示折射率随电场呈线性变化。

主要的电光效应可以用半波的场强与距离的乘积 $[El]\lambda/2$ 来描述，式中 E 是电场强度，l 是光程长度。这个乘积表示几何形状 $1/d=1$ 时，产生半波延迟所需要的电压，这里 d 是晶体在外加电场方向上的厚度。

重要的电光材料有 $LiNbO_3$、$LiTaO_3$、$Ca_2Nb_2O_7$、$Sr_xBa_{1-x}Nb_2O_6$、KH_2PO_4、$K(Ta_xNb_{1-x})O_3$ 及 $BaNaNb_5O_{15}$。在这些晶体中，其基本结构单元是 Nb 或 Ta 离子由氧离子八面体配位。由于折射率随电场而变，电光晶体可以应用在光学振荡器、频率倍增器、激光频振腔中的电压控制开关以及光学通讯系统中的调制器。

8.7.6 通讯用光导纤维

当光线在玻璃内部传播时，遇到纤维的表面，出射到空气中时，产生光的折射。改变光的入射角 i，折射角 r 也跟着改变。当 r 大于 90°时，光线全部向玻璃内部反射回来，对于典型玻璃 $n=1.50$，按照公式：

$$\sin i_{\text{crit}}=\frac{1}{n} \tag{8-64}$$

临界入射角 i_{crit} 约为 42°。也就是说，在光导纤维内传播的光线，其方向与纤维表面的法向所成夹角，如果大于 42°，则光线全部内反射，无折射能量损失。因而一玻璃纤维能围绕各个弯曲之处传递光线而不必顾虑能量损失。

然而，从纤维一端射入的图像，在另一端仅看到近于均匀光强的整个面积。如采用一束细纤维，则每根纤维只传递入射到它上面的光线，集合起来，一个图像就能以具有等于单根纤维直径那样的清晰度被传递过去。

光导纤维传输图像时的损耗，来源于各个纤维之间的接触点，发生纤维之间同种材料的透射，对图像起模糊作用；此外，纤维表面的划痕、油污和尘粒，均会导致散射损耗。这个问题可以通过在纤维表面包覆一层折射率较低的玻璃来解决。在这种情况下，反射主要发生在由包覆层保护的纤维与包覆层的界面上，而不是在包覆层的外表面上，因此，包覆层的厚度大约是光波长的两倍左右以避免损耗。对纤维及包覆层的物理性能要求是对热膨胀与黏性流动行为、相对软化点与光学性能的匹配。这种纤维的直径一般约为 50μm。由之组成的纤维束内的包裹玻璃可在高温下熔融，并加以真空封闭，以提高器件效能，构成整体的纤维光导组件。

习 题

1. 对于下列各种化合物，决定是否 $n^2\gg N$，$n^2=N$ 或 $n^2\ll N$

$MgAl_2O_4$、InP、Ge、FeO、SiC、GaAs、ZrO_2、NiO、CsCl、CdS、UO_3、SiO_2（熔融）、Na_2O-CaO-SiO_2（玻璃）、Al_2O_3。

2. 试解释为什么碳化硅的介电常数和其折射率的平方相同。对 KBr，你会预期有 $\varepsilon=n^2$ 吗？为什么？所有物质在足够高的频率下，折射率等于 1。试解释之。

3. 你预料在 LiF 及 PbS 之间的折射率及色散有什么不同？说出理由。

4. 在瓷器生产上希望有高的半透明性，但这常常做不到。作为一种可测量的特性，你如何定义半透明性？讨论对瓷器的半透明性起作用的因素，并解释在组成选择、制造方法、烧成制度上所采用的增强半透明性的技术。

5. MgO、SrO 和 BaO，哪一种材料传播最长波长的红外辐射？

6. CO_2 激光器（10.6μm）及 CO 激光器（5μm）的窗口材料要求低吸收值但高强度并易于制造。试对比氧化物和卤化物的性能及要求。

7. 二氧化钛广泛地应用于不透明搪瓷釉。其中的光散射颗粒是什么？颗粒的什么特性使这些釉获得高度不透明的品质？

8. 一入射光以较小的入射角和折射角穿过一透明玻璃板。证明透过后的光强系数为 $(1-m)^2$。设玻璃对光的衰减不计。

9. 一透明 Al_2O_3 板厚度为 1mm，用以测定光的吸收系数。如果光通过板厚之后，其强度降低了 15%，计算吸收系数和散射系数的总和。

10. 试说明氧化铝为什么可以制成透光率很高的陶瓷，而金红石瓷则不能。

11. 分子着色剂和胶体粒子着色剂的着色机理有什么不同。

第9章　材料在特殊环境中的性能

随着工业和科学技术的发展，材料在各个领域中的应用占有越来越重要的地位。但材料总是在一定的环境（自然环境或工业环境）中使用。材料在使用过程中因受环境的作用总存在着腐蚀或老化问题，使其性能发生改变。在有些情况下的腐蚀是有益的。多数情况下的腐蚀是有害的，会造成材料性能下降，直至损坏变质。

本章主要讨论无机非金属材料的腐蚀机理、腐蚀引起性能的变化及腐蚀最小化的方法。通过分析和讨论为以后对此类材料合理选用并采取相应措施使其具有可靠的耐蚀性。

9.1　腐蚀

腐蚀就是材料与环境介质作用而引起的恶化变质或破坏。各种材料在一定程度上都会在环境（如大气、海水、土壤、光照、高温和应力等）作用下发生性能劣化，甚至完全失效。材料在环境作用下的劣化，对金属和无机非金属材料来说，习惯上称腐蚀，对高聚物来说，习惯上称老化。

材料腐蚀缩短了材料使用寿命，造成巨大经济损失。据统计，全球每年因腐蚀损失达7000亿美元，是地震、水灾、台风等自然灾害总和的6倍，占各国国民生产总值（GNP）2%～4%。我国腐蚀损失占国民生产总值（GNP）4%。此外，腐蚀还会造成资源的浪费以及环境污染，危及人身安全，甚至会阻碍高新技术发展。因此，材料腐蚀和防护的研究早已引起各国的高度重视。

材料腐蚀包括液体腐蚀、气体腐蚀、固体腐蚀、高温氧化与腐蚀及特种腐蚀（如核辐射）等，本节主要讨论液体腐蚀、气体腐蚀和固体腐蚀对无机非金属材料的腐蚀。

9.1.1　液体腐蚀

材料在液体中的溶解度可从相图上获得，相图提供了给定温度下的饱和成分。然而很多实际应用系统的相图要么过于复杂，要么不存在，不过还是有很多二元和三元系统的数据是可用的。在评估某一材料的腐蚀之前，应该查询一下这些数据。可以用吉布斯相律来评估液体对单一纯化合物的腐蚀。

液体对固体材料的腐蚀是通过在固态晶体材料和溶剂之间形成一层界面或反应产物而进行的。该反应产物的溶解度比整个固体的低，有可能形成或不形成附着表面层，不同研究人员把这类机理称为间接溶解、非协同溶解，或者非均匀溶解，还有选择性溶解（指无论界面形成与否，只有一部分固体组分溶解）。液体里晶体组分的饱和溶解浓度以及这些组分的扩散系数，共同决定了存在的是某一机理还是其他机理。要确定饱和程度，必须知道含量最多的组分以及它们在液体中的浓度，这进一步确定了固体是否会溶解。在间接溶解类型中限制速率的步骤是形成界面层的化学反应以及该界面层或溶剂的扩散。

9.1.1.1　玻璃腐蚀

（1）含氧化铝材料

多组分材料的腐蚀通过最不耐蚀的途径进行，因此。那些不耐蚀的成分首先被腐蚀。这是一种选择性腐蚀，可能是直接的也可能是间接的腐蚀过程。熔铸的 Al_2O_3-ZrO_2-SiO_2（AZS）耐火材料是选择性直接腐蚀的典型例子。这类特殊材料是通过氧化物的熔融、模具浇铸制造，然后在控制条件下结晶，最终的微观结构包括：原先的 ZrO_2、Al_2O_3 以及 ZrO_2 包围的 Al_2O_3 和包围所有其他相的玻璃相。玻璃相（大约占体积的15%）对这类材料而言是必需的，这类材料被广泛用作硅酸盐玻璃熔窑的炉膛壁材料。腐蚀过程主要是钠离子从玻璃本体向耐火材料中玻璃相扩散。当钠离子添加到玻璃中，玻璃黏度降低，对耐火材料来说腐蚀性增加。随后的腐蚀过程是 Al_2O_3 的溶解和最后 ZrO_2 的部分溶解。在固定条件下，形成了镶嵌在高黏度的富含 Al_2O_3 玻璃中的 ZrO_2 界面。如果钠离子向玻璃相扩散充分，则玻璃相中含有足够的钠离子以致冷却过程中有霞石（$Na_2Al_2SiO_8$）沉淀，或者如果温度合适，可能在缝隙中形成霞石。然而在实际使用情况下，玻璃体对流侵蚀界面，允许腐蚀连续进行，直至耐火材料消耗完。这类腐蚀在任何多组分材料中都可能发生，主要是腐蚀液体向包含各种耐蚀性能相的材料中的扩散。

Hilger 等报道了 1200℃时 AZS 耐火材料被钾-铅-硅酸盐玻璃的腐蚀，过程与上述讨论的非常相似。在这种情况下，铅离子扩散进入耐火材料的玻璃相，溶解耐火材料中的 Al_2O_3，形成成分类似于白榴石（$K_2Al_2Si_4O_{12}$）的玻璃相。事实上，在使用过的砖中发现了白榴石，有趣的是铅很少扩散进入耐火材料。

对于这些含 ZrO_2 的耐火材料，应该注意到 ZrO_2 在钠-钙-硅和钾-铅-硅酸盐玻璃中非常难溶。因此 AZS 耐火材料在这些玻璃中的腐蚀与 ZrO_2-SiO_2（莫来石等）耐火材料的非常相似。主要区别在于 AZS 材料中形成不溶的 ZrO_2 界面层的骨架。铅对降低腐蚀性玻璃的黏度起主要作用，随着铅含量的增加产生更严重的腐蚀。

（2）碳化物和氮化物

只要不含显著量的氧化亚铁，碳化硅和氮化物对于大多数硅酸盐液体而言就是惰性的。

反应在温度高于 1100℃能发生，并造成破坏。

$$SiC + 3FeO \longrightarrow SiO_2 + 3Fe + CO \tag{9-1}$$

玻璃分解 Si_3N_4 非常重要，不仅可以评价各种环境的侵蚀性，还可以获得液相烧结和玻璃粘接相材料溶液/沉淀蠕变现象的形成机理。Tsai 和 Raj 研究报道 β-氮化硅在 Mg-SiO-N 玻璃分离出富含 SiO_2、MgO、N 的区域。他们推断，β-氮化硅在 573～1723℃分解成玻璃的过程为以下三步，同时有 Si_2N_2O 沉淀。

①β-氮化硅溶解成硅和氮的熔化物；②硅和氮在熔化物中向 Si_2N_2O 扩散；③硅和氮附着在增长的 Si_2N_2O 上。

Ferber 等报道在 1175～1250℃有煤渣静态层时，α-SiC 的腐蚀至少包括三种反应机理：

①SiC 的氧化，在熔渣和 SiC 之间形成氧化硅；②氧化硅被熔渣溶解；③由于 SiC 与熔渣反应，在 SiC 表面局部形成 Fe-Ni 硅化物。

以上 3 种反应机理以哪一种为主，不仅取决于熔渣层的厚度，而且也取决于扩散通过该层可利用的氧分压。当熔渣层厚度小于 100μm 时，随着 SiO_2 的生成而钝化。随着熔渣层变厚，表面可利用的氧不足以生成 SiO_2 而生成 SiO。由于生成 SiO 和 CO 气体，发生活性氧化，破坏了 SiO_2 层，使熔渣直接与 SiC 接触从而形成铁和镍的硅化物。

9.1.1.2 水溶液的腐蚀

水溶液中的耐蚀性对许多应用和特殊场合非常重要。

（1）硅酸盐玻璃

水对硅酸盐玻璃的腐蚀机理包括离子交换和基体溶解之间的竞争，这一竞争又受到玻璃成分和可能形成的保护性界面层的影响。界面层的特征控制随后的溶解过程。该层的脱碱取决于碱扩散通过它的容易程度、物理性能（即孔隙度、厚度等）以及溶液的 pH 值。界面层的脱碱通常进一步引起基体的脱碱和溶解，因脱碱而造成的 pH 值增加使氧化硅的溶解加剧。通常观察到很快的初始反应速率，这是因微裂纹或通常是因粗糙表面的存在，导致过于暴露的腐蚀表面积而引起的。过大的表面面积可以通过适当的清洗方法来消除。

表 9-1 被侵蚀玻璃的表面类型

类型Ⅰ	薄表面含水层；小于 0.5nm 厚；高度耐久性	类型Ⅳ	富硅的非保护性层；低耐久性
类型Ⅱ	在碱被损耗的表面层；中等耐久性	类型Ⅴ	无表面层形成；最低耐久性
类型Ⅲ	临近于基体玻璃的富硅层和临近于溶液的富离子（从基体玻璃侵蚀出）层；中等耐久性		

玻璃中的组分被溶去是由于与溶液中的质子进行离子交换，或者氧化硅被溶去是因为溶液里的 OH^- 破坏了基体的硅氧烷键。pH 值低时，以前一机理为主；而 pH 值高时，以后一机理为主。Hench 和 Clark 将被溶解的玻璃表面分为 5 组，如表 9-1 所示。在类型Ⅰ、Ⅱ和Ⅲ中，如果形成的表面反应层由金属氧化物或水合硅酸盐构成，那么其溶解度较低。这些表面层常常具有保护作用，基本上阻止了进一步的腐蚀。

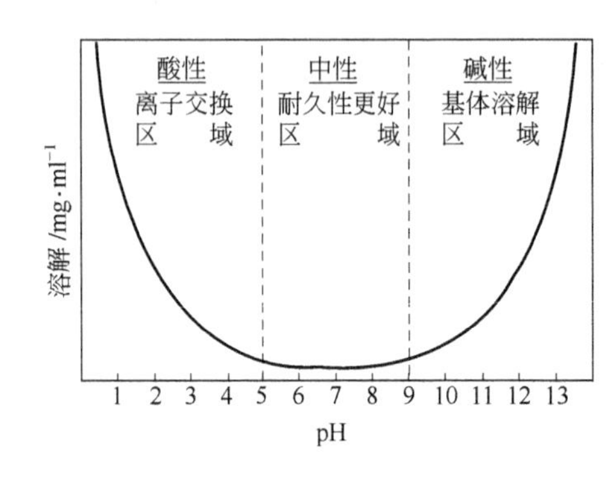

图 9-1 pH 值对玻璃溶解的影响

溶剂的 pH 值是影响玻璃耐久性的重要参数。pH＜5 时，以离子交换为主要机理；pH＞9 时，以基体溶解为主；在 5＜pH＜9 时，腐蚀最轻。如图 9-1 所示。因此，当金属—氧键广泛与氢或氢氧根离子配位时，溶解进行得很快；但在中性条件下，溶解最小。

玻璃表面的水解率是描述商业玻璃领域的主要参数之一。水解率决定了玻璃的风化或腐蚀条件下的使用寿命，并对力学性能有影响。玻璃的断裂受助于水解。相同摩尔的碱性硅酸盐玻璃的水解率排列顺序为：Rb＞Cs＞K＞Na＞Li。

（2）碳化物和氮化物

过渡金属的碳化物和氮化物在室温下是化学稳定的，但会被浓缩的酸侵蚀。唯一的例外是 VC，VC 在室温下缓慢氧化。

Bowen 等研究 AlN 与 25℃的去离子水接触 16h，形成 $Al(OH)_3$。在最初的 8h，形成化学成分接近 AlOOH 的非晶态水合层，5.5h 后，溶液的 pH 值从 7 变到 10。动力学研究表明由表层反应控制的速率呈线性关系。在研究 AlN 类材料在水溶液中的行为时，应注意到潜在的反应，这些反应主要是由于氧气通过表面形成的水合层介入产物而发生的。

Hirayama 等研究了烧结 SiC 在 290℃的 0.045mol/L Na_2SO_4 ＋0.005mol/L H_2SO_4 和 0.1mol/L LiOH 水溶液中的行为。他们研究了有氧和缺氧条件下，长达 200h 试验后的失重；失重随 pH 值的增大而增大，有氧条件下失重较无氧条件下大。随着 SiC 水解，溶解过程表面未发现形成二氧化硅层，反应按下式进行：

$$SiC + 4H_2O \longrightarrow Si(OH)_4 + CH_4 \tag{9-2}$$

$$Si(OH)_4 \longrightarrow H_3SiO_4^- + H^+ \longrightarrow H_2SiO_4^{2-} + 2H^+ \tag{9-3}$$

而 $Si(OH)_4$ 溶胶立即溶解。$Si(OH)_4$ 溶胶在酸性溶液（pH＝4）中比在碱性溶液中溶解慢，从而提供轻微程度的保护，导致溶解速率呈抛物线变化。在碱性溶液（pH＝10）中溶解速率呈线性变化规律。Sato 等研究 70℃ SiN 在 HCl 水溶液中的腐蚀行为，在小于 1mol/L HCl 溶液中，腐蚀由表面反应控制；而大于 5mol/L HCl 溶液中，腐蚀是由界面反应层（假设形成二氧化硅）扩散控制。

另外，Seshadri 和 Srinivasan 等研究了二硼化钛微粒加强的碳化硅室温下、500h 在几种溶液（王水、NaOH 和 HF/HNO_3）中的腐蚀，王水腐蚀性最大，50％NaOH 溶液腐蚀性最弱。随着时间进行失重减少是由于二硼化钛从表面优先溶解。王水和 HF/HNO_3 溶液

100h后失重停止，而在50%的NaOH溶液中大约需250h。

9.1.1.3 熔盐腐蚀

(1) 氧化物

重要的熔盐反应是著名的Hall-Heroult过程，即在氧化铝还原池中生产金属铝。在这一过程中，电解质由氧化铝（小于10%）溶解在熔融冰晶石（Na_2AlF_6）中的溶液组成。纯熔融冰晶石由AlF_6^-、AlF_4^-、F^-和Na^+离子组成。当加入氧化铝，除上述离子外还形成$AlOF_x^{(1-x)}$（$x=3\sim5$）复杂离子。

Lawson等描述了在700℃和1000℃时含1% SO_2/O_2或者纯O_2气氛中熔化了的氧化硅被熔融硫酸钠腐蚀的情况，这种情况是由于在形成的各相中钠的易扩散性而造成的。钠扩散进熔化的氧化硅，导致方石英晶核形成。一旦形成连续的方石英层，钠的扩散程度达到最小。钠在方石英/熔化氧化硅界面上，更易扩散进入熔化氧化硅。反应的碱度决定了是否形成方石英层，随着反应的进行，酸性增强，形成的方石英减少。方石英颗粒从盐溶液中沉淀析出。

腐蚀有利的例子是从熔模铸造过程取出陶瓷核。新的直接固化过程和新合金（NaTaC）需要高达1800℃熔融金属与成核材料接触长达20h，成核材料必须抵御这些条件及其化学转化在稳定方面的矛盾。成核转化需要在低温下具有高溶解度。潜在的成核材料有Al_2O_3、Y_2O_3、$Y_3Al_5O_{12}$、$LaAlO_3$和$MgAl_2O_4$，这些物质在铸造条件下耐蚀性良好。这些材料除Y_2O_3外，在酸和碱的水溶液中均不溶。使用的溶剂必须对成核材料具有侵蚀性而对合金是稳定的。例如，Al_2O_3、Y_2O_3、La_2O_3能被M_3AlF_6、M_3AlF_6+MF、$M_3AlF_6+M'F_2$、M_3AlF_6+HCl（M＝Li、Na、K，M′＝Mg、Ca、Ba、Sr）溶解。成核材料如ZrO_2或ThO_2，酸性越强越需要加入碱金属氧化物或碱土金属氧化物以增加熔融盐的碱性。

(2) 碳化物和氮化物

当各种熔融盐存在时，SiC和Si_3N_4形成的普通SiO_2保护层能显著加速腐蚀。SiO_2保护层在碱性盐溶液中被腐蚀，而在酸性盐溶液中不被腐蚀。

Tressler等报道了120h、670～1000℃条件下，热压氮化硅（HPSN）、反应结合氮化硅（RBSN）以及碳化硅被熔融硫酸钠、熔融氯化钠和熔融共熔合成物的腐蚀。在使这些材料表面氧化硅层的溶解过程中，熔融硫酸钠腐蚀性最强，共熔合成物其次，氯化钠最弱。HPSN耐蚀性最强，而碳化硅1000℃、20min内被硫酸钠全部溶解。

9.1.1.4 熔融金属的腐蚀

应用陶瓷抵抗熔融金属的腐蚀在陶瓷工业占很大比例，如钢铁工业和有色金属（铝和铜是最重要的）生成中的熔炉使用的耐火材料。当今钢铁和有色金属工业消耗大约占所有耐火材料产量的70%，因此由于金属腐蚀引起的问题是非常重要的。

熔融金属的腐蚀涉及到的腐蚀机理通常不同于那些溶液中被液体腐蚀的机理。例如发生在鼓风炉中的腐蚀过程，事实上是一个混合机理。在大多数情况下少量金属形成氧化物，腐蚀本质上是一个形成熔融熔渣的过程。电熔炉中含60%MgO的菱镁矿-铬耐火材料的腐蚀是与含高价氧化铁熔渣的接触过程。氧化铁向耐火材料中扩散，与氧化镁和含铬尖晶石反应形成一富含铁的混合型尖晶石晶体界面。铁向氧化镁中的扩散引起少量富含铁的混合型尖晶石晶体在晶粒边缘沉淀。

许多钢铁厂的耐火材料的固-固腐蚀是通过碳参与的还原反应；或者如果碳已氧化，腐蚀仅仅是固体陶瓷与熔融金属非常少有的简单反应。

熔融铝对含氧化硅的材料的侵蚀反应如下：

$$4Al+3SiO_2 \longrightarrow 2Al_2O_3+3Si \tag{9-4}$$

氧化铝在多数情况下提供附着良好的保护层防止进一步腐蚀。熔融铝与任何材料中

β-氧化铝的反应，如生产金属钠的高氧化铝（70%）的耐火材料，金属钠的存在能导致氧化硅的还原，如果氧化能进一步形成 $NaAlO_2$，在含氮气的还原气氛中，按下列反应形成氮化铝中间产物促进了 $NaAlO_2$ 的形成。

$$2Al_2O_3 + N_2 \longrightarrow 4AlN + 3O_2 \tag{9-5}$$

$$2AlN + Na_2O + 3/2O_2 \longrightarrow 2NaAlO_2 + N_2 \tag{9-6}$$

氧化铝与偏铝酸钠的密度不同（3.96g/ml 对 2.69g/ml）在形成氧化物保护层时体积膨胀，只能形成没有保护作用的铝酸盐，导致继续腐蚀。

含氧化硅的耐火材料与含不溶锰铁的反应是非常有害的，这一反应不仅是与熔融金属的反应，还有与氧化锰的反应。最初 SiO_2 与 Mn 的反应生成 MnO 和 Si，虽然这一反应热力学上不是自发的，但在 1600℃的氩气中，此反应能发生。接着 MnO 和 SiO_2 反应能形成一两种中间产物，更重要的是能形成一种固相线温度为 1250℃的共熔液体。

9.1.2 气体腐蚀

陶瓷受蒸气侵蚀要比液体和固体侵蚀严重。主要原因是相对于液体和固体来说，表面积的增加更有利于气体腐蚀。

9.1.2.1 晶体材料

蒸气侵蚀多晶体陶瓷会造成比液体或固体的腐蚀都要严重得多的腐蚀。与蒸气腐蚀有关的最重要的材料性能之一是孔隙度或渗透性。如果蒸气能渗透进材料，暴露于蒸气侵蚀的表面积大大增加，使腐蚀加快进行。正是因为暴露于蒸气侵蚀的总表面积的重要性，所以孔隙度体积和孔隙尺寸分布都很重要。

如下方程所示，蒸气侵蚀的反应产物为固体、液体或气体：

$$A_s + B_g \longrightarrow C_{s,l,g} \tag{9-7}$$

例如，受 Na_2O 蒸气侵蚀的 SiO_2 能生成液态的硅酸钠。

在另一类型的蒸气侵蚀中，蒸气和液体侵蚀产生联合而持续的效应，蒸气在朝向低温的热梯度作用下，会渗透入材料并凝结成液体溶液来溶解材料。液体溶液能进一步沿着温度梯度渗透，直至完全凝结。如果材料的热梯度被改变，固相反应产物有可能熔化，在熔点附近引起过腐蚀和剥落。

热能是使离子扩散过表面反应层并使该层不断增长的驱动力。如果没有提供足够的能量，那么反应层的增长速率将很快下降。低温下，在极薄膜层（小于 5nm）的范围内存在着能将阳离子吸引出膜层的强电场，这非常类似于室温下发生的金属氧化。

总的来说，氧化过程比单组分扩散出氧化层的简单机理更为复杂。沿着晶界的择优扩散能极大地改变氧化层的生长。晶界扩散是比全面扩散能量更低的过程，因而在低温下更为重要。如果从高温反应速率外推，常常会在比预期温度还要低的温度下观察到更快的反应速率。因而，反应层的微观结构，特别是晶粒尺寸尤为重要。另外，完全化学计量化的反应层对扩散产生的阻力比缺少阴离子和/或阳离子的反应层更大，后者提供了容易扩散的途径。

下面列举了在气-固反应动力学中控制速率的可能步骤：

①气体向固体扩散；②气体分子吸附于固体表面；③被吸附的气体的表面扩散；④在表面特定部位的反应物分解；⑤表面反应；⑥反应产物从反应部位脱落；⑦反应产物的表面扩散；⑧气体分子从表面解吸附；⑨从固体中扩散出。

这些步骤中的任何一个都可能控制腐蚀速率。

对非氧化物陶瓷的氧化，尤其是碳化硅和氮化物的氧化引起广泛的重视。总的来说，非氧化物对氧化的稳定性是与氧化相和非氧化相之间相对的生成自由能有关。在研究氮化物的氧化时，决不可忽略最终产物或者中间产物形成氮氧化物的可能性。例如，氧化物与氮化物之间的稳定性可由如下方程表示：

$$2M_xN_y + O_2 \rightleftharpoons 2M_xO + yN_2 \tag{9-8}$$

随着氧化物与氮化物之间的形成自由能差负值更大，反应朝右进行的趋势更大。

在实际应用中常常碰到的气体是水蒸气。人们发现当湿度存在时会引起腐蚀速率增加，这显然是与气态氢氧化物组分形成的容易程度有关。

对于气体腐蚀，一个控制速率的可能步骤是气体反应物的到达速率，也可能是气体产物的脱离速率。但是，很多中间步骤（如通过气体边界层的扩散）都有可能控制总反应，它们中的任何一步都可能是控制步骤。显然，反应不可能进行得比添加反应物的速率还快，它也许进行得很慢。气体到达的最大速率可从 Hertz-Langmuir 方程算出：

$$Z = \frac{p}{(2\pi MRT)^{1/2}} \tag{9-9}$$

式中，Z 为在单位时间内到达单位面积上的气体物质的量；p 为反应气体的分压；M 为气体相对分子质量；R 为气体常数；T 为热力学温度。

利用气体产物的分压 p 和气体的相对分子质量 M，也可用同样的方程计算气体产物的脱离速率。为了确定使用寿命是否足够长，这些速率都是需要的。如果某些产生挥发相的表面反应必定发生，那么实际测得的脱离速率会与计算值不同。观察值与计算值之差取决于表面反应激活能。如果气体反应物所处的温度比固体材料的低，那么必须考虑热转换到气体的附加因素，这会使总反应受到限制。

9.1.2.2 玻璃

大气条件下，被称为风化的玻璃腐蚀基本上是由水蒸气所造成的。风化发生的机理有两种。这两种类型的风化都在玻璃表面产生凝集，然而，一种类型是蒸发，而另一种类型是携带与其反应的任何产物从表面流聚到一点。前一类型是以形成富碱膜为特征。这层富碱膜与大气中的气体，如 CO_2 反应而形成 Na_2CO_3。

防止蒸气侵蚀玻璃对电子工业至关重要。现已开发出耐碱蒸气和水银（汞）蒸气腐蚀的密闭玻璃和玻璃封套。人们在对一些含 CaO 和 Al_2O_3 的玻璃研究中发现，当温度大约恰巧超出玻璃转变温度（T_g）范围时，碱蒸气的侵蚀急剧增加，这表明应该尽可能使用具有最高 T_g 的玻璃。

对硅酸盐玻璃来说，风化的大气环境对玻璃表面的损害类似于水对玻璃的腐蚀。如果水滴遗留在玻璃表面，离子交换就会发生，随之引起 pH 值的增加。因为水滴的体积相对于它们所接触的表面来说很小，所以就会使 pH 值急剧增加，从而导致严重的表面侵蚀。这样所造成的粗糙表面随后会积聚更多的溶液，进一步侵蚀表面。在某些情况下，富碱的液滴会与大气反应，形成碳酸钠和碳酸钙的沉积物。虽然这些沉积物对风化可起到屏蔽作用，但是它们降低了玻璃的外观美。是以脱碱还是以基体的溶解作为腐蚀的主要机理，取决于与玻璃表面接触的水体积和流量。

多年来，在平板玻璃生产中，人们知道 SO_2 气体处理对增强产品的耐候性起着有益的作用。在玻璃退火之前所进行的处理，能使玻璃表面层的钠与 SO_2 反应，形成硫酸钠。该硫酸盐沉积物在玻璃检验和包装之前被冲洗掉。由于低的表面含碱量，所以抑制了风化的第一步发生。

9.1.3 固体腐蚀

很多材料应用都包括两个彼此接触的不同类的固体材料。如果这两类材料相互发生反应，那么就会引起腐蚀。普遍的反应类型包括在界面形成第三相，该相可能是固体、液体或气体。在某些情况下，界面相也许是两原始相的固溶体。相图可显示出反应的类型以及发生该反应的对应温度。

当发生的反应表现为原子在化学成分均匀的材料之中的迁移时，该扩散被称为自扩散。

当发生化学组分的永久性错位时，导致局部成分变化，称为互扩散或化学扩散。化学扩散的驱动力是化学位梯度（浓度梯度）。当两个不同类型材料相互接触时，它们各自朝彼此相反方向进行化学扩散，形成界面反应层。一旦形成该界面层，仅仅借助于化学组分扩散过该层，就可发生附加的反应。

固体与固体的反应是以扩散为主的反应。由于扩散系数 D 是扩散反应速率的度量，因此扩散反应是普通动力学理论的特殊情况。扩散可由一个 Arrhenius 式的方程来表示：

$$D=D_0\exp[-Q/(RT)] \tag{9-10}$$

式中，D 为扩散系数；D_0 为常数；Q 为激活能；R 为气体常数；T 为热力学温度。激活能 Q 的值越大，扩散系数受温度的影响就越大。

多晶体里的扩散可分为全面扩散、晶界扩散和表面扩散。沿晶界的扩散要比全面扩散快，因为沿晶界处的无序度要大得多。类似地，表面扩散也要比全面扩散大。当以晶界扩散为主时，浓度的对数值随距表面的距离线性地减少。然而，当以全面扩散为主时，扩散组分浓度的对数值随距表面的距离的平方根而减少。因而通过从表面确定浓度梯度（在不变的表面浓度处），就可能知道哪一类型的扩散是占主要的。

由于晶界扩散比全面扩散要大，所以可以预期界面扩散的激活能比全面扩散的低。在较低温度下，界面扩散要更重要一些；而在高温下，全面扩散更为重要。

完全以固体状态进行的化学反应比含有气体或液体的反应少，这主要是由于较慢的物质迁移限制了反应速率。两个不同类型的块状固体材料之间的接触也限制了结合的紧密度，因为这比固体与液体或气体的结合程度要差得多。

陶瓷材料的应用通常都有热梯度存在。在这样的条件下，多组分材料中的一个组分有可能沿着热梯度进行选择性的扩散，这一现象被称为热扩散或 Soret 效应。

9.1.3.1 氧化硅

碳与 SiO_2 反应形成中间相 SiC，随着 SiC 与 SiO_2 反应生成气相 SiO。反应方程式如下：

$$SiO_2+3C \longrightarrow SiC+2CO \tag{9-11}$$

$$2SiO_2+SiC \longrightarrow 3SiO+CO \tag{9-12}$$

在存在铁和 1000℃条件下这些反应非常迅速，铁在 SiO_2 被 SiC 还原的反应中起到催化剂的作用，这些反应引起耐火硅酸盐在煤气化的气氛中失效。

玻璃熔窑中过去发生的可能最严重的反应是 SiO_2 和氧化铝或含氧化铝的难熔盐之间的反应。高温下，这两种材料直接接触生成一种莫来石形的界面。该反应物质体积的膨胀，导致两种原始材料分离。现代熔炉中，采用中间材料如锆石可以防止这种有害反应的发生。

9.1.3.2 氧化镁

在基础耐火材料领域里，MgO 气化非常重要，主要是通过蒸发冷凝形成富含 MgO 的区域，并具有高孔隙度。一定范围的高孔隙度引起材料力学性能的降低，导致材料开裂或破碎。MgO 的蒸发冷凝在作为熔渣辅助物的氮化硅中也会发生。

在富含 MgO 的耐火材料中，耐火材料中 C 能与 MgO 反应生成 Mg 蒸气，反应式如下：

$$C_{(s)}+MgO_{(s)} \longrightarrow Mg_{(s)}+CO_{(g)} \tag{9-13}$$

Mg 蒸气形成耐火材料的活性面能够与炉渣中的 FeO 按下式反应生成熔融铁和高密度 MgO 层：

$$Mg_{(g)}+FeO_{(l)} \longrightarrow Fe_{(l)}+MgO_{(s)} \tag{9-14}$$

9.2 性能与腐蚀

9.2.1 概述

受腐蚀影响的最重要性能或许是机械强度。尽管其他性能也受腐蚀影响，但它们通常不导致失效，而失效常常与强度变化相联系。强度损失不完全是腐蚀的机械效应，因为在很多情况下，腐蚀的影响反而导致强度的增加。腐蚀产生的强度增加是试样表面层中裂缝被愈合的结果，通常起因于基体杂质扩散至表面，表面层与基体之间的热膨胀性不同，会在表面形成压应力层。

环境加速的强度损失起源于如下的现象：

①由于表面和基体之间热膨胀的过度不匹配，造成表面改性层开裂；②二次相在高温下熔融；③高温下玻璃晶界相的黏度降低；④在表面晶体相中的多晶形转变引起的表面开裂；⑤形成低强度相的变异；⑥空洞和蚀坑的形成，对于氧化腐蚀尤其明显；⑦裂缝生长。

用于描述这些现象的术语被称为应力腐蚀或应力腐蚀断裂。当材料置于腐蚀性环境中并受到外部机械负荷的影响时，就会发生这类腐蚀。应力腐蚀断裂必须是外加应力和腐蚀环境同时起作用，撤除外加应力或腐蚀环境都将阻止断裂。

氧化常常导致陶瓷成分和结构的改变，尤其是引起表面层和晶界相的改变，这些改变随后引起物理性能的明显变化，如密度、热膨胀、热导率和电导率的变化。只有对腐蚀机理和动力进行深入调查后，才能推断出这些变化对力学性能的影响。例如，硅基陶瓷的氧化是活性还是钝性，取决于曝晒期间存在的氧分压。当 p_{O_2} 低时，形成气态 SiO，导致材料急剧损失，引起强度损失。当 p_{O_2} 高时，形成 SiO_2 使强度增加。

受低于临界应力的恒定负荷的长期作用后，陶瓷的失效被称为静态疲劳或延迟失效。如果以不变的应力速率施加负荷，称为动态疲劳。如果该负荷被加载、卸载，然后又被加载，长时间如此循环后所造成的失效称为循环疲劳。众所周知，脆性断裂之前常常是亚临界裂纹的生长，这一生长过程导致强度的时间相关性。正是环境对亚临界裂纹生长的影响产生了应力腐蚀断裂的现象。因此疲劳（或延迟效应）和应力腐蚀断裂都是关于同一现象的。玻璃材料中，延迟效应与玻璃成分、温度和环境（如 pH 值）有关。优先发生在裂缝尖端的应变材料分子键的化学反应是造成失效的原因，该反应速率对应力敏感。有些晶体材料也表现出与玻璃类似的延迟效应。

裂纹（生长）速率评估有直接方法和间接方法。在直接方法中，裂纹速率由外加应力的函数确定。包括如双悬臂梁方法、双扭矩方法及边沿或中心裂纹试样方法。间接方法通常在不透明试样上进行，并根据强度测量来推测裂纹速率。

9.2.2 机理

9.2.2.1 晶体材料

有些机理的提出是因为环境不同，有疑问的最重要的或许是裂缝尖端，即在那里究竟发生了什么？虽然 Evans 和合作者描述的机理涉及一个内在的和微量的二次非晶相的影响，但全面影响应很类似于固体与腐蚀性环境接触时的情况。腐蚀性环境要么直接向裂缝尖端提供非晶相，要么通过改性在裂缝尖端形成非晶相。在单相的多晶的氧化铝中发生应力腐蚀断裂，这是因为内裂纹尖端所含的非晶相渗透到晶界，随后引起局部蠕变脆裂。如果裂缝尖端的非晶相贫化，那么将发生裂缝钝化。

根据 Lange 的研究，高温强度降低是由于应力作用下的裂缝扩展，该应力值低于断裂所需的临界外加压力。这种类型的裂缝扩展被称为亚临界裂缝扩展。它是由位于晶粒交界处的玻璃晶界相的气蚀所引起的。裂缝尖端周围的应力场所造成的玻璃相气蚀使晶界易于滑移，因而使裂缝能在低于临界值的应力作用下扩展。尽管还存在其他因素如晶粒和位错滑移，但 Chuang 所报道的表面和晶界自扩散被认为是高温下气穴生长的控制因素。

Cao 等人认为，高温应力腐蚀机理是因为从裂缝表面到腐蚀性非晶相的扩散，这个被应力增强的扩散加速了裂缝沿晶界的扩展。他们做出如下假设：

①在裂缝尖端之后是平的裂缝表面；②主扩散流流向裂缝尖端；③液体中的固体处于平

衡浓度；④裂缝表面曲率引起裂缝尖端液体中的固体量减少；⑤足够慢的裂缝尖端速度使黏滞的液体能够流入尖端；⑥忽略垂直于裂缝平面的化学位梯度。

Cao 等人指出，这一机理最有可能发生在含有不连续非晶相的材料中。

9.2.2.2 玻璃体材料

众所周知，氢氟酸侵蚀能强化硅酸盐玻璃。Hilling 和 Charles 认为，这是一个与表面裂缝尖端曲率半径增加有关的现象，与曲率相关的均匀侵蚀速率和腐蚀介质导致尖端曲率半径的增加。裂缝尖端曲率半径变大增加了失效所需的临界应力。然而，在外加应力的影响下，腐蚀反应速率对应力敏感，导致在裂纹尖端的侵蚀速率增加，因而减少了曲率半径（即更尖锐的裂纹尖端），降低了强度。

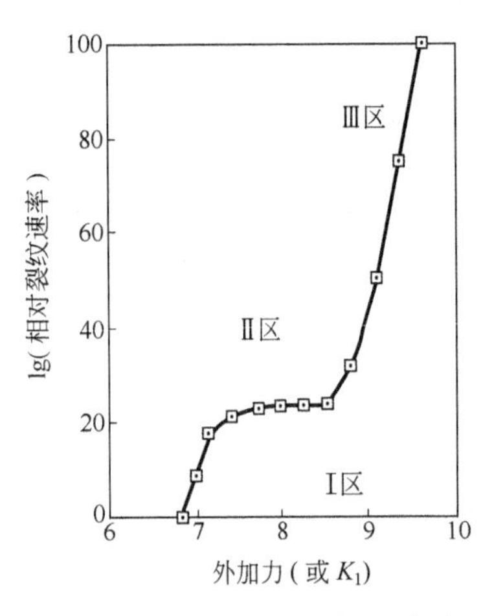

图 9-2 裂纹速率与外加力关系

玻璃的静态疲劳是已知多年的事实，现在认为，水蒸气和玻璃表面之间的反应取决于应力，并在玻璃受到静态负荷时，最终导致失效。如图 9-2 所示，裂纹速率与对应外加力关系。在第Ⅰ区域中，裂纹速率取决于外力。该区域具有准确的曲线位置，其斜率取决于湿度。湿度越大，裂缝扩展越快，而且能在更低外力下扩展。另外，这一区域曲线位置和斜率还取决于玻璃成分（抗应力腐蚀的顺序为：熔融氧化硅＞铝硅酸盐＞硼硅酸盐＞碱石灰硅酸盐＞硅酸铅）和 pH 值。在第Ⅱ区域，裂纹速率与外力无关。更高湿度下，该部分曲线移向更高速率。在第Ⅲ区域，裂纹速率又与外力有关，但斜率大得多，这显示该区域有不同的裂缝扩展机理。第Ⅲ区域与湿度无关。

Wiederhorn 证实，玻璃中裂缝生长取决于裂缝尖端环境 pH 值，裂缝尖端的 pH 值取决于裂缝尖端溶液与玻璃成分之间的反应以及主体溶液与裂缝尖端溶液之间的扩散。裂缝尖端溶液中的质子与玻璃中的碱之间的离子交换产生 OH^- 离子，因而在裂缝尖端导致碱性的 pH 值。而玻璃表面的硅酸和硅醇组的电离在裂缝尖端产生酸性 pH 值。裂缝尖端的 pH 值范围从氧化硅玻璃的大约 4.5 到碱石灰玻璃的大约 12。在高裂纹速率下，裂缝尖端的反应速率加快，玻璃成分控制溶液 pH 值。在低速率下，扩散消耗了裂纹尖端溶液，使之类似于主体溶液，电解质控制裂纹尖端的 pH 值。在中性和碱性的溶液里，氧化硅最耐静态疲劳；而在酸性溶液中，硼硅酸盐玻璃最佳。

促进裂纹生长的环境介质必须既是电子施主又是质子施主。在碱石灰玻璃中，改性剂离子并不直接参与断裂过程，但也许会改变 Si—O 桥氧键的反应性，影响网络键接的弹性性能。因此静态疲劳由 Si—O 键与裂纹尖端环境之间被应力提高的反应速率所控制。

9.2.3 具体材料的性能降低

9.2.3.1 氧化造成性能降低

(1) 碳化物和氮化物

如果试样被腐蚀后，为了进行机械试验而被冷却至室温，那么在评估腐蚀的影响时，必须注意到所发生的变化。McCullum 等人发现 SiC 的抗弯强度随其在 1300℃的空气环境中的暴露时间的增加而提高。这是因为形成了能愈合表面裂纹的氧化硅表面薄层；而 Si_3N_4 的强度下降是由于形成很厚的、一旦冷却就开裂的氧化硅表面层。氮化物与氧化物之间的体积差以及向方石英或鳞石英的多晶型转变，造成了这个表面氧化层开裂。暴露时间超过 100h Si_3N_4 的强度并不继续降低，因为暴露 100h 后，该层厚度基本保持不变。再将其进行高温试验时发现，SiC 的抗弯强度低于室温测量值，而且不随氧化时间的增加而变化。与室温强度相比，在高温下测试获得较低强度，是由于冷却时在表面形成了具有压应力的表面层。相反，当在高于室温的温度下试验时，随暴露时间延长，Si_3N_4 的强度略显增加，这源于高温下表面层的完整性。如图 9-3 所示。

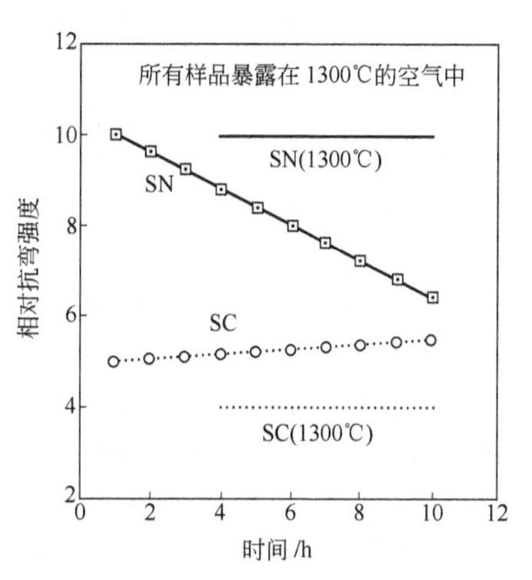

图 9-3 Si_3N_4 与 SiC 的断裂强度与暴露时间关系图

与 SiC 试样相比，Si_3N_4 中的烧结助剂量更大，所以氮化物试样比碳化物对于因温度升高和负载速率降低所造成的强度损失更敏感。Si_3N_4 中的烧结助剂量和化学性的变化引起机械行为的变化。拉伸试验结果同样遵从弯曲试验结果的总趋势，但抗拉强度值普遍比抗弯强度低。

Lange 和 Davis 曾认为，氧化能导致表面产生压应力，如果压应力处于最佳状态，或许会增加表面强度。如果压应力变得过大，那么造成强度下降剥落就会发生。Lange 和 Davis 将含有 15%和 20%CeO 的 Si_3N_4 在 400～900℃温度范围内的空气中氧化。400℃、500℃和 600℃下的短时暴露使表面临界应力强度因子（Ka）增加。Ka 的增加是由于 Ce-磷灰石二次相的氧化和随后表面压应力层的发展。在两个更高温度下暴露更长时间（约 8h），表面剥落引起 Ka 减小。在更高温度下（即 1000℃），引起剥落的压应力被来自材料内部的氧化产物的挤压所释放。因此在 1000℃下氧化时间延长并不能使材料强度降低。

（2）氮氧化物

O’Brien 等人对不同晶相的 SiAlON 溶液进行了研究，如强度和韧性最高的 β’-SiAlON 和抗氧化性好的 O’-SiAlON 溶液，他们发现氧（或氮）含量显著影响这些材料的性能。随着氮含量增加，晶界玻璃相黏度增加，因此使裂纹愈合变慢。黏度越高，玻璃相越容易包裹住反应产生的气体，因而造成更多的裂纹。SiAlON 溶液在 1273K 氧化 24h 后，其保留的平均抗弯强度比数种氮化硅的都大，而氮化硅强度通常与耐氧性成比例。氧化后的保留强度取决于所形成的表面氧化物层的特性。在更高温度下，裂纹愈合的可能性取决于形成玻璃相的量和成分。

具有化学计量式 $ZrO_{2-2x}N_{4x/3}$ 的氮氧化锆作为二次相在热压 ZrO_2-Si_3N_4 中生成。当温度高于 500℃，该相易于被氧化成单斜的 Zr_2O。Lange 利用氧化所引起的体积变化（大约 4%～5%）分析了成分中含有 5%～30%氧化锆（体积分数）的氮化硅表面所形成的压应力层。为了正确得出表面压应力层形成的应力分布，氧化二次相必须均匀地分布在整个基体上。含 20% Zr_2O（体积分数）的材料在 700℃氧化 5h 后，其强度从 683MPa 增加到 862MPa。这一强度增加是由于氧化诱发的氮氧化锆转变为单斜的氧化锆。

9.2.3.2 其他气体造成的性能降低

在 1200℃的氮或潮湿空气里时效 2h，Nicalon 碳化硅纤维的抗拉强度损失约一半。对于暴露在热氩气里的纤维，其强度更为渐进降低。虽然在不同时效环境中，强度损失的时间相关性是类似的，但引起强度损失的机理有很大差异。在氮气中强度损失归因于现存裂纹的扩展；在氩气中强度损失归因于晶粒长大和孔隙度；在潮湿空气中强度降低归因于纤维在氧化硅表面融合、表面氧化硅层的附着性差、氧化硅晶体表面层开裂、氧化硅/纤维界面的气泡。

由 Si-C-N-O 构成的陶瓷纤维，在不同热气体气氛中时效处理时，其强度有不同程度的降低。在这些热气体里时效的纤维所经历的强度损失率与分解形成的气体的扩散率有关。分解气体（N_2、CO 和 SiO）的扩散经过纤维空隙和任何存在的表面界面层。这些分解气体的扩散能被纤维在热气体气氛中的时效所控制。因此，与在氮气中的时效相比，纤维在氩气中的时效造成更大的强度损失。如表 9-2 所示。

表 9-2 在不同气氛中时效对纤维强度的影响

未被时效的纤维	在 1400℃时效 0.5h	
	N_2	Ar
1517MPa	717MPa	276MPa

9.2.3.3 湿度造成性能降低

不同疲劳试验预测的使用寿命会有差异。在循环条件下，对烧结氮化硅的拉伸-压缩类型的室温循环，慢裂纹生长加速。以裂纹速率对外加力作图，在大约 70%～90%的应力强度因子处有一平稳段。数据呈现三个区域，这些区域很类似于玻璃材料所显示的区域（见图 9-2）。这是因为该材料有玻璃晶界相，其疲劳机理与玻璃材料相同（即因空气湿度引起的应力腐蚀断裂）。在 900℃的温度下，气压烧结氮化硅能抵抗慢裂纹生长。但在 1000℃时，由于玻璃晶界相的软化，该氮化硅又敏感于慢裂纹的生长。据报道，负荷循环的频率越高，疲劳抗力也越高，这是因为玻璃晶界相的黏弹性性质。

在 SiC 晶须增强的氧化铝复合材料中，人们发现，暴露于 1300℃和 1400℃的 H_2/H_2O 气氛后，室温抗弯强度受到 P_{H_2O} 的显著影响。SiC 的活性氧化发生在 $P_{H_2O}<2\times10^{-5}$MPa 时，此时强度减少。在更高的水蒸气压下，因为铝硅酸盐玻璃和莫来石在试样表面形成，使强度减小量更小。在 $P_{H_2O}>5\times10^{-4}$MPa 和 1400℃的条件下暴露 10h 后，强度增加。这是因为试样表面玻璃相的形成导致裂纹愈合。

9.2.3.4 熔盐造成的性能降低

尽管 Tressler 等人在早期研究中报道，热压材料的失重比烧结材料的少，但 Bourne 和 Tressler 在熔融盐对氮化硅力学性能的影响的研究中发现，热压氮化硅比反应烧结氮化硅表现出更严重的抗弯强度退化。如图 9-4 所示，NaCl 和 Na_2SO_4 共晶混合物对热压材料腐蚀比单一的熔融 NaCl 的腐蚀严重得多，而这两种介质对反应烧结材料的腐蚀效果一样。这两种材料之间的差别起因于杂质沿热压材料晶界的扩散和杂质进入反应烧结材料孔洞的渗透。热压材料晶界所受到的影响比不含氧化晶界相的反应烧结材料晶界的更为严重。断裂强度降低起因于临界裂纹尺寸的增加和临界应力强度因子的减少。在 1200℃时，断裂强度的略微增加是因为临界应力强度因子的略微增加。氧化性比熔融 NaCl 强的 NaCl/ Na_2SO_4 共晶混合物使临界裂纹尺寸变得更大。

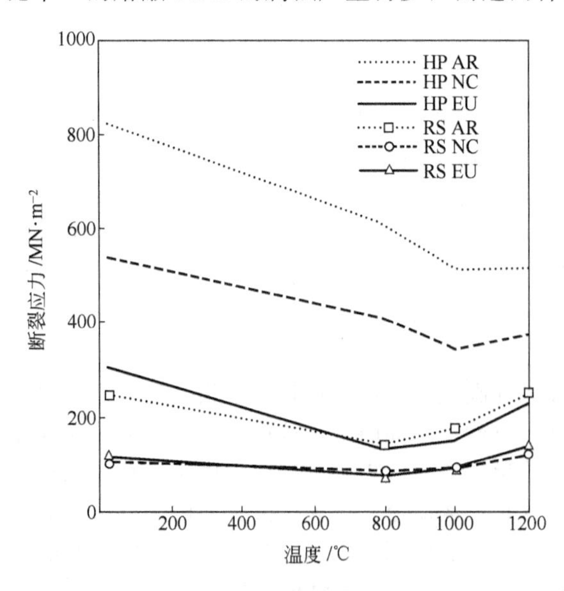

图 9-4 Si_3N_4 的断裂强度与熔融盐成分关系

（HP 为热压；RS 为反应烧结；AR 为到试样的状态）

Swab 和 Leatherman 报道，在 300～500MPa 之间的应力下，暴露于 1000℃的 Na_2SO_4 中的含镁 Si_3N_4 的失效时间明显缩短。在大于 500MPa 和低于 300MPa 的应力下，几乎没有注意到失效时间的变化。因为在试验期间熔融盐没有得到补充，所以在 300～500MPa 的应力下，腐蚀坑不能扩大到足以缩短失效时间的尺寸。暴露于硫酸钠后，尽管含钇氮化硅的室温强度降低约 35%，但它仍具有比含镁材料高的强度（含 Y 材料 549MPa，而含镁材料 300MPa）。

9.2.3.5 熔融金属造成的性能降低

Gree 和 Amateau 分析了烧结 α-SiC 暴露于熔融锂后的强度降低。当在低于 600℃ 的温度下处理时，所有试样都表现出穿晶断裂。当温度高于 600℃，穿晶和沿晶断裂同时发生。穿晶断裂强度通常大于 200MPa，而沿晶界断裂强度小于 200MPa。低强度的沿晶失效是由于锂透过试样的均匀表面层沿晶界渗透。晶界退化由 Li_2SiO_3 的形成所引起。该产物起源于氧化锂和氧化硅的反应。与暴露的时间有关，硅酸锂的形成伴随着高达 25% 的体积增加，这一膨胀所产生的局部应力促进了沿晶裂纹的扩展。

9.2.3.6 水溶液造成的性能降低

Ito 和 Tomozawa 调查了在室温和 88℃ 的水和 $Si(OH)_4$ 水溶液中的腐蚀暴露对高硅氧玻璃棒强度的影响。在恒应变速率和室温下，测定了玻璃棒在这两种水溶液和液氮中的机械强度。在最初 250h 暴露期间，在 88℃ 的 $Si(OH)_4$ 中暴露后的试样的室温强度比在水中暴露后的增加得更快。在 $Si(OH)_4$ 暴露 240h 后，强度达到稳定；暴露于水中的玻璃棒强度在整个暴露期间逐渐增加，直至 360h 后达到暴露于 $Si(OH)_4$ 的玻璃棒的强度水平。所获得的最大强度值比未暴露试样高出大约 30%。暴露于室温溶液的试样强度基本上保持不变。在 88℃ 水中的试样失重比在 $Si(OH)_4$ 中的高出大约 1/10。由于只有当记录到可观察失重时，才能观察到强度增加，他们把强度的增加归因于涉及到裂缝尖端半径增加的玻璃溶解机理（裂缝钝化）。如果溶解是所涉及到的唯一现象，暴露于水的试样强度应该比暴露于 $Si(OH)_4$ 的试样高，因为暴露于水的试样的溶解更多。由于溶解度是表面曲率的函数，并且如果溶解度和溶解速率成比例，溶解速率会随裂缝尖端半径减少而下降。这将引起裂缝尖端附近的溶解速率的变化，导致已溶解玻璃的扩散及溶解和沉积的联合效应。因此认为强度增加的机理归因于由溶解和沉积所引起的裂缝尖端钝化。

9.3 腐蚀最小化的方法

控制陶瓷与它们的环境之间的化学反应是现今陶瓷工业面临的重要问题之一。通过对腐蚀现象的研究，通过控制化学反应，以最小的成本获得最大的预期使用寿命。大多数腐蚀最小化的方法是减缓整体的反应速率。除此之外，还可通过改变反应机理来减少危害的方法。腐蚀反应受以下条件的影响：①热传递；②质量传递；③扩散限制的过程；④接触区域；⑤机理；⑥表面积与体积的比率；⑦温度和时间。下面通过例子说明如何运用，使腐蚀影响最小化。

9.3.1 晶体材料

9.3.1.1 氧化物

提高抗腐蚀性，最显而易见的方法是改变材料，但这只能在一定程度上做到，一旦这种材料被发现，抗腐蚀性能够仅通过改进特性或在某些情况下改变环境而获得。一个工业炉的不同部件通常在不同的腐蚀环境里发生变化，通过对炉的不同部件使用不同的材料以使整体使用寿命最大化。

（1）性能最优化

暴露的表面区域是腐蚀的首要部位，所以首要改进的特性就是多孔性。最明显做法是在制造过程中烧制材料到一个较高的温度，使制得多晶体材料少孔隙或高密度。其他增密的方法有：液相烧结、热压等。如果采用添加剂产生液相烧结，即使多孔性可以被减少，这也可能降低抗腐蚀性。

主要化学成分的改变有助于提高抗腐蚀性。但这实际上是一种寻找新的或不同的材料的形式。

玻璃体耐火材料的发展历史是提高多晶体材料抗腐蚀性的很好的例子。最初采用的是多孔黏土耐火材料。首先通过添加氧化铝产生化学反应，生成一种在玻璃体中溶解较少的物质。第一个主要改进方法是使用熔铸氧化铝硅耐火材料，这提供了一种本质上零孔隙的材料。接下来与氧化锆化合。氧化锆在大部分玻璃体中较氧化铝或硅酸盐溶解更少。由于硅酸盐具有破坏性的多态转化，这些耐火材料中不得不合并玻璃相。这种玻璃相给耐火材料添加了一种抗腐蚀性差的二级相。这样氧化锆的更高抗腐蚀性部分被玻璃相的低抗腐蚀性削弱。尽管如此，其最终产品较没有氧化锆产品具有更大的抗腐蚀性（即 ZrO_2-Al_2O_3-SiO_2 熔铸耐火材料）。其氧化锆含量越高和玻璃相含量越低的材料具有最大的抗腐蚀性。

通过化学变化提高性能，改进黏结相的抗腐蚀性。黏结相较大多数材料而言，通常具有更低的熔点和更低的抗腐蚀性。高氧化铝耐火材料的发展是基于黏结相改善性能的一个很好的例子。最好的常规高氧化铝耐火材料是与高铝红柱石或氧化铝自身黏结。为改变这种黏结剂成为一种与氧化铝相近的高抗腐蚀性的材料，相均衡理论起了重要的作用。氧化铝与氧化铬以及熔点介于两者之间的中间化合物形成了一个完整系列的晶态溶液。这样一种通过添加氧化铬至氧化铝而形成的黏结相就是氧化铬熔于氧化铝的溶液，它比大多数氧化铝具有更高的熔点，因此具有更高的抗腐蚀性。除此之外，这些材料显示了高得多的热断裂模数。由于这些材料对氧化铁和酸渣具有良好的抗蚀性，被用于钢铁工业。

在含碳氧化镁耐火材料上所做的改进是加入金属镁。氧化镁向着热表面挥发和扩散，氧化和沉淀促进了在热表面之后的密集的富氧化镁区域的形成，这样，除了扩散在耐火材料内部的氧化物之外，矿渣和金属的穿透性也被最小化了（见 9.1.3.2 氧化镁）。

对用于汽车业的转轮热交换器用的低膨胀锂铝硅酸盐（LAS）和氧化镁铝硅酸盐（MAS）的研究中发现，LAS材料是基于两种不同的化合物——锂霞石和锂辉石的高温多晶体的固态溶解。其使用温度约为1200℃。二者具有很低的热膨胀系数，具有很好的抗热震性。但这些材料用于较脏的环境中时就会遇到腐蚀问题。为此，将其在使用前通过酸从LAS中滤掉锂，就成为铝硅酸盐（AS）材料，这种材料尽管其热膨胀系数不如LAS低，但扭曲和断裂不多。

由于陶瓷腐蚀经常牵扯到各种阳离子和阴离子穿过界面反应层的扩散，应该研究化学反应，或提供一个使扩散更困难的层面，或提供物质以形成一个免于持续腐蚀的反应层。这就要对不同的阳离子和阴离子穿过不同的材料的扩散进行大量的研究。只有在研究之后，才有可能做出一种最小腐蚀的化合物。

（2）改进的外部方法

通过降低材料的界面间或热表面温度来减少腐蚀。陶瓷材料的许多应用置该材料于热梯度之下。通过改变材料或提供一种增加穿过材料的热流的方法，降低热表面温度。方法之一是冷表面的强制冷却。许多工业窑炉通过气冷系统或水冷管等方法强制冷却冷表面。如水被准确喷射到耐火材料的冷表面，用水汽化作用的吸热以吸取耐火材料的热量，达到降温的目的。方法之二是降低热表面温度。即在个别的砖的内部或在它们之间放置金属板，这样大量的热通过金属板被传导出去。这一技术被用于制造一种含有定向石墨微粒的产品。方法之三是在开始时采用一种较薄的材料。这将在表面上自动形成一个较薄的反应层。

如果耐火材料内衬是绝热的，多数耐火材料将处在较高的温度状态，腐蚀将更快地进行。在这些情况下，必须在使用寿命和节省能源之间获得一个平衡。由于绝热内衬可能增大腐蚀，在安装前，要仔细评价内衬材料的性能。在许多情况下，如果内衬材料是绝热的，可能要升级内衬材料。

9.3.1.2 非氧化物

(1) 性能改进

前面提到的多数方法也可以用在这些晶体材料上。在此讨论对于多孔性的改进。例如，Si_3N_4 是主要的共价化合物，在加热时不像传统的离子态陶瓷那样密集。在应用中，如涡轮刀片，期望一种理论上的致密材料。只有通过特殊的釉化的工艺，才能获得理论上的致密材料。过去，Si_3N_4 密度的增加是通过与大量的（高达 10%）的添加剂在很高的温度和压力下进行热压。而 SiC 能在全密集状态下与小比例的添加剂进行热压。近年开发的较新的技术是使用气压烧结和数量低得多的添加剂，以生产全密度的材料。在这些工艺中，添加剂导致了在高温下一种固相的形成，因此，釉化可通过液相烧结来进行。这种液态或形成晶体，或在冷却中形成玻璃相。在获得高熔点的晶相或高黏度的玻璃相以改进高温性能方面，通过较少数量的添加剂（小于 2%）的釉化工艺可使高温性能增加。

提高多孔材料的抗腐蚀性，可通过采用具有相同成分的材料或采用在 SiC 或 Si_3N_4 的条件下进行碳化或氮化处理的材料进行填充来获得。其他材料如硝酸盐或氯氧化物也可用作填孔材料。

有时，可通过改变工艺方法提高抗腐蚀性。化学气相沉积（CVD）是生产高纯度致密材料的最有吸引力的方法之一，因为如果一种松散的材料能直接从初始的蒸发态或气态中获得，就不需要烧结工艺。CVD 产品的微观结构依赖于沉积温度和整体的气体压力。CVD 可产生一种没有粒子的边界相却具有高取向性的材料。CVD 材料具有残余内应力，这些应力对高温强度和腐蚀影响尚需探讨。

在某些条件下的预氧化能形成一种保护性的氧化层，减少或可能根除持续腐蚀。此外，杂质的出现，通常以烧结辅助物的形式，可能向表面移动并成为保护性氧化层的一部分。这一层可以被去除，以产生一种更纯的提高了力学性能的材料。

目前，氮基材料已发展到在 $Si_aM_bO_cN_d$ 系统内进行研究。M 为三价阳离子，一般为 Al、Y 和/或 Be。这些材料形成了具有高抗氧化性的二级粒子边界相，这就提供了一种比 Si_3N_4 更好的材料。

(2) 改进的外部方法

为减少腐蚀可在陶瓷表面涂上一层更具保护性的材料。最好的方法是在陶瓷上涂一层 CVD 或具有与基层相同成分的等离子溅射材料。而 CVD 提供了比等离子溅射涂敷更好的涂敷方法。用等离子溅射难以形成厚度均匀的无孔涂层。CVD 提供了一个附着性好、纯净的无孔涂层，它具有与基层相匹配的良好的热膨胀性。若要生产覆盖具有相同成分的晶态材料的非晶材料层，可以改变涂敷条件。除此之外，还有阴极溅射、辉光阴极溅射、电子束蒸发以及燃烧喷镀等。

9.3.2 玻璃体材料

9.3.2.1 性能优化

具有抗腐蚀性的玻璃体的开发主要通过成分优化来进行。如在钠钙硅玻璃中添加少量氧化铝可以提高耐久性。一般降低碱的含量也会提高耐久性。但这受熔化温度、黏度、软化点以及工作范围的限制。硼硅酸盐玻璃比钠钙硅玻璃抗腐蚀性更好。硅酸盐玻璃体对碱性溶液的抗腐蚀能力不如对酸性溶液的抗腐蚀能力强。

改变组成以提高耐久性。即在玻璃体结构中加入氮。如含有 1.1%氮的钠钙硅玻璃与在 60℃温度下用水过滤不含氮的化合物相比，性能有很大提高。这种提高取决于含氮玻璃体的致密结构。

玻璃体很小的化学变化能导致溶解机制的显著变化。将 1% P_2O_5（摩尔分数）添加到一种铅硅酸盐中，当暴露在 1%的 22℃的乙酸中，在玻璃体表面引起了铅磷硅酸盐晶体的形成，使溶解减少。

9.3.2.2 改进的外部方法

涂层技术的发展为提高抗腐蚀性、抗磨蚀性和强度提供了一个途径。涂层在玻璃体热的时候和在它冷却之后联合应用的技术被开发出来，以在玻璃体上形成永久的涂层带。这种涂层不能通过加热或水洗而去除。

一种涂层类型是与玻璃体表面反应，形成比整体化合物具有更高抗腐蚀性的表面层。化学惰性容器可盛装不同的饮料和药物。为增强抗腐蚀性，这些容器的内部被涂装，以防止可渗出成分渗出。用萤石气体进行内部处理，可提供一个新的比原来更具抗腐蚀性的表面，而且比以前的硫磺处理更加经济。

用 SO_2 处理玻璃表面不是一项真正的涂层技术，但在平板玻璃等退火之前，用 SO_2 气体处理玻璃表面，以增强产品的耐候性。这种表面处理通过玻璃表面层中的钠与 SO_2 反应形成硫酸钠。这种硫酸盐在玻璃表面形成沉积物，这些沉积物在检验和包装前被冲洗掉。由于表面碱含量的降低，提高了化学稳定性，减少了风化腐蚀。

习　　题

1. 名词解释：静态疲劳；动态疲劳；循环疲劳；亚临界裂纹扩展；自扩散；互扩散。
2. 裂纹（生长）速率评价方法有哪几种？
3. 试举例说明氧化如何造成性能降低。
4. 腐蚀反应受哪些条件影响？
5. 为何蒸气侵蚀多晶体陶瓷比液体或固体的腐蚀严重得多？

参 考 文 献

1 钦征骑主编. 新型陶瓷材料手册. 南京：江苏科学技术出版社，1996
2 陆佩文主编. 无机材料科学基础. 武汉：武汉工业大学出版社，1996
3 张怿慈编. 量子力学简明教程. 北京：高等教育出版社，1979
4 周世勋. 量子力学教程. 北京：人民教育出版社，1979
5 黄昆原著. 固体物理学. 韩汝琦改编. 北京：高等教育出版社，1988
6 方俊鑫，陆栋主编. 固体物理学. 上海：上海科学技术出版社，1980
7 刘恩科，朱秉升，罗晋生. 半导体物理学. 北京：国防工业出版社，1994
8 杨南如. 无机材料测试方法. 武汉：武汉工业出版社，1990
9 关振铎，张中太，焦金生编著. 无机材料物理性能. 北京：清华大学出版社，1992
10 华南理工大学等编. 硅酸盐物理化学. 北京：中国建筑工业出版社，1980
11 陈树川，陈凌冰编著. 材料物理性能. 上海：上海交通大学出版社，1999
12 徐祖耀，李朋兴. 材料科学导论. 上海：上海科学技术出版社，1986
13 [美] J. 阿克洛尼斯，W. 麦克奈特. 聚合物粘弹性引论. 北京：科学出版社，1986
14 龚江宏. 陶瓷材料断裂力学. 北京：清华大学出版社，2001
15 [美] W. D. 金格瑞等著. 陶瓷导论. 北京：中国建筑工业出版社，1982
16 龚江宏. 陶瓷材料力学性能导论. 北京：清华大学出版社，2003
17 [澳大利亚] M. V. 斯温. 陶瓷的结构与性能. 郭景坤等译. 北京：科学出版社，1998
18 熊兆贤. 材料物理导论. 北京：科学出版社，2002
19 张清纯. 陶瓷材料的力学性能. 北京：科学出版社，1987
20 华南工学院，南京化工学院，清华大学. 陶瓷材料物理性能. 北京：中国建筑工业出版社，1980
21 金志浩，高积强，乔冠军. 工程陶瓷材料. 西安：西安交通大学出版社，2000
22 周玉. 陶瓷材料学. 哈尔滨：哈尔滨工业大学出版社，1995
23 穆柏春等. 陶瓷材料的强韧化. 北京：冶金出版社，2001
24 [英] 理查德，J 布鲁克. 清华大学新型陶瓷与精细工艺国家重点实验室译. 陶瓷工艺（第Ⅰ部分）. 北京：科学出版社，1999
25 徐廷献编著. 电子陶瓷材料. 天津：天津大学出版社，1993
26 朱余钊. 电子材料与元件. 成都：电子科技大学出版社，1995
27 [澳大利亚] M V 斯温. 陶瓷的结构与性能. 北京：科学出版社，1998
28 王维邦. 耐火材料工艺学. 北京：冶金出版社，1994
29 贾成厂. 陶瓷基复合材料导论. 北京：冶金出版社，2002
30 [日] 一濑升编著. 电工电子材料. 彭军译. 科学出版社，2004
31 曹婉真主编. 电解质. 西安：西安交通大学出版社，1991
32 贾德昌等编著. 电子材料. 哈尔滨：哈尔滨工业大学出版社，2000
33 谈国强，刘新年，宁青菊编. 硅酸盐工业产品性能及测试分析. 北京：化学工业出版社，2004
34 Moulson A J 等著. 电子陶瓷——材料·性能·应用. 李世普等译. 武汉：武汉工业大学出版社，1993
35 邵式平. 热释电效应及其应用. 北京：兵器工业出版社，1994
36 干福熹等编著. 信息材料. 天津：天津大学出版社，2000
37 温树林. 现代功能材料导论. 北京：科学出版社，1983
38 方俊鑫，殷之文主编. 电介质物理. 北京：科学出版社，1989
39 许煜寰. 铁电与压电材料. 北京：科学出版社，1978
40 田民波编著. 磁性材料. 北京：清华大学出版社，2004
41 [美] J. 施密特. 材料的磁性. 北京：科学出版社，1978
42 冯慈璋主编. 电磁场. 北京：高等教育出版社，1979
43 [日] 正田英介主编. 电磁学. 高木正藏编. 赵立竹，董玉琦译. 北京：科学出版社，2001
44 彭江得主编. 光电子技术基础. 北京：清华大学出版社，1988
45 赵凯华，钟锡华. 光学. 北京：北京大学出版社，1984
46 钟锡华，赵凯华. 光学. 北京：北京大学出版社，1984
47 西北轻工业学院主编. 玻璃工艺学. 北京：轻工业出版社，1982
48 王承遇等编. 玻璃表面装饰. 北京：新时代出版社，1998
49 干福熹等. 光学玻璃. 上册. 北京：科学出版社，1982
50 李启甲主编. 功能玻璃. 北京：化学工业出版社，2004

51 中国腐蚀与防护学会主编. 腐蚀科学与防腐蚀工程技术新进展. 北京：化学工业出版社，1999
52 黄建中，左禹主编. 材料的耐蚀性和腐蚀数据. 北京：化学工业出版社，2003.
53 [美] 罗纳德，A. 麦考利著. 陶瓷腐蚀. 高南，张启富，顾宝珊译. 北京：冶金工业出版社，2003
54 邓世均. 高性能陶瓷涂层. 北京：化学工业出版社，2004
55 刘宝俊编著. 材料的腐蚀及其控制. 北京：北京航空航天大学出版社，1989
56 曹楚南主编. 中国材料的自然环境腐蚀. 北京：化学工业出版社，2005

内 容 提 要

本书论述了无机非金属材料的各种物理性能的基本概念、基本理论及应用。主要涉及的内容有无机材料的物理基础，材料的弹性形变、塑性形变，脆性断裂的原因及改善脆性的措施，热膨胀、热导及电导等的基本物理量，各种载流子对电导的影响，介电材料的极化机制、介电损耗和电击穿，铁电性和压电性，物质中磁现象的根源，磁学和电学基本物理量的区别与联系，磁性材料的物理效应及应用，光在材料中传播的各种现象及机理以及在传播时表现出的性能，材料的腐蚀机理、腐蚀引起性能的变化及腐蚀最小化的方法等。

本书内容广泛，深入浅出，图文并茂，可作为高等学校材料学科相关专业的本科生和研究生教材或教学参考书，也可供从事材料及相关领域的科研人员学习参考。